# DEUTSCHE PANZERTECHNIK

## PROTOTYPEN UND KLEINSERIEN

Michael Fröhlich & Frank Köhler

# DEUTSCHE PANZERTECHNIK

## PROTOTYPEN UND KLEINSERIEN

Michael Fröhlich & Frank Köhler

Motor buch Verlag

Einbandgestaltung: Sven Rauert

Bildnachweis: Sofern nicht anders vermerkt stammen die Bilder vom Autor bzw. aus dessen Archiv.



ISBN 978-3-613-04555-2



1. Auflage 2023

Sie finden uns im Internet unter www.motorbuch-verlag.de



Lektorat: Martin Benz
Innengestaltung: WS – WerbeService Linke, 76185 Karlsruhe
Druck und Bindung: Graspo CZ, 76302 Zlin
Printed in Czech Republic

# Inhalt

Anmerkung: In dieser Dokumentation werden durchgehend die zeitgenössischen Leistungsangaben verwendet.

# Vorwort

Während der Recherche zu meinen Buch-Projekten fiel mir auf, dass es ziemlich schwierig war, Details zu den deutschen Panzermotoren und Getrieben in der einschlägigen Literatur bzw. in Archiven zu finden. Auch die Hersteller dieser Antriebe besitzen oft nur lückenhafte Unterlagen aus der damaligen Zeit. Ebenfalls fehlte mir beim Studium der Dokumente eine bildliche Darstellung über die Einbaulage im Fahrzeug und die technischen Unterschiede der einzelnen Aggregate. Ein weiteres Problem fand ich in den unterschiedlichen Leistungsangaben diverser Veröffentlichungen. Deshalb entschloss ich mich, ein fundiertes Nachschlagewerk zum Thema deutsche Panzermotoren, Schalt- und Lenkgetriebe zu erstellen. Da dies eine sehr komplexe Aufgabe ist, war ich froh, den Technikexperten Frank Köhler, selbst erfolgreicher Autor, mit ins Boot holen zu können. Ich bedanke mich erneut bei Hendrik Müller für die Korrekturlesung. Mein Dank für die Bilderbereitstellung gilt vor allem Rolf Hilmes, Hilary Doyle, Thomas Jentz (†), Falk Springer, Markus Jaugitz, Helmut Hujer, den Archiven Bundesarchiv-Militärarchiv Freiburg, Frau Felicitas Arndt vom Historischen Archiv MAN Truck & Bus SE, der Wehrtechnischen Studiensammlung des BAAINBw Koblenz, dem Mercedes-Benz Classic-Archiv, dem Porsche-Archiv, dem ZF-Archiv, dem Archive of Modern Conflict, dem Skoda Archiv Plzen, dem CKD Archiv und dem Landesarchiv von Opava.

Michael Fröhlich — Dresden, Mai 2023

# Einleitung

An einen Panzermotor und die nachgeschalteten Baugruppen zur Leistungsübertragung werden vielseitige Forderungen gestellt. Diese lassen sich häufig optimal nur durch besonders entwickelte Motoren und Getriebe erfüllen. Die Grundforderung ist, diese bei höchster Leistung so klein und leicht wie möglich zu bauen, um den zu panzernden Raum klein zu halten und damit in erster Linie Gewicht zu sparen, aber auch die Dimensionen des Fahrzeuges zu begrenzen. Weiterhin sollen die Motoren unempfindlich gegen Umwelteinflüsse, anspruchslos bzw. sparsam bezüglich der Betriebsstoffe, wartungsarm und heute so umweltfreundlich wie möglich, die Getriebe ihrerseits leicht, einfach zu bedienen, robust und anspruchslos sein. Und das ist nur ein Teil der zu erfüllenden Forderungen, die bei der Konstruktion „unter einen Hut" zu bringen sind.

Auch wenn sich dieses Buch „nur" mit Prototypen und Kleinserien beschäftigt, ist nach Auffassung der Autoren zum besseren Verständnis ein Überblick über die geschichtlichen und technischen Grundlagen hilfreich. Auch für die Leser, die sich hauptsächlich für die Prototypentwicklungen interessieren und den Teil 1 des Buches nicht besitzen, wird hier nochmals eine ausführliche Einführung abgedruckt.

## 1. Die Panzermotoren – Entwicklungsgeschichte und Überblick

Schon früh experimentierten alle panzerbauenden Nationen mit verschiedenen Motorarten und Bauformen.

Die in Deutschland in den 1920er-Jahren zunächst nur zur Verfügung stehenden handelsüblichen Lkw- und Flugmotoren genügten den Erfordernissen nicht. So benötigten die ehemaligen Flugmotoren wegen ihrer niedrigen Drehzahl mit hohem Drehmoment ein umfangreiches und zu schweres Triebwerk.[1]

Die Entwicklung der Prototypen für die späteren Panzerkampfwagen III und IV ab Anfang der 1930er-Jahre war daher maßgeblich von einem für die Verwendung im Panzer geeigneten Motors abhängig.

Die Firma Maybach hatte den Personenwagen-Ottomotor DSO 8 mit einer Leistung von 147 kW / 200 PS im Angebot, der sich nach Ansicht des Heereswaffenamtes für den Einsatz in Panzern und Zugkraftwagen eignete und probeweise 1934 in einen Zugkraftwagen eingebaut wurde. Ende 1935 beabsichtigte das Heereswaffenamt (HWA), diesen Motor durch einen stärkeren mit etwa 206 kW / 280 PS zu ersetzen. Es sollte, möglichst unter Verwendung von eingeführten Motorteilen, ein 12-Zylinder-Motor entwickelt werden, der bei 2800 U/min etwa 18 bis 19 kW / 25 bis 26 PS pro Liter Hubraum leisten sollte. Unter der Zusage, alle Panzer und Zugkraftwagen mit Maybach-Motoren auszurüsten, die im Auftrag des HWA entwickelt oder weiterentwickelt werden, wenn diesem ein Nachbaurecht eingeräumt würde, nahm Maybach die Entwicklung eines solchen Motors auf. Es entstand der V-12-Zylinder-Ottomotor HL 100 mit Scheibenkurbelwelle, der Vorläufer des später unersetzlichen Motortyps HL 120 mit 221 kW / 300 PS für die Panzerkampfwagen III und IV und deren Abarten.

Dieses Vorgehen, welches der Firma Maybach ein Monopol in diesem Bereich einräumte, führte zu heftigen Reaktionen der Firma Daimler-Benz, die später immer wieder erfolglos versuchte, dieses über das Anbieten von eigenen Konstruktionen zu brechen.

Ende 1935 wurden ebenfalls Untersuchungen zur Entwicklung eines 441-515 kW / 600-700 PS (Otto-) Motors bei Maybach für ein 30-t-Fahrzeug (VK 3001[2]) in Auftrag gegeben. Maybach sollte den Einfluss auf Größe und Gewicht bei einer derartigen Leistungsanhebung ermitteln und sah die Grenze für einen 12-Zylinder-Motor bei 441 kW / 600 PS. Für einen 515 kW / 700-PS-Motor wäre ein 16-Zylinder erforderlich, der um 500 mm länger bauen würde, was nicht infrage käme. Da das HWA aber für später einen 515 kW / 700-PS-Motor für erforderlich hielt, sollte der 414 kW / 600-PS-12-Zylinder-Motor mit Scheibenkurbelwelle konstruktiv so ausgelegt werden, dass daraus bei Bedarf ein Motor mit 16 Zylindern und einer Leistung von 588 kW / 800 PS bei einer max. Motordrehzahl von 2400 U/min. entwickelt werden könne. Es handelte sich um eine nicht dringliche „Vorratsentwicklung", da die Forderung für dieses Fahrzeug noch nicht erteilt war. Ende 1936 wurde der Auftrag für einen 16-Zylinder-Motor erteilt.[3]

Zweifellos wurden schon ab diesem Zeitpunkt die grundlegenden Erfahrungen für die 1941 in kürzester Zeit überstürzt erfolgte Entwicklung des Motors der mittleren und schweren Panzerkampfwagen-Typen Panther und Tiger gesammelt.

Die technische Federführung für die Entwicklung und Prüfung der Gleiskettenfahrgestelle beim HWA / WaPrüf 6 hatte der Baurat und spätere Ministerialrat Dipl. Ing. Ernst Kniepkamp. Er beeinflusste in Deutschland die Kettenfahrzeug-Entwicklungen von 1926–1945 maßgeblich, hielt eigene wichtige Patente in diesem Bereich und war entsprechend umstritten.

Nach 1945 äußerte er sich über seine ihn leitenden Ansichten betreffend der Motorenfrage detaillierter. Die Hauptaufgabe eines Panzers sei es demnach, die größte Feuerkraft mit der höchstmöglichen Geschwindigkeit und der bestmöglichen Panzerung an den Feind zu bringen. Dieser Grundaussage ist bis heute ohne Umschweife zuzustimmen. Kniepkamps Verantwortlichkeit in der Motorenfrage sei es gewesen, zu ermitteln, welcher Motorentyp im Einsatz am vorteilhaftesten sei. Seines Erachtens sei derjenige Motor der beste, der mit seinen Hilfsaggregaten, Kühlanlage und Kraftstofftanks unter Berücksichtigung der geforderten Reichweite und Betriebsstunden den wenigsten Einbauraum beanspruche. Er habe aus technischer Sicht keine Präferenz für den Otto- oder Dieselmotor gehabt, obwohl er einige betriebliche Vorteile beim Ottomotor sah. Der deutsche Generalstab habe gefordert, dass in einem Panzer genug Kraftstoff mitgeführt werden müsse, um nicht weniger als fünf Stunden unter Voll-Last im Einsatz stehen zu können. Auf der Basis der vorhandenen Konstruktionen sei bis heute (1947) der Ottomotor die beste Lösung. Würden aber zehn Stunden Einsatz gefordert, so wäre der Dieselmotor wegen seiner kleineren mitzuführenden Kraftstoffmenge im Vorteil.[4]

Die Verwendung von Dieselmotoren im Kampfpanzer war schon früh ein Thema und führte bis 1945 zu ständigen und heftigen Diskussionen. Dabei sollte die Verwendung im Kampfwagen nicht isoliert betrachtet werden. Da es sich hier meines Erachtens um ein für das Verständnis der Entwicklungsgeschichte entscheidende Fragestellung handelt, gehe ich ausführlich darauf ein.

Bereits **1933** wurde der Einsatz des Dieselmotors im Panzerkampfwagen zwischen Vertretern der Kraftfahrzeugindustrie und dem HWA diskutiert. Während man der Frage der Benutzung von luftgekühlten oder wassergekühlten Motoren neutral gegenüberstand, wurde der Dieselmotor abgelehnt, weil es nicht möglich wäre, in schwierigen Situationen die Panzertruppe mit zwei verschiedenen Kraftstoffen zu versorgen.[5]

Nach einer von ihren Kritikern als beschönigend empfundenen rechtfertigenden Gesamtdarstellung des Themas „Dieselmotor im Heer" der für die Entwicklung zuständigen Stelle im HWA von 1944[6] habe man sich im gleichen Jahr, im **August 1933**, beim Allgemeinen Heeresamt In 6[7] vehement für die Beschaffung von Diesel-Lastkraftwagen eingesetzt. Die „zivile Kraftfahrt" ginge weitgehend auf den Dieselmotor über und daher müssten im Kriegsfall beim Einziehen dieser Kraftfahrzeuge beide Motorentypen nebeneinander verwendet werden. Die Fragen der Kraftstofferzeugung seien unbedeutend, da (außerdem) jeder Dieselmotor „mit oder ohne Schmierölzusatz" längere Zeit mit Benzin betrieben werden könne.[8]

Der „Einheitsdiesel", ein im Auftrag des HWA entwickelter dreiachsiger Einheits-Gelände-Lkw für 2,5-t-Nutzlast wurde nach 1935 eingeführt und von mehreren Firmen in größerer Stückzahl hergestellt.

Beim Heer befand sich bei Beginn des Zweiten Weltkrieges eine Vielzahl von Lkw-Typen sowohl mit Otto- als auch mit Dieselmotoren im Einsatz.

Seit **1937** habe das HWA verstärkt den Standpunkt vertreten, dass „aufgrund der Kraftstoffversorgungslage" ein „noch größerer Einsatz des Dieselmotors zweckmäßig" sei. Die Weiterverbreitung einer entsprechenden Denkschrift an die Wirtschaftsgruppen Fahrzeug- und Kraftstoffindustrie sei aufgrund deren Einspruches unterblieben, da man „eine sehr starke Beunruhigung der Fahrzeugindustrie" befürchtete.

Dem Vorschlag des HWA, „durch eine verstärkte Diesel-Kraftstoff-Produktion die Voraussetzung für eine Ausweitung der Verwendung von Dieselmotoren zu schaffen", sei man nicht nachgekommen. Daher sei es bei Beginn des Krieges zu einer starken Verknappung von Dieselkraftstoff gekommen.[9]

Der Generalbevollmächtigte für das Kraftfahrwesen (GbK) Generalleutnant Schell, im Hauptamt Leiter der Waffenabteilung In 6 im Allgemeinen Heeresamt[10], habe sich gegen die Bedenken des Waffenamtes **1938** dazu entschlossen, den „Einheitsdiesel" durch aufwand- und fertigungsmäßig günstiger liegende, allradgetriebene Vierrad-Lastkraftwagen (*sog. A-Typen*) mit Ottomotor zu ersetzen. Als erster A-Typ sei der 3-t-Opel-Blitz entstanden, der im Laufe der weiteren Entwicklung zum Einheits-Lastkraftwagen erklärt worden sei. An dieser Entscheidung sei das HWA nicht beteiligt gewesen.

In einer Sitzung bei General von Hanneken (*Wirtschaftsministerium*)[11] bei Beginn des Krieges gegen Polen **1939** mit Teilnahme des GbK General von Schell, des HWA, des Wirtschaftsministeriums und der Automobil- und Kraftstoffindustrie, sei unter Vorlage von Versuchsergebnissen die eindeutige Forderung gestellt worden, ausschließlich Dieselmotoren einzusetzen und insbesondere nur Diesel-Lastkraftwagen zu beschaffen. Es sei vom HWA und von der Kraftfahrzeugindustrie die volle Betriebssicherheit des Diesels bei Verwendung von Benzin und ein um 25%iger Minderverbrauch garantiert worden. Gerade Benzine mit minderer Klopffestigkeit, die im Ottomotor nicht verwendbar seien, würden einen brauchbaren Dieselkraftstoff darstellen. Der GbK hätte in seinem Programm festgelegt, dass bei den 3-t-Lkw nur noch jeweils ein Otto- und ein Dieseltyp und alle Lkw über 3 t ausschließlich als Diesel-Lkw gebaut werden sollen. Die Umstellung der größten 3- t-Lkw Hersteller Opel und Ford sei aber wegen der damit verbundenen Ausstoßminderung während der Vorbereitung des Westfeldzuges nicht möglich erschienen.[12]

Die Kraftstoff-Fragen für den Dieselbetrieb scheinen sich erst im Laufe des Krieges entspannt zu haben. Trotz einer Verknappung an Dieselkraftstoffen habe das HWA **1942** erneut die Voraussetzung für eine verstärkte Nutzung von Dieselmotoren getroffen, indem

- sämtliche Dieselmotoren auf die Verwendung von Benzin- und leichtsiedenden Dieselkraftstoffen umgestellt worden seien;
- die Industrie veranlasst worden sei, die Neufertigung an Dieselmotoren auf diese Kraftstoffe einzustellen;
- durch Prüfstand- und Fahrversuche mit Rohölen (...) der Beweis erbracht worden sei, dass Dieselmotoren mit nicht oder weniger legierten Rohölen betrieben werden können.[13]

Die bekannte Aussage[14], dass es bis etwa 1942 schwierig gewesen sein soll, genug Dieselkraftstoff für das Heer bereit zu stellen, erscheint durch diesen Bericht in einem etwas anderen Licht. Es ist meines Erachtens nicht anzunehmen, dass Diesel-Lkw aufgegeben werden mussten, weil kein Dieselkraftstoff greifbar war, wenn vorhandenes Benzin ggf. mit Ölzusatz einen Not- oder Weiterbetrieb ermöglichen konnte. Es fehlt jedoch der wichtige Hinweis, dass die Leistung des normalen Dieselmotors bei reinem Benzinbetrieb um etwa 10–15% abfällt. Leider kann hier nicht darauf eingegangen werden, ob sich die Dieselkraftstoff-Situation für das Heer nach 1942 durch Mehrproduktion oder durch ein Akzeptieren der relativen Kraftstoffunempfindlichkeit des Dieselmotors, evtl. mit begleitenden Maßnahmen, „entspannt" hatte. Es ist jedoch anzumerken, dass ab etwa 1942/43 der sog. Sonderdieselkraftstoff I (SDK I) eingeführt wurde, für den die Einspritzpumpen der Diesel-Kfz umgestellt werden mussten.[15] Der SDK I war in einer höheren Gefahrenklasse für brennbare Flüssigkeiten eingestuft als normaler Dieselkraftstoff.[16] Es liegt die Vermutung nahe, dass hier der Vollastanschlag an den Einspritzpumpen weiter nach vorn verlegt wurde, um mehr Kraftstoff einzuspritzen und einen Leistungsverlust durch den neuen Kraftstoff zu kompensieren.

Kniepkamp behauptete später, nach der Hälfte des Krieges hätte es Anzeichen dafür gegeben, dass die Kraftstoffversorgungssituation für den Dieselmotor sprechen würde, es wäre dann aber zu spät gewesen, umzusteuern.[17] Die Vielstoff-Motorenentwicklung wurde während des Kalten Krieges in der Bundesrepublik Deutschland auch aufgrund der eigenen Kriegserfahrungen ab den 1950er-Jahren intensiv betrieben, so dass die frühen Lkw und Panzer der Bundeswehr mit Dieselmotoren Vielstoff- oder Mehrstoff-fähig ausgelegt wurden.

Aufgrund der eindeutigen Positionierung in der Frage des Dieselmotors im Lkw habe des HWA im Jahr **1937** den nächsten Schritt getätigt und einen Auftrag zur Entwicklung eines Dieselmotors für Panzerkampfwagen mit mindestens 515 kW / 700 PS vergeben.

Es sei ein 12-Zylinder-Dieselmotor mit dieser Leistung entstanden, der im Herbst **1938** einen 100 Stundenlauf absolviert habe und in geringen Stückzahlen in schwerste Selbstfahrlafetten, Sturmboote und Schnellboote eingebaut worden sei. Die aufgeladene Version MB 517[18] mit 919 kW / 1250 PS sei 1944 in ein Versuchsstück des Panzers „Maus" eingebaut worden.[19]

Es kann sich bei diesem Typ nur um den MB 507 von Daimler-Benz handeln, der bis Kriegsende laufend weiterentwickelt wurde. Daimler-Benz verfolgte den Gedanken der Schaffung eines Mehrzweck-Motors mit gleichen Bauteilen sowohl für Luftwaffen-, Heeres- und Marinezwecke. Es wurden vier Varianten mit „hängenden" und „stehenden" Zylindern sowohl als Otto- und Dieselmotor vorgeschlagen. Man glaubte damit eine weitgehende Standarisierung der Einzelteile, bessere Produktionsmöglichkeiten und Flexibilität des Einsatzes bzw. wahlweisen Einbau von Otto- oder Dieselmotoren, erreichen zu können.

Trotz guter Leistungsparameter ist der MB 507 nicht in großen Stückzahlen in Panzerfahrzeugen verwendet worden und wurde angeblich Ende 1944 bereits nicht mehr produziert.[20]

Dazu ein kleiner Exkurs ins Jahr 1942: Die Firma Daimler-Benz hatte die Verwendung des MB 507 in ihrem Panzerkampfwagen Panther-Entwurf eingeplant. Das hätte sicherlich bei einer Serienfertigung einen Durchbruch auch für die Verwendung des Dieselmotors im deutschen Panzerbau bedeutet.

Es wurde jedoch im Mai 1942 im Rahmen des Auswahl-Vergleiches der Panzerkampfwagen-Panther-Konstruktionen der Firmen MAN und Daimler-Benz festgelegt, dass bei beiden Fahrzeug-Entwürfen der Maybach-Motor HL 230 mit 515 kW / 700 PS „vorzusehen" sei.[21] Nach den Kennlinien der Fa. Maybach hätte dieser Motor „auch im unteren Drehzahlbereich im Gegensatz zu den bisherigen Maybach-Motoren, ein günstiges Drehmoment".[22] Durch die Verwendung eines Maybach-Motors würde „bei beiden Konstruktionen der Forderung Rechnung getragen, bei der Fertigung von Pz.Kpfw. bekannte Bauteile zu verwenden, um die kraftfahrtechnische Ausbildung zu erleichtern und die Umschulung von Pz.-Fahrern und Pz.-Warten auf andere Pz.Kpfw.-Typen in kürzester Zeit zu ermöglichen".[23] Ein luftgekühlter Motor stände „in ausreichender Größe weder als Otto- noch als Dieselmotor zur Verfügung".[24]

Die Argumentation über „bekannte Bauteile" erscheint mir etwas dürftig. Der Maybach HL 230 unterschied sich erheblich von den bisherigen Maybach-Motoren. Der große Vorteil bestand hier meines Erachtens lediglich in der ungeteilten materiellen Versorgung und personellen Betreuung an der Front durch eine bewährte, eingefahrene Organisation. Die offizielle Entscheidung, ob der Tiger der Firma Henschel mit Maybach HL 230, bisher noch mit dem Vorläufer Maybach HL 210 ausgerüstet, oder der Tiger der Firma Porsche mit deren luftgekühlten Ottomotoren eingeführt werden soll, war ebenfalls noch nicht gefallen. Mit der an anderer Stelle eingefügten Bemerkung, dass ein luftgekühlter Motor nicht zur Verfügung stände, versuchte man augenscheinlich die Nichtbeachtung des bestehenden Befehl Hitlers zur Verwendung von luftgekühlten Dieselmotoren im Panzerkampfwagen zu begründen. Daimler-Benz kommentierte intern die Ablehnung ihres Entwurfes unter anderem damit, dass der ursprünglich für ihren Panther-Prototyp vorgesehene Dieselmotor MB 507 nicht in der erforderlichen Stückzahl hergestellt werden könne, obwohl davon nichts im Ausschuss-Bericht bzw. Gutachten der Panzer-Panther-Kommission erwähnt ist.[25]

Im **Dezember 1938** habe das HWA ebenfalls einen Entwicklungsauftrag für Dieselmotoren verschiedener Leistungsklassen an fünf Firmen vergeben.[26] Die Firmen Daimler-Benz, Saurer und MAN sollen **Anfang 1939** diesen Auftrag angenommen haben. Maybach soll sich mit Hinweis auf die Überlastung durch die laufenden Aufträge nicht beteiligt haben. Die Kölner Firma Humboldt-Deutz-Motoren AG habe sich unabhängig davon angeboten, 2-Takt-Dieselmotoren zu entwickeln.

Im **März 1939** sei dem Generalstab und dem Allgemeinen Heeresamt eine Abhandlung des HWA mit dem Titel „Der Dieselmotor als Panzerkampfwagenmotor – Seine Vor- und Nachteile gegenüber dem Ottomotor" eingereicht worden. Es sollte hier dargelegt werden, dass bei Vergleich der baulichen Nachteile und der betrieblichen Vorteile der „Versuch" geboten sei, „Dieselmotoren in Panzerkampfwagen einzubauen". Diese „vom Heereswaffenamt auf breiter Grundlage" eingeleitete Entwicklung würde die Grundlage für die Klärung der Frage schaffen, „ob der Dieselmotor dem Ottomotor im Panzerkampfwagen nach Abwägen aller Vor- und Nachteile unterlegen, ebenbürtig oder überlegen" sein. Es sei „von besonderer Bedeutung", ob es gelänge, „die gegenwärtig noch nicht geklärten Anlass- und Kraftstoff-Fragen des Dieselmotors im Panzerkampfwagen im Zuge dieser Entwicklung so zu lösen, dass die Einsatzbereitschaft des Panzerkampfwagens unter allen Verhältnissen stets gewährleistet" sei. Das „abschließende Ergebnis der eingeleiteten Versuche" könne jedoch in deren „Gesamtheit nicht vor 1941 vorliegen".[27]

Zweifelsohne wurden entsprechende Versuche mit Dieselmotoren in Panzerkampfwagen in diesem Zeitraum durchgeführt.

Im **Jahr 1938** begann die Entwicklung eines 20-t-Panzers als potentieller Nachfolger der Panzerkampfwagen III und IV, für den ein 294 kW / 400-PS-Motor benötigt würde. Dieses Projekt lief bei Daimler-Benz zunächst unter der Bezeichnung „GBK", Kampfwagen des Generalbevollmächtigten (*für das Kraftfahrzeugwesen*), welcher der Firma Daimler-Benz freie Hand bei der Entwicklung, ohne Einflussnahme des HWA, gegeben hatte. Später wurde dieses Projekt, wie bei den Konkurrenzfirmen, als (*Vollkettenfahrzeug*) VK 20 bezeichnet.[28]

Daimler-Benz entwarf für dieses Projekt den Dieselmotor MB 809 in Konkurrenz zu diversen Maybach-Ottomotor-Entwicklungen in mehreren Entwicklungsstufen wegen „wiederholter Umdispositionen hinsichtlich der Größe und Leistung des von HWA / WaPrüf 6 für das zugehörige Fahrzeug vorgesehen Maybach-Motors".

Die endgültige Ausführung wurde im **März 1941** abgenommen und in das Daimler-Benz-Versuchsfahrzeug VK 2001 D eingebaut.

Die Konkurrenzsituation zum bereits eingeführten Maybach HL 120 war auf dem Papier nicht schlecht: Der Daimler-Benz V-12-Zylinder-Vorkammer-Diesel hatte 17,5 l Hubraum und leistete 265 kW / 360 PS bei 2400 U/min. Die für später geplante Aufladeversion MB 819 leistete 331 kW / 450 PS.

Der MB 809 war gegenüber dem HL 120 nur wenig schwerer und länger. Der Aufbau war, abgesehen vom Diesel-Verfahren, jedoch abweichend: Die Zylinder waren „stahlgeschweisste", einzeln auswechselbare Einzelzylinder mit je vier Ventilen im Kopf. Der Kurbeltrieb bestand aus Haupt- und angelenkten Nebenpleueln, augenscheinlich wie beim Motor des russischen T-34. Eine einfache Konstruktion, die jedoch leicht unterschiedliche Hubräume der gegenüberliegenden Zylinder und damit mögliche Schwingungsprobleme begünstigt. Wegen der Forderung, den Motor auch unterhalb –15° Außentemperatur starten zu können, wurde wie beim später auftretenden T-34 ein Druckluftanlasser gewählt.

Die Konkurrenzsituation hatte sich aber, zumindest im Prototypenstadium, wieder zu Gunsten des Maybach-Ottomotors geändert: Der Entwurf des VK 20 der Firma MAN plante den 1941 parallel zu den späteren Maybach HL 210/230 entwickelten Maybach HL 90 mit 257 kW / 350 PS bei 4000 U/min ein,[29] der mit damals „gewagt" höherer Drehzahl wesentlich kleiner, leichter und leistungsfähiger war als der Standardmotor Maybach HL 120.

Die VK 20–Entwicklung wurde durch den Gang der Ereignisse um das Auftreten des T-34 überholt. Aus dieser Entwicklung entstand schließlich das 30-t-Fahrzeug VK 3002 von MAN und damit der Panzerkampfwagen Panther.

Das VK 2001 D mit dem MB 809 war jedoch der erste deutsche Kampfpanzer mit Dieselmotor! Er soll bis Januar 1945, hauptsächlich bei Daimler-Benz, 6163 Kilometer im Testbetrieb gelaufen sein.[30]

Der MB 809 schien dem Heereswaffenamt zu teuer gewesen zu sein, obwohl Daimler-Benz zusagte, bei entsprechenden Stückzahlen den Einzelpreis senken zu wollen. Daimler-Benz erklärte den höheren Preis aus der Forderung, „in einem gegebenen kleinen Raum hinein einen Motor mit größerer Leistung zu bringen und außerdem noch (für) den Wunsch, den Motor möglichst leicht zu halten."

Der erwähnte Maybach HL 90 hatte mit dem Ende der VK 20-Entwicklung augenscheinlich ebenfalls sein vorläufiges Ende erreicht. Er wurde bis 1945 nur in kleiner Stückzahl hergestellt und in Spezialfahrzeugen verwendet. Der angedachte Einsatz als Nachfolger des Standard-Motors HL 120 kam nicht zustande. Allerdings gab er 1959/60 noch ein Gastspiel bei der Entwicklung eines unter maßgeblicher Beteiligung des nun außer Dienst befindlichen Ministerialrats Kniepkamp entwickelten Schützenpanzer-Prototyps der Firma Ruhrstahl. Das Fahrzeug wurde mit dem Maybach HL 90 ausgerüstet und erprobt, da der für die neue Schützenpanzer-Generation der Bundeswehr vorgesehene Daimler-Benz Vorkammer-Diesel Motor MB 833 noch nicht greifbar war. Der für das Ergebnis der Erprobung des Fahrzeuges allerdings nicht relevante Motor sorgte wegen Reparaturen allein für 1/3 der Ausfalltage.[31]

Nicht nur im Rahmen der oben beschriebenen VK 20-Entwicklung, sondern auch in den Versuchs-Vollkettenfahrzeugen der 10-t–Klasse, VK 901 und VK 903, sollen 1941/1942 Erfahrungen, hier mit dem MAN V-8-Dieselmotor HWA 1038 GL mit (*anfänglich*) 136 kW / 185 PS, gesammelt worden sein. Hier sollte auch eine Ansaugrohrheizung (*vermutlich Flammstarteinrichtung*) für einen verbesserten Kaltstart bei sehr tiefen Temperaturen zur Anwendung kommen.[32]

Nach Auffassung des HWA hatte sich herausgestellt, dass bei Panzermotoren bis 221 kW / 300 PS, insbesondere der Maybach-Ottomotor einen großen Vorsprung bezüglich hoher Leistung bei geringsten Einbaumaßen habe.

Der Panzerkampfwagen-Ottomotor war jedoch noch lange nicht am Ende seiner Raumleistungsentwicklung angekommen. Der 1941/42 entwickelte spätere Standardmotor der schweren Panzer, der schon erwähnte Maybach HL 230, war bei mehr als doppelt so hoher Leistung nur wenig größer als der Standard-Panzermotor Maybach HL 120 mit 300 PS.

Spätestens mit dem Auftreten des russischen Panzers T-34 mit Dieselmotor im Jahr **1941**, hatte dessen Verwendung auch in den eigenen Panzerkampfwagen vehemente Fürsprecher an höchster politischer Stelle. Im Sommer 1942 forderte Hitler zum wiederholten Male, für alle Heeresfahrzeuge luftgekühlte Dieselmotoren zu entwickeln. Deren Einführung sollte ab 1943 beginnen. Man erhoffte sich dadurch entscheidende Vorteile im Einsatz. Deren grundsätzlich erhebliche Vorteile, wie der geringere Kraftstoffverbrauch bei der Verwendung in Kampffahrzeugen, waren seit langem unstrittig, jedoch war deren Raumbedarf und Gewicht gegenüber dem Ottomotor bei gleicher Leistung noch deutlich höher, was in den schon zu schweren gepanzerten Fahrzeugen weitere Probleme bereitet hätte.

Die ebenso geforderte Luftkühlung erschien wohl weniger komplex und verletzlich, funktionierte von den Tropen bis zum Polarkreis ohne jahreszeitlich bedingten Kühlmittel-Mehraufwand, stand jedoch dem Wunsch nach problemlosen Unterwasserfahrten und einem möglichst staubfreien Motorraum entgegen, und konnte im gepanzerten Kampffahrzeug zu Kühlungsproblemen durch schwierige Kühlluftführung führen. Es wird kolportiert, dass Dr. Karl Maybach diese abgelehnt habe und gesagt haben soll, er wäre „wassergekühlt auf die Welt gekommen und möchte wassergekühlt sterben".[33]

Die Forderung stellte auch eine Erschwernis für die Firma Daimler-Benz dar, deren immer weiter verbesserter, bisher erfolgloser „Hoffnungsträger" MB 507 wassergekühlt war. Sie lehnte die Luftkühlung im Panzerfahrzeug mit guten Argumenten klar ab. Die weitere Entwicklung in den folgenden Jahrzehnten bestätigte diese Einschätzung.

Die allgemeine Weiterentwicklung bis 1945 beruhte bis auf wenige Ausnahmen weiterhin auf Typen mit Wasserkühlung.

Zu bemerken ist jedoch, dass die US-Army diesen Weg einschlug und dass deren Kampfpanzer M48 / M60 bis zur Einführung des M1 Abrams über luftgekühlte Motoren verfügten. Auch die Bundeswehr nutzte bis 1992 den Kampfpanzer M48 aus US-Beständen. Er hatte allerdings weiterhin den luftgekühlten Benzinmotor mit Saugrohr-Benzineinspritzung, den die US-Army schon in den 1950er-Jahren gegen einen luftgekühlten Dieselmotor getauscht hatte.

Der erste und einzige luftgekühlte Dieselmotor, der ab 1943 in einem deutschen gepanzerten Kampffahrzeug zum Einsatz kam, war der Tatra 103 V-12-Zylinder mit 152 kW / 207 PS im schweren Achtrad-Panzerspähwagen Typ ARK (Sd.Kfz. 234). Dieser Motor sollte auch die etwa 20 t schweren Fahrzeuge der gegen Kriegsende mit Hochdruck entwickelten Panzerfamilie Pz 38 D antreiben.

Für die schweren Panzertypen entstand eine Reihe interessanter luft- und wassergekühlter Dieselmotoren als Prototypen, wobei der Abgasturbo-aufgeladene, luftgekühlte X16-Zylinder-Diesel Sla 16 mit 559 kW / 760 PS der Firma Simmering am weitesten fortgeschritten war und zu Versuchszwecken bei den Nibelungenwerken in St. Valentin, Niederösterreich, in ein Jagdtiger-Fahrgestell eingebaut wurde. Eine Serienfertigung soll sich in Vorbereitung befunden haben.[34] Es sollen 1944 fünf Versuchsmotoren hergestellt worden sein.[35]

Wegen der beim Dieselmotor geringeren Abgastemperaturen war es hier möglich, einen Abgasturbolader für eine Leistungssteigerung bei gleichbleibendem Hubraum einzusetzen. Dem Ottomotor blieb diese Möglichkeit aus Mangel an hochwarmfestem Material zunächst verwehrt.

Die Entwicklung von wassergekühlten **2-Takt-Dieselmotoren** wurde wegen der prinzipbedingten theoretisch größeren Hubraum- und Motorraumleistung hauptsächlich von der Firma Klöckner-Humboldt-Deutz betrieben, die auch am weitesten vorangekommen war.

Parallel dazu entwickelte Maybach seine Ottomotoren weiter, ohne jedoch die Dieselmotorenentwicklung zu vernachlässigen.[36]

Ab 1942 begannen die Überlegungen für eine Leistungssteigerung des Maybach V-12-Zylinder HL 230 mit 515 kW / 700 PS der Panzerkampfwagen Tiger und Panther durch Benzin-Direkteinspritzung und Aufladung. Die Benzin-Direkteinspritzung war bereits seit längerem ein unverzichtbarer Bestandteil verschiedener deutscher Flugmotoren. Gegen Kriegsende lief der Prototyp des V-12-Zylinder HL 234 als Saugmotor mit ca. 588 kW / 800 PS in einem Tiger-II-Fahrgestell bei der Firma Maybach in Friedrichshafen im Fahrversuch. Er hätte sich problemlos in die Typen Tiger und Panther einbauen lassen können und galt daher gegen Kriegsende als Favorit für den Ersatz des HL 230.[37]

Ein Produktionsausfall bei den seinerzeit in Serienfertigung befindlichen schweren Panzertypen für die erforderlichen Änderungen und den Einbau eines ggf. nicht ausreichend erprobten neuen Dieselmotors wäre sicherlich nicht hinnehmbar gewesen, zumal eine entscheidende Verbesserung des Kampfwertes der Fahrzeuge, die diesen Ausfall hätte aufwiegen können, fragwürdig geblieben wäre.

Grundsätzlich wäre für die Umstellung auf Dieselmotoren eine andere Konzeption der Fahrzeuge notwendig gewesen, vor allem eine rigorose Beschränkung der Fahrzeuggewichte. Da die Entwicklung ab 1941 allerdings gegenteilig verlief, ließen sich die notwendigen Antriebsleistungen nur noch durch Ottomotoren verwirklichen. Die Leistungskennwerte der Maybach HL 230/234-Ottomotoren konnten erst Anfang der 1970er-Jahre durch aufgeladene Dieselmotoren überboten werden.[38]

Die Frage Otto- oder Dieselmotor verlor praktisch an Bedeutung, da ab Mitte 1944 durch die schrittweise Ausschaltung der deutschen synthetischen Kraftstoffproduktion bis Frühjahr 1945 in Mitteldeutschland durch gezielte Bombenangriffe weder für Otto- noch für Dieselmotoren mehr ausreichend Kraftstoff zur Verfügung stand.

Schließlich erhielt Porsche 1944 den Auftrag, eine 735 kW / 1000-PS-Gasturbine zu entwickeln und die Möglichkeit des Einbaues in einen Panzer zu untersuchen. Man erhoffte sich unter anderem eine höhere Leistung und, trotz des höheren Kraftstoffverbrauches, Vorteile durch die Verwendung minderwertiger Kraftstoffe.[39] Turbinentriebwerke waren gerade erst in Strahlflugzeugen wie der bekannten Messerschmitt Me 262 ausreichend standfest gemacht worden und hatten noch mit argen Kinderkrankheiten zu kämpfen. Bis zum Ende des Krieges ist jedoch keine dieser Entwicklungen mehr über das Erprobungsstadium herausgekommen.

Daneben gab es zwischen den an Entwicklung und Nutzung Beteiligten berechtigte Meinungsverschiedenheiten darüber, ob ein Panzermotor in erster Linie zuverlässig und einfach zu warten und reparieren sein oder möglicherweise auf Kosten dieser Eigenschaften Höchstleistungen erbringen sollte. Es wurde auch eine sog. „Büffelcharakteristik" des Motors, also ein gutes Durchzugsvermögen und großes Drehmoment bei niedrigen Drehzahlen, gefordert. Dieses erlaubte, weniger zu schalten und mit einem einfacheren Getriebe auszukommen. Dabei wurde außer Acht gelassen, dass man dies durch einen Verlust an Leistung im oberen Drehzahlbereich erkaufte.

Die ebenfalls Getriebe herstellende Firma Maybach vertrat daher den Standpunkt, dass „solche" Motoren unnötig groß seien und es besser sei, die Leistung eines kleineren Motors mit einem kleinen nutzbaren Drehzahlband durch ein automatisch geschaltetes Vielganggetriebe besser auszunutzen. Man war sogar der Meinung, dass bisher unnötig große Motoren im Kraftfahrzeugbau verwendet wurden, um an die Getriebe nur bescheidene Anforderungen stellen zu müssen.[40]

Die von Maybach vertretende Richtung hat sich bis heute im deutschen Panzerbau durchgesetzt. Die modernen Panzermotoren weisen darüber hinaus durch die Abgasturboaufladung ein der „Büffelcharakteristik" entgegengesetztes Drehmomentverhalten auf.[41]

## 2. Die Schalt- und Lenkgetriebe – Technische Einführung und Entwicklungsübersicht

Der Motor steht in der interessierten Öffentlichkeit oft im Mittelpunkt des Interesses, wenn es um die Beschreibung der Leistungen eines Fahrzeuges geht. Die nachgeschalteten Baugruppen zur Leistungsübertragung werden oft nur am Rande oder als unmaßgebliche „Black Box" wahrgenommen.

Gerade beim gepanzerten Kettenfahrzeug mit Verbrennungsmotor sind jedoch dessen Eigenschaften bezüglich der Mobilität im Einsatz entscheidend von der Auslegung dieser Baugruppen abhängig. Es handelt sich bei diesem Thema bei näherem Hinsehen vielleicht sogar um den interessanteren Themenbereich.

Ein von der Bedienung des Panzers übermäßig beanspruchter und ängstlicher Fahrer war und ist im Einsatz ein Risikofaktor. Er sollte daher soweit möglich bei der Bedienung entlastet werden, was auch die Fahrerausbildung vereinfachte.

Auch hier gab es über die Frage, ob die Bedienungserleichterungen den erhöhten Aufwand bei Produktion und Einsatz der aufwändigeren Getriebe rechtfertigen, ernste Differenzen zwischen allen bei der Beschaffung beteiligten Amtsstellen und Firmen.

Das Fernziel der Entwicklung war ein einfach zu bedienendes Lastschaltgetriebe, welches die jederzeit zugkraftunterbrechungsfreie Kraftübertragung ermöglichte, sowie ein Lenkgetriebe, das ein einfaches und möglichst stufenloses Fahren von Kurvenradien erlaubte. Beide Getriebe sollten in einer Baugruppe kombiniert sein.

Um einen zutreffenden Überblick über diesen komplexen Bereich zu verschaffen, ist im Vergleich zur Entwicklung des Panzermotors eine etwas umfangreichere technische Einführung erforderlich.

### 2.1 Schaltgetriebe

Die Notwendigkeit der Verwendung eines Schaltgetriebes (richtig: Wechselgetriebes) im Kraftfahrzeug mit Verbrennungsmotor ergibt sich daraus, dass zwischen der Mindest- und Höchstdrehzahl des Motors nur ein begrenzter leistungsfähiger Drehzahlbereich vorhanden ist, der bei allen Fahrbedingungen trotz Änderung der Belastung eingehalten werden muss. Durch die Übersetzungsstufen der Gänge im Wechselgetriebe ist dieses möglich. Das Schalten der Gänge bewirkt eine Änderung (einen Wechsel) der Übersetzung zwischen Motor und nachfolgendem Antrieb. Es ermöglicht auch das Rückwärtsfahren durch die Umkehrung des Drehsinnes des nachfolgenden Antriebes. In Kettenfahrzeugen sind zudem mehrere Rückwärtsgänge zur Erreichung einer höheren Rückwärts-Geschwindigkeit wünschenswert.

Die notwendige Anzahl der Gänge in einem mechanischen Wechselgetriebe ist von unterschiedlichen Faktoren, u. a. von der Charakteristik der Leistungsentfaltung des Motors abhängig und liegt im Kampfpanzer bei vier bis acht Vorwärts- und bis zu vier Rückwärtsgängen. Von Bedeutung ist unter anderem, dass die Fahrgeschwindigkeit eines Kettenfahrzeuges abhängig von der Beschaffenheit des Untergrundes durch den höheren Roll- und Fahrwiderstand beim Schalten durch die dann unterbrochene Zugkraft schnell sinkt und deswegen die Abstufung der Gänge dem angepasst sein muss. Das gleiche gilt, um eine gute Beschleunigung des Fahrzeuges und die höchstmögliche Geschwindigkeit in jeder Situation zu erreichen, d. h. vom schweren über das leichte Gelände bis zur Straßenfahrt.

Eine höhere Anzahl von Gängen beim manuell geschalteten mechanischen Getriebe wird jedoch begrenzt durch

die damit anfallende Schaltarbeit, deren erfolgreiche Bewältigung von Können und Übung des Fahrers abhängt, wobei die damaligen halbautomatischen Getriebe, seinerzeit Leichtschaltgetriebe[42] genannt, eine Erleichterung darstellten.
Wie bereits angedeutet, gab es zwischen den beteiligten Ämtern, der Inspektion der Panzertruppen und der Industrie, ähnlich wie in der Panzermotorenfrage, ernste Differenzen über die Auslegung der Panzergetriebe. So favorisierten Teile des HWA und die Firma Maybach für die schweren Typen das halbautomatische Olvar-Getriebe des Tiger und hätten dieses auch gern im Panther eingebaut, was diesem Typ sicherlich eine noch bessere Beweglichkeit verschafft hätte. Die Inspektion der Panzertruppen und die Firma Zahnradfabrik Friedrichshafen bevorzugten jedoch ganz eindeutig die unkomplizierteren Handschaltgetriebe. Es wurden 1944 erfolgreiche Versuche unternommen, das Siebenganggetriebe ZF AK 7-200 des Panther im Notfall als Austauschgetriebe auch in die Tiger-Typen einzubauen. Es erscheint gar, dass zum Ende des Krieges in Deutschland die Absicht bestand, für alle Panzerkampfwagen zwischen 30 und 70 t aus fertigungstechnischen Gründen nur noch ein neuentwickeltes unsynchronisiertes Fünfgang-Panzerkampfwagen-Allklauen-Einheitsgetriebe AK 5-80 zu verwenden, das erstaunlich einfache Bedienungseigenschaften aufgewiesen haben soll.[43] Das unmittelbar nach Kriegsende für die französische Armee entwickelte ZF-Überlagerungslenkgetriebe für den geplanten schweren KPz AMX 50 weist ebenfalls tatsächlich fünf Vorwärtsgänge auf.
In den deutschen Panzerkampfwagen wurden bis 1945 überwiegend handgeschaltete Allklauen-Synchrongetriebe, Wilson-Vorwähl-Planetengetriebe, mechanische Luft- oder öldruckgeschaltete Vorwählgetriebe verwendet. Bekannt und teilweise als Prototypen vorhanden waren allerdings schon alle anderen Systeme bis zum hydrodynamischen Planetengetriebe (*„Automatikgetriebe"*). Umfangreiche Versuche wurden mit elektrischen Schaltgetrieben durchgeführt. Eine Nebenrolle spielten die benzinelektrischen Antriebe in den Panzerfahrzeugen der Firma Porsche.

### 2.1.1 Handbetätigte und halbautomatische Schaltgetriebe

Um die Laufgeräusche des Getriebes gering zu halten, werden die Zahnräder für die hohen Gänge ab Anfang der 1930er-Jahre in hochwertigen Fahrzeugen, so auch in deutschen Panzerwagen, schrägverzahnt. Bei der Schrägverzahnung befinden sich mehrere Zähne gleichzeitig im Eingriff, dazu ist die Eingriffslänge größer. Diese Bauart wurde in Deutschland von der Firma Zahnradfabrik Friedrichshafen (ZF) entwickelt und kam unter der Bezeichnung „Aphongetriebe" auf den Markt.
Die häufig anzutreffende Bezeichnung (All-)Klauengetriebe leitet sich von der Bauweise ab, bei der die Zahnräder dauernd im Eingriff, jedoch lose auf der Welle gelagert sind. Die Verbindung mit der Welle erfolgt beim Einschalten des jeweiligen Zahnradpaares (*Ganges*) über eine weniger verschleißanfällige Klauenkupplung. Die Schaltgetriebe wurden durch die Klauenschaltung kürzer. Eine weitere erhebliche Verkürzung der Baulänge wurde beim Siebengang-Schaltgetriebe ZF AK 7-200 des Panther durch Verwendung von drei anstatt der üblichen zwei Getriebewellen erreicht. Durch sinnreiche Anordnung der Baugruppen war es z. B. im Maybach Olvar OG 40 12 16 der Tiger-Typen möglich, bis zu acht Vorwärtsgänge aus vier Zahnradpaaren zu bilden und auf kleinstem Raum unterzubringen.
Etwa zum Zeitpunkt des Einsatzes von schrägverzahnten Zahnrädern in deutschen Schaltgetrieben wurden auch vermehrt Synchronisiereinrichtungen eingebaut, die den Schaltablauf unabhängig von den Fähigkeiten des Fahrers beschleunigen sollten. In den Schaltgetrieben, die in deutsche Kettenfahrzeuge eingebaut wurden, kam zunächst die ab 1930 eingeführte Lamellensynchronisierung zur Verwendung. Dabei wurden Lamellenpakete, deren Innenlamellen mit der Zahnradwelle und die Außenlamellen mit dem Zahnrad verbunden waren, zusammengedrückt und durch die entstehende Reibungskraft zwischen den Lamellen der Gleichlauf zwischen den zu schaltenden Elementen bewirkt.
Als Stammvater der bis 1945 in Deutschland verwendeten Getriebe dieser Bauweise gilt das Sonder-Fünfganggetriebe SFG 280 der Firma ZF, das ab 1931 in die „Großtraktoren" der Firmen Krupp und Rheinmetall eingebaut worden ist. Die darauf folgenden fünf „Neubaufahrzeuge" erhielten ab 1932 das SSG 280 als Sechsgangversion dieses Getriebes.[44]
Bereits ab 1934 wurde zunächst noch vereinzelt die aus den USA bekannte und heute noch aktuelle Kegelsynchronisierung verwendet, die zusammen mit schmaleren Rädern und deren Lagerung auf der Welle anstatt im Gehäuse die Baulänge der Getriebe noch weiter verkürzte (*sog. „Allsynchrongetriebe"*). Zur Verbindung der Schaltelemente wurde beim Schalten nur noch eine Schiebehülse bewegt. Im Panther-Getriebe wurde dieser Synchronisierungstyp ebenfalls eingebaut.
Diese Synchronisierungen konnten und sollten beim Schalten durch Doppeltkuppeln und Zwischengasgeben in der Wirkung unterstützt werden.

Richtungsweisend für eine Schalterleichterung war das heute fast vergessene, ab 1915 entwickelte und in den 1920er-Jahren vereinzelt in Pkw, Lkw und Triebwagen verwendete „Soden-Getriebe" der Firma ZF. Es handelte sich um ein mechanisches Vorwählgetriebe mit geradeverzahnten Rädern ohne Synchronisierung, das auch zeitweise in den Prototypen der geheimen Panzerentwicklung vor 1933 verwendet wurde. Das Schalten erfolgte selbsttätig während des Aus- und Einkuppelns. Für die korrekte und störungsfreie Funktion des komplexen Getriebes war eine saubere Einstellung erforderlich, die eine stetige qualifizierte Betreuung voraussetzte. Es setzte sich daher selbst im zivilen Bereich nicht durch.[45]

Einen anderen Weg ging die Firma Maybach mit ihren Vorwählgetrieben für Kettenfahrzeuge, die zunächst durch Saug- oder Druckluft, später mittels Öldruckes, geschaltet wurden. Diese Getriebe sind ebenfalls mechanische Klauengetriebe mit schrägverzahnten Rädern. Der jeweilige Gang wird mit einem kleinen Hebel am Getriebe vorgewählt und zum Schalten lediglich gedrückt, bis der Schaltvorgang einsetzt. Die Hauptkupplung kuppelt aus, die Schaltorgane und -zylinder werden druckbeaufschlagt, der betreffende Gang wird geschaltet und die Hauptkupplung wieder eingekuppelt. Das Betätigen des Kupplungspedals ist nur zum Anfahren und Anhalten notwendig.

Die Ausstattung der Tiger-Olvar-Getriebe mit acht Vorwärtsgängen hatte den Hintergrund, dem Fahrer in jeder Situation, d. h. leichtes Gelände, schweres Gelände und Straße, mindestens vier fahrbare Gänge zur Verfügung zu stellen, was der Beweglichkeit des Fahrzeuges zugute kommt. Dieses ist allerdings nur der Fall, wenn die Gänge unabhängig von den Fähigkeiten des Fahrers zu schalten sind. So habe der gegenüber dem Panther 10 t schwerere Tiger I mit gleicher Motorleistung, jedoch Öldruck-geschaltetem Achtgang-Vorwählgetriebe, vielfach eine bessere Beschleunigung aufgewiesen als der mit handgeschaltetem, mechanischem Siebengang-Synchrongetriebe ausgestattete Panther. Es wird über bessere Fahrleistungen z. B. bei der Verfolgung des russischen Kampfpanzers T-34 im Gelände berichtet, weil die Tiger-Fahrer angeblich keine Angst vor dem Schalten haben mussten, sondern einfach den günstiger erscheinenden Gang schalteten. Diese Getriebe waren jedoch umstritten als fertigungsaufwändig, empfindlich und anfällig bei Fehlbedienungen und mangelnder Wartung, was die Firma Maybach bestritt.[46]

Der wenig erfolgreiche Vorläufer des Olvar-Getriebes[47] war das zeitweise im Panzer III eingesetzte, anfänglich sauglufbetätigte Vorwählgetriebe Maybach Variorex 328145[48], das die Firma ZF in Lizenz produzierte und über zehn Vorwärtsgänge verfügte. Dieses sollte nach den Vorstellungen des HWA einerseits die oben beschriebenen Vorteile bei der Bedienung bieten, andererseits eine höhere End- und Dauergeschwindigkeit des Fahrzeuges ermöglichen.

Die unausgereifte, nicht ausreichend erprobte Konstruktion machte erhebliche Schwierigkeiten und verzögerte die Produktion des Panzerkampfwagen III im Jahr 1939. Das Variorex-Getriebe bewährte sich zunächst auch im Einsatz nicht. Es wurde entschieden, bei späteren Ausführungen des Panzerkampfwagen III wieder das auch im Panzerkampfwagen IV verwendete mechanische ZF Sonder-Sechsganggetriebe SSG 76/77[49] mit Lamellensynchronisierung einzubauen. Es war aus Kapazitätsgründen jedoch nicht möglich, die Fertigung sofort umzustellen, so dass eine erhebliche Anzahl Panzerkampfwagen III mit Variorex-Getrieben ausgestattet wurde. Im Übrigen soll das Variorex-Getriebe nach Behebung der hauptsächlichen Mängel ab 1941 eine „außerordentliche Zuverlässigkeit im Einsatz" sowohl in Russland als auch in Nordafrika aufgewiesen haben.[50]

Die Idee des Leichtschaltgetriebes im Panzerkampfwagen war damit jedoch nicht aufgegeben. Es wurde darüber nachgedacht, ein Wilson-Planeten-Vorwähl-Schaltgetriebe, ähnlich wie im Panzerkampfwagen 38 (t) zu entwickeln und zudem entschieden, ein elektrisch geschaltetes ZF-Getriebe zu erproben.[51]

Die Firma ZF versuchte, 1940/41 den Maybach-Getrieben einen eigenen Entwurf entgegenzusetzen und entwickelte eine Reihe von druckluftgeschalteten „SMG"-Mehrgruppengetrieben,[52] die im Aufbau den Maybach-Getrieben ähnelten, jedoch mit Kegelsynchronisierungen arbeiteten. Diese den ZF-Prinzipien für einfache und wirtschaftlich herstellbare Getriebe gegenläufigen Konstruktionen ermöglichten noch keine schnellen und problemlosen Schaltungen und gingen nicht in Serie.[53] Danach schlug ZF mit dem Panther-Getriebe AK 7-200 den Weg hin zu einfachen Panzergetrieben, gemäß den Erfahrungen im Lkw-Getriebebau, endgültig ein.[54]

Auch die Erwartungen an das Elektro-Schaltgetriebe erfüllten sich nicht.[55]

ZF hatte bereits 1938 ein derartiges lastschaltbares Sechsgang-Lkw-Getriebe herausgebracht. Damit war beim Schalten eine Überschneidung der Gänge ohne Zugkraftunterbrechnung bei einfachster Bedienung durch einen elektrischen Schalter gewährleistet. Eine separate Haupt- bzw. Anfahrkupplung war nicht erforderlich. 1943 erprobte die Kraftfahrversuchsstelle in Kummersdorf Prototypen solcher elektrischer Zwölfgang-Getriebe der Firma ZF in einem Tiger I mit mäßigem Erfolg.[56]

Die deutschen Versuche sollen bereits vor Ende des Krieges wegen übermäßiger Wärmeentwicklung abgebrochen worden sein.[57]

Diese Getriebeart bewährte sich in den Kettenfahrzeugen auch später nicht. Das französische elektromagnetische Schaltgetriebe im Schützenpanzer lang HS 30 der Bundeswehr machte von Anfang an erhebliche Probleme und musste in einem langwierigen Prozess durch herkömmliche hydrodynamische Automatik-Getriebe ersetzt werden.[58]

Im Vergleich zu den bis dahin in Deutschland verwendeten Konstruktionen für leichte und mittlere Kettenfahrzeuge zeigten sich die bereits lastschaltbaren Planeten-Schaltgetriebe System Praga-Wilson britischer Lizenz in tschechischer Bauart als modern und fortschrittlich. Sie waren in den von den deutschen Streitkräften übernommenen Panzerkampfwagen 35 (t) und 38 (t) eingebaut.

Beim Typ 38 (t) war das Getriebe zudem mit einem Vorwähler verbunden, der den vorgewählten Gang automatisch schaltete. Das Getriebe verfügte über sechs Vorwärtsgänge und einen Rückwärtsgang. Die Getriebe und Lenkgetriebe galten als äußerst zuverlässig, waren leicht zu bedienen und wurden bis zum Ende des Krieges trotz der vergleichsweisen aufwändigen Bauweise in die zahlreichen Abarten des Panzerkampfwagen 38 (t) eingebaut. Es handelt sich bei diesem ursprünglich britischen Getriebe sicherlich um einen technischen Meilenstein, dem nur noch die später hinzugekommene hydraulische Kupplung bzw. der Drehmomentwandler fehlten. Stattdessen wurde beim Panzerkampfwagen 38 (t) zur Schonung des Antriebes beim Schalten unter Last eine Rutschkupplung als Hauptkupplung verwendet.

### *2.1.2 Mechanisch-hydraulische Getriebe und hydrodynamische Getriebe*

Hydraulische Kupplungen und Drehmomentwandler sind hydraulische Übertragungen zwischen Motor und Getriebe, die anstelle der herkömmlichen Kupplungen treten, die Motor und Getriebe mechanisch verbinden. Vereinfacht gesagt, wird die Drehkraft des Motors von einem Pumpenrad über eine Flüssigkeit auf ein Turbinenrad, das dadurch mitgenommen wird, indirekt übertragen. Bei einem Drehmomentwandler wird zudem eine Drehmoment-Vervielfachung beim Anfahren erreicht. Dieser stellt für sich allein schon ein Getriebe dar, wenn auch ohne nachgeschaltetes Stufengetriebe mit schlechtem Wirkungsgrad. Obwohl die Hydraulische Kupplung in Deutschland bereits vor dem Ersten Weltkrieg von Hermann Föttinger (1877–1945) erfunden und Planetengetriebe sowie in Öl laufende Lamellenkupplungen vielfach verwendet wurden, fand bis 1945 kein serienmäßiger Übergang zum modernen lastschaltbaren Hydrodynamischen Planetengetriebe in deutschen Kampfpanzer-Schaltgetrieben statt.

Maybach arbeitete an einer Weiterentwicklung des aus dem Triebwagenbau übernommenen Maybach-AEG-Voith-Getriebe „Mekydro" für den Einsatz in Kampfpanzern mit Motorleistungen bis zu ca. 736 kW.[59] Es war von seiner Funktion dem Olvar-Getriebe ähnlich, verfügte jedoch anstatt der herkömmlichen Anfahr- und Schaltkupplung über einen Drehmomentwandler plus Schaltkupplung.

Eine zugkraftunterbrechungsfreie Kraftübertragung beim Schalten war damit aber noch nicht möglich.

Die Firma Voith in Heidenheim entwickelte 1941/42 als Alternativlösung für den zweimotorigen benzinelektrischen Prototyp des „Porsche-Tiger" das „Nita"-Doppelturbogetriebe G24. Die Fahrzeugmotoren trieben je zwei hydraulische Wandler an, die zusammen auf eine Abtriebswelle wirkten. Dadurch war eine zugkraftunterbrechungsfreie Zweigangschaltung möglich, wobei jeweils ein Wandler mit Öl gefüllt wurde, während der andere leerlief. Die beiden dem jeweiligen Motor zugehörigen Wandler arbeiteten mit unterschiedlichen Getriebe-Übersetzungen. Der Schaltablauf soll weitgehend selbsttätig erfolgt sein. Ein Prototyp-Fahrzeug war vorhanden.[60]

Ab 1943 entwickelte Voith ein hydrodynamisches Schaltgetriebe unter dem Kennwort „Panta", bestehend aus zwei Drehmomentwandlern und einem nachgeschalteten mechanischen Zweigang-Getriebe, das insgesamt 4 Gänge aufwies und ebenfalls zugkraftunterbrechungsfreien Gangwechsel ermöglichen sollte. Gleichzeitig sollen Voruntersuchungen bezüglich einer hydraulischen Kraftübertragung für den Tiger II durchgeführt worden sein. Durch den Wandler seien 15–20 % Leistungsverlust eingetreten, die man aufgrund der geringen Leistung des Maybach-Motors HL 230 für nicht akzeptabel gehalten habe.

Zudem sollen sich hydrodynamische Antriebsanlagen für die geplanten Panzerkampfwagen E 10 und E 25 im Stadium der Prototypenfertigung befunden haben.[61]

### 2.1.3 Hydrostatischer und elektrischer Antrieb

Für einige Zeit galt die direkte stufenlose hydrostatische Kraftübertragung als die Zukunftslösung im Hinblick auf ein einfaches und platzsparendes Getriebe.[62] Bei der hydrostatischen Kraftübertragung wird in einem geschlossenen System aus Pumpe und Motor die eingeschlossene

Flüssigkeitssäule starr weitergeleitet und als Übertragungsmedium genutzt. Bei hohen zu übertragenden Leistungen steigen jedoch der erforderliche Raumbedarf und das Gewicht dieser Baugruppe stark an, so dass rein hydrostatische Antriebe nicht eingeführt wurden. Ein Panzer IV wurde als Erprobungsträger mit einem derartigen Antrieb gebaut, der heute zum Bestand des *Center of Military History* der US-Army gehört.

Die ebenfalls naheliegende Kombination eines Verbrennungsmotors mit einem elektrischen Antrieb, direkt wirkend auf die Antriebsräder, bestehend aus Generator und zwei Elektroantriebsmotoren, wurde während des Krieges auf deutscher Seite mit mäßigem Erfolg angewandt. Die großen Vorteile sind der einfache Aufbau, ein Zugkraft-unterbrechungsfreier Antrieb und die gute Bedienbarkeit durch Wegfall der mechanischen Schalt- und Lenkgetriebe. Der Wirkungsgrad war jedoch nicht befriedigend, der Bedarf an Kupfer sehr hoch und damit einhergehend auch das hohe Gewicht der Baugruppen im Vergleich zu einer mechanischen Kraftübertragung. Der Nachweis der prinzipiellen Machbarkeit war jedoch erbracht. Durch verschiedene neue technische und politische Entwicklungen begünstigt, werden in der Zukunft elektrische oder hybride Antriebe im Fahrzeugbereich sicherlich eine Rolle spielen.

## 2.2 Lenkgetriebe

Die Verwendung des Gleiskettenfahrwerks bringt es mit sich, dass nicht nur ein Schaltgetriebe, sondern auch ein spezielles Lenkgetriebe zur Herstellung von unterschiedlichen Geschwindigkeiten der Ketten für das Kurvenfahren benötigt wird. Von der Lenkfähigkeit hängt die Manövrierbarkeit des Fahrzeuges entscheidend ab. Dazu gehört, dass das Kettenfahrzeug jede erforderliche Kurve mit einer möglichst hohen Geschwindigkeit durchfahren können soll. Darüber hinaus sollte es eine noch größere Wendigkeit als ein Räderfahrzeug besitzen und nach Möglichkeit auf der Stelle um seine Mittelpunkts-Hochachse wenden können.

Die folgende Darstellung beschränkt sich auf die bis 1945 bei deutschen Panzerkampfwagen hauptsächlich verwendeten Lenkgetriebe.

### *2.2.1 Lenkdifferentiale*

Die einfachste Möglichkeit für das Lenken eines Kettenfahrzeuges besteht darin, eine Art Lkw-Hinterachse als Antriebsachse einzusetzen und mit Kettenantriebsrädern zu bestücken. Zum Lenken wird einfach die kurveninnere Kette abgebremst. Dieses Verfahren eignet sich jedoch nur für sehr leichte Panzerfahrzeuge oder für langsam fahrende Raupenschlepper. Ein Nachteil bei schnellfahrenden, schweren Panzern ist der sehr schlechte Wirkungsgrad beim Lenken mit teilweise angezogener Lenkbremse, so dass bis zu 70 % der Antriebsleistung in Wärme umgewandelt werden und für den Antrieb verloren gehen. Erst beim Lenken mit einer stillstehenden Kette für engste Kurven hält sich der Verlust in Grenzen. Der größte Nachteil dieser Getriebekonstruktion im Panzerkampfwagen ist jedoch weniger die mangelnde Wirtschaftlichkeit als der große Geschwindigkeitsverlust beim Kurvenfahren.

Eine Verbesserung des Lenkdifferentials stellt das Cletrac-Lenkdifferential dar, bei dem zusätzlich eine feste Lenkübersetzung eingefügt wurde, so dass sich die Verluste an der rutschenden Lenkbremse bis auf 50 % verminderten und bei angezogener Lenkbremse weiterhin beide Gleisketten angetrieben werden. Die feste Lenkübersetzung wird im Lenkdifferential hergestellt und bewirkt an beiden Antriebsrädern unterschiedliche Übersetzungen und Antriebsdrehzahlen. Hier ist zum ersten Mal eine Leistungszirkulation erkennbar, bei der ein Teil der negativen Leistung durch das „Schieben" der kurveninneren Kette von der inneren zur äußeren Kette zurückfließt.

In deutschen Militärfahrzeugen wurde das Cletrac-Lenkgetriebe bei allen Arten von Halbketten-Fahrzeugen verwendet. Dessen Betätigung erfolgte selbsttätig ab einem bestimmten Lenkeinschlag der Vorderräder.

### *2.2.2 Kupplungs-Brems-Lenkgetriebe*

Das bis 1945 in deutschen Panzerkampfwagen meistverwendete Kupplungs-Brems-Lenkgetriebe besteht aus einem Durchtrieb zu beiden Kettenrädern, wobei beim Lenken zunächst die jeweilige Seite ausgekuppelt werden muss, was für sich allein schon zu einer leichten Fahrtrichtungsänderung führt. Zum Fahren engerer Kurven ist zusätzlich die jeweilige Lenkbremse anzuziehen, mit dem schon oben beschriebenen schlechten Wirkungsgrad.

Der Wirkungsgrad und die Fahrgeschwindigkeit werden dabei nicht beeinträchtigt. Lediglich beim Lenken mit rutschender Lenkbremse treten durch die Bremse Leistungsverluste bis zu 56 % auf.

Die Lenkbetätigung erfolgt typischer Weise über Lenkhebel. Der Vorteil bei diesem System besteht darin, dass es bei den häufigen, leichten Lenkkorrekturen genügt, die Lenkkupplung kurz zu lösen. Tückisch ist dieses jedoch besonders bei Bergabfahrt. Dort führt das Lösen der Kupplung zum Einlenken auf die entgegengesetzte Seite, dem durch sofortiges Weiterziehen des Lenkhebels in die Bremsstellung

gegengesteuert werden muss. Das Feinlenkverhalten war seinerzeit nicht mit dem eines Radfahrzeuges vergleichbar. Die Lenkhebel wollten bei den verwendeten Stahlketten ohne Gummipolster gerade auf befestigten Straßen und bei höheren Geschwindigkeiten wegen Schleudergefahr mit Gefühl betätigt werden.
Durch Hinzufügen eines Planetengetriebes und dem dadurch möglichen Ersetzen der Trennkupplung durch eine einfachere Trennbremse entstand das Umlauf-Lenkgetriebe, das in größerer Zahl verwendet wurde. Ein typischer Vertreter dieser Bauweise ist das Lenkgetriebe des PzKpfw III.
Eine weitere Verbesserung des Systems konnte durch Hinzufügen einer Untersetzungsstufe zwischen dem Lösen der Lenkkupplung und dem direkten Abbremsen der jeweiligen Antriebsseite erfolgen, was das verlustärmere Fahren einer Kurve bis zu einem festen Radius ermöglichte. Der Panzerkampfwagen 38 (t) und seine Familienfahrzeuge bedienten sich dieser Technik.

### 2.2.3 Überlagerungs-Lenkgetriebe

Der entscheidende Schritt zum modernen Lenkgetriebe war die Entwicklung des Überlagerungs-Lenkgetriebes. Die Merkmale der Lenküberlagerung gehen auf eine Konstruktion der Fa. Schneider in Frankreich ab 1921 zurück und fanden im Versuchskampfpanzer SRB ab 1924, im „Char B" ab 1929 und im Panzerkampfwagen S-35 „Somua" ab 1934 erstmals Anwendung. In England entwarf W.G. Wilson bereits 1928 ein Überlagerungslenkgetriebe mit Planetengetrieben. Die Entwicklungen in Deutschland begannen etwa 1937.
Beim Überlagerungs-Lenkgetriebe ist der Antrieb für die „Geradeausfahrt" vom Antrieb der Lenkung getrennt. Zur Vereinigung der Antriebe beim Lenken werden die so genannten Summierungsgetriebe benötigt, eines für jede Seite, die aus den Planetengetrieben der Umlauf-Lenkgetriebe entstanden sind.
Der Antrieb für die Geradeausfahrt wirkt über das Schaltgetriebe auf die Hohlräder der (*Planeten-*)Summierungsgetriebe, während der Lenkantrieb auf die Sonnenräder einwirkt und diese auf beiden Seiten gegenläufig antreibt, sobald die jeweiligen Lenkeinrichtungen zur Links- oder Rechtslenkung betätigt werden.
Die Eigenart des Überlagerungs-Lenkgetriebes besteht darin, dass jedem Schaltgetriebegang ein bestimmter Lenkradius zugeordnet ist. Dabei ergibt sich beim kleinsten Gang auch der engste fahrbare Radius. Bei blockiertem Schaltgetriebe ist damit ein punktgenaues Wenden um die Mittelpunkts-Hochachse des Fahrzeuges möglich.
Durch Hinzufügen eines weiteren Radius ist ein noch besseres, zügiges Kurvenfahren durch die Verdoppelung der Zahl der festen Kurvenradien möglich.
Die Tiger-Panzerfahrzeuge verfügten ab 1942 über ein Zweiradien-Lenkgetriebe mit in Öl laufenden, hydraulisch betätigten Lamellenkupplungen, die das Maybach-Olvar-Schaltgetriebe mit Drucköl versorgte. Die Steuerung erfolgte komfortabel über ein Lenkrad ohne Kraftaufwand für den Fahrer.
Bei den Panther-Fahrzeugen war ein vereinfachtes kombiniertes Kupplungs-Brems-Einradien-Überlagerungslenkgetriebe eingebaut, das konventionell mit langen, hängenden Lenkhebeln gesteuert wurde. Kurven wurden durch Auskuppeln einer Antriebsseite oder durch Einschaltung des festen Lenkradius gefahren. Sehr enge Kurven oder Wendungen mussten durch Auskuppeln und Abbremsen der kurveninneren Gleiskette durch die entsprechende Seite der Betriebsbremse gefahren werden. Wenden, nahezu um die Hochachse, konnte in Leerlaufstellung des Getriebes erfolgen. Um den Fahrer von hohen Betätigungskräften zu entlasten, unterstützte eine Öldruckanlage den Einsatz der Stützbremse, der Lenkkupplung sowie der Betriebsbremse beim Fahren enger Kurven und beim normalen Bremsen.
Es wurden auch hier von der Fa. ZF Versuche durchgeführt, die Lamellenkupplungen elektromagnetisch zu schalten. Ein elektrisches Lenkgetriebe für den Panzerkampfwagen Panther wurde konstruiert und erprobt. Es hätte sicherlich das geplante Elektrogetriebe für das gleiche Fahrzeug gut ergänzt.

### 2.2.4 Elektrischer Lenk- und Fahrantrieb

Auf den elektrischen Antrieb wurde bereits beim Abschnitt über die Schaltgetriebe eingegangen.
Grundsätzlich ist ein direkter Antrieb durch Elektromotoren gut geeignet, wie beispielsweise beim deutschen 65-t-Panzerjäger Ferdinand (Elefant) und beim Prototyp des 188-t-Panzerkampfwagen Maus, durch Prof. Ferdinand Porsche in geringen Stückzahlen realisiert. Die damaligen Konstruktionen litten jedoch, wie ausgeführt, unter ihrem unzureichenden Wirkungsgrad und ihrem hohen Gewicht durch die konventionelle Auslegung der verwendeten Elektromotoren und Generatoren.
Der große Vorteil der elektrischen Kraftübertragung ist, dass damit ein einfach zu bedienender, grundsätzlich stufenloser Antrieb realisiert werden kann, der gleichzeitig ein stufenloses Lenken ohne zusätzlichen Aufwand beinhaltet. Beim Lenken wird jedoch die hohe zirkulierende Leistung,

die beim mechanischen Überlagerungslenkgetriebe vorteilhaft genutzt wird, zum Problem. Diese „Eckleistung", die mehr als doppelt so hoch sein kann wie die Nennleistung, erfordert es, sehr hohe Stromflüsse zu bewältigen. Dieses Problem ist nach wie vor nicht zufriedenstellend geklärt.

### *2.2.5 Überlagerungs-Lenkgetriebe mit stufenlosem Lenkantrieb*

Besonders die in der Vergangenheit benutzten Kampffahrzeuge mit Bewaffnungen in Kasematten, welche die grobe seitliche Zielrichtung mit dem gesamten Fahrzeug einzunehmen hatten, ließen direkt den Wunsch nach einem feinfühligen, stufenlosen Lenkantrieb aufkommen. Bereits eines der frühen französischen Überlagerungslenkgetriebe wurde für den Einbau im schweren Panzertyp B2 mit einem hydrostatischen Lenkantrieb versehen, bei dem ein stufenloses Verändern des Lenkradius in den jeweiligen Gängen möglich war.

Vielversprechend waren die erfolgreichen Versuche z. B. mit einem hydrostatischen Lenkgetriebe der Firmen Zahnradfabrik Augsburg (Fa. Renk) und MAN im Panther. Ein Versuchsexemplar ist nachweisbar, das ab August 1944 bei der Versuchsstelle für Kraftfahrt des Heereswaffenamtes (Verskraft) erprobt wurde. Man ging beim Lenken allerdings nur von einem mäßigen hydraulischen Wirkungsgrad mit 30–40 % Schlupf aus.[63]

### *2.2.6 Kombinierte Schalt- und Lenkgetriebe*

Natürlich war man sich schon früh darüber im Klaren, dass es günstig sei, das Wechselgetriebe und das Lenkgetriebe in einem gemeinsamen Gehäuse zu vereinen. Ein frühes gelungenes Beispiel ist das kombinierte Schalt- und Lenkgetriebe des französischen Panzerwagens F.T. (FT17) von 1917. Trotzdem waren, besonders bei den deutschen Panzerkampfwagen von 1933–1945, die zusammengeflanschten einzelnen Baugruppen verschiedener Hersteller längs mittig im Bug des Fahrzeuges untergebracht.

Bezüglich des Triebwerkes bestanden jedoch seinerzeit einige durchaus ins Gewicht fallende Vorteile, solange wartungsbedürftige mechanische Baugruppen verwendet wurden, z. B.

- keine langen, schwierig zu justierenden und zum Klemmen neigenden Betätigungsgestänge ins Heck notwendig;
- Bremsen und Lenkkupplungen vor dem Fahrer gut zum Zwecke der damals häufig notwendigen Wartungsarbeiten zugänglich; ggf. provisorisches Nachstellen auch im Einsatz unter Panzerschutz möglich;
- gute Gewichtsverteilung im Fahrgestell, was es u. a. erlaubte, den Drehturm mittig positionieren zu können. Dies ermöglichte grundsätzlich, die im Notfall so wichtigen Ausstiegluken nach oben für Fahrer und Funker vorzusehen und den Fahrer über einen „Hochsitz" auf dem Marsch aus der Luke schauen zu lassen.

Beachtenswert ist hierbei auch die Tatsache, dass man bei den deutschen „Großtraktoren" aus der Zeit des geheimen Panzerbaues ab 1926 und bei den wenigen 1933/36 entstandenen „Neubau-Fahrzeugen" Motoren, Getriebe und Kettenantriebsräder im Heck unterbrachte. Der Schluss liegt nahe, dass die gesammelten Erfahrungen nicht so gut waren, diese Anordnung unbedingt weiter zu verwenden. Anfänglich hatten alle beteiligten Firmen teilweise aufwändige Getriebe (*u. a. Planetengetriebe*) und Lenkgetriebe in ihren Großtraktor-Prototypen eingebaut, die jedoch zeitweise erhebliche Probleme bereiteten. Beim Nachfolgeprojekt „Neubaufahrzeug" wurden dann von vornherein einfachere Baugruppen vorgeschrieben und verwendet.[64]

Die bereits erwähnten deutschen Typen E 10 und E 25 waren ebenfalls mit einer im Heck untergebrachten organisch-kompakten Antriebseinheit aus Schalt-, Lenkgetriebe und Kühlanlage geplant.[65]

Zumindest zeichnerisch erfasst ist eine Voith-Schalt- und Lenkgetriebeentwicklung für Porsche-Panzerfahrzeuge mit Doppelwandler-Schaltgetriebe und stufenlosem hydrodynamischem Antrieb der Lenkung durch hydraulische Kupplungen, wie erst lange nach dem Zweiten Weltkrieg realisiert.[66]

## 3. Abschließende Anmerkungen

Die Mehrzahl der hier behandelten Prototypen und Kleinserien wiesen, wenn auch teilweise im Versuch noch nicht erfolgreich, den Weg in die Zukunft der Antriebe für schwere, schnell-laufende gepanzerte Kettenfahrzeuge.

Selbst die 1945 utopisch erscheinende Nutzung von Gasturbinen zum alleinigen Antrieb schwerer Panzerkampfwagen wurde 30 Jahre später in Großserie zunächst im sowjetischen T-80 und ab 1980 im amerikanischen Kampfpanzer M1 „Abrams" Realität.

Alle Entwicklungen, der Bau von Prototypen und die Erprobungen, der Ausbau und die Verlagerung der Fertigungsstätten, teils unter die Erde, geschahen in einer heute unvorstellbaren Geschwindigkeit. Natürlich konnten bürokratische Hemmnisse, wenn erforderlich, im „Führerstaat" rücksichtslos aus dem Weg geräumt werden. Alle Zeichnungen wurden von einer großen Zahl technischer Zeichner, Konstrukteure und Ingenieure mit der manuellen Zeichenmaschine rund um die Uhr angefertigt. Elektronische Rechenmaschinen an jedem Arbeitsplatz waren unbekannt. Die Rechenmaschine des Technikers war der Rechenstab. Die alltägliche Arbeitsbelastung des Personals in den Werkstätten und Konstruktionsbüros war sehr hoch und wurde durch zahlreiche „Schnell- und Sonderaktionen" zusätzlich belastet.

Möglich waren die beschriebenen Leistungen jedoch nur durch den im Laufe des Krieges zunehmend rücksichtslosen Einsatz von Fremdarbeitern und später auch KZ-Häftlingen in vielen Betrieben. Dazu gehörte auch die SS, die im Laufe des Krieges eine eigene industrielle Rüstungsorganisation aufbaute und sich an Konstruktionen und Erprobungen beteiligte, z. B. an der Entwicklung von Gasturbinen für Panzerfahrzeuge. Die KTL Wien war ein Teil dieser Organisation. Sie beschäftigte am Standort St. Aegyd auch Zwangsarbeiter, die in einem Lager in unmittelbarer Nachbarschaft untergebracht waren.[67]

Daran sollte man sich bei der Erörterung von deutschen Rüstungsleistungen im Zweiten Weltkrieg immer erinnern.

Nach 1945 stritten sich im Westteil Deutschlands einige der maßgeblichen damaligen Rüstungs-Protagonisten noch viele Jahre um die richtige Deutung und Bedeutung ihrer seinerzeitigen Tätigkeit, besonders als wegen des voll ausgebrochenen „Kalten Krieges" ein Verteidigungsbeitrag der Bundesrepublik Deutschland von den westlichen Alliierten gefordert wurde. Nicht allen Interessenten wurde angesichts ihrer Vergangenheit der Wiedereintritt in den Staatsdienst ermöglicht.

Dipl. Ing. Kniepkamp, ehemals HWA WaPrüf 6, in einem Entnazifizierungs-Spruchkammerverfahren entlastet, jetzt „Ministerialrat außer Dienst", war noch bis in die 1960er-Jahre auf seinem Gebiet selbstständig in beratender Funktion für verschiedene Auftraggeber tätig.[68]

Technisch waren die deutschen Motoren-Entwicklungen so fortschrittlich und gefragt, dass nach der Kapitulation beispielsweise Ingenieure der Firma Maybach die Entwicklungsarbeiten, nun für die französische Armee, freiwillig fortsetzen konnten. Dabei entstanden nicht nur die letzten „HL" - Panzermotoren der Firma Maybach auf Basis des HL 234, sondern auf dieser Grundlage auch die berühmten Maybach-Dieselmotoren der 1950er-Jahre für Eisenbahn- und Marineanwendungen.

Der Dieselmotorenexperte im HWA und spätere Inhaber des Lehrstuhles für Kraftfahrwesen an der TU Berlin, Joseph Augustin, war ab August 1945 gar Leiter eines Konstruktionsbüros für die russische Besatzungsmacht, wo er nicht nur an der „Rekonstruktion (*des o. g. Sla 16*) mitarbeiten, sondern angeblich auch einen eigenen Dieselmotor mit 1500 PS entwickeln durfte".[69]

Zwei Pioniere im Entwicklungsbereich des Antriebes von schweren Panzerkampfwagen durch Gasturbinen sollen sich 1947 bei einer britischen Firma wiedergefunden haben, um an der Weiterentwicklung dieser Technik mitzuarbeiten.[70]

Auch im Bereich der Getriebe für Panzerfahrzeuge waren die deutschen Entwicklungen und Erfahrungen für die Siegermächte interessant. So lieferte die Firma ZF Friedrichshafen noch 1946 ein Panther-Fahrgestell mit Elektro-Schalt- und Lenkgetriebe an das AMX, die Konstruktionswerkstatt der französischen Armee für gepanzerte Fahrzeuge.[71]

Der heute noch erhaltene Versuchs-Panzerkampfwagen IV mit hydrostatischem Antrieb im Heck wurde in den USA untersucht.

Bei der Firma ZF entstand aufgrund der bereits niedergelegten Prinzipien direkt nach Kriegsende das kombinierte Fünfgang-Zweiradien-Überlagerungslenkgetriebe M-4 im Auftrag der französischen Armee für den geplanten französischen Kampfpanzer AMX 50.[72]

Die konstruktive Auslegung der Lenkeinrichtung entspricht grundsätzlich der des späteren Leopard 1-Getriebes ZF 4 HP 250. So kann dieses interessante Baumuster als indirekter Vorläufer des Leopard 1-Getriebes gelten.[73]

Die Firma Daimler-Benz kam schließlich mit ihren Dieselmotor-Entwicklungen ab den frühen 1950er-Jahren auch im Bereich der gepanzerten Kampffahrzeuge zum Zuge und nahm mit diesen, ab 1969 innerhalb der MTU Friedrichshafen GmbH, in der westlichen Welt eine führende Stellung ein.

Frank Köhler — Koblenz, Mai 2023

# Das Neubaufahrzeug – seine Entstehung

Das so genannte Neubaufahrzeug, auch als „mittlerer Traktor" bezeichnet, entstand ab 1933 auf Grund der Erfahrungen und Probleme mit den Großtraktor-Prototypen während der Erprobung in der geheimen Panzerschule Kama in der Sowjetunion. Diese mehrtürmigen Fahrzeuge gingen auf die zur damaligen Zeit vorherrschenden Meinungen zurück, durch mehrere Drehtürme die Feuerkraft zu erhöhen. Dabei übersah man, dass dadurch eine Führung der vergrößerten Besatzung schwieriger wurde. Auch benötigte diese Besatzung einen größeren umpanzerten Raum, was die Abmessungen des Panzers wachsen ließ. Sollte das Gesamtgewicht eine gewisse Grenze, in dem Fall 23 t, nicht übersteigen, musste die Panzerstärke geringer gehalten werden. Dies war für einen als Durchbruchsfahrzeug vorgesehenen Panzer alles andere als optimal.

WS[74] ***Der Rheinmetall-Großtraktor mit der ersten Fahrwerk-Ausführung. Der Heckturm ist hier augenscheinlich nicht abgebildet.***

Es waren ab etwa 1926 von den Firmen Daimler-Benz, Krupp und Rheinmetall je zwei Großtraktoren mit 16-t-Gefechtsgewicht gebaut worden. Schwimmfähigkeit ohne zusätzliche Anbauten durch Schraubenantrieb war gefordert. Es wurde bereits mit Gummibandketten experimentiert.[75] Es standen zur Motorisierung nur ehemalige Flugmotoren zur Verfügung, die wegen ihrer niedrigen Drehzahl mit hohem Drehmoment ein umfangreiches und zu schweres Triebwerk erforderten.[76]
Die Fahrzeuge waren zumindest zeitweise mit modernen Hilfskraft-Schalt- und -Lenkeinrichtungen ausgerüstet. Die Verwendung der verschiedenen Baugruppen war vorgeschrieben, um ein Optimum an Erfahrung bei den wenigen Fahrzeugen erzielen zu können.

<u>Daimler-Benz-Fahrzeuge Nr. 41 und 42:</u>
Motor: Daimler Typ D IVb , 6-Zyl-Otto-Flugmotor mit 300 PS bei 1450 U/min,
Wechselgetriebe: Daimler-Benz-Planetengetriebe mit Bandbremsen, 2x drei Gänge durch Gruppengetriebe, 2x ein Rückwärtsgang, Druckölschaltung,
Lenkgetriebe: Daimler-Benz- „Prinzip Kupplungslenkung" mit Planetengetriebe und Schneckenbremse, Druckölbetätigung.

<u>Krupp-Fahrzeuge Nr. 43 und 44:</u>
Motor: BMW Typ Va, 6-Zyl-Otto-Flugmotor, als Typ 6,0 mit 250 PS bei 1400 U/min,
Wechselgetriebe: Stufengetriebe, 2x drei Gänge durch Gruppengetriebe, einen Rückwärtsgang, Druckluftschaltung, Hersteller: Schwarz und Cie., Dortmund, 1931 durch ZF SFG 280 (*Sonder-Fünfganggetriebe*) ersetzt. Fünf Vorwärtsgänge mit Lamellensynchronisierung, mechanisch geschaltet,
Lenkgetriebe: „Prinzip Kupplungslenkung" mit Planetengetriebe und Bandbremsen, Druckluftbetätigung.

Rheinmetall-Fahrzeuge Nr. 45 und 46:
Motor: BMW Typ Va, 6-Zyl-Otto-Flugmotor, als Typ 6,0 mit 250 PS bei 1400 U/min, wie Krupp-Fahrzeuge,
Wechselgetriebe: Soden-Stufengetriebe TSV-18, 2x vier Gänge durch Gruppengetriebe, einen Rückwärtsgang, Vorwählschaltung, elektrische Betätigung. Wie bei den Krupp-Fahrzeugen 1931 durch ZF SFG 280 (*Sonder-Fünfganggetriebe*) ersetzt. Fünf Vorwärtsgänge mit Lamellensynchronisierung, mechanisch geschaltet.
Lenkgetriebe:

1. Fahrzeug: P.I.V.-Getriebe, stufenlose Differenziallenkung, es wird als Kettengetriebe mit stufenlos veränderlicher Abtriebsdrehzahl durch Lamellen- oder Rollenkettentechnik beschrieben, zu diesem Getriebetyp sind bisher nur wenige Details bekannt, 1931 vermutlich Umbau wie im 2. Fahrzeug,
2. Fahrzeug: „Prinzip Kupplungslenkung mit Schneckengetriebe", Differenziallenkung, augenscheinlich System Cletrac in Kegelradausführung mit einem festem Lenkradius, Bandbremsen durch Schneckenanrieb über Lenkrad betätigt.

## Das Rheinmetall-Fahrzeug

Der BMW-Va war ein Flugmotor, der aus dem Motor BMW-IV entwickelt wurde. Dieser Ottomotor leistete 250 PS bei 1400 U/min. Der BMW-V stellte den Prototyp dar, aus dem der BMW-Va mit drei unterschiedlichen Kompressionsstufen entstand. Bei diesem 6-Zylinder-Reihenmotor verwendete BMW erstmals einen 4-Ventil-Zylinderkopf.
Besaß der Prototyp BMW-V noch einen gemeinsamen Leichtmetall-Wassermantel, ging BMW bei dem Serienmodell BMW Va wieder auf einen 2-Ventil-Zylinderkopf mit getrennten Wassermänteln pro Zylinder zurück. Der Motor hatte einen Hubraum von 22,9 Litern, die sich aus der Bohrung von 160 mm und einem Hub von 190 mm ergaben. Der Motor wog betriebsfertig 317 kg. Die Abmessungen betrugen 1668 mm (*lang*), 635 mm (*breit*) und 1133 mm (*hoch*).
Die drei unterschiedlichen Ausführungen als Flugmotor waren der BMW-Va 7,3 mit 395 PS, der BMW-Va 6,0 mit 380 PS und der BMW-Va 5,5 mit 360 PS. Die Höchstleistung erreichten die Motoren bei jeweils 1650 U/min. Die Dezimalziffer in der Bezeichnung gab das verwendete Verdichtungsverhältnis an, das durch verschiedene Kolbenboden-Formen verwirklicht wurde. Die Dauerleistung hatte BMW auf 320 PS bei je nach Ausführung 1500,1560 oder 1585 U/min begrenzt. Diese Leistung konnte allerdings nur mit Flugbenzin aus einem Benzol/Benzingemisch (*Oktanzahl 80*) erreicht werden. Mit dem niederoktanigen Wehrmachtskraftstoff (*Oktanzahl 74*) leistete der im Panzer verwendete BMW-Va 6,0-Motor die genannten 250 PS bei 1400 U/min.
Die Schmierung erfolgte mittels Trockensumpfschmierung und sechs Liter Motoröl. Die Zylinder bestanden aus gezogenen Stahlbüchsen, bei denen beide Ventilgehäuse und der Wassermantel angescheißt waren. In den 2-Ventil-Zylinderköpfen hingen die Ventile im 60°-Winkel zueinander.

*BBA-BMW.* ***Der 4-Ventil-Prototyp des Motors BMW-V.***

Die obenliegende Nockenwelle wurde von einer Königswelle angetrieben. Die Kurbelwelle war in einem zweiteiligen Aluminium-Kurbelgehäuse mittels Gleitlager 8-fach gelagert. Für die Gemischbildung besaß der Motor zwei so genannte Aufstrom-Vergaser vom Typ Zenith 60 J 558A.
Da trotz vorhandener Konsole keine Lichtmaschine im Flugmotor(!) vorhanden war, musste dieser Motor mittels Druckluft oder von Hand per Schwungkraftanlasser gestartet werden. Die Druckluft wurde auf der Auspuffseite in die Verbrennungsräume eingeleitet. Für die Fahrzeug-Ausführung wurde für den notwendigen Generator ein Nebenantrieb konstruiert. Die Zündung der jeweils zwei Zündkerzen erfolgte mittels zwei Bosch-Magnetzünder GF 6, welche durch Kegelräder angetrieben wurden. Ein Magnetzünder versorgte je einen Zündkerzensatz, so dass bei Ausfall eines Magnetzünders zumindestens eine Zündkerze pro Zylinder arbeitete. In der Panzerkampfwagen-Ausführung des BMW-Va bediente man sich zum Starten dagegen ei-

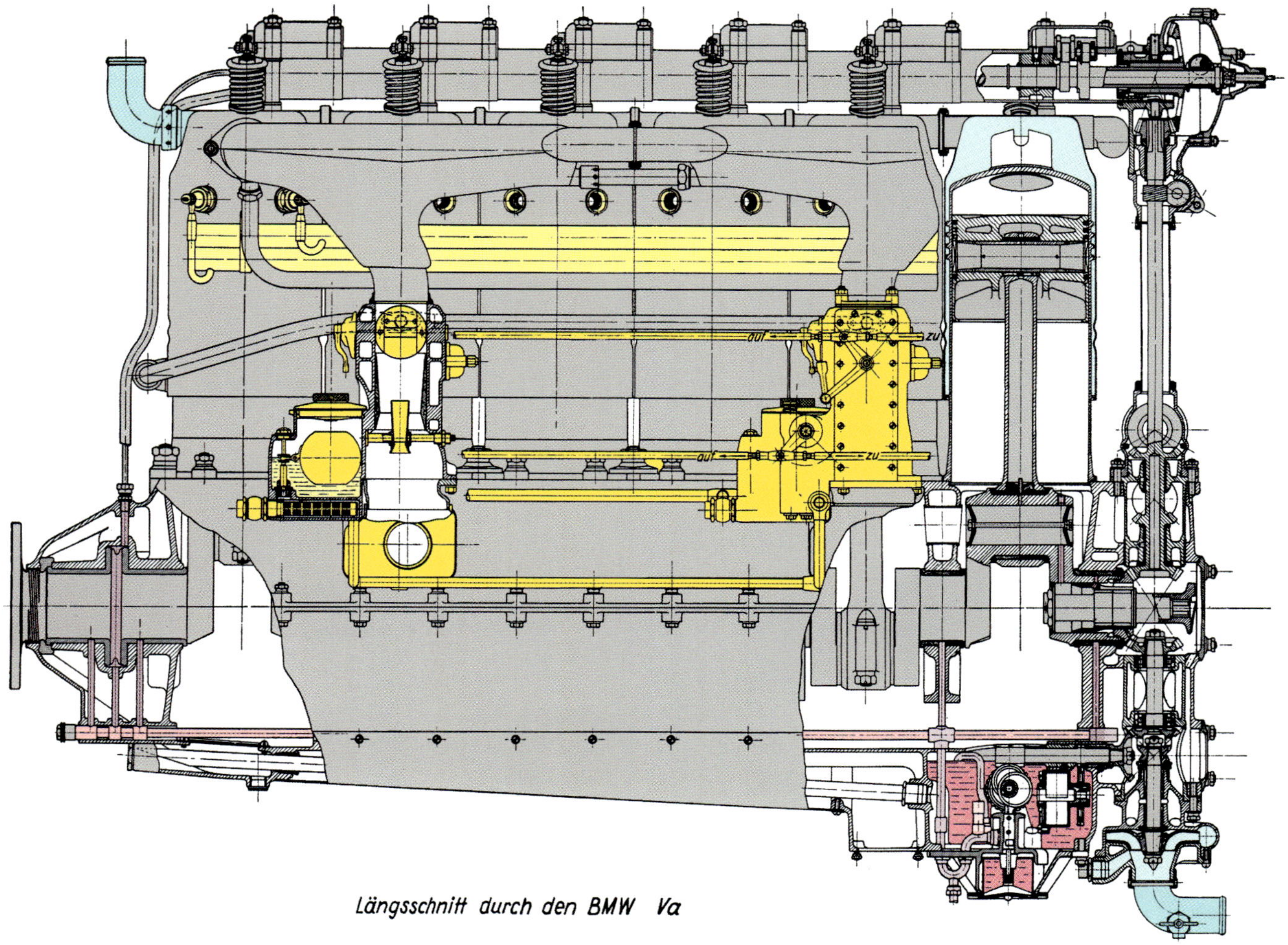


BBA-BMW/MF. Der Serienreihenmotor BMW-Va in Fahrtrichtung von links. Die beiden Ansaugöffnungen Richtung Luftfilter befanden sich unterhalb der Zenit-Vergaser.

*BBA-BMW/MF.* ***Der BMW-Va von hinten und von rechts.***

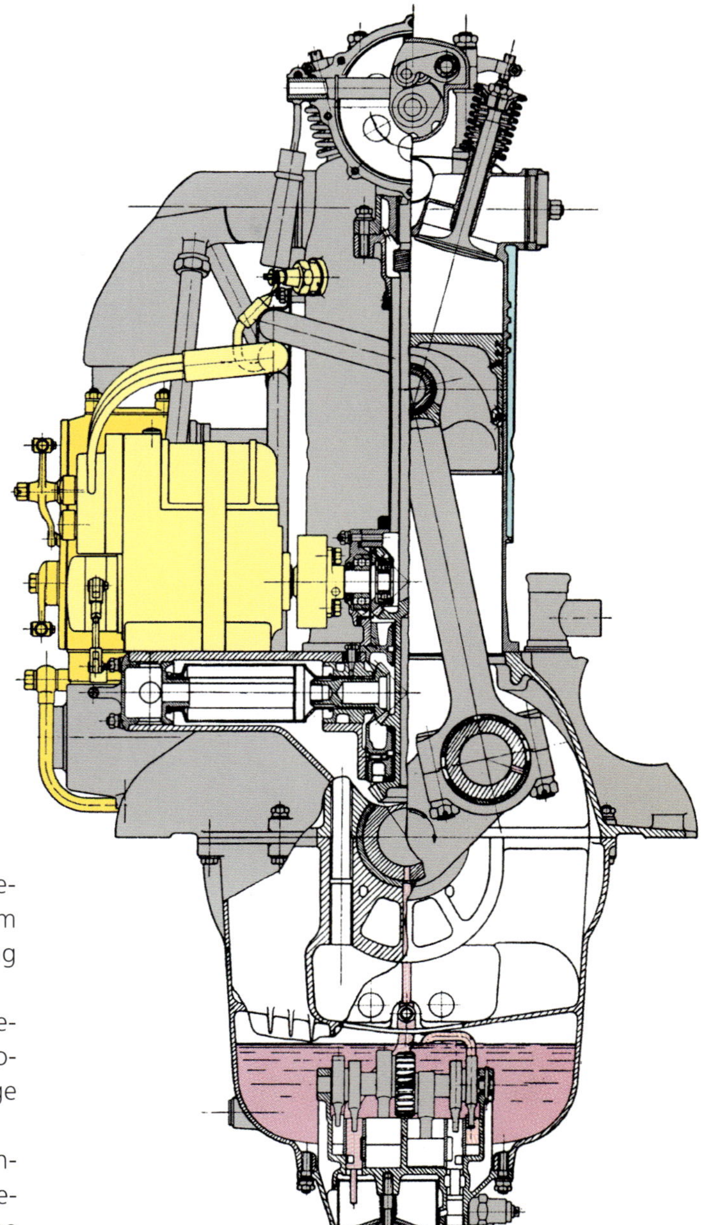

*Querschnitt durch den BMW Va*

nes separaten Anlassmotors, ein wassergekühlter Böhme-2-Takt-Benzin-Motor mit einer Leistung von fünf PS. Beim Krupp-Modell hatte dieser noch die Druckluftversorgung für die Steuerung sicherzustellen.

Abgesehen vom BMW-Flugmotor Va, der auch im weiteren Verlauf eine Rolle spielen wird, sind nur noch vom Soden-Getriebe und von der Daimler-Benz-Getriebeanlage Details bekannt.

Bei den Großtraktoren lief der Kraftfluss generell vom Antriebsmotor zu einem Querantrieb. Dieses Zwischengetriebe lenkte beim Rheinmetall-Fahrzeug die Kraft über eine Zwischenwelle und eine Einscheiben-Trockenkupplung zu dem in Fahrtrichtung rechts, seitlich vom Motor, angeordneten Stufengetriebe. Dabei ging vom Querantrieb noch ein Nebenantrieb für eine Lichtmaschine und den Innenraum-Lüfter ab. Der Lüfter für die Kühlanlage befand sich direkt auf der Zwischenwelle, die zu einem Wechselgetriebe der Bauart Soden führte. Die vier Gänge wurden mithilfe eines Vorgeleges auf acht Gänge verdoppelt. Die Vorwählschaltung erfolgte über einen Kettenantrieb aus drei hintereinander angeordneten Steuerketten elektrisch mittels zweier Elektromagneten (*so genannte Solenoide*).

Das Soden-Getriebe wurde in den 1920er-Jahren sowohl im Pkw-, Lkw- als auch im Triebwagenbau vereinzelt verwendet. Es ist der frühe Vorläufer der späteren halbautomatischen und heutigen Automatikgetriebe und ist benannt nach Alfred Graf v. Soden-Fraunhofen, der die Firma ZF in Friedrichshafen von 1915 bis zu seinem Tode 1944 leitete. Er war gleichzeitig Konstrukteur und entwickelte dieses Getriebe ab 1915. Ziel war es, den Fahrer von der schwierigen und ablenkenden Schaltarbeit der frühen Automobile zu entlasten. Das Schalten des vorgewählten

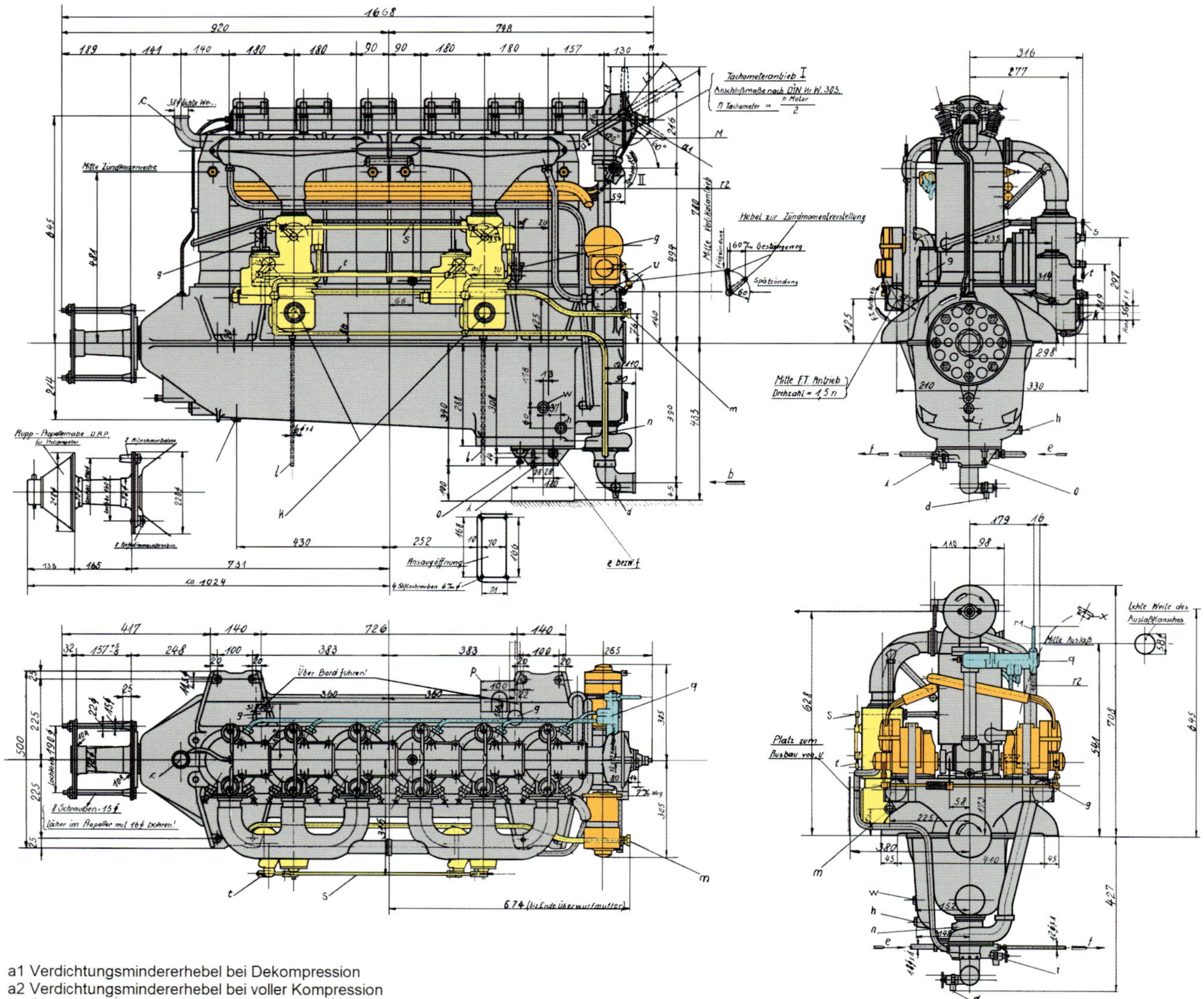

a1 Verdichtungsmindererhebel bei Dekompression
a2 Verdichtungsmindererhebel bei voller Kompression
b Öffnung für Wassereintritt, horizontal beliebig drehbar
c Stutzen für Wasseraustritt, um waagerechte Achse drehbar
d Wasserablaufhahn
e Frischölzulauf
f Öldruckleitung
g Öleinfüllöffnung (Ölkontrolle zugleich Entlüftung)
h Anschluß für Ölfernthermometer
i Ölablaßhahn
k Anschlußmöglichkeit für Frischluft zum Vergaser
l Brennstoffablauf (über Bord führen)
m Brennstoffzulauf
o Anschluß für Ölmanometer
p Konsole für Lichtmaschine bzw. F.T.-Dynamo
q Druckluftanlasser
r1 Zuführungsleitung zum Druckluftanlasser von oben
r2 Zuführungsleitung zum Druckluftanlasser von unten
s Regelung für Normal- und Spitzenleistung
t Regelung für Brennstoff (Korrektor)
u Ölreiniger
◉ Schwerpunkt des Motors
II wird nur mit Druckluftanlasser geliefert

*BBA-BMW/MF.* Die Einbauzeichnung des Motors.

Ganges erfolgte selbsttätig während des Aus- und Einkuppelns durch Federkraft oder bei größeren Getrieben elektromagnetisch unterstützt.
Die gerade verzahnten Räder befanden sich ständig im Eingriff und wurden im ausgekuppelten Zustand in der Verzahnung bis zum Eingriff oder zur Trennung der daran angeschlossenen, speziell geformten Klauenkupplung, axial verschoben, Eine Synchronisierung der Räder fand bei der sekundenschnellen Schaltung nicht statt und sorgte für ein entsprechendes „kratzendes" Geräusch.
Die Wirkungsweise des „Soden-Getriebes" wird in einer Werbebroschüre der Firma ZF wie folgt beschrieben: *„Die einzurückenden Zahnräder werden, da die Verzahnung auch in ausgerücktem Zustand stets im Eingriff bleibt,*

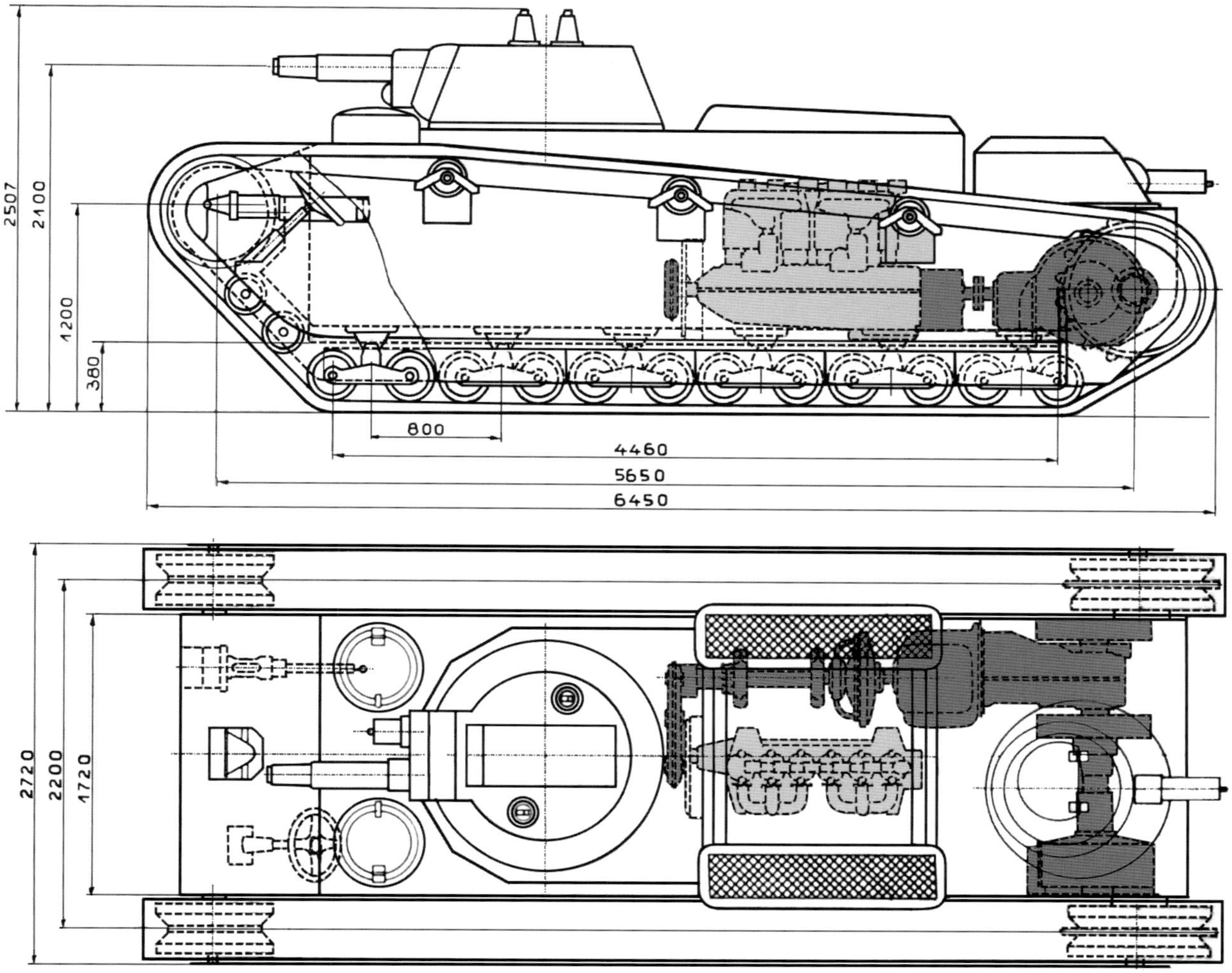


*BA/MF.* *Der Rheinmetall-Großtraktor, Fahrzeug 2, mit BMW-Motor-Va 6,0, Soden-Getriebe und Cletrac-Differenziallenkung.*

*PK.* *Das Rheinmetall-Fahrzeug von hinten als Denkmal in Wünsdorf.*

ZAHNRAD-FABRIK FRIEDRICHSHAFEN

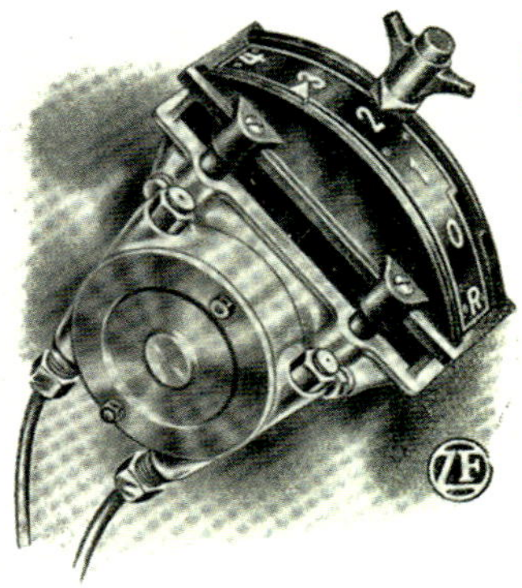

Abb. 1. Gangwähler am Instrumentenbrett.

Das

# Soden-Getriebe

D. R. P. 296241, 301431, 337933, 341318,
D. R. P. 343762, 350960, 775032, 782807,
D. R. G. M. 778743, 793326, 815741
Auslands-Patente in allen Kulturstaaten

verbürgt sicheres ruhiges und bequemes Fahren

**ohne Schalthebel**

auch in den schwierigsten und gefährlichsten Lagen.

## Das Soden-Getriebe ist vor allem gekennzeichnet durch:

**Keinerlei Schalthebel** innerhalb oder außerhalb des Wagens, daher keine Behinderung der Vordersitze beim Ein- und Aussteigen, wohl aber größte Bequemlichkeit für den Fahrer.

**Gangwähler-Schaltung** d. h. der gewünschte Gang wird auf dem Gangwähler zu beliebiger Zeit eingestellt. Der Gangwechsel erfolgt unabhängig davon selbsttätig durch Treten des Kupplungspedals.

**Räder stets im Eingriff** Der Gangwechsel geht daher leicht und geräuschlos vor sich ohne Beschädigung der Verzahnung und ohne jede Kraftanstrengung seitens des Fahrers.

**Aphonische Verzahnung** ermöglicht einen so ruhigen Lauf des Getriebes, wie er mit den anderen bis heute bekannten Verzahnungsarten nicht erreichbar ist.

**Dreiwellen-Anordnung** Das Getriebe baut sich gedrungener und kürzer, also stabiler, als jedes andere und ist daher als

**der bedeutendste Fortschritt im Automobilbau**

seit Jahren anzusprechen.

Das Soden-Getriebe entstand aus dem Bestreben heraus, die „Schaltung" der verschiedenen Geschwindigkeits-Gänge namentlich für den Selbstfahrer zu vereinfachen. Auch der geübte Fahrer schaltet nicht gerne, wenn er es vermeiden kann. Das hat seinen Grund darin, daß das Schalten eines normalen Getriebes eine nicht unerhebliche Gewandtheit erfordert, da eine Mehrzahl von verschieden gerichteten Bewegungen hierbei fast gleichzeitig ausgeführt werden muß.

Das Soden-Getriebe vermeidet diese unbequemen Umständlichkeiten, indem es das Schalten in zwei zeitlich und örtlich von einander unabhängige Maßnahmen zerlegt. Zu beliebiger Zeit kann durch Einstellen eines kleinen, ohne Kraftanstrengung zu bedienenden Hebels am „Gangwähler" (Abb. 1) der gewünschte Gang im voraus eingestellt werden.

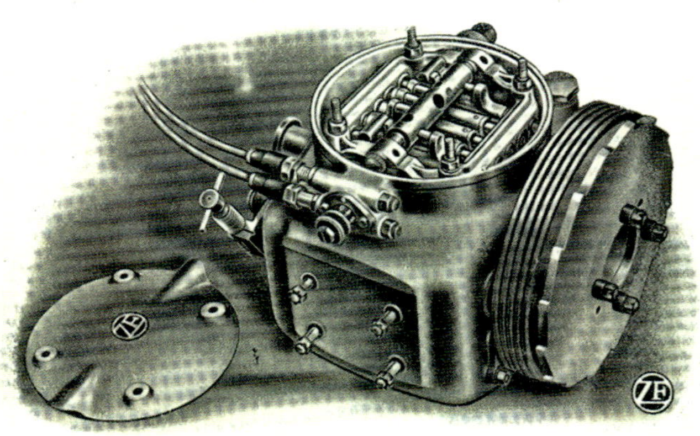

Abbildung 2. Soden-Getriebe.

Der Gangwechsel selbst tritt durch diesen Handgriff noch nicht ein, sodaß diese Voreinstellung auch jederzeit wieder rückgängig gemacht oder auf einen anderen Gang geändert werden kann. Soll alsdann zu gegebener Zeit der Gangwechsel vorgenommen werden, so ist lediglich das Kupplungspedal auszutreten, wodurch sich der vorbereitete Gang von selbst einschaltet. **Während des Schaltens selbst,** das doch in einem ganz bestimmten Moment geschehen muß, z. B. in einer Steigung, in einer Kurve, vor einem Hindernis oder im Augenblick einer Gefahr, **braucht also der Fahrer das Lenkrad überhaupt nicht loszulassen.**

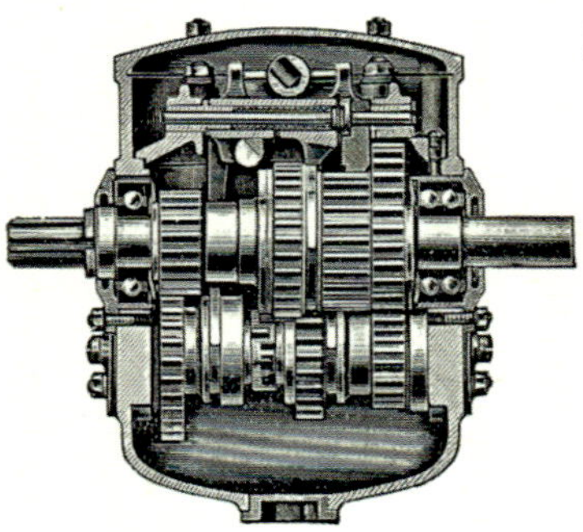

Abbildung 3. Schnitt durch das Getriebe.

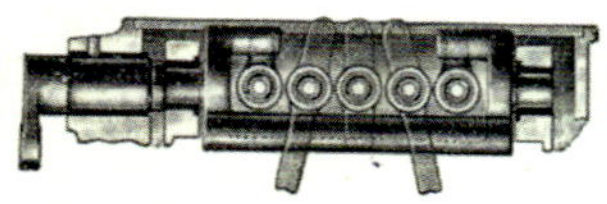

Abb. 4. Schnitt durch die Schaltstangen.

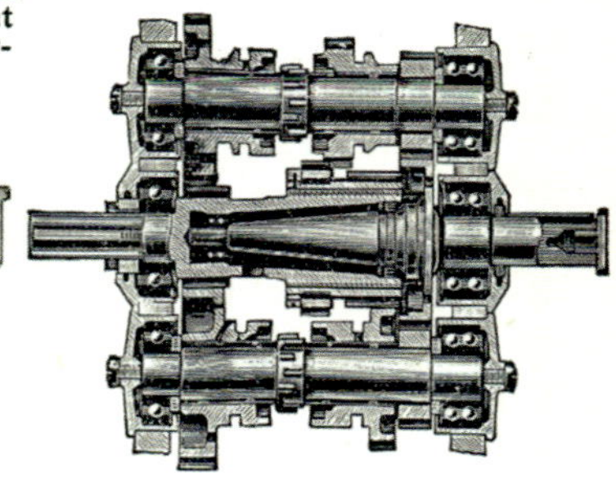

Abbildung 5. Getriebe (Wellenanordnung).

## Wirkungsweise des Soden-Getriebes:

Die einzurückenden Zahnräder werden, da die Verzahnung auch in ausgerücktem Zustand stets im Eingriff bleibt, durch eine kleine achsiale Verschiebung mit ihren Wellen gekuppelt. Diese Verschiebung besorgen entsprechend den 4 Vorwärtsgängen und 1 Rückwärtsgang 5 einzelne Schaltschienen mit Gabeln unter der Einwirkung von Druckfedern (Abb. 3 links oben); an einer ungewünschten Einrückbewegung werden die Schaltschienen gehindert durch eine über ihrer Mitte drehbar gelagerte Walze, gegen die sich die Schaltschienen mit ihren oben angebrachten Stiften infolge des Federdrucks anstemmen (Abb. 3). Soll nun ein Gangwechsel stattfinden, so wird zunächst durch die Drehbewegung einer durch Hebel und Zugstange mit dem Kupplungspedal verbundenen Doppelkurbel die zur Zeit eingerückte Schaltstange aus der Riegelwalze heraus- und sämtliche anderen Schaltschienen von der Riegelwalze weggezogen, sodaß die Walze dann für eine neue Schaltung frei und hemmungslos drehbar ist.

Die Drehung dieser Walze erfolgt nun durch Vermittlung des „Gangwählers", und zwar so, daß zunächst dessen Stellhebel auf den gewünschten Gang gestellt — was zu beliebiger Zeit geschehen kann — und damit ein im Gangwähler befindlicher Federmechanismus gespannt wird. Die Walze ist zunächst noch immer verriegelt und hält durch Vermittlung eines Zahnräderpaares und der weiter unten näher beschriebenen „Spiralleitung" den am Gangwähler sichtbaren Zeiger fest. Der Zeiger gibt demnach immer den augenblicklich eingerückten Gang an. Erst durch das Niedertreten des Kupplungspedals wird die Walze entlastet und schnappt in die vorbereitete Stellung ein. Beim Loslassen des Kupplungspedals rückt alsdann der der neue Gang ein, dessen Stellung durch den Zeiger nunmehr angezeigt wird. **Alle diese Vorgänge spielen sich in Bruchteilen einer Sekunde ab.**

Der Gangwähler (Abb. 1) kann an beliebiger Stelle, zweckmäßig in möglichster Nähe des Lenkrades etwa auf dem Instrumentenbrett, Platz finden. Abb. 7 zeigt eine andere Ausführungsform des Gangwählers, und zwar die Anordnung auf dem Lenkrad selbst, wobei der Fahrer den Gangwähler unmittelbar vor Augen hat und die Kontrolle des augenblicklich eingestellten Ganges sowie die Einstellung eines anderen, jeweils gewünschten Ganges am leichtesten bewirken kann, ohne die Hand von dem Lenkrad entfernen zu müssen.

Der Gangwähler ist mit der Riegelwalze des Getriebes durch die oben erwähnte Spiralleitung (Abb. 8) verbunden. Bei diesem Übertragungsmittel wird eine in Messingröhren geführte Drahtspirale hin- und hergeschoben, und zwar erfolgt die Verschiebung vom Gangwähler aus dadurch, daß beim Drehen eines mit dem Gangwählerhebel gekuppelten Zahnrades eine Zahnstange auf die Spirale drückt. Auf der Getriebeseite wird dadurch eine gleiche Zahnstange vorwärts geschoben und mittels eines kleinen Zahnradtriebes die Riegelwalze in die der Gangwähler-Einstellung entsprechende Lage gebracht. Diese Uebertragung ist eine unbedingt sichere, da keine Zugkräfte auftreten und infolgedessen auch keine auf Zug beanspruchten Verbindungen, die etwa reißen könnten, vorhanden sind. Die Einstellung der Spiralleitung ist äußerst einfach, da die Verbindung zwischen Zahnrad, Welle und Skala leicht lösbar ist. Besondere Einbau- und Bedienungs-Anleitungen werden mit dem Getriebe stets mitgeliefert.

## Getriebegrößen:

Das Soden-Getriebe wird für Personenwagen in vier, für Lastwagen in einer Größe hergestellt. Abb. 6, sowie die folgende Tabelle geben die Ausmaße, Gewichte und Leistungen, für welche die verschiedenen Größen maximal zu verwenden sind.

| Getriebe-Größe | PS-Steuer-leistung | Gesamt-hub-volumen (Liter) | Gewicht kg mit Bremse | Maße | | | | | | |
|---|---|---|---|---|---|---|---|---|---|---|
| | | | | a | b | c | d | e | f | g |
| S 2,5 | 4,6 | 1,2 | 26,0 | 328 | 180 | 67 | 225 | 214 | 108 | 251 |
| S 3 | 8 | 2 | 40,0 | 364 | 208 | 90 | 260 | 254 | 128 | 290 |
| S 3,5 | 13 | 3,4 | 60,0 | 415 | 230 | 96 | 300 | 298 | 136 | 327 |
| S 4 | 19 | 5 | 75,0 | 437 | 260 | 102 | 330 | 340 | 152 | 370 |
| S 5 L | 30 | 8 | 150 | 581 | 334 | 132 | 418 | 428 | 193 | 473 |

Die Übersetzungsverhältnisse sind aus folgender Zusammenstellung ersichtlich:

| Gang | I | II | III | IV | R |
|---|---|---|---|---|---|
| Übersetzung | | | | | |
| Personenwagen | 1:4 | 1:2,5 | 1:1,48 | 1:1 | 1:3,56 |
| Lastwagen | 1:5 | 1:2,8 | 1:1,85 | 1:1 | 1:4,13 |

ZAHNRAD-FABRIK FRIEDRICHSHAFEN

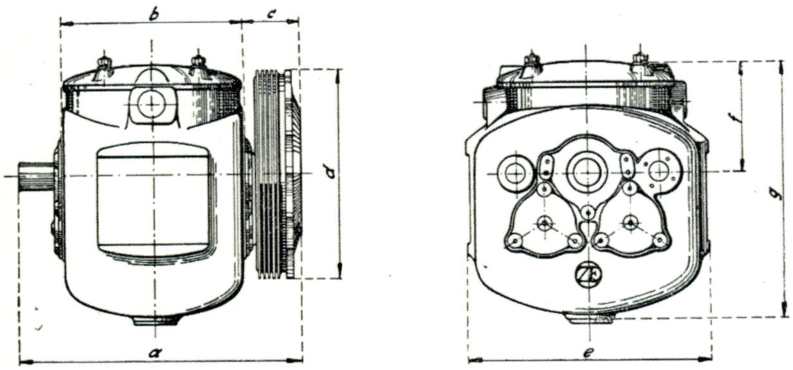

Abbildung 6. Maßskizze.

**Einbau:** Das Soden-Getriebe ist infolge Wegfall des Schalthebels an keinen bestimmten Platz im Chassis gebunden. Wie Abbildung 1, 2 und 8 zeigen, steht es mit dem Gangwähler durch eine beliebig lange, nach allen Seiten biegsame Spiralleitung und mit dem Kupplungspedal durch eine ebenfalls nach den jeweiligen Lagerverhältnissen zu bemessende einfache Zugstange in Verbindung. Diese Anordnung ermöglicht sowohl den nachträglichen Einbau der Einrichtung in jeden Wagen, wie sie auch dem Konstrukteur eines neuen Wagens sowie dem Karossier große Vorteile bietet.

**Ausführung:** Alle Teile des Soden-Getriebes sind aus besten Rohstoffen und in gediegener Werkarbeit nach dem Grenzlehrsystem gegenseitig auswechselbar mit sorgfältigster Genauigkeit hergestellt. Sämtliche Kraft übertragenden Teile sind aus Chromnickelstahl gefertigt. Die Verzahnung der Zahnräder ist auf Maaghobelmaschinen geschnitten und auf Maagschleifmaschinen mit einer sonst nicht erreichbaren Genauigkeit geschliffen, sodaß vorzeitige Abnutzung ausgeschlossen, im Gegenteil eine beispiellose Lebensdauer des Soden-Getriebes gesichert ist.

**Bewährung und Bewertung:** Das Soden-Getriebe, durch mehrjährige Erfahrungen entwickelt und verbessert, auch in harten Fahrprüfungen erprobt, hat sich in allen Teilen durchaus bewährt und auch den stärksten Ansprüchen und Anforderungen gewachsen gezeigt.

Es ist ausgeschlossen, auf diesem knappen Raume die Vorzüge des Soden-Getriebes und seine Vorteile auch nur annähernd erschöpfend darzustellen. **Wer es aber auch nur einmal selbst erprobte, weiß die ideale Bequemlichkeit und die ruhige Sicherheit des mit dem Soden-Getriebe ausgerüsteten Wagens gebührend zu würdigen, die das Fahren erst zu einem wirklichen Vergnügen gestalten und das Befahren der ärgsten Steigungen, das Nehmen der schlimmsten Kurven fast zu einem Kinderspiel machen.**

Abbildung 7. Gangwähler am Lenkrad.

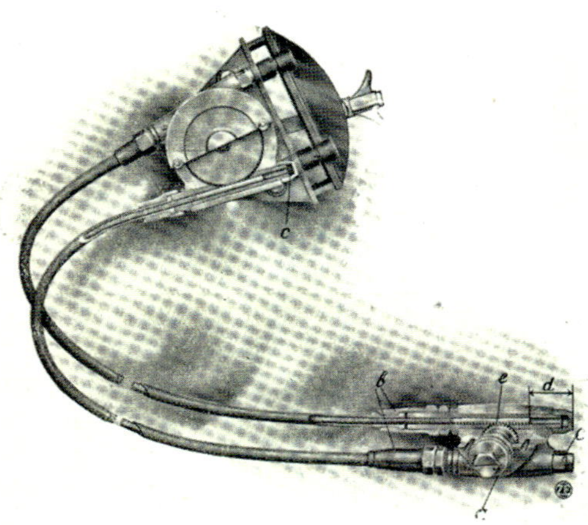

Abbildung 8. Drahtspiralleitung.

S 926

Seeblatt Friedrichshafen

*ZF. Die Vorzüge und Funktion des Soden-Getriebes für den „Selbstfahrer" in einer Werbebroschüre der Firma Zahnrad-Fabrik Friedrichshafen. Es war selbstverständlich, dass dieses fortschrittliche System auch auf Tauglichkeit für den Einsatz in Militärfahrzeugen geprüft wurde. Es scheint jedoch den raueren Betriebsbedingungen nicht gewachsen gewesen zu sein.*

*durch eine kleine achsiale Verschiebung mit ihren Wellen gekuppelt. Diese Verschiebung besorgen entsprechend den vier Vorwärtsgängen und dem einen Rückwärtsgang fünf einzelne Schaltschienen mit Gabeln unter Einwirkung von Druckfedern; an einer ungewünschten Einrückbewegung werden die Schalschienen gehindert durch eine über ihrer Mitte drehbar gelagerten Walze, gegen die sich die Schaltschienen mit ihren oben angebrachten Stiften infolge des Federdrucks anstemmen. Soll nun ein Gangwechsel stattfinden, so wird zunächst durch die Drehbewegung einer durch den Hebel und Zugstange mit dem Kupplungspedal verbundenen Doppelkurbel die zur Zeit eingerückte Schaltstange aus der Riegelwalze heraus- und sämtliche anderen Schaltschienen von der Riegelwalze weggezogen, sodass die Walze dann für eine neue Schaltung frei und hemmungslos drehbar ist.*

*Die Drehung dieser Walze erfolgt nun durch die Vermittlung des „Gangwählers", und zwar so, dass zunächst dessen Stellhebel auf den gewünschten Gang gestellt – was zu beliebiger Zeit geschehen kann – und damit ein im Gangwähler befindlicher Federmechanismus gespannt wird. Die Walze ist zunächst noch immer verriegelt und hält durch Vermittlung eines Zahnräderpaares und der weiter unten näher beschriebenen „Spiralleitung" den am Gangwähler sichtbaren Zeiger fest. Der Zeiger gibt demnach immer den augenblicklich eingerückten Gang an. Beim Loslassen des Kupplungspedals rückt alsdann der neue Gang ein, dessen Stellung durch den Zeiger nunmehr angezeigt wird.* ***Alle diese Vorgänge spielen sich in Bruchteilen einer Sekunde ab.***"[77]

Dieses Vorwählgetriebe wurde gemäß der Vorgabe in die zwei Rheinmetall-Großtraktoren eingebaut. Ein Fahrzeug erhielt ein P.I.V.-Lenkgetriebe, welches mittels Kettengetriebe stufenlos steuerbar war. Das zweite Fahrzeug verwendete eine Cletrac-Differenziallenkung in Kegelrad-Ausführung.

Dieses P.I.V.-Getriebe zeigte sich den auftretenden Belastungen während der Erprobung in der Sowjetunion nicht gewachsen und musste deshalb ausgebaut werden. Die verbleibende Differenziallenkung reichte jedoch aus, um das Fahrzeug in KAMA zunächst weiter nutzen zu können. 1930 wurde diese Lenkung durch ein originales Cletrac-Lenkgetriebe in Kegelradausführung ersetzt, das sich bis zum Nutzungsende der beiden Fahrzeuge bewährte. 1931 ersetzte man in KAMA die Soden-Getriebe TSV-18 durch ein Fünfgang-ZF-Aphon-Wechselgetriebe vom Typ SFG 280-Rh. Die Schaltung erfolgte bei diesem Getriebe mechanisch über Gestänge.

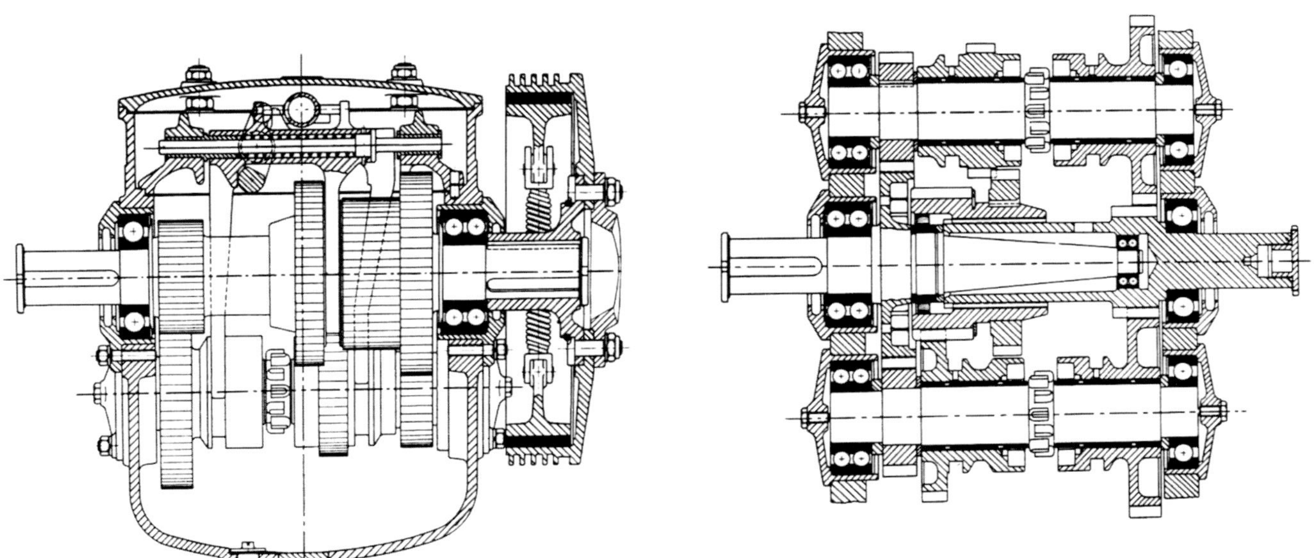

*ZF.* **Soden-Getriebe im Schnitt. Auf der linken Zeichnung zu sehen sind die gerade verzahnten Zahnräder, die „hörbar" geschaltet wurden.**

*ZF 2x4-Gang-Soden-Getriebe TSV-18 mit P.I.V.-Lenkgetriebe für den Rheinmetall-Großtraktor Fahrzeug 1 mit Bedienelementen. Auf dem Getriebe sind die Solenoide (Elektromagnetspulen) zur Unterstützung des Schaltvorganges zu sehen.*

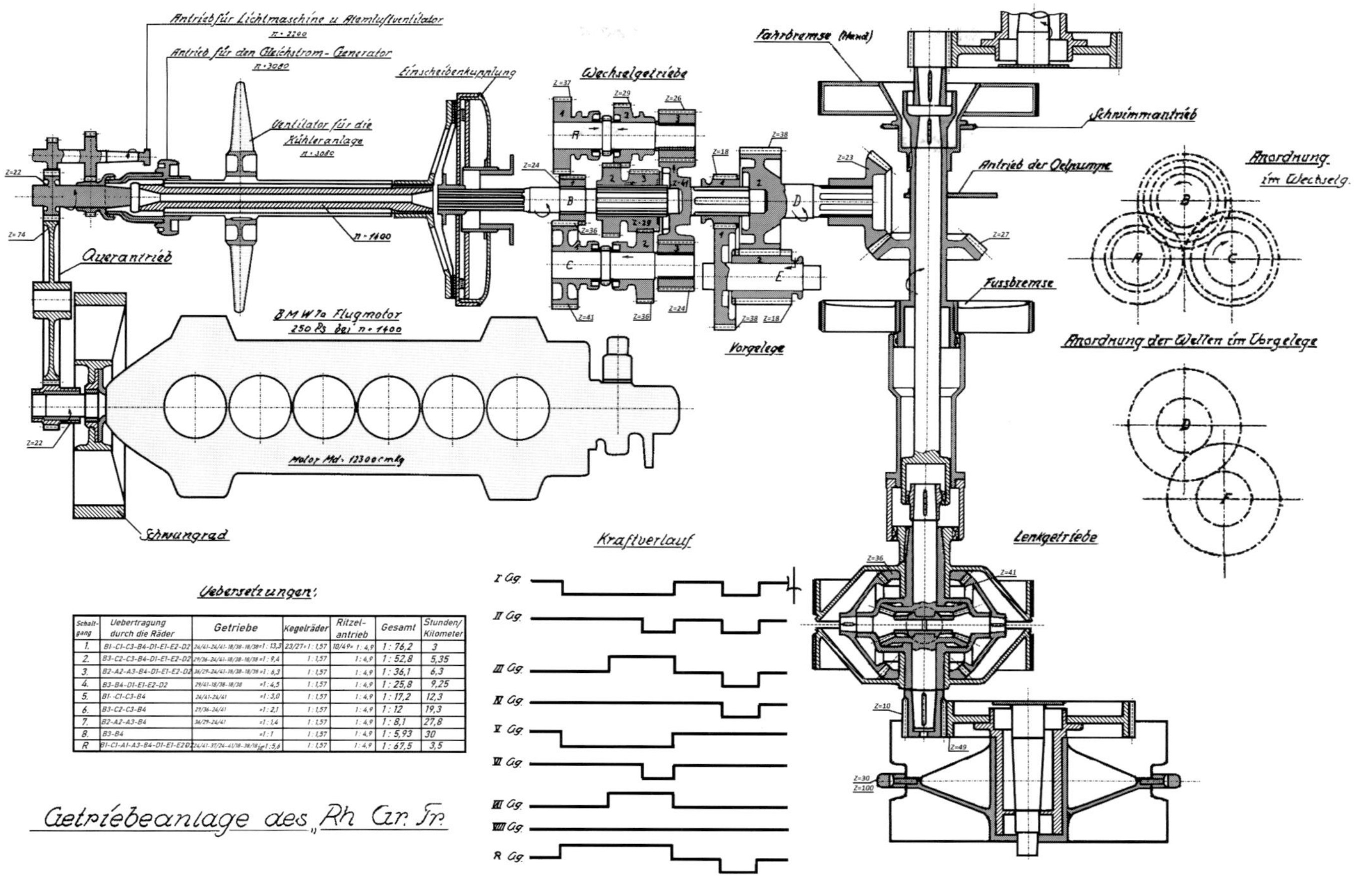


*WS/MF.* Getriebeanlage des Rheinmetall-Großtraktors, Fahrzeug 2 mit Soden-Getriebe und Cletrac-Differenziallenkung in Kegelradausführung.

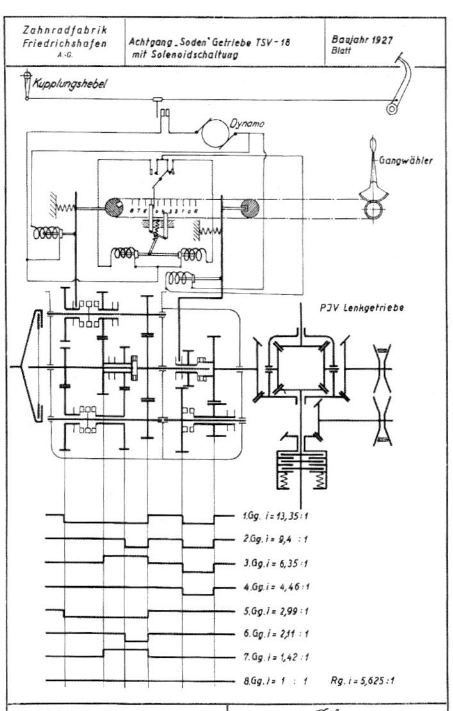


*ZF.* Schaltschema des 2 x 4-Gang-Soden-Getriebes mit P.I.V-Lenkgetriebe.

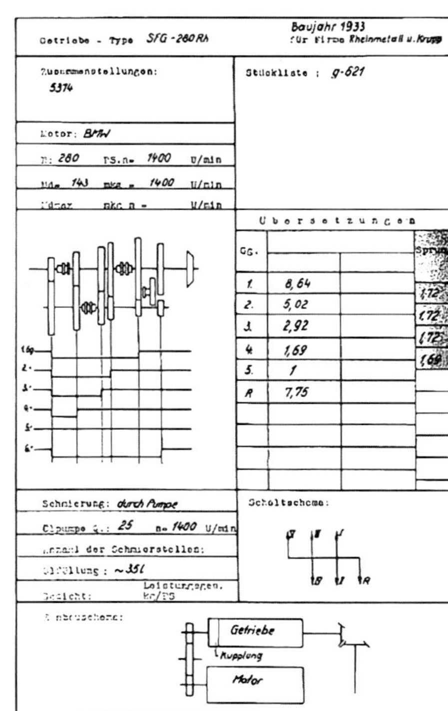


*ZF.* Das Getriebeschema des 5-Gang-Getriebes Typ SFG 280.

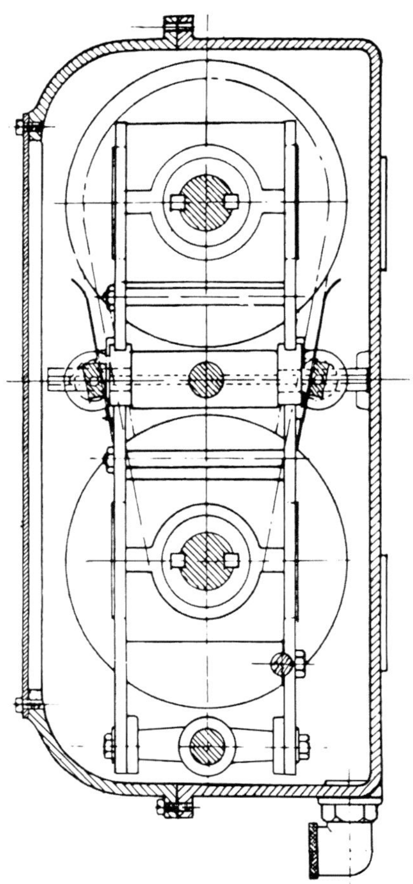

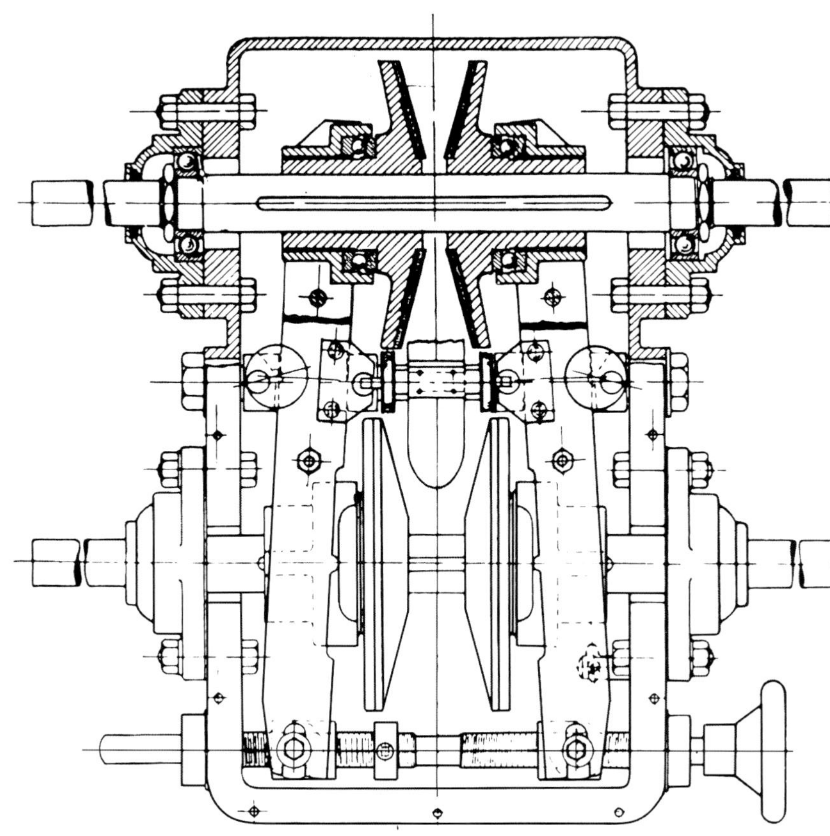

WS. *Einzelheiten des zeitweise eingebauten stufenlosen P.I.V.-Lenkgetriebes zur Verdeutlichung des prinzipiellen Aufbaues. Es erscheint fraglich, ob es in der gezeigten Bauweise zur Verwendung gekommen ist.*

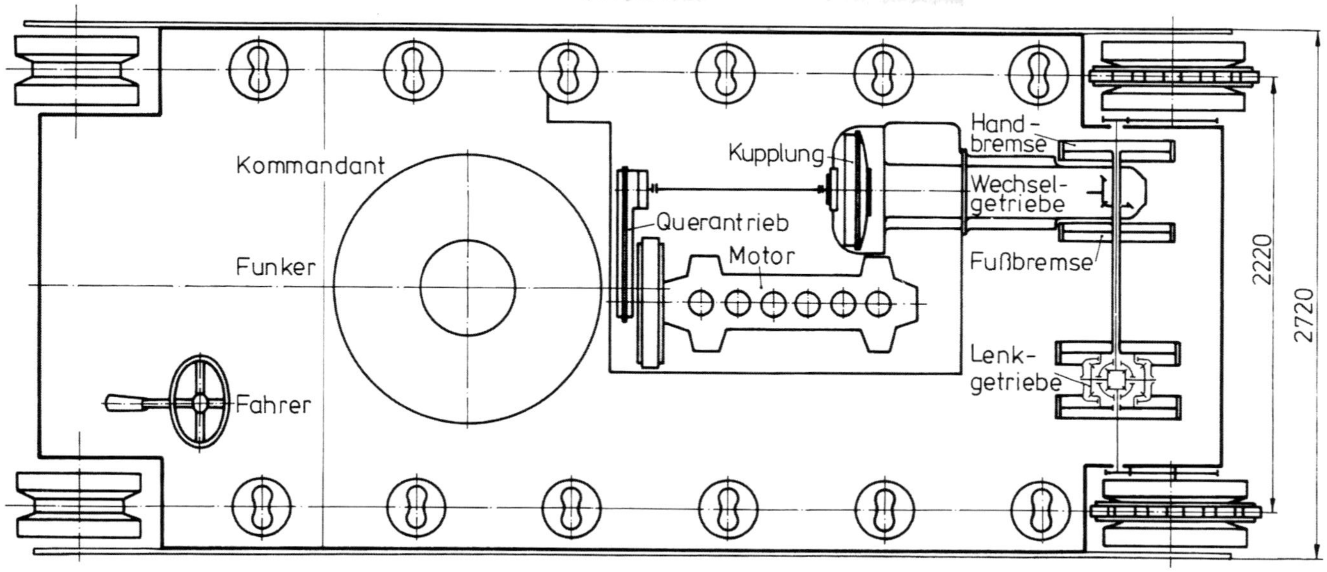


*WS. Antriebsplan des Rheinmetall-Großtraktors nach Umbau auf das ZF-5-Gang-Aphongetriebe SFG 280 mit gleichbleibendem Cletrac-Lenksystem.*

*ZF. Das ZF-Sonder-Fünfganggetriebe (SFG) 280, in der Ausführung für den Rheinmetall-Großtraktor, oben ist die Fahrtrichtung links, unten Fahrtrichtung rechts mit Hauptkupplung und Lüfterrad zu sehen.*

## Das Krupp-Fahrzeug

Der Großtraktor von Krupp verwendete ebenfalls den BMW-Flugmotor Va 6,0. Im Unterschied zum Rheinmetall-Fahrzeug befand sich die Hauptkupplung, eine Mehrscheiben-Trockenkupplung, direkt am Motor. Der Querantrieb bestand aus drei, etwa gleichgroßen Zahnrädern. Über eine Zwischenwelle war rechts neben dem Motor das Schaltgetriebe angeordnet. Die sechs Vorwärts- und der eine Rückwärtsgang wurden mittels druckluftgesteuerten Federband-Kupplungen geschaltet. Über einen Kegeltrieb und ein Vorgelege verlief die Kraft auf das Lenkgetriebe, welches aus zwei Planetengetrieben mit Bandbremse und Lenk- bzw. Fußbremse bestand, die ebenfalls mittels Druckluft gesteuert wurden.

Der 5-PS-Anlass-Motor hatte zusätzlich die Aufgabe, den Kompressor für die Druckluftversorgung anzutreiben. Während der Erprobung in KAMA stellte man fest, dass der Druckluftverbrauch für die Steuerung von Schaltung und Lenkung zu hoch war, so dass provisorisch ein zusätzlicher Kompressor installiert werden musste. Des Weiteren

BAMA. *Das Krupp-Fahrzeug während einer Vorführung.*

zeigten die Triumph-Federband-Kupplungen des Wechselgetriebes starke Verschleißerscheinungen.

Daher wurden in den Jahren 1931/32 an beiden Fahrzeugen das Wechselgetriebe gegen das von ZF eigens

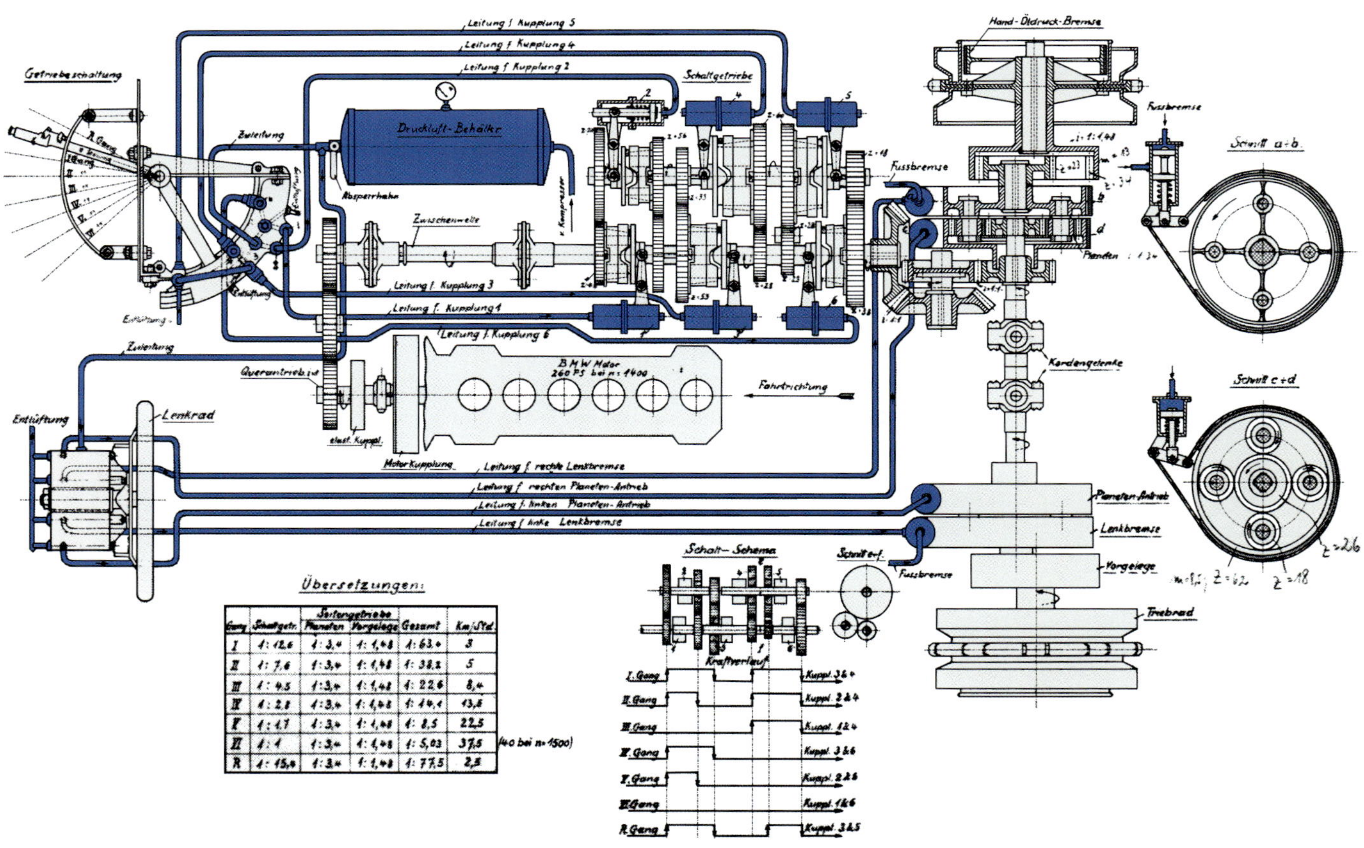


WS/MF. *Das Schaltschema des Krupp-Fahrzeuges mit dem druckluftgesteuerten 6-Gang-Wechselgetriebe.*

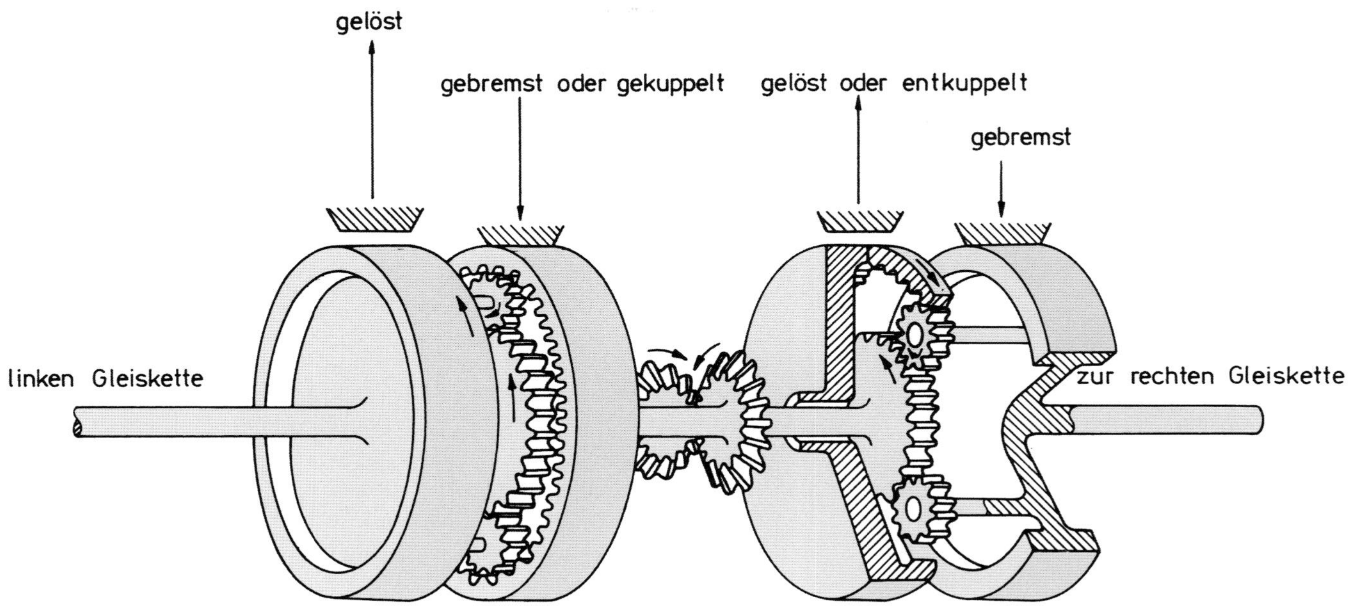


Planeten - Lenkgetriebe im Krupp - Großtraktor

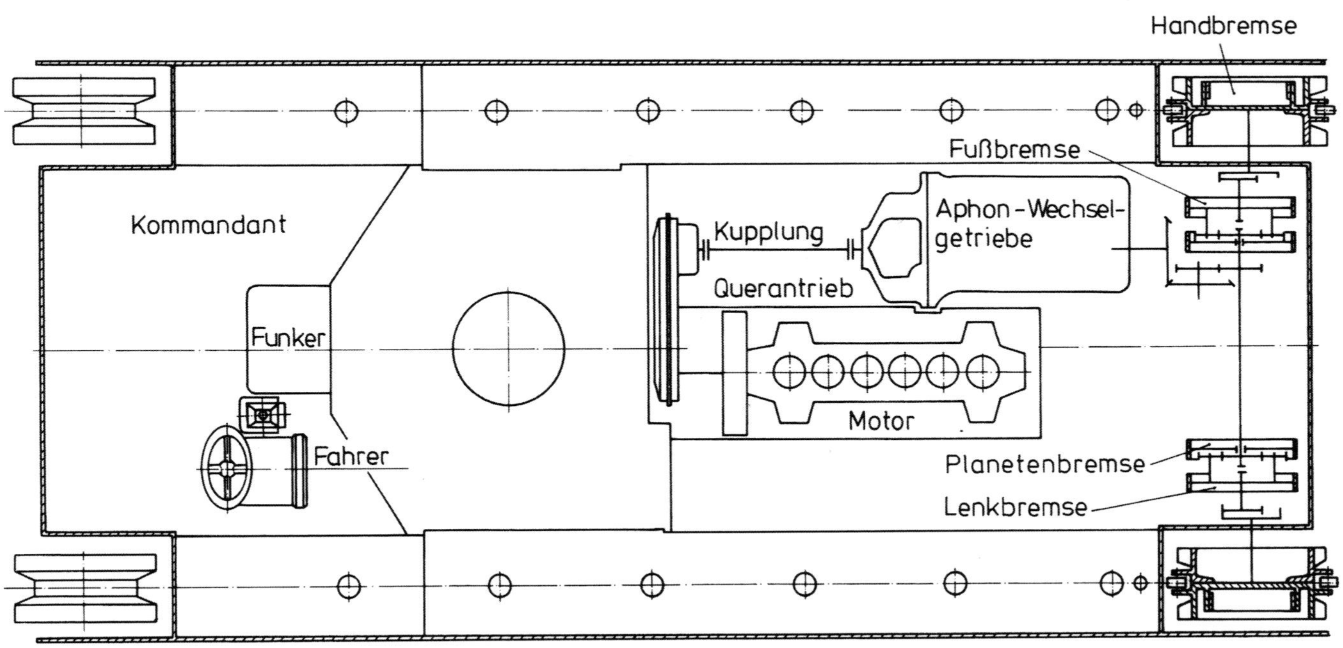


*WS. **Der Antriebsplan des Krupp-Großtraktors mit dem ZF-Aphongetriebe SFG 280.***

für die Krupp- und Rheinmetall-Fahrzeuge entwickelte 5-Gang-Aphon-Getriebe SFG 280 getauscht. Die empfindliche Druckluftschaltung wurde durch Schaltgestänge ersetzt. Im Unterschied zum Getriebe des Rheinmetall-Fahrzeuges wurde das Getriebe liegend positioniert, so dass die Getriebewellen nebeneinander liefen.

ZF. Das SFG 280 in der Ausführung für den Krupp-Großtraktor, „liegender Einbau“.

## Das Daimler-Benz-Fahrzeug

PK. Das Daimler-Benz-Fahrzeug als Denkmal in Wünsdorf, II. Abteilung des Panzer-Regimentes 5. Das Geschützrohr ist nicht original.

*WS. Der eingebaute Daimler-Motor D IV b besaß eine 2-Vergaser-Anlage.*

*WS. Der Blick in Fahrtrichtung links des Motors zeigt die angebauten Zusatzaggregate. Rechts der wassergekühlte 2-Zylinder-DKW-Anlassmotor, daneben der Flansch zur Zwischenwelle des Getriebes, darüber die Lichtmaschine sowie ganz links die Druckölpumpe des Steuerapparates für Schaltung und Lenkung.*

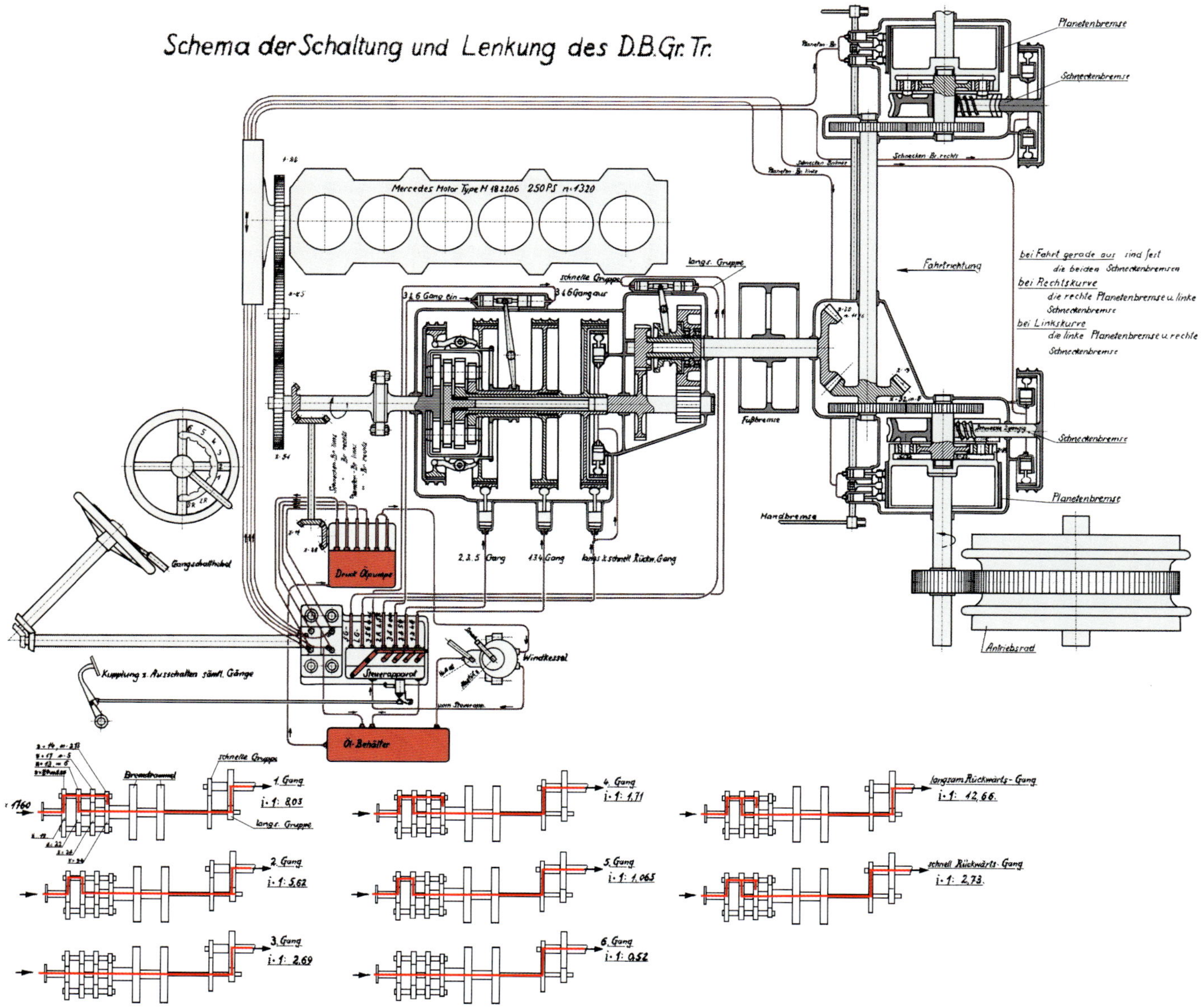


*WS/MF.* ***Das Schema von Schaltung und Lenkung des Daimler-Benz-Großtraktors, der wegen eines nicht kurzfristig behebbaren Konstruktionsfehlers im Wilson-Planetengetriebe nicht zum Erprobungseinsatz gekommen ist. Das Getriebe ist hier in Fahrtrichtung links vom Motor positioniert.***

Die beiden Daimler-Benz Fahrzeuge besaßen einen ehemaligen Flugmotor der Firma Daimler, der zum Ende des Ersten Weltkrieges entwickelt wurde.

Der Daimler-Flugmotor D IV b entstand 1918 aus dem Flugmotor D IV a durch Hubraumvergrößerung von 21,7 auf 31,6 Liter. Die in der Literatur angegebenen 300 PS waren die Maximal- bzw. Startleistung, die Nennleistung betrug 260 PS bei 1450 U/min bzw. 250 PS bei 1320 U/min. Das ursprüngliche Trockengewicht von 498 kg stieg auf 604 kg Leergewicht. Dieser 6-Zylinder-Reihenmotor besaß eine obenl iegende Nockenwelle, die je zwei Auslass- und Einlassventile pro Zylinder ansteuerte. Die Gemischbildung erfolgte im Gegensatz zum Vorgängermodell über zwei Vergaser. Gestartet wurde der Motor von einem DKW-2-Zylinder-2-Taktmotor mit 10 PS Leistung.

Im Unterschied zu den anderen Großtraktoren befand sich der Motor in Fahrtrichtung rechts. Das Quergetriebe besaß noch einen Nebenantrieb für Lichtmaschine und Ölpumpe. Die links vom Motor liegende Zwischenwelle verband das Quergetriebe mit dem öldruckgesteuerten Planeten-Wechselgetriebe. Die Bauart ging auf das Wilson-Getriebe zurück. Die drei Vorwärtsgänge und der Rückwärtsgang wurden über Bandbremsen aktiviert. Das Getriebe besaß ein Vorgelege mit einer langsamen und einer schnellen Stufe,

WS. Bilder des Wilson-Planetengetriebes im Daimler-Benz-Großtraktor. Das Zahnradpaar b-d war die schnelle Gruppe, das Zahnradpaar c-e die langsame Gruppe, die durch das Schieberad f per Öldruck geschaltet wurden.

*WS. Abbildungen des linken Schneckengetriebes mit Fußbrems-Trommel. a-Gehäuse der Schnecke, b-Schneckenbremse, c-Anschlussflansch zum linken Antrieb, d-Planeten-Bremsanschluss, e-Fußbremse, f-Kegelrad-Gehäuse und Anschlussflansch zum rechten Antrieb.*

was letztlich sechs Vorwärts- und zwei Rückwärtsgänge ergab.

Hinter dem Wechselgetriebe befand sich vor dem Winkelgetriebe der Lenkung die Bremstrommel der Fußbremse.

Das Lenkgetriebe war ebenfalls öldruckgesteuert und arbeitete nach dem Prinzip der Kupplungslenkung. Dazu verwendete Daimler-Benz eine Kombination aus Schnecken- und Planetenbremse.

Die Daimler-Benz Fahrzeuge sind wegen eines Konstruktionsfehlers in den Planetenwechselgetrieben nicht zum Erprobungseinsatz in Kama gekommen.[78]

WS. *Die Lenkgetriebeanlage mit den geöffneten Schneckenbremsen links und rechts des Daimler-Benz Großtraktors. a-Verbindungswelle Antrieb, b-Antriebskegelrad, c-Übertragungszahnräder, d-Schneckenbremse, e-Planetenbandbremse.*

# Der Großtraktor-Nachfolger – das Neubaufahrzeug

Wie auch schon 1928 im „Großtraktor" von Krupp und Rheinmetall wurde aus Mangel eines geeigneten Panzermotors in die 1933 gebauten fünf „Neubaufahrzeuge" der Firmen Krupp und Rheinmetall erneut der Flugmotor vom Typ BMW-Va 6,0 verwendet.

BAMA. *Das Rheinmetall-Neubaufahrzeug (Kanonen übereinander) in Kummersdorf-Schießplatz.*

BA Bild 183-L04845. ***Ein Krupp-Neubaufahrzeug in Norwegen. Gut erkennbar die markante Motorabdeckung.***

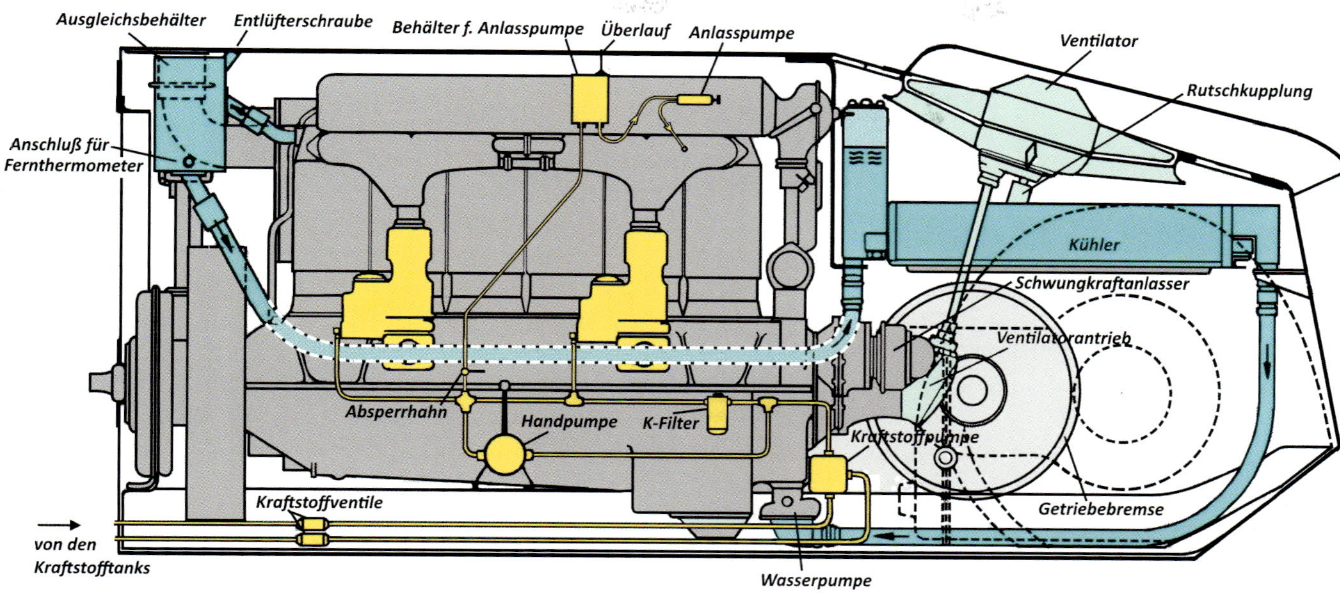


BBA/MF. ***Kühl- und Kraftstoffschema des BMW-Va-Motors im Neubaufahrzeug. Man erkennt, dass eine einteilige Ventilhaube ähnlich dem des Prototyps für diesen Motor verwendet wurde.***

Zur Kühlung des Motors besaß das Fahrzeug Wasserkühler, wobei ein zusätzlicher Kühler zur Ölkühlung der Getriebeeinheit genutzt wurde. Der mittig platzierte Ventilator des Kühlers besaß als Schutz vor Überlastung eine Rutschkupplung. Eine Kreiselpumpe am Kurbelgehäuseunterteil sorgte für einen Kühlwasserumlauf von 7,5 Litern in der Sekunde.
Während der Erprobung der Fahrzeuge zeigten sich die Nachteile des verwendeten Flugzeugmotors. Bedingt durch die niedrige Motordrehzahl und dem hohen Drehmoment bedurfte es einer großen Getriebeeinheit, die den gesamten Antriebkomplex zu groß und schwer machte.
Die Kraftübertragung erfolgte, analog dem Großtraktor, mittels Querantrieb über eine Mehrscheibentrockenkupplung, dem Drehschwingungsdämpfer auf ein parallel zum Motor liegendes Wechselgetriebe. Am Querantrieb angeflanscht befand sich eine Ölpumpe, die zur Schmierung sämtlicher Getriebe-Komponenten zuständig war. Im Fahrzeug kam ein synchronisiertes „Sonder-Sechsganggetriebe" vom Typ SSG 280 der Firma ZF zum Einsatz. Es entstand aus dem „Sonder-Fünfgang-"ZF-Aphongetriebe SFG 280 des Großtraktors von Rheinmetall und Krupp. Alle Gänge der Fünf- und Sechsganggetriebe waren mit Lamellensynchronisierung ausgeführt. Sie besaßen eine Fernschaltung für den Heckbetrieb. Der Endantrieb konnte entweder mit einem 22-zähnigen Kegelrad für maximal 30 km/h oder mit 25 Zähnen für eine maximale Geschwindigkeit von 34 km/h ausgerüstet werden.
Das Lenkgetriebe wurde mechanisch mittels eines Lenkrades betätigt. Aber auch Lenkknüppel waren vorgesehen. Zum Einsatz kam entweder ein Planeten-Kupplungsbrems-Lenkgetriebe bei den drei Krupp-Fahrzeugen oder wie bei den zwei Rheinmetall-Fahrzeugen ein Cletrac-Lenkgetriebe.
Laut unbestätigten Berichten wurden ab 1937 die verschlissenen BMW-Motoren gegen die neu entwickelten Maybach-Motoren HL 108 und HL 120 mit 290 bzw. 300 PS ersetzt.[79] Erstaunlich, denn der Maybach-Motor war – bedingt durch die V-Form – zwar kürzer, aber immerhin 18 cm breiter! Da wird der Platz zum Kampfraum des Heckturmes knapp. Auch Ansaug- und Abgasführung waren nicht kompatibel. Dazu kam, dass die maximale Motordrehzahl sehr unterschiedlich war. Der HL 108 z. B. erreichte die maximale Leistung erst bei 2800 U/min (*statt 1400 U/min des BMW-Motors*).[80] Also wäre auch eine Änderung der Gesamtübersetzung noch zwingend nötig gewesen, was den Einbau des Maybach-Motors unwahrscheinlich erscheinen lässt.

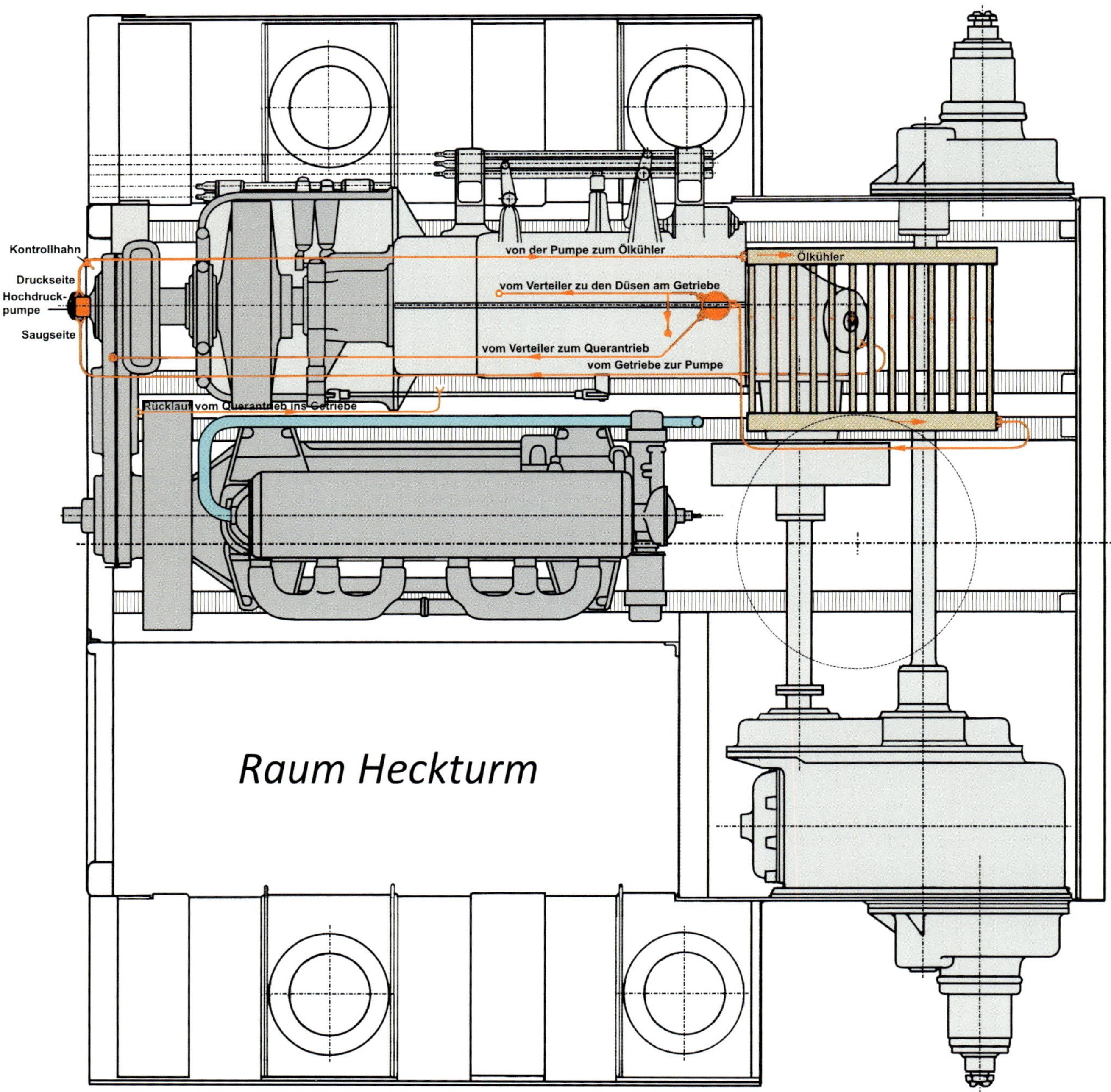


*BBA/MF. Das Ölleitungsschema des 6-Gang- und Zwischengetriebes. Hier ist gut erkennbar, dass die Getriebe-Einheit wesentlich mehr Platz benötigte als der Motor selbst. Der dafür benötigte umpanzerte Raum erhöhte natürlich das Gesamtgewicht des Panzers.*

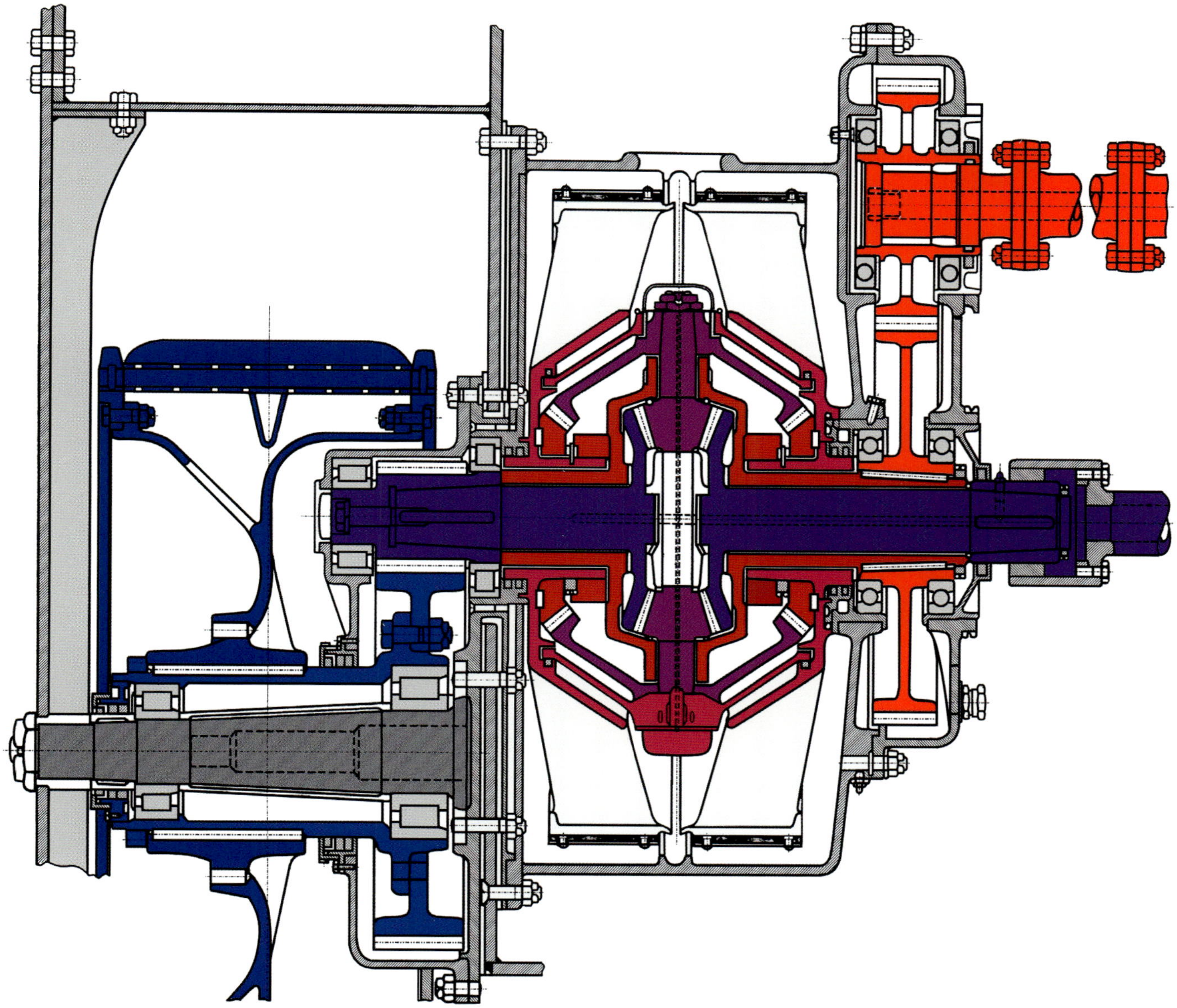

BBA/MF. *Rheinmetall-Cletrac-Lenkgetriebe der Rheinmetall-Neubaufahrzeuge. Markanter Unterschied zur Großtraktor-Ausführung mit Hohlwelle und Innenwelle sind die zwei parallelen Wellen, die Antriebswelle vom Getriebe zum Vorgelege und die Antriebswelle von dem Lenkgetriebe zum rechten Vorgelege.*

# Der Leichttraktor

Der Leichttraktor, ursprünglich Kleintraktor genannt, wurde ab 1928 als leichter Kampfwagen mit 10–12 t auf Grund einer Forderung von In 6 (K) entwickelt. Das Fahrgestell sollte sich auch als Basis für Selbstfahrlafetten, gepanzerte Nachschubfahrzeuge als auch für Zwecke der privaten Wirtschaft eignen und möglichst handelsübliche Triebwerk-Baugruppen einbeziehen. Schwimmfähigkeit war im Gegensatz zum Großtraktor nicht gefordert, sollte jedoch mit Zusatzschwimmgeräten (*Schwimmkörper*) hergestellt werden können. Die Panzerung sollte gegen 13-mm- und SmK-Geschosse sicher sein.[81]

Krupp baute in der Folge zwei, Rheinmetall drei Kampfwagen-Prototypen. Daimler-Benz lehnte den Auftrag ab. Das Gefechtsgewicht betrug je nach Typ 8,7 bis 9 t mit einer Viermann-Besatzung. Rheinmetall lieferte alle Drehtürme. Die Bewaffnung bestand aus einer 3,7-cm-Kanone und einem schweren Maschinengewehr. Die Höchstgeschwindigkeit betrug ca. 30–35 km/h. Der Leichttraktor gilt damit als indirekter Vorläufer des Panzerkampfwagen III.[82]

Die Fahrzeuge wurden von Sommer 1930 bis Sommer 1932 ebenfalls in der geheimen Panzerschule Kama erprobt und dort teilweise an Trieb- und Laufwerk modifiziert. Nach den ersten Probefahrten hatten sich auch die Soden-Getriebe, wie im Großtraktor, als ungeeignet erwiesen.

Als Antriebsmotor diente den Krupp- und Rheinmetallfahrzeugen der 6-Zylinder-7,8 l Mercedes-Benz-Lkw-Motor M 36. Er besaß eine Bohrung von 105 mm und einen Hub von 150 mm und leistete 100 PS bei 2000 U/min.[83] Das höchste Drehmoment soll er bei 1800 U/min mit 40 mkg (392 Nm) erreicht haben. Der Motor war wegen einer angeblich besseren kommerziellen Eignung in der Fahrzeug-Ausführung als leichte Zugmaschine (L.Z.) ausgewählt worden. Hervorgehoben wurden seine bessere Haltbarkeit und eine höhere Elastizität bei niedrigeren Drehzahlen. Ein Drehmoment von 45 mkg (441 Nm) soll im weiten Bereich von 600–1200 U/min angestanden haben, was der niedrigeren Werksangabe widersprechen würde.

Zur Diskussion standen auch ein „100-PS-Maybach-Motor" und der 100-PS-„Gebläse-Motor" Daimler M 836. Der Maybach-Motor sei schwerer, größer und teurer, jedoch sparsamer im Kraftstoffverbrauch und wegen niedriger Drehzahl leiser. Der Daimler M 836 wurde als kleiner und leichter, jedoch nicht vollastfest bezeichnet.[84]

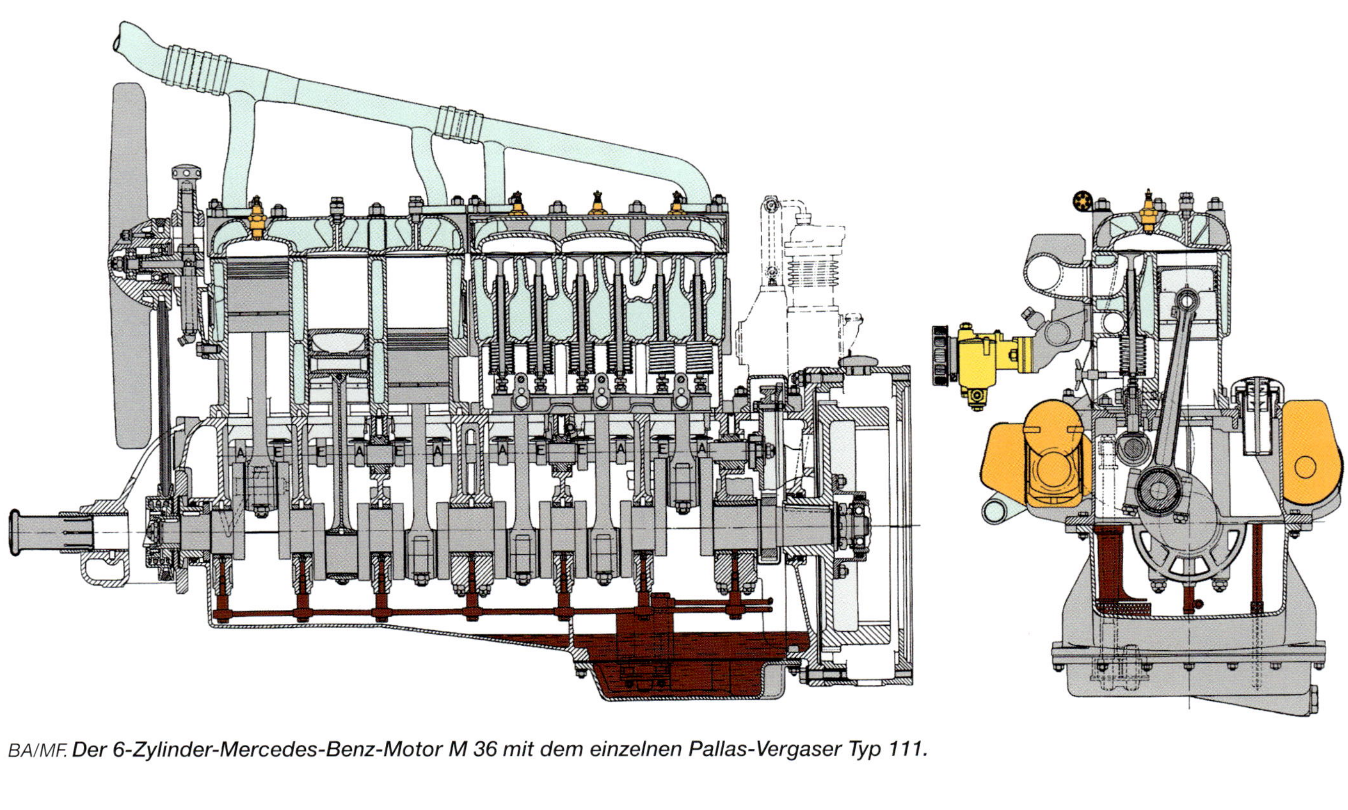

BA/MF. *Der 6-Zylinder-Mercedes-Benz-Motor M 36 mit dem einzelnen Pallas-Vergaser Typ 111.*

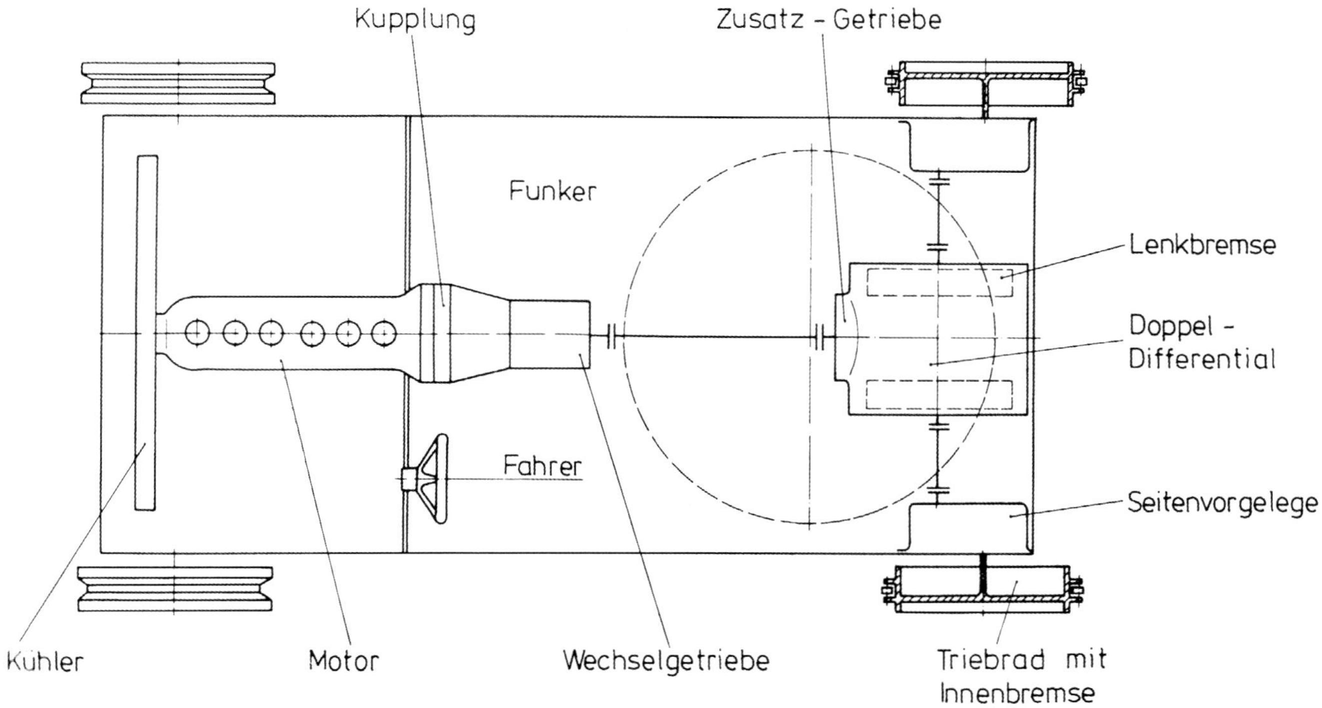


*WS.* ***Die grundsätzliche Auslegung des Triebwerks beim Leichttraktor.***

Beide Fahrzeugtypen wurden zunächst mit den schon erwähnten ZF-Soden-Vorwählgetrieben bestückt, das Krupp-Fahrzeug hatte drei Gänge. Es wirkte auf ein Krupp-Zusatzgetriebe mit Cletrac-Lenkgetriebe in Stirnradausführung. Das Rheinmetall-Fahrzeug erhielt das TSV-15 mit vier Gängen. Nachgeschaltet war das „Verstell- und Achsgetriebe" TVA-15, kombiniert mit einem Cletrac-Lenkgetriebe in Kegelradausführung. Mitte 1931 wurden alle Soden-Getriebe gegen das neuentwickelte handgeschaltete ZF-4-Gang-Aphongetriebe G-55 ausgetauscht.

Es zeigten sich eine unzureichende Kühlung des Motors und Lenkgetriebes und ein hoher Verschleiß der geschmierten Gleisketten wegen mangelnder Abdichtung. Nach der Rückkehr nach Deutschland wurde nicht weiter an der grundsätzlichen Abstellung der Mängel gearbeitet, da kein Interesse mehr an Panzerwagen mit vorne liegendem Motor bestand. Die Fahrzeuge waren jedoch noch einige Jahre lang für die Ausbildung und Entwicklung von großem Wert. Ein Rheinmetall-Fahrzeug erhielt nach 1933 nochmals ein neues Laufwerk mit vier mittelgroßen, schraubengefederten Laufrollen, ähnlich der frühen Panzerkampfwagen III, Ausf. A.

Eine wegweisende Erkenntnis aus den Erprobungen in Kama war, dass der Kommandant im Turm von der Nebenaufgabe als Ladeschütze entlastet werden muss und ein geräumigerer Dreimann-Turm, vorzugsweise mit turmfestem Fußboden, für eine zukünftige Fünfmann-Besatzung erforderlich ist.[85] Damit stand die Aufgabenverteilung der Besatzung in den deutschen mittleren und schweren Panzerkampfwagen fest.

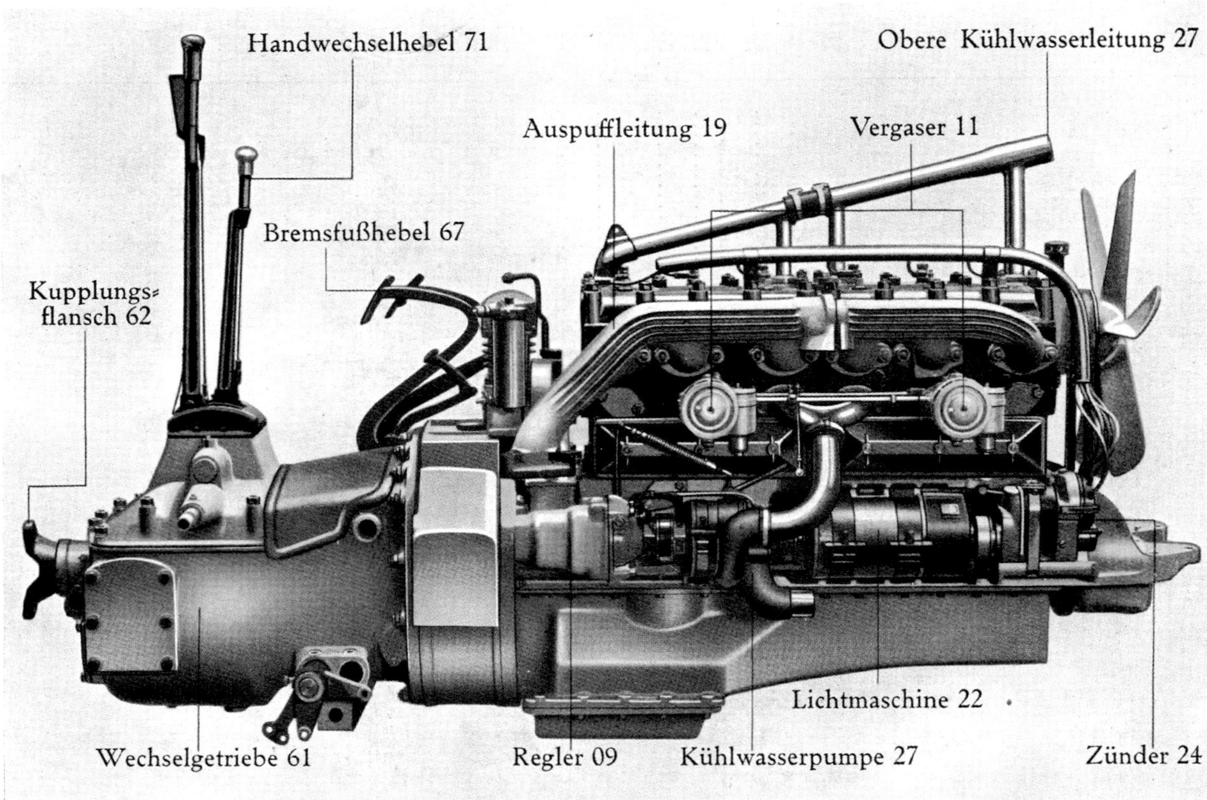


ETK. *Der 6-Zylinder-Mercedes-Benz-Ottomotor M 36 mit 100 PS für beide Leichttraktor-Typen, hier mit einem Lkw-Wechselgetriebe und Doppelvergaseranlage vom Typ Pallas HJ 3h, von der Auspuff- bzw. Vergaserseite aus gesehen. Der M 36 war ursprünglich ein Lkw-Motor und entsprach damit der Forderung auf Verwendung handelsüblicher Baugruppen.*

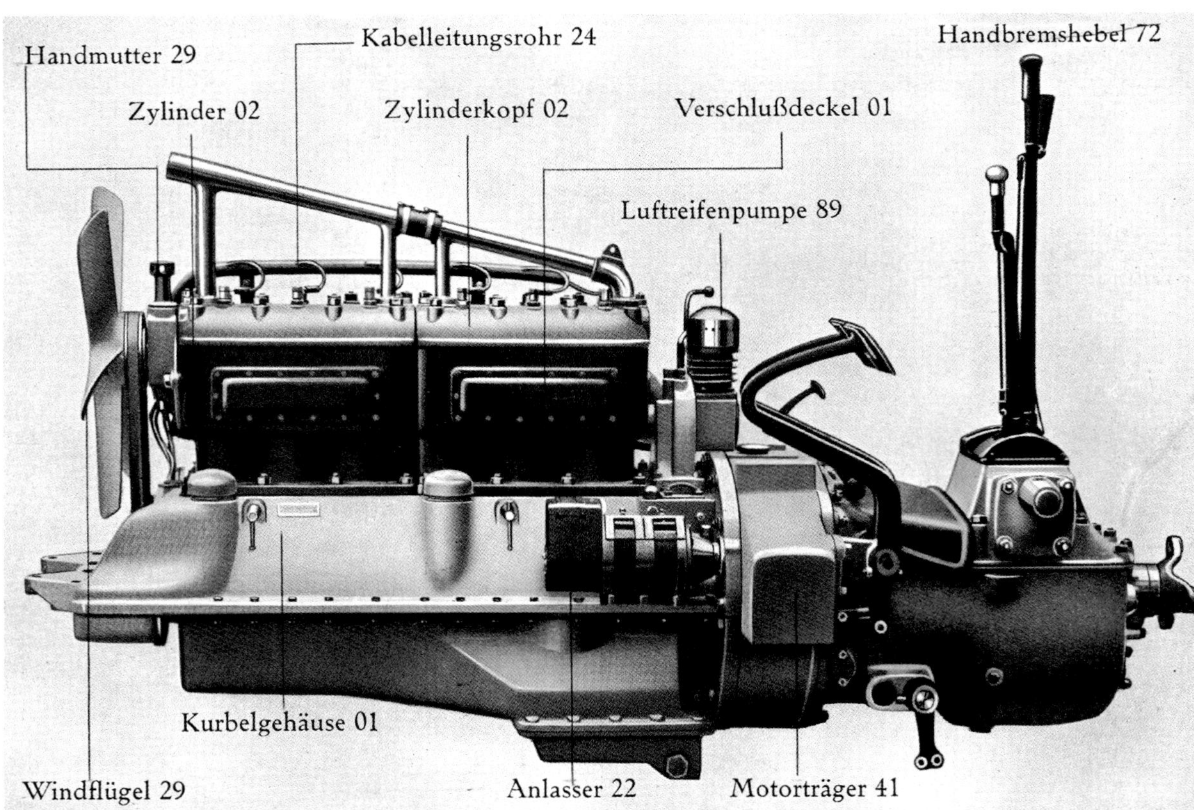


ETK. *Der seitengesteuerte Motor mit stehenden Ventilen von der Ventilseite aus gesehen. Unter den Verschlussdeckeln befanden sich die Ventilstößel. Hier wurde auch die Ventilspieleinstellung vorgenommen.*

# Der Rheinmetall-Leichttraktor

*WS, auch in PT No3-1 mit Hinweis auf BAMA.* ***Einer der beiden Leichttraktoren der Firma Rheinmetall, zum Zeitpunkt der Fertigstellung 1930, von drei Seiten. Alle Leichttraktoren waren mit Funk ausgerüstet, was an den Rahmenantennen zu sehen ist. Ebenfalls war ein Funker zur Bedienung der Funkanlage an Bord. Bemerkenswert auch die besatzungsfreundlichen Heckausstiege.***

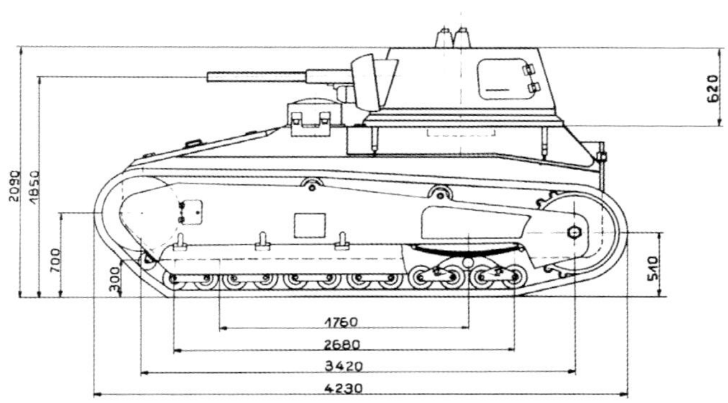


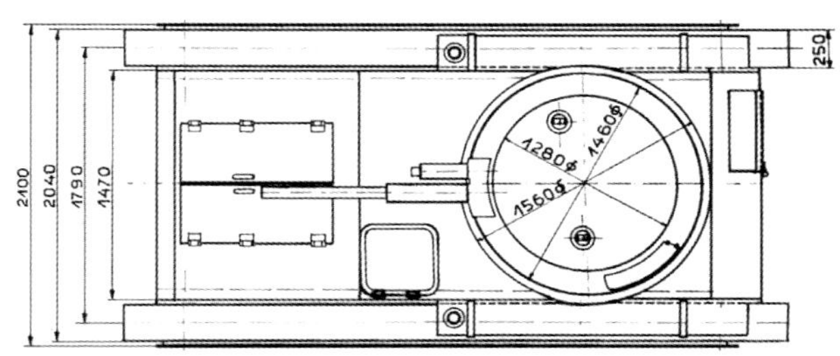


*BAMA/MF.* ***Abmaße des Rheinmetall-Leichttraktors vor dem Umbau im September 1932.***

*WS.* ***Der Leichttraktor der Firma Rheinmetall, geplant auch als Leichte Zugmaschine bzw. als Fahrzeug für eine „kommerzielle Verwendung" mit Lkw-Ladepritsche, aufgenommen am 14. Mai 1930.***

ZF. Das Viergang-TSV-15 Soden-Getriebe am 100-PS-Daimler-Benz-Ottomotor M 36 für den Rheinmetall-Leichttraktor. Ausstattung mit Einzelvergaser und Bosch-Doppelzündung FU 6.

ZF. Das Soden-Getriebe TSV-15 mit dem Verstell-, Achs- und Lenkgetriebe TVA-15 auf dem Lastprüfstand 1929. Der Antrieb des Testaufbaues erfolgt durch einen E-Motor. Gebremst wird die Kombination für den Rheinmetall-Leichttraktor über die verspannten Holzklötze auf den äußeren Bremstrommeln.

## Das Krupp-Fahrzeug

*SNA[86]. Der Leichttraktor der Firma Krupp in der ursprünglichen Ausführung 1930 von vier Seiten gesehen. Hervorstechend bei beiden Konstruktionen der Versuch, Gummibandketten mit Gummipolstern zu verwenden. Deren Unbrauchbarkeit stellte sich bereits nach kurzer Zeit in Kama heraus.*

*SNA. Die ursprüngliche Auslegung des Krupp-Leichttraktor-Fahrwerkes mit 6 x 2i Laufrollen pro Seite, über ein Hebelsystem auf eine Blattfeder wirkend.*

WS. *Der Krupp-Leichttraktor nach dem Umbau des Fahrwerkes auf Schraubenfederung, einschließlich Einführung einer Scharnierkette um 1933.*

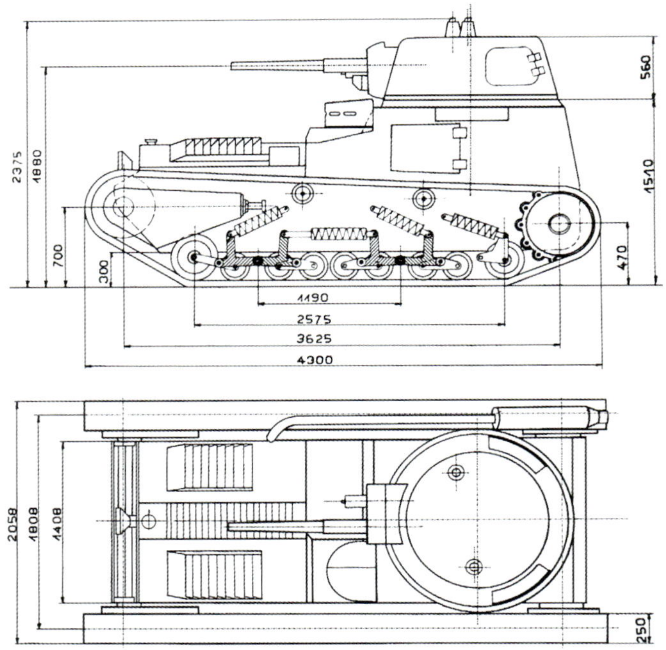


BAMA. *Abmaße des Krupp-Leichttraktors nach 1931.*

SNA. *Blick auf die vordere Schottwand zum Motor mit den Bedienungsorganen. Rechts neben dem Fahrerplatz das Soden-Getriebe. Die Lenkung wurde bedienungsfreundlich per Lenkrad, weiter über Hebel und Gestänge und, nach Umbau, hydraulisch betätigt.*

SNA. *Der vorn liegende Motorraum mit den beiden Lüftern. Die davor liegenden Kühler sind hier nicht eingebaut. Motorraum und Bedienraum waren gasdicht voneinander getrennt. Die Kühlerlüfter sorgten für einen leichten Unterdruck im Motorraum. Ein elektrisches Gebläse ermöglichte bei Bedarf das Ansaugen von Frischluft über einen Gasfilter und erzeugte dabei einen schützenden Überdruck im Bedienraum.*

SNA/FK. *Der Lenkmechanismus hinter dem Lenkrad von der Motorenseite aus gesehen. Die Betätigung erfolgte über Exenterscheiben, sodass die Lenkbremsen beim Anlenken sehr schnell zur Wirkung kamen, beim Kurvenfahren jedoch gefühlvoll gesteuert werden konnten.*

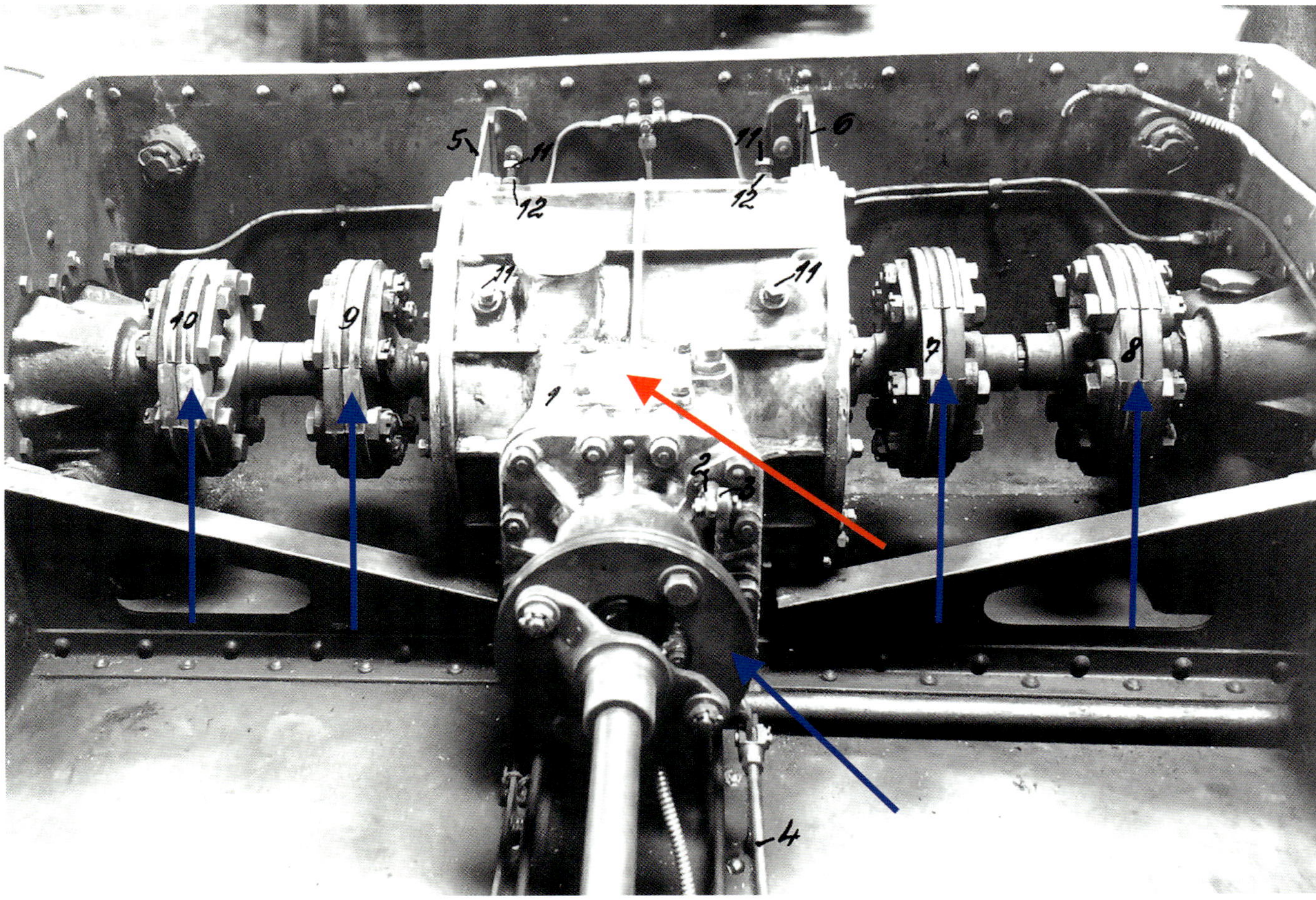


SNA/FK. *Die als „Hinterachse" bezeichneten Baugruppen Zusatzgetriebe, Lenkgetriebe und Gelenkwellen. Das über einen separaten Hebel schaltbare Zusatzgetriebe (roter Pfeil) ist dem Lenkgetriebe vorgelagert und fungiert als zusätzliche Geländeuntersetzung. Das Lenkgetriebe ist elastisch über Gelenke (Gummischeiben mit Drahtseileinlagen, blaue Pfeile) mit den Wellen verbunden, um Spannungen durch etwaige Verwindung des Wannengehäuses zu vermeiden.*

SNA/FK. *Das geöffnete Cletrac-Lenkgetriebe. Die Bremsbeläge der Lenkbremsen (rote Pfeile) laufen „nass" in der Ölfüllung des Getriebes und wirken auf die Bremstrommeln (blaue Pfeile). Sehr bald wurden diese Lenkgetriebe mit „trockenen" Bremsen versehen.*

*SNA/FK. Der Einbauraum für die als „Hinterachse" bezeichneten Baugruppen Zusatzgetriebe, Lenkgetriebe und Gelenkwellen. Am oberen Bildrand ist das linke Stirnrad-Seitenvorgelege zu erkennen, unten links eine Bremsbacke der rechten Betriebsbremse. Am Boden die Gestänge für die Lenk- und Bremsbetätigung.*

*SNA. Die Betriebsbremse. Das Kettenantriebsrad und die Bremstrommel sind in einem Bauteil zusammengefasst.*

## Abschließende Anmerkungen

Wie dargestellt, wurden bereits bei der Entwicklung des Leicht- und Großtraktors Versuche mit modernen Baugruppen zur Kraftübertragung unternommen, um den Fahrer zu entlasten. Diese Versuche waren jedoch zum damaligen Zeitpunkt nicht erfolgreich. Es mussten noch weitere Fehlschläge hingenommen werden, bis sich während des Kriegs der Weg zum modernen, kombinierten hydrodynamischen Schalt- und Lenkgetriebe herauskristallisierte.

# Der Panzerkampfwagen I neue Ausführung – VK 601 und VK 1801

Am 15. September 1939 erhielt das HWA den Auftrag, einen leichten Panzerkampfwagen für Aufklärungsaufgaben, für die Luftlandetruppen und, so genannt nach 1941, für die „Kolonial-Panzertruppen" zu entwickeln. Die Firma Krauss-Maffei wurde deshalb mit der Entwicklung des neuen Fahrgestells beauftragt, die Firma Daimler-Benz mit dem Aufbau. Dieses Projekt lief unter der Bezeichnung VK 6.01,[87] später als Panzerkampfwagen I neuer Art (n.A.) bzw. Pz.Kpfw. I (Sd.Kfz.101) Ausführung C bekannt.[88] Die Fahrgestell-Nummern 150 101 bis 150 140 liefen 1942/43 als 0-Serie vom Band.[89] Das Fahrzeug besaß ein zulässiges Gesamtgewicht von 8 t, eine Panzerstärke von 10 bis 30 mm sowie einen Bodendruck von 0,79 kg/cm². Auffällig war das von den Zugmaschinen übernommene Schachtellaufwerk, was diesem Fahrzeug zu einem hohen Abrollkomfort verhalf.

Es war mit einem Maybach-Motor vom Typ HL 45 P mit 150 PS bei 3800 U/min ausgestattet. Die Leistung ergab sich aus 95-mm-Bohrung und 110-mm-Hub. Damit sollte eine Höchstgeschwindigkeit von beachtlichen 79 km/h erreicht werden.[90] Dieser Motor ging aufgebohrt aus dem Maybach-Motor vom Typ HL 42 (*100/140 PS bei 3000/4000 U/min, Bohrung 90 mm/Hub 110 mm*) hervor, der wiederum vom Maybach-PKW-Motor HL 38 abgeleitet wurde.

Der Maybach-Motor HL 42 war als HL 42 TRKM für den 1-t-Zugkraftwagen D6 bis D8 und der HL 42 TUKRM für den 3-t-Zugkraftwagen HKL 6 gebaut worden und besaß bei gleicher Leistung von 100 PS bei 3000 U/min, bedingt durch den größeren Hub von 110 mm, bei gleichem Kolbendurchmesser einen etwas größeren Hubraum als der Maybach-Motor HL 38. Durch den größeren Hubraum konnte mit der Reduzierung der Höchstdrehzahl auf 2800 U/min die Standfestigkeit des Maybach-Motors HL 42 verbessert werden.

Der daraus neu entstandene 6-Zylinder-Maybach-Motor HL 45 P besaß dagegen bei gleich bleibendem Hub von 110 mm größere Kolben mit einem Durchmesser von 95 mm, was einem Hubraum von 4,68 Litern entsprach. Entscheidend für die Leistungssteigerung auf 150 PS bei 3800 U/min war jedoch der Einsatz von zwei Solex-Fallstrom-Vergasern vom Typ 40 J FF II. Die höhere Drehzahl hat vermutlich den Kraftstoffverbrauch und die Standfestigkeit des Motors negativ beeinflusst.

Zu Beginn der VK-Entwicklungszeit stellten die Firmen Daimler-Benz, FAMO Breslau, Henschel, Krauss-Maffei und

WS. ***Vom Panzerkampfwagen I C (VK 601) wurden 1942/43 nur 40 Fahrzeuge gebaut.***

MAN Konstrukteure an die Firma Maybach ab, um dort Einheitswechselgetriebe ohne Zugkraftunterbrechung zu konstruieren. Ein solches Getriebe in leichter Bauart und

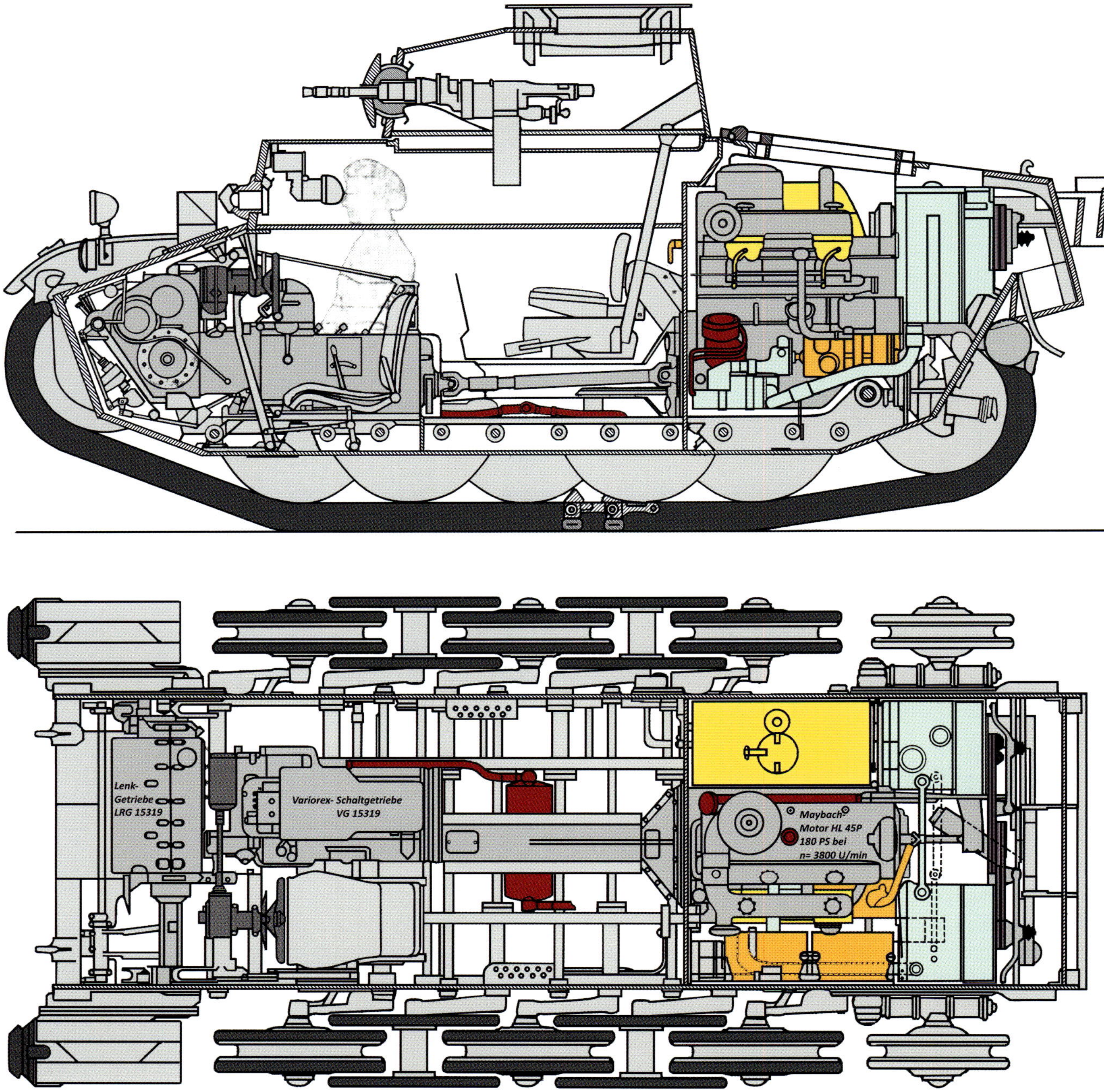


WS/MF. ***Der VK 601 im Längsschnitt und im Schnitt von oben.***

ein Überlagerungslenkgetriebe sollen erstmals 1939 bei Krauss-Maffei im VK 6 verwendet worden sein.[91] Die Versuche mit dem Fahrzeug, das mit einem Achtganggetriebe ausgerüstet war, wurden vermutlich im September 1939 wegen Schwierigkeiten mit der elektrischen Steuerung des Lenkgetriebes abgebrochen.

Als Getriebe wurde im VK 601 das neu entwickelte Maybach-Vorwählgetriebe Typ VG 15 319[92], auch als „Variorex-Getriebe" bekannt, verwendet. Dieses Getriebe besaß acht Vorwärtsgänge sowie einen Rückwärtsgang. Es war ein halbautomatisches, vermutlich pneumatisch gesteuertes Vorwählgetriebe. Der Fahrer wählte lediglich die jeweilige Fahrstufe vor.

Dadurch konnten auch unter schweren Bedingungen kurze Schaltzeiten erzielt werden, was besonders bei schweren Kettenfahrzeugen auf Grund ihres hohen Rollwider-

*MF.* ***HL 42 TRKM, also mit Trockensumpfschmierung und Schnappermagnet.***

standes ein großer Vorteil war. Die Bezeichnung VG 15 319 des Variorex-Getriebes (VG) setzte sich aus der übertragbaren Leistung 150 PS (15), dem Drehmoment 30 mkg (3) und der Übersetzung 1:19 (19) zusammen. Als Lenkung kam ein Dreiradien-Lenkgetriebe vom Typ Krauss-Maffei LGR 15319[93] zum Einsatz, das in Gemeinschaftsarbeit entwickelt worden sein soll.[94]

Das Überlagerungslenkgetriebe LGR 15319 benötigte einen zusätzlichen Lenkantrieb, wobei die ständig vom Motor angetriebene Lenkantriebswelle durch das Schaltgetriebe geführt wurde. Dadurch unterschied sich das Vorwählgetriebe VG 15319 von den z. B. in den Panzern II und III zeitweise verwendeten Variorex-Getrieben.

Eine weitere Abart des Panzerkampfwagen I war die Ausführung F bzw. VK 1801.

Dieses Vorhaben hatte aufgrund einer Order zur Neuausrichtung der Offensivkräfte des Heeres vom 24. November 1938 zum Ziel, ein Infanterie-Unterstützungsfahrzeug mit dem Schwerpunkt auf stärkst mögliche Panzerung innerhalb des 18-t-Gewichtslimits des deutschen Pionierbrückengerätes zu entwickeln. Die schweren Panzerkompanien sollten zur Bekämpfung gegnerischer Festungsanlagen an den deutschen Ost- und Westgrenzen dienen, wozu es jedoch in dieser Form nicht kam. Der Auftrag zur Herstellung einer 0-Serie von 30 Fahrzeugen wurde ab 22. Dezember 1939 ebenfalls den Firmen Krauss-Maffei für das Fahrgestell, Daimler-Benz für den Aufbau mit Turm, und Krupp für die Panzerung erteilt. Die Fahrzeuge mit den Fahrgestell-Nummern von 150 301 bis 150 130 wurden 1942 ausgeliefert und eingesetzt.[95]

Die Fahrzeuge sind eng mit der Entwicklung des ähnlichen, für die gleichen Zwecke geplanten Panzerkampfwagen II, Ausführung J (VK 1601) bei der MAN verbunden (siehe nächster Abschnitt). Die Firmen Krauss-Maffei und MAN wurden zur Zusammenarbeit verpflichtet. Das VK 1801 hatte eine Besatzung von zwei Mann und eine

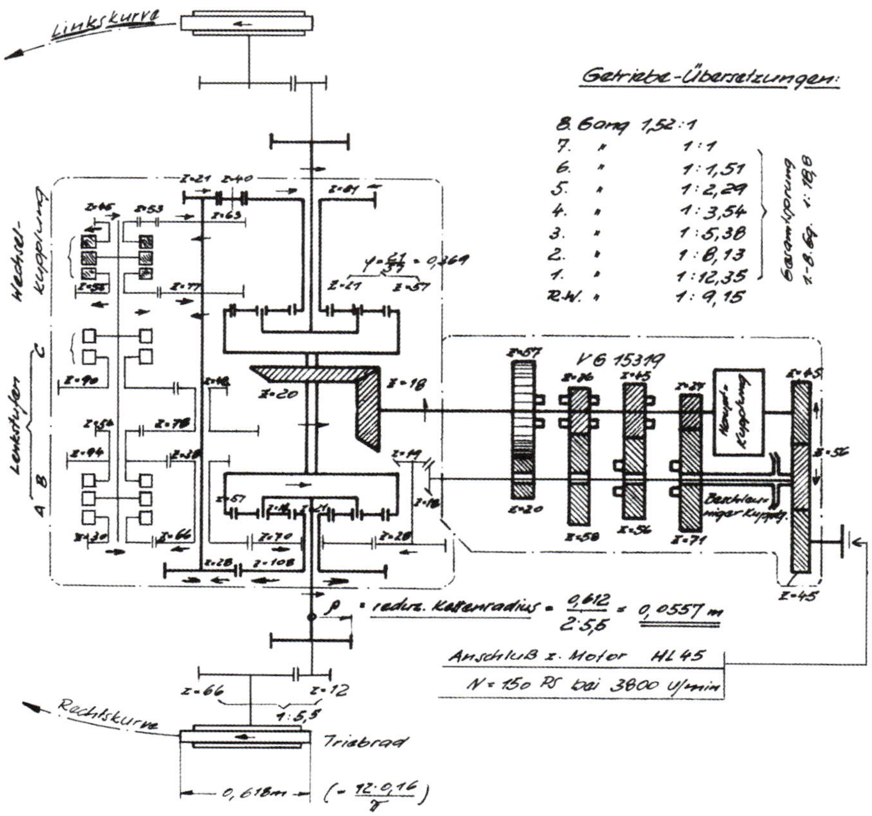


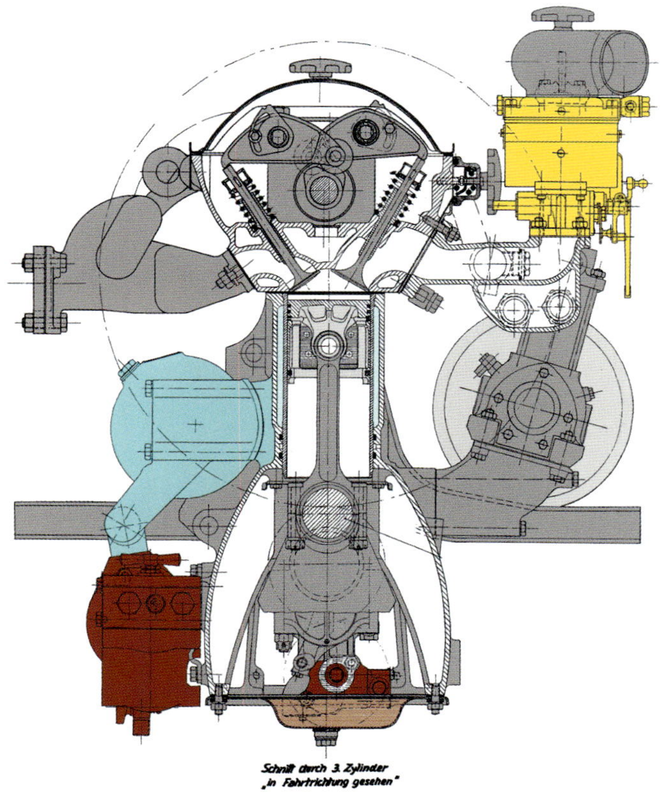


WS. *Das Schema von LGR 15319-Lenk- und Schaltgetriebe VG 15319, das auch in die VK 901 und 902 eingebaut wurde.*

MTU/MF. *Der Maybach-Motor HL 42 TRKM im Querschnitt.*

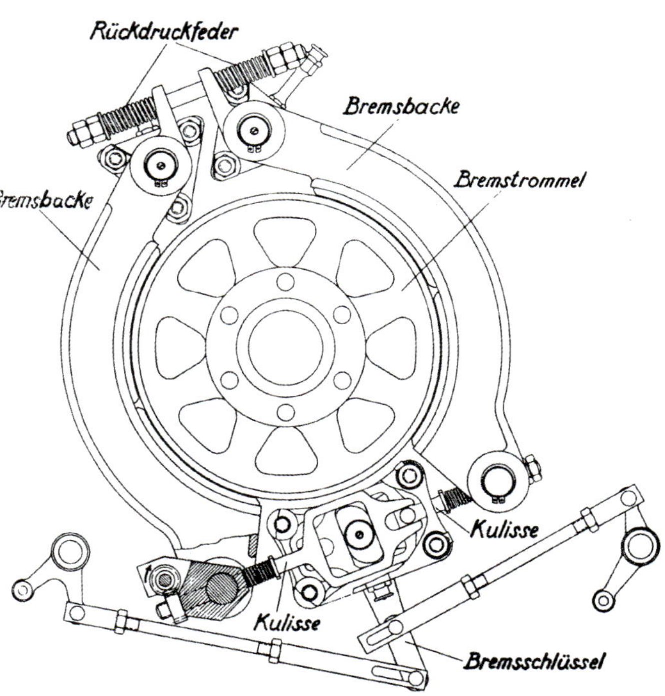


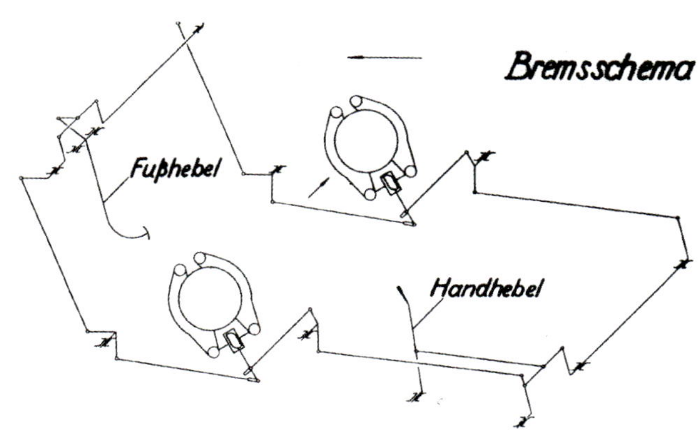


WS. *Die Bremsanlage mit dem Bremsschema des VK 601.*

MG-Bewaffnung, während das VK 1601 mit drei Soldaten besetzt war und die Bewaffnung vom Panzerkampfwagen II beibehielt. Es war zudem etwas leichter gepanzert. Beide Firmen sollten die Arbeiten unter sich aufteilen. Die Fahrzeuge sollten die gleichen Triebwerkkomponenten erhalten und beim Motor und der Kühlanlage auf Komponenten aus dem VK 901-Auftrag zurückgreifen. Krauss-Maffei war für die Entwicklung der Federung und Kettenspanner, MAN für die Entwicklung der Lenkung, des Seitenvorgeleges und der Bremsen zuständig. Beide Firmen sollten die Baugruppen für je vier Versuchs-Fahrgestelle liefern.[96]

Die 80-mm-Frontpanzerung ließ das zulässige Gesamtgewicht auf etwa 21 t ansteigen.[97] Als Motor war erneut der

NARA. *Bei diesem Fahrzeug der Ausführung C (Panzer I n.A., VK 601) fehlen die zwei äußeren Laufrollen des Schachtellaufwerks.*

WS. *Der Fahrerplatz mit der Lenkradsteuerung des VK 601.*

*WS. Der VK 1801 von vorn.*

*WS. Vom Panzerkampfwagen I F (VK 1801) wurden nur 30 Stück produziert. Markant die seitlichen Einstiegsluken.*

Maybach-Motor HL 45 P mit seinen 150 PS bei 3800 U/min vorgesehen. Das Leistungsgewicht hatte sich natürlich von den 18,2 PS/t der Ausführung C auf 7,1 PS/t verringert. Die Höchstgeschwindigkeit betrug nur noch 25 km/h.

Auf Grund der hohen Belastung mit Drehzahl und Leistungsgewicht werden mit dem Maybach HL 45 P sicherlich ebenfalls keine hohen Laufleistungen erreicht worden sein. Der Kraftstoffverbrauch war entsprechend hoch, da sich laut Angaben der Fahrbereich von 300 km des Typ C auf 150 km beim Typ F halbiert hatte. Die Verbindung zum Getriebe erfolgte bei diesem Fahrzeug wieder über eine konventionelle, mechanische Mehrscheibentrockenkupplung. Als Getriebe wurde zudem das robustere, handgeschaltete ZF Sechsganggetriebe vom Typ SSG 47 in Verbindung mit einem einfachen Kupplungs-Brems-Lenkgetriebe verwendet.

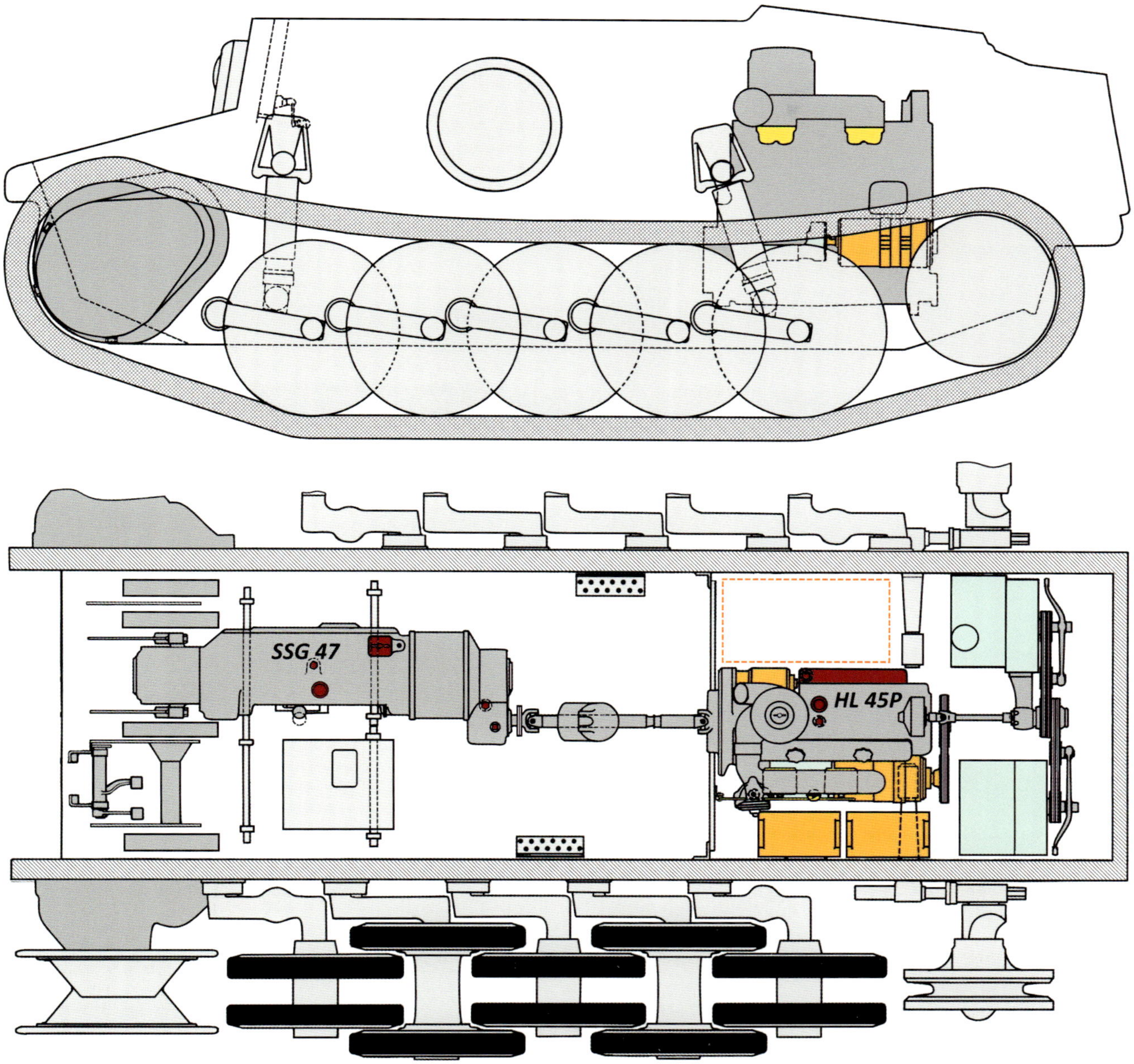


*WS/MF.* *Der innere Aufbau des Antriebes des VK 1801 ähnelt stark dem des VK 601. Nur durch die stärkere Panzerung und das Schalt- und Lenkgetriebe war auf den ersten Blick ein Unterschied vorhanden.*

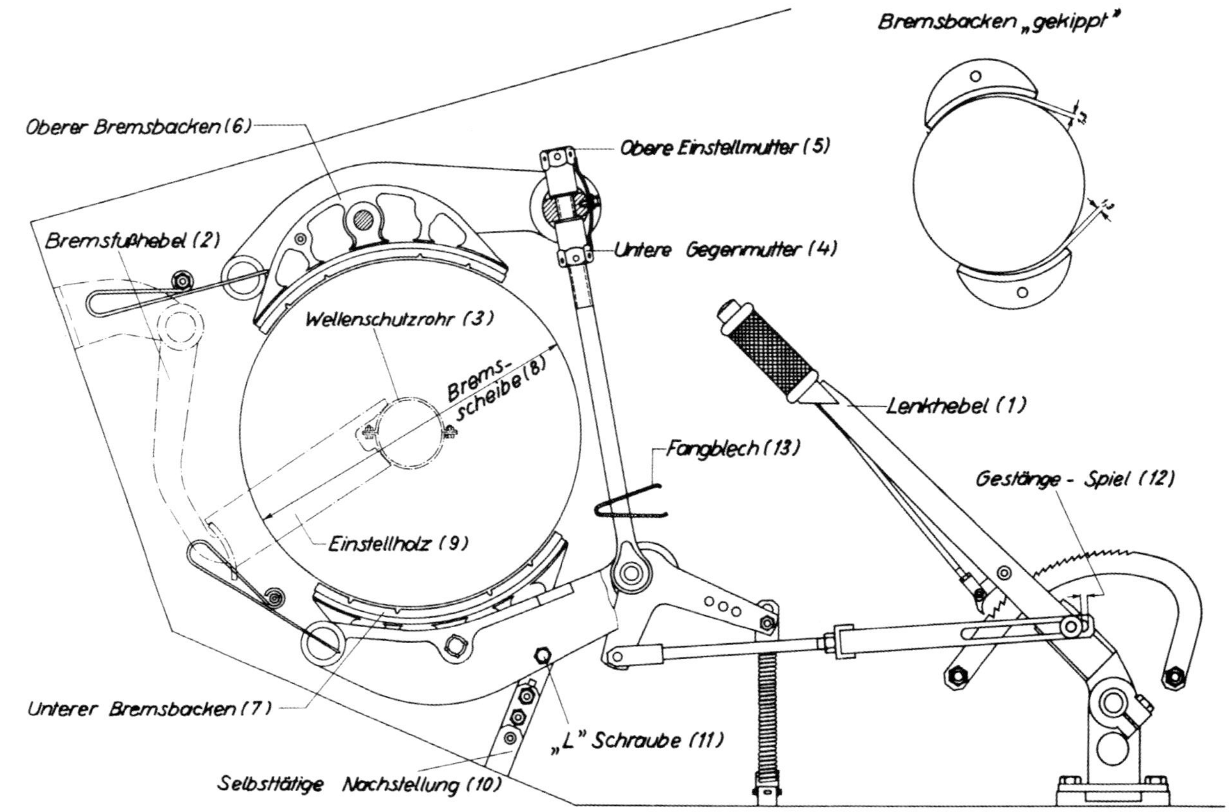


*WS. Die Lenkbremse für die Kupplungslenkung im Panzerkampfwagen VK 1801.*

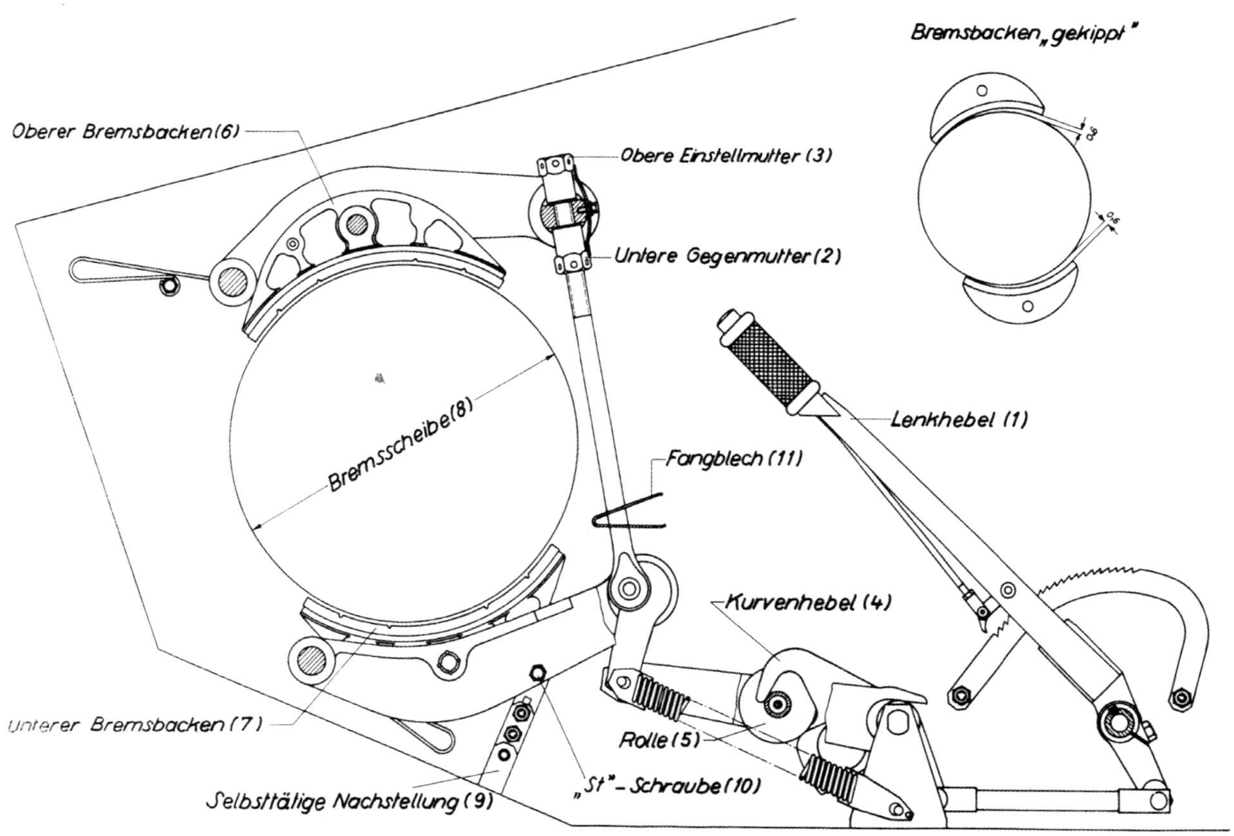


*WS. Die Stützbremse des Prototyp VK 1801.*

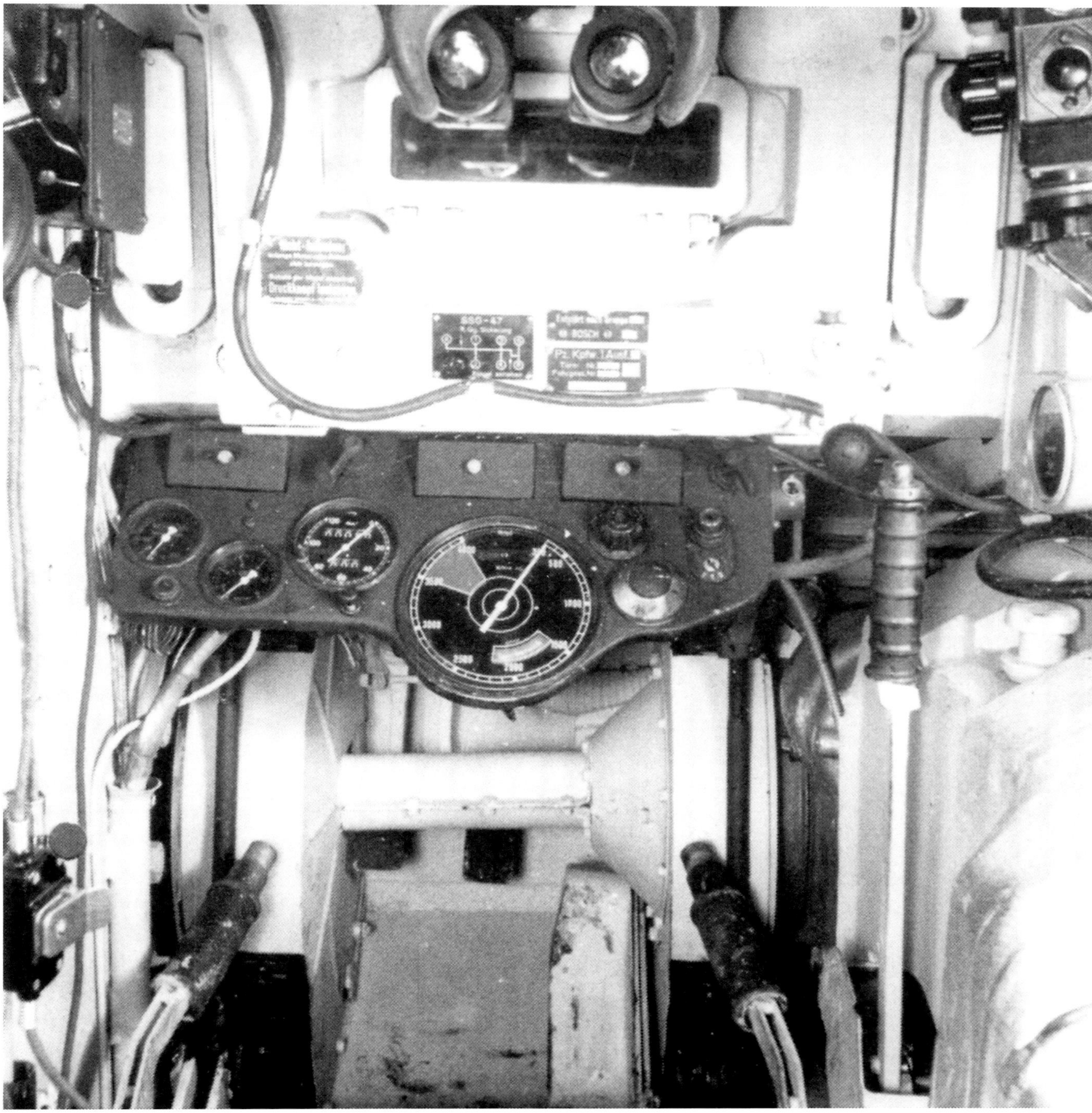

*WS. Der Fahrerplatz zeigt im VK 1801 wieder die herkömmliche Hebellenkung sowie die abgedeckte Lenk- und Stützbremse.*

# Der Panzerkampfwagen II neue Ausführung

Aus den hier beschriebenen Projekten wurden zwar nur Versuchs-Fahrgestelle, kleine 0-Serien bzw. Kleinserien, die hier gemachten Erfahrungen im Panzerbau mit den erprobten modernen Fahrwerk- und Triebwerk-Komponenten sollten jedoch nicht unterschätzt werden.

MJ. ***Ein Panzerkampfwagen II, Ausf. G (VK 901), Fahrgestell-Nr. 150014, fertiggestellt vor August 1941 bei der Ausrüstung im Heereszeugamt Magdeburg. Laut WaPrüf 6 hatten die VK 901 stabilisierte Waffen.***[99]

## Das VK 901 / 902

Bereits 1938 hatte MAN aufgrund eines Auftrages des HWA in Zusammenarbeit mit Daimler-Benz einen Panzerkampfwagen II mit dem Schwerpunkt auf hohe Geschwindigkeit entworfen. Die Hauptwaffen, die 2-cm-Maschinenkanone KwK 38 und das 7,92-mm-MG 34, sollen darüber hinaus eine fortschrittliche Stabilisierung[100] erhalten haben, die das Zielen und Schießen in der Bewegung ermöglicht haben soll.[101]

Dieser schließlich 10,5 t schwere Entwurf lief unter der Bezeichnung „Panzerkampfwagen II n.A." bzw. unter VK 901.[102] Es wurde ein Maybach HL 45 P mit 150 PS eingebaut, der, wie zuvor beschrieben, vom Maybach-Motor HL 42 durch Aufbohren auf 95 mm bei gleich bleibendem Hub von 110 mm entstand. Die Höchstgeschwindigkeit des Fahrzeuges mit Olvar-Getriebe wird mit 67 km/h im 8. Gang angegeben.[103]

Interessant ist bei der Entwicklung des VK 901, dass verschiedene Getriebe-Lenkgetriebekombinationen erprobt worden sind. So wurde die schon vom VK 601 bekannte Kombination aus Vorwähl-Schaltgetriebe Variorex VG 15319 und Krauss-Maffei Dreiradienlenkgetriebe LG 45 (*umbenannt in LGL 15319 und LGR 15319*) eingebaut. Schließlich wurden auch das Vorwähl-/druckluftgeschaltete Mehrgruppen-Prototyp-Synchrongetriebe SMG 50 von 1940 der Firma ZF und das Vorwähl-/öldruckgeschaltete 8-Gang Maybach Olvar OG 20417 mit dem Dreiradienlenkgetriebe verbaut. Das SMG 50 wie auch das noch zu erwähnende ZF SSG 48 Handschaltgetriebe spielten später noch eine Rolle bei der -Entwicklung des (*Vollketten-*) Schützenpanzers „Kätzchen" der Auto Union.[104]

Die 1941/42 in einer 0-Serie hergestellten 45 VK 901-Fahrzeuge waren mit diesen drei unterschiedlichen Vor-

*NA via MacDougall/Neely, Nürnberg's Panzer Factory.* **Ein VK 901-Versuchsfahrgestell bei MAN in Nürnberg, ausgerüstet mit dem Maybach-Motor Typ HL 45 P.**

wähl-Schaltgetrieben ausgerüstet. Bei einem Großversuch in Berka 1941 waren jeweils fünf VK 901 mit ZF SMG 50 und mit Maybach OG 20417 ausgerüstet. Alle fünf ZF- und zwei Maybach-Getriebe fielen dabei aus. Die gefahrenen Kilometerleistungen lagen zwischen 1659 und 7253.

Über das ZF SMG 50, welches es auch in einer weiteren Version für das VK 903 gab, ist folgendes bekannt:[105]

*„SMG 50/51:*

*Mehrgruppengetriebe SMG*

*Sieben projektierte Getriebe SMG (Sondergetriebe, Mehrgruppengetriebe) waren in Angriff genommen worden im Zeitraum 1940/41. Diese ZF-Entwicklungen ähnelten im Aufbau den Maybach-Mehrgruppengetrieben. Sie waren jedoch nicht mit Abweisklauen versehen, sondern mit Kegelsynchronisierungen. Diese Kegelsynchronisierungen erwiesen sich im Aufbau als recht kompliziert. Die Synchronisierungen wurden mit Hilfe von Ventilen druckluftgesteuert. Vorreiter dieser Entwicklung war das SMG 100. Problematisch erwies sich die Schaltung vom 4. in den 5. Gang und umgekehrt. Dabei waren sechs Synchronisierungen zum Gangwechsel bereit zu stellen. Vom 2. auf den 3. Gang und vom 6. auf den 7. Gang und umgekehrt waren es vier Synchronisierungen. Unter den damals gegebenen technologischen Voraussetzungen war es nicht möglich, schnelle und qualitative Schaltungen zu erreichen.*

*Das Problem lag damals in der Beherrschbarkeit der Mehrgruppenschaltungen.*

*Das Fortschreiten des Krieges zwang ab Mitte 1941 zur Entwicklung und Konstruktion einfacherer und robusterer Getriebe, was zur Einführung des AK 7-200[106] führte.*

*SMG 50:*

*8-Gang-Mehrgruppengetriebe für Fahrzeug VK 901; Getriebe mit vier Räderpaaren, Vorwähldruckluftschaltung und Summierungsdifferenzial*

*- nur Entwicklung, 1940.*

*SMG 51:*

*8-Gang-Mehrgruppengetriebe für Fahrzeug VK 903; Getriebe mit vier Räderpaaren, Vorwähldruckluftschaltung und Summierungsdifferenzial*

*- nur Entwicklung, 1941".*

*Archiv ZF-Friedrichshafen AG.* **Das 8-Gang-Mehrgruppengetriebe SMG 50 für Fahrzeug VK 901; Getriebe mit vier Räderpaaren, Vorwähldruckluftschaltung und Summierungsdifferenzial.**

MTU. *Maybach Olvar 8-Gang öldruckgeschaltetes Vorwählgetriebe im VK 901. Die Bedienung der Lenkung erfolgte über Lenkrad.*

Die offiziellen Bezeichnungen des VK 901 änderten sich mehrfach. Im Juni 1942 ist für diese Fahrzeuge erstmals die Bezeichnung Panzerkampfwagen II, Ausf. G nachweisbar. Die letzte bekannte offizielle Bezeichnung von 1943 ist Pz.Kpfw. II n.A. (Sd.Kfz. 121/1).
Im Herbst 1939 arbeitete MAN am Entwurf eines VK 902. Es sollte ein überarbeitetes LG 45 L-Dreiradien-Lenkgetriebe bei gleichem VG 15319-Schaltgetriebe und gleichbleibender Motorisierung mit einem Maybach-Motor HL 45 bekommen. Die letzten 45 0-Serie-Fahrgestelle sollten als VK 902 mit dem LGL 15319 (*umbenanntes LG 45*)-Dreiradien-Lenkgetriebe ausgerüstet werden. Die fünf VK 901-Versuchs-Fahrgestelle und die 30 ersten 0-Serie-VK 901 waren mit dem LGR 15319-Dreiradien-Lenkgetriebe auszuliefern. Der Unterschied zwischen dem LGR 15319- und LGL 15319-Lenkgetriebe ist in den hier bekannten Quellen leider nicht dokumentiert.
Das von Krauss-Maffei hergestellte Lenkgetriebe LGL 15319 benötigte 33 Zahnräder und 62 Wälzlager. Es war daher sehr materialaufwändig. Abgesehen von der bisher unbekannt gebliebenen Bewährung des Getriebes bei der Erprobung soll diese Tatsache eine weite Verbreitung des Getriebes verhindert haben.[107]
Eine geplante Großserienproduktion des VK 901 fand nicht statt. Der Schwerpunkt des Interesses scheint sich nach dem Großversuch in Berka im Frühjahr 1941 auf das VK 903 verlagert zu haben.
Mit der Auslieferung und dem Einsatz der 0-Serie war das Thema VK 901 abgeschlossen.

*MTU Friedrichshafen GmbH, Unternehmensarchiv.* **Bei dem hier gezeigten Getriebe soll es sich ebenfalls um das Maybach OG 20417 handeln. Es weicht jedoch äußerlich stark von dem gezeigten Getriebe im VK 901 ab. Möglicherweise gab es auch hier mehrere Entwicklungsstufen.**

## Das VK 903

Das Allgemeine Heeresamt, In 6, forderte im Juni 1940 die Entwicklung eines 10-t-Fahrzeuges mit erhöhter Geschwindigkeit und stärkerer Panzerung. Die Bewaffnung sollte der des Panzerkampfwagen II entsprechen. Lediglich die Panzerung an den Seiten und am Heck wurde auf 20 mm erhöht. Für die angestrebte Höchstgeschwindigkeit von 65 km/h war ein stärkerer Motor erforderlich. Der daraufhin verwendete Maybach-Motor Typ HL 66 P leistete 180 PS bei 3200 U/min, was jedoch kalkulatorisch bei zum VK 901 gleich bleibenden Antriebsbaugruppen und einem Gewicht von 10,5 t lediglich für eine Höchstgeschwindigkeit von 54,4 km/h bei 3000 U/min Motordrehzahl reichte.

Das Projekt lief unter der Bezeichnung VK 903.[108] Anfänglich entsprach der Entwurf des Fahrgestelles dem des VK 901. Das Kettenantriebsrad, die Kette, die Spurweite und die Kettenaufstandslänge waren identisch. MAN erhielt einen Auftrag für fünf Versuchs-Fahrgestelle, Daimler-Benz sollte Turm und Aufbau entwickeln. Am 8. Januar 1941 wurde der Auftrag auf 500 Serienfahrgestelle erhöht und schon am 1. August 1941 auf 250 VK 903 und 250 VK 1303 (*späterer Panzerspähwagen II „Luchs“*) abgeändert. Dazu kam ein Auftrag über sechs (*weitere?*) VK 903-Versuchs-Fahrgestelle. Wie viele dieser Versuchs-Fahrgestelle hergestellt worden sind, ist nicht bekannt. Einige Fahrgestelle wurden jedoch bis Frühjahr 1945 als Versuchsträger für diverse Erprobungen verwendet.

In Unkenntnis der kommenden revolutionären Entwicklungen im Panzerbau aufgrund der kurz bevorstehenden Ereignisse plante das Heereswaffenamt am 30 Mai 1941 im Schwerpunktprogramm für das Heeres-Panzerprogramm 41 die große Zahl von 13.980 Stück VK 903 verschiedenster Versionen bis zum 1. April 1945 ein. Die Fertigungsvorbereitungen bei MAN stießen schon im Vorfeld auf große Schwierigkeiten wegen der bestehenden Auslastung der Betriebe.

Das nicht in Serie gegangene Fahrzeug erhielt optimistisch vorausschauend die Bezeichnung Panzerkampfwagen II neuer Art, Ausführung H (VK 903), eingeplant als Gefechtsaufklärungsfahrzeug im Rahmen der Panzerregimenter. Dazu kam wenig später die auch nicht produzierte alternative Version, der Panzerspähwagen II, Ausf. M (*VK 903*) mit 4-Mann-Besatzung als Spähfahrzeug für die Aufklärungsabteilungen. Diese Version sollte ebenfalls das gleiche Fahrgestell wie das VK 901 erhalten, jedoch mit breiterer Kette. Turm und Aufbau sollten vom VK 1303 übernommen werden. Die Entwicklung hatte ebenfalls MAN zu übernehmen.[109] Weiterhin soll ein Versuchsgerät Panzerbeobachtungswagen „VK 903 mit Kuppel 1303 B" am 1. September 1941 fertig gestellt worden sein.[110]

Am 27. März 1942 entschied die Leitung des Heereswaffenamtes, die geplanten VK 1303-Aufbauten nur noch für das VK 1303-Fahrgestell zu verwenden und dafür dieses Fahrzeug in einer Stückzahl von 500 bei MAN herzustellen. Das war gleichzeitig das Ende des Projektes VK 903.

### Die Entwicklung des VK 903

Der Maybach-Motor vom Typ HL 66 P wurde 1938 entwickelt und war ursprünglich für das Halbketten-Fahrzeug-Projekt HK 901 bestimmt.

Er sollte mit den erwarteten 200 PS die geforderten 65 km/h des VK 903 ermöglichen. Tatsächlich waren rechnerisch mit tatsächlichen 180 PS bei 3000 U/min nur 54,4 km/h zu erreichen. Die Firma Maybach stellte 1940 fünf und 1941 vierzehn Stück des HL 66 P her.

Das VK 903 sollte für diesen Motor zunächst ein verstärktes Maybach-Variorex VG 15319 zur Übertragung eines maximalen Drehmoments von 46 mkg bei 2000 U/min erhalten. WaPrüf 6 bestellte jedoch im Juni für das erste Versuchs-Fahrgestell die Kombination aus einem Maybach-Variorex VG 20417[111]-8-Gang-Vorwähl-Schaltgetriebe und dem LG 45L-Dreiradien-Lenkgetriebe.

Das Lenkgetriebe und das Schaltgetriebe scheinen auch hier Schwierigkeiten bereitet zu haben.

Am 22. Januar 1942 besprachen in Berlin hochkarätige Vertreter der Firma MAN, Vorstand Otto Meyer und Chefingenieur Paul Wiebicke mit Vertretern von WaPrüf 6, Oberstleutnant Fichtner, Oberstleutnant von Wilke, Major Crohn[112] und Oberbaurat Kniepkamp das VK 903[113].

Ein Versuchsbericht über Fahrten mit dem Fahrgestell VK 903 über 530 Kilometer und die Äußerungen des Monteurs Blank, getätigt auf Veranlassung von General Radlmeier[114], kamen dabei zur Sprache. Es wurde hervorgehoben, dass diese Berichte sich nicht mit den Ergebnissen der Erprobung der Lenkeinheiten durch das Heeresamt decken und im Besonderen nicht zukünftige Ergebnisse der Vergleichserprobungen im Februar berücksichtigen. Ein Urteil über das viel umstrittene Überlagerungslenkgetriebe sei nur beim sorgfältigen Abwägen seiner Vor- und Nachteile möglich. Otto Meyer fügte hinzu, es sei in keinem Fall erlaubt, diese Bemerkungen Außenstehenden mitzuteilen. Dann wurde Oberstleutnant Fichtner erneut auf den Vorschlag von MAN hingewiesen, ein einfaches Kupplungs-Brems-Lenkgetriebe im VK 903 zu erproben. Daraufhin erteilte Fichtner den Auftrag zur Entwicklung und Fertigung eines solchen Getriebes, das bis April 1942 geliefert werden müsse. Kniepkamp war gegenüber dem Vorschlag sehr skeptisch. Jedoch begrüßte Oberstleutnant Fichtner diesen als mögliche Lösung, falls das Überlagerungs-Lenkgetriebe die Erwartungen nicht erfüllen sollte.

*TTM. **Der Maybach-Motor HL 66 P mit seiner charakteristischen 2-Vergaser-Anlage. Unten die beiden Kraftstoffpumpen, dazwischen der Ölfilter sowie rechts unten der Ölkühler. Darüber Lichtmaschine mit angeflanschter Wasserpumpe und anschließend der Magnetzünder vom Typ JG 6 L 3 P.***

Archiv ZF Friedrichshafen AG. ***Das ZF Sechsgang-Handschaltgetriebe SSG 48, von dem weitere Informationen fehlen. Es musste ein zusätzliches Transfergetriebe angebracht werden, um die Gesamtübersetzung an das Lenkgetriebe und das Seitenvorgelege anzupassen.***[116]

Kurz vor dem faktischen Ende des Projektes VK 903 am 22. März 1942 billigte Hitler in einer Konferenz mit Speer die Entwicklung des VK 903 MAN mit dem Maybach-Motor HL 66 P, dem Schaltgetriebe SSG 48 (*bis 60 km/h*) und einem Umlaufbremslenkgetriebe. Ferner sei ein Lenk- und Schaltgetriebe vom 38 (t) n.A. der Böhm.-Mährischen Maschinenfabrik für das VK 903 vorzubereiten.[115]

Schließlich soll ein VK 903 mit Maybach HL 90, Olvar-Vorwählgetriebe und hydraulischem Lenkgetriebe (Bauart Renk) im Januar 1945 im Versuch gelaufen sein.[117]

## Die Entwicklung des MAN-Dieselmotors HWA 1038 GL und die Erprobung im Las 138 / VK 901 / VK 903

Der HWA 1038 GL entstand 1941 als Weiterentwicklung des 1936 von WaPrüf 6 bestellten 8-Zylinder-Lkw-Dieselmotors HWA 538 D. Schon am 22. November 1939 hatte MAN den Auftrag erhalten, einen 150-PS-Sauer-Dieselmotor in einen Panzerkampfwagen II (Las 138) versuchsweise einzubauen. Da dieser Motor zu groß und zu schwer war, konzentrierte sich MAN auf ein verbessertes Leistungsgewicht ihres Dieselmotors.

Drei Punkte wurden gegenüber dem HWA 538 D optimiert:

- Verwendung des neuen MAN-Verbrennungsverfahrens mit einem Kugelbrennraum im Kolben. Damit sollte bei minimalem Kraftstoffverbrauch ein sehr gutes Kaltstartverhalten erreicht werden.
- Verbesserung des Leistungsgewichtes durch Leichtbauweise ohne eine Verschlechterung von Lebensdauer und Zuverlässigkeit.
- Steigerung der Drehzahl.

Dieser daraus entstandene wassergekühlte 8-Zylinder-V-Motor leistete 180 PS bei 2500 U/min, die Höchstdrehzahl lag bei 2700 U/min. Ein Zylinderdurchmesser von 110 mm sowie in Kolbenhub von 130 mm ergaben einen Hubraum von 9,88 Litern. Die Kurbelwelle war 5-fach gelagert und besaß am vorderen Wellenende einen unter Öl laufenden, gekapselten Schwingungsdämpfer. Der auch als 1038 GL I bezeichnete 4-Takt-Dieselmotor wog ohne Zubehörteile nur 580,8 kg, mit Zubehör 663,7 kg. Dies ergab ein Leistungsgewicht von 3,69 kg/PS. Die spätere Weiterentwicklung zum Motor vom Typ HWA 1038 GL II ergab mittels mechanischer Aufladung von 0,35 bis 0,4 Atü eine projektierte Leistung von 210 PS bei 3000 U/min und mit einem Gesamtgewicht von 638 kg ein Leistungsgewicht von 3,04 kg/PS. Für einen Dieselmotor ein sehr guter Wert. Dieser Motor wurde allerdings auf Grund der Entwicklung nicht mehr weiter verfolgt.

Im Vergleich dazu besaßen die Maybach-Benzinmotoren HL 62 TR ein Leistungsgewicht von 4,25 kg/PS und der HL 66 P ein Leistungsgewicht von 2,67 kg/PS. Diese Werte der Benzin-Motoren relativierten sich jedoch durch den geringeren Kraftstoffverbrauch und damit der benötigten

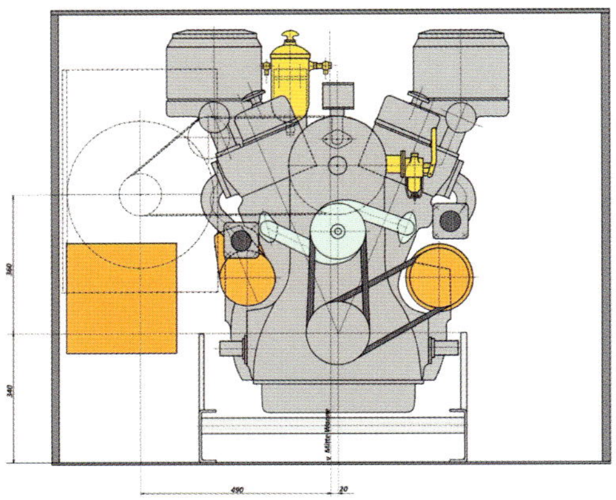

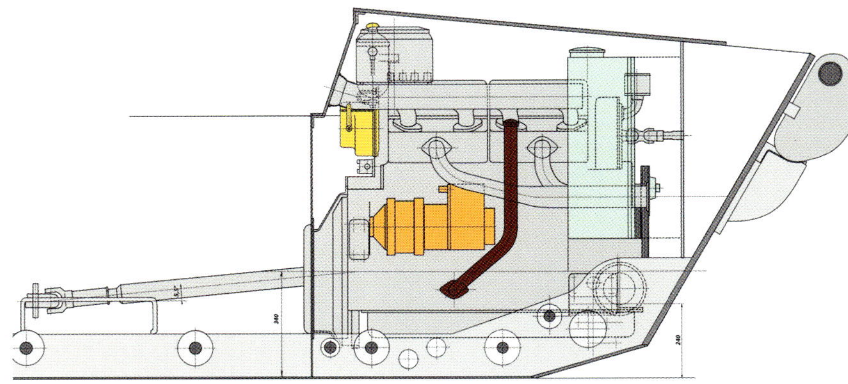

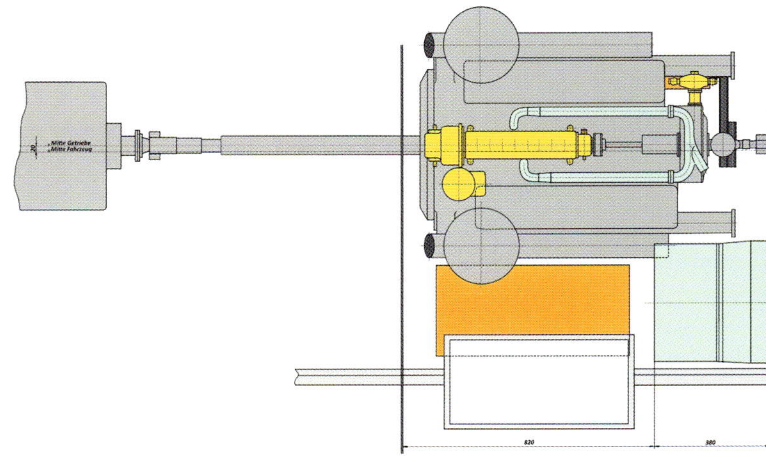

*Historisches Archiv MAN Truck & Bus SE /MF.*
***Der 8-Zylinder-Dieselmotor vom Typ HWA 1038 GL im VK 903.***

Kraftstoffmenge auf einer gewissen Fahrstrecke und dem besseren thermischen Wirkungsgrad des Dieselmotors, der mit einem kleineren Kühler und entsprechend geringerer Wassermenge auskommen konnte. So erreichte der Motor selbst bei höchster Leistung und maximaler Drehzahl nur eine Abgastemperatur von 540° C. Ottomotoren erreichten unter gleichen Bedingungen eine Abgastemperatur von 800 bis 950° C, was nicht selten zum hellroten Glühen der Auspuffrohre führte.

Des Weiteren lag der errechnete Kraftstoffverbrauch des MAN-Motors 1038 GL I im Gelände bei 68 Litern/100 km und der des HWA1038 GL II bei 90 Litern/100 km, die beiden oben genannten Maybach-Motoren lagen dagegen bei 110 bzw. 135 Litern/100 km. Praktisch ergaben sich im 9,5-t-schweren Las 138 mit dem HWA 1038 GL I Verbrauchsmengen auf der Straße von 40 Litern/100 km, im Gelände von 50 bis 74 Litern/100 km. Die Höchstgeschwindigkeit wurde mit 60,9 km/h angegeben. Das gute Durchzugsvermögen ermöglichte ein schaltungsfreies Fahren auch bei welligem Gelände. Der Motor war zudem sehr unempfindlich gegen mindere Kraftstoffe. Beim Zumischen von 5 % Motoröl konnte auch niederoktanisches Benzin gefahren werden.

Einer der drei hergestellten 8-Zylinder-Dieselmotoren vom Typ HWA 1038 GL I war im August 1941 zum Einbau in ein VK 903 bestimmt und trotz des sehr guten Startverhaltens mit einer besonderen Vorwärmeinrichtung versehen worden, um den Motorstart unter den schwierigen Bedingungen im Osten zu erleichtern. Dazu entwarf MAN bis zum 21. August 1941 eine Winterstarthilfe mittels so genannter Glühflaschen. Dabei erfolgte eine Einspritzung von Startbenzin in den Ansaugtrakt.

In diesem VK 903 wurden auch Versuche der Leistungssteigerung mittels mechanisch angetriebener Ladergebläse durchgeführt (*siehe HWA 1038 GL II unten im Text*).

Für das VK 901 und das VK 2001 wurde ein Einbau des HWA 1038 GL I erprobt.

Am 20. Februar 1942 berichtete Prof. Dr.-Ing. E. Soerensen vom MAN-Werk Augsburg, dass aufgrund eines Auftrages des HWA von 1939 ein neuer V-8-Zylinder-Dieselmotor mit

Historisches Archiv MAN Truck & Bus SE. *Der Dieselmotor HWA 138 GL 1 eingebaut im Panzerkampfwagen II, Ausführung D (Las 138), Fahrgestell V9, zur Erprobung in Kummersdorf-Schießplatz. Gegenüber dem Einbau im VK 903 wurde die Motoranschlüsse den vorhandenen Bedingungen im Las 138 angepasst, in dem Ansaug- und Auspuffanschlüsse seitlich wegführten und das Kühlsystem aus zwei kleineren Kühlern bestand.*

TTM. *Auch hier handelt es sich nach Jentz um einen Pz.Kpfwg II (Sd.Kfz.121) Ausf. G mit einem längeren Flak-Rohr in der 2-cm-KwK 38. Das dort wiedergegebene unretuschierte Originalfoto 2993.4 hat auch diese Bezeichnung aufgedruckt.*

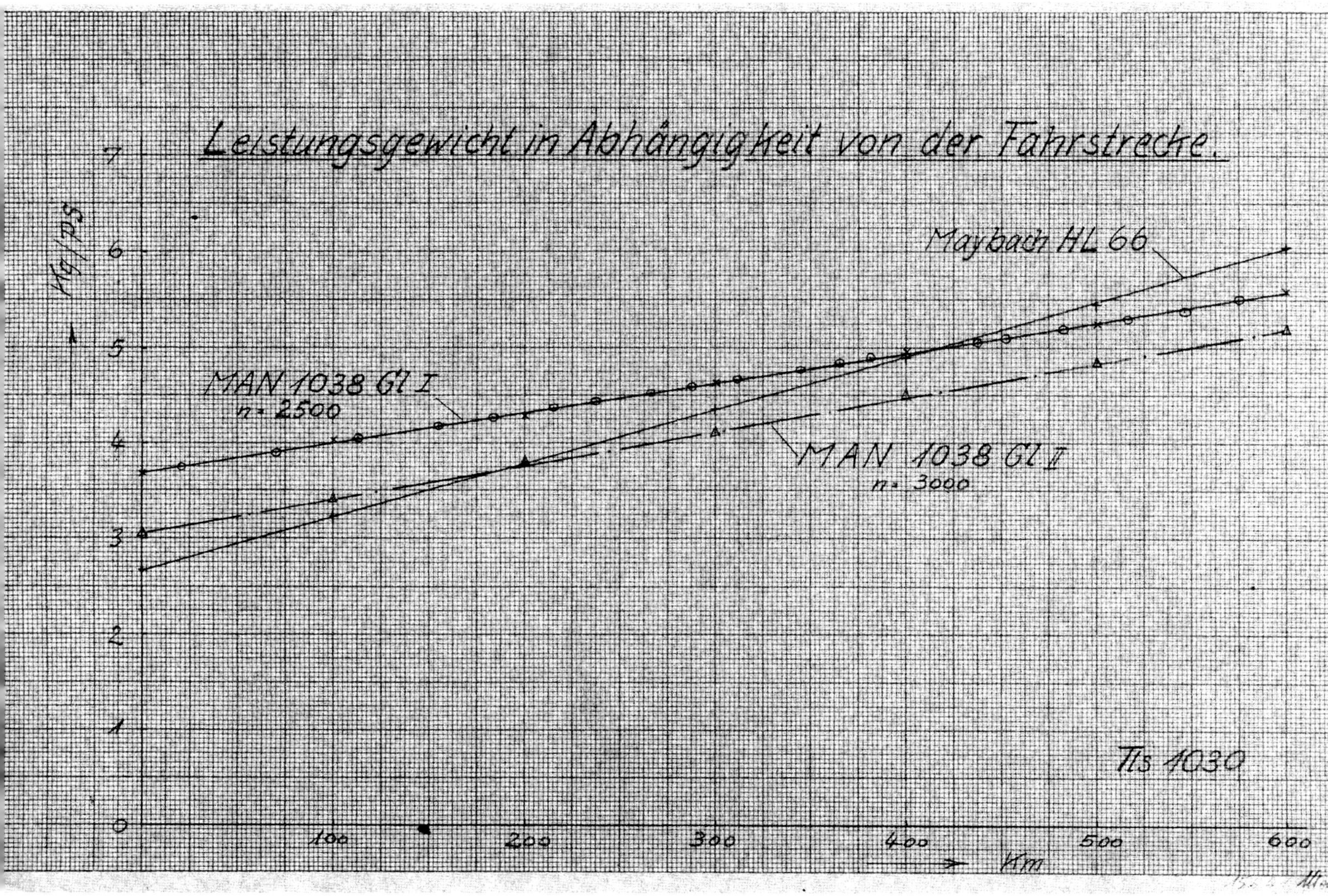


Historisches Archiv MAN Truck & Bus SE. **Diagramm des Leistungsgewichtes im Vergleich MAN-Motor 1038 GL I und II zum Maybach-Motor HL 66.**

185 PS bei 2600 U/min (*lt. MAN 180 PS bei 2500 U/min*) vorgeschlagen worden sei, der in einem VK 901, VK 903 und in einer Zugmaschine vollkommen zufrieden stellende Ergebnisse erzielt habe. Man sei nun dabei, die Leistung auf 200 PS durch Erhöhung der Drehzahl und Aufladung zu steigern.

Des Weiteren wurden zwei Motoren in der Heeresversuchsstelle Kummersdorf-Schießplatz ausgiebig erprobt. Dabei legte das Fahrzeug Las 138 (V 9) bis zum 19. September 1942 mit dem HWA 1038 GL 1 im Gelände 4700 km störungsfrei zurück. Der zweite Motor dieses Typs lief bis zum 6. November 1942 in einer 12-t-Zugmaschine vom Typ DB 10 (*340 111*) über 5294 km in Kummersdorf. Dabei kam es am 29. Juli 1942 auf Grund einer vom Fahrer unbemerkten defekten Ölleitung (*zw. Motor und Ölkühler*) zu einem Lagerschaden. Nach Erneuerung von vier Pleuel- und der Kurbelwellenlager war der Motor wieder einsatzbereit. Zugleich wurden bei diesem Anlass die hintere Motoraufhängung verstärkt, die Ventilsitze neu eingeschliffen und verbesserte Wirbelöl-Luftfilter der Firma Mahle eingebaut. Die weiteren Fahrversuche mit der Zugmaschine bestätigten die niedrige thermische Belastung der Kühlanlage, die selten über 80° C anstieg. Auf dieser Motorbasis schlug MAN für die 18-t-Zugmaschine von Famo die Entwicklung eines 12-Zylinder-Dieselmotors mit 240 PS (140-mm-Hub/105-mm-Bohrung) vor, der ebenfalls nicht verwirklicht wurde.

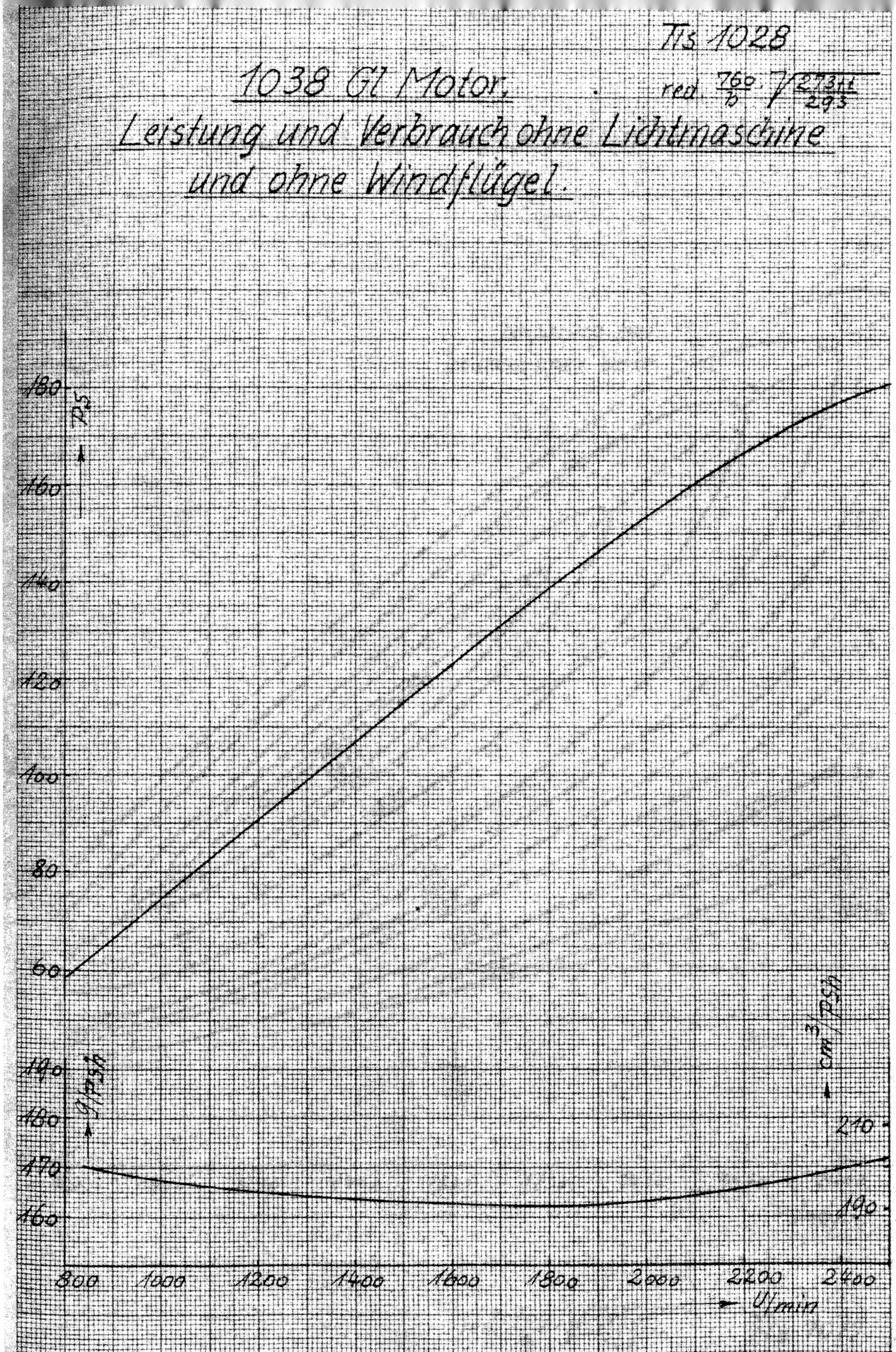


*Historisches Archiv MAN Truck & Bus SE.* ***Das Leistungsdiagramm des HWA 1038 GL I..***

WS. *Der VK 1601 als stärker gepanzertes Fahrzeug mit gleichbleibender Bewaffnung.*

**Der Panzerkampfwagen II Ausführung J (VK 1601)**

Neben dem Projekt „Schwerpunkt hohe Geschwindigkeit" erfolgte etwa gleichzeitig zum technisch ähnlichen VK 601 (*siehe oben*) ein Entwicklungsauftrag unter der Bezeichnung „Schwerpunkt stärkster Panzer" an MAN und Daimler-Benz. Im Schriftverkehr lief das Projekt unter der Typenbezeichnung „Panzerkampfwagen II n. A.-verstärkt" bzw. als VK 1601. Eine Null-Serie von 30 Fahrzeugen wurde geordert, die Lieferung einer ersten Serie von 100 Panzern jedoch wieder rückgängig gemacht. Dieses 17-t-schwere Fahrzeug wurde wie das nahezu identische VK 1801 der Firma Krauss-Maffei mit dem 150-PS-Maybach-Motor HL 45 P, dem Getriebe ZF SSG 47 und einem Kupplungs-Brems-Lenkgetriebe ausgestattet, was eine Höchstgeschwindigkeit von 31 km/h ermöglichte. Während die Bewaffnung unverändert blieb (*eine 2-cm-KwK 38 und ein MG 34*), stieg die Frontpanzerung von 30 mm auf 80 mm und die Seitenpanzerung von 14,5 mm auf 50 mm. Dieses Projekt lief zugunsten höher priorisierter Panzerprojekte nach der Produktion von einigen Versuchs-Fahrgestellen und der 0-Serie von 30 Fahrzeugen 1941/42 aus.

WS. *Der Prototyp mit Belastungsgewicht.*

## Der Panzerspähwagen II VK 1301 / 1303

Im September 1939 forderte In 6 die Entwicklung eines Vollketten- Panzerspähwagens für die motorisierte Aufklärung mit der anfänglichen Bezeichnung Pz.Kpfwg. II n.A. (VK1301). Im Unterschied zu dem ab 1938 geforderten Pz.Kpfwg. II VK 901 sollte das VK 1301 eine Besatzung von vier Soldaten aufnehmen. Antriebstechnisch waren zunächst beide Typen gleich. Im Juli 1941 wurde ein einziges Entwicklungsfahrzeug VK 1301 fertig gestellt. Parallel dazu plante man für kurze Zeit einen VK 1302 mit unterschiedlichen Triebwerk-Komponenten. Die endgültige Auslegung des Triebwerkes für die Serie erfolgte im sonst zum VK 1301 wenig veränderten VK 1303, indem man die Auslegung wie im geplanten VK 903 mit dem Maybach-Motor HL 66 P, dem Schaltgetriebe SSG 48 und einem Umlaufbremslenkgetriebe übernahm. Ein Versuchs-Fahrgestell VK 1303 wurde bei MAN im April 1942 montiert. Der ursprüngliche Auftrag vom Juli 1942 über die Lieferung von 800 „Luchs" wurde im Januar 1943 auf 100 Stück reduziert, die aufgrund der bevorzugten Produktion des Pz.Kpfwg. Panther und wegen Produktionsausfällen durch Bombenangriffe in niedrigen monatlichen Stückzahlen von September 1942 bis Januar 1944 bei der MAN erfolgte.[118] Mindestens eines von vier bekannten Versuchs-Fahrgestellen VK 1303 existierte mit einer dem Panther ähnlichen, allseitig abgeschrägten Panzerung und wurde 1944 mit einem luftgekühlten Tatra-Dieselmotor erprobt.[119] Näheres zu diesem außergewöhnlichen Motor später.

*SJ. Versuchs-Fahrgestell VK 1303 während der Erprobung.*

Insgesamt wurden bei Maybach von 1940–1943 für die Projekte VK 601, 901, 1601 und 1801 254 Stück HL 45-Motoren und bei ZF-Friedrichshafen in den Jahren 1940–42 für VK 1601 und 1801 (*Versuchs- und 0-Serie*) 107 Stück SSG 47-Getriebe produziert.[120] Vom Schaltgetriebe SSG 48 für den VK 1303 „Luchs" und andere (VK 903) wurden 1942/43 165 Stück und vom HL 66 P-Motor 193 Stück von 1940–44 hergestellt.[121]

SJ. *Versuchs-Fahrgestell VK 1303 mit luftgekühltem Tatra-Dieselmotor.*

BAMA. *Der VK 1303 komplett ausgerüstet.*

*MF. Der in einer Kleinserie von 100 Fahrzeugen gefertigte VK 1303 „Luchs".*

# Der Panzerkampfwagen III/IV neue Ausführung

Die Planungen für die Nachfolger der Panzerkampfwagen III und IV begannen 1938 unter der Bezeichnung VK 2001. Den ersten Auftrag erhielt Daimler-Benz zur Entwicklung eines Nachfolgers des Panzerkampfwagen III in der 20-t-Klasse. Zunächst als VK 2001 (III) bezeichnet, sah der erste Entwurf vom Dezember 1938 die Ausrüstung mit einem Maybach-6-Zylinder HL 116 (*300 PS bei 3300 U/min, Bohrung 125 mm / Hub 150 mm*) vor. Er sollte erstmals ein 7-Rollen-Schachtellaufwerk mit Drehstabfederung erhalten. Nachdem am Pz.Kpfw III, Ausf. E bei Kriegsbeginn sofort schwere Mängel an den von WaPrüf 6 – entgegen den Warnungen der eigenen Ingenieure – angeordneten, nur mangelhaft erprobten, modernen Triebwerk-Baugruppen auftraten (*siehe Band 1*), beschwerte sich die Firma Daimler-Benz höheren Ortes, weil sie sich um ihren guten Ruf als Hersteller zuverlässiger Kraftfahrzeuge sorgte. Sie erhielt daraufhin im Oktober 1939 vom Generalbevollmächtigten für das Kraftfahrzeugwesen die Erlaubnis, selbständig einen Panzer ohne Einflussnahme des Heereswaffenamtes zu entwickeln. Er wurde bei Daimler-Benz zunächst als GBK (*„Kampfwagen des Generalbevollmächtigten"*) und später als VK 2001 (D) bezeichnet.

Beim GBK sollten die aufgetretenen Mängel beseitigt werden. Für das Fahrzeug war der in der Entwicklung befindliche Daimler-Benz-Dieselmotor MB 809 vorgesehen. Es sollte bei CKD[123] ein Wilson-Vorwähl-Getriebe entworfen werden. Ähnliche Getriebe hatten sich im Panzerkampfwagen 38 (t) bewährt. Als Rückfall-Lösung sah man ein von Daimler-Benz zu entwickelndes, für das höhere Drehmoment des Dieselmotors verstärktes Handschaltgetriebe vor, ähnlich dem schon verwendeten ZF SSG 77. Als Lenkgetriebe werden ein 3- bzw. 4-Radien-Überlagerung-Lenkgetriebe und, für ein weiteres Fahrzeug, ein DB-Kupplungslenkgetriebe genannt.

Schließlich entstand 1941 ein 22,25 t schwerer, 50 km/h schneller Prototyp mit einem 320 PS starken Daimler-Benz-Dieselmotor MB 809 und blattgefedertem 7-Rollen-Schachttellaufwerk. Die Firma ZF hatte 1940 dazu das Achtgang-Mehrgruppengetriebe SMG 110 mit vier Radpaaren und Vorwähl-Druckluftschaltung entwickelt.[124] Ob dieses dort auch eingebaut war, ist nicht dokumentiert.

Der Prototyp VK 2001 (D) war der erste deutsche Panzer mit Dieselmotor.[125] Ein weiterer Prototyp ist nicht nachweisbar.

BAMA. ***Der VK 2001 (D), Fahrgestell-Nr. 30009 mit dem Dieselmotor MB 809 während der recht erfolgreichen Winter-Erprobung in der Kummersdorfer Verskraft-Außenstelle St. Johann in Tirol.***[122]

Dieses Vorhaben war unabhängig von der Entwicklung des ZW 40 ab 1937, bei dem es sich um ein Projekt für den Panzer III (ZW 38) mit fahrwerks- und antriebsseitigen Änderungen handelte. Die Versuche mit Vorwählgetrieben für den Panzer III begannen schon früher. Bereits 1936 wurde in einem MAN-Z.W. (*ZW 38 Vorläufer*) ein Original-Achtgang-Cotal-Getriebe MK 60 8 V erprobt.[126] Das Cotal-Getriebe ist ein handgeschaltetes lastschaltbares Planetengetriebe, das mit elektrisch betätigten Kupplungen ausgerüstet ist und mühelos geschaltet wird. Die Getriebe mit elektromagnetischen Kupplungen haben sich, trotz großen darin gesehenen Potentials, nicht bewährt. Für den Panzer III (ZW 38) wurde 1940 das ZF SMG 100 Achtgang-Mehrgruppengetriebe mit vier Räderpaaren und Vorwähl-Druckluftschaltung entwickelt.[127] Auf die Eigenschaften und Probleme der ZF SMG-Getriebe wurde bereits oben eingegangen. Der weitere Gang der Ereignisse um die Getriebeausrüstung des Panzer III und die temporäre Verwendung des Maybach-Variorex-Vorwählgetriebes ist im Teil 1 dieses Buches nachzulesen.

Es waren 1938 ein ZW 40 mit einem Maybach-12-Zylinder-Motor HL 190 mit 400 PS bei 2400 U/min und eines mit dem oben bereits genannten Maybach-6-Zylinder-Motor HL 116 in Planung.

Schließlich wurden 1940/41 bei FAMO in Breslau 20 serienmäßige Pz.Kpfw. III der Ausf. G vom Stützrollen- auf das weiterhin drehstabgefederte Schachtellaufwerk umgebaut und als ZW 40 eingehend bei Maybach sowie durch Stellen des Heereswaffenamtes erprobt. Der Ausfall eines Lenkgetriebes nach 580 km bei der Erprobung in Griechenland 1941 durch einen Rollenlagerschaden wurde auf die auf der Straße gefahrene, höhere Marschgeschwindigkeit mit dem Schachtellaufwerk zurückgeführt.[128] Der ZW 40 wird 1942 noch einmal auf einer Zeichnung der Firma Maybach für den HL 90 genannt.[129]

Auch die Firma Krupp AG bekam 1939 einen Auftrag über die Weiterentwicklung des Panzer IV, Projekt BW 40 bzw. VK 2001 (IV). Für dieses Fahrzeug sollte der Motorraum des VK 2001 (III) mit dem 6-Zylinder-Reihen-Maybach-Motor vom o. g. Typ HL 116 verwendet werden. Für das geplante 20-t-Fahrzeug ermöglichte diese Leistung etwa 42 km/h. Drei Fahrzeuge mit Drehstabfederung und 6-Rollenlaufwerk waren geplant, jedoch stellte man das Projekt 1940 auf Grund der Kriegsereignisse wieder zurück.

Interessanterweise erfolgte im gleichen Jahr in Konkurrenz von Krupp, Daimler-Benz und MAN eine Vergabe zur Weiterentwicklung der VK 2001-Serie im Hinblick auf eine geplante Vereinheitlichung der Panzerkampfwagen III und IV. Weiterhin blieb die Kontrolle der Konstruktion außerhalb des Heereswaffenamtes und WaPrüf 6.[130]

Allerdings ergaben sich keine wesentlichen Änderungen in der Antriebstechnik dieser 23,5-t-Fahrzeuge. Für das VK 2001 (M) von MAN steuerte ZF 1940 das Achtgang-Mehrgruppengetriebe SMG 120 mit vier Räderpaaren, Vorwähldruckluftschaltung und Summierungsdifferential bei, das zur Unterbringung der Kupplung durch zwei Stirnradvorgelege versetzt werden sollte. Noch 1941 befand sich für das VK 2001 (K) von Krupp das ZF-Achtgang-Mehrgruppengetriebe SMG 90 – ebenfalls mit vier Räderpaaren, Vorwähldruckluftschaltung und Summierungsdifferential – in Entwicklung. Auch hier ist nicht überliefert, ob diese Getriebe tatsächlich in die Versuchsfahrzeuge eingebaut worden sind.[131]

Der Verdacht besteht jedenfalls, da im November 1942 noch von Schwierigkeiten die Rede ist. Gleichzeitig war das SMG 90 auch für den später noch zu betrachtenden Krupp-Versuchsflakwagen vorgesehen, jedoch stellte es sich auch hier bei Fahrversuchen im Dezember 1942, zusammen mit dem Henschel L 320 C-Dreiradien-Lenkgetriebe, als nicht einsatztauglich heraus.[132]

Geplant war noch die Verwendung eines sich in der Entwicklung befindlichen Maybach-Motors HL 120 TRM-E, der mit einer Benzineinspritzung ausgestattet werden sollte. Als Wechselgetriebe kam ein SSG 77 in Betracht. Die Lenkbremse bedurfte noch einer Überarbeitung, da weder Argusbremse noch die Panzer-III-Bremse so recht überzeugen konnten. Das Projekt der drei Firmen wurde 1941 nach Fertigung einzelner Versuchsstücke, wie schon zuvor, vom Kriegsgeschehen überholt und aufgegeben.

Die „Verheiratung" von Baugruppen vom Panzer III und IV fand schließlich beim GW (Geschützwagen) IV statt, der als Fahrgestell des 8,8-cm-Panzerjägers „Hornisse" und der schweren Panzerhaubitze 18/1 („Hummel") diente. Das Laufwerk wurde vom Panzer IV, Ausf. F und das Triebwerk einschließlich Motor, Seitenvorgelege und Antriebsrad vom Panzer III übernommen.[133]

## Die Daimler-Benz Dieselmotoren MB 809, MB 819 und MB 507

Da Daimler-Benz schon lange versucht hatte, mit seinen Dieselmotoren im deutschen Panzerbau Fuß zu fassen, sah die Firma einen ihrer Dieselmotoren für das ZW 40 vor. Der Motor der Wahl war zunächst der 12-Zylinder-Dieselmotor Typ MB 809 in V-Form mit einem Hubraum von 25,5-Litern und einer Leistung von 400 PS bei 2100 U/min.

Jedoch legte Kniepkamp von WaPrüf 6 Wert auf den oben erwähnten 12-Zylinder-Maybach-Benzin-Motor Typ HL 190, der 400 PS bei 2500 U/min leisten sollte. Der 10-Liter-Hubraum ergab sich aus dem Kolbendurchmesser von 120 mm und einem Hub von 140 mm. Auch dieser Motor, der vom Maybach HL 120 abgeleitet werden sollte, kam über die Entwicklungsphase nicht heraus.

Da sich die Vorgaben laufend änderten, versuchte Daimler-Benz mit Verkleinerung des MB 809 Platz und Gewicht zu sparen, die z. B. für eine stärkere Panzerung genutzt werden konnte. So ergaben weder ein Quereinbau des Motors noch die aufwändig geschweißten Stahlzylinder wesentliche Vorteile. Nach einem Abnahmelauf am 12. März 1941 erfolgte der Einbau in das Versuchsfahrzeug VK 2001 (D). Der verbesserte Motor wurde als MB 809 B bezeichnet und leistete 320 PS bei 2400 U/min aus einem verkleinerten Hubraum von 17,7 Litern, der sich aus einer Zylinderbohrung von 115 mm und einem Hub von 140 mm (*linke Motorseite*) und 142 mm (*rechte Motorseite*) ergab. Dieser 12-Zylinder-4-Takt-Dieselmotor war wassergekühlt und arbeitete nach dem Vorkammerverfahren. Jeder der

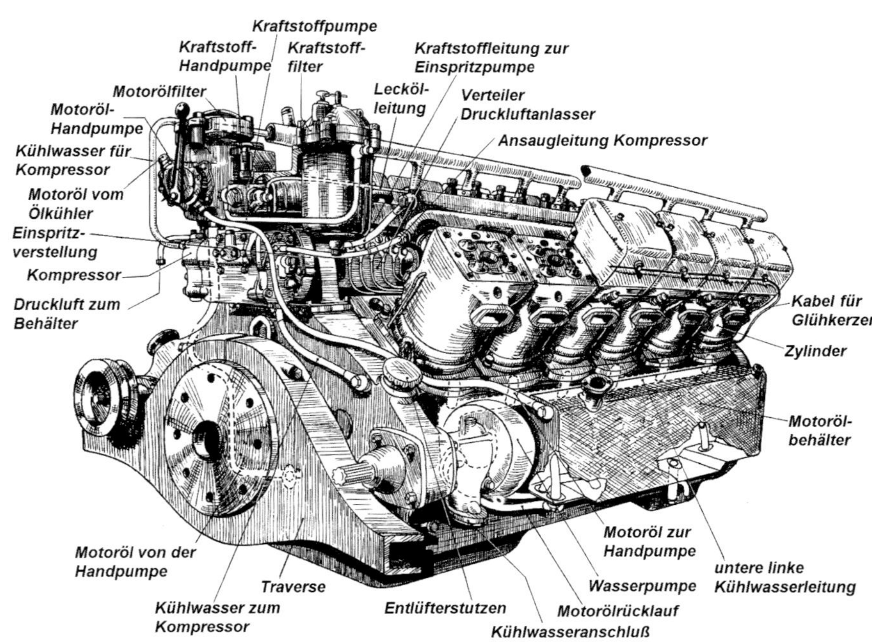


Mercedes-Benz Classic/MF. *Der MB 809 B mit seinen maximalen 320 PS als Bootsmotor.*

Mercedes-Benz Classic/MF. **Der aufgeladene MB 819 erreichte eine Maximalleistung von 450 PS.**

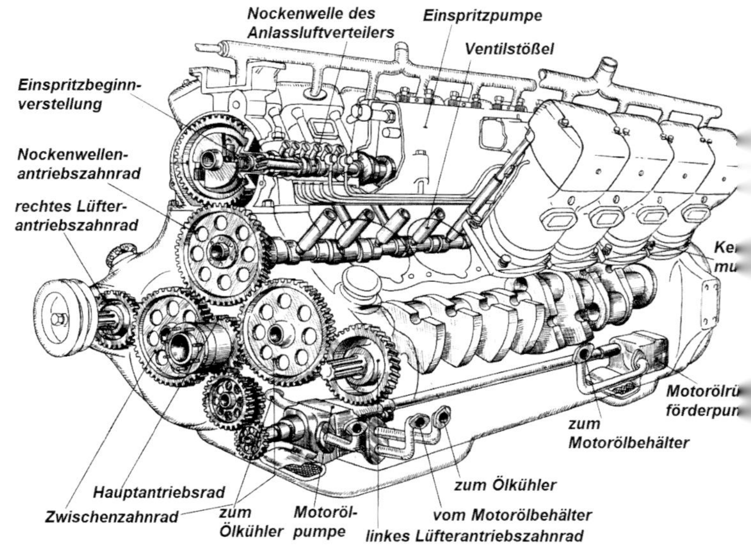


Mercedes-Benz Classic/MF. **Das Räderwerk des MB 819.**

einzeln stehenden Zylinder verfügte über je zwei Einlass- und Auslassventile, die über Stößelstangen von der zentralen Nockenwelle angetrieben wurden. Der integrierte Ansaugstutzen lag innerhalb des „V" der beiden Zylinderreihen. Die 7-fach in Lagerschalen gelagerte Kurbelwelle besaß je ein Haupt- und ein angelenktes Pleuel. Ein Motorgehäuse aus Leichtmetall half dabei, das Gesamtgewicht des Motors gegenüber dem Maybach HL 190 mit seinen 1000 kg auf nur 830 kg zu verringern. Die Länge des Motors erreichte allerdings 1260 mm. Der Maybach HL 120 TR besaß zum Vergleich dazu eine Länge von 1213 mm (*von Schwungscheibe zu kleiner Lüfterkeilriemenscheibe*).
Um die geforderte 400-PS-Leistung trotz eines kleineren Motors zu erzielen, schlug Daimler-Benz einen 12-Zylinder-Dieselmotor vom Typ MB 819 mit einer Maximalleistung von 450 PS bei 2410 U/min vor. Dieser war aus dem baugleichen MB 809 B entstanden. Neben der Verwendung einer Aufladung der Ansaugluft wurde die Motorkühlung optimiert, da die Wasserkanäle, ähnlich wie beim Maybach HL 230, sehr eng waren. Die Leistungssteigerung wurde von 320 PS auf 450 PS bei 2410 U/min durch einen mechanischen Lader verwirklicht, den ein Kurbelwellenzahnrad antrieb. Das Gewicht des Motors war auf moderate 865 kg angewachsen. Allerdings ebenfalls die Länge, die bedingt durch den Lader auf 1367 mm stieg.
Dieser Motor war schon einmal 1940 für das Porsche-Projekt vom Typ 142 in einem Schwerlastzug zum Panzertransport vorgesehen. Der MB 819 sollte mit einer Dauerleistung von 400 PS einen Generator antreiben, der die Elektromotoren in den beiden Hinterachsen und den Nachläuferachsen mit Strom versorgen sollte.
Daimler-Benz beschäftigte sich ab Sommer 1943 weiter mit dem MB 507 als Motor für den bei Krupp in Auftrag gegebenen Entwurf eines gut gepanzerten und schnellen Mehrzweckpanzers mit der Bezeichnung VK 2801.
Jedoch hatte Direktor Nallinger von Daimler-Benz Bedenken wegen der seiner Ansicht nach geringen Motorleistung, da erfahrungsgemäß die Fahrzeuge immer schwerer wurden und die Leistung von Nebenaggregaten, wie Lüfter und Lichtmaschinen, oft nicht mit eingerechnet wurden. Deshalb schlug er den 12-Zylinder-Diesel-Schnellboot-Motor MB 507 vor, der als Dauer-Nettoleistung 600 PS sicherstellte. Da das WA darauf bestand, dass statt des 12-Zylinder-Motors ein 8-Zylinder-Motor den beengten Platzverhältnissen besser gerecht werden würde, lehnte Mercedes-Benz diesen Mehraufwand in der Entwicklung ab und bot eine Aufladung des vorhandenen Motors an.
Als im Oktober 1943 das Gesamtgewicht des Fahrzeuges auf 33 t gestiegen war, legte WaPrüf 6 den 700-PS-starken Maybach-Motor HL 230 dem Fahrzeug zugrunde. Als Begründung diente dem zuständigen Bearbeiter beim Generalinspekteur der Panzertruppen vor allem die um 35 cm geringere Länge des HL 230 gegenüber dem MB 507. Auch benötigte der HL 230 gegenüber seinem Vorgänger, dem Maybach HL 210, für das Motorgehäuse kein wertvolles Leichtmetall.[134] Daimler-Benz stellte daraufhin vergleichende

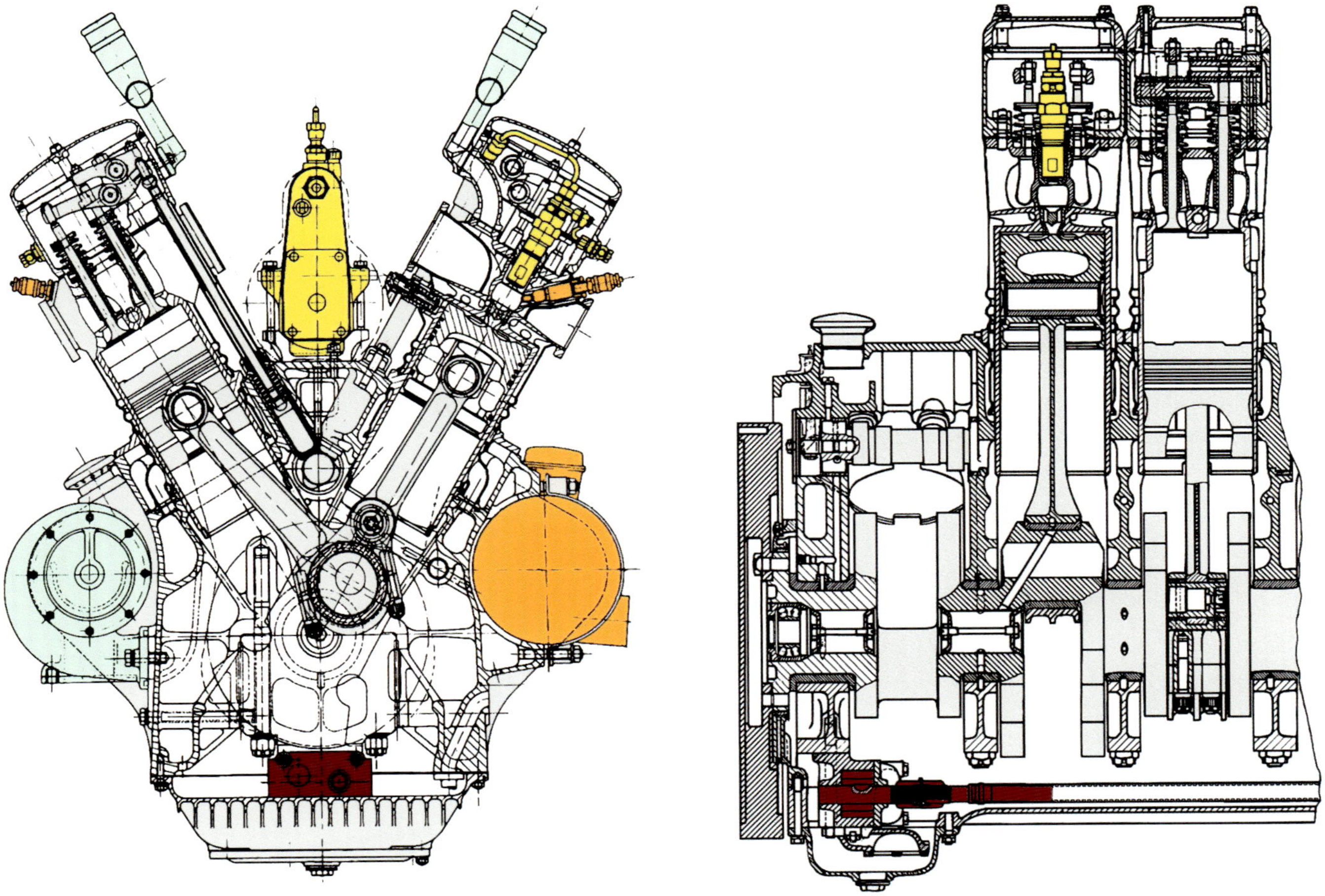

Mercedes-Benz Classic/MF. ***Der Längs- und Querschnitt des MB 809/819-Diesel-Vorkammer-Motors. Gut ist auf der linken Zeichnung das angelenkte Nebenpleuel zu erkennen. Durch diese Konstruktion ergaben sich unterschiedliche Hubräume auf jeder Seite. Diese Bauform kam auch bei dem sowjetischen W-2-Dieselmotor des T-34 zur Anwendung.***

Untersuchungen zwischen dem HL 230 und dem MB 507 an. Am 08. Mai 1944 teilte das HWA der Firma Daimler-Benz die vorläufige Zurückstellung des Projekts VK 2801 mit.

Dieser Motor vom Typ MB 507 spielte eine wichtige Rolle bei Mercedes-Benz, denn er wurde neben den leichten Schnellbooten (LS) der Marine auch in den sechs Fahrgestellen des 60/54-cm-Mörsers „Karl-Gerät" verbaut. Im auf 580 PS gedrosseltem Zustand übertrug er die Leistung über ein Ardelt- oder ein Voith-Hydraulik-Getriebe auf zwei Planetenlenkgetriebe. Mehr über diesen Motor weiter unten in einem späteren Kapitel.

Das HWA vergab noch zwei weitere Aufträge zur Entwicklung von Dieselmotoren im Leistungsbereich von 350 PS. So entwickelten die Saurerwerke AG einem 12-Zylinder-Motor mit dieser Leistungsgröße. Zwei Triebwerke entstanden, wobei ein Motor jedoch beachtliche 1400 kg wog. Die zweite Firma war die Klöckner-Humboldt-Deutz AG, die für das VK 2001-Projekt einen wassergekühlten 8-Zylinder-Sternmotor vom Typ T8 X113 mit 350 PS (400PS) bei 2500 U/min fertigte. Der Hubraum betrug 13,8 Liter aus 130-mm-Bohrung und 130-mm-Hub. Das Gewicht des Motors betrug erstaunliche 450 kg.

Ferner sollte nicht vergessen werden, dass MAN-Augsburg im Rahmen der Entwicklung des VK 2001, VK 2401 und VK 3001 für ihren VK 3002 Anfang Februar 1942 einen 8-Zylinder-V-Motor in der Ausführung als 2-Takt-Diesel entworfen hatte. Dieser sollte 400 PS bei 1800 U/min leisten, besaß 20-Liter-Hubraum und wog in der Leichtmetall-Ausführung 1300 kg (*Grauguss 1800 kg*). Die aufgeladene Version als 21,7-Liter-Motor sollte bei unverändertem Gewicht 650 PS bei 2000 U/min leisten. Zur Anpassung ans Getriebe sollte die Drehzahl über ein Zwischengetriebe auf 3000 U/min erhöht werden. Geplant war ein zweimonatiger Prüfstandlauf im September 1942. Den Serienstart plante MAN etwa ein Jahr nach Abschluss einer erfolgreichen Erprobung. Es entstand vom verstärkten Motorentwurf noch ein 2-Zylinder-Prüfstandsmotor. Der Bau eines Vollmotors wurde nicht abgeschlossen, da es sich ergeben hatte, dass dieser Motor für den vorgesehenen Motorraum des VK 3001/3002 zu groß war.

# Der Panzerkampfwagen IV Hydrostat

Im Frühjahr 1944 entstand im Nibelungenwerk St. Valentin im Auftrag der Waffen-SS ein Entwurf eines Panzerkampfwagen IV mit hydrostatischem Panzerantrieb nach dem System von Professor Thoma. Man erhoffte sich damit eine Einsparung der Schalt-, Lenk- und Planetengetriebe sowie der mechanischen Bremsen, zumal für den Bau des hydraulischen Getriebes bis auf drei Kugellager keine Sparmaterialien benötigt wurden. Auch wurde der Verbrennungsmotor geschont, da kein Schalten und Kuppeln mehr nötig waren. Der ehemalige Getriebeplatz konnte für eine zusätzliche Munitionsausstattung genutzt, die durch die lange 7,5-cm-Kwk bedingte Frontlastigkeit vermieden werden. Auch Höhen- und Seitenrichtmaschine konnten mittels Hydraulik durch einen einzigen Hebel gesteuert werden, was ein Schwenken des Turmes um 360° in 20 Sekunden bei gleichzeitigem Höhenrichten erlaubte. Die Druckölversorgung sollte entweder der Maybach-Motor oder der DKW-Hilfsmotor gewährleisten.

Das Lenksystem war ebenfalls hydraulisch und ermöglichte Wenden auf der Stelle sowie Vor- und Rückwärtsfahren in beliebiger Geschwindigkeit bei zeitgleicher Synchronisierung der Motordrehzahl. Das Kühlsystem links und rechts des Motors kühlte auch das Hydrogetriebe. Da dieses Getriebe für den Heckantrieb ausgelegt war, erfolgte

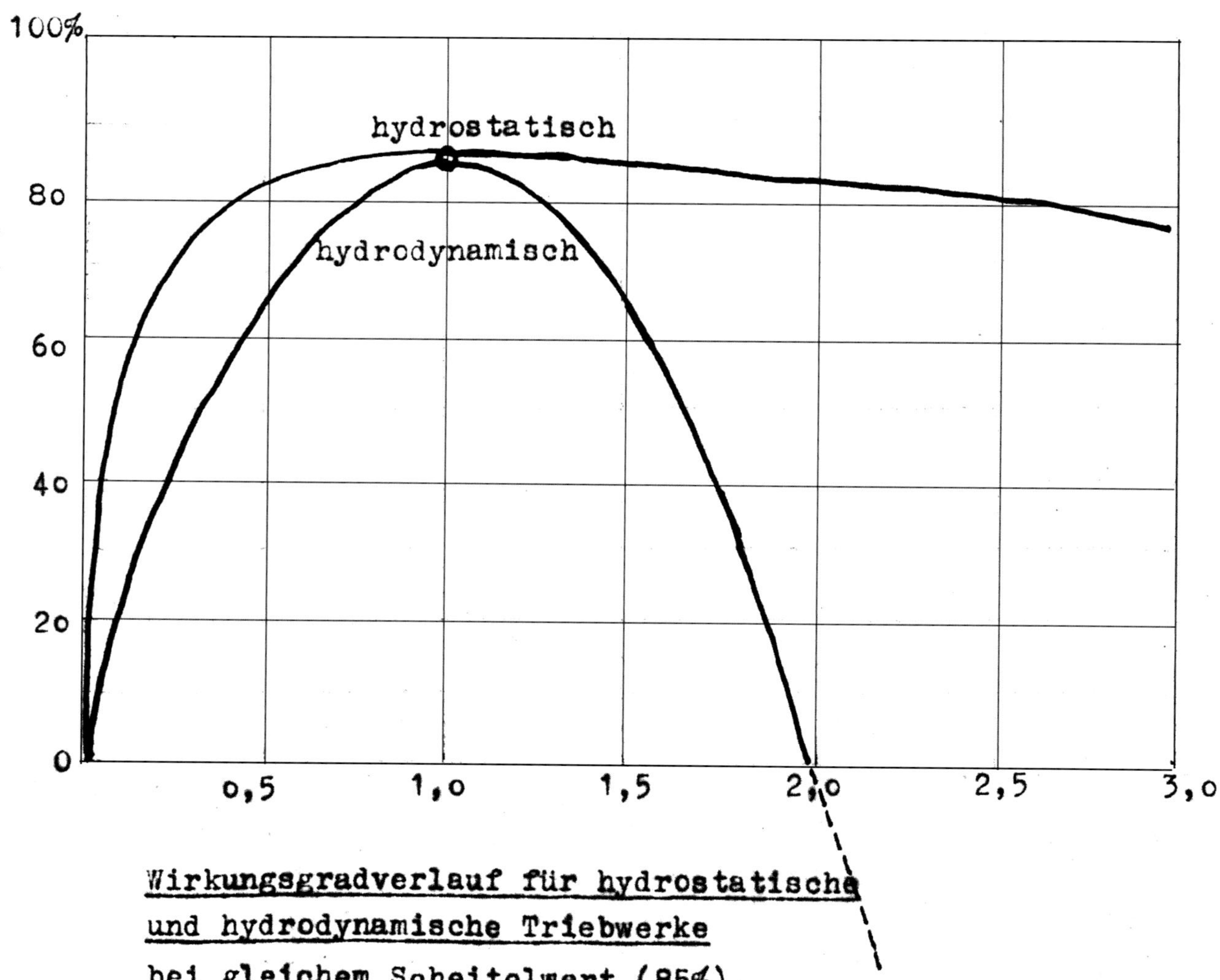


*BAMA. Diagramm aus dem Vortrag „Das hydrostatische Kraftfahrzeuggetriebe" von Prof. H. Thoma 1940.*

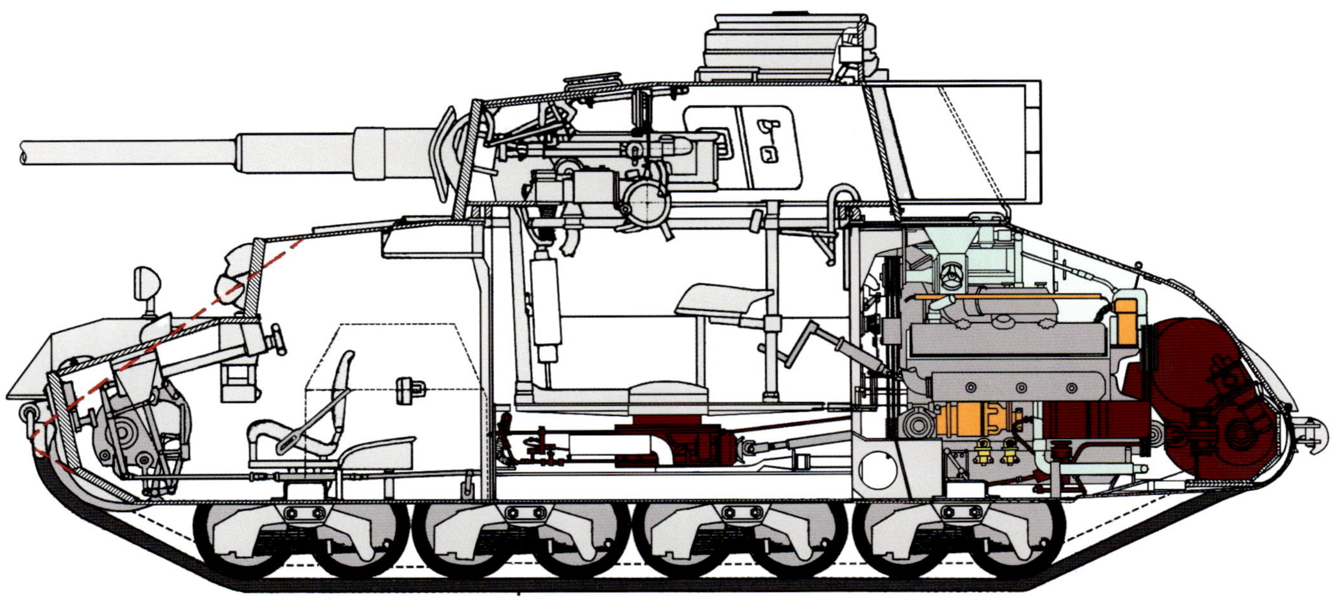

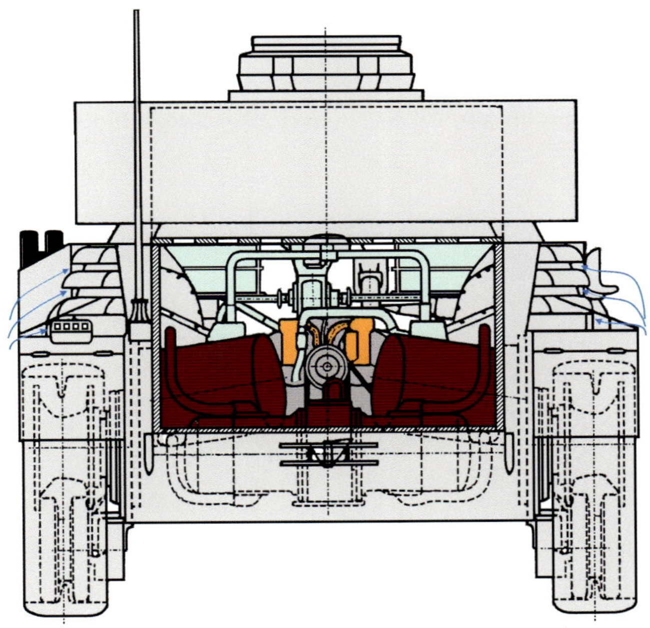

BAMA. ***Längs- und Querschnitt durch den Panzerkampfwagen IV-Prototyp. Die rote Strichel-Linie sollte die Lage der geplanten, schräg gestellten Frontplatte markieren.***

das Nachspannen der Kette über die vorn liegenden Leiträder. Die in den Leiträdern sitzenden Innenbackenbremsen hatten nur noch reine Notbrems- und Haltefunktion und wurden zum Lenken und Betriebsbremsen nicht mehr benötigt. Durch den Wegfall der Getriebeeinheit im Bug ließ sich die Bugplatte problemlos abschrägen, was allerdings am Prototyp nicht mehr realisiert werden konnte.

Das hydrostatische System besaß Vorteile gegenüber den damaligen hydrodynamischen Getrieben – wie zum Beispiel im Porsche-Tiger verbaut –, da der Verlauf des Wirkungsgrades beim hydrostatischen Getriebe einen wesentlich flacheren Verlauf hatte und sich damit ein größerer und günstigerer Nutzungsbereich ergab. Praktisch bedeutete dies ebenfalls, dass für die Anfahrt mit dem hydrodynamischen System eine hohe Drehzahl und Motorleistung erforderlich war, während das hydrostatisch betriebene Fahrzeug spielend leicht im Standgas und in niedrigen Motordrehzahlen anfahren konnte.

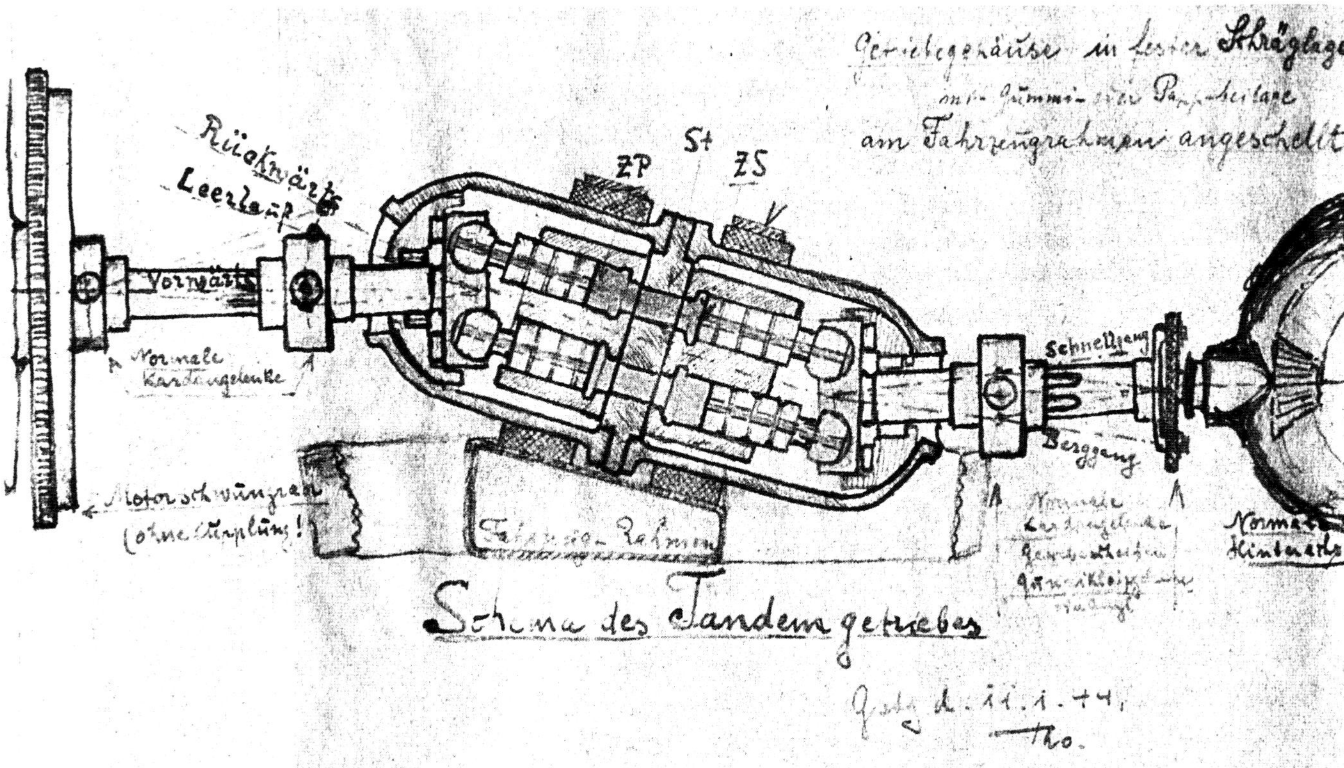


BAMA. *Handgefertigte Zeichnung eines Tandemgetriebes mit Taumelscheiben von Professor Thoma vom 22. Januar 1944. Es stellte eine Weiterentwicklung gegenüber dem gängigen Prinzip von getrennter Ölpumpe und Ölmotor dar, da Pumpe und Motor eine Baugruppe bildeten.*

WS. *Die wassergekühlten Hochdruckpumpen wurden über eine kurze Kardanwelle angetrieben und von einer separaten Ölpumpe versorgt.*

*WS. Interessanterweise ist hier der ältere Maybach-Motor von Typ HL 120 TR mit seinen beiden stehenden Magnetzündern vom Typ SR 6 R 12 verwendet worden. Zu sehen ist der Antriebsflansch, der zu den Pumpen führte. Die beiden Lüfter wurden von der Schwungscheibenseite mittels dreier Keilriemen angetrieben. Im Bild die Lichtmaschinen-, Öl- und Wasserpumpen-Keilriemen.*

Dieses System ermöglichte bei minimalem Materialaufwand ein stufenloses Fahren mit großer Antriebsleistung, wogegen das hydrodynamische Getriebe auf Grund der steilen Kurve des Wirkungsgrades eine wirtschaftliche Verwendung über einen größeren Drehzahlbereich ausschloss. So mussten seinerzeit zwei oder drei Drehmomentwandler mit verschiedenen Zahnradübersetzungen nebeneinander gebaut werden, um ein vernünftiges Fahren zu ermöglichen.

Die Zahnräderfabrik Augsburg (*ehem. Joh. Renk*) erhielt den Auftrag zur Entwicklung dieses Antriebes. Dazu wurden aus einem Panzerkampfwagen IV das Schaltgetriebe entfernt und am Maybach-Motor HL 120 TR zwei Hochleistungs-Ölpumpen angebracht, die zunächst eine mittels Keilriemen angetriebene Zahnradpumpe versorgte. Die von den Pumpen mit Öldruck versorgten Hydraulikmotoren arbeiteten nach dem Taumelscheibenprinzip und trieben über die seitlichen Vorgelege die hinteren Antriebsräder an. Entgegen dem hydrodynamischen Antrieb konnte mit dem Fahrzeug mit hydrostatischem Getriebe,

*WS. Der Fahrerplatz besaß neben den üblichen Motorkontrollmanometern vier Öldrückmanometer für den Antrieb. Auffällig auch das Lenkrad-„Fragment“ sowie die beiden Pedale.*

*WS. Das in Arbeit befindliche Fahrgestell ohne Turm.*

*WS. Der Prototyp in den US Army Ordnance Proving Grounds in Aberdeen, Maryland*

wie schon beschrieben, schon im Leerlauf oder in anderer niedriger Drehzahl des Verbrennungsmotors angefahren werden. Erst mit zunehmender Fahrgeschwindigkeit erhöhte der Fahrer die Motordrehzahl. Ansonsten regelte er Fahrgeschwindigkeit, Kurvenfahrt und das Abbremsen des Fahrzeuges per „Gas"- und Bremspedal sowie über das „Lenkrad" mittels zweier Steuerzylinder. Damit ging eine Änderung des Volumens des Ölflusses und des Öldruckes des jeweiligen Aggregates einher. Dies galt auch für die Vor- und Rückwärtsfahrt.

Zum Kriegsende im April 1945 erbeutete die US-Army das Fahrzeug in der Zahnräderfabrik Augsburg und transportierte es in die USA, wo es von der Firma Vickers Inc. Detroit, Michigan bis zum 12. April 1946 eingehend untersucht wurde. Nach einer Havarie und Mangel an Ersatzteilen für eine Fortsetzung der Untersuchungen wurde es in einem Panzermuseum der US-Army ausgestellt.

# Der Mittlere Schützen-Panzerwagen (M.S.P.) „Kätzchen" und der Vollketten-Aufklärer (VKA) der Auto Union

Der später „Kätzchen" getaufte Mittlere Schützen-Panzerwagen (M.S.P.) stellt eine Entwicklung dar, die ursprünglich nur die Aufgaben der Halbkettenfahrzeuge Sd.Kfz. 251 übernehmen sollte. Später beschrieb es der Generalstab des Heeres als Einheitsfahrzeug für die Panzergrenadier-Regimenter und Panzer-Aufklärungs-Abteilungen, das deren Sd.Kfz. 250 und 251 ersetzen sollte.

In 6 stellte am 21. November 1941 eine detaillierte technische Forderung mit Lösungsvorschlägen an WaPrüf 6 für einen Vollketten-Panzergrenadier-Wagen als Ersatz für die

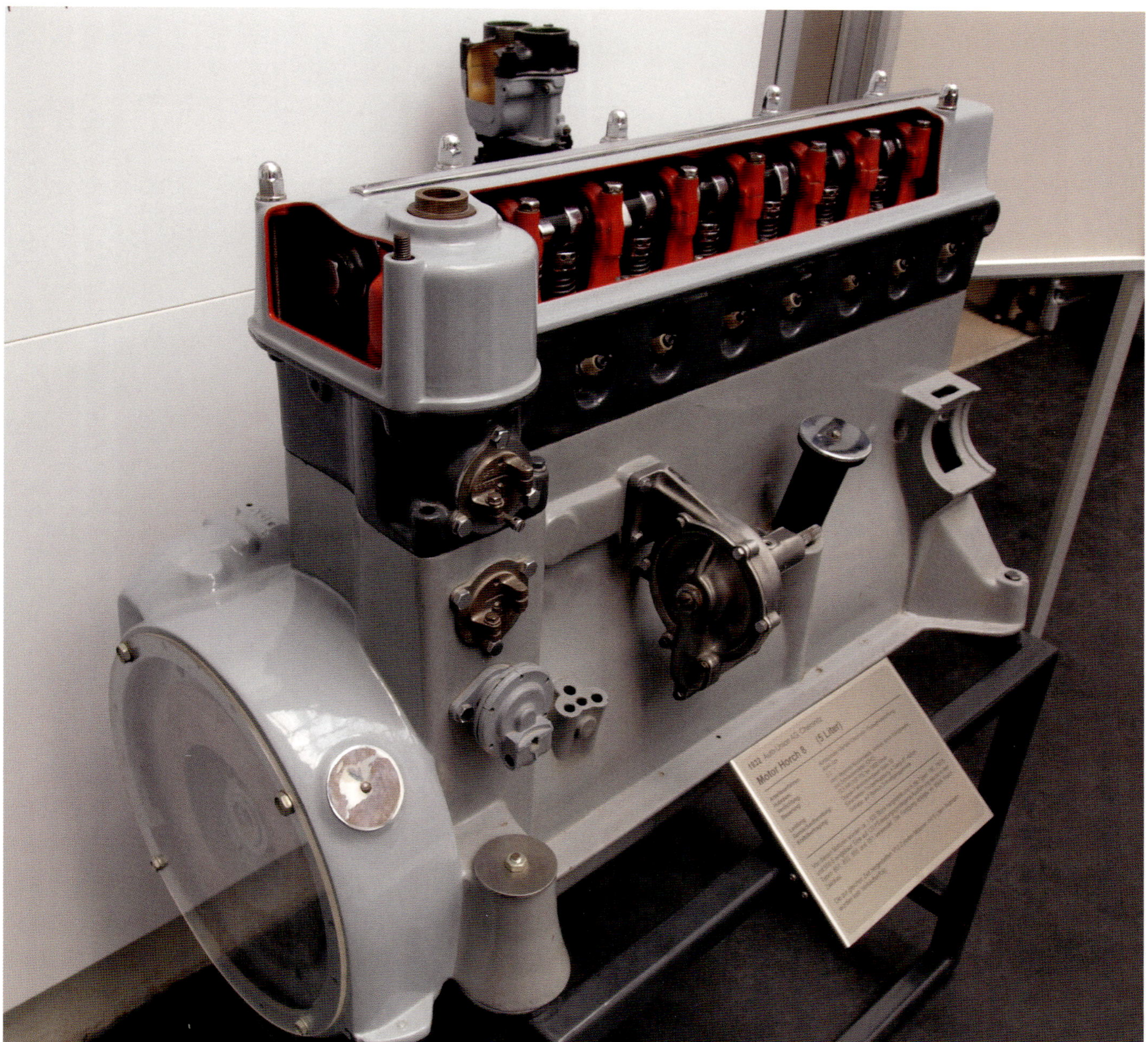

MF. *Ein 8-Zylinder-Horch-Motor Typ 8 mit 5 Litern Hubraum.*

*Sächsisches Staatsarchiv, Staatsarchiv Chemnitz, 31050 Auto-Union AG, Chemnitz, Nr. 7772, Bl. 162, 163, 164.* ***Kätzchen 1 mit Schachtelllaufwerk und Drehstabfederung, Konstruktion Horch***

leichten und mittleren Schützenpanzerwagen. Für die Erfordernisse sowohl beim Einsatz in den Tropen als auch im Winter schien für In 6 der luftgekühlte Dieselmotor die optimale Lösung im Hinblick auf die Reichweite, Brandempfindlichkeit und Wartungserfordernisse zu sein. Das wurde jedoch zunächst nicht berücksichtigt.
Zwei Prototypen des Fahrzeuges wurden 1943/44 bei Auto Union gebaut. „Kätzchen K1" mit Schachtellaufwerk und Drehstabfederung (*Masse 10,6 t*) sowie „Kätzchen K2" mit Laufwerk Bauart BMM entsprechend Pz 38 (t) und Blattfederung (*Masse 8,7 t*).
Es sollten auch hier neue Motoren- und moderne Getriebe-Baugruppen zum Einsatz kommen. Das hydrostatische Renk-Überlagerungslenkgetriebe machte jedoch als noch unausgereifte Konstruktion bei der Erprobung Schwierigkeiten. Auch die beiden ZF-Schaltgetriebe wurden schadhaft. Man griff gleichzeitig auf die bekannten und oben bereits beschriebenen Baugruppen aus der VK 903/1303-Erprobung zurück. Folgende Baugruppen wurden verbaut:

**Kätzchen K1:**

| | |
|---|---|
| Motor: | Zunächst Horch 8-Zylinder-Reihe-Otto Typ 724, 220 PS, Masse 510 kg (*Neuentwicklung*), während der weiteren Erprobung Maybach Typ HL 66 P aus VK-Fahrzeug, |
| Schaltgetriebe: | ZF SMG 51, ein druckluftgeschaltetes Mehrgruppen- Leichtschaltgetriebe in Vorgelegebauart, evtl. während der Erprobung gegen andere Bauart ausgewechselt, |
| Lenkgetriebe: | Lenkradbetätigtes, hydrostatisches Renk-(*Überlagerungs-*) Lenkgetriebe, |
| Seitenvorgelege: | Stirnradgetriebe. |

*Sächsisches Staatsarchiv, Staatsarchiv Chemnitz, 31050 Auto-Union AG, Chemnitz, Nr. 7772, Bl. 162, 163, 164.* ***Kätzchen 2 mit Laufwerk Bauart B.M.M., entsprechend Pz 38 (t), Blattfederung.***

**Kätzchen K2:**

Motor: Maybach Typ HL 66 P aus einem VK-Fahrzeug (*bis zur Lieferung des neuen Horch-Motors Typ 724*),

Schaltgetriebe: Zunächst ZF SMG 51 wie Kätzchen K1, dann mech. ZF SSG 48 aus VK 903,

Lenkgetriebe: Zunächst Lenkrad-betätigtes, hydrostatisches Renk-(*Überlagerungs-*) Lenkgetriebe wie Kätzchen K1, dann Betätigung über Lenkhebel, Kupplungs-Bremslenkung aus VK 903,

Seitenvorgelege: Planetengetriebe.

Die Versuche mit den Prototypen K1 und K2 liefen bei der Kraftfahrversuchsstelle (*Verskraft*) in Kummersdorf angeblich bis Sommer 1944.

Das Projekt wurde jedoch schon ab Mai 1944 bei Auto Union fortgesetzt als 12,5-t-schweres Vollketten-Aufklärungsfahrzeug (VKA) mit luftgekühltem 12-Zylinder-Tatra-Dieselmotor T-103 (*207 PS bei 2250 U/min*), mechanischem Fünfganggetriebe ZF AK 5-55 und BMM-Planeten-Lenkgetriebe aus dem Jagdpanzer 38. Ein Prototyp soll im September 1944 erfolgreich vorgeführt worden sein. Nur wenige Tage später sei jedoch die geplante Aufnahme der Serienproduktion des VKA aus Produktionskapazitätsgründen abgesetzt worden.[135]

# Der Panzerkampfwagen 38 (t) neuer Art / Jagdpanzer 38 D

Die Probleme mit dem zu schwachen Antrieb sowie die schon genannten Kühlungsprobleme des Jagdpanzer 38 (t) führten schon frühzeitig zu den Überlegungen, das Fahrzeug mit einem Dieselmotor auszustatten. Hitlers Forderung nach einen luftgekühltem Diesel-Panzermotor sowie die Knappheit an Otto-Kraftstoff verschärften den Druck.
Im Januar 1945 informierte Dipl.-Ing. Michaels von der Firma Alkett über den Stand der Entwicklung eines dieselbetriebenen Jagdpanzer 38 (t), der allerdings in den Dokumenten unter der Bezeichnung Panzerkampfwagen 38 (t) n. A. lief.
Die Wahl des Motors fiel auf den bewährten, luftgekühlten 12-Zylinder-Dieselmotor der Firma Tatra, der für den schweren 8-Rad-Panzerspähwagen (Sd.Kfz. 234) unter der internen Bezeichnung V 850 entwickelt worden war. Dieser Motor war bis dahin der einzige serienmäßig in einem deutschen Panzerfahrzeug eingebaute Dieselmotor.

## Der Tatra-Dieselmotor Typ 103

Am 5. August 1940 erhielt das Waffenamt den Entwicklungsauftrag für einen neuen 8-Rad-Panzerspähwagen, der statt eines Rahmens eine selbsttragende Wanne und einen luftgekühlten Dieselmotor besitzen sollte. Da das Fahrzeug in erster Linie in den Tropen zum Einsatz kommen sollte, war die Luftkühlung das Kühlsystem der Wahl, zumal an dem 8-Räder-Vorgängerfahrzeug Büssing-NAG Typ GS Kühlprobleme bei hoher Außentemperatur aufgetreten waren. Das Fahrgestell und den Aufbau entwickelte die Firma Büssing-NAG Berlin unter der Bezeichnung Büssing-NAG Baumuster 8-Rad Tp.
Auf Grund der reichhaltigen Erfahrungen mit luftgekühlten Motoren ging der Konstruktionsauftrag eines 12-Zylinder-Dieselmotores mit einer Leistung von 220 PS an die Firma Tatra in Nesselsdorf. Unter der Leitung von Hans Ledwinka wurden u. a. luftgekühlte Pkw und Lkw-Motoren in Boxer- und V-Form erfolgreich entwickelt. So waren speziell die geländegängigen, luftgekühlten Tatra-Lkw vom Typ 92/93 für die Wehrmacht von größtem Interesse. Im Dieselsektor zeigte sich der Tatra Typ 81 mit seinem wassergekühlten 8-Zylinder-V-Dieselmotor als richtungsweisend für die Entwicklung eines luftgekühlten 12-Zylinder-V-Dieselmotors im 75°-Winkel für die Wehrmacht.
Der Motor zählte nach der Klassifizierung der Arbeitsgemeinschaft luftgekühlter Motoren zur kleinen 1,25-Liter-Klasse. Nach Auswahl verschiedener Zylinderkopf- und Kolbenformen und den Probeläufen der 1-Zylindertest-Motoren wurden Ende 1941 die ersten zwei Fahrgestelle für den Einbau des Dieselmotors Typ V 850 zur Verfügung gestellt. Die ersten Fahrversuche brachten diverse Probleme des Motors ans Licht. Vor allem die hohe Geräuschentwicklung war gerade für ein Aufklärungsfahrzeug

ZA v. Opava. ***Der teilzerlegte luftgekühlte 8-Zylinder-V-Benzin-Motor Typ 92.***

ZA v. Opava. ***Der wassergekühlte 8-Zylinder-V-Dieselmotor Typ 81.***

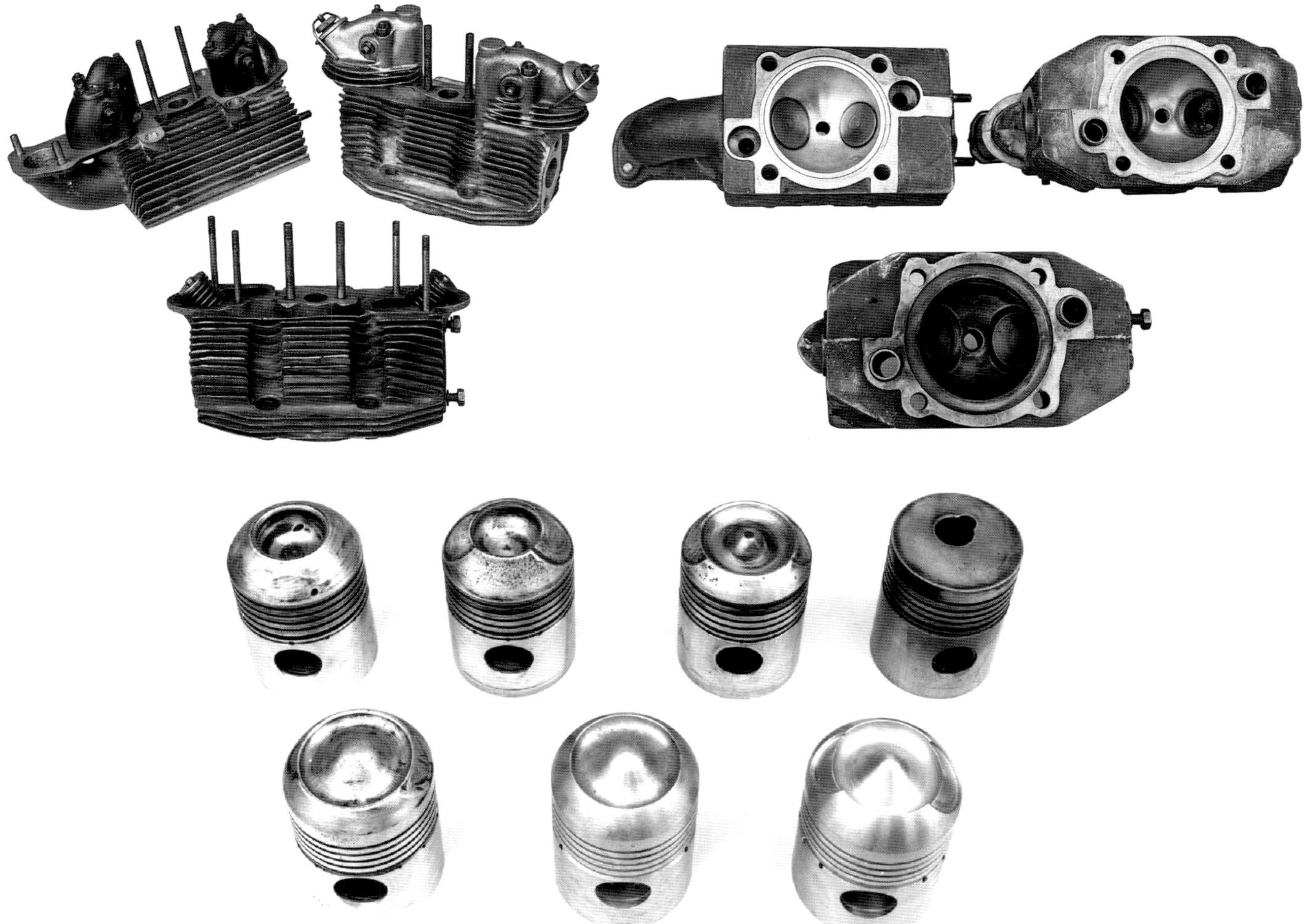

*ZA v. Opava.* ***Verschiedene Zylinderkopf- und Kolben-Formen wurden für den geplanten Motor Typ T 103 (V 850) erprobt.***

*ZA v. Opava.* ***Ein 1-Zylinder-Testmotor für den V 850 auf dem Prüfstand.***

nicht hinnehmbar. Zunächst versuchte man, den Motor zu kapseln. Ab 8. Juni 1942 wurden umfangreiche Fahrversuche unternommen. Jedoch sorgten die Motoren der beiden Fahrzeuge weiter für erhebliche Probleme, so dass eine verbesserte Motorkonstruktion, der Typ V 910, am 1. August 1942 gefertigt wurde. Die Reduzierung der Gebläse von fünf auf zwei und eine verbesserte, einfachere Luftführung senkten den Geräusch-Pegel berächtlich. Dem kam entgegen, dass die geplante Tropentauglichkeit auf Grund der Lageentwicklung in Nordafrika nicht mehr erforderlich war. Im August 1943 konnten die ersten Sd. Kfz. 234/2 vom Waffenamt abgenommen werden. Die offizielle Bezeichnung für den serienreifen Motor lautete Baumuster T 103. Der 12-Zylinder-Viertakt-Diesel hatte einen Hubraum von 14,825 Litern, der 220 PS bei 2250 U/min leistete. Die Bohrung betrug 110 mm und der Hub 130 mm. Das Verdichtungsverhältnis des Direkteinspritzers betrug 1: 16,8. Die Diesel-Einspritzanlage bestand aus zwei 6-Zylinder-PSA-Einspritzpumpen und den Einspritzdüsen der Firma Deckel. Kraftstoff-Filter und die beiden Kraftstoffpumpen kamen von Bosch. Die Elektroausrüstung bestand neben den zwei 12-Volt-Batterien aus zwei 24-Volt-Bosch-Anlassern vom Typ BPD 6/24 ARS 137 und der großen 12-Volt-Bosch-Lichtmaschine Typ GTLN 700/12/1500 BR 1, aber auch Typ GTL 600/12/1200 A1. Der Strombedarf war auf Grund der umfangreichen Funkanlage eines Aufklärungs-Fahrzeuges entsprechend hoch.[136]

ZA v. Opava. ***Ein Rumpfmotor vom Typ 103 (intern zunächst der V 850). Markant die Nockenwellenräder der unten liegenden drei Nockenwellen und die aufwändig hergestellten Zylinderköpfe.***

ZA v. Opava. ***Der Motor besaß zwei gekoppelte 6-Zylinder-Deckel-Einspritzpumpen Typ PSA-26, da zur damaligen Zeit ii Protektorat Böhmen und Mähren (d. h. der besetzten Tschechei) keine 12-Zylinder-Pumpen hergestellt wurden.***

ZA v. Opava. ***Bei diesem 12-Zylinder-Motor Typ V 850 wurden die Gebläse mittels eines Kegelgetriebes angetrieben.***

ZA v. Opava. ***Nach abgenommener Panzerung der Motor von der Seite. Dieser V 850-Motor besaß vier Gebläse, für je drei Zylinder eins. Zwei Gebläse jeder Motorseite liefen auf einer gemeinsamen Welle, so dass die hinteren Gebläse keinen separaten Antrieb benötigten.***

ZA v. Opava. *Der ausgebaute Motor von hinten zeigt, dass nur das 5. Gebläse für den Ölkühler durch einen Keilriemen angetrieben wurde.*

ZA v. Opava. *Markant der Ölvorratsbehälter unterhalb der Keilriemenscheibe. Per Keilriemen wurde neben der Lichtmaschine auch der einzylindrige Bosch-Kompressor angetrieben.*

ZA v. Opava. *Vermutlich wegen der hohen Laufgeräusche wurde auch der Versuch unternommen, den Motor Typ V 850 über den Zylinderköpfen zu kapseln.*

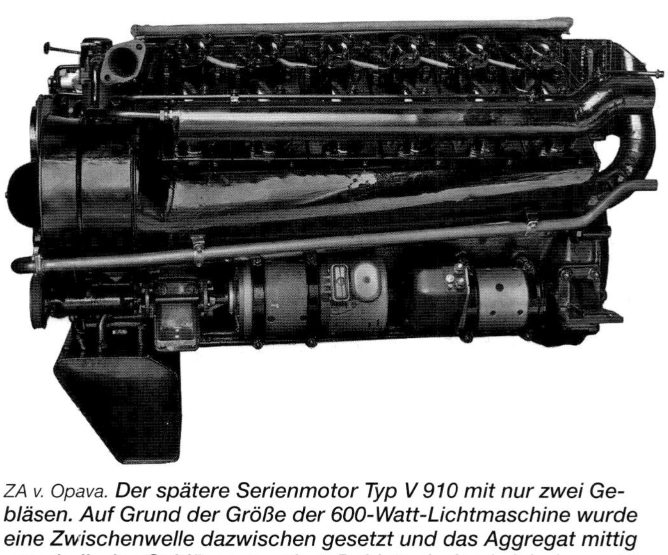

ZA v. Opava. *Der spätere Serienmotor Typ V 910 mit nur zwei Gebläsen. Auf Grund der Größe der 600-Watt-Lichtmaschine wurde eine Zwischenwelle dazwischen gesetzt und das Aggregat mittig unterhalb des Gebläses montiert. Dahinter befand sich der rechte elektrische Anlasser*

ZA v. Opava. *Der Motor Typ V 910 von vorn und von oben.*

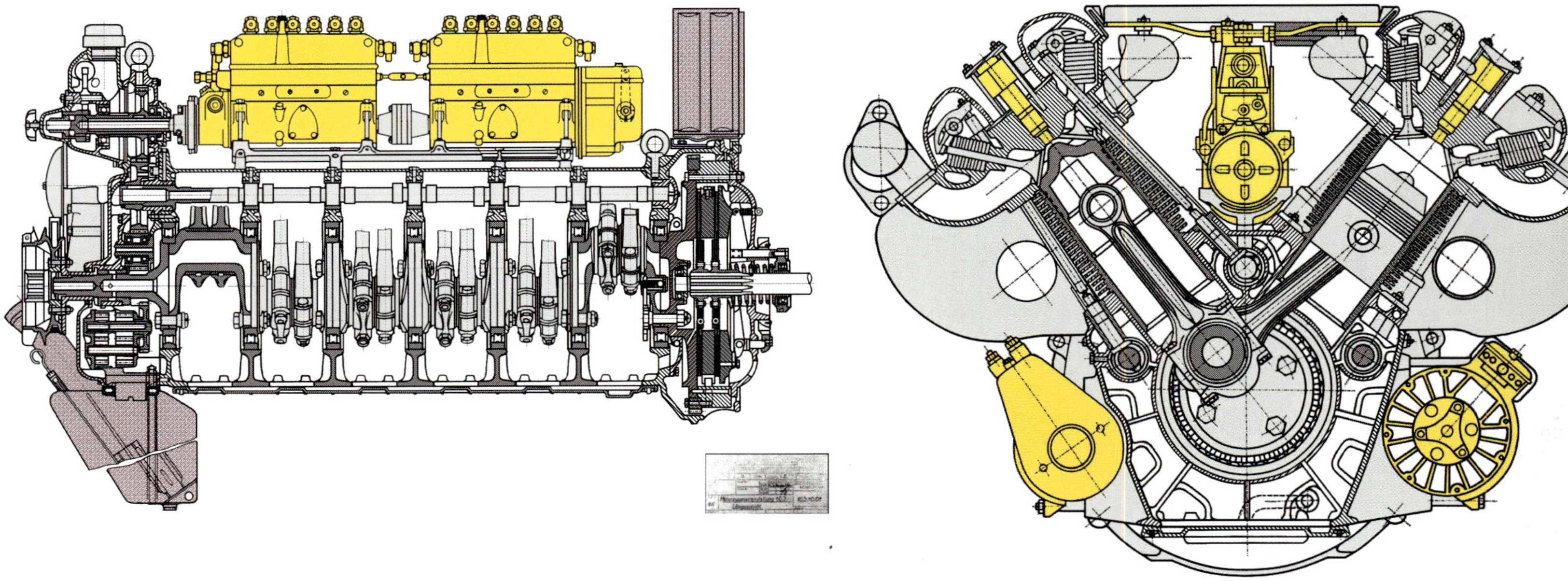

ZA v. Opava/MF. *Der Tatra-Motor Typ 103 (V 910) im Längs- und Querschnitt.*

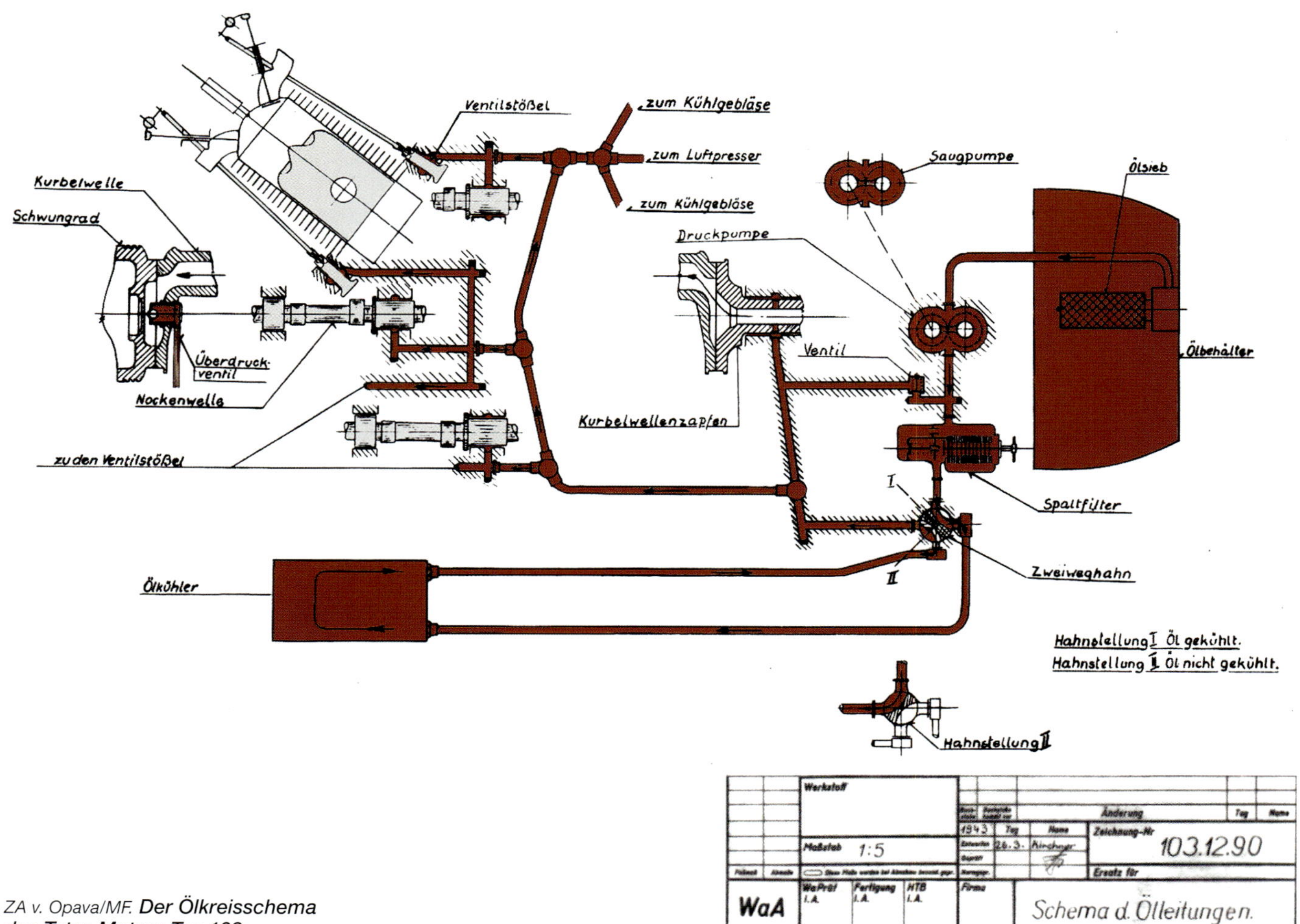


ZA v. Opava/MF. *Der Ölkreisschema des Tatra-Motors Typ 103.*

ZA v. Opava. *Ein 8-Rad-Prototyp während der Erprobung 1942 in Nesselsdorf.*

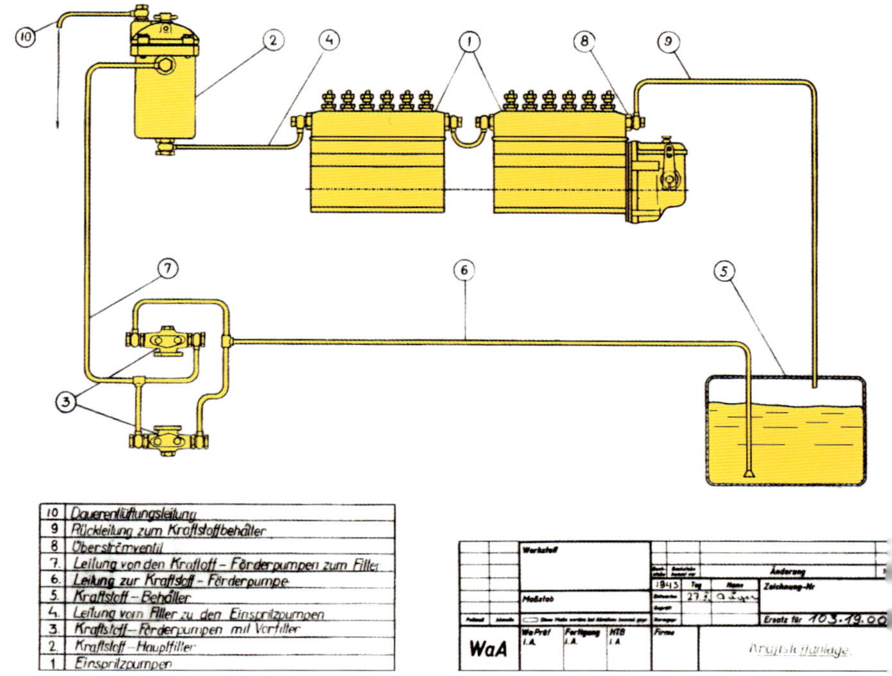


ZA v. Opava/MF. *Das Kraftstoffsystem des Tatra-Motors Typ 103.*

Der Motor besaß eine Druckumlaufschmierung (*Trockensumpf*), die durch zwei Zahnrad-Ölpumpen betrieben wurde. Die größere Pumpe saugte das Öl aus dem hinteren Teil des Kurbelgehäuses an und drückte es in den Ölbehälter. Die kleinere Druck-Pumpe saugte das Öl aus dem Ölbehälter und transportierte das Öl durch den Ölspaltfilter wahlweise über den Ölkühler oder direkt zu den Motorschmierstellen.

Die Kühlung erfolgte mittels zweier Axialgebläse, je ein Gebläse pro Zylinderreihe, die entweder durch ein Kegelrad-Getriebe oder durch eine so genannte Gallkette angetrieben wurden. Über Luftschächte und Luftleitbleche wurde die Kühlluft zu den Zylinder/Zylinderköpfen geführt. Im Luftstrom lag auch der Ölkühler. Die erwärmte Luft gelangte über die Motormitte durch verstellbare Grätings nach außen.

In der laufenden Serie gab es, neben unterschiedlichen Vorwärm-Öffnungen vor allem Änderungen am Luftfiltersystem. Neben dem serienmäßigen Delbag-Ölbadfilter vom Typ CBV 41 D mit dem vorgeschalteten Delbag-Zyklon-Trockenfilter vom Typ 4-Novo 4/38 wurde versuchsweise ein Luftfiltersystem vom Typ LKF 2.9 verwendet.

Der Tatra-Motor des Sd. Kfz. 234 (Tp.) bewährte sich im Einsatz im Allgemeinen hervorragend. Laut Bericht der 1. Kompanie/Panzer-Aufklärungs-Lehr-Abteilung 130 vom 20. Mai 1944 waren die auftretenden Mängel zum größten Teil auf die ungenauen Arbeiten im Werk und die nicht ausreichenden Kontrollen der Abnahmestellen zurückzuführen.

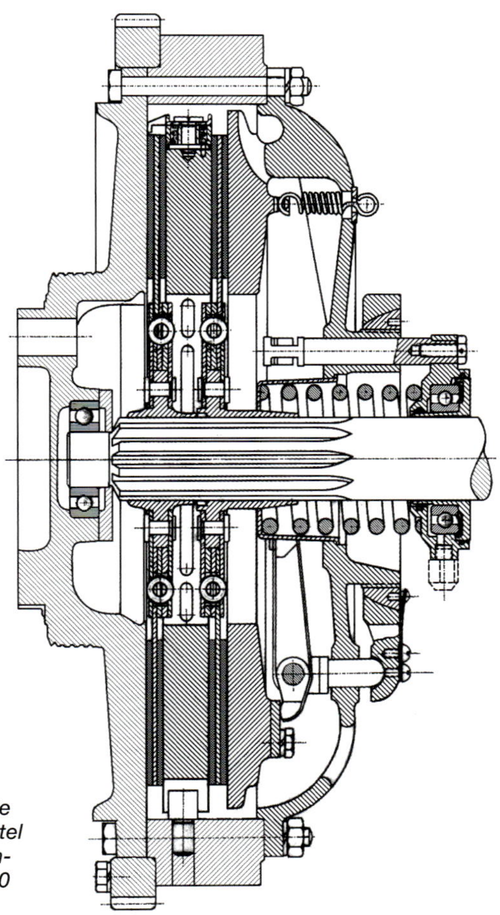

ZA v. Opava/MF. *Die 2-Scheiben-Fichtel & Sachs-Trockenkupplung LA 2/50 MG.*

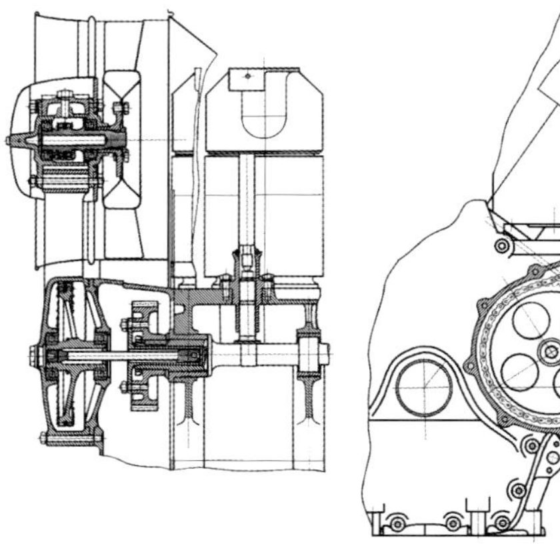

ZA v. Opava/MF. *Der Lüfterantrieb erfolgte später mittels einer so genannten Gallkette.*

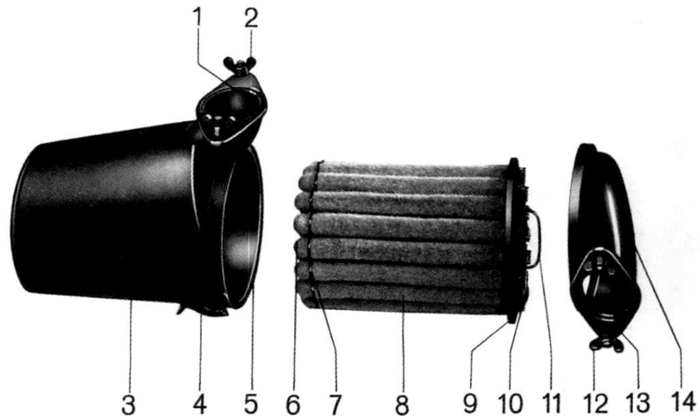


ZA v. Opava/MF. *Der Delbag-Ölbadfilter CVB 41 D im zerlegten Zustand.*

ZA v. Opava. *Markant: für jedes Ventil gab es einen eigenen Ventildeckel.*

ZA v. Opava. *Der Versuch mit dem LKF 2.9-Luftfilter-Sytem.*

ZA v. Opava. *Das serienmäßige Delbag-Filtersystem. Für jede Zylinderseite wurden vier Zyklonfilter vorgeschaltet. Die Staubbehälter sollten täglich gereinigt werden.*

ZA v. Opava. *Die Vorwärmung der Kühlluft erfolgte mittels zweier Lötlampen. Dafür waren zwei verschließbare Öffnungen in der Ölkühler-Verkleidung vorgesehen.*

MF. Tatra-Motor Typ 103 im Panzermuseum Munster. Der Ölkühler fehlt hier. Der Motor ist umgerüstet und besaß die vom HWA favorisierten Bosch-Einspritzpumpen und -düsen.

AMC. Der einsatzbereite schwere Panzerspähwagen (5 cm) (Sd.Kfz. 234/2).

ZA v. Opava. *Der Tatra-Motor Typ T 103 kam ab 1942 auch im neu entwickelten 6,5-t-Lkw Tatra 111 zum Einbau. Auf Grund der guten Leistung erhöhte das HWA die zulässige Zuladung auf 8 Tonnen. (T6500/111 auf T8000/11). Dieser Fahrzeugtyp wurde noch bis 1962 gefertigt!*

## Die Entwicklung vom Panzerkampfwagen 38 (t) neuer Art zum Panzerjäger 38 D

Schon 1942 entstanden als Konkurrenzentwurf zum MAN-Vollketten-Aufklärungspanzer Panzerkampfwagen II neuer Art (n.A.) (VK 1303) bei der Firma Skoda der Aufklärungspanzer Typ T 15 sowie bei der Böhmisch-Mährischen-Maschinenfabrik (BMM) der Panzerkampfwagen 38 (t) n.A. Letzterer verwendete die bewährten Bauteile vom Panzerkampfwagen 38 (t). Beide tschechischen Fahrzeuge verwendeten flüssigkeitsgekühlte 8-Zylinder-V-Ottomoto-

WS. *Der Panzerkampfwagen 38 (t) n.A. während der Erprobung.*

*SJ.* ***Der VK 1303-Prototyp mit dem Tatra-Dieselmotor (s. a. das Kapitel zuvor).***

ren Typ Skoda T 15 sowie Praga NR 1. Im Juni 1942 fanden in Kummersdorf umfangreiche Erprobungen der drei Prototypen statt. Nachdem der Panzerkampfwagen II n.A. den Entscheid für sich gewonnen hatte und als „Luchs" bei MAN und Henschel in Produktion ging, sollen vom Panzerkampfwagen 38 (t) n.A. 15 Fahrzeuge gefertigt worden sein.[137]

Nachdem Hitler erneut gefordert hatte, den Schwerpunkt auf luftgekühlte Dieselmotoren zu legen, intensivierte WaPrüf 6 auch die Erprobung des im 8-Rad-Panzerspähwagen so erfolgreichen luftgekühlten Tatra-Dieselmotors für die Verwendung in Panzerkampfwagen.

Am 24. Dezember 1943 traf ein Fahrgestell des Panzerkampfwagen 38 (t) n.A. mit luftgekühltem 12-Zylinder-Tatra-Dieselmotor Typ 103 in Kummersdorf-Schießplatz zur Erprobung bei der Verskraft ein. Geplant waren 1000 km Straßenfahrt sowie 1000 km Gelände. Von Anfang an legte WaPrüf 6 darauf Wert, das Fahrzeug statt mit den Deckel-Kraftstoff-Einspritzdüsen auf Bosch-Einspritzdüsen umzurüsten.

Um Vergleichswerte zum VK 1303 zu erhalten, wurde das 12,68-t-schwere Fahrzeug durch Belastungsgewichte auf 13 t Gefechtsgewicht gebracht. Vom 28. Dezember 1943 bis zum 22. Februar 1944 legte das Fahrzeug von den 2448 Gesamt-Kilometern 700 km bei der Verskraft zurück. Durch einen Getriebeschaden (*ein Rollenlager zerstörte die Planeten des 2. Ganges*) wurde der Versuch vorzeitig abgebrochen, ein neues Getriebe musste im Werk bestellt werden. Zudem forderte die Verskraft Ende März 1944 für einen direkten Vergleich des Kraftstoff-Verbrauches ein Fahrgestell des 38 (t) n.A. mit einem 280-PS-starken Praga-Ottomotor an.

Am 8. Mai 1944 war es dann soweit. Je ein Panzerkampfwagen 38 (t) n.A. mit einem Tatra-Dieselmotor und einem Praga-Ottomotor sowie ein VK 1303, ebenfalls mit einen 12-Zylinder-Tatra-Dieselmotor, sollten auf einem Landmarsch von Prag nach Eisenach (*der Außenstelle der Verskraft in Berka*) überführt werden. Die geplante Fahrstrecke von Prag über Karlsbad nach Zwickau ergab 235 km Landstraße und 170 km Reichsautobahn (RAB). Dabei soll-

WS. *Ein Prototyp eines Jagdpanzer 38 mit rücklaufloser Bewaffnung und, anhand der mittigen Motorluke, mit dem 8-Zylinder-Tatra-Dieselmotor.*

ten Verbrauchsmessungen durchgeführt werden. Kurz vor dem Ziel (*zwischen Gera und Hermsdorfer Kreuz*) brach beim Panzerkampfwagen 38 (t) n.A. mit Dieselmotor das Vorgelege zwischen Motor und Kardanwelle und fiel damit aus. Das VK 1303-Fahrzeug musste bereits in Karlsbad auf Grund eines Laufwerksschadens verladen werden. Deshalb konnte kein Verbrauchswert für die RAB ermittelt werden. Auf der Straße ergaben sich folgende Werte:

- Pz.Kpfw. 38 (t) n.A. mit Tatra-Dieselmotor 77 Liter/100 km bei 37 km/h und 82,5 Liter/100 km bei 38 km/h Durchschnittsgeschwindigkeit,
- Pz.Kpfw. 38 (t) n.A. mit Praga-Ottomotor 112 Liter/100 km bei 37 km/h und 114 Liter/100 km bei 38 km/h Durchschnittsgeschwindigkeit,
- Pz.Kpfw. VK 1303 (Luchs) mit Tatra-Dieselmotor 59,5 Liter/100 km bei 37 km/h.

Die beiden Panzerkampfwagen 38 (t) n.A. gingen nach Durchsicht und Instandhaltung in Berka (v.d.H.) im Landmarsch nach Kummersdorf-Schießplatz. Der defekte VK 1303 wurde dagegen per Bahn direkt zur Verskraft transportiert.

Am 8. Juli 1944 forderte Hitler anlässlich einer Rüstungsbesprechung „auf Grund der Treibstofflage nochmals ein energisches Vorantreiben der Erprobung der Dieselmotoren für Lkw, Zm [Zugmaschinen] und Panzer und eine mögliche Beschleunigung einer serienmäßigen Einführung. In diesem Zusammenhang sollte vor allem sofort untersucht werden, unter welchen Voraussetzungen die Produktionsbasis des 12-Zylinder-luftgekühlten Tatra-Motors wesentlich erweitert werden kann."[138] Schon am 3. Juni 1944 berichtete der Direktor der Leuna-Werke Hitler, dass das Raffinieren des Dieselöls eine weitaus kleinere Durchlaufzeit benötige als die Umwandlung auf Treibstoff (*Benzin*), was Hitler in seinem Wunsch nach der Umstellung auf Dieselmotoren bestärkte.

Am 21. September 1944 befürwortete Hitler gegenüber Speer ein Hochlaufen der Serienproduktion des Jagdpanzer 38 (t) sowie eine gleichzeitige Umstellung des Panzerjägers auf den 12-Zylinder-Tatra-Dieselmotor. Jedoch war es nicht möglich, diesen Motor ohne große Änderungen an den Seitenvorgelegen, am Wilson-Vorwählgetriebe sowie am Aufbau zu verwenden. Allerdings war der leistungsgesteigerte Praga-Motor mit seinen 160 PS für ein 16-t-Fahrzeug zu schwach, während der Tatra-Motor mit seinen 220 PS und seinem nahezu doppelten Drehmoment von 78 mkg (*statt 42 mkg*) die optimale Voraussetzung bot. Auch die schon im ersten Teil geschilderte leistungshungrige Kühlanlage (*plus 100 %*) ergab die Notwendigkeit einer Umkonstruktion des Jagdpanzers. Diese Aufgabe wurde der Altmärkischen Kettenwerk GmbH (Alkett), Hauptproduzent des Sturmgeschütz III, übertragen.

Vorversuche mit luftgekühlten Dieselmotoren im Jagdpanzer 38 fanden 1944 bei der Verskraft in Kummersdorf-Schießplatz statt. Wegen den problematischen Kühlluft-Verhältnissen im Motorraum wurde die Leistung des 12-Zylinder-Motors T 103P auf 207 PS bei 2000 U/min gedrosselt. Die verwendeten 8- und 12-Zylinder-Tatra-Dieselmotoren zeigten zusammen mit dem ZF-AK 5-80-Wechselgetriebe

ZA v. Opava. ***Einbau des 12-Zylinder-Tatra-Dieselmotors in einen Prototyp. Der Jagdpanzer im Hintergrund besitzt schon seinen Tatra-Motor. Anhand der am Laufwerk lehnenden Heckwand mit der asymmetrischen Öffnung war es ebenfalls ein 12-Zylinder-Motor. Anders als im 8-Rad-Panzerspähwagen wurde nur die kleinere 300-Watt-Lichtmaschine verbaut. Die Auspuff-Rohre gingen bei dieser Ausführung nach oben links statt wie beim Panzerspähwagen beiderseits seitlich nach hinten. Beim Lüfterantrieb wurde der Winkelantrieb durch die Gallkette ersetzt. Die Delbag-Luftfilteranlage in diesem Fahrzeug entsprach der Serie im Panzerspähwagen. Unter den Zyklon-Filtern ist das Zwischengetriebe zur Kardanwelle erkennbar.***

ZA v. Opava. *Wegen der Abmessung des 12-Zylinders musste der Motor nach links gerückt werden, um hinten rechts im Kampfraum dem Kommandanten etwas Platz zu lassen, da der lange Motor in den ohnehin schon kleinen Kampfraum hereinragte. Die Heckwand musste, im Gegensatz zum serienmäßigen Jagdpanzer 38, nach hinten geneigt werden. Der Einbau des rücklauflosen Geschützes war dagegen für den großen Motor von Vorteil, da hinter dem Geschütz kein Platz für den sonst notwendigen Rücklauf beim Abfeuern der Kanone gelassen werden musste.*

ZA v. Opava. *Blick auf den asymmetrischen Motorraum. Rechts der Kraftstofftank. Das Einspritzsystem bestand noch aus den Deckel-Einspritzpumpen und -düsen.*

ZA v. Opava. *Der eingebaute neue 8-Zylinder-Motor noch ohne Trennwand zum Kampfraum. Die Luftfilteranlage wurde den Einbaubedingungen angepasst. Der 8 Zylinder-Dieselmotor konnte auf aufgrund der geringeren Länge mittig eingebaut werden, ohne den Kommandanten zu behindern. Zudem wurde dessen Luke nach hinten etwas verlängert. Winkelspiegel und Scherenfernrohr-Halterung waren drehbar gelagert.*

ein großes Entwicklungspotential.[139] Für den Einbau des Dieselmotors nutzte WaPrüf 6 einen Teil der Erprobungsserie des Jagdpanzer 38 mit rückläufloser Bewaffnung.

Der kleinere 8-Zylinder-Tatra-Motor (V 912) entsprach dem 12-Zylinder-Motor, nur dass neben den fehlenden Zylindern auch eine einzelne 8-Zylinder-Bosch-Einspritzpumpe samt Bosch-Einspritzdüsen sowie ein kleinerer Ölkühler verwendet wurden. Durch die schraubbare Kurbelwelle war eine Änderung der Motorgröße problemlos möglich. Dieser 8-Zylinder-Dieselmotor leistete 180 PS bei 2000 U/min und besaß einen Hubraum von 9,86 Litern.

Anlässlich einer Rüstungsbesprechung am 12. Oktober 1944 schlug Hitler vor, durch den geplanten Wegfall der HL 120-Herstellung möglichst die gesamte Kapazität auf den luftgekühlten Tatra-Dieselmotor umzustellen.[140]

Am 23. Januar 1945 legte Alkett-Chefkonstrukteur Micha-

ZA v. Opava. ***Der 8-Zylinder-Dieselmotor V 912 war im Prinzip ein eingekürzter 12-Zylinder-Dieselmotor Typ 103P. Die Einbuchtung für den Kommandanten war etwas kleiner als beim 12-Zylinder-Motor.***

ZA v. Opava. ***Von der Wartungsöffnung aus war kein Unterschied zwischen beiden Motorvarianten feststellbar. Nur die beiden Vorwärmrohre unter den Axiallüftern unterschieden sich vom großen Motor.***

ZA v. Opava. ***Die mittig angeordnete und geöffnete Wartungsklappe im Heck.***

els den Entwicklungsplan des Jagdpanzer 38 D vor. Dieser, auch als Ausführung „Reich" bezeichnet, sollte Mitte 1945 die Ausführung „Protektorat", also den Jagdpanzer 38, ablösen. Er sollte als Universalfahrzeug weitgehend alle Aufgaben der 26-t-Klasse übernehmen.

Neben dem schon geschilderten Aufwand des neu konstruierten Fahrgestells ergaben die vorgesehenen Änderungen einen Anstieg des Gefechtsgewichts auf 16,7 t. Die unteren schrägen Seitenwände wurden durch senkrechte Bleche ersetzt. Dies ermöglichte eine vereinfachte Fertigung und Montage der Laufwerksteile. Für die spätere Serie hatte Alkett ein ZF-Allklauen-5-Getriebe vom Typ AK 5-80 vorgesehen, das mit 240 kg das gleiche Gewicht wie das Praga-Wilson-Getriebe hatte. Allerdings ging dabei der große Vorteil einer Kraftübertragung ohne Zugkraftunterbrechung verloren.

Bei einem Kraftstoffverbrauch von 76 Litern/100 km ermöglichten die 390 Liter Kraftstoffvorrat eine Steigerung der Reichweite von 180 km auf 510 km. Als Ausführung Panzerjäger 38 D sollte eine Höchstgeschwindigkeit von 40 km/h erreicht werden. Für die Ausführung Aufklärungspanzer 38 D wurde mittels eines Zwischengetriebes eine Höchstgeschwindigkeit von 52 km/h errechnet.[141]

Unterdessen war der Bereich der Außenstelle der Verskraft in Berka von vorrückenden US-Verbänden bedroht. Aus dem Personal der Versuchsabteilung wurde am 31. März 1945 die Panzerkompanie Berka aufgestellt. Zur Ausrüstung ge-

ZA v. Opava. ***Die große obere Motorabdeckung des 8-Zylinder-Prototyps ist geschlossen, nur der Lüftungskasten steht offen. Die veränderte Luftfilteranlage und andersartige Kommandantenluke auf diesem Foto lassen einen weiteren 8-Zylinder-Prototyp vermuten.***

hörte u. a. ein Jagdpanzer 38 mit rückläufloser Kanone und Tatra-Motor. Von Hitler kam am gleichen Tag der Aufstellung der Befehl, dass dieser Jagdpanzer 38 sofort zu zerstören sei, bevor er in die Hände des Feindes fallen konnte.[142] Ende März 1945 hatte Alkett die ersten zwei Prototypen des Jagdpanzer 38 D soweit fertig gestellt, dass sie nach erfolgter Lieferung der Schalt- und Zwischengetriebe innerhalb von einer Woche fahrbereit gemacht werden konnten. Dabei handelte sich es um ein Fahrzeug mit starrer 7,5-cm-Kanone L/70 und dem 12-Zylinder-Tatra-Motor und ein Fahrzeug mit starrer 7,5-cm-Kanone L/48 und dem 8-Zylinder-Tatra-Motor. Es war geplant, diese Fahrzeuge am 20. April 1945 Hitler vorzuführen. Der Vorstoß der Roten Armee auf Berlin machte eine Vorführung hinfällig. Noch am 21. April 1945(!) erteilte das OKH Wa.Pz.Mot. der Firma Skoda den Auftrag zur Lieferung von 500 Jagdpanzer 38 mit 8-Zylinder-Tatra-Dieselmotor und starrer Kanone. Dieser Auftrag lief unter der Dringlichkeitsbezeichnung „Führer-Notprogramm".[143]

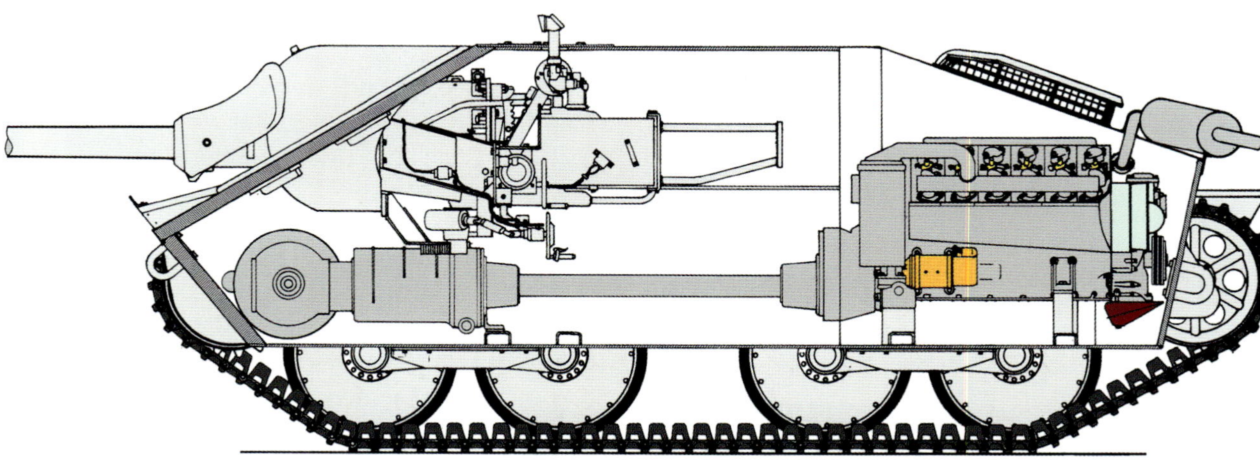

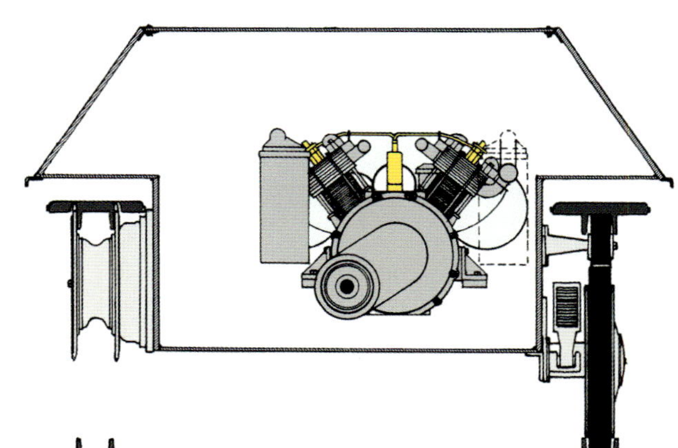

WS/MF. ***Der Alkett-Entwurf des Jagdpanzer 38 D mit verlängerter Wanne, nach hinten geneigter Heckpanzerung, 12-Zylinder-Tatra-Motor und Getriebe ZF-5-80.***

## Der Minenräumer S von Krupp und der Maybach-Motor HL 90 P

Nach vorhergegangenen, wenig erfolgversprechenden Versuchen des Heereswaffenamtes, Minenräumgeräte als Vorbaugeräte für Panzerkampfwagen zu schaffen, erteilte das HWA WaPrüf 5 (*Pionierabteilung*) den Firmen Alkett, Berlin-Borsigwalde, und Krupp AG am 16. September 1940 den Auftrag für die Entwicklung eines maschinellen Minenräum-Gerätes. Gebaut werden sollte je ein Versuchsstück, das Minen auf der Straße und im Gelände auch unter Gefechtsbedingungen maschinell räumen können sollte. Beim Fahrzeug sollte es sich um ein selbstfahrendes Walzenfahrzeug handeln, das mit einer anhängbaren Walze eine 3-m-breite Spur räumte. Dabei sollte das Gerät nicht über 2,7 m hoch, 3 m breit und 10 m lang und nicht über 40 t schwer sein. Motor und Besatzung sollten gegen SmK-Munition geschützt sein.[144] Damit stand im Vorfeld fest, dass nur jeweils ein Versuchsfahrzeug zu Erprobungszwecken gefertigt werden sollte.

Die beiden Firmen gingen bei der Konstruktion unterschiedliche Wege. Alkett entwickelte ein dreirädriges – genauer gesagt ein dreiwalziges – Räumgerät „Minenräumer III", das allein mit einem Gewicht von ca. 55 t Minen zur Auslösung bringen sollte. Dabei wurden nur die beiden vorderen Walzen angetrieben, die hintere Walze nachgeschleppt. Sie diente gleichzeitig zur mechanischen Steuerung des Fahrzeugs. Das 6,28 m lange, 3,22 m breite und 2,90 m hohe Gerät trieb ein Maybach-Motor Typ HL 120 zu 300 PS an. Das Alkett-Gerät statteten die Konstrukteure zur Selbstverteidigung mit einem Turm des Panzerkampfwagen I aus. Die große Bodenfreiheit von 800 mm und die 20–45 mm starke Panzerung sollten die zweiköpfige

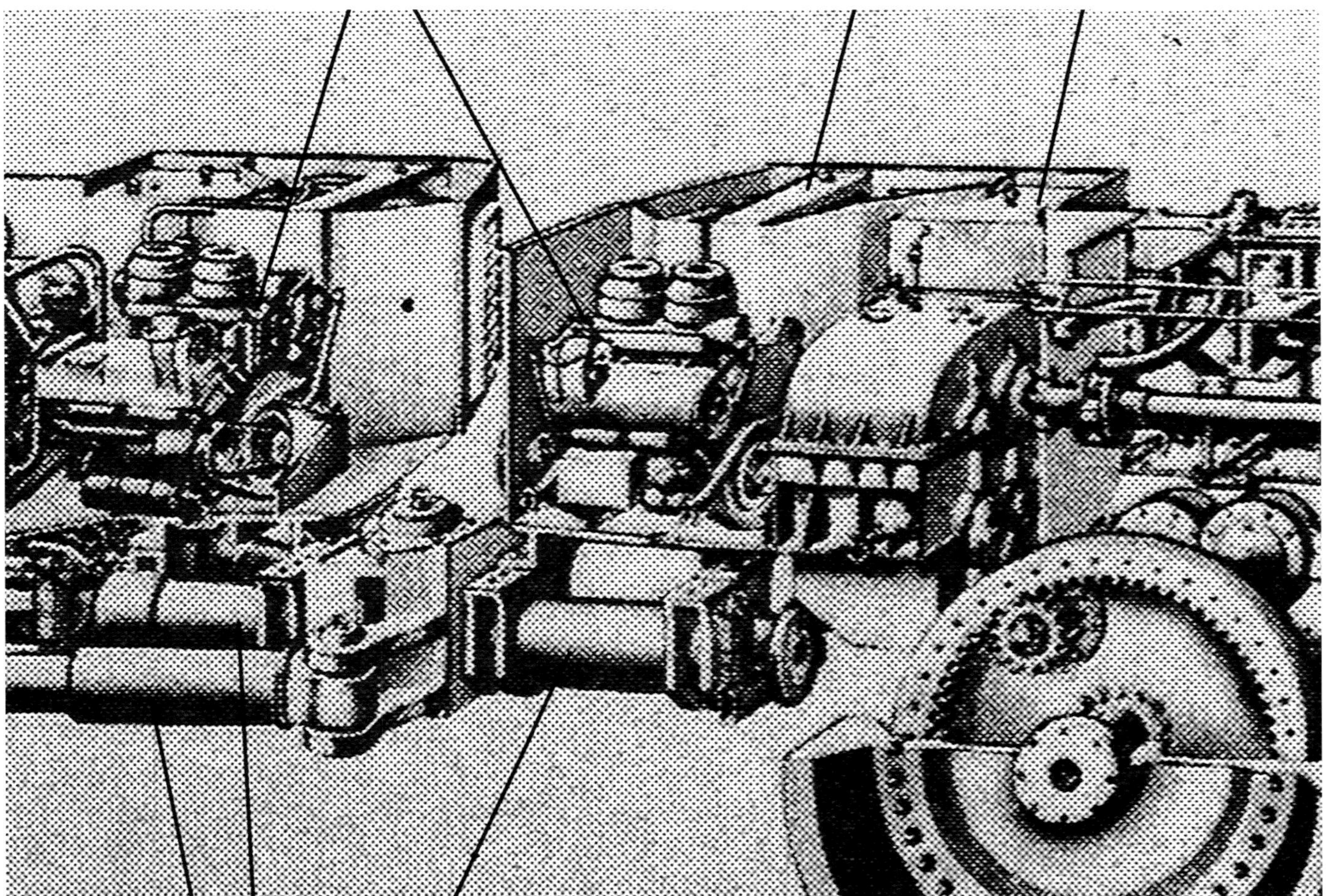

WS/MF. *Der Aufbau des Antriebs des „Räumer S" der Firma Krupp.*

Besatzung vor ausgelösten Minen schützen. Des Weiteren befand sich im Inneren als Schutz des Antriebs ein doppelter Boden. Die Antriebsrollen sowie die Heckrolle waren 635 mm breit. Jedoch überschnitten die Fahrspuren nicht die gesamte Räumbreite, so dass ein Einsatz nur mit einem nachgeschleppten Minenräumer sinnvoll sein konnte. Es ergab sich eine effektive Räumbreite von 1900 mm bei einer Spurbreite von 3170 mm. Daher konnten etwa 40 % der maximalen Fläche nicht erfasst werden. Das Projekt wurde nach dem Bau eines Prototyps nicht weiterverfolgt.[145]

Die Firma Krupp schlug bei ihrem Projekt „Räumer S" einen anderen Weg ein. Der Entwurf ähnelte dem späteren Prototyp eines Bergefahrzeuges Lauster Wargel LW 5.

Die Gemeinsamkeiten zeigten sich in den durch eine kardanische Knicklenkung verbundenen, nahezu identischen beiden Fahrzeugteilen. Die übergroßen Räder entwickelten eine enorme Zugkraft im Gelände. Eine hohe Zugkraft sah Krupp allein schon deshalb als notwendig an, um schwere Minenräumrollen fahren und steuern zu können. Die hohen, gegenüber dem Lauster Wargel LW 5 allerdings schmaleren Stahlräder gewährleisteten zusammen mit einer genügenden Bodenfreiheit eine ausreichende Minensicherheit, die bei einem Kettenfahrzeug nicht gegeben sein konnte, da Ketten empfindlicher auf Minenexplosionen reagieren.

So entstand bei Krupp ein zweigliedriges Fahrzeug auf 2,7 m hohen, walzenartigen Stahlrädern. Die Abmessungen überschritten die Vorgaben des Heereswaffenamtes beachtlich. Das 130 t schwere Fahrzeug besaß eine Länge von 15,63 m, eine Breite von 3,27 m und eine Höhe von 3,93 m. Da die großen Räder nicht lenkbar waren, besaß das Räumgerät eine hydraulische Knicklenkung. Dabei konnten die beiden Fahrzeughälften zu jeder Seite um jeweils 22° geschwenkt werden. Weiterhin sah Krupp zwecks besserer Beweglichkeit je einen Fahrerstand für Vorwärts- und Rückwärtsfahrt für die zweiköpfige Besatzung vor. Jede Fahrzeughälfte besaß einen 12-Zylinder-Maybach-Motor vom Typ HL 90 P 20 K.

Der Ottomotor war ein Prototyp, den die Firma Maybach in Kleinserie fertigte. Insgesamt erhielt Krupp sechs Motoren, die auch in anderen Krupp-Projekten (*siehe folgende Abschnitte*) zum Einbau kamen. Er leistete maximal 360 PS bei der zur damaligen Zeit hohen Drehzahl von 4000 U/min. Die Nenndrehzahl lag bei 3600 U/min, was eine Leistung von 330 PS ermöglichte. Wegen der hohen Drehzahl konnte bei dem kleinen Hubraum von 9 Litern (*der Alkett-Räumer mit dem HL 120 hatte 12 Liter Hubraum*) das Gewicht mit 620 kg zwar klein gehalten werden, ging aber vermutlich auf Kosten der Lebensdauer der Motoren. Die abgegebene Leistung des Maybach HL 90 P verteilte sich zum einen auf die IMO-Hydraulikpumpen, zum anderen auf die beiden Krupp-Strömungsgetriebe, so dass eine Synchronisierung zwischen den beiden Motoren nicht notwendig war. Mit Hilfe einer Schaufelverstellung in den Strömungsgetrieben war ein Anfahren und das Regulieren der Geschwindigkeit möglich. Dadurch konnte der Motor mit konstanter Drehzahl betrieben werden. Diese Getriebe befanden sich zusammen mit einem Schaltgetriebe im jeweiligen Führerstand. Zum Achsantrieb stand je ein Differenzialgetriebe zur Verfügung. Gebremst werden sollte das Fahrzeug mittels Hydraulik-Bremsen. Die mechanischen Bandbremsen fungierten als Feststellbremsen.

Die Montage des Prototyps verlief bei Krupp zunächst reibungslos. Der Bombenangriff auf Essen hatte auch Auswirkung auf die Firma Krupp. So schilderte der Berichtsentwurf vom 11. Juni 1943, anlässlich einer Besprechung zwischen Krupp-AK und WaPrüf 5/III, die mögliche Ersatzbeschaffung der zerstörten Teile. Dabei schlug Krupp vor, zwecks Wiederbeschaffung der beiden Antriebsmotoren HL 90 P 20 K die Abteilung WaPrüf 6/III zu bitten, zwei Motoren dieses Typs leihweise für den Räumer zur Verfügung zu stellen. Nach Abschluss der Versuche würde Maybach den ursprünglichen Zustand der Motoren wiederherstellen.

Eine Ersatzbeschaffung der beiden beschädigten Krupp-Strömungsgetriebe war durch die Zerstörung der Vorrichtungen und Lehren nicht mehr möglich; sie ließen sich in der gegebenen Lage auch nicht wieder anfertigen. Deshalb schlug Krupp den Einbau von zwei Voith-Strömungsgetrieben vor. Diese Getriebe sollten kurzfristig lieferbar sein. Allerdings war eine Umkonstruktion der Blechgehäuse sowie der Vor- und Nachschaltstufen notwendig. Auch eine Änderung der Fahrgeschwindigkeit konnte auf Grund des Fehlens der Schaufelverstellung beim Voith-Getriebe nur durch Regulierung der Motordrehzahl mittels elektrischer Stellmotoren erfolgen. Anlässlich der anschließenden Besichtigung des in Arbeit befindlichen Minenräumers konnte WaPrüf 5/III trotz der Rückschläge von der Sinnhaftigkeit des Krupp-Projektes überzeugt werden. Damit verhinderte Krupp erfolgreich ein Stoppen ihres Projektes, denn das Alkett-Fahrzeug hatte bekanntermaßen erste Tests in Kummersdorf-Schießplatz schon absolviert. Krupp äußerte noch den Wunsch, die weitere Montage „in Anbetracht der wiederholten Störungen" außerhalb Essens zu vollenden und schlug den firmeneigenen Schieß-

*NARA. Der fertig gestellte Krupp-Räumer S nach der Besetzung Hillerslebens durch die Amerikaner.*

*NARA. Der fertig gestellte Krupp-Minenräumer in der Artillerie-Werkstatt Hillersleben.*

platz in Meppen vor.[146] WaPrüf 5/III war damit prinzipiell einverstanden, wählte letztlich aber die Erprobungsstelle Hillersleben mit ihrem Pionierversuchsplatz zum neuen Montagestandort des Krupp-Räumers. Dazu konnte in der Artilleriewerkstatt des Schießplatzes eine Werkstatthalle gefunden werden. Ab Ende August 1943 erfolgt dort der weitere Zusammenbau, für den ein Werkstattkran, die Bereitstellung von Hilfskräften sowie verschiedenster Materialen und Leistungen vom Heereswaffenamt genehmigt wurden. Der Bodendruck des Fahrzeuges erwies sich als zu hoch, so dass es nur bei dem einen Prototyp blieb.[147]

In einem Schreiben von Ende Oktober 1944 hatte WaPrüf 6/III b von der Firma Krupp die insgesamt sechs ausgeliehenen Maybach-Motoren Typ HL 90 P 20 K und HL 90 P L c schnellstens für neue Versuchsfahrzeuge zurückgefordert. Da sämtliche Briefeingänge im Krupp-AK-Grusonwerk in Magdeburg am 5. August 1944 nach einem Bombenangriff verbrannten, konnte nur der Verbleib von vier der gesuchten Motoren geklärt werden:

- Motor-Nr. 115 003 am 30. Juli 1943 im Auftrag von WaPrüf 6 an die Firma Alkett gesendet,
- Motor-Nr. 115 005 (- *defekt* -) am 21. September 1943 im Auftrag von WaPrüf 6/III D ins Allgäu-Lager der Firma Maybach-Motorenbau in Wangen gesendet,
- Motor-Nr. 115 001 am 2. April 1943 im Auftrag der Rüstungsvertretung an Krupp AK-Grusonwerk in Magdeburg für le. /Flak 4 (VFWL) geliefert (- *eingebaut* -),
- Motor-Nr. 115 006 am 5. August 1941 im Auftrag von WaPrüf 6/I an Krupp AK-Grusonwerk in Magdeburg für drei Pz.Sfl. IV c geliefert (- *eingebaut* -).[148]

Die beiden hier in der Auflistung fehlenden Motoren Typ HL 90 P 20 K befanden sich in Hillersleben, eingebaut im Räumer S, und waren dem Verantwortlichen im Grusonwerk in Magdeburg anscheinend nicht bekannt.

## Der Maybach-Motor HL 90 für Geschützwagen IVb und Versuchsflakwagen (VFW) der Firma Krupp

Die Firma Krupp plante den HL 90 in zwei weiteren Projekten ein, wobei nur der einzige Versuchsflakwagen auch tatsächlich mit diesem Motor ausgerüstet und eingesetzt wurde.

Die Entwicklung des Geschützwagen (G.W.) IVb für die 10,5-cm-leichte Feldhaubitze (le.FH.)18/1 Selbstfahrend (Sf) (Sd.Kfz. 165/1) geht auf einen Konzeptentwurf der Firma Krupp zurück, den sie am 14. September 1939 vorstellte. Zwei Versuchswagen befanden sich am 3. Februar 1942 fertig abgenommen auf dem Schießplatz Meppen, eine 0-Serie von 10 Fahrzeugen wurde bei den Krupp-Grusonwerken in Magdeburg von August bis Dezember 1942 hergestellt. Die 18-t-schwere Artillerie-Selbstfahrlafette mit teilschwenkbarem, oben offenem Geschützturm hatte ein modifiziertes Panzer IV-Fahrgestell mit sechs mittelgroßen Laufrollen. Die 0-Serie war mit dem schon früher beschriebenen Maybach HL 66 PLb mit 188 PS bei 3200 U/min und dem SSG 46[149]-Schaltgetriebe des Panzer II ausgerüstet. Das Lenkgetriebe soll aus Platzgründen nicht dem des Panzer IV entsprochen haben. Einzelheiten darüber sind nicht überliefert. Man kann jedoch davon auszugehen, dass ein anderes vorhandenes Kupplungsbrems-Lenkgetriebe verwendet worden ist. Die Serienversion der Selbstfahrlafette sollte mit dem bei 3600 U/min 360 PS leistenden Motor-Maybach-HL 90 P20K ausgerüstet werden. Die Getriebeanlage hätte sicherlich der erheblich höheren Leistung angepasst werden müssen.[150] Zwei Fahrzeuge der 0-Serie wurden als weitere Versuchs-Selbstfahrlafetten übernommen und modifiziert, wobei in eines dieser Fahrzeuge neben kraftfahrtechnischen Modifikationen ein für die Serienproduktion vorgesehener HL 90 Motor eingebaut werden sollte. Die Serienproduktion als Pz.Sfl.IVb3 kam nicht zustande, weil stattdessen kurzfristig die wesentlich einfacher herzustellende Panzerhaubitze „Wespe" mit gleicher Bewaffnung auf dem Fahrgestell des Panzer II in Produktion genommen wurde.[151]

Der 26 t schwere **Versuchsflakwagen mit 8,8-cm-Flak auf Sonderfahrgestell (Pz.Sfl. IVc)** entstand aus einem Auftrag an die Firma Krupp zur Lieferung von drei Panzerselbstfahrlafetten IVc mit 8,8-cm-Flak L/56, um Bunker der Maginot-Linie auszuschalten. Dazu kam es jedoch nicht. Nach dem Sieg über Frankreich sollten sie als Panzerab-

TTM. *Die 10,5 cm-le. FH. 18/1 auf G.W. IVb (vorher bezeichnet als Pz.Sfl.IVb). Bemerkenswert das kürzere, modifizierte Panzer IV-Laufwerk mit 3 x 2 Laufrollen.*

*TTM.* ***Das im Vergleich zum Panzerkampfwagen IV kompaktere Heck weist auf die Notwendigkeit des Einbaues eines platzsparenden Motors hin.***

*TTM.* ***Der Versuchsflakwagen mit 8,8-cm-Flak 41 nach seiner Fertigstellung im November 1943 mit hochgeklappten Bordwänden. Besonders an diesem Fahrzeug ist das „Schrittlaufwerk" mit den Halbketten-Zugkraftwagen-ähnlichen Laufrollen und Blattfederung.***[156]

wehr-Selbstfahrlafetten dienen. Krupp berichtete zu einem späteren Zeitpunkt, dass das Fahrzeug für einen solchen Einsatz zu leicht gepanzert und durch die Entwicklung des Porsche- und Henschel-Tigers teilweise überholt gewesen sei. Jedoch bot Krupp Mitte 1942 das gleiche Fahrgestell mit der stärkeren, langen 8,8-cm-Flak 41 L/71 als

*TTM.* ***Die Selbstfahrlafette mit abgeklappter rechter Bordwand und 8,8-cm-Flak nach Umbau im März 1944 zum Einsatz in Italien. Die Gitterroste links bedecken den Motorraum.***

„Versuchsflakwagen" an. Zwei Fahrzeuge wurden zur Fertigstellung im April und Mai 1943 in Auftrag gegeben. Die Firma Maybach hatte einen „Flakwagen" und für die Pz.Sfl. IVc zwei Motoren Typ HL 90 P-Lc geliefert.[152] Das schon früher angesprochene, pneumatisch geschaltete Achtgang-Mehrgruppengetriebe ZF SMG 90 stellte sich, wie bereits erwähnt, nach Fahrversuchen im Dezember 1942 als nicht einsatztauglich heraus. Auch das ebenfalls verbaute Henschel L 320 C-Dreiradienlenkgetriebe versagte. So ging man auf den Vorschlag von Krupp ein, das bewährte Sechsgang-Schaltgetriebe ZF SSG 76[153] zusammen mit einem Krupp/Wilson-Kupplungs-Lenkgetriebe zu verwenden.[154]

Ein Fahrzeug wurde aufgrund der Bombenangriffe auf Essen an die Krupp-Grusonwerke in Magdeburg gegeben und dort bis November 1943 fertig gestellt. Die noch vorhandenen Teile des zweiten Fahrzeuges sollten verschrottet werden. Im Januar 1944 ordnete das Ministerium Speer die Einstellung der Entwicklung an. Die Begleitung der Panzer durch derartige Fahrzeuge sei nicht mehr erforderlich. Hoch fliegende Ziele könnten durch stationäre 8,8-cm-Flakgeschütze und 3,7-cm- und 5,5-cm-Flak-Maschinenkanonen bekämpft werden. Außerdem wäre die Ausrüstung zur [*drahtlosen*] Verbindung der Flakwagen mit dem Kommandofahrzeug noch nicht entwickelt. Die [*sperrigen*] Verbindungskabel zwischen den Fahrzeugen hätten sich als großes Hindernis für die taktische Flexibilität und Beweglichkeit einer mobilen Batterie herausgestellt.

Die Fahr- und Schießerprobung fand vom 3. bis 9. März 1944 im dänischen Oxbol statt. Es soll im Gelände mit stark kurvigen Straßen und Wegen eine hohe Durchschnittsgeschwindigkeit von 40–50 km/h erreicht worden sein, ohne den Maybach HL 90-Motor zu überlasten. Im März 1944 wurde die ausgeschossene 8,8-cm-Flak 41 gegen eine normale 8,8-cm-Flak 37 ausgetauscht. Das Fahrzeug wurde der Heeres Flakartillerie-Abteilung (Sf.) 304 der 26. Panzer-Division in Italien zugeteilt. Der weitere Verbleib des Fahrzeuges ist nicht dokumentiert.[155]

## Der Maybach-Motor HL 90 P

Der Maybach-Motor HL 90 P war eine Konstruktion, die 1941 als leistungsstärkeres und kompakteres Nachfolgemodell des Maybach-Motor HL 120 vorgesehen war. Laut Angaben der Firma MTU wurden 14 Motoren hergestellt, wobei unklar ist, ob die drei Motoren, die 1959 hergestellt worden sein sollen, darin enthalten sind.[157]

Neben den oben beschriebenen Verwendungen gibt es noch einen Hinweis auf eine Zeichnung von 1942 für den „HL 90 in ZW40"[158] in der Umbau-Kleinserie des Panzer III mit Schachtellaufwerk von 1940/41.

Der HL 90 baute technologisch auf dem HL 210 P auf, dessen Entwicklung im gleichen Jahr begonnen hatte.[159] Da er besonders leicht sein sollte, wurde das Tunnelgehäuse aus Leichtmetall gegossen, was ein Motorgewicht von nur 620 kg ergab. Dieser 12-Zylinder-V-Motor besaß eine Bohrung von 100 mm und einen Hub von 106 mm. Zunächst betrug die Leistung 400 PS, die jedoch auf 360 PS gedrosselt wurde. Die hohe Leistung von 400/360 PS wurde mittels der hohen Drehzahl von 4000 U/min erreicht.[160] Daraus ergab sich eine mittlere Kolbengeschwindigkeit von 14,5 m/s, die zur damaligen Zeit für Gebrauchsmotore einen Grenzwert darstellte. Bei der Betriebsdrehzahl von 3600 U/min stand eine Leistung von 330 PS zur Verfügung. Dieser Motor besaß schon die Merkmale der späteren großen HL-Motoren Typ 210 und 230, so z. B. die rollengelagerte Scheiben-Kurbelwelle im Tunnelgehäuse und die Baulänge sparenden, ineinander laufenden Pleuel.[161] Der Antrieb der beiden Bosch-Magnetzünder Typ JGN 6L über die Nockenwellen und den integrierten Entlüftungsöffnungen entsprach, genau wie die 4-Vergaser-Anlage, dem des HL 210.

Bemerkenswert ist die Nachkriegs-Geschichte des HL 90. Die Konstruktionsarbeiten scheinen nicht eingestellt worden zu sein. Für das Jahr 1951 wird auf einer Auflistung eine Schnitt-Zeichnung „HL 90 (*Graugussmotor*)" angegeben.[162]

Der Motor Nr. 115006/009 soll am 25. März 1959 bei Maybach auf 340 PS „gebremst" worden sein. Ob es sich um den Motor handelt, der sich noch im November 1944 bei den Krupp-Grusonwerken in Magdeburg befunden haben soll oder ob mehrere Motoren gemeint sind, bleibt offen.[163]

Ende der 1950er-Jahre erfolgte tatsächlich noch einmal eine praktische Verwendung des HL 90. Zunächst plante ihn das Ingenieurbüro Warneke in der Firma Ruhrstahl neben einem amerikanischen V-8-Motor 1956 für den nicht

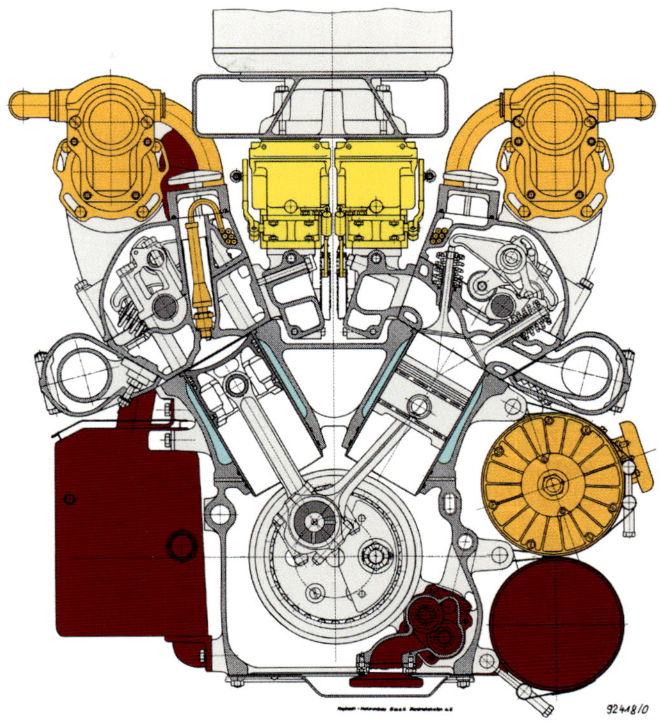


MTU/MF. **Der Querschnitt des Maybach HL 90 P ähnelt stark dem des Maybach HL 210. Im Unterschied zu den Fotos weiter unten war der Öleinfüllstutzen direkt auf dem Ölbehälter befestigt. Auch die Luftfilterbrücke war anders geformt. Bei einem näheren Betrachten der Querschnittszeichnung des oben aufgeführten Räumer S lässt sich eine Ähnlichkeit der Zeichnung mit dem dort eingebauten Maybach HL 90 P 20 K erkennen.**

realisierten Schützenpanzer SP15 ein, einen Konkurrenten des SPz lang HS30. In diesem Ingenieurbüro war auch der inzwischen im Ruhestand befindliche Ministerialrat a.D. Kniepkamp federführend tätig. Im Zuge der voraussehbaren Ablösung des Schützenpanzer lang HS30 bei der Bundeswehr baute die Firma Ruhrstahl 1959–1960 aus eigenem Entschluss zwei von Kniepkamp/Warneke entwickelte Prototypen, die Schützenpanzer SP12.1 und SP12.2. Allerdings sollte im darauf folgenden SPz neu, dem späteren Marder, der neu entwickelte MB 833-Dieselmotor verwendet werden, dessen Entwicklung sich aber verzögerte. Der erste Prototyp SP12.1 wurde noch mit dem HL 90 ausgerüstet, der während der Erprobung durch die Bundeswehr einen erheblichen Instandsetzungsaufwand erforderte. Der zweite Prototyp SP12.2 erhielt den MB 833.[164] Die 16-t-Fahrzeuge blieben von Ihren Abmaßen her nahezu gleich. Daher ist es interessant, die technischen Daten beider Motoren, Stand jeweils Anfang 1940er- und 1950er-Jahre, vergleichend gegenüberzustellen. Ohne die

MTU via WTS. *Ungewöhnlich beim Maybach HL 90 P war der Keilriemen-Antrieb der Wasserpumpe über die Nockenwelle. Die relativ kleine Keilriemenscheibe der Lichtmaschine auf der anderen Seite lässt einen Zusammenhang mit der hohen Motordrehzahl vermuten, da die 4000 U/min des Motors der Drehzahlgrenze der Lichtmaschine GTLN 600/12-1200 mit 5000 U/min nahe kommt. Der Zeitpunkt der Aufnahmen ist nicht überliefert. Es ist jedoch möglich, dass diese anlässlich der Nachfertigung in den 1950er-Jahren entstanden sind.*

FK via WTS. *Der Maybach-Motor HL 90 als Schnittmodell in der WTS Koblenz. Deutlich sind die ineinander laufenden Pleuel zu erkennen. Eine der beiden Solex-Kraftstoffpumpen fehlt. Auf Grund der Luftfilter-Anordnung und des Öleinfüllstutzens vermutlich ursprünglich die Ausführung HL 90 P- Lc. Möglicherweise handelt es sich um einen im Prototyp-Schützenpanzer SP12.1 verwendeten Motor.*

*BAAINBw-WTS FA 042 und G2350/5/073.* ***Der SP12.1 von Ruhrstahl und Blick auf den Motorraum des HL 90 während der Erprobung durch die Bundeswehr.***

bekannten Nebenbedingungen durch die Vorteile des Dieselmotors im gepanzerten Kampffahrzeug mit einzubeziehen, machen der Maybach HL 90, wie auch der HL 230, zur damaligen Zeit noch immer einen sehr guten Eindruck. Es handelt sich beim HL 90 um einen unterschätzten, jedoch aufwändigen und eventuell noch zu wenig standfesten Motor. Er war zudem als Ottomotor im Laufe der 1950er-Jahre überholt.

| | | Maybach HL 90 | Daimler-Benz MB 833 Aa | Bemerkung |
|---|---|---|---|---|
| **Arbeitsverfahren** | | Otto-Viertakt-Vergaser-Saugmotor | Diesel-Viertakt-Vorkammer-Saugmotor | --- |
| **Zylinderzahl** | | 12 V | 6 V | --- |
| **Nennleistung** | kW | 265 (360 PS) | 286 (390 PS) | --- |
| **Nenndrehzahl** | 1/min | 4000 | 2200 | --- |
| **Zylinderbohrung** | mm | 100 | 165 | --- |
| **Kolbenhub** | mm | 106 | 175 | --- |
| **Hubraum** | Liter | 9,99 | 22,44 | --- |
| **Länge** | mm | 930 | 1010 | --- |
| **Breite** | mm | 840 | 1050 | --- |
| **Höhe** | mm | 1000 | 950 | HL 90: 1200 mm mit Luftfilter |
| **Masse (trocken)** | kg | 620 | 1230 | MB 833: 1100 kg ohne Nebenaggregate |
| **Masse/Leistung** | kW/kg | 0,43 | 0,23 | --- |
| **Hubraumleistung** | kW/l | 26,5 | 12,75 | --- |
| **Preis** | DM | 24.067 (kalkulatorisch) | 66.906 | MB 833: Vorserienpreis<br>HL 90: Vermutlich aus Restbeständen bei Fa. Maybach hergestellt |

Maybach HL 90 von entgegen der kraftabgebenden Seite aus gesehen.

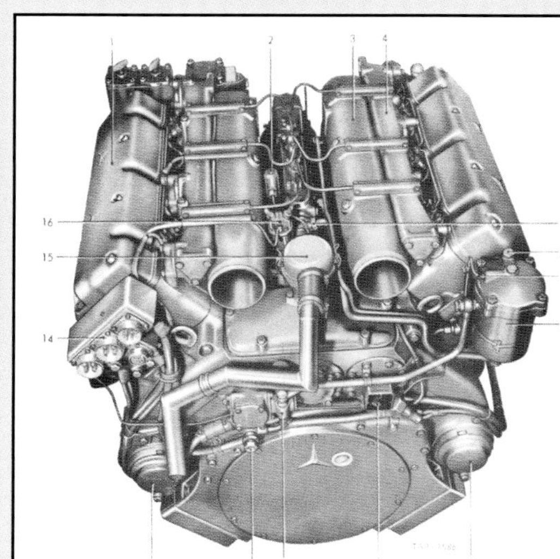

Daimler-Benz MB 833 Aa von entgegen der kraftabgebenden Seite. Hier Ausführung mit Auspuff in Richtung Schwungradseite.

# Die Panzerkampfwagen VK 3001 / 3601 / 6501 / 6502

Bereits 1935 hatte das HWA dem Maybach-Motorenbau den Auftrag zur Entwicklung eines 700-PS-Motors (*Dauerleistung 650 PS*) vergeben. Maybach schlug zunächst einen 16-Zylinder-Motor vor. Wegen der großen Baulänge hatte das Amt allerdings Bedenken. Um einen 12-Zylinder-Motor auf Basis des Maybach HL 100 in dieser hohen Leistungsgruppe realisieren zu können, einigte man sich auf eine Leistung von 600 PS mit der Option einer späteren Leistungssteigerung.

Es entstand zunächst der Maybach-Motor **HL 300**, der eine Bohrung von 140 mm und einen Hub von 160 mm besaß. Er sollte 600 PS bei 2200 U/min leisten. Für diese Leistung hielt Maybach eine Rollenlagerung der Pleuel für notwendig. Noch während der Konstruktion wurde die Bohrung auf 145 mm vergrößert, es entstand der **HL 320 P** mit Alu-Gehäuse und rollengelagerter Kurbelwelle. Das Getriebegehäuse des Räderwerkes wurde demontierbar gestaltet. Die wahlweise gleit- oder rollengelagerten Pleuel saßen nebeneinander auf einem Kurbelzapfen. Für die Fahrzeuge Typ VK 6501 stellte Maybach vier Motoren her. Zwei Motoren davon wurden 1938 mittels einer weiter vergrößerten Bohrung von 155 mm zum **HL 360 P** umgebaut. Es folgten diverse Versuche mit einer 2- und einer 4-Vergaser-Anlage sowie Einbau dieser Motorengröße nicht mehr zu. Für diesen Typ entstand ein neuer Motor. Den Ursprung hatte dieser Motor in einer Entwicklung für das Henschel-Projekt VK 3001.

Dafür hatte der Maybach-Motorenbau einen 12-Zylinder-Motor mit 120-mm-Bohrung und 140-mm-Hub entwickelt, der 375/400 PS bei 2500 U/min erreichen sollte. Dieser als **HL 190 P** bezeichnete Motor besaß ein Alu-Gehäuse mit flachem Unterteil. Die wieder auf einem Kurbelzapfen montierten Pleuel wurden mittels Gleitlagern geführt, da die Rollenlagerung zu viele Probleme aufwarf. Den HL 190-Motor verfolgte Maybach zwar nicht weiter, entwickelte daraus jedoch den **HL 224 P**. Mit einer Bohrung von 125 mm und einem Hub von 145 mm entstand ein Motor mit 21,4 Litern Hubraum und einer Leistung von 600 PS bei einer Drehzahl von 3000 U/min. Eine 4-Vergaser-Anlage ermöglichte neben der Hubraumvergrößerung diese Leistungserhöhung. Von dem 1175-kg-schweren Motor entstanden drei Exemplare für VK 6502. Die Kraftübertragung erfolgte bei beiden Varianten über eine Mehrscheiben-Ölbadkupplung auf ein 5-Gang-Maybach-Getriebe unbe-

WS. *Das Fahrgestell des VK 3001 im Werk von Henschel. Bis Ende 1942 sollen vier Fahrgestelle als Schulfahrzeuge geliefert worden sein.*[165]

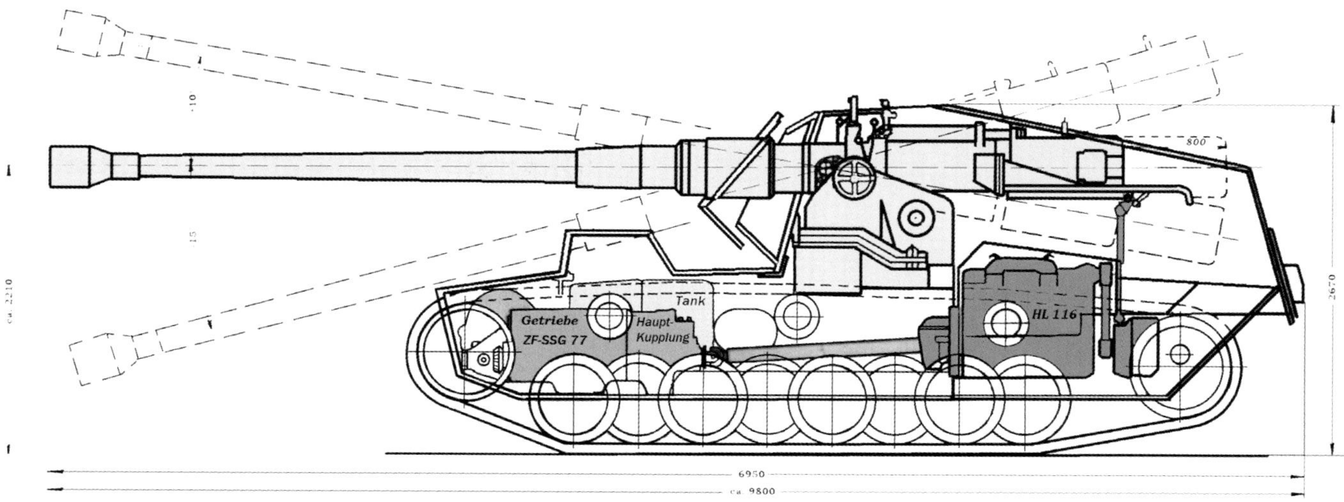


*WS/MF.* *Der Maybach-Motor HL 116 S in der 12,8-cm-Panzer-Selbstfahrlafette der Firma Rheinmetall zusammen mit dem ZF-Aphon-Getriebe Typ SSG 77.*

*MTU.* *Das Variorex-Getriebe (SRG) 32 8 145 der Firma Maybach.*

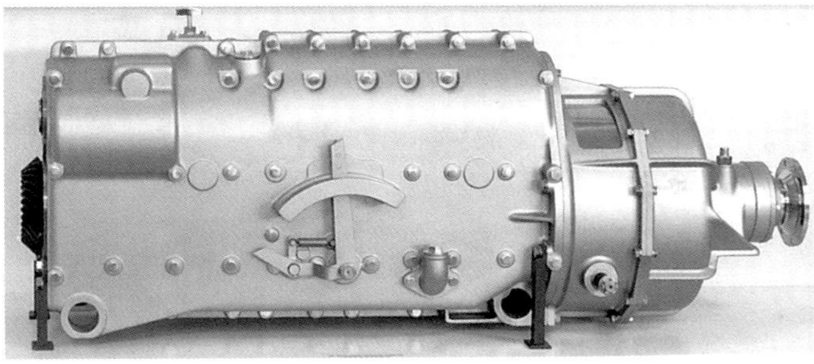

*ZF-Archiv.* ***Das ZF-Getriebe vom Typ SSG 77 mit angebautem Kupplungsgehäuse.***

kannten Typs und von dort auf ein 3-Radien-Lenkgetriebe. Abweichend zu dieser 12-Zylinder-Motorserie entstand ab 1938 auch ein großer 6-Zylinder-Reihenmotor mit 265/300 PS bei 3000 U/min. Dieser Maybach-Motor Typ **HL 116** besaß eine Bohrung von 125 mm sowie einem Hub von 150 mm, die einen Hubraum von 11 Litern ermöglichten. Dieser 670 bis 740 kg schwere Motor war für die Prototypen VK 1301, VK 2001, Henschel VK 3001 und die Panzer-Selbstfahrlafette (*Pz.Sfl.*) für 12,8-cm-K40 vorgesehen bzw. kam in geringen Stückzahlen zum Einsatz.[166]
Maybach produzierte 1940 drei, 1941 elf, 1942 drei und 1943 einen letzten HL 116.[167] Um die Leistung zu steigern, vergrößerte Maybach die Bohrung auf 150 mm und den Hub auf 160 mm. Bauform und Material blieben unverändert. Dieser Maybach vom Typ **HL 150** leistete 320 PS bei 3200 U/min bzw. 400 PS bei 3400 U/min. Zwei Motoren wurden für das VK 3001 gebaut, allerdings später wegen des geringen Leistungsgewinnes und der weiterführenden Entwicklungen wieder verworfen.[168]
Die Kraftübertragung erfolgte je nach Getriebeart entweder mittels einer 3-Scheiben-Trockenkupplung für das ZF-Getriebe oder für die Maybach-Vorwählgetriebe durch Mehrscheiben-Ölbadkupplungen. Getriebeseitig waren wahlweise entweder das 6-Gang ZF-Getriebe **SSG 77**, das Maybach 10-Gang-Vorwählgetriebe **SRG 32 8 128 (*Variorex*)** oder das von ZF konstruierte 8-Gang-Vorwählgetriebe **SMG 90** geplant. Als Lenkgetriebe wurde das Henschel-Lenkgetriebe vom Typ **L 320 C** eingebaut.[169]
Für den Entwurf der VK 3601 projektierte Maybach zunächst einen 1100 kg schweren Alu-Versuchsmotor Typ Maybach **HL 174**, ein 12-Zylinder-Dieselmotor mit 19,1 Litern Hubraum in Zusammenwirken mit dem Maybach-Getriebe vom Typ **Olvar 40 12 16**. Er besaß eine 125-mm-Bohrung und 130 mm Hub sowie eine geplante

*WS.* ***Die drei Aufnahmen zeigen den Motoreinbau eines Maybach HL 210 P 45 in einen VK 3601.***

*WS. Der VK 3601 während einer Vorführung am Bodensee.*

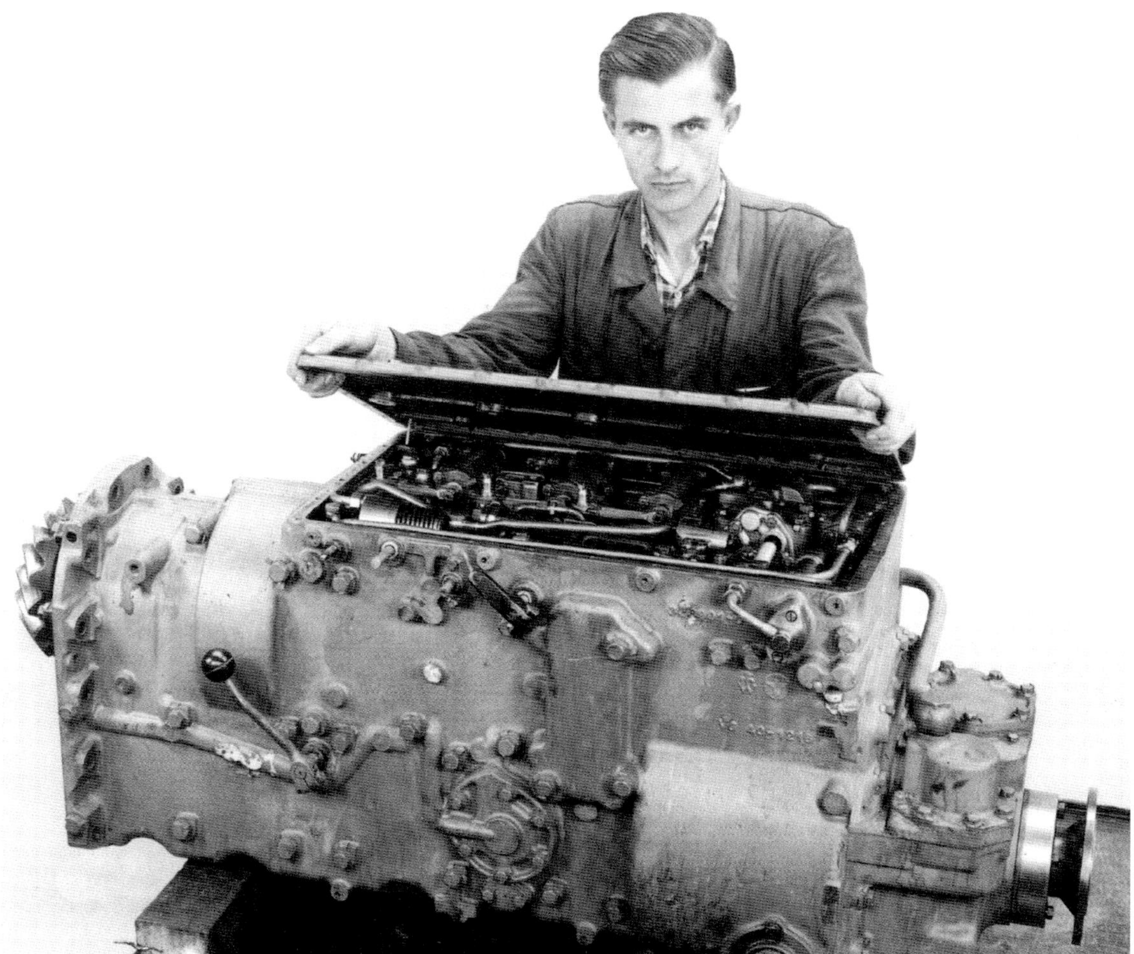

*MTU. Für die VK 3601 war zunächst ein Maybach-Dieselmotor Typ HL 174[170] in Zusammenwirken mit dem Olvar-Getriebe 40 12 16 vorgesehen. Später ersetzte Maybach diesen Motor durch den HL 210 P 45.*

Leistung von 450 bis 550 PS bei 3000 U/min, je nach Quelle. Der Motor kam nicht mehr zur Ausführung. Später ersetzte Maybach diesen Motorentwurf durch den aus dem **HL 224 P** entstandenen, neuartigen und kürzeren Maybach-Motor HL 210 P 45 mit seinen 650 PS. Hinzu kam das Maybach-8-Gang-Vorwählgetriebe Typ **Olvar 40 12 16** in Verbindung mit dem 2-Radien-Lenkgetriebe **L 600 C** von Henschel.

# Der Panzerkampfwagen Panther (D)

Wie schon beschrieben, beschäftigte sich das Waffenamt mit der Beschaffung von Antriebsmotoren für mittlere und schwere Panzerkampfwagen. Neben der Firma Maybach bemühte sich die Daimler-Benz AG um diesen Entwicklungsauftrag. Schon 1935 schlug sie für den „Großtraktor" den Flugmotor Typ M 71 mit seinen 550 PS Dauerleistung bzw. 600 PS bei 2200 U/min Höchstleistung vor. Dieser, später als DB 600 bezeichnete Vergasermotor sollte als stehender Motor umgebaut werden. Die Weiterentwicklung erfolgte als Dieselmotor unter dem Namen MB 507, als Benzin-Motor als MB 503.

Daimler-Benz verfolgte hier den Gedanken der Schaffung eines Mehrzweck-Motors mit gleichen Bauteilen sowohl für Luftwaffen-, Heeres- und Marinezwecke. Es wurden vier Varianten mit „hängenden" und „stehenden" Zylindern sowohl als Otto- und Dieselmotor vorgeschlagen.

WaPrüf 6 bestellte am 3. Juni 1937 zwei dieser Dieselmotoren zur Erprobung, die Lieferung war für Frühjahr 1938 vorgesehen. Neben dem vordringlichen Einsatz im später beschriebenen „Gerät 40" waren zwei MB 507 für den VK 3001 (D) vorgesehen.

Nachdem ab Ende Juli 1941 mit dem Auftauchen sowjetischer T-34 sämtliche Entwicklungen der 20-t-Klasse (*VK 20, dem Vorläufer der hier beschriebenen Panther-Entwicklung*) überholt waren, erging am 25. November 1941 ein Auftrag des HWA an die Daimler-Benz AG und die Maschinenfabrik Augsburg-Nürnberg AG zur Entwicklung eines neuen Panzerfahrgestells der 30-t-Klasse, VK 3002. Neben bestimmten Abmessungen wurde für das 35-t-Fahrzeug eine Motorleistung von 650 bis 700 PS gefordert. Diese Leistung sollte neben der Höchstgeschwindigkeit von 55 km/h auch einen Fahrbereich von fünf Stunden Vollastbetrieb ermöglichen. Während MAN seinen schon beschriebenen Panther-Entwurf entwickelte, ging Daimler-Benz einen anderen Weg. Schon am 29. November 1941 lagen die ersten Entwürfe anlässlich einer großen „Panzerbesprechung" mit Hitler vor.

Die Konstrukteure von Daimler-Benz orientierten sich mit ihrem weiterhin als VK 3001 (D)[171] bezeichneten Projekt stark am T-34 und übernahmen neben der äußeren Form und dem Heckantrieb auch die Motorbauart, den Dieselmotor. Da zu dieser Zeit in der Firma ein schon erprobter 12-Zylinder-Dieselmotor zur Verfügung stand, sah man den Schnellboot-Motor MB 507 zum Einbau vor. Der 44,5-Liter-Motor leistete 650 PS bei 2000 U/min als Dauerleistung, die bei dem 34 t-schweren Gefechtsfahrzeug für ein Leistungsgewicht von 19,1 PS/t reichte. Als Schaltgetriebe sah Daimler-Benz ein firmeneigenes 8-Gang-Schaltgetriebe KSG 8/200 mit einer Mehrscheiben-Ölbadkupplung vor.

Im Januar 1942 gab das Rüstungsministerium nach einigem Zögern die ersten fünf Versuchsfahrzeuge für das Werk in Berlin-Marienfelde frei. Anlässlich der vierten „Panzerbesprechung" am 23. Januar 1942 lag der Daimler-Benz-Entwurf vor der MAN-Konstruktion. Bis gegen Ende Juni 1942 sollte das erste Fahrzeug geliefert werden, die weiteren unmittelbar danach. Ein Fahrzeug sollte den Dieselmotor MB 507, ein weiteres den Benzinmotor MB 503 und drei Fahrzeuge den Maybach HL 210 bekommen.[172]

Am 3. Februar 1942 ordnete das noch unter Führung von Dr.-Ing. Fritz Todt stehende Rüstungsministerium[173] im Nachgang zu einer eingehenden, konstruktiven Besprechung des Entwurfs von WaPrüf 6 und MAN den Serienbau des MAN-Panther an. MAN verwies dabei auf die Bedingungen, die am 10. Dezember 1941 für den Anlauf eines neuen Fahrzeuges genannt worden waren. Der Erfüllung der Bedingungen stimmte Oberst Fichtner (*WaPrüf 6*) zu. Je ein MAN-Versuchs-Fahrzeug müsse im August bzw. September 42 fertig gestellt werden und im Dezember die Serienfertigung mit 1 Stück anlaufen. Sie sollte monatlich um 5 Stück bis zur Höchstausbringung von 25 Stück gesteigert werden.[174]

Es scheint, als ob das HWA, hier Oberst Fichtner, das Rüstungsministerium bereits Anfang Februar 1942, entgegen Hitlers Präferenzen, vom MAN-Entwurf überzeugt hatte.

Speer brachte in seinen „Führerprotokollen" zum Ausdruck, dass ihm Hitler schon am 5. März 1942 als vorbereitende Maßnahme empfahl, Daimler-Benz einen Auftrag über 200 Fahrzeuge zu erteilen.

Allerdings übersandte am 11. Mai 1942 der von Professor v. Eberan[177] und Oberst Thomale[178] geleitete Ausschuß zur Begutachtung der Pz.Kpfw. „Panther" dem Leiter der Panzerkommission, Ferdinand Porsche, das dazu beauftragte Gutachten. Die 15 Mitglieder des Ausschusses aus Militär und Industrie schlugen einstimmig vor, die Panzertruppe mit dem MAN-Entwurf auszurüsten.[179]

Bei der Rüstungsbesprechung am 13. Mai erläuterte Speer Hitler das Gutachten. Am 14. Mai 1942 ordnete Hitler über seinen Adjutanten bei Speer fernmündlich den Bau des MAN-Panther an.[180]

*WS. **Das Modell des VK 3001 (D) zeigt die starke Ähnlichkeit zum sowjetischen T-34. Daimler-Benz beabsichigte, trotz der Ablehnung ihres Entwurfes, die beauftragten zwei Fahrzeuge bis Mitte 1943 komplett herzustellen. Die beiden Versuchsfahrzeuge sollen mit Dieselmotoren ausgerüstet worden sein.[175] Mindestens ein komplettes Fahrzeug wurde Schwingungsmessungen im Vergleich zu anderen Panzertypen unterworfen, welche die Unterlegenheit der Fahrwerks-Konstruktion gegenüber dem MAN-Panther verdeutlichten.[176]***

Als Begründung für die Ablehnung des DB-Panther hieß es im Gutachten unter anderem, dass für das Daimler-Benz-Modell noch keine Turmkonstruktion vorläge und dass die Federungstechnik unbefriedigend sei.
Die MAN-Konstruktion galt auch im Hinblick auf die Tauchfähigkeit und die Motorverschmutzung als überlegen.[181] Das Unterwasserfahren wäre beim Daimler-Benz-Panther nur durch Abschalten der Kühlung im wasserdicht abgeschlossenen Motorraum möglich gewesen. Versuche hätten jedoch ergeben, dass dadurch innerhalb von 10 Minuten Motorschäden auftraten.[182] Demgegenüber waren die Kühler und Lüfter beim MAN in getrennten Schächten untergebracht, die gegen den Motorraum abgedichtet waren. Beim Unterwasserfahren wären bei abgeschal-

BA. *Ausschnitt aus einer Filmaufnahme im Werk nach Kriegsende.*

WS. *Teile der Wanne des VK 3001 (D) in Berlin-Marienfelde nach der Einnahme durch die Rote Armee.*

| | **Daimler-Benz MB 507 (Stand 1944, für Panzereinbau)** | **Maybach HL 230 (Stand 1942/43)** |
|---|---|---|
| **Arbeitsweise** | 4-Takt-Dieselmotor | 4-Takt-Ottomotor |
| **Bauform** | 12-Zylinder-V-60° | 12-Zylinder-V-60° |
| **Hubraum** | 44,5 Liter | 23 Liter |
| **Bohrung/ Hub** | 162 mm/180 mm | 130 mm/145 mm |
| **Höchstleistung** | 850 PS bei 2400 U/min | 700 PS bei 3000 U/min |
| **Drosselleistung** | 750 PS bei1950 U/min | 600 PS bei 2500 U/min |
| **Drehmoment** | 265 mkg bei 1700 U/min | 185 mkg bei 2100 U/min |
| **Verdichtung** | 1 : 17 | 1 : 6,8 |
| **Kraftstoff-Verbrauch min** | 162 g/PS/h | 257 g/PS/h |
| **Kolbengeschwindigkeit** | 12,3 m/s | 14,5 m/s |
| **Gehäuse** | Alu, zweiteilig | GG, Tunnelgehäuse |
| **Kurbelwelle** | geschmiedet | Scheibenkurbelwelle |
| **Lagerung Kurbelwelle** | Rollenlagerung | Rollenlagerung |
| **Lagerung Pleuel** | Rollen- und Gleitlagerung, Innen- und Gabelpleuel | Gleitlager, Innen- und Gabelpleuel |
| **Steuerung** | zwei Königswellen | Steuerräder, Räderwerk |
| **Ventile** | leicht V-förmig | V-förmig |
| **Zylinder** | Zylinderbüchse in Zylinder/Kopfeinheit | nasse Zylinderbüchse im Motorblock |
| **Gewicht** | 790 bis 820 kg | 1200 bis 1300 kg |
| **Gewicht pro PS (Höchstl.)** | 0,92 kg | 1,72 kg |
| **Länge** | 1830 mm (mit Druckluftanlasser) | 1310 mm |
| **Breite** | 790 mm (ohne Auspuffkrümmer) | 1010 mm |
| **Höhe** | 1060 mm | 1185 mm |

teten Lüftern die Kühleinrichtung geflutet und die Kühler vom Wasser umspült worden. Ein System, das auch bei den Tiger-Panzern und den Panzerentwicklungen für die Bundeswehr, so beim KPz Leopard 1, angewendet wurde. Beim Tiger und Panther ist dieses jedoch tatsächlich nur im Versuchsbetrieb bei der Firma Henschel durchgeführt worden. Diese Bauweise verhinderte auch im Normalbetrieb das Verstauben des Motors und Motorraumes.

Die spätere Forderung des HWA, den Maybach-Ottomotor HL 230 auch in den Daimler-Benz-Prototypen VK 3001 (D) einzubauen, schuf ein zusätzliches Argument zur Ablehnung dieses Entwurfes. Die für einen Dieselmotor eigentlich ausreichenden Kraftstoff-Vorräte genügten dem nun vorgesehenen Maybach-Benzinmotor bei weitem nicht. Auch die Unterbringung des zu vergrößernden Kühlsystems sorgte für weitere konstruktive Probleme; das Projekt wurde auf Weisung von Hitler Mitte Mai 1942 eingestellt.

Der Maybach-Motor HL 210, später als HL 230 in Großserie gefertigt, unterschied sich vollkommen vom Daimler-Benz-Motor MB 507. Der HL 210/230 wurde ausführlich im Teil 1 beschrieben. Interessant ist es dennoch, die Charakteristika beider Motoren zu vergleichen. War doch der MB 507 der einzige ernsthafte Konkurrent des HL 230 zu dieser Zeit.

## Der Dieselmotor MB 507 von Daimler-Benz

MB Classic-Archiv. *Der benzinbetriebene 12-Zylinder-Flugmotor DB 603.*

MB Classic-Archiv. **Der Flugmotor als Diesel-Ausführung DB 607 schuf die Grundlage für den MB 507.**

1937 entstand der MB 507 als 12-Zylinder-Schnellboot-Motor für die Marine. Sein Ursprung lag, wie schon beschrieben, im 30-Liter-Flugmotor Typ DB 600, der die Grundform der weiteren Mercedes-Benz-Flugmotoren bildete. 1935 entstand aus dem DB 600 der verbesserte DB 601, der im Unterschied zum Vorgänger mit einer direkten Benzineinspritzung der Firma Bosch ausgerüstet war. Mit einem 2-Stufen-Lader erreichte der 12-Zylinder-Motor mit 33,9 Litern Hubraum eine Nennleistung von 1120 PS bei einer Drehzahl von 2500 U/min.

Auf die Erfahrungen des Luftschiffsmotors LO F 6 aufbauend, entstand weiterhin der Dieselmotor DB 602. Der unaufgeladene 16-Zylinder-V-Motor besaß 88,5 Liter Hubraum und leistete 1320 PS bei 1620 U/min. Als Marine-Version lautete die Bezeichnung MB 502 und wurde zu je drei Motoren in die Schnellboote der Kriegsmarine verbaut. Im Gegensatz zu den hängend angeordneten Flugmotoren standen die Marine-Motoren, das Kurbelgehäuse befand sich also unten, die Zylinderköpfe zeigten nach oben. Später, mit einer mechanischen Aufladung versehen, entstand der 1600-PS-starke Motortyp MB 512.

Für die leichten Schnellboote benötigte die Marine noch einen unaufgeladenen 12-Zylinder-Dieselmotor. Grundlage dafür bildete, wie zuvor beschrieben, der große Mercedes-Benz-Flugmotor vom Typ DB 603 (*Benzin*) bzw. der DB 607 (*Diesel*).

Der so entstandene MB 507 übernahm vom DB 603/607 durch die gleichen Baugruppen den Hubraum von 44,5 Litern, die sich aus der Bohrung von 162 mm und dem Hub von 180 mm ergaben. Besonders nennenswert war beim DB 603 das austauschbare Gebläse (*Lader*) sowie das erneuerbare vordere Gesamt-Geräteteil.

Die kurzzeitige Höchstleistung betrug 1000 PS bei einer Drehzahl von 2400 U/min, die Vollleistung dagegen 850 PS bei 2200 U/min. Er besaß das günstige Leistungsgewicht von 1 kg/PS bezogen auf die Vollleistung, da er dank eines Alu-Motorgehäuse nur 790 kg bzw. 820 kg wog. Der MB 507 konnte als Dauerleistung 750 PS bei 1950 U/min

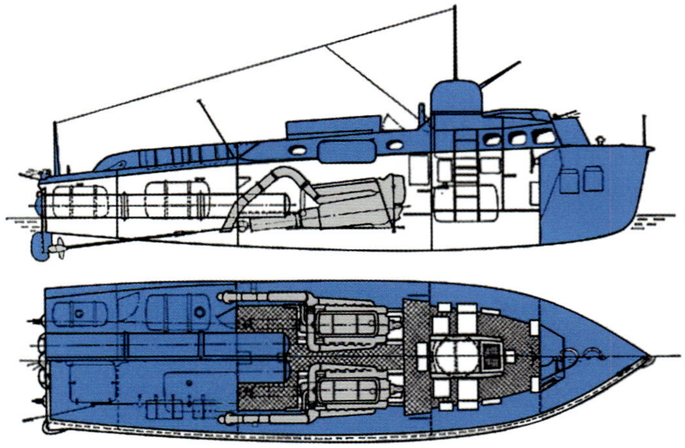

MF. *Die leichten Schnellboote (LS-Boote) besaßen zwei MB 507-Motoren mit je 1000 PS, stehend nebeneinander.*

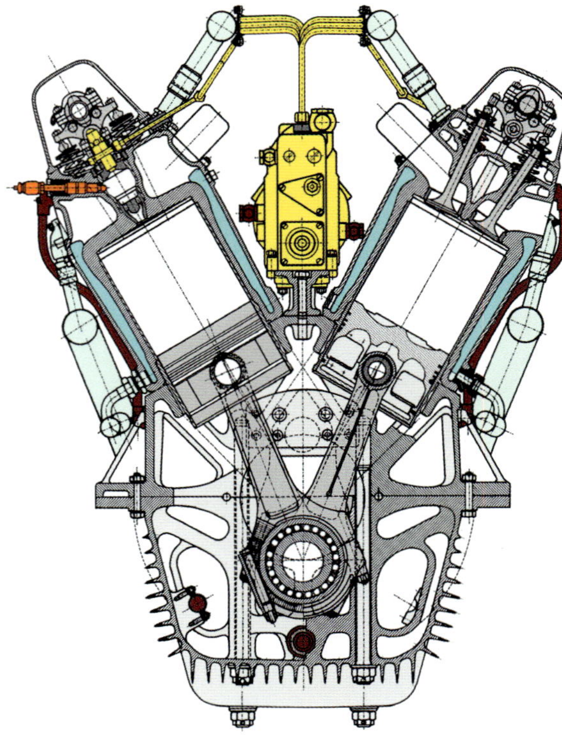

MB Classic-Archiv/MF. *Im Querschnitt des MB 507 ist gut die Vorkammer mit der Glühkerze zu erkennen. Im Gegensatz zum Tatra-Dieselmotor als Direkteinspritzer benötigten Vorkammer-Dieselmotoren wie der MB 507 für eine gute Kaltstarteigenschaft elektrische Glühkerzen für jeden Zylinder.*

abgeben. Das Drehmoment des Motors betrug bei dieser Dauerleistung 275,5 mkg. Bei dieser Leistung konnte ein Kraftstoff-Verbrauch von 180 g/PS/h erreicht werden. Die Einbaumaße ergaben eine Gesamtlänge, einschließlich des Druckluftanlassers, von 1,83 m, eine Breite von 0,79 m und eine Höhe von 1,06 m. Diese Abmessungen waren später entscheidend für seine spätere gescheiterte Verwendung im Panzerbau. Dieser Vorkammer-Dieselmotor besaß eine Verdichtung von 1:17. Die Kurbelwelle war rollengelagert. Die Pleuelkonstruktion bestand aus einem Innenpleuel und

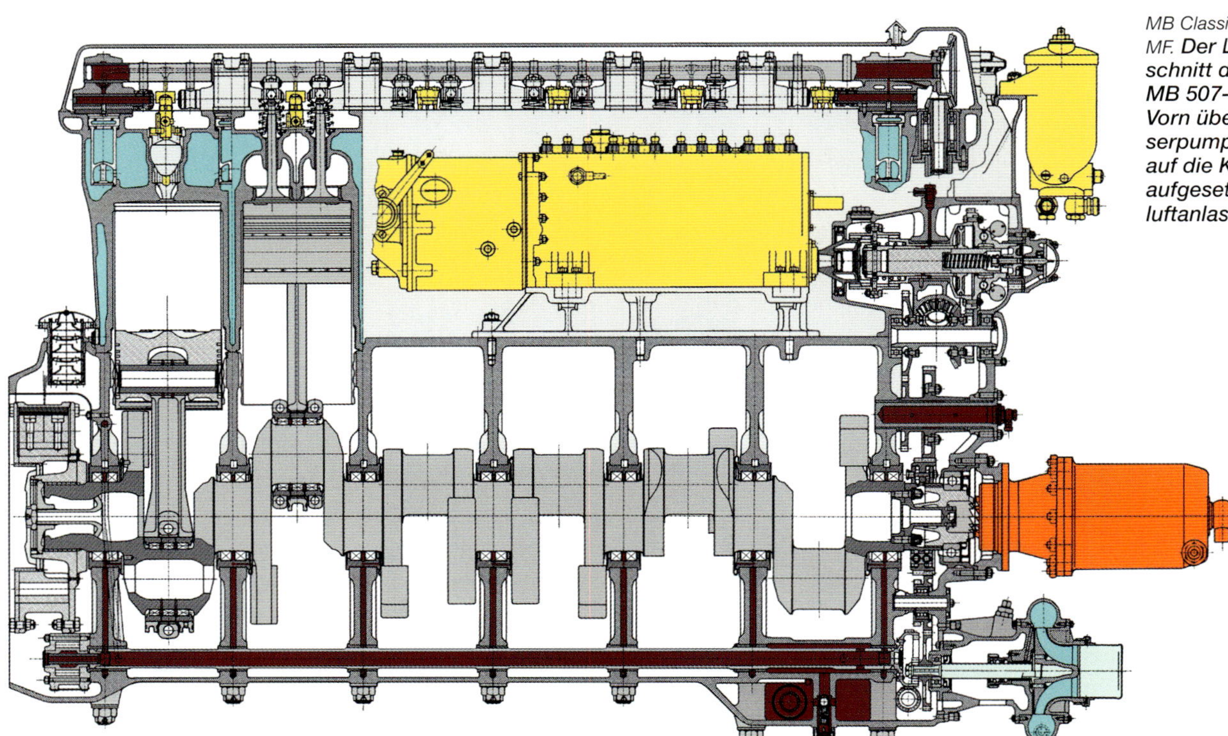

MB Classic-Archiv/MF. *Der Längsschnitt durch den MB 507-Bootsmotor. Vorn über der Wasserpumpe der direkt auf die Kurbelwelle aufgesetzte Druckluftanlasser.*

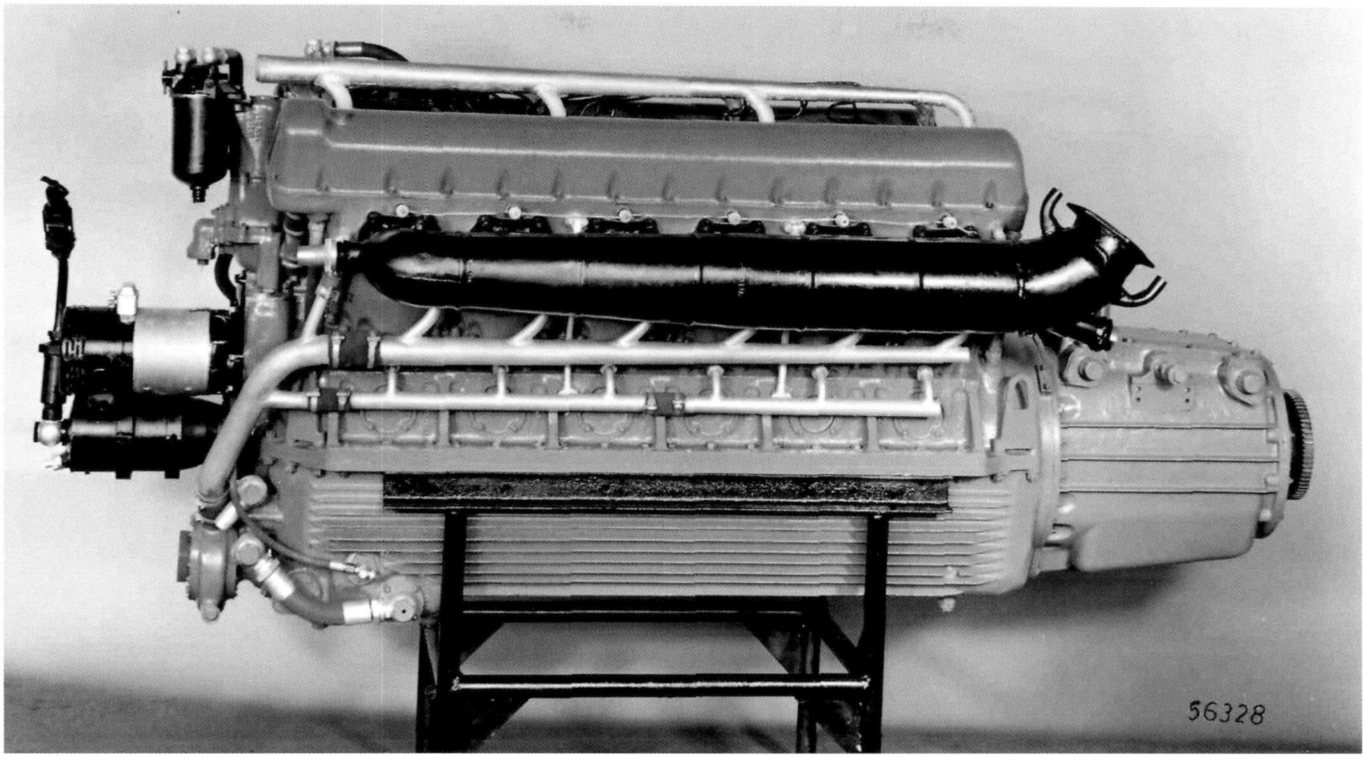


MB Classic-Archiv. ***Seitenansicht des MB 507 mit der vorstehenden Lichtmaschine und dem Anlasser. Das angeflanschte Schiffswendegetriebe kennzeichnet ihn als Bootsmotor.***

MB Classic-Archiv. ***Seitenansicht des oberen Motorblocks mit den Zylinderreihen und einer Versuchsinstallation einer Druckluftanlassanlage mit den dazugehörigen Druckluftverteilern. Diese regeln an Hand der Steuerzeiten die Drucklufteinblasung in die entsprechenden Zylinder und reduzieren die Gesamtlänge des Dieselmotors durch Wegfall des frontalen Druckluft-Anlassmotors. Damit war der Motor vermutlich besser für den Einbau in Panzerkampfwagen geeignet.***

MB Classic-Archiv. ***Der Schiffsmotor ohne Lichtmaschine und Auspuffkrümmer. Markant sind die vielen außenliegenden Öl- und Wasserleitungen.***

*MB Classic-Archiv.* ***Die Gerätefront mit den Kraftstofffiltern, der Lichtmaschine, dem Druckluftanlasser und der Wasserpumpe betont die auffällig schlanke Form des MB 507. Ein Nebenantrieb ist noch frei.***

*MB Classic-Archiv.* ***Heckansicht mit dem Schiffswendegetriebe.***

einem Gabelpleuel und lief ebenfalls auf Rollenlagern, das Innenpleuel jedoch war gleitgelagert. Die Bosch-Einspritzanlage wurde komplett vom Flug-Dieselmotor Typ DB 607 übernommen.
Der Motor besaß neben dem geteilten Alu-Motorgehäuse zwei Zylindereinheiten, bei denen Zylinder und Ventilsteuerung in einem Gehäuse vereint waren. Dadurch gab es keine störanfällige Zylinderkopfdichtung. Nachteilig hingegen, dass bei einem Ventilschaden die komplette Zylinderbank gewechselt werden musste. Die trockenen Zylinderbüchsen waren dagegen austauschbar. Im Gegensatz zu den allgemein bekannten V-Motoren dieser Größe mit 44,5 Litern Hubraum wurde der 0,79 m breite MB 507 sehr schmal gehalten. So waren die meisten Anbauaggregate statt seitlich, wie z. B. bei den Maybach-Motoren, vorn am zentralen Geräte-Träger befestigt. Dies ergibt für einen Schnellbootmotor, wo zwei Motoren nebeneinander arbeiten mussten und einen Durchgang dazwischen besaßen, durchaus Sinn. Für einen einzelnen Panzermotor war diese Bauform allerdings suboptimal. Auch die vielen außen liegenden Medienleitungen sind natürliche Schwachstellen für Leckagen, die im eng verbauten Panzermotor für Reparaturprobleme sorgen konnten. Jedoch war er zu dieser Zeit der einzige Dieselmotor mit ausreichend Leistung, der genug erprobt worden war, um kurzfristig in Panzerkampfwagen eingesetzt zu werden. Jedoch waren die Produktionskapazitäten für diesen Motor bei Daimler-Benz begrenzt.
Noch einmal hatte sich Daimler-Benz Hoffnung auf den Einbau ihres MB 507 in den auch von Daimler-Benz in Berlin produzierten Panzerkampfwagen Panther der MAN gemacht, als im November 1943 die erheblichen Mängel am Maybach-Motor HL 230 durch die Forschungsführung des Reichsministers der Luftfahrt und des Oberbefehlshabers der Luftwaffe hochrangig untersucht werden mussten.
Daimler-Benz untersuchte daraufhin ab Dezember 1943 den Einbau des MB 507 in den Panther und kam zum Schluss, dass notfalls der Einbau möglich wäre, „jedoch eine ganze Reihe umfangreicher Änderungen sowohl am Motor selbst als auch an den Zubehörteilen und der Wanne in Kauf genommen" werden müssten.
Das Gutachten hatte jedoch ergeben, dass die Schwierigkeiten mit dem HL 230 „in Kürze überwunden sein dürften".
Daimler-Benz schloss im Januar 1944 aus der „derzeitigen Einstellung der verantwortlichen Amtsstellen" resignierend, dass kaum damit zu rechnen sei, dass auf die untersuchte Notlösung zurückgegriffen würde.[183]

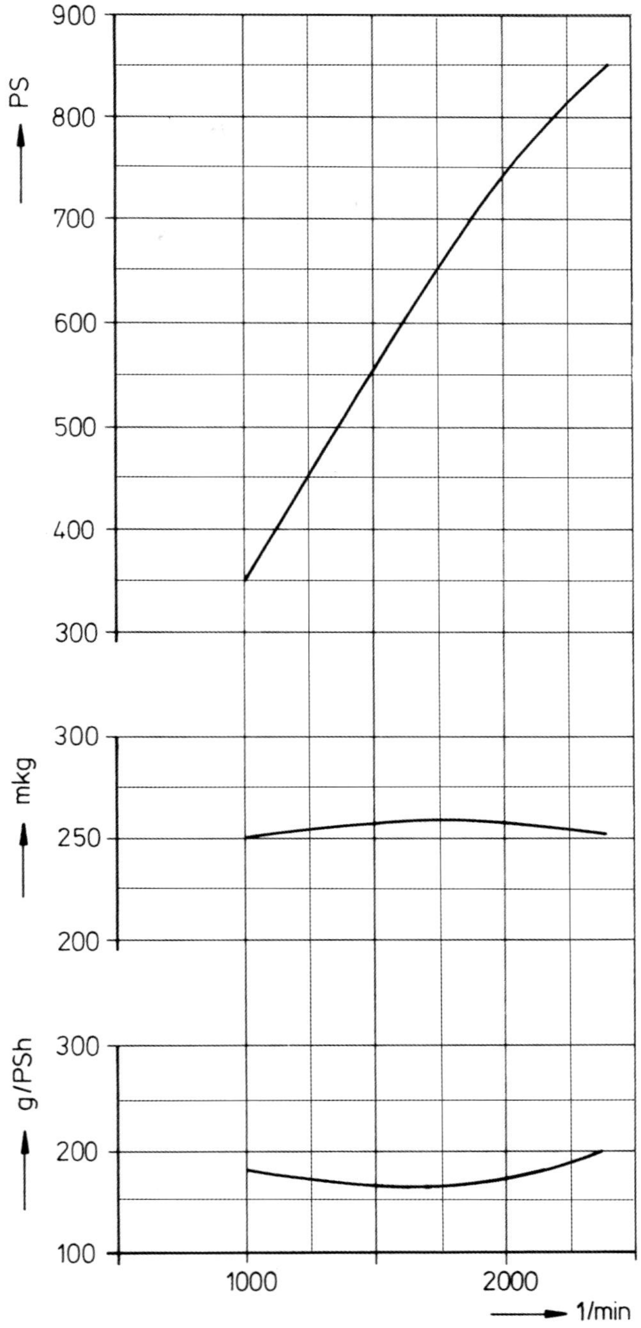

*WS. **Leistungsdiagramm des MB 507.***

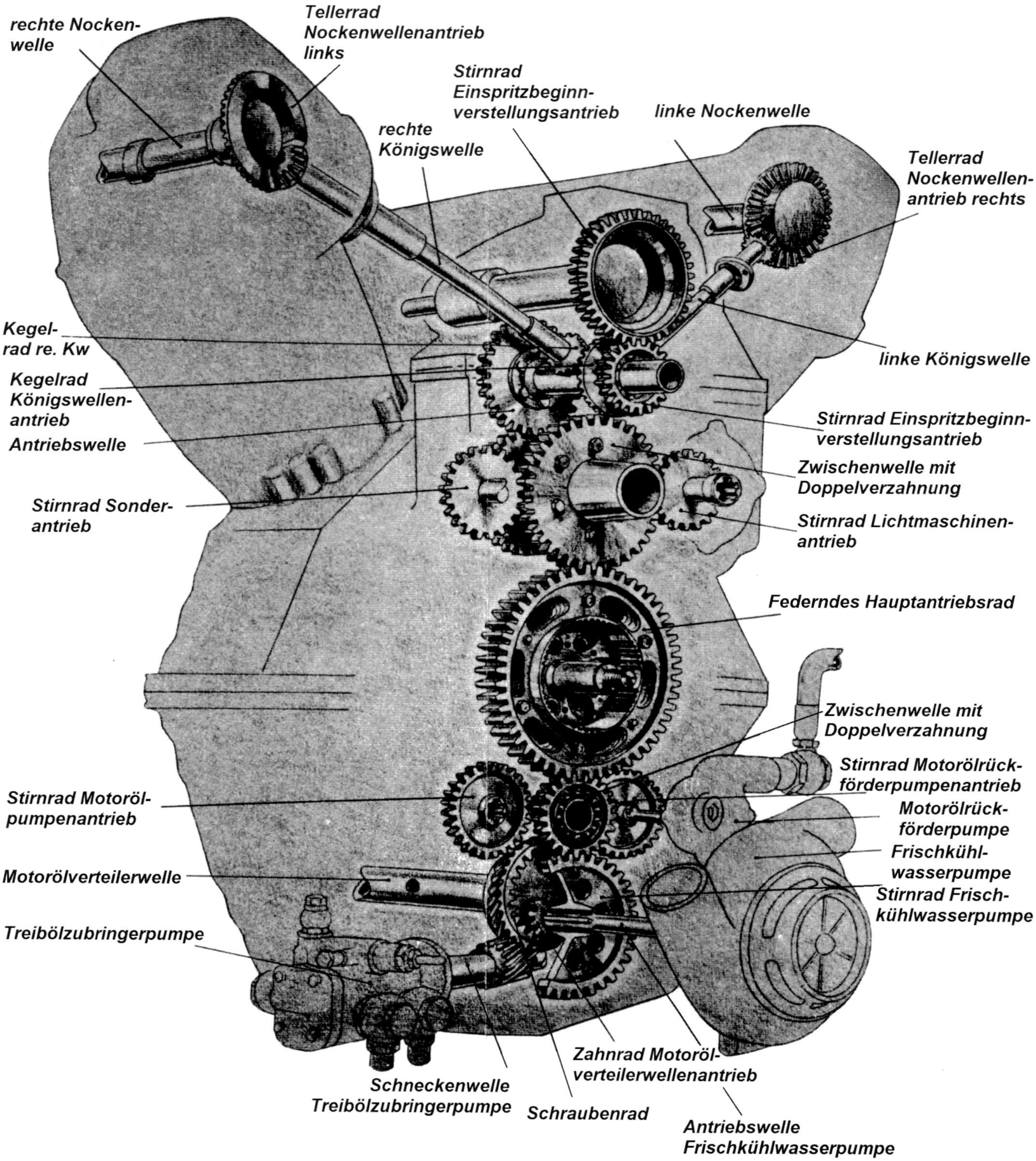


MB Classic-Archiv/MF. *Das universelle Räderwerk im MB 507.*

MB Classic-Archiv/MF.

*Der Kraftstoff- und der innere Ölkreislauf im MB 507.*

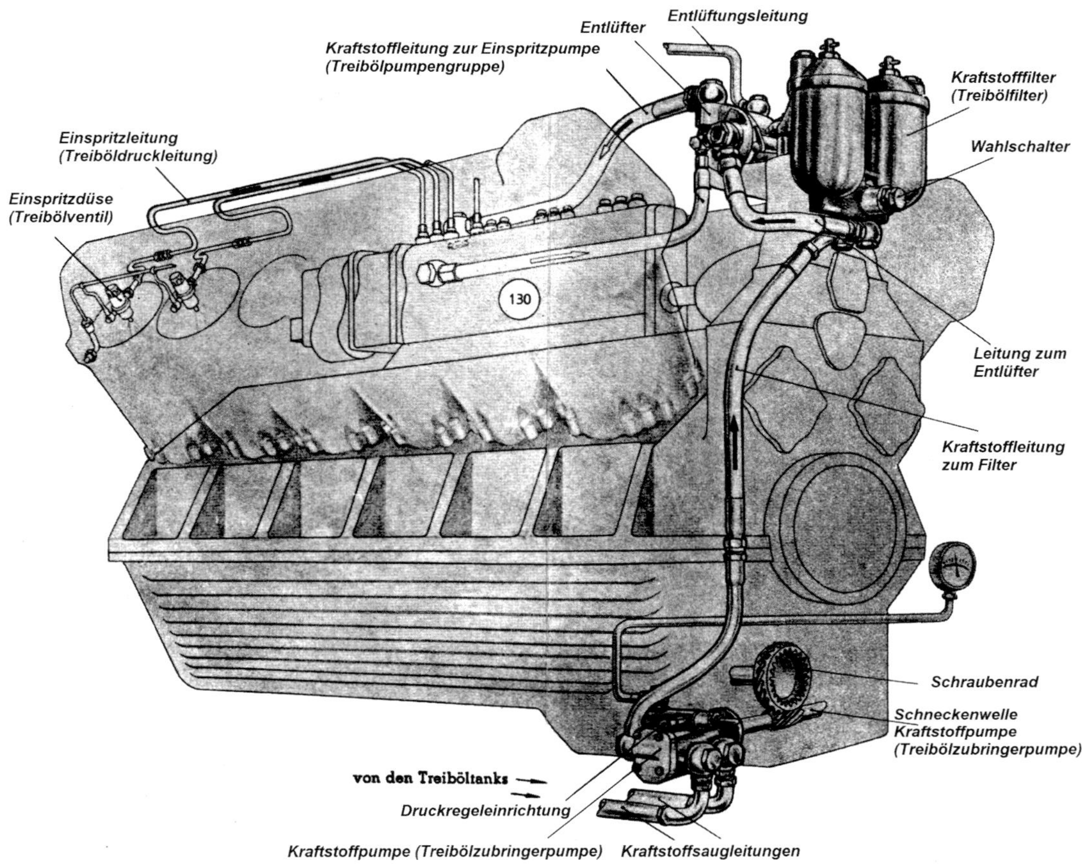


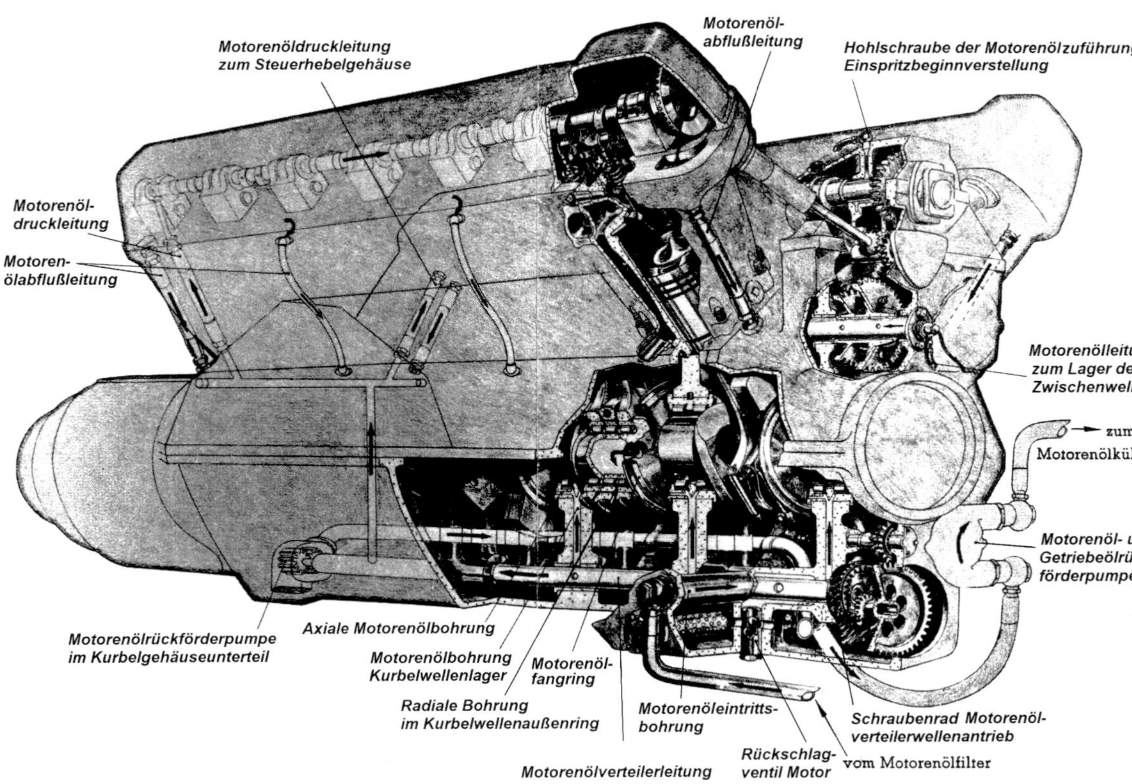

# Der 60-cm-Mörser Karl mit Daimler-Benz-Motor MB 507

NARA. *Der 60-cm-Mörser (Gerät 040) mit dem 8-Rollen-Laufwerk von hinten links. Das Fahrwerk ist in fahrbereitem Zustand.*

Eine weitere Verwendung fand dieser Motor zunächst in dem als Selbstfahrlafette ausgelegten 60-cm-Mörser (*Gerät 040*) bzw. dem „Karl-Gerät" (*benannt nach General der Artillerie Karl Becker*). Später wurde diese Selbstfahrlafette, nun 124 t schwer, teilweise auf einen 54-cm-Mörser umgerüstet und als Gerät 041 bezeichnet. Verwechslungen bei der Recherche ergaben sich, da auch die 12,8-cm-Flak als Gerät 40 bezeichnet wurde.

Die 1937 bei der Firma Rheinmetall begonnene Entwicklung dieses 120 t schweren Mörsers sah zunächst einen Daimler-Benz-Ottomotor (*mit Benzineinspritzung*) MB 503 A (Gerät Nr. I, II, VI und VII) sowie einen Daimler-Benz-Dieselmotor MB 507 C (Gerät Nr. III, IV und V) mit einer gedrosselten Leistung von 580 PS bei einer Drehzahl von 1850 U/min vor. Beide 12-Zylinder-V-Motoren waren neben der Leistung bis auf die Arbeitsweise absolut identisch. Der Hubraum von 44,5 Liter ergab sich aus 162-mm-Bohrung und 180-mm-Hub. Der Kraftstoff-Verbrauch lag im Durchschnitt beim MB 503A bei 175 Litern Otto-Kraftstoff bzw. beim MB 507 bei 120 Litern Diesel pro Fahrstunde. Der Tankinhalt von 1200 Litern reichte also im Benziner für 6,8 h und beim Diesel für 10 h Fahrt. Das entsprach etwa 46 km bzw. 60 km Reichweite.

Als Schaltgetriebe wurde entweder ein Ardelt- (*Gerät-Nr. I, III und IV*) oder ein Voith TG 504-Turbogetriebe (*Gerät-Nr. II, V und VI*) eingebaut. Das 4-Gang-Ardelt-Getriebe ermöglichte einen Gangwechsel ohne Zugkraftunterbrechung mittels Überholkupplungen, die ermöglichten, dass der gefahrene Gang erst getrennt wurde, wenn der nächste Gang schon gegriffen hatte. Die vier Gänge erbrachten als Geschwindigkeiten im ersten Gang 1 km/h, im zweiten Gang 2 km/h, im dritten Gang 5 km/h und im vierten Gang 10 km/h, vor- wie rückwärts. Das Voith-Turbogetriebe TG 504 arbeitete dagegen als dreistufiger Drehmomentwandler. Ab dem dritten Karl-Gerät betrug die Höchstgeschwindigkeit nur noch 6 km/h.

Das Lenken sah WaPrüf 4 zunächst als problematisch an, da der durch das hohe Gewicht entstandene Bodendruck

*NARA. Der 54-cm-Mörser (Gerät 041) mit dem 11-Rollen-Laufwerk von vorn links. Das Laufwerk ist hier zur Feuerabgabe um 35 cm abgesenkt. Dahinter ein Munitionspanzer.*

von 1,77 kg/cm² und das ungünstige Lenkverhältnis von 1:2,64 (*der Idealwert lag bei 1:1*) schlechte Voraussetzungen gegeben waren. Das Lenkverhältnis setzt sich aus der Kettenauflagelänge (*7000 mm*) geteilt durch die Spurbreite (*2650 mm*) zusammen.

Nach ausgiebigen Modell-Versuchen sowie ersten Testfahrten 1940 mit einem Versuchsfahrgestell mit Belastungsgewicht stellte man fest, dass sich das Fahrzeug relativ einfach durch zwei in die beiden vorderen Antriebsräder eingebaute Planetenräder-Getriebe steuern ließ. Da die ausgeübten Drehmomente einander entgegengesetzt wirkten, reichte ein herkömmliches Lenk-Bremsgetriebe völlig aus. Die ersten zwei Fahrzeuge besaßen acht Laufrollen und genauso viele Stützrollen, die späteren Fahrzeuge elf Laufrollen und sechs Stützrollen. Die an Kurbelachsen befestigten, gummierten, später Vollmetall- Laufrollen wurden mittels einzelner Drehstäbe gefedert.

**Geräteübersicht:**

- **Karl-Gerät Nr. I „Adam":** zunächst Motor MB 503A, später MB 507F und Ardelt-Getriebe, verwendbar als Gerät 040 und 041, zum Schluss Ersatzteilspender für Karl-Gerät Nr. II in Jüterbog.
- **Karl-Gerät Nr. II „Eva":** zunächst Motor MB 503A, später MB 507 CV und Voith-Turbogetriebe, verwendbar als Gerät 040, nach Bombenschaden bei „Wacht am Rhein" (Ardennenoffensive) zur Reparatur in Jüterbog (ET aus Gerät Nr. I), 11. März 1945 an die Westfront, US-Beute auf Schienentransport nach Aberdeen Proving Grounds.[184]
- **Karl-Gerät Nr. III „Thor":** Motor MB 507 C und Ardelt-Getriebe, Rohrkrepierer, blieb als zu 50 % beschädigtes Gerät 040 in Jüterbog.
- **Karl-Gerät Nr. IV „Odin":** Motor MB 507 C und Ardelt-Getriebe, verwendbar als Gerät 040 und 041, am 30. Januar 1945 nach „Wacht am Rhein" nach Beschussschäden in Jüterbog,

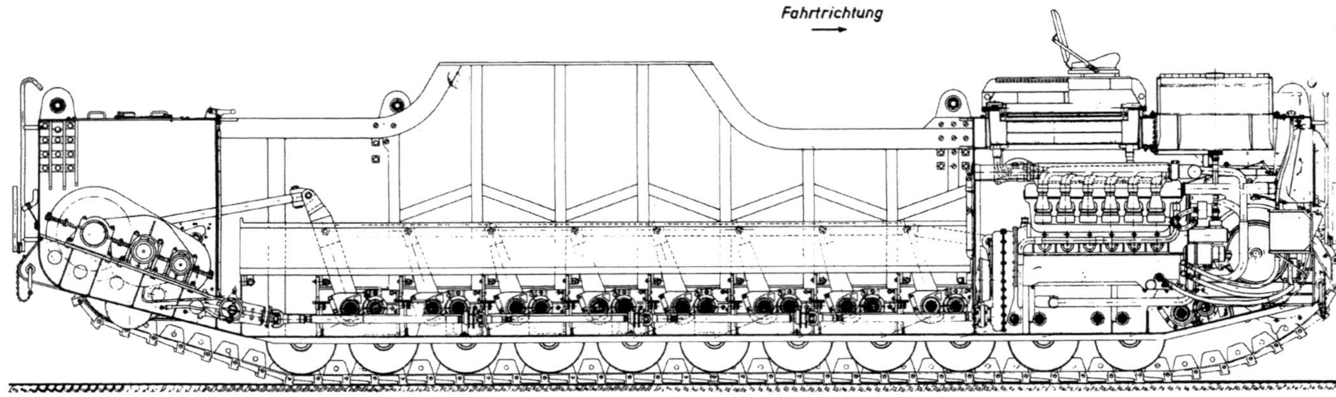


BAMA /MF. *Längsschnitt durch das Fahrgestell des Karl-Gerätes. Mittels eines Zwischengetriebes konnte das Laufwerk vor dem Abschuss auf die Bodenplatte abgesenkt werden. Dazu lief eine Kardanwelle ins Heck zu einem weiteren Getriebe.*

- **Karl-Gerät Nr. V „Loki":** Motor MB 507 C und Voith-Turbogetriebe, verwendbar als Gerät 040 und 041, nach Motorreparatur in Jüterbog am 10. März 1945 an die Westfront als Gerät 041, US-Beute auf Schienentransport.
- **Karl-Gerät Nr. VI „Ziu":** zunächst Motor MB 503A, später MB 507 CV und Voith-Turbogetriebe, verwendbar als Gerät 040, nach „Wacht am Rhein" Motorschaden und zurück nach Jüterbog, als Beute der Roten Armee nach Kubinka bei Moskau.
- **Karl-Gerät Nr. VII „Versuchsgerät":** ehemalige Schießplatz-Lafette in Hillersleben, zunächst Motor MB 503A, später MB 507. Getriebe nicht bekannt, auf Grund Ersatzteilmangel Verbleib in der Heeresversuchsanstalt Hillersleben.[185]

Zu erwähnen wäre noch, dass der Motor MB 507 noch für die Krupp-Konstruktion der im Bau befindlichen Marine-Selbstfahrlafette R 2 sowie für das Projekt „Urling" (mit 44 MB-507-Motoren) vorgesehen war.

NARA. *Das Motordeck mit dem Fahrerraum während des Bahntransportes. Der Fahrer saß oberhalb des Getriebes. Der zweite Mann saß dahinter auf dem Kühlerkasten. Die Panzerhauben über den Kühleröffnungen fehlen. Darauf wurde der zweite Sitz befestigt.*

BAMA /MF. *Die Vergrößerung aus dem Längsschnitt zeigt den eingebauten MB 507 von rechts mit dem Nebenantrieb für den Lüfter und dem Winkelgetriebe zum Schaltgetriebe dahinter. Anhand der Laufrollen zeigt es ein Fahrzeug ab der Nummer III.*

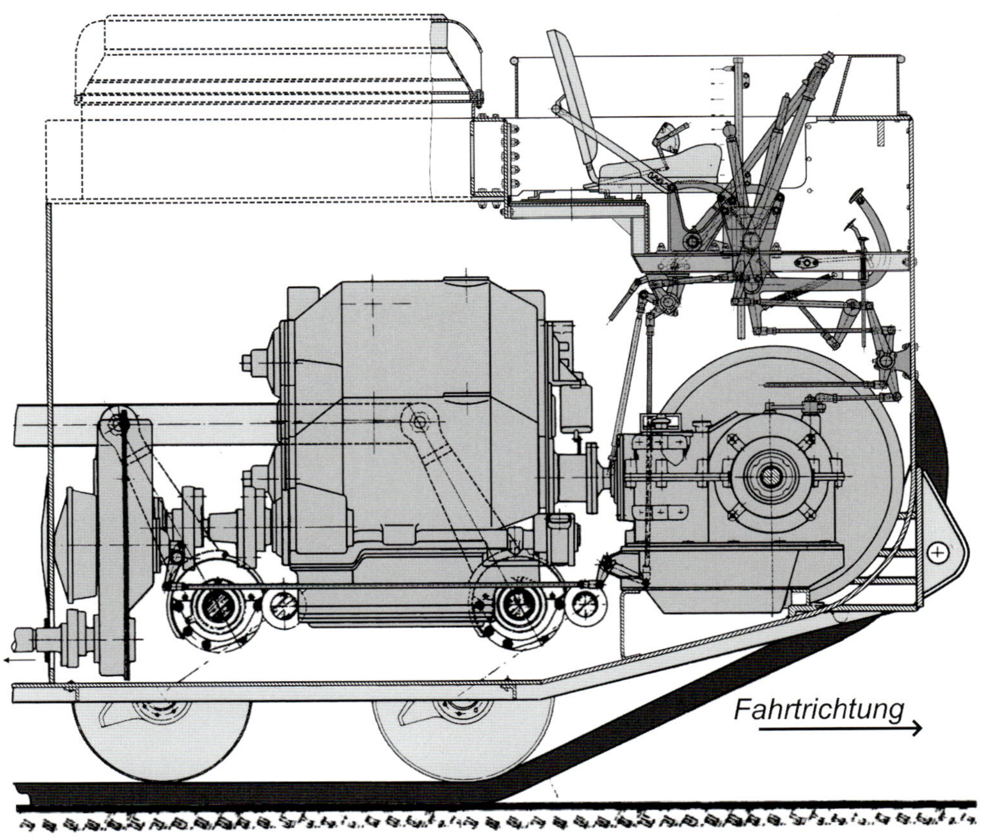


BAMA /MF. *Die linke Seite des Antriebes mit Winkelgetriebe, Schaltgetriebe, Differenzial und Lenkbremse bei einem Fahrzeug der Nummer I und II. Vom zuschaltbaren Winkelgetriebe aus ging eine Gelenkwelle nach hinten zur Absenkvorrichtung des Fahrgestells.*

NARA. *Der durch Hitzeeinwirkung einer Selbstzerstörer-Ladung beschädigte Fahrerplatz in der überschweren Selbstfahrlafette, vermutlich Gerät II-„Eva“ sowie das intakte Instrumentenbrett des Karl-Gerätes.*

NARA. *Das Planetengetriebe im vorderen Antriebsrad.*

NARA. Das Gerät V „Loki“ nach der Erbeutung durch amerikanische Truppen im Zeitraum 21. März bis 11. April 1945.

NARA. Der Motorraum im Gerät V-„Loki“ nach der Selbstzerstörung vom Fahrerraum aus. Im Bild links der MB 507, wo die Sprengladung den Geräteträger mit dem Räderwerk zerstörte. Daneben das Voith-Turbogetriebe. Davor das Differenzial und die linke Lenkbremse. Der schmale Motor eignete sich hervorragend für diese abgewinkelte Bauart. Vom Fahrerplatz ist nichts mehr zu erkennen.

# Der Panzerkampfwagen Maus der Firma Porsche

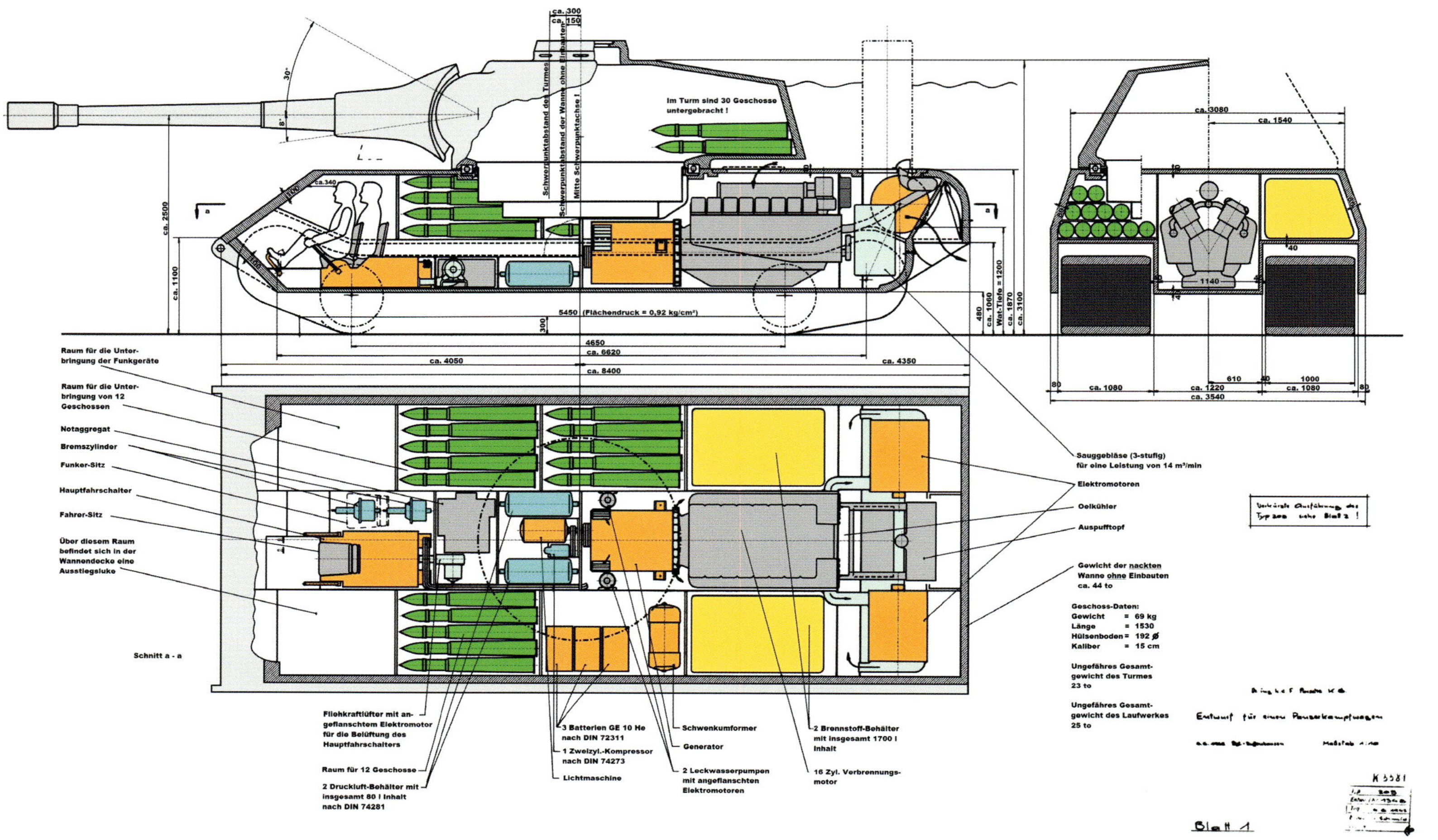


PA/MF. ***Im Entwurf vom 4. Juni 1942 hatte Porsche einen luftgekühlten 16-Zylinder-V- Dieselmotor geplant. Der Motor sollte von einem 3-stufigen Sauggebläse mit einer Leistung von 14 m³/min gekühlt werden. Der angeflanschte Generator versorgte die beiden im Heck liegenden Elektromotoren mit Strom. Das Bremssystem ähnelte dem des noch zu beschreibenden VK 4501 (P).***

Am 21. März 1942 erhielt die Firma Porsche den Auftrag zur selbständigen Konstruktion eines 100-t-Panzerkampfwagens. Auf Grund der bisherigen Erfahrungen des ebenfalls in der Entwicklung befindlichen VK 4501 (P), der später noch beschrieben wird, war ein Benzin-elektrischer Antrieb vorgesehen. Schon am 4. Juni 1942 konnte ein erster Entwurf vorgelegt werden.

Anlässlich einer Rüstungskonferenz vom 5. März 1942, also zwei Wochen vor dem Porsche-Auftrag, ordnete Hitler an, dass statt des 72-t-Fahrzeuges mit seinem 23-t-Turm ein 100-t-Panzerkampfwagen von der Firma Krupp entwickelt werden sollte. Erste Probefahrzeuge sollten noch vor dem Frühjahr 1943 gefertigt werden (dazu später mehr).

Bei diesen Projekten bestanden zur Turmlage zwei Möglichkeiten:

1. Turm hinten, Motorraum vorn:

WaPrüf 6 war trotz Vorteilen wegen der zu erwarteten Wärmebelastung und ungünstiger Raumnutzung dagegen. Vor dem Turm liegende Grätings waren stärker beschussgefährdet. Der Schwerpunkt zeigte sich hecklastig, was zu einem stärker belasteten hinteren Fahrwerk führte. Die höhere Staubbelästigung der Besatzung war ein weiterer Nachteil. Zwei feuersichere Trennwände des Motorraums waren erforderlich.

2. Turm vorn, Motorraum hinten:

Gute Erfahrung trotz weit vorragenden Geschützrohrs

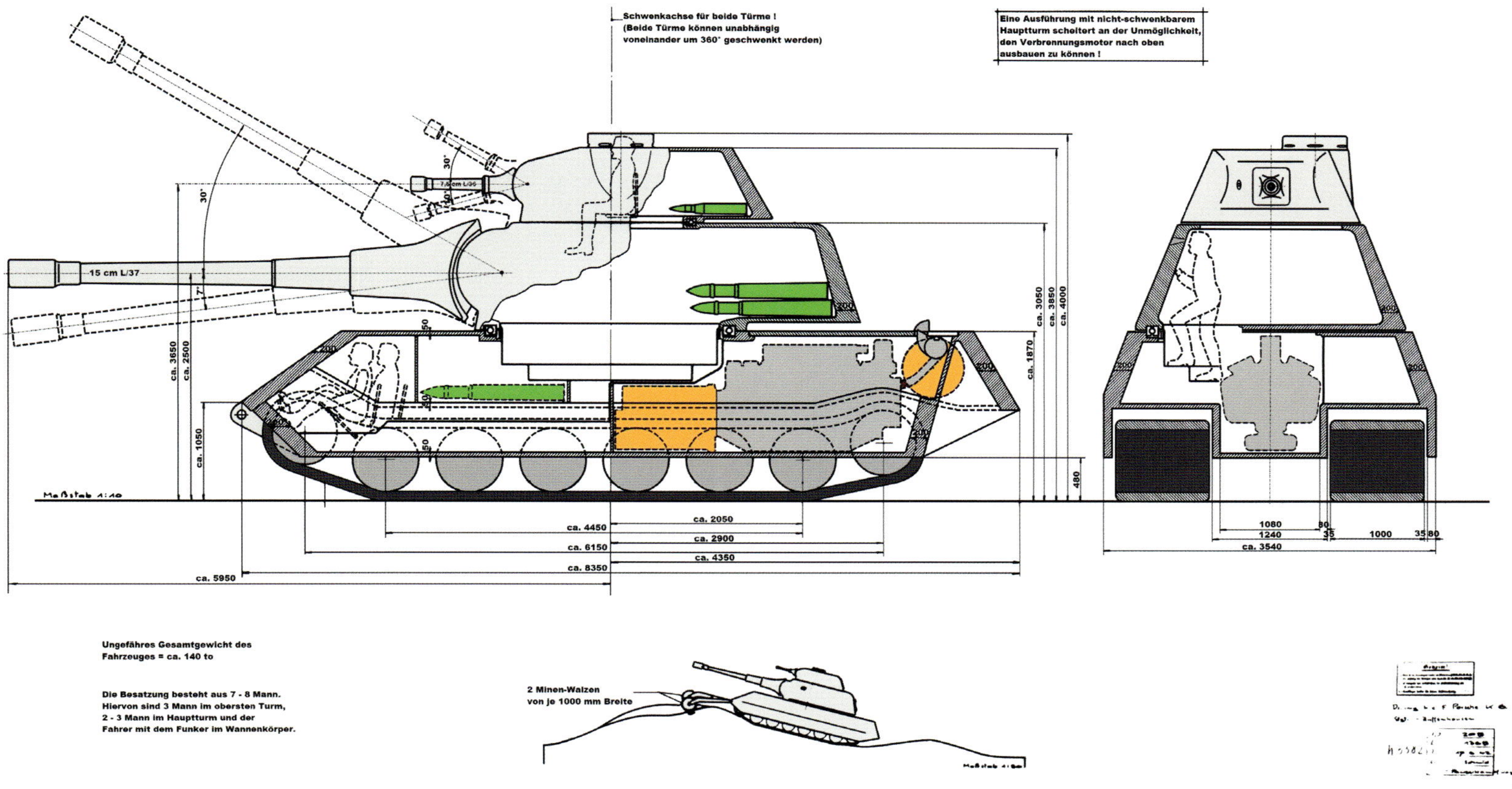


PA. ***Antriebsmäßig war die Herkunft des luftgekühlten 16-Zylinder-Verbrennungsmotors im Entwurf vom 17. Juni 1942 noch nicht geklärt.***

(1,93 m). Gute Verbindung von Fahrer und Funker mit dem Turm. Motorraum und Grätings liegen im Turmschatten sowie günstiger Schwerpunkt; die durch den großen Rohrüberstand verursachte Kopflastigkeit wurde in Kauf genommen. Des Weiteren entstand ein einfacherer Motorraum, da nur eine Feuerwand erforderlich war.

Das Heereswaffenamt erteilte der Firma Krupp zudem den Auftrag, bis zum 17. Juli 1942 einen Turm für dieses Fahrzeug (*nun als „Mäuschen" bezeichnet*) zu entwerfen. Die Forderungen verlangten den Einbau einer 15-cm-KwK L/37 und einer 7,5-cm-KwK L/24. WaPrüf 6 verlangte, der Turm dürfe ein Gewicht von 57 t nicht überschreiten, obwohl Panzerstärken von 250 mm Frontpanzerung, 200 mm Seitenpanzerung und 80 mm Heckpanzerung gefordert wurden. Der vorgesehene Turm war auch für das Porsche-Projekt bindend. Diese Panzerstärken machten ein Verformen der Panzerplatten nahezu unmöglich.

Damit war der etwa 100-t-schwere Porsche-Entwurf vom 4. Juni 1942 genauso hinfällig wie der 140-t-schwere Doppelturm-Entwurf vom 17. Juni 1942.

Der Porsche-Entwurf vom 25. Juli 1942 ging zusammen mit dem neuen Turm von einem Antrieb mittels eines luftgekühlten 18-Zylinder-Dieselmotors der Firma Steyr aus, der jedoch noch entwickelt werden musste. Dieser aufgeladene Motor sollte es mit einem Hubraum von 41,5 Litern aus 135-mm-Bohrung und 160-mm-Hub auf eine Leistung von etwa 780 PS bei 2000 U/min bringen.[186]

Ein weiteres Problem sahen Krupp und Porsche im vorgeschriebenen Eisenbahnladeprofil von 3150 mm. Selbst das Zugeständnis der Reichsbahn, für Panzertransporte 3300 mm zuzulassen, genügte nicht. Der große Turmdrehkranz-Durchmesser von 3000 mm, bedingt durch den Rücklauf des Geschützes, machte auf Grund der Seitenpanzerstärke von 180 mm eine Fahrzeugbreite von etwa 3700 mm notwendig. Krupp schlug im Dezember 1942 eigene Maus-Entwürfe zur Gewichtsreduktion auf 155 und 130 t vor, Porsche dagegen die Reduzierung der Panzerung vom Fahrgestell um 10 % sowie der Turmpanzerung auf 43 t, um so wenigstens das Gesamtgewicht von 168 t halten zu können. Auch war der Bodendruck zu hoch, eine Verbreiterung der Ketten war wegen des Eisenbahnprofils nicht möglich.

Am 10. November 1942 legte die Panzerkommission während der Abschlussbesprechung in Berka fest, dass

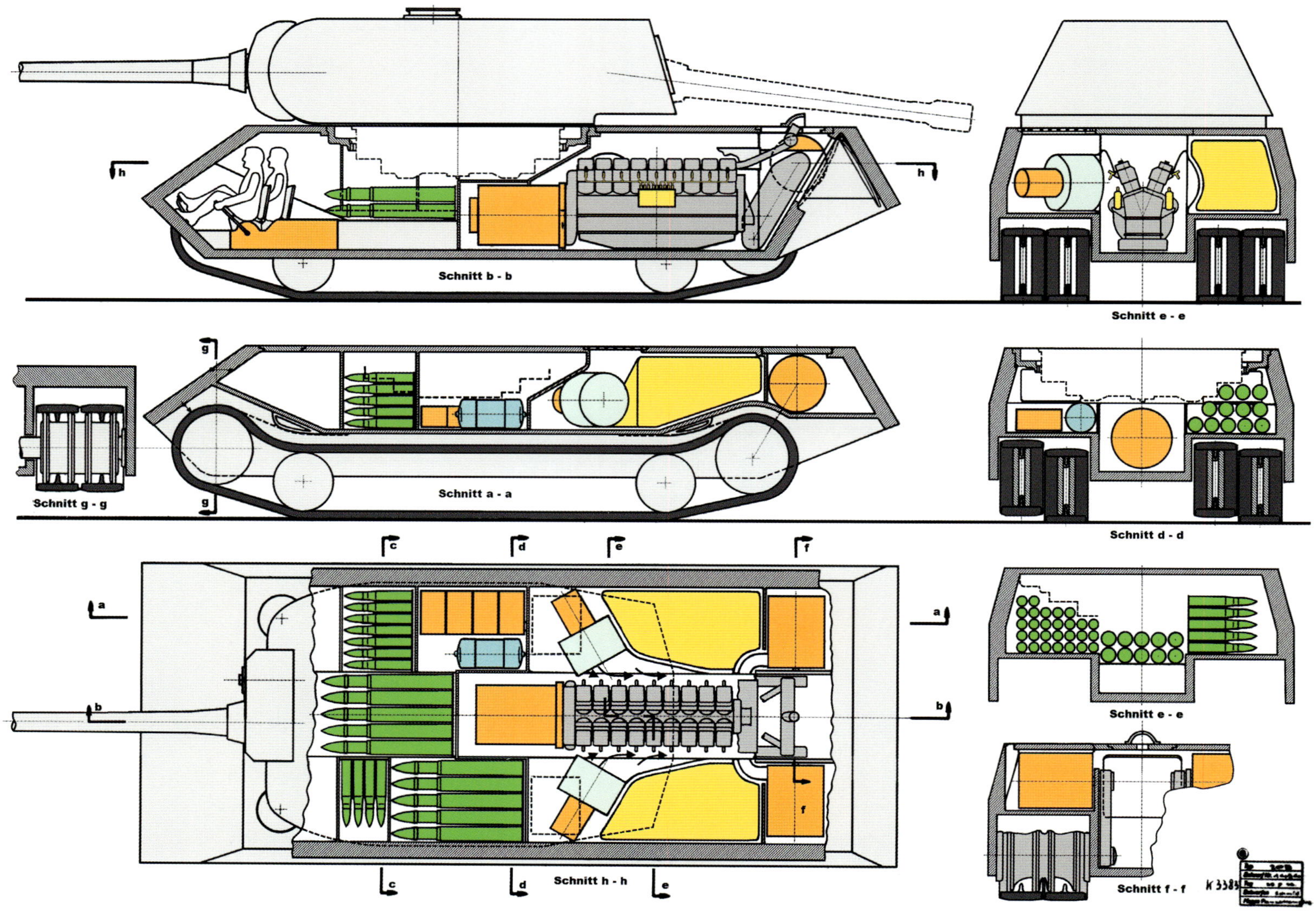


*PA/MF. **Antriebsmäßig plante Porsche im Entwurf vom 25. Juli 1942 mit einem luftgekühlten 18-Zylinder-Dieselmotor. Auf Grund der gestiegenen Panzer- und Waffenvorgaben entstand ein großer Turm im ersten Drittel der Wanne. Neben einer einteiligen Kette von 1000-mm-Breite schlug Porsche zwecks besserer Kettenbelastung und besseren Montagemöglichkeiten eine zweiteilige Kette vor.***

der Panzerkampfwagen Typ 205 „Maus“ mit der Turmlage im Heck gefertigt werden soll. Diese Bauform machte den Einbau eines lang bauenden, luftgekühlten 18-Zylinder-Dieselmotors unmöglich, ein 12-Zylinder-V-Motor mit einer Leistung von mindestens 1200 PS schien die einzige Möglichkeit zu sein. Daimler-Benz konnte nur den Benzinmotor MB 509 mit einer Dauerleistung von 1375 PS anbieten, der aus dem schon beschriebenen Flugzeugmotor DB 603 A entstand. Der schon am 9. Januar 1942 angebotene Schnellboot-Dieselmotor MB 507 war mit seinen 850 PS bei 2300 U/min viel zu schwach. Dieser 12-Zylinder-Benzinmotor in V-Form besaß zwei in 60° zueinander geneigte Zylinderblöcke zu je sechs Zylindern. Er arbeitete als 4-Takt-Motor mit Benzineinspritzung mit selbsttätigem Gemischregler und mechanischem Lader (*einstufiges Schleudergebläse*) mit einem Aufladedruck von 1,225 ata. Jeder Zylinder besaß zwei Einlass- und Auslassventile, die von einer Nockenwelle pro Zylinderblock über Schwinghebel betätigt wurden, sowie je zwei Zündkerzen pro Zylinder. Die Zündspannung lieferte ein Zündmagnet Typ ZM 12 CR8.

Allerdings stand das für den DB 603 A benötigte Flugbenzin mit der notwendigen Oktanzahl von 87 OZ der Panzertruppe nicht zur Verfügung. Der Motor musste erst auf den im Heer verfügbaren Wehrmachtskraftstoff OZ 74 umgestellt werden. Ziel war es, bei einer Drehzahl von

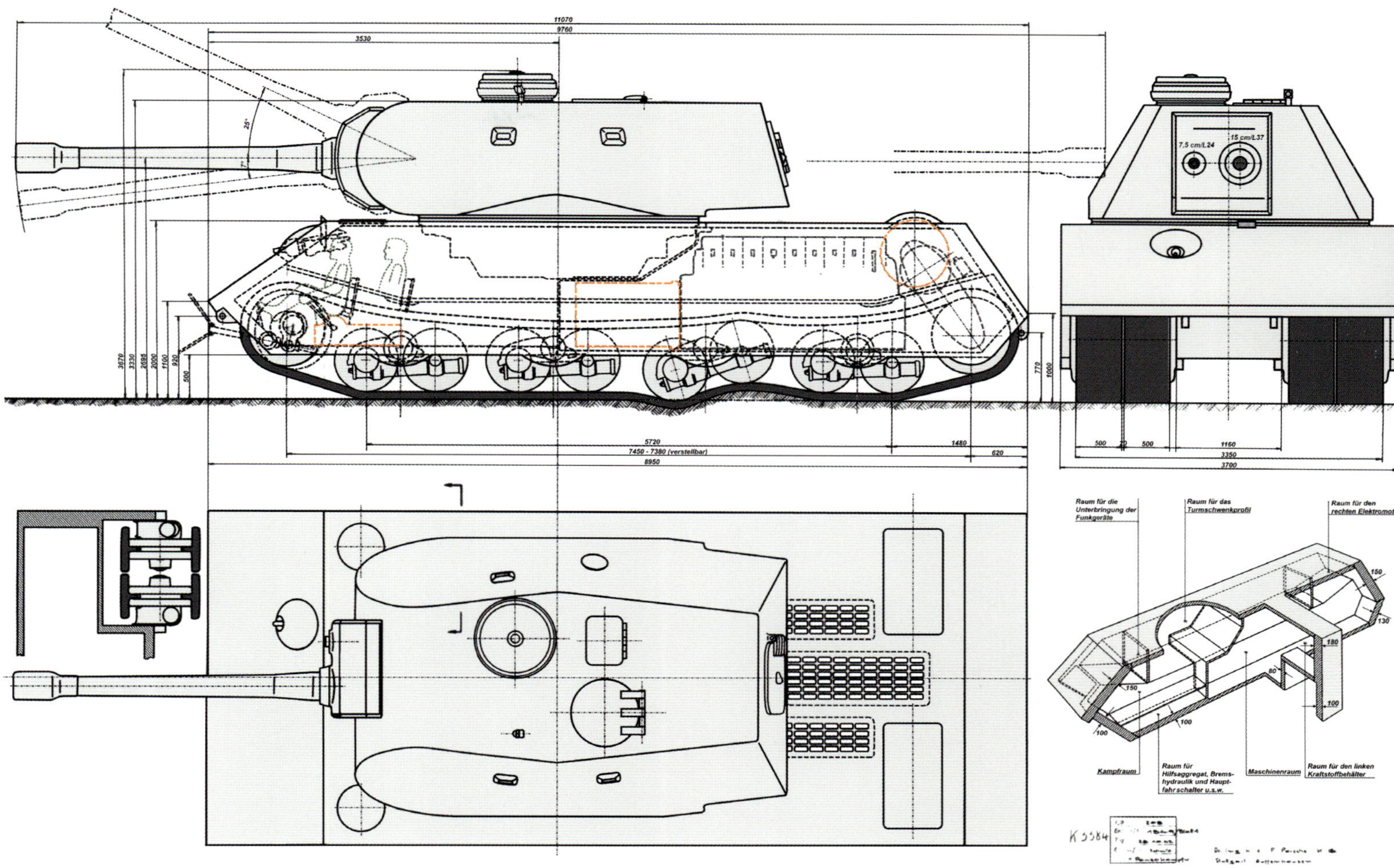


PA/MF. *Der Entwurf vom 25. Oktober 1942 zeigt das Projekt Porsche Typ 205, Ausführung A, mit vorn liegendem Turm und je vier Kniehebel-Rollenwagen mit längs liegenden Drehstäben, wie sie schon im VK 4501 (P) Verwendung fanden.*

MB Classic-Archiv. *Aus dem Flugzeugmotor DB 603A entstand der MB 509 für Landfahrzeuge.*

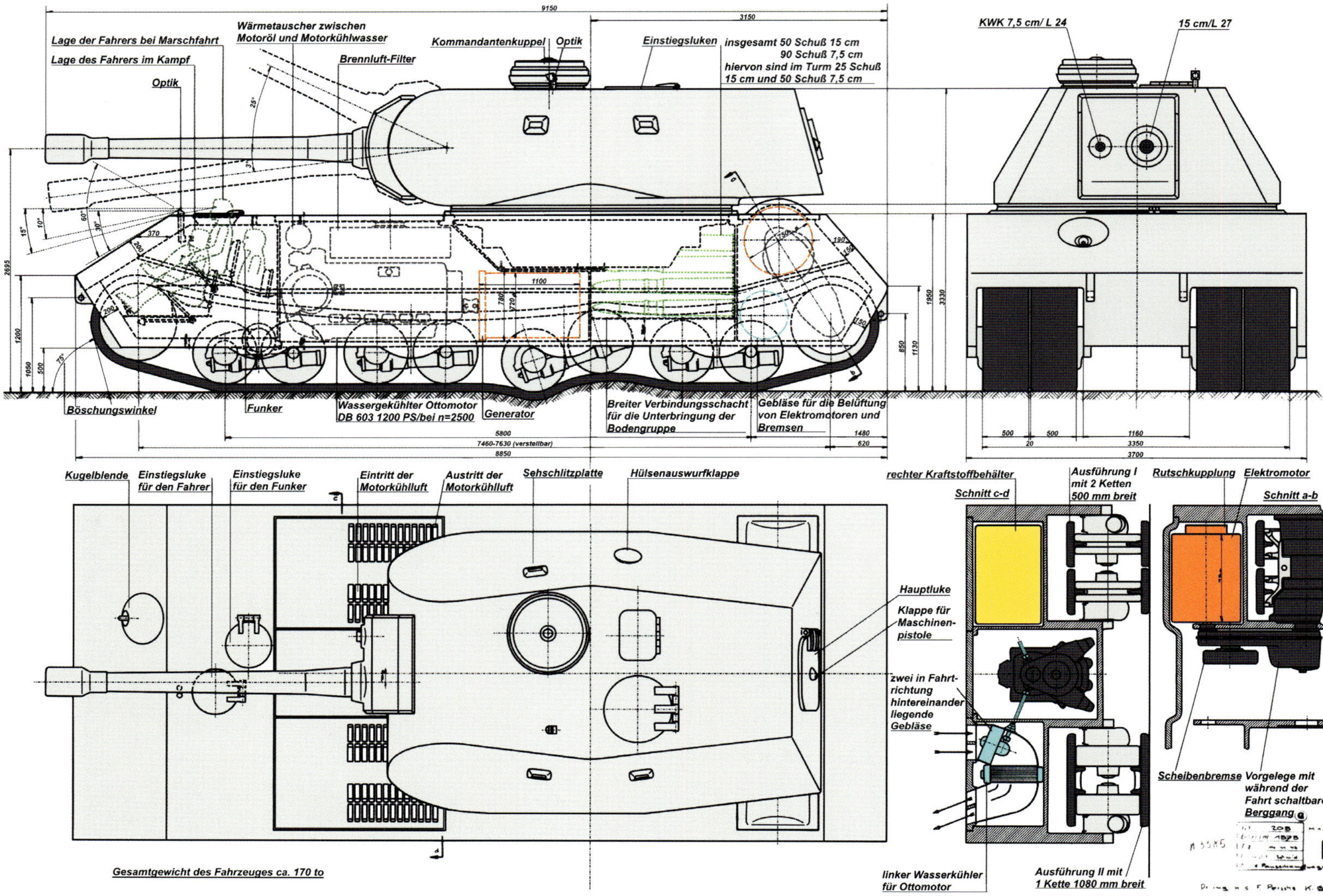


*PA/MF.* ***Der Entwurf vom 11. November 1942 mit dem Typ 205 B und der Turmlage im Heck. Das Gesamtgewicht ergab ca. 170 t.***

2300 U/min etwa 1200 bis 1300 PS zu erreichen. Wichtigster Schritt war die Verringerung der Verdichtung, um die Klopfgrenze zu senken. Dazu bekam der Motor neue Kolben, die die Verdichtung des DB 603 A von 1:7,3 linke Seite und 1:7,5 rechte Seite (*Zylinder 1 bis 6*) auf 1: 6,13 und 1: 6,16 verringerten. Weiterhin drehte Daimler-Benz den mechanischen Lader mit einer Übersetzung von 1: 9,22 auf einen Durchmesser von 220 mm herab und entfernte Ladedruckwähler und Reglerklappe, so dass das Gebläse ständig einen gleichmäßigen Ladedruck von 1,2 ata erbrachte. Damit ergab der Prüfstandslauf vom 9. April 1943 eine Höchstleistung von 1292 PS bei 2300 U/min. Das maximale Drehmoment von 412 mkg wurde bei 1600 U/min erreicht. Bei dieser Drehzahl ergab sich auch der niedrigste Kraftstoffverbrauch von 220 g/PSh. Jedoch sahen die Versuchsingenieure die Leistungswerte noch nicht als endgültig an, da die Versuche mit einem vergrößerten Lader von 250 mm Durchmesser und einer Übersetzung von 1:6,5 noch fehlten. Außerdem stand die endgültige Auspuffanlage der Firma Eberspächter noch nicht zur Verfügung.[187]
Als nachteilig erwies sich, dass der Motor hängend ausgeführt war, um den Piloten im Flugzeug eine bessere Rundumsicht zu ermöglichen. Auch ließe sich der Motor von den Flugzeugmechanikern leichter warten, da so die Aggregate, wie zum Beispiel die 24 Zündkerzen, vom Boden aus leichter erreichbar waren. Im Panzerkampfwagen zeigte sich diese Bauform kontraproduktiv, da bei diesem nahezu alle Arbeiten von oben ausgeführt werden mussten. Zudem war der Einbau eines Zwischengetriebes mit der Inkaufnahme aller seiner Nachteile notwendig, da die Kur-

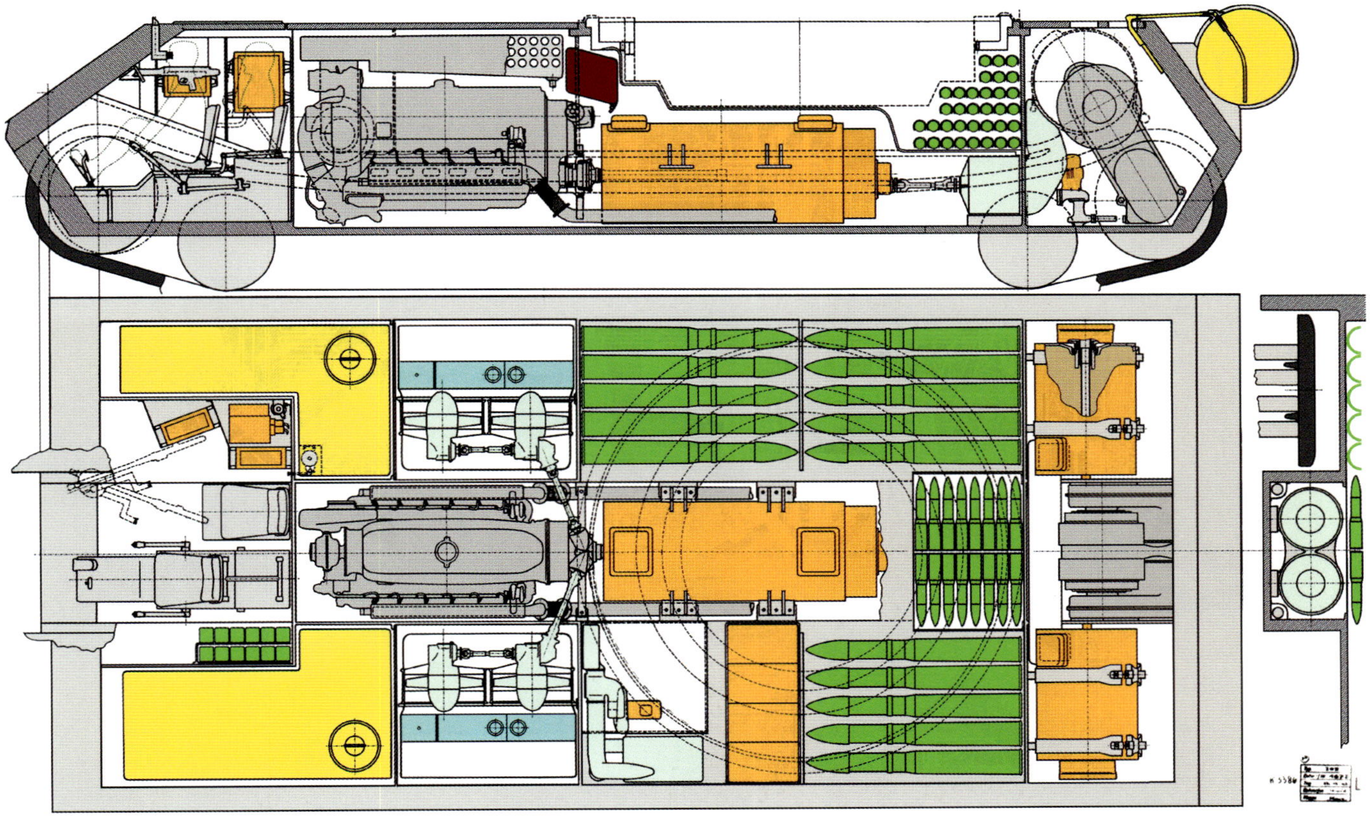

PA/MF. Der neue Entwurf sah den hängenden Daimler-Benz-Flugmotor vom Typ MB 509 in Einheit mit einem Siemens-Doppelgenerator vor.

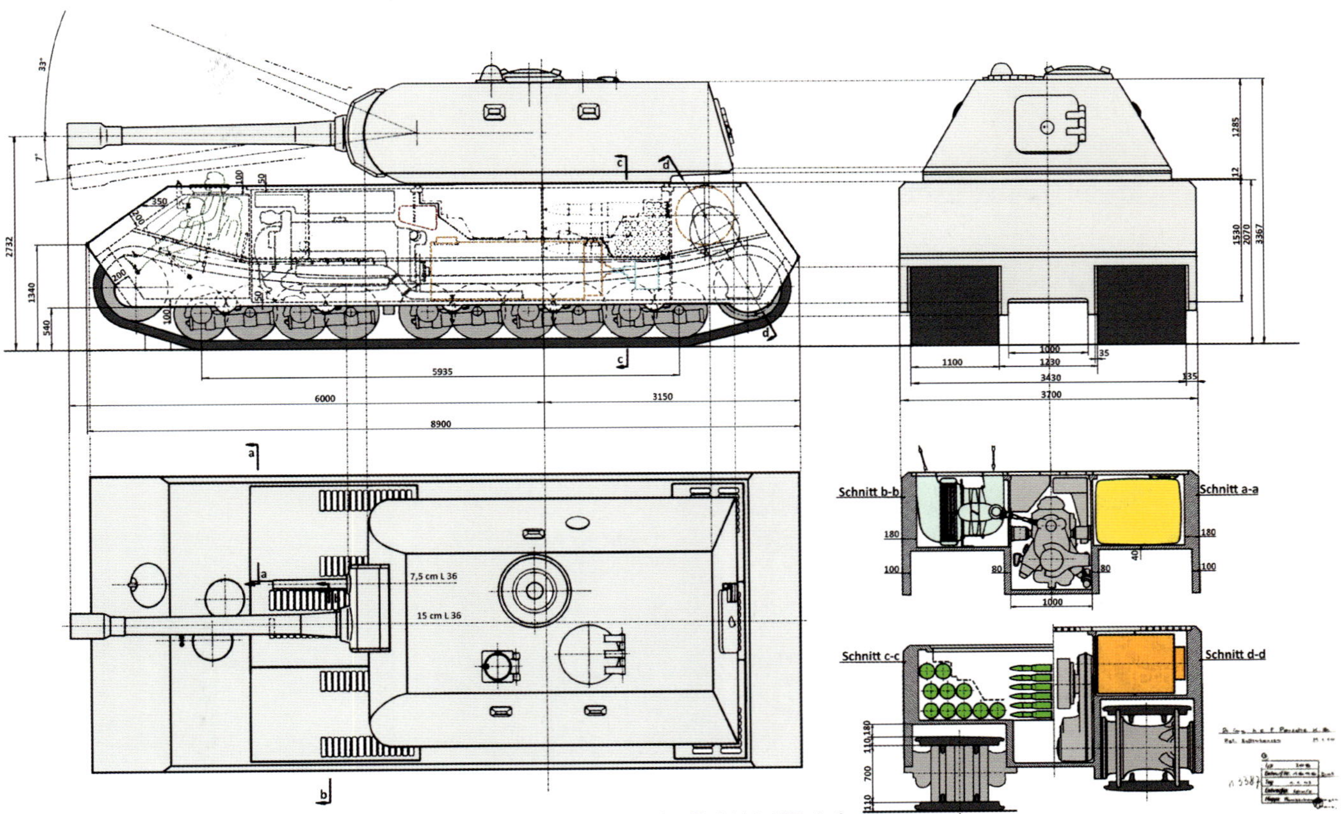


PA/MF. Der Entwurf vom 1. Januar 1943 zeigt das knapp 180 t schwere Fahrzeug mit dem nun auf je fünf Kniehebel-Rollenwagen verstärkten Einzelketten-Fahrwerk.

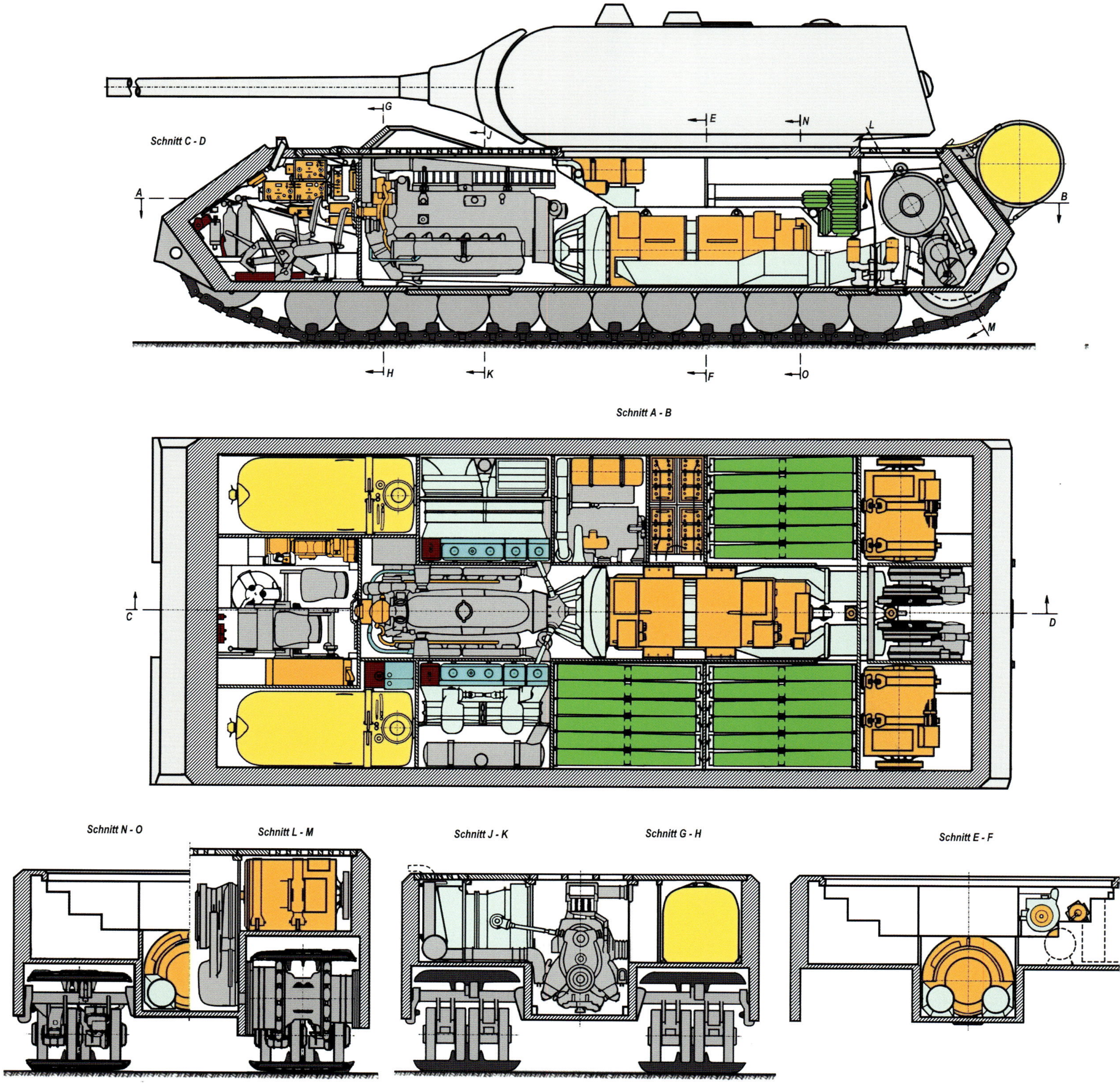


PA/MF. *Der Endentwurf mit neuer Auspuffführung und Kühlung. Auch die Innenaufteilung wurde verändert, die Generatorkühlung verbessert.*

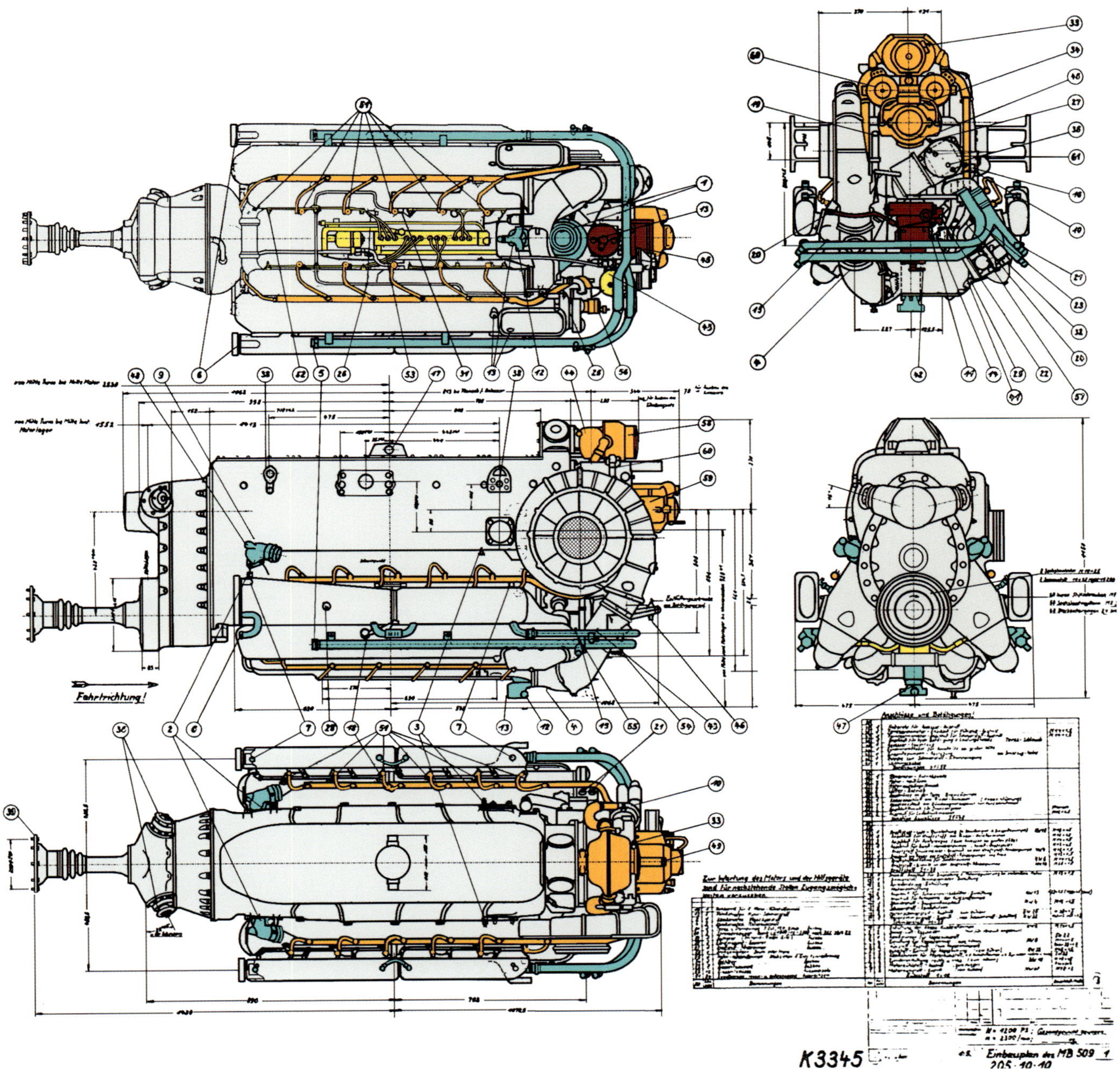


*PA.* ***Der Einbauplan des 12-Zylinder-Benzin-Motors MB 509 für die Maus.***

belwellenachse des Motors für ein Anflanschen eines Generators viel zu weit oben verlief. Zudem warnten Vertreter der Luftwaffe vor der geringen Lebensdauer des DB 603 von etwa 60 Betriebsstunden und der schlechten Reparaturfreiheit. Auch war der spätere Kraftstoff-Verbrauch des Benzin-Motors mit 1400 Litern/100 km auf der Straße und 3800 Litern/100 km im mittleren Gelände viel zu hoch. Es war klar, dies konnte nicht die endgültige Lösung sein.

Jedoch hatte Porsche keine andere Wahl, da Hitler am 1. Dezember 1942 erwartete, dass das erste Versuchsfahrzeug im Sommer 1943 fertig gestellt sein würde. Die Monatsproduktion legte er mit fünf Fahrzeugen fest. Deren Montage sollte bei der Firma Krupp erfolgen. Nachdem der Firma Krupp mitgeteilt worden war, dass die Arbeiten an ihrer „Tigermaus" gestoppt werden sollten, entschied Hitler am 3. Januar 1943 endgültig zugunsten des

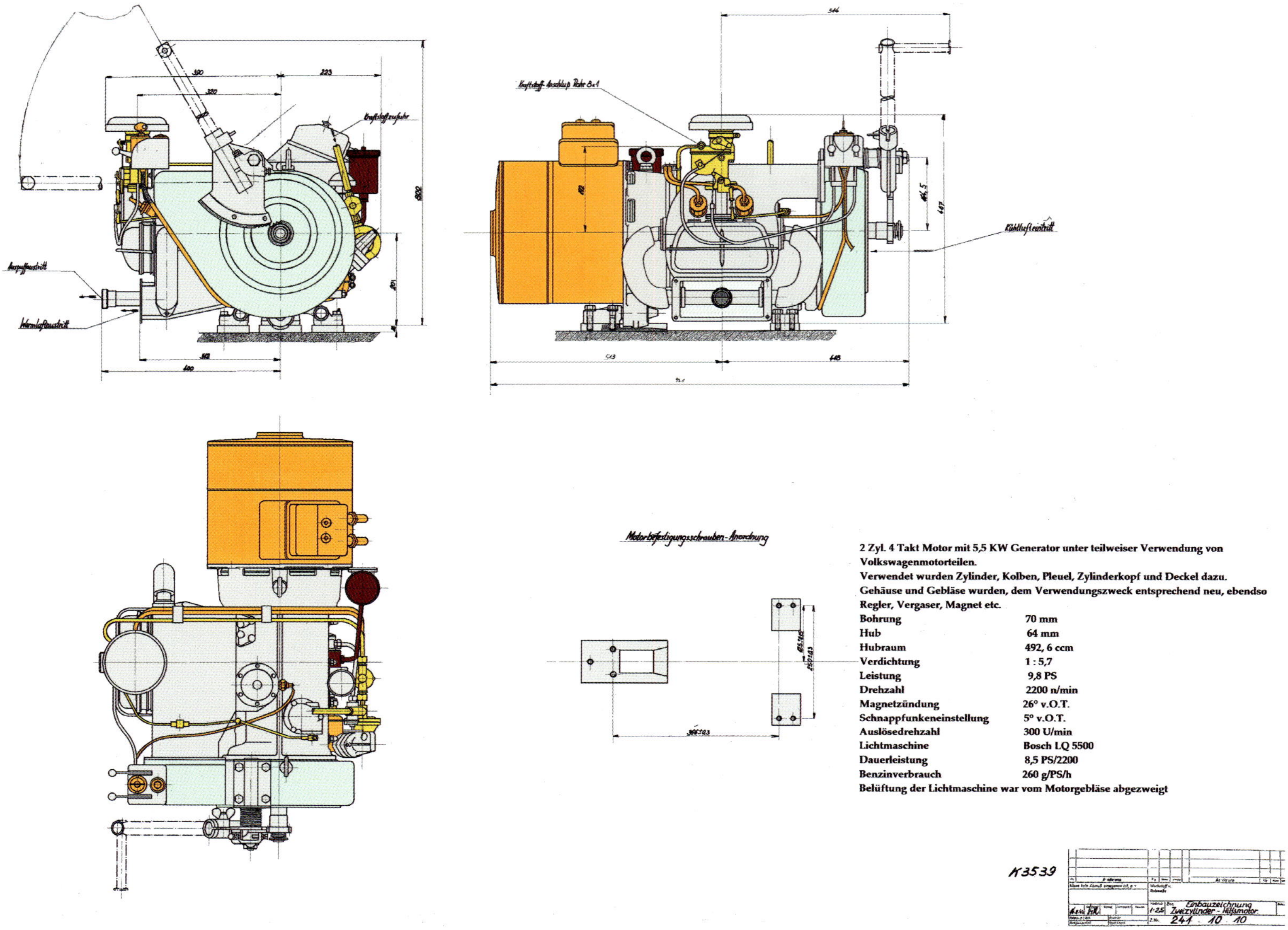


PA/MF. ***Der 8,5-PS-starke 2-Zylinder-4-Takt-Motor bestand zum Teil aus Motorteilen des Volkswagens (KdF-Fahrzeug).***

Porsche-Entwurfs. Die Konstruktion bei Porsche, die Fertigung von Wanne und Turm bei Krupp und die Montage bei Alkett erfolgen. Daimler-Benz war für den Motor, Siemens-Schuckert Berlin für die elektrische Einrichtung und die Firma Skoda für das Vorgelege sowie das Laufwerk verantwortlich. Den Beginn der Serie hatte Hitler für Ende 1943 vorgesehen.

Am 15. Januar 1943 erfolgte durch WaPrüf 6 die Bestellung eines Probemotors vom Typ MB 509, die einen Monat später auf acht Motoren erhöht wurde. Der im März erfolgte Auftrag über 180 Motoren wurde allerdings wenig später wieder storniert.

Jedoch verzögerte sich der geplante Produktionsablauf weiter, da Hitler am 2. Februar mitteilen ließ, er wünsche zusätzlich den Einbau eines Flammenwerfers mit 1000 Litern Vorrat.

Das schon erreichte Gewicht von 179 t vergrößerte sich um weitere 5 t. Das von Porsche geplante Kniehebel-Laufwerk mit längs liegenden Drehstäben war für diese hohe Belastung nicht mehr verwendbar. In Zusammenarbeit mit Skoda entstand eine Neukonstruktion mit je sechs Rollenwagen, die als zwei hintereinander folgende Laufrollen an einem Schwingarm knieartig mittels Kegelfedern die gummisparenden Laufrollen abfederten. Dieses neue Laufwerk hatte den Vorteil, dass es nachträglich ohne Änderungen an der Inneneinrichtung verwendet werden konnte und es im Verhältnis zum Gesamtfahrzeug leicht war. Ein 1100 mm breites Hauptkettenglied wog nur 29 kg. Dieser Gewichts-

FW-Schleißheim. Der Viktoria-Riedel-Anlassmotor war ursprünglich zum Anlassen von Flugzeug-Kolbenmotoren und -Turbinen vorgesehen.

PA. Der Motorraum mit dem MB 509 bei abgenommener Motorabdeckung.

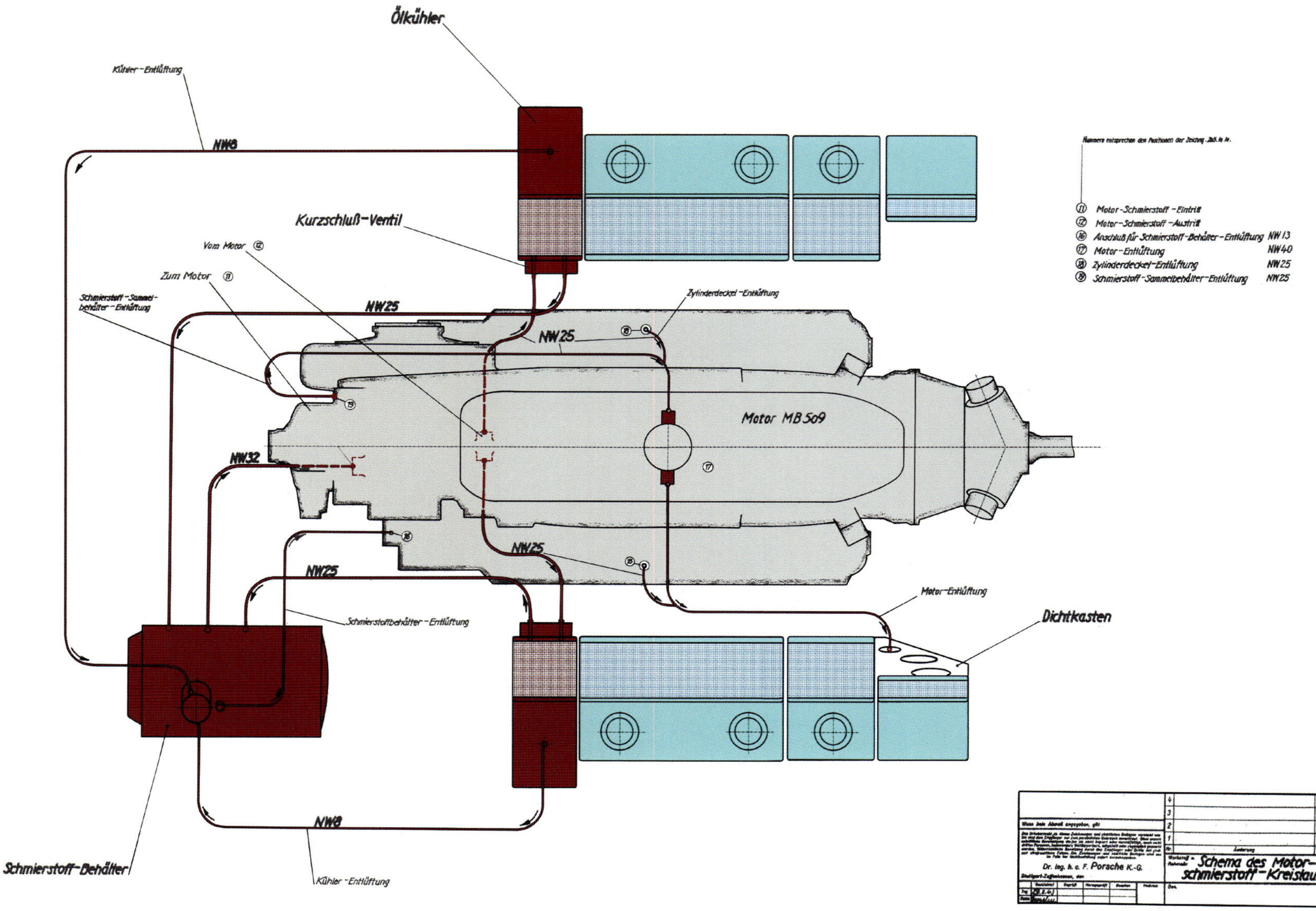


*PA/MF.* ***Der Motorölkreislauf des Daimler-Benz-Motors.***

vorteil wurde vom überschweren Turm mit seinen 52 t wieder zunichte gemacht, der etwa 27 % des Gesamtgewichtes ausmachte. Nachteilig am neuen Fahrwerk war die sehr schlechte Zugänglichkeit durch den starren, 80 mm starken Kettenschutz. Der Bodendruck betrug 1,31 kg/cm² (*mit 20 cm Einsinktiefe*).

Nach der Aufgabe der Flammenwerfer-Funktion sowie der angedachten Fliegerabwehr-Waffe war der finale Entwurf des Panzerkampfwagen Maus fertig gestellt.

Das Motorproblem wurde zunächst verschoben. Der notgedrungen verwendete MB 509 wurde zudem weiter gedrosselt, indem die Verdichtung der linken Zylinderreihe auf 1: 5,9 und die rechte Zylinderreihe auf 1: 6 verringert wurde. Die Dauerleistung sank bei einer Motordrehzahl von 2300 U/min auf 1080 PS einschließlich der Lüfterleistung. Das Gewicht des Motors betrug mit Zwischengetriebe und Auspuffanlage 1125 kg. Der Kraftstoff-Vorrat von 2600 Litern (*mit Abwurfbehälter*) ermöglichte auf der Straße einen Fahrbereich von 186 km. Im mittelschweren Gelände reichte der Vorrat nur für 68 km.

Als primäre Startmethode war das Anlassen mittels der 48-Volt-Bordspannung durch den mit dem Doppelgenerator verbundenen Hilfsgenerator (GV 295) vorgesehen, auch als 48 Volt-Erzeugungsanlage bezeichnet. Dafür lief dieser Generator als Elektromotor. Nach dem Vorpumpen mit der Kraftstoffpumpe konnte der Fahrer so den Haupt-

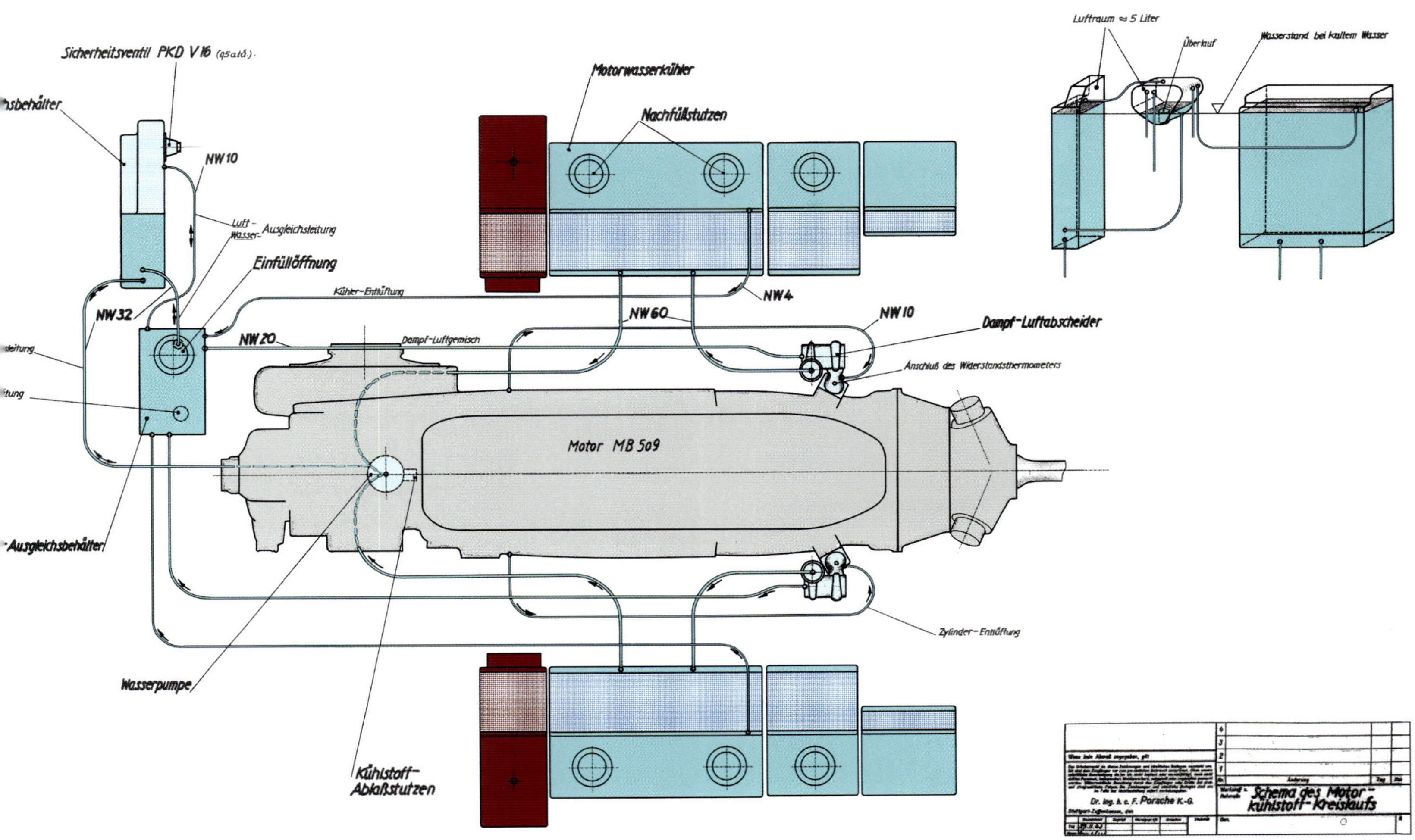


*PA/MF.* ***Der Kühlwasserkreislauf mit dem MB 509-Ottomotor.***

motor starten. Bei kaltem Motor benutzte er zusätzlich eine Anlasskraftstoffpumpe. Diese wurde auch zum Starten des Porsche-Hilfsmotors Typ 241 genutzt. Dieses Aggregat trieb einen 48-V-5,5-kW-Generator an, der für das Laden der vier Hauptbatterien zuständig war. Als weitere Aufgabe erwärmte der Hilfsmotor mit der erzeugten Abluft den Motorraum des MB 509 und lieferte den Heizstrom für die Heizspirale der Raumschutzanlage.

Als zweite Option konnte der Hauptmotor auch mit einem Viktoria-Riedel-Benzinanlasser vom Typ RBA F10 gestartet werden. Dieser Durchdrehanlasser war ein 2-Zylinder-2-Takt-Benzinmotor mit 10 PS. Dieses Aggregat konnte vom Fahrerraum entweder elektrisch oder mittels eines Anwerfzuges manuell gestartet werden. Für den Kaltstart unter –15° C kam eine Gasflasche mit Acetylengas (*unter dem Fahrersitz*) als Starthilfe zum Einsatz.

Jeder Elektromotor besaß eine Sicherheitskupplung, die die Aufgabe hatte, Stoßbelastungen von der Zahnradübertragung des Vorgeleges fernzuhalten.

Die von außen montierbaren Steckachsen für Elektromotor und Planetengetriebe fungierten als Torsionswellen und hatten ebenfalls die Antriebsstöße abzufangen.

An jedem Vorgelege waren noch ein Drehzahlbegrenzer für den Elektromotor, ein Drehzahlgeber für die Fahrzeuggeschwindigkeit und eine Ölpumpe integriert. Mit der Berggangschaltung konnte das Übersetzungsverhältnis vom Elektromotor zum Kettenantriebsrad von 1: 25,44 auf 1: 48,68 erhöht werden. Da im Normalbetrieb das Abbremsen des Fahrzeugs elektrisch erfolgte, waren die hydraulisch betätigten Scheibenbremsen nur Hilfsbremsen. Diese Bremsen waren selbstnachstellend und wurden mittels zweier Bremspedale vom Fahrer betätigt. Die Feststell-

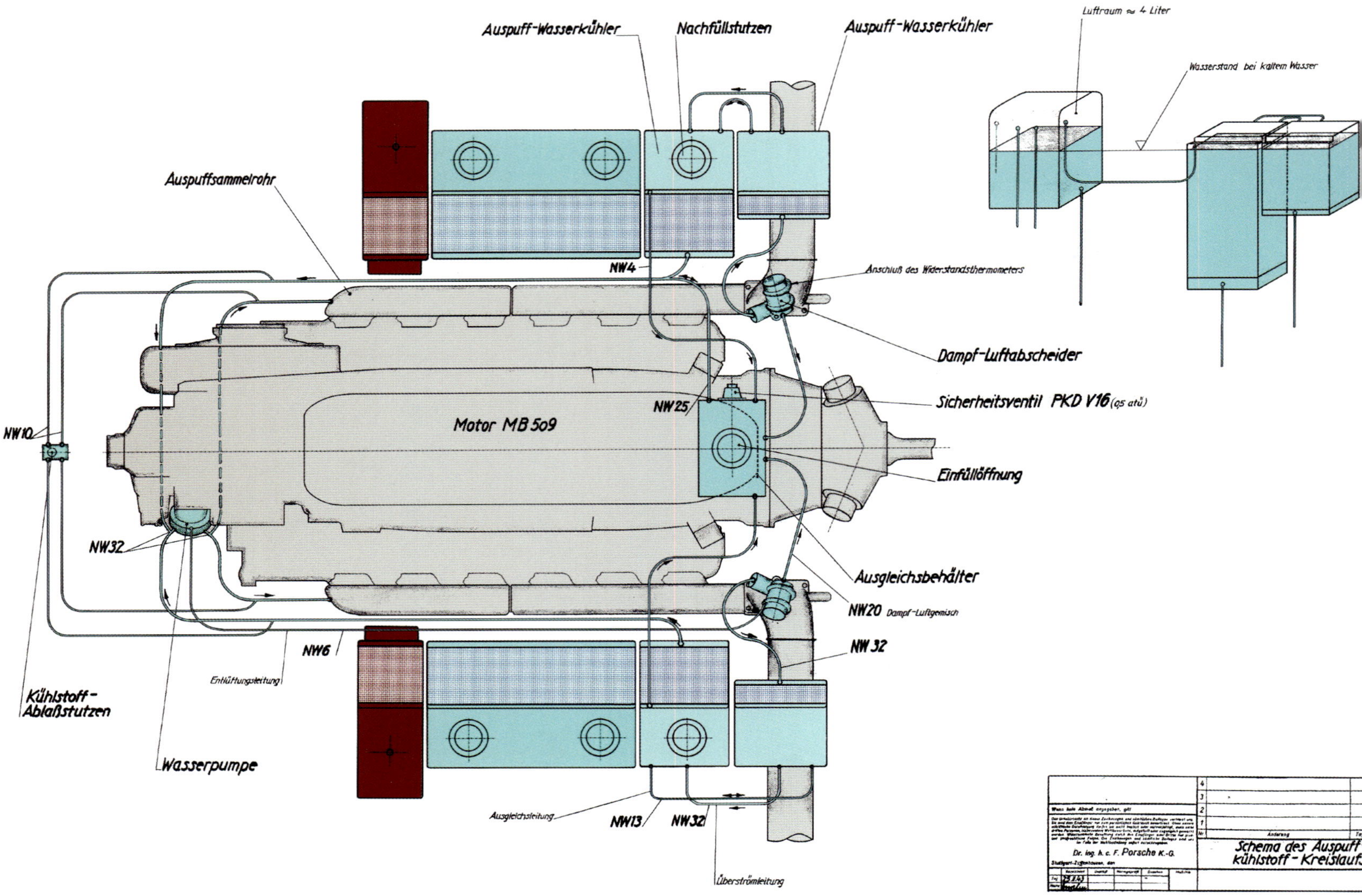


*PA/MF.* *Eine Besonderheit der Kühlwasseranlage der Maus war die separate und aufwändige Auspuffkühlanlage.*

*PA/MF.* *Das ZF-Zwischengetriebe stellte zum einen die Verbindung zwischen MB 509 und dem tiefer liegenden Doppelgenerator her, zum anderen zu den beiden umschaltbaren Tandem-Lüfterantriebe.*

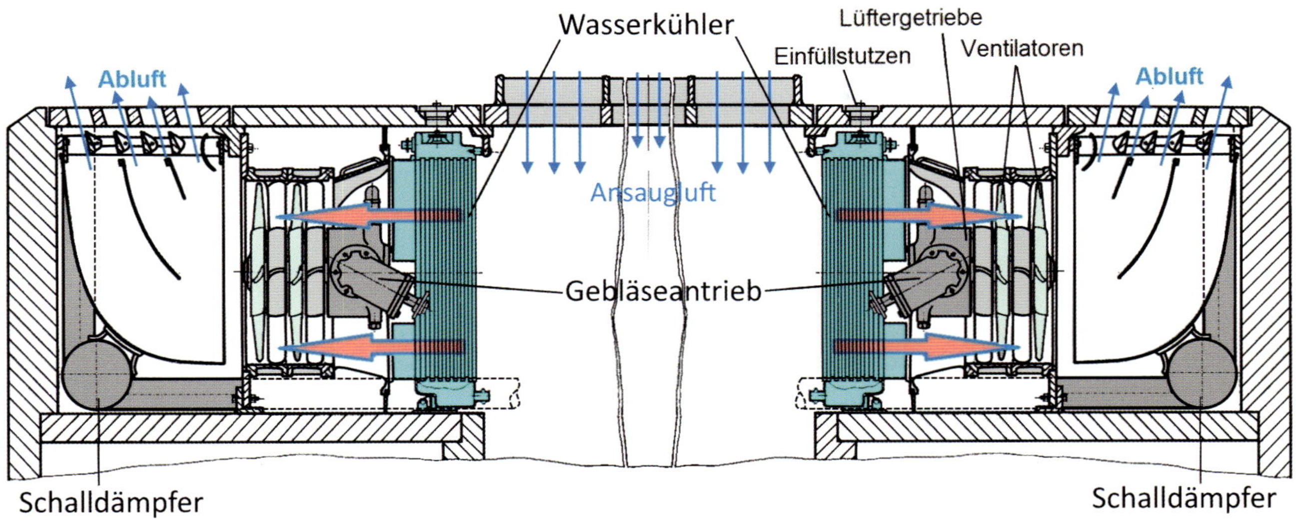


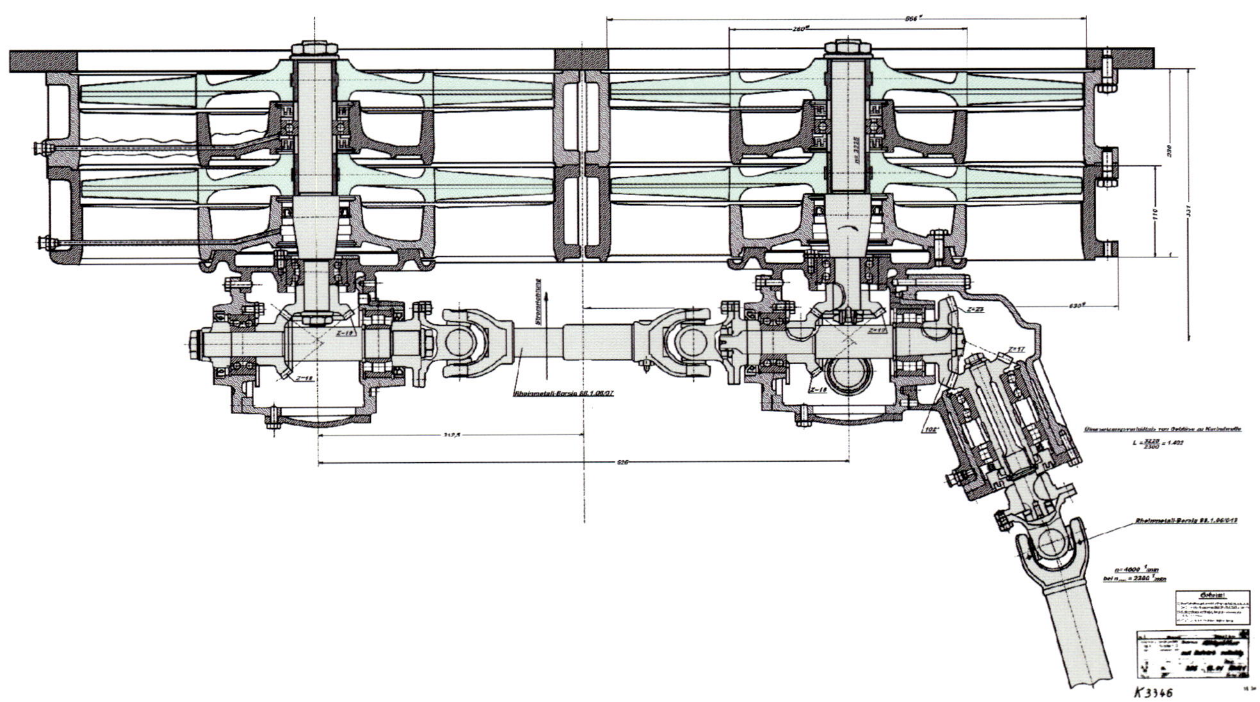

*PA/MF.* ***Die 2-stufige Kühlgebläse-Leistung umfasste insgesamt vier Gebläse und benötigte 120 PS der Motorleistung. Die Umschaltung der Stufen erfolgte mittels des Zwischengetriebes.***

bremse wurde dagegen durch zwei Handbremshebel mechanisch über Seilzüge betätigt.

Zusätzlich besaß das Fahrzeug eine automatische Feuerlöschanlage der Firma Minimax, die einen Brand im Motorraum mittels Kohlensäure ersticken sollte. Dazu waren im Motorraum 12 Bimetall-Kontakte vorhanden. Diese lösten ein elektromagnetisches Ventil beim Funkerplatz aus, das aus einer der zwei Kohlensäureflaschen 6 kg Kohlensäure am Brandherd ausströmen ließ. Diese 6 kg ergaben etwa 3000 Liter freies Kohlensäuregas.

Eine weitere Besonderheit dieses Panzers war das Vorhandensein einer Dräger-Schutzbelüftungsanlage, auch als

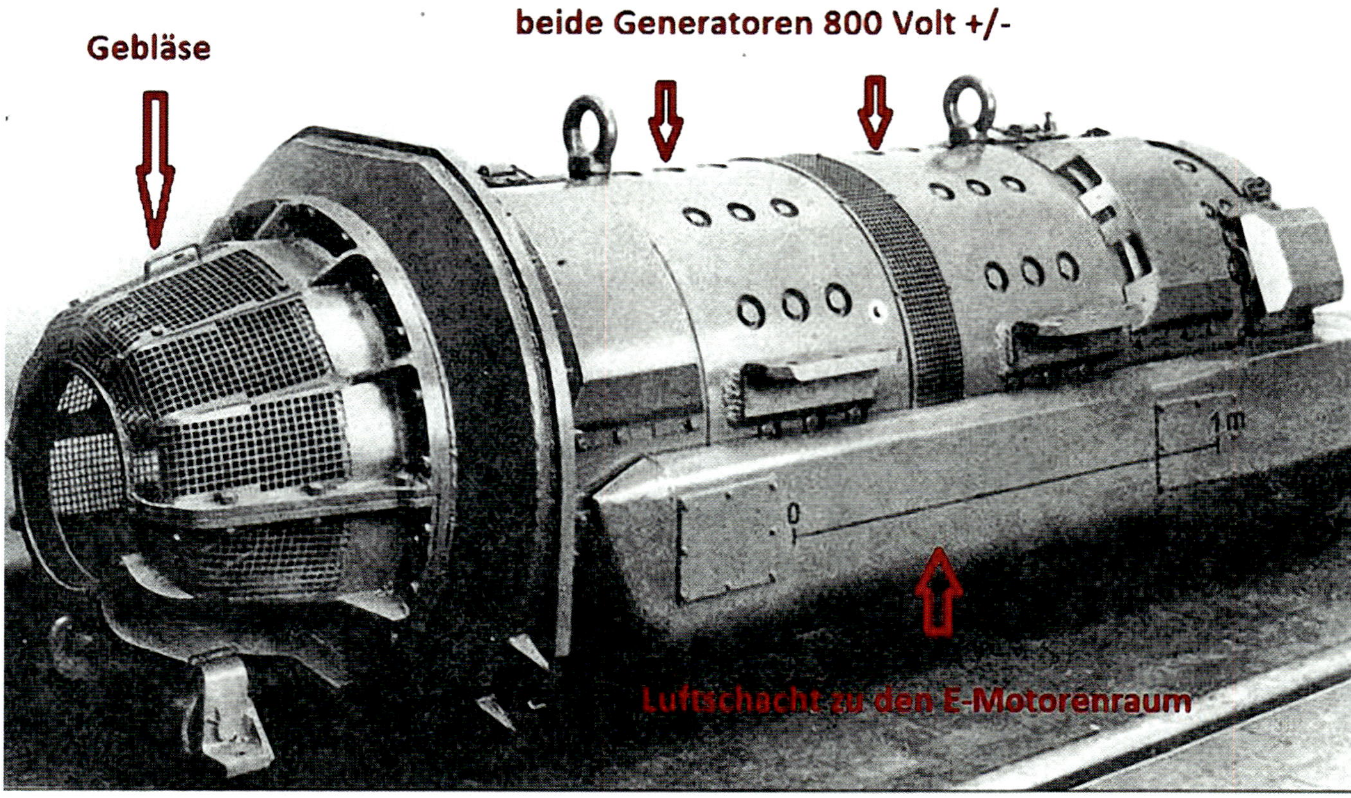

PA/MF. *Der vom Motor angetriebene Doppelgenerator von Siemens-Schuckert mit seinen beiden Gleichstrom-Generatoren vom Typ GV 305/30 mit je 400 kW bei 800 Volt und dem kleineren 48-Volt-Hilfsgenerator Typ GV 295. Vorn das Gebläse, das die Kühlluft für die Generatoren und die beiden Elektromotoren erzeugte.*

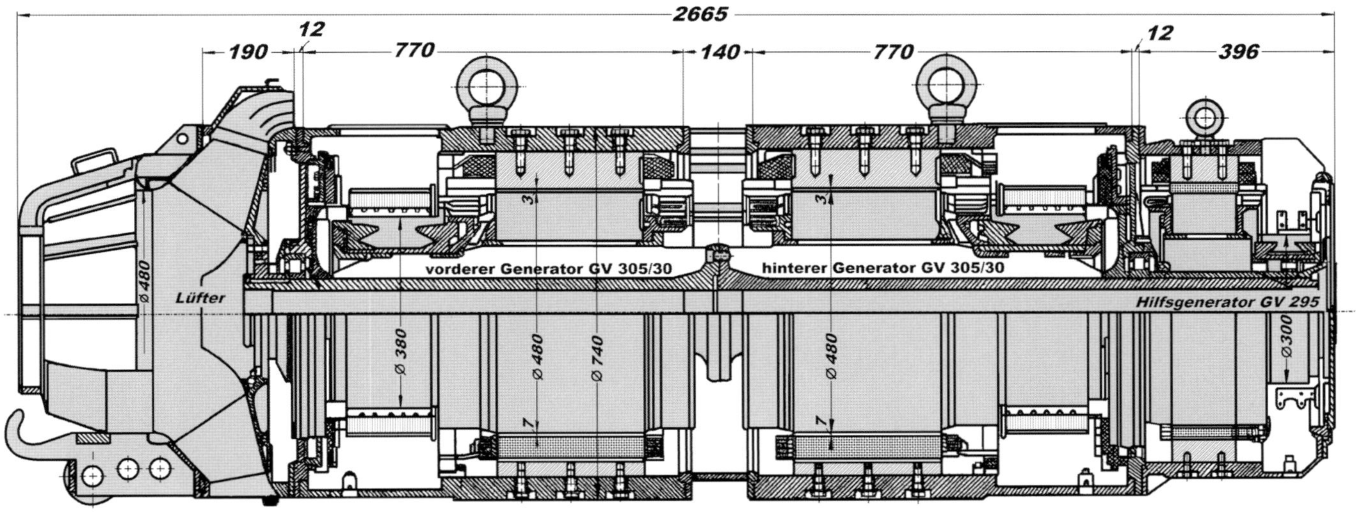


PA/MF. Der 3885 kg schwere Doppelgenerator vom Typ LK 1000/12-2000 im Schnitt.

PA/MF. Einer der beiden Elektromotoren von Siemens-Schuckert für den Antrieb mit einer Leistung von 400 kW bei 800 Volt. Ein Motor wog 1875 kg.

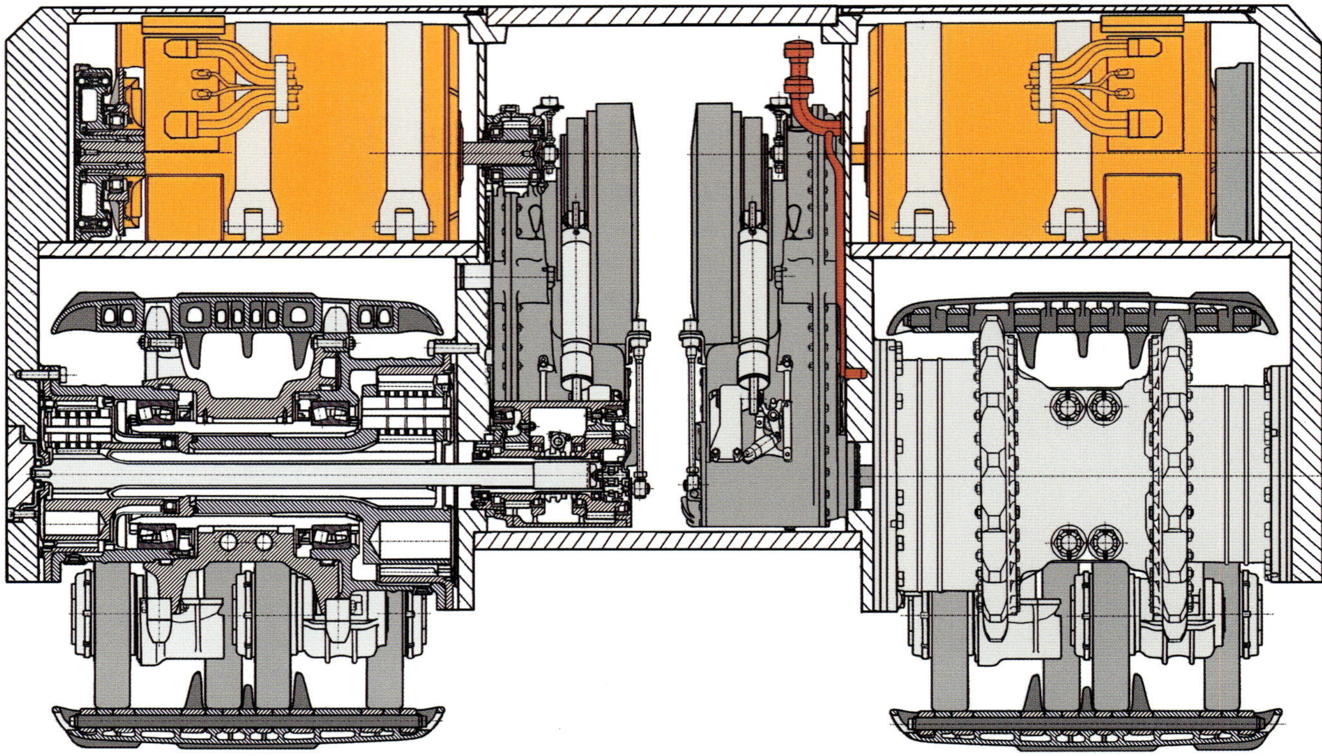

PA/MF. Der Querschnitt des Heckteils zeigt die Lage der Siemens-Elektromotoren, die Skoda-Stirnrad-Vorgelege mit den 5B-ARGUS-Scheibenbremsen sowie die Skoda-Außenplanetengetriebe.

YP. Das rechte Stirnradvorgelege mit der Stützbremse und der Berggangschaltung in einem Gehäuse. Gut erkennbar der außen befestigte Bremsscheibenträger. Die sichtbaren Leitungen waren für die hydraulische Fußbremse sowie für die mechanische Handbremse und die Berggangschaltung.

*MF. Der Kraftfluss vom Stirnradvorgelege zum Kettenrad im Planetengetriebe.*

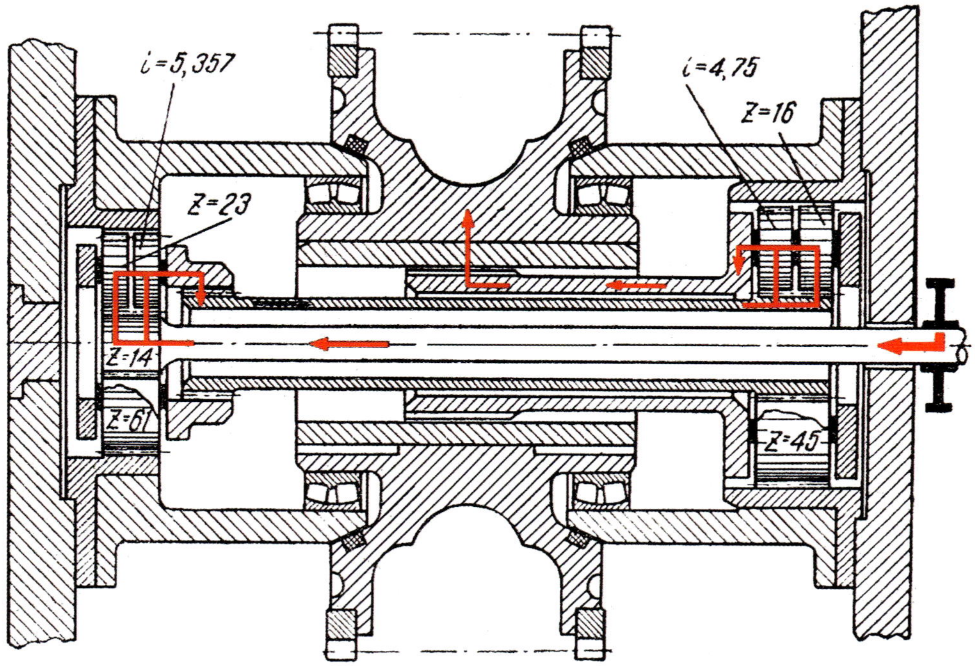


*YP. Das 1946 ausgebaute Planetengetriebe aus der gesprengten Maus 205/2.*

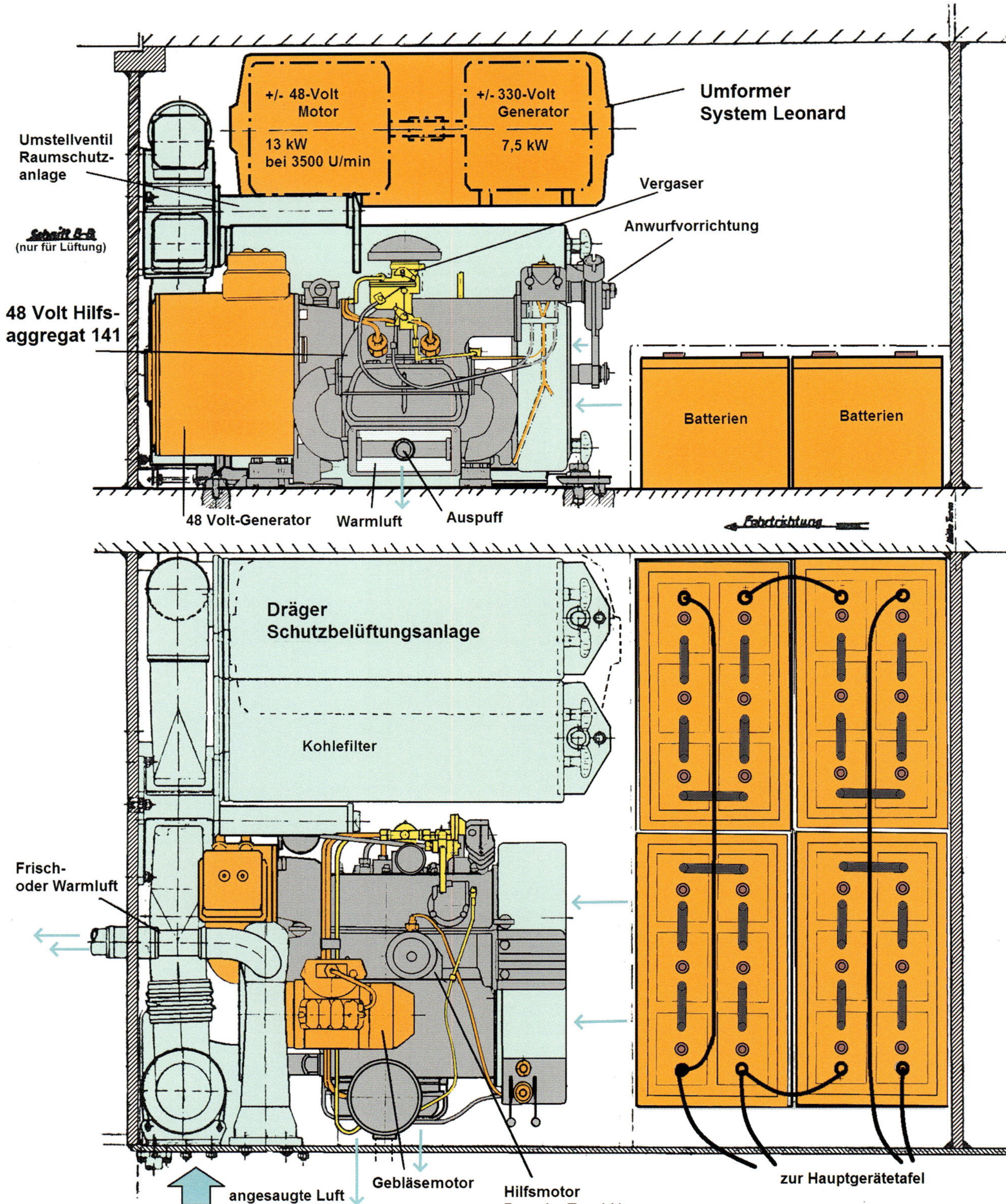


*PA/MF. Der Geräteraum mit der Raumschutzanlage, dem VW-Hilfsmotor, dem Umformer für das elektrische Turmschwenkwerk und den vier Batterien.*

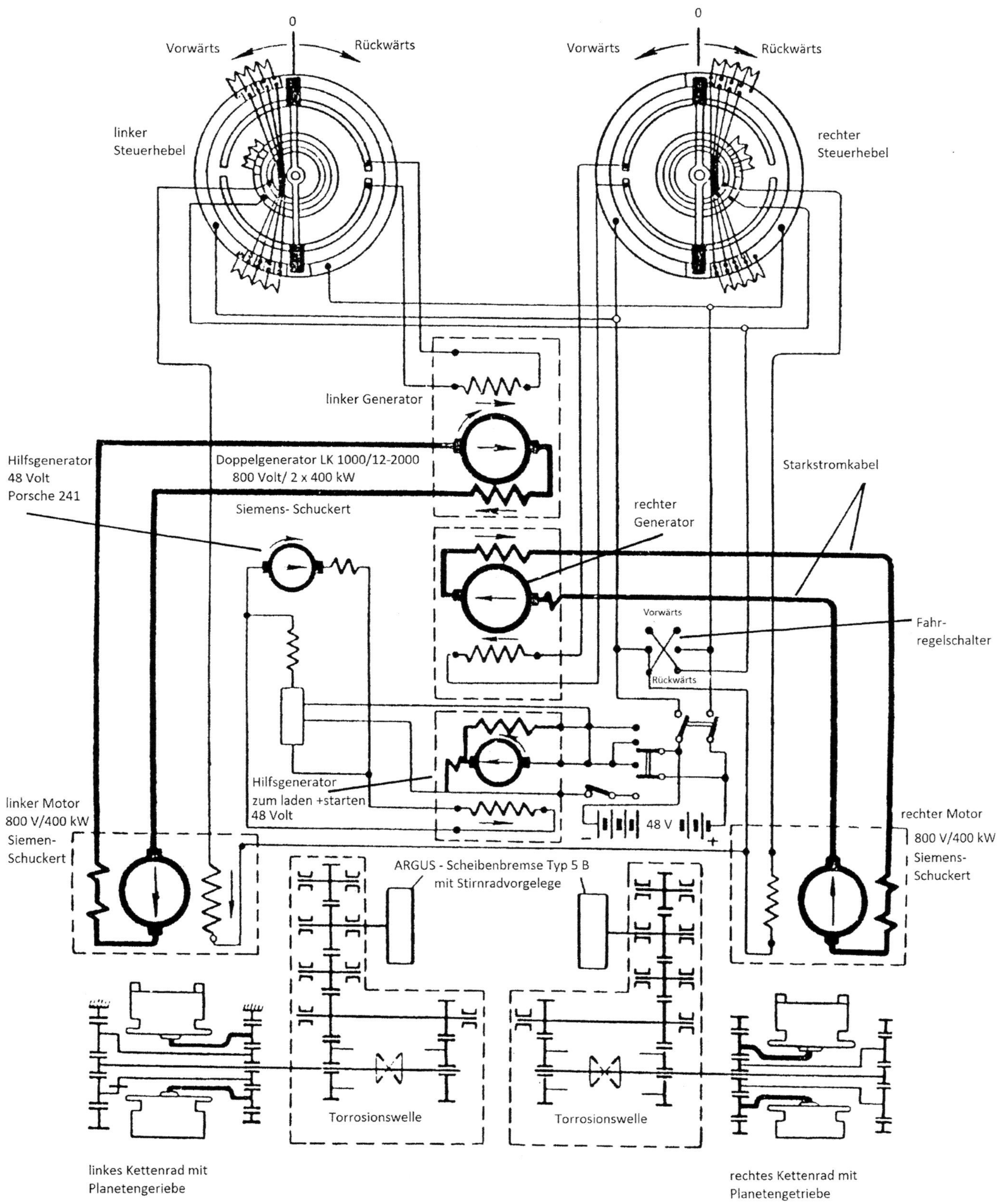


PA/MF. *Das elektrische und mechanische Schaltschema des Panzerkampfwagen Maus.*

*PA.* ***Der Fahrer-/Funkerraum war im Sitzbereich nur einen Meter breit.***

Raumschutzanlage bezeichnet. Neben der Reinigung der Luft des Fahrer-/Funker- sowie des Kampfraumes mittels zweier Kohlefilter wurde ein Überdruck erzeugt, so dass weder Gas noch Staub in die Besatzungsräume eindringen konnten. Bei einer Unterwasserfahrt reduzierten sich so auch eventuelle Wassereinbrüche. Bei Kälte bestand die Möglichkeit, mittels einer in der Belüftungsanlage integrierten 48-Volt-Heizspirale die Besatzungsräume zu beheizen. Das erforderliche Gebläse trieb ein Elektromotor an. Die angesaugte Luft gelangte vom Generatorraum über einen Zyklonfilter zum Gebläse. Der so herausgefilterte Staub gelangte durch ein elektrisches Abzugsgebläse zur Kühlerabluftöffnung.

Zur weiteren Ausrüstung gehörten für die Unterwasserfahrt zwei bzw. drei elektrische, am Wannenboden befestigte Entwässerungspumpen. Am Motor MB 509 waren zudem zwei Lichtmaschinen Typ LM 1000/12 R20 befestigt, wobei eine Lichtmaschine die Funkerbatterie versorgte und die andere die Erregerspannung für den Hilfsgenerator bereitstellte. Die Hauptgerätetafel mit den Schaltschützen befand sich im Generatorraum rechts des Hilfsgenerators. Der Fahrschalter befand sich links neben dem Fahrersitz. Neben der vorn rechts befestigten Instrumententafel befand sich hinter dem Fahrer noch eine Schalt- und Gerätetafel.

Am 22. Dezember 1943 hatte die Firma Alkett in Berlin-Spandau den Zusammenbau des ersten Prototyp Maus

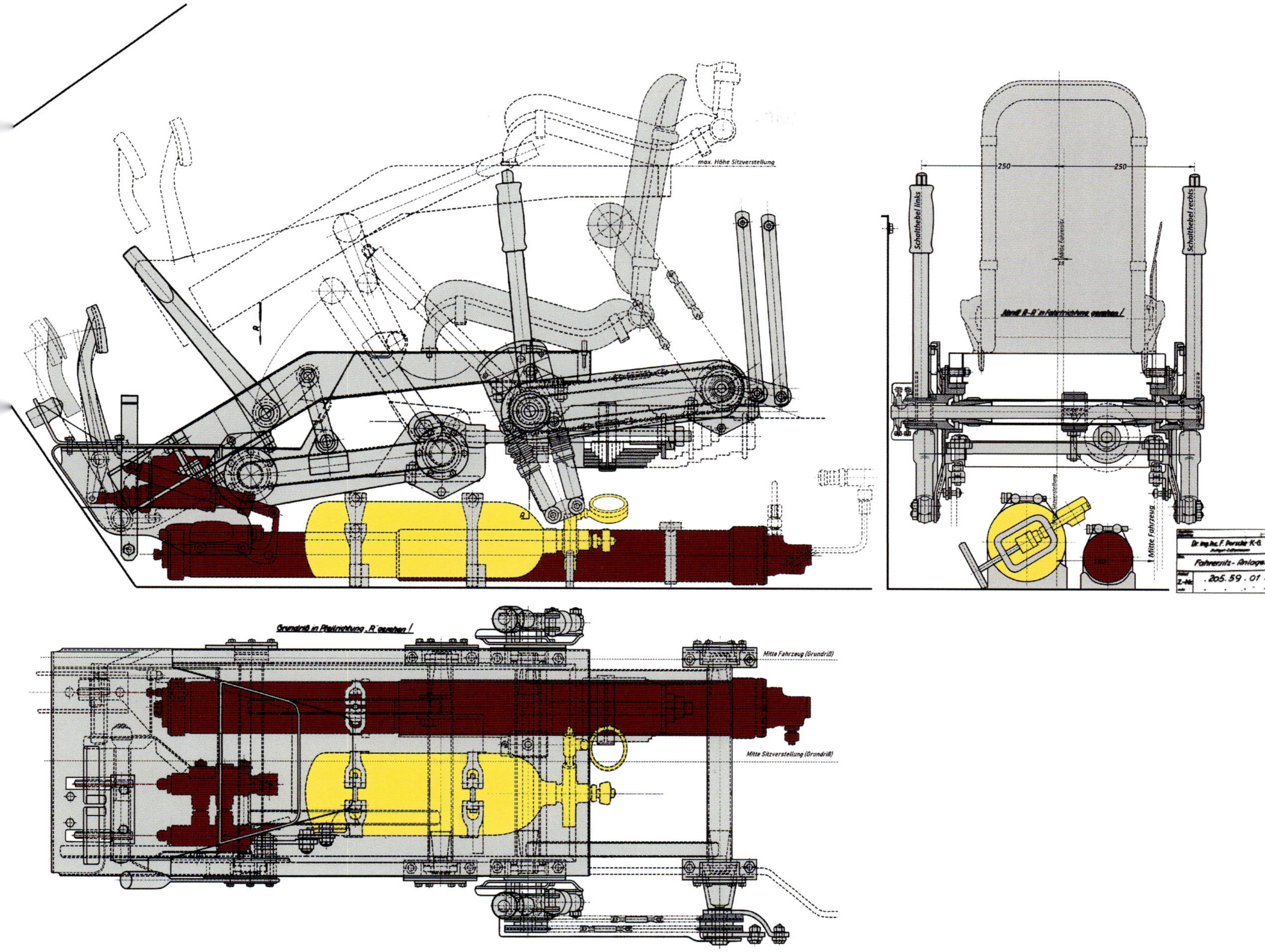


*PA/MF. **Die aufwändige Höhenverstellung des Fahrersitzes. Unter dem Sitz befand sich die Nothydraulik sowie die Acetylen-Flasche für den Kaltstart.***

205/1 soweit vollendet, dass erste Probefahrten im Werksgelände erfolgreich durchgeführt werden konnten. Da der vorgesehene Krupp-Turm noch nicht fertig gestellt worden war, erhielt das Fahrzeug ein 55-t-Turmersatzgewicht aus Gussstahl. Nach kleineren technischen Korrekturen kam das Versuchsfahrzeug auf dem 14-achsigen-Tiefladewagen per Schiene am 14. Januar 1944 zur Erprobung zur Panzerersatzabteilung 7 in Böblingen. Die Nähe zur Stuttgarter Firma Porsche spielte dabei eine Rolle.

Während die Maus 205/1 in Böblingen umfangreich erprobt wurde, hatte Alkett das zweite Fahrgestell der Maus 205/2 am 6. März 1944 soweit fertig gestellt, dass es zur weiteren Montage nach Böblingen verschickt werden konnte. Der Prototyp Maus 205/1 schleppte das etwa 110 t schwere Fahrgestell der Maus 205/2 problemlos vom Bahnhof Böblingen in die Panzerkaserne. Nach dem Aufsetzen des Versuchsturmes am 8. Juni 1944 und dem Einbau eines Benzinmotors MB 509 erfolgten weitere Versu-

*PA. Der Prototyp Maus 205/1 vor der Fahrzeughalle in Böblingen.*

*PA. Fahrt der 205/1 ins Böblinger Übungsgelände der Panzerersatzabteilung 7.*

*PA. Die Maus 205/2 vor der Fahrzeughalle, die damals umgangssprachlich als Porsche-Werkstatt bezeichnet wurde. Der hohe Bodendruck von 1: 1,45 kg/cm² (ohne Einsinktiefe) beschädigte die Pflasterung bei der 90°-Drehung erheblich.*

che des nun kompletten Fahrzeuges. Dabei zeigte sich, dass die Fachleute der Luftwaffe mit ihrem Einwurf zur geringen Lebensdauer des Flugmotor DB 603 recht hatten, da schon zwei Monate später die Benzinmotoren verschlissen waren.

Die geplante Serienproduktion sah im Februar 1943 eine Serie von 120 Fahrzeugen vor, wobei monatlich zehn Fahrgestelle und Türme herzustellen waren. Im Mai erhöhte sich die Forderung auf 135 Panzerkampfwagen, was zusammen mit den sechs Vorserienfahrzeugen eine Stückzahl von 141 ergab. Die Produktion bei Krupp wurde immer wieder durch die heftigen angloamerikanischen Bombenangriffe auf Essen stark verzögert, so dass die Panzerkommission die geplante Monatsproduktion von zehn auf fünf Stück reduzieren musste. Am 25. August 1943 informierte das HWA die Firma Krupp, dass zunächst nur noch 30 Wannen und Türme gefertigt werden sollten. Am 5. November 1943 annullierte WaRüst des HWA den kompletten Vertrag über die Serienproduktion und reduzierte die Zahl der Vorserienfahrzeuge von sechs auf zwei Panzerkampfwagen. Auf Wunsch von Krupp erhöhte das Amt die Zahl auf drei Stück, da Wanne und Turm der Maus 205/3 fast fertig gestellt waren.

Im März/April 1944 kam vom HWA noch eine Anfrage an Krupp, unter welchen Voraussetzungen die monatliche Fertigung von ein bis zwei Fahrzeugen wieder aufgenommen werden konnte. Jedoch war ein großer Teil des Kleinmaterials und des Werkzeuges schon anderweitig verbraucht worden, so dass Krupp nur die Fahrzeuge 205/3 bis 205/7 kurzfristig fertig stellen konnte. Eine Lieferung ab der Maus 205/8 sah die Firma im günstigsten Fall frühestens nach etwa sieben Monaten als möglich an. Aufgrund der angespannten Arbeitskräfte- und Maschinenlage blieb es letztendlich bei den zwei Vorserienfahrzeugen.

## Der Deutz-Motor DZ 710

Auf der Suche nach Alternativen stieß Porsche auf einen wassergekühlten Flugmotor der Firma Klöckner-Humboldt-Deutz AG (KHD). Aus der Motorenfabrik Oberursel war 1941 ein Flugmotoren-Entwicklungswerk entstanden. Zunächst stand die Entwicklung von 2-Takt-Benzinmotoren mit 4000-PS-Startleistung und 3000-PS-Dauerleistung mittels 12-, 16- und 24-Zylinder-Boxermotoren im Vordergrund. Auf Grund der verschlechterten Kriegslage verlor der 16-Zylinder-Motor Typ Dz 710 bzw. als Doppelmotor Typ 720 an Priorität. Der geplante Kraftstoff-sparende Dieselmotor unter der vorgesehenen Bezeichnung Dz 711/721 gewann dagegen an Interesse. So lief im Oktober 1943 der 16-Zylinder-Boxer-Dieselmotor mit Schnürle-Spülung auf dem Turmprüfstand in Oberursel. Aus einem Hubraum von 51,5 Litern leistete dieser 1300 kg bzw. 1450 kg schwere Motor auf dem Prüfstand 2360 PS bei 2700 U/min. Geplante Startleistung waren 3000 PS bei 2800 U/min. Er war als Flugmotor 2400 mm lang, 1350 mm breit und 1000 mm hoch. Die Leistungsangaben wurden später auf 2200-PS-Start- und 1600-PS-Dauerleistung (*in 6 km Höhe*) nach unten korrigiert.

Schon am 13. Juli 1943 erfolgte eine Besprechung mit der Firma ZF, bei der die Merkmale einer neuen Maus vorgestellt wurden:

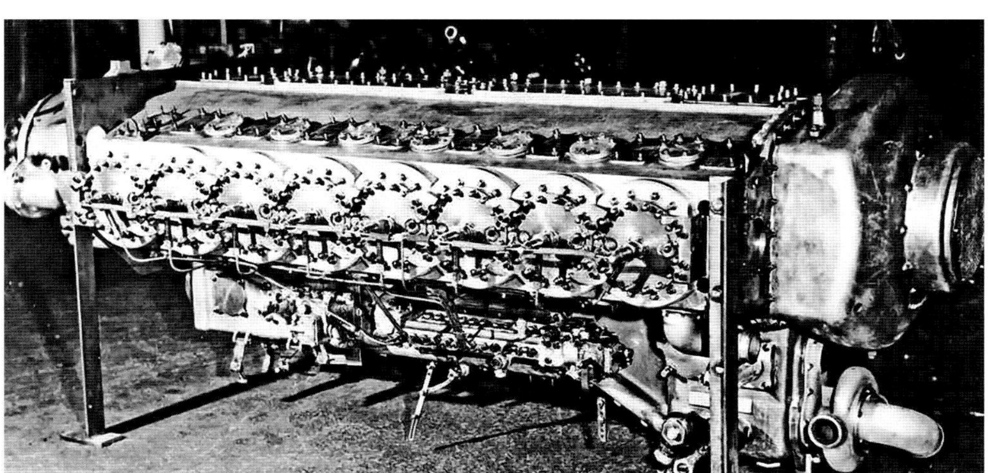

*HH via Archiv GKMO.* ***Der 16-Zylinder-2-Taktdiesel war ein aufgeladener Direkteinspritzer und arbeitete nach dem Patent der Schnürle-Umkehrspülung.***

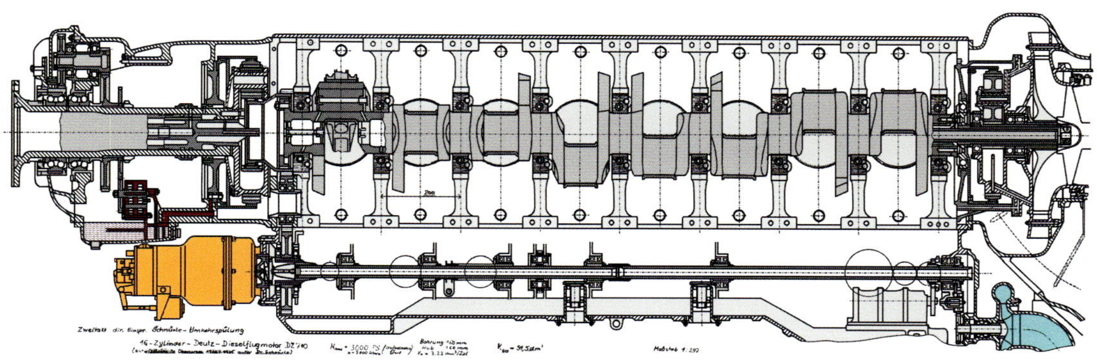

*HH/MF.* ***Längsschnitt eines Dz 710-Entwurfs mit angebautem Untersetzungsgetriebe des Propellerantriebes und elektrischem Anlasser.***

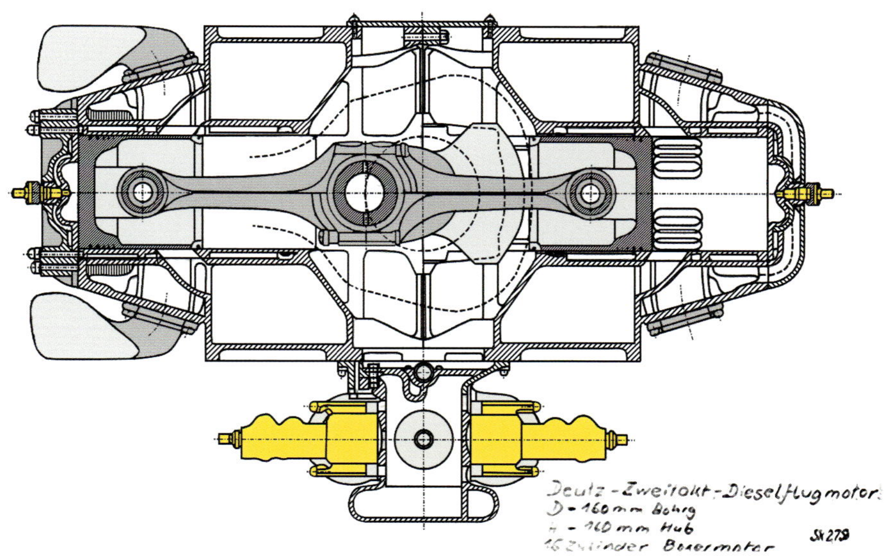


*HH/MF.* ***Der Querschnitt zeigt die Boxer-Bauweise mit den Einspritzpumpen.***

1. Verwendung eines 16-Zylinder-Dieselmotors der Humboldt-Deutz-Motoren A.G.
2. Ein mechanisches ZF-Schalt- und Lenkgetriebe mit elektromagnetischen Kupplungen
3. Die Wanne sollte um 1100 mm gekürzt werden, dadurch Gewichtseinsparung
4. Der Turm liegt in der Mitte des Fahrzeugs.

Bereits 1938 hatte KHD dem HWA vorgeschlagen, für den bei Krupp entwickelten Panzerkampfwagen IV einen geeigneten Dieselmotor zu bauen. Zum einen den 8-Zylinder-Sternmotor Typ T8L mit 320 PS aus 13,8 Litern Hubraum, der aus dem vorhandenen Dz 700-Motor abgeleitet wurde, und zum anderen einen abgeleiteten 16-Zylinder-Boxer-Flugzeugmotor, der auf 8 Zylinder halbiert und

HH via Archiv GKMO. ***Der Dz 700, ein 2-Takt-Diesel-Sternmotor mit 105/160 PS.***

400-PS-Dauerleistung gedrosselt werden sollte.[188] Doch ein Dieselmotor war zu dieser Zeit für das HWA keine Option. Ende 1943 sah die Lage anders aus, das Entwicklungsbüro in Oberursel sollte nun Panzer-Dieselmotoren entwickeln. Ein Auftrag des HWA sah vor, aus einem leistungsreduzierten Dz 710 einen 1800-PS-Dieselmotor für den Panzerkampfwagen Maus zu konstruieren. Ein zweiter Auftrag betraf die Deutz-Konstruktion eines 700- bis 800-PS-starken-Dieselmotors in V-Form unter der Typenbezeichnung T8M118 und T12 M118 für den Panzerkampfwagen Panther. 1943 war diese Konstruktion eines TM118-Panzermotors nach Bergisch-Gladbach ausgelagert worden, um dann Ende 1944 weiter nach Altmorschen verlegt zu werden. Ende 1944 wurden die Entwicklungsarbeiten zum Dz 710 eingestellt, die beiden fertigen Versuchsmotoren Dz 710 gelangten nach dem Krieg in die USA, wo sich ihre Spur verlor.[189]

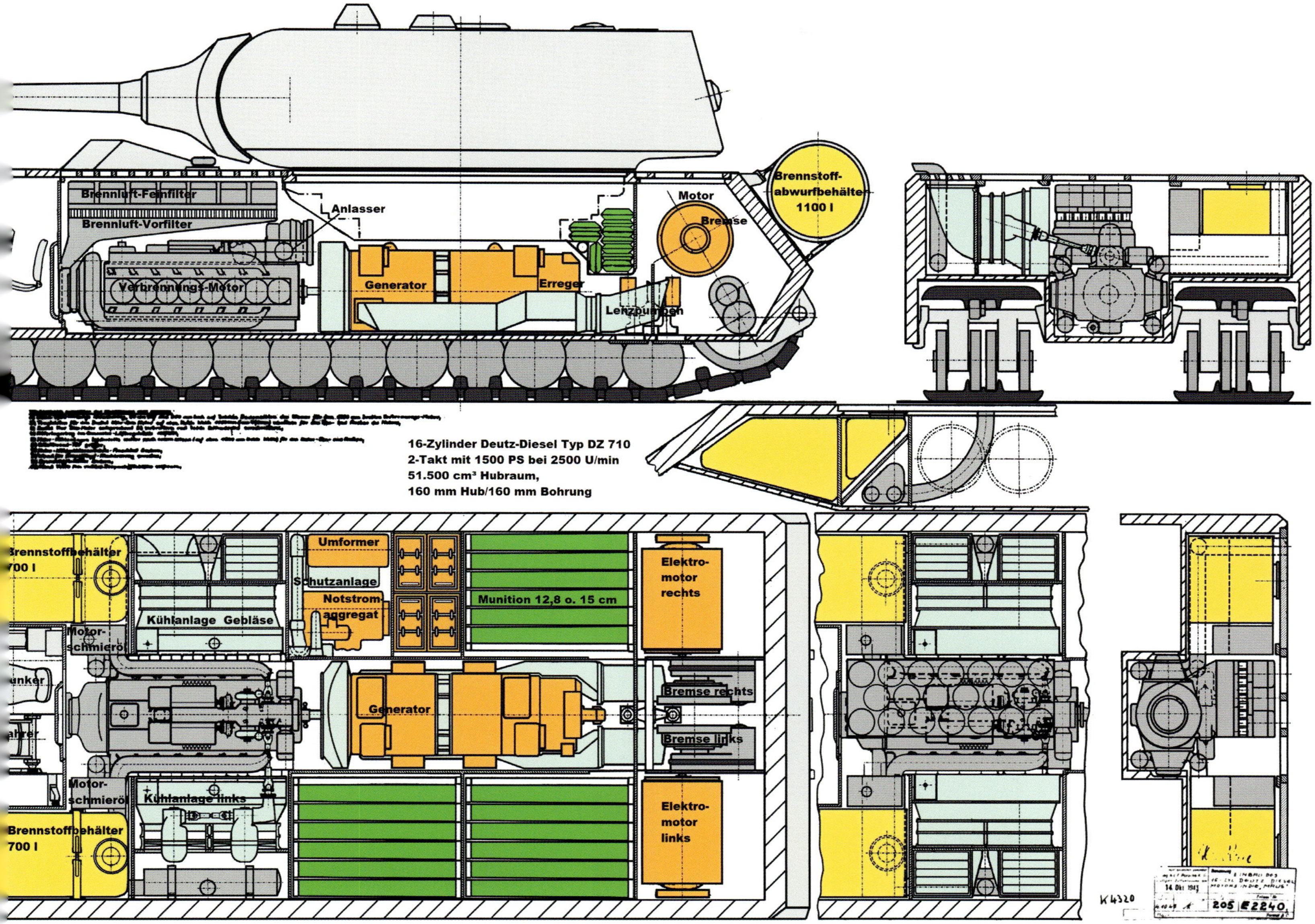


*PA/MF.* ***Der Einbauentwurf vom 14. Oktober 1943 zeigt einen 16-Zylinder-Deutz-Dieselmotor DZ 710 mit der gedrosselten Leistung von 1500 bzw. 1800 PS bei 2500 U/min. Insofern bemerkenswert, da dieser Motor erst zu diesem Zeitpunkt das erste Mal auf dem Prüfstand in Oberursel lief.***

Am 22. August 1943 wurde anlässlich einer internen Besprechung bei Porsche der Entwurf des Deutz-Schnürle-Motors in der vorgeschlagenen einteiligen Ausführung des Motorgehäuses mit dem Getriebegehäuse für den Typ 205 zurückgestellt, da sich die Fertigstellung dieses Motors weiter verzögerte und der Einbau ein vollkommen neues Fahrzeug ergab.[190]

Zu erwähnen wäre als Motor-Alternative für die Porsche-Maus der 16-Zylinder-X-Dieselmotor Typ Sla 16. Die Porsche-Kennung dieses 48-Liter-Motors war Typ 212 und sollte 1500 PS bei 2500 U/min leisten. Mehr dazu weiter unten.

## Der Daimler-Benz-Motor MB 517

Zunächst hatte Porsche vorgeschlagen, den Schnellbootmotor MB 507 mittels eines BBC-Abgasturboladers für den Typ 205 verwendbar zu machen. Jedoch musste Daimler-Benz bei Versuchen feststellen, dass die Verwendung einer Abgasturbine bei diesem schnelllaufenden Dieselmotor zu schädlichen Schwingungen und damit zum Verlust des Büchi-Effektes führte.

Unterdessen konnte Daimler-Benz der Firma Porsche einen mechanisch aufgeladenen Dieselmotor des Typ MB 507 anbieten, der die Bezeichnung MB 517 erhielt. Porsche-intern lautete die Bezeichnung Typ 209. Dieser Motor war vollkommen identisch mit dem Schnellbootmotor, nur dass ein mechanischer Lader die Leistung auf 1200 PS bei 2400 U/min steigerte. Der Motorblock dieses 12-Zylinder-Vorkammermotors war ebenfalls komplett aus dem veredelten Leichtmetall Silumin-Gamma hergestellt und besaß vier Ventile pro Zylinder, wobei die Auslassventile Natrium-gekühlt waren. Königswellen trieben die beiden oben liegenden Nockenwellen an. Die Diesel-Einspritzanlage wurde komplett vom hängenden Diesel-Flugmotor vom Typ DB 607 A übernommen. Der geringere Kraftstoffverbrauch von 175 g/PSh gegenüber 245 g/PSh des MB 509 war von großem Vorteil. Professor Porsche ärgerte nur, dass ihm dieser Motor nicht schon eher angeboten wurde. Von diesem 125.000 RM teuren Motor fertigte Daimler-Benz nur zwei Exemplare. Im Oktober 1944 wurde ein Motor nach Böblingen geliefert und in die Maus 205/2 eingebaut. Einige Änderungen mussten allerdings vorgenommen werden. Details dazu sind leider nicht überliefert. Allerdings lassen die Bilder der später gesprengten Maus 205/2 Rückschlüsse zu. Da der MB 517 ein stehender Motor war, konnte das ZF-Zwischengetriebe zum Generator entfallen. Der Motor und der Doppelgenerator konnten direkt in einer Achse gekoppelt werden. Nur der Lüfterantrieb musste neu gelöst werden und ging vermutlich vom Antrieb des Ladergebläses ab. Da die Abgastemperatur des

YP. *Die durch Sprengung vollkommen zerstörte Maus 205/2t vor dem ehemaligen Standort des OKW in Wünsdorf.*

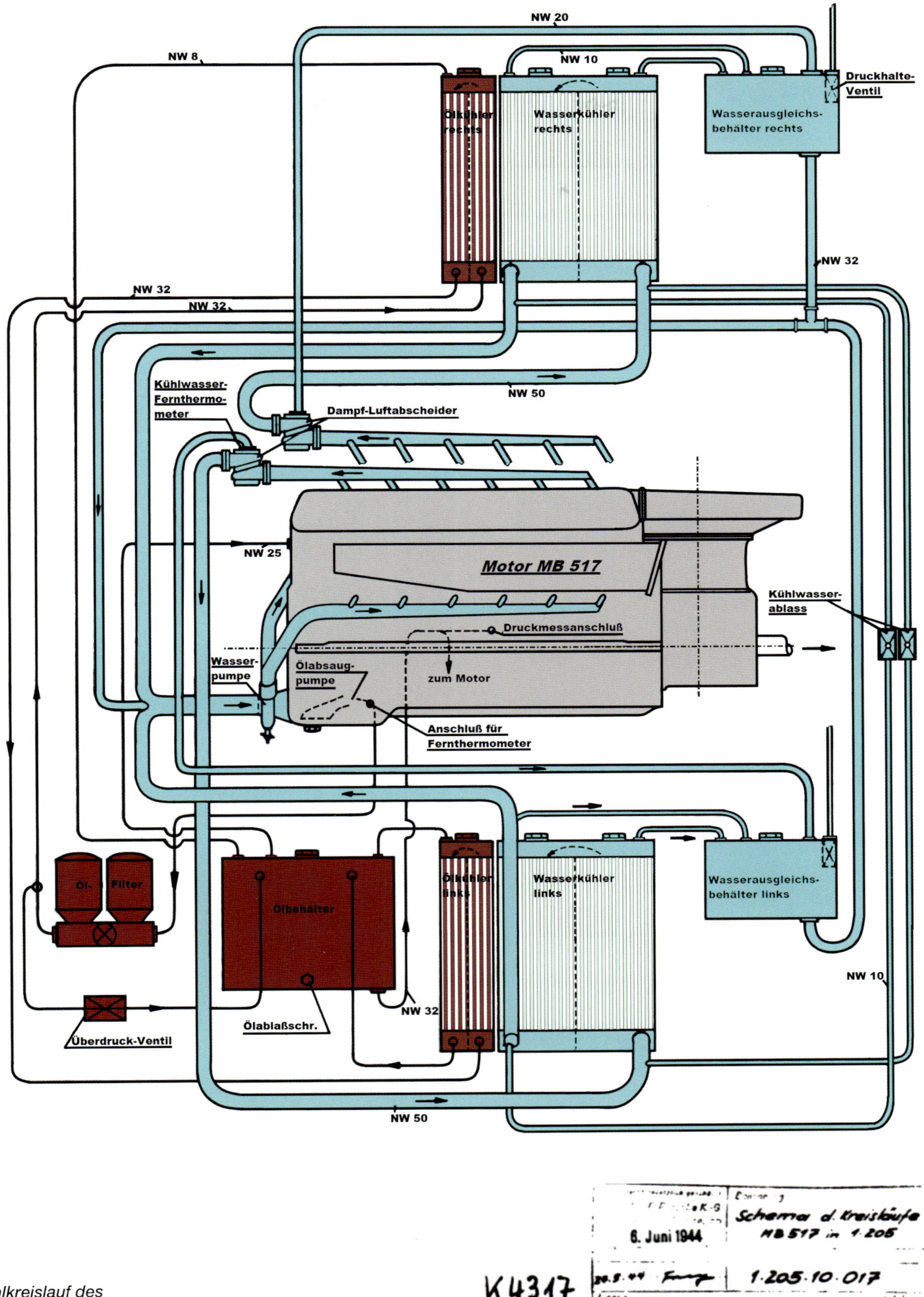


*PA/MF. Der Kühlkreislauf des aufgeladenen MB 517.*

*YP. Der zerstörte Dieselmotor Typ MB 517 in der gesprengten Maus 205/2.*

Dieselmotors auf Grund des besseren Wirkungsgrades geringer war, konnte die aufwändige Auspuffkühlung samt dem dazugehörigen Lüfter entfallen. Der Leistungsbedarf für den Lüfterantrieb ließ sich dadurch erheblich verringern. So stand mehr Motorleistung zum Fahrzeugantrieb bereit.

Der gewonnene Platz konnte für einen größeren linken Kraftstofftank genutzt werden, was die Reichweite des schon sparsameren Motors noch vergrößerte. Der Kühlwasser- und der Ölkühler rückten weiter nach hinten. Auf der rechten Seite nutzte man den gewonnenen Platz augenscheinlich für einen vergrößerten Luftfilterkasten.

Der Dieselmotor wurde im November in Böblingen eingebaut und ohne weitere Erprobung per Schiene nach Kummersdorf-Schießplatz transportiert. Maus 205/1 war zuvor schon Ende Oktober zur Erprobung durch die Verskraft verschickt worden. Beim Abladen am 4. Dezember 1944 kam es bei der Maus 205/2 auf Grund eines Montagefehlers zu einem Motorschaden am MB 517 Nummer 1, die Antriebswelle war zudem gebrochen. Der MB 517 Nummer 2 musste im Daimler-Benz-Werk in Untertürkheim erst fertig montiert werden, bevor er am 15. März 1945 durch Mechaniker der Firma Porsche eingebaut wurde.

Beide Vorserienfahrzeuge wurden im April 1945 von den Besatzungen vor dem Heranrücken der Roten Armee gesprengt.

Während das Fahrzeug 205/2 nach einem Motorschaden (*siehe Abbildung*) vor dem Hauptquartier des OKW in Wünsdorf durch die Selbstzerstörung total zerlegt wurde, trug Fahrzeug 205/1 nur an Motor, Generator und Elektromotor Schäden davon. Auf Befehl des sowjetischen Ministeriums für Transport und Maschinenbau wurde aus den noch brauchbaren Teilen der Maus 205/2 das Fahrzeug 205/1 für eine Erprobung in Kubinka wieder fahrfähig hergestellt. Am 4. Mai 1946 gelangte Maus 205/1 mit dem aufgesetzten, allerdings defekten Turm von Maus 205/2 nach Kubinka und wurde bis 1951 auf dem dortigen Übungsplatz erprobt. Interessanterweise kam auf Grund des Fehlens eines MB 509-Ersatzmotors ein Flugmotor vom Typ DB 603 A2 mit 1750 PS zum Einbau, was u. a. die erreichte maximale Geschwindigkeit von 20 auf 25 km/h erhöhte.

Die ausgeschlachtete Fahrzeughülle ist heute im dortigen Panzermuseum zu besichtigen.

YP. *Ankunft der Maus und eines Sturmmörsers am 4. Mai 1946 in Kubinka.*

# Der Panzerkampfwagen „Tiger-Maus" der Firma Krupp

Wie schon zuvor beschrieben, sollte das zunächst als Krupp-Projekt VK 7001 begonnene 70-t-Fahrzeug entweder mit einer 10,5-cm- oder 15-cm-Kanone ausgerüstet werden und einen herkömmlichen Antrieb besitzen.[191] Das Projekt ging auf einen HWA-Auftrag vom 9. Oktober 1941 zurück. Oberst Fichtner von WaPrüf 6 nahm großen Einfluss auf den später als „Löwe" bezeichneten Entwurf. Dieses Fahrzeug sollte stärker gepanzert und bewaffnet sein als der VK 4501 (*Tiger*). Als Antrieb standen laut WaPrüf 6 nur der Maybach-Motor HL 230 (*750/800PS*) sowie der Daimler-Benz-Motor MB 507 (*800/1000 PS*) zusammen mit dem elektromechanischen 12-Gang-Getriebe vom Typ 12 EV 170 und einem 3- bzw. 2-stufigen-Überlagerungslenkgetriebe L 600 zur Auswahl. Auf Grund der spitzen Bugform schlug Henschel zudem ein Lenkgetriebe Typ KLL 800/320 vor. In Erwägung zog WaPrüf 6 auch entweder je zwei Porsche-Ottomotoren mit insgesamt 660 PS, je zwei Porsche-Dieselmotoren mit Aufladung mit 840 PS, oder einen verstärkten Maybach-Motor mit einer Leistung von 1000 PS.

Der erste Krupp-Entwurf vom 21. Januar 1942 zeigte ein 82-t-schweres Fahrzeug mit 120-mm-Front- und 100-mm-Seitenpanzerung. WaPrüf 6 favorisierte allerdings ein 72-t-Fahrzeug mit geringerer Panzerstärke von 100/100-mm, da dafür schon ein Maybach-Motor zur Verfügung stand und aufgrund der verwendbaren Tiger-Komponenten eine Produktion schneller beginnen konnte.

Jedoch erging am 5. März 1942 die Anordnung von Hitler, dass kein 72-t-Fahrzeug, sondern ein 100-t-Panzerkampfwagen als Probefahrzeug bis spätestens zum Frühjahr

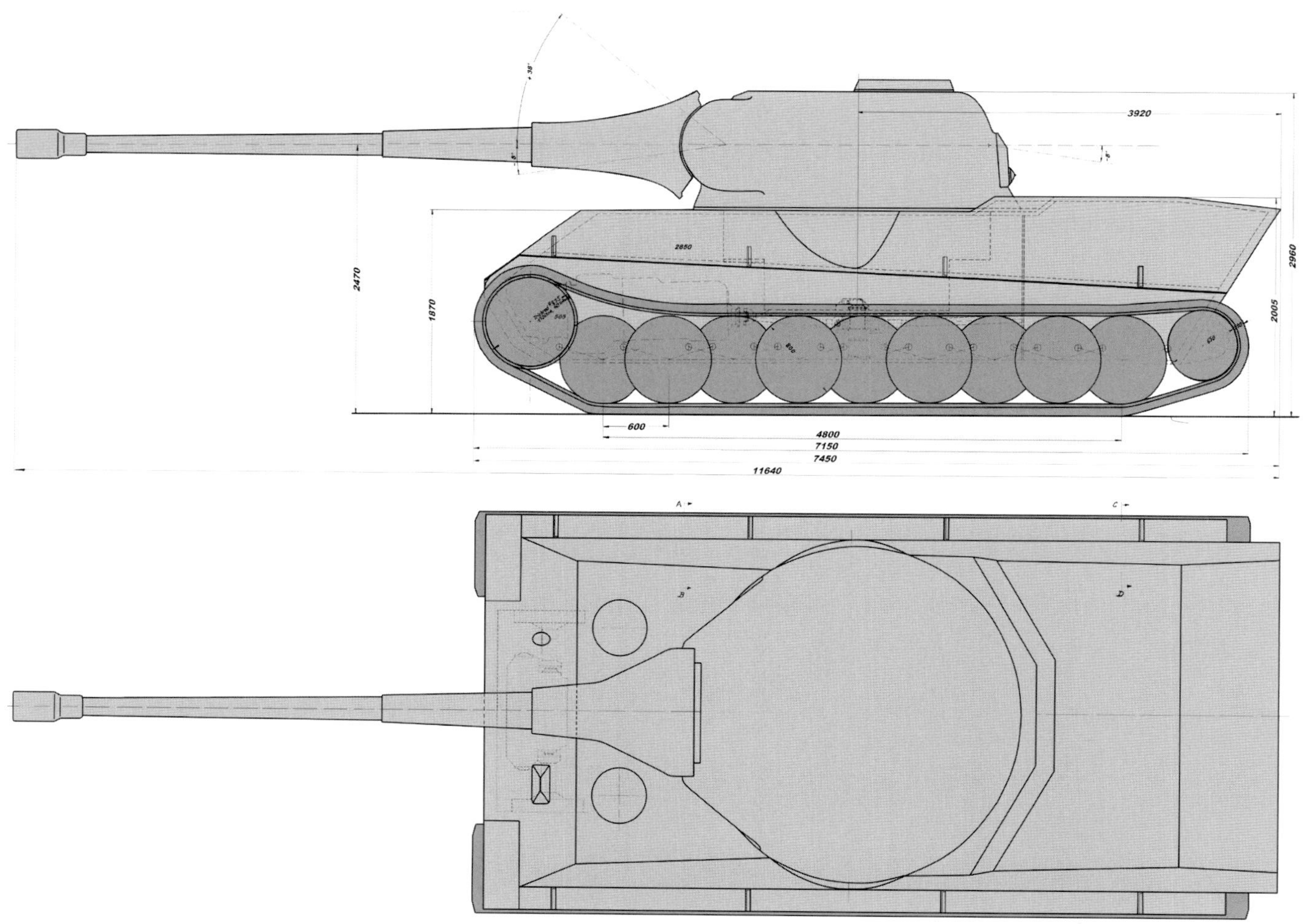


*BAMA/MF.* ***Ein Entwurf des Panzerkampfwagen „Löwe" mit langer 10,5-cm-Kwk.***

1943 zu entwickeln und herzustellen sei. Die geplanten zwei Versuchsfahrzeuge sollten in Aufbau und Aussehen dem in Entwicklung befindlichen VK 4503 entsprechen. Als Hauptbewaffnung stand entweder die 10,5-cm-Kwk L/70 oder eine 12,8-cm-bzw. 15-cm-Kwk zur Diskussion. Die im April 1942 geforderte höhere 120/100-mm-Panzerung führte zu einem geschätzten Gewicht von 90 t. Antriebsseitig gab es noch immer keine neuen Alternativen zu den Plänen von 1941. Monatlich sollten zudem zehn Türme mit der 15-cm-Kwk L/40 gefertigt werden, je fünf für das Krupp- und das Porsche-Projekt der Maus.

Allerdings gab Dr. Roland als Vorsitzender des Hauptausschusses Panzerkampfwagen und Zugmaschinen im Programm III für das Jahr 1943 bekannt, dass Krupp seinen 100-t-Panzerkampfwagen nicht zu fertigen hatte. Allerdings zeigte WaPrüf 6 deutliches Interesse und plante, das Projekt VK 7001 fortzuführen. Am 13. Mai 1942 forderte WaPrüf 6/III,3 von Krupp ein Angebot zur Fertigung zweier Entwicklungsfahrzeuge VK 7001. Davon sollte ein Fahrzeug mit Turm, das andere Fahrzeug nur mit Belastungsgewicht ausgerüstet sein. Motor, Getriebe und Ketten sollten gestellt werden.

Schon am 18. Mai 1942 wurde die Anfrage für die Entwicklung und Herstellung der zwei Entwicklungsfahrzeuge wieder zurückgezogen.[192]

Am 7. Juni 1942 fiel offiziell die Entscheidung, das Projekt Löwe mit der 10,5-cm-Kwk L/70 abzubrechen und stattdessen das Projekt Maus mit der 15-cm-Kwk L/37 und der 7,5-cm-Kwk L/24 voranzutreiben. Dennoch liefen die Arbeiten am VK 7001 bei Krupp auf Anraten von WaPrüf 6 im Hintergrund weiter.

Da das HWA am 17. Juli der Firma Krupp den Entwicklungsauftrag für einen Turm für die 15-cm- und die 7,5-cm-Kwk mit einer 250/200mm-Panzerung und maximal 57-t-Gewicht für die Porsche-Maus erteilt hatte, war klar, dass der 23-t-Turm des VK 7001 diese Anforderungen nicht erfüllen konnte.

Am 20. Juli 1942 ordnete WaPrüf 6 an, die Arbeiten am Turm für den Pz.Kpfw. Löwe einzustellen.[193]

Knapp zwei Monate später begann eine offensichtlich von WaPrüf 6 inszenierte Aufholjagd auf die Porsche-Maus-Fahrgestell-Entwicklung. Über die Gründe kann nur spekuliert werden. Bekannt ist jedoch die Gegnerschaft zwischen dem Heereswaffenamt und dem für kühne technische Konstruktionen bekannten Porsche. Ergebnis war jedoch nicht das „Aus" für die Porsche-Maus, sondern nur für ein unter Bastelgarage-ähnlichen Bedingungen, nicht fertig gestelltes Versuchsfahrgestell „E 100". Weitere Details dieser Entwicklungsgeschichte sind hauptsächlich durch die Aufzeichnungen des Oberingenieurs Wölfert von Krupp bekannt geworden, deren Inhalt die wesentliche Grundlage für die nachfolgenden Ausführungen sind.[194] Wie bei der Porsche-Maus-Entwicklung spielte auch hier die Frage des Triebwerkes und der zu verwendenden Baugruppen eine Schlüsselrolle.

So berichtet Krupp von einer Besprechung mit Oberingenieur Wölfert am 11. September 1942, bei der Holzhäuer[195] und Crohn (WaPrüf 6) die Firma Krupp im Zusammenhang mit ihrer 150-t-Porsche-Maus-Turmentwicklung ermuntert hätten, einen eigenen Entwurf eines Fahrgestelles für einen 150-t-Panzerkampfwagen[196] vorzulegen. Dabei sollen die vertraulichen Informationen weitergegeben worden sein, dass Porsche Probleme mit den zahlreichen neuen Baugruppen hätte und es günstig erschiene, wenn weitere Anbieter auftreten würden. Auf die Frage, ob stärkere Baugruppen zur Verfügung ständen, soll Holzhäuer geantwortet haben, dass Maybach versprochen habe, die Leistung des HL 230 auf 1000 PS zu steigern. Dieses könnte durch einen speziellen Kraftstoff und einer erhöhten Kompression, ohne Lader, ermöglicht werden. Holzhäuer wolle die Produktion eines weiteren 150-t-Panzerkampfwagens in etwa vier Wochen zunächst mit dem Minister für Bewaffnung und Munition (Speer) und dann mit der Panzerkommission besprechen.

## Der Krupp-Konzeptentwurf für ein 155-t-„Mäuschen"

Krupps Konzeptentwurf mit Heckturm[197] sei am 17. November 1942 im Ministerium für Bewaffnung und Munition unter Teilnahme der wichtigsten Personen aus der Panzerkommission, In 6 und WaPrüf 6, unter anderem Saur, Crohn und Kniepkamp, besprochen worden. Krupp solle seinen fertigen Entwurf kurzfristig vorlegen. Eine Entscheidung über die Produktion des Krupp- oder Porsche-Fahrzeugs solle in drei bis vier Wochen fallen. Es wurde auf den Vorschlag Holzhäuers zur Einhaltung des Terminplanes eingegangen, Henschel-Tiger-Getriebebaugruppen einzuplanen. Hierdurch würde sich die Höchstgeschwindigkeit des „155-t-Mäuschen" auf 20 km/h reduzieren. Es beständen Bedenken wegen der Steigfähigkeit in schwierigem Gelände.

Eine Woche später wurde klar, dass sich beim gleichen

Rollwiderstand wie beim Henschel-Tiger rechnerisch eine Höchstgeschwindigkeit von 20 km/h für das 150-t-Mäuschen ergäben, jedoch [tatsächlich] nur 13 km/h wegen des Leistungsbedarfs des Henschel-Lenkgetriebes. Es würde ein neues Lenkgetriebe benötigt, das auf eine Leistung von 800 PS statt auf 360 PS ausgelegt sei, so dass mit einem 170-t-Panzer 25 km/h möglich würden.
Krupp habe wenige Tage später entschieden, wegen der Dringlichkeit so viel Komponenten als möglich von vorhergehenden Projekten („R2 und R1") zu übernehmen. Dabei habe es folgende Überlegungen gegeben:

**Verfügbare Motoren:**
Der Ottomotor MB 501 mit 1200/1500 PS, der Ottomotor MB 503 mit 1200 PS oder die Diesel-Version MB 507 mit 800/1000 PS bei 2200 oder 2400 U/min. Es gäbe Gerüchte, dass Porsche den Daimler-Benz Flugmotor DB 603 mit 1375 PS bei 2300 U/min für ihre Maus verwende.
Sollte es Terminschwierigkeiten geben, könnten zunächst der Maybach HL 230 mit 700 PS oder der MB 507 mit 800/1000 PS gewählt werden.

**Verfügbare Schaltgetriebe:**
Das ZF 7-Gang-Schaltgetriebe AK 7-200 (Panther) für 800 PS, das elektromagnetische Getriebe 12 EV 170 für 770 PS oder das 8-Gang-Maybach-Olvar-Vorwählgetriebe OG 401216 für 800 PS.
An Neuentwicklungen: Ein verstärktes Maybach-Olvar-Getriebe für 1200 PS, welches WaPrüf 6 vorziehe oder ein Zahnradfabrik [ZF]-Allklauen- oder elektromagnetisches Getriebe, was Krupp wählen würde.
Bis zum 1. September 1943 würden zwei Getriebe benötigt.

**Benötigtes Lenkgetriebe:**
Da keine Lenkgetriebe in der benötigten Größe vorhanden seien, müsse Krupp ein Lenkgetriebe für ein Fahrzeuggewicht von 170 t, 1200-PS-Leistung und eine Höchstgeschwindigkeit von 30 km/h entwickeln.

**Benötigte Seitenantriebe (Seitenvorgelege):**
Die Seitenantriebe müssten von der Gruppe Wölfert neu entwickelt werden.
Weiterhin sei entschieden worden, dass der Motor im Heck bleibe. Die ersten Konzeptentwürfe müssten am 28. November Dr. Müller[198] vorgelegt werden.

**Der 170-t-Maus-Entwurf von Krupp**
Krupp erarbeitete bis zum 30. November 1942 den Entwurf einer 170-t-Maus mit einem 47,5-t-Krupp-Turm in der Mitte, einem 1200-PS-Mercedes-Benz-Dieselmotor MB 507 und einer sechsköpfigen Besatzung als Alternative zur Porsche-Maus.
Bei der Besprechung dieses Entwurfes mit Kniepkamp am 1. Dezember 1942 schlug die Geburtsstunde der 130-t-Krupp-Maus, aus der später das E 100 wurde. Krupp berichtete, dass WaPrüf 6 die wichtigen Fortschritte zum Konzeptentwurf, wie die abnehmbaren Raupenkästen zur Verringerung der Wannenbreite für den problemloseren Bahntransport, anerkannt habe. Alle Erfahrungen hätten gezeigt, dass die Entwicklung neuer Antriebskomponenten zu lange für die so kurzen Termine dauern würde. Die Entwicklung, Produktion und Erprobung der vorbildlosen abnehmbaren Kettenkästen würde ebenfalls mehr Zeit in Anspruch nehmen. WaPrüf 6 sei der Auffassung, dass Krupp eine Maus unter der Voraussetzung, dass die bewährten Antriebskomponenten des Henschel Tiger II verwendet würden, am schnellsten produzieren könne. Krupp sei von ZF darüber informiert worden, dass die Schaltzeiten ihres elektromagnetischen Getriebes zu lang für die schwachen Leistungsreserven des Fahrzeuges seien. Bei Kürzung der Kettenauflagelänge und Verbreiterung der Spurweite [zur Verbesserung des Lenkverhältnisses] sollte es möglich sein, das Tiger-Lenkgetriebe L 801 einzusetzen, wenn ein Fahrzeuggewicht von 130 t und eine Höchstgeschwindigkeit von 22–25 km/h nicht überschritten werde. Es wäre daher erforderlich, die Panzerungsstärken von Wanne und Turm etwas zu reduzieren, um dieses Gewicht nicht zu überschreiten. Bei Verwendung des Maybach HL 230 mit 700 PS würde das Leistungsgewicht gegenüber den 1200 PS bei 170 t von 7 PS/t auf 5,4 PS/t absinken. Das überarbeitete Modell hätte den Vorteil, dass es schnell in die Produktion gehen könne und Probleme mit neu entwickelten Baugruppen nicht zu erwarten seien. Krupp solle den neuen Entwurf bei WaPrüf 6 spätestens am 8. Dezember vorlegen.
Der daraufhin modifizierte Entwurf enthielt die entsprechenden Tiger II-Baugruppen Maybach-Motor HL 230, Maybach-Schaltgetriebe Olvar 401216 und Henschel-Lenkgetriebe L801. Die Panzerungsstärken von Turm und Wanne wurden reduziert und das Laufwerk angepasst.
Als Höchstgeschwindigkeit wurden seitens Krupp rechnerisch 22,5 km/h ermittelt, jedoch wegen des Leistungsbedarfs des Henschel-Lenkgetriebes nur 21,5 km/h erwartet. Bei einer Änderung des Übersetzungsverhältnisses in den Seitenvorgelegen mit Überlastung des Lenkgetriebes um 12 % könnten 23 km/h erreicht werden.

**Der endgültige Vorschlag für die 130-t-Tiger-Maus**

Am 8. Dezember 1942 lag der Vorschlag für die leichtere 130-t-Maus bei WaPrüf 6 vor und wurde mit Krupp besprochen.

Laut Krupp-Aufzeichnungen sei der Vorschlag begeistert aufgenommen worden.

Als Vorteile gegenüber der Porsche-Maus seien genannt worden:

- das günstigere Lenkverhältnis von 1.5 zu 2.5 [und damit eine bessere Lenkbeweglichkeit],
- problemloser Bahntransport ohne Erfordernis zur Sperrung des Gegenverkehrs durch abnehmbare „Raupenkästen“,
- unempfindlicheres Laufwerk im Hinblick auf Blockieren durch Verschmutzung,
- bewährte, sofort verfügbare Triebwerk-Baugruppen für eine sofortige Serienproduktion,
- das geringere Gewicht ermögliche eine höhere Stückzahl sowie geringeren Material- und Kraftstoffverbrauch.

Die Höchstgeschwindigkeit von 23 km/h und der Panzerschutz wären ausreichend. Die Nachteile der Verladekette, der ungeschützten Federung und des niedrigen Leistungsgewichts von 5,4 PS/t müssten hingenommen werden. Das Leistungsgewicht könne später auf 7,5 PS/t gesteigert werden, wenn der 1000-PS-Motor und das zugehörige Getriebe der Firma Maybach eingebaut würden. Diese ständen laut Oberbaurat Kniepkamp im September 1943 zur Verfügung. Ein stärkeres Lenkgetriebe und Seitenvorgelege für 1000–1100 PS müsse entwickelt werden.

Die mit dem von 47,5 t auf 45,5 t erleichterten, in der Mitte der Wanne positionierten Maus-Turm auszustattende 130-t-Krupp-Maus sei der Konstruktionslösung mit dem hinten liegendem Turm vorzuziehen.

Der ebenfalls vorgelegte Vorschlag mit Turm im Heck hätte folgende Nachteile:

- der Schwerpunkt liegt 40 cm weiter hinten,
- die Unterwasserfahreinrichtung (UK-Anlage) des Tigers könnte nicht komplett übernommen werden,
- der Panther- (Tiger II)-Motorraum müsste geändert werden,
- Wärmebelastung der Besatzung durch vorn liegenden Motor,
- getrennte Besatzung, der Fahrer sei von der Turmbesatzung getrennt.

Das Gewicht des Wannengehäuses wurde von 82 t auf 52 t reduziert. Eine weitere Gewichtserleichterung, speziell des Turmes, würde das Projekt noch befördern. Kniepkamp habe Krupp die Wahl des Federungssystems freigestellt, weil bei der geringen Geschwindigkeit die Weichheit der Federung nur eine geringe Rolle spielen würde. Es bestände großes Interesse, die 130-t-Maus schnell in Produktion zu nehmen, da die eingeführten Baugruppen eine Massenproduktion ermöglichen würden. Aufgrund der Zusagen von Porsche müsse eine Lieferung der vereinfachten Maus bis Herbst 1943 versucht werden. Eine Unterstützung von Kniepkamp und eventuell der Firma MAN bei Fragen zu schwierigen Details der Federungskomponenten sei von Krupp vorgeschlagen worden.

Dennoch musste WaPrüf 6 der Firma Krupp aufgrund einer Besprechung Holzhäuers mit dem Chef der Heeresrüstung am 15. Dezember 1942 mitteilen, dass die Entwicklungsarbeiten an ihrer schwächeren Maus mit Tiger-Komponenten zu stoppen seien und nur die Porsche-Maus mit dem Krupp-Turm gebaut werden solle.

Krupp erfuhr am 17. Dezember bei einer Besprechung mit WaPrüf, dass es Porsche bereits am 2. Dezember 1942 bei einer Konferenz im Führerhauptquartier genehmigt worden sei, seine Maus zu bauen, da er eine frühere Lieferung bis Sommer 1943 zugesagt habe.

Eine Entscheidung über die abnehmbaren Krupp-Raupenkästen sei bei dieser Konferenz nicht gefällt und die Entwürfe für die 130-t-Krupp-Maus mit eingeführten Baugruppen nicht vorgelegt worden.

WaPrüf 6 sei der Auffassung, dass eine Produktion nutzbringend sei, jedoch die Entwicklung und Produktion von zwei unterschiedlichen Maus-Fahrgestellen aufgrund der Erfahrungen mit dem Tiger[199] unvorteilhaft und zu vermeiden sei.

Bezüglich der Leistung des Maybach HL 230-Motors habe Oberbaurat Kniepkamp [ein weiteres Mal] angegeben, dass ein aufgeladener 1000-PS-Versuchsmotor für den September 1943 vorgesehen sei. Weiter werde ein hydro-mechanisches Schaltgetriebe [später als Mekydro bekannt] in Zusammenarbeit von ZF, Maybach, AEG und Voith entwickelt.

Krupp beabsichtige ein Treffen mit Speer oder Hauptdienstleiter Saur[200], um einen Entwicklungsvertrag für ihre 130-t-Tiger-Maus zu erhalten.

Holzhäuer informierte Krupp am 31. Dezember 1942 nach Rücksprache mit Saur, dass dieser Hitler die Produktion der Krupp-Tiger-Maus vorschlagen wolle. Er selbst werde ins Führerhauptquartier fahren und Dr. Müller bitten, die notwendigen Dokumente mitzubringen.

Hitler entschied sich am 3. Januar 1943 jedoch „nach gründlicher Abwägung und Vergleich der Vor- und Nachteile der vorgeschlagenen „Mäuschen“ von Krupp und Porsche“ endgültig für die Produktion der Porsche-Maus. Das war jedoch nicht das Ende der Tiger-Maus.

# Der Panzerkampfwagen E 100 der Adlerwerke

Am 26. Januar 1943 erbat Dipl.-Ing. Kniepkamp als Leiter der Entwicklungsabteilung WaPrüf 6 von Krupp eine Gewichtsaufstellung des „Löwe" (ex-VK 7001) mit den Tiger-Aggregaten und dem 8,8-cm-Turm.
Nach der Entscheidung für die Porsche-Maus im Frühjahr 1943 ließ Kniepkamp das Projekt im Rahmen der Erarbeitung seiner „Entwicklungsreihe Versuchs-Panzerkampfwagen" wiederaufleben.
Die Klasseneinteilung umfasste die Typen E 5 (5 bis 10 t), E 10 (10 bis 15 t), E 25 (25 bis 30 t), E 50 (bis 50 t), E 75 (75 bis 80 t) sowie den Typ E 100 (ab 100 t).
Im April 1943 erhielt Kniepkamp über Holzhäuer von der Panzerkommission die Erlaubnis, als Teil dieses Entwicklungsvorhabens ein E 100-Versuchs-Fahrgestell bauen zu lassen.
Für diese Klasse, für die als einzige ein Prototyp-Fahrgestell gebaut wurde, erging an das Fahrzeug- und Maschinenbauunternehmen Adlerwerke in Frankfurt a.M. der Auftrag, einen Panzerkampfwagen auf Grundlage der Krupp-Maus zu entwickeln, was natürlich die Firma Krupp gegen Kniepkamp aufbrachte.
Wölfert berichtet, dass Kniepkamp bei einer Besprechung über den Fortgang der E 100-Entwicklung Ende Mai 1944 ihm gegenüber erklärt habe, die Basis für den E 100 sei der Entwurf der Tiger-Maus von November 1942 gewesen, mit Ausnahme der Federung. Er habe das Projekt im Rahmen seiner Entwicklungsreihe wieder aufleben lassen.
Auf die Frage, warum Kniepkamp den Entwurf an eine Firma weitergeben habe, die keine Erfahrung im Panzerbau habe, soll dieser geantwortet haben, seiner Ansicht nach sei Krupp durch andere Aufgaben überlastet. Der am nächsten Tag von Wölfert angesprochene Oberst Holzhäuer schien von Kniepkamp über die zugrundel iegende Konstruktion falsch informiert worden zu sein. Wölfert glaubte jedoch, ihn überzeugt zu haben. Obwohl der ebenfalls angesprochene Oberst Crohn „nichts mit Kniepkamp und seinen Entwicklungsfahrzeugen zu tun" haben wollte, soll er zugesagt haben, Oberst Holzhäuer die Zeichnungen mit der Versicherung zu übersenden, dass Krupp der Schöpfer des E 100 sei.[201]
Irgendwelche Konsequenzen für Kniepkamp bzw. das HWA sind in den bekannten Quellen nicht dokumentiert. Es ist jedoch anzunehmen, dass sich das Deutsche Reich bei den Entwicklungsverträgen die Rechte zu unbeschränkter Weiterverwertung gesichert hatte und es für Krupp eher eine „Frage der Ehre" war, als eigentlicher Schöpfer dieses Entwurfs gewürdigt zu werden.[202]
Kniepkamp hatte die schon vorhandenen Konstruktionspläne und Unterlagen zur Tiger-Maus im März 1943 an die Adlerwerke übergeben, die außer Fahrgestellen für leichte und mittlere Halbketten-Fahrzeuge keine Panzerfahrgestelle oder Panzertürme entwickelt oder produziert hatten und somit über keinerlei Erfahrungen auf diesem Gebiet verfügten. Es liegt nahe anzunehmen, dass es Kniepkamp damit leichter fiel, seine entwicklungstechnischen Vorstellungen in dieses Projekt, wie auch die anderen Projekte, einfließen zu lassen.
Alle Entwürfe für die Einheitsfahrzeuge waren vom Grundsatz geprägt, einen konventionellen aber vereinfachten Aufbau zu erhalten und die zwar bewährte, aber material- und platzintensive Drehstabfederung aus dem Kampfraum zu entfernen und durch außen liegende Federelemente zu ersetzen. Dies führte zur geplanten Verwendung von außen liegenden Federeinheiten, die, bis auf die schwere Klasse, aus Tellerfederpaketen bestanden. Diese Federeinheit ging zurück auf eine Entwicklung von Professor Lehr, der auch die Doppeldrehstabfederung des Panthers entwickelt hatte.
Die E-Typen sollten laut Kniepkamp eine starke Frontpanzerung bekommen. Dazu sollte so viel Gewicht wie möglich ins Heck verlagert werden. Gewünscht wurde, Motor und Getriebe zu einer Einheit zusammenzufassen, um Herstellung und Instandsetzung zu vereinfachen. Sie sollten Heckantrieb bekommen, um bei Minenschäden an den vorderen Antriebs- und Laufrädern schneller wieder einsatzbereit zu sein durch Aufziehen der verkürzten Kette über die noch unbeschädigten Laufräder und das hinten liegende Antriebsrad. Der technische Vorteil des Frontantriebs werde zwar anerkannt, aber der Vorteil eines Antriebes, der vor Minen- oder Kanonenbeschuss sicher sei, habe den Ausschlag für den Heckantrieb gegeben. Der Heckantrieb sorge auch für einen glatten Kampfraumboden [ohne durchlaufende Kardanwelle].[203]
Grundsätzlich wurde hier mit dem kompletten Triebwerk im Heck der richtige Weg in die Zukunft beschritten, wenn auch die Entwicklung der E-Reihe Kapazitäten in Anspruch nahm, die 1944 an anderer Stelle dringender gebraucht worden wären. Die Tellerfederung konnte sich in der Nachkriegszeit, zumindest im deutschen Panzerbau, trotz der erkennbaren Vorteile, leistungsmäßig nicht gegen die Drehstabfederung durchsetzen.

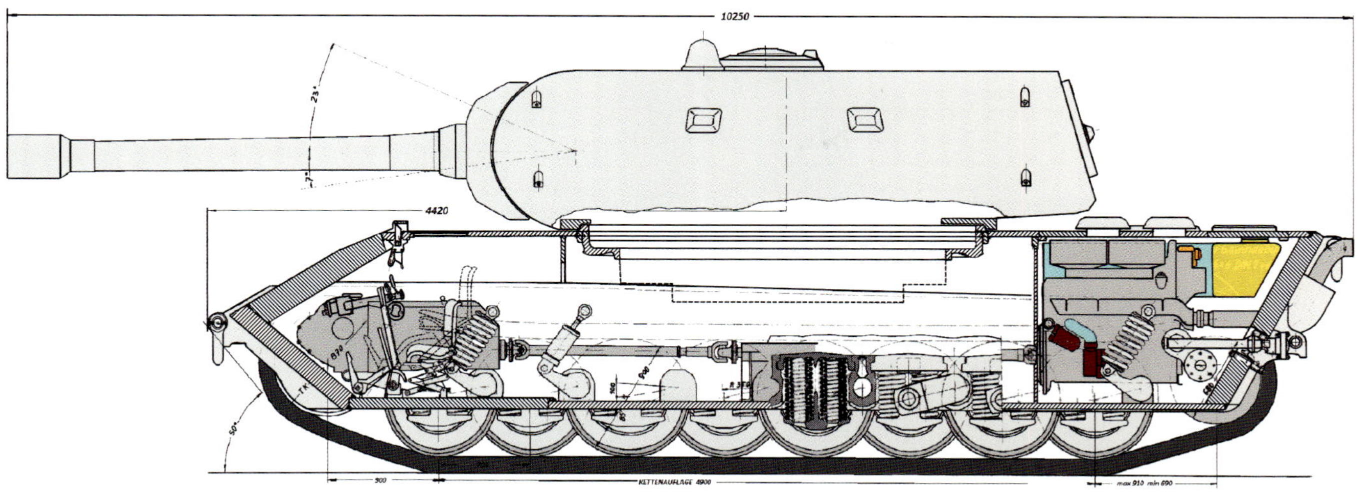


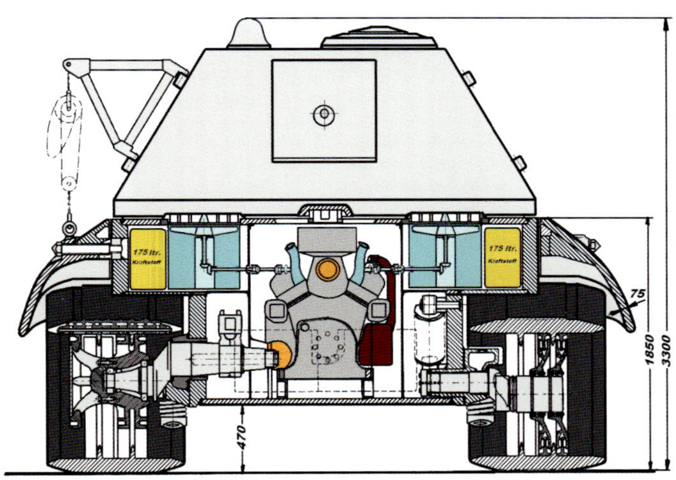


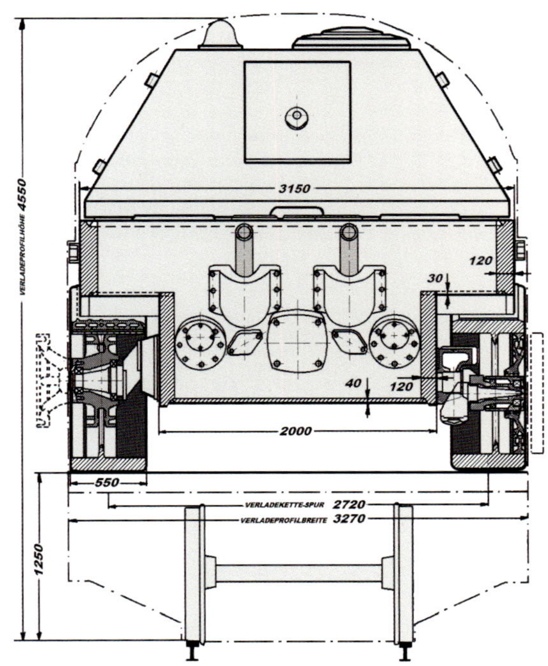


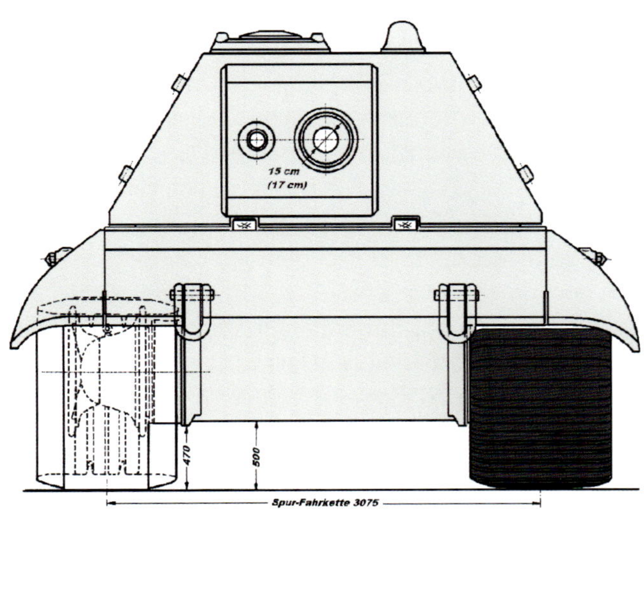


*WS/MF. Der Panzerkampfwagen E-100 mit dem anfänglich geplanten einheitlichen Maus-Turm vom Dezember 1942 im Schnitt.[212] Für einen Bahntransport mussten die seitlichen Vorpanzer („Kettenkästen") sowie die breiten Gefechtsketten zusammen mit den äußeren Lauf- und Antriebsrädern abgenommen werden. Dafür stand ein bordeigener Krananbau zur Verfügung.*

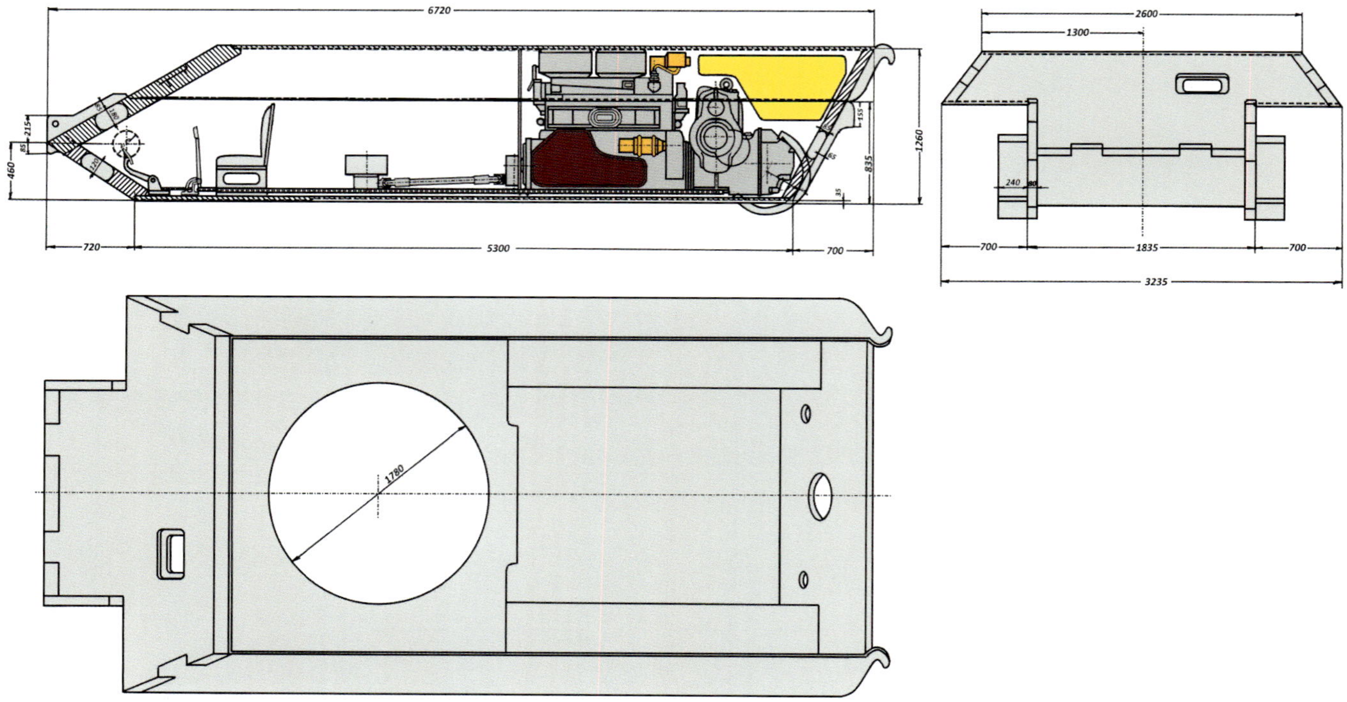


*RH via Internet/MF.* ***Seitenriss des Entwurfes für eine Panzerwanne eines in der Quelle nicht näher bezeichneten schweren Panzerkampfwagens, evtl. der E 75, mit komplett im Heck eingebauten Triebwerkbaugruppen in wenig platzsparender, „aufgelöster" Anordnung. Eine Drehstabfederung scheint nicht vorgesehen gewesen zu sein. Ein Hinweis auf diese Bauweise findet sich bei der beschriebenen E-100-Entwicklung. Um den ungenutzten Bereich über dem Getriebe auszunutzen, wurde augenscheinlich der Kraftstofftank dort platziert. Der Drehturm wanderte so weit nach vorn, dass die wichtigen Luken für Fahrer und ggf. Funker entfallen mussten. Der Turmantrieb erfolgt über eine Kardanwelle in den Kampfraum.***

Im Unterschied zu den geplanten leichteren E-Typen waren beim E 100 statt der Tellerfederung pro Schwingarm und Laufrolle zwei Schraubenfedern vorgesehen. Die Abmessungen der Panzerung sahen eine Bugpanzerung von 200 mm der oberen- und 150 mm der unteren Bugplatte vor. Die Seitenpanzerung betrug 120 mm plus dem 75 mm starken abnehmbaren Vorpanzer. Mit den 1000-mm-breiten Geländeketten und einer Kettenauflage von 4900 mm ergab sich ein hoher Bodendruck von 1,43 kg/cm² (*mit Einsinktiefe bei 140 t*). Zum Vergleich betrug der Bodendruck der Porsche-Maus 1,31 kg/cm² (*mit 20 cm Einsinktiefe*), da die Kettenauflage bei obigem Fahrzeug 1000 mm länger und die Kette 100 breiter war. Auf Grund der gebogenen Kettenglieder (*beim E 100*) war der Bodendruck ohne Einsinktiefe erheblich höher und entsprach etwa der 550 mm breiten Verladekette.

Die Entwicklungsmannschaft von Adler unter Leitung von Direktor Jenschke wurde vom Heereswaffenamt beauftragt, den E 100 zu entwickeln. Das Projekt wurde von Adler am 30. Juni 1943 in Friedberg begonnen.

Das kalkulierte Fahrzeug-Gesamtgewicht von etwa 130 t entsprach mit dem enthaltenen 53 t-Wannengehäuse und dem leichteren 45,5-t-Maus-Turm in etwa der Tiger-Maus vom 7. Dezember 1942. Die Adlerwerke geben auf einer für die Alliierten rekonstruierten Zusammenstellungszeichnung mit dem ursprünglichen Maus-Turm 140 t Gesamtgewicht an.[204]

Es wurde nur der Maus-Versuchsturm Nr. 1 fertig gestellt und auf das Versuchs-Fahrgestell Nr. 2 der Porsche-Maus aufgesetzt.[205] Laut eines Berichtes vom 15. Januar 1945 war weder ein Turm noch ein „Fahrgewicht" (*Turmersatzgewicht*) in Haustenbeck für den E 100 vorhanden.

Eine weitere Gewichtsersparnis sollte sich durch den für den E 100 angepassten Maus-II-Turm von Krupp ergeben, der im März 1944 zeichnerisch erfasst und durch Reduzierung der Panzerung auf 35 t gebracht worden sein soll.[206]

Bei dem in Kummersdorf-Schießplatz befindlichen Holzmodell des Maus II-Turms befand sich die 7,5-cm-Kanone nicht neben der Hauptwaffe, sondern darüber. Dadurch konnte die Blende, zusätzlich zur verringerten Plattenstärke, verkleinert werden. Somit konnte mit einem geringeren Fahrzeug-Gesamtgewicht von ca. 124 t gerechnet werden.

Im Mai 1944 wurde von Krupp und Porsche über ein „Sturmgeschützaufbau" mit einer 15-cm L/63- oder 17-cm

L/53-Kanone für die Porsche-Maus und das E 100 nachgedacht, um die Produktion zu beschleunigen. Der Vorschlag stieß nicht auf Beifall. Taktische Gesichtspunkte sprächen laut Oberst Thomale[207] dagegen. Die Maus habe die Aufgabe, die Infanterie zu begleiten und gegnerische Stellungen zu durchschlagen. Eine Verkürzung der Entwicklungszeit sei ebenfalls nicht zu erwarten. Von Krupp wurde die 15-cm-Kanone bevorzugt. Am 21. Juli 1944 teilte Oberst Crohn mit, dass aufgrund des von Hitler verfügten Entwicklungsstopps die Arbeiten am Sturmgeschütz 15-cm einzustellen seien. Das Holzmodell solle Generaloberst Guderian vorgestellt werden.[208]

Unterdessen hatte der Dortmund-Hörder Hüttenverein (D.H.H.V) im Mai 1944 die Rohbauwanne vom E 100 hergestellt.[209] Der weitere Zusammenbau erfolgte ab Juni 1944 bei der Firma Henschel auf deren Versuchsgelände in Haustenbeck. Die Arbeitskräfte musste die Firma Adler als Entwicklerfirma stellen.

Die Arbeiten erfolgten mit Hilfe von nur drei Arbeitern der Adlerwerke sehr schleppend, liefen aber trotz der angeordneten Einschränkung von Entwicklungen bis Kriegsende weiter.

Die Kniepkamp zugesagten neuen Baugruppen für das E 100-„Projekt B", ein Maybach-Motor mit 1200 PS bei 3000 U/min und ein Maybach-Mekydro-Schalt- und Lenkgetriebe, wurden nicht mehr fertig gestellt.

Einem Hinweis zufolge soll der Heckeinbau der neuen Baugruppen vorgesehen gewesen sein, was eine Umkonstruktion des Fahrgestelles wegen des weiter nach vorn gerückten Motors notwendig gemacht hätte. Es sollte eine Höchstgeschwindigkeit von 40 km/h erreicht werden.[210]

Im Januar 1945 fehlte es immer noch an diversen Teilen, wie Schraubenfedern, Kraftstoff-Leitungen und Teilen der elektrischen Anlage. Am 2. April 1945 besetzten amerikanische Truppen den Standort Haustenbeck und ließen die Arbeiten am E 100 fahrgestellseitig beenden. Ab Sommer 1945 waren die Briten für die Panzerversuchsstation zuständig. Ende 1945 wurden die erbeuteten Fahrzeuge nach England abtransportiert. Das weitere Schicksal der Wanne ist nicht bekannt, sie wurde vermutlich verschrottet.

Das Fahrzeuggewicht könnte nach den heute vorliegenden Informationen günstigstenfalls mit 123,5 t angenommen werden, wobei zweifelhaft ist, ob die Kampfbeladung aus Munition und Ausrüstung eingerechnet ist. Das Leistungsgewicht wäre bei der eingestellten Drosselleistung des Maybach HL 230 von 600 PS bei 2500 U/min statt 700 PS bei 3000 U/min jedoch trotzdem weiter auf gänzlich unvertretbare 4,8 PS/t abgesunken.[211]

## Der HL 232 und das Mekydro-Getriebe für Tiger-Maus / E 100

Kernproblem blieb daher der Antrieb. Kniepkamp sah, wie erwähnt, einen 1200-PS-Maybach-Motor mit Benzineinspritzung sowie ein ebenfalls neu zu entwickelndes mechanisch-hydraulisches Maybach-8-Gang-Schalt- und Lenkgetriebe Typ Mekydro vor, die dem Fahrzeug zu einer Höchstgeschwindigkeit von 40 km/h verhelfen sollten.

Der Motor sollte auf Basis des Maybach-Motors HL 230 P30 mittels mechanischer Benzineinspritzung und Ansaugluft-Aufladung diese Voraussetzungen erfüllen. Da die mittlere Kolbengeschwindigkeit des HL 230 schon die kritische Marke von 14,5 m/s erreicht hatte, blieb nur noch der Weg über eine Steigerung der Literarbeit des Motors. Die Benzineinspritzung begann Anfang der 30er-Jahre im Flugmotorenbau und war erfolgreich zur Einsatzreife gebracht worden (*z. B. MB 603*). Maybach hatte schon 1936/37 beim Projekt eines 600-PS-Motor HL 320 erste Vorstellungen, die Vergaser durch eine Benzineinspritzung auf Basis der Bosch-Leichtöleinspritzpumpen zu ersetzen.

Vorteile waren die günstigere Drehmomentkurve, das bessere Beschleunigungsvermögen, ein geringerer Kraftstoffverbrauch bei erhöhter Verdichtung, eine Leistungssteigerung durch vergrößerte Füllung und eine gleichmäßigere Gemischverteilung in den einzelnen Zylindern. Mit dem Wegfall der Vergaser entfiel auch die Gefahr eines Überlaufens der Schwimmerkammer sowie eines Vereisungsrisiko.

Die Abgasaufladung für einen Benzinmotor warf zur damaligen Zeit wegen der hohen Abgastemperaturen große Materialprobleme auf. Zudem brachte der Abgasturbolader erst in oberen Drehzahlen den gewünschten Ladedruck, wobei in einem Panzerkampfwagen ein gleichbleibend gutes Drehmoment (wie beim HL 230) erwünscht war. Deshalb sah Maybach einen gesonderten Hilfsmotor für den Lader-Antrieb vor, der eine Leistungssteigerung über den ganzen Drehzahlbereich ermöglichen konnte. Schon seit 1942 arbeitete Maybach an diesem Projekt. Der geplante 12-Zylinder-Benzinmotor HL 232 besaß einen im Sattel des Motors montierten 70-PS-Hilfsmotor HL 10. Dieser 2-Zylindermotor besaß einen Hubraum von 1,1 Litern aus 100-mm-Bohrung und 70-mm-Hub.

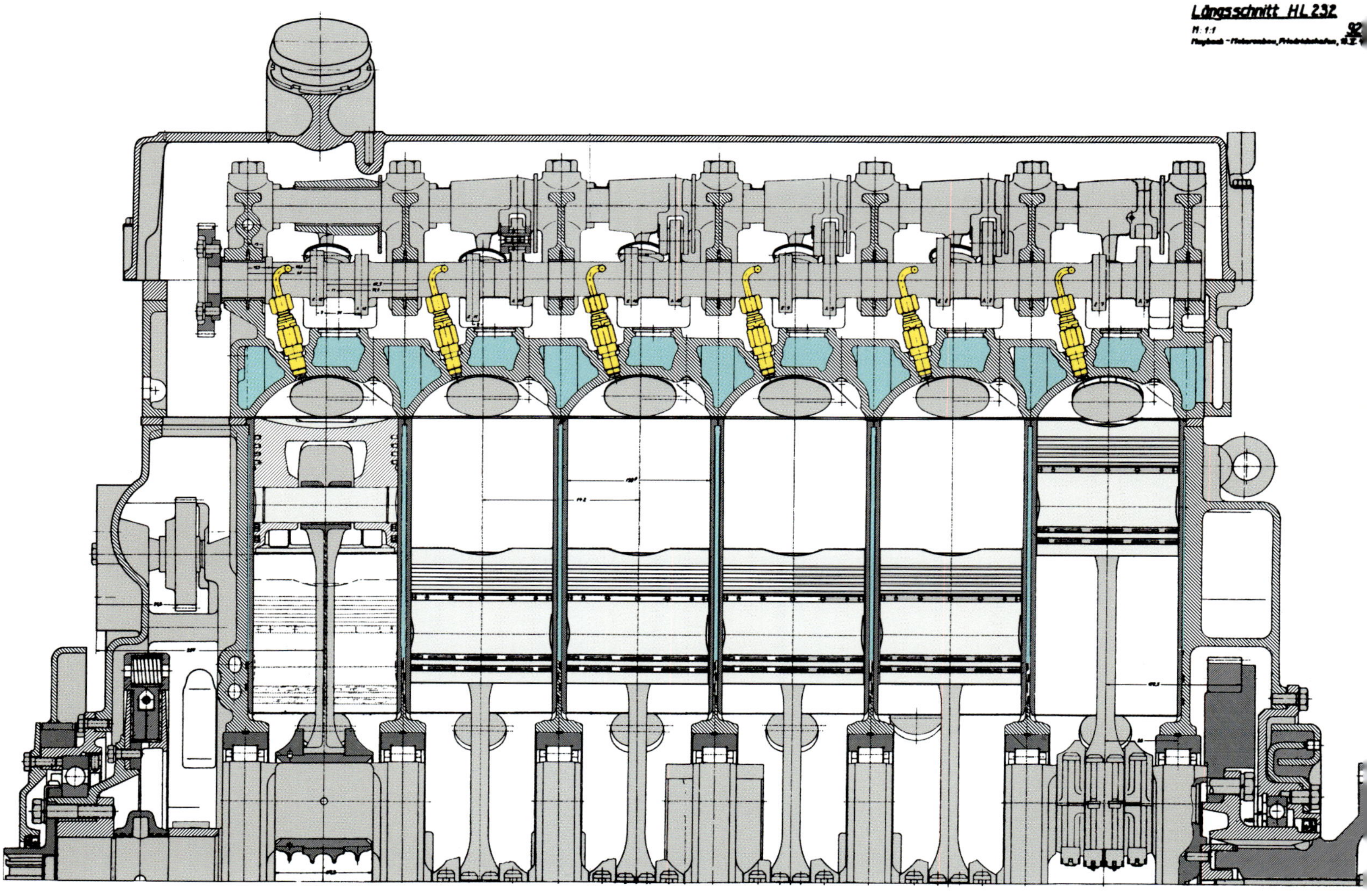


*MTU. Der Maybach-Motor HL 232 im Längsschnitt.*

Neben dem Antrieb des Ladergebläses fungierte er als Anlassmotor für den HL 232, indem er durch Erwärmen des Kühlwassers den Hauptmotor vor dem Start vorzuwärmen sowie die Batterien bei stehendem Hauptmotor aufzuladen hatte. Eine eigene Anlass-Lichtmaschine ermöglichte ein Laden der Batterien im Fahrzeug ohne den Hauptmotor zu nutzen. Weiterhin war geplant, dass dieser Hilfsmotor mittels eines Untersetzungsgetriebes und Freilaufes ein Rangieren ohne die Verwendung des HL 232 ermöglichen konnte. Auch sollte der Hilfsmotor ein Abwürgen des im Leerlauf laufenden Hauptmotors bei plötzlich auftretenden Spitzen im Kraftbedarf verhindern.

Für die ersten Prüfstandsversuche im Frühjahr 1943 baute die Firma Maybach einen Motor HL 230 auf Benzineinspritzung um. Nach den ersten gewonnenen Erkenntnissen über die Möglichkeiten der Benzineinspritzung und deren Leistungs- und Verbrauchsverhaltens begann das aufwändige Erproben der schwierigen Regelung des Luftverhältnisses zum Kraftstoff. Durch die geplante Aufladung verschärfte sich das Problem noch. So bekam jeder Ansaugkanal eines Zylinders eine eigene Drosselklappe, was allerdings zur Folge hatte, dass sich die Einstell- und Reparaturarbeiten verkomplizierten. In den ersten Testversuchen 1944 konnten auf dem Prüfstand etwa 1000 PS bei 2800 U/min erreicht werden. Parallel dazu liefen die Arbeiten am Saugmotor HL 234, der durch sorgsame Abstimmung der Ansaug- und Abgasanlage immerhin 940 PS bei 3000 U/min erreichte. Dieser Motor wird im späteren Text noch genauer beschrieben.

Das geplante Mekydro-Getriebe wurde schon 1938 unter der Bezeichnung „Maybach-AEG-Voith-Getriebe" als Triebwagengetriebe ST 21 entwickelt. Die Bezeichnung

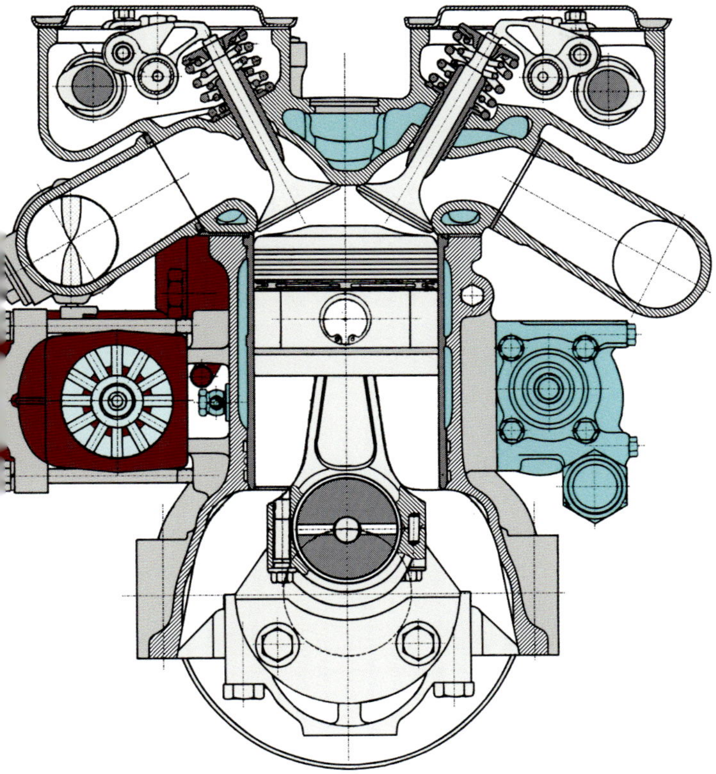

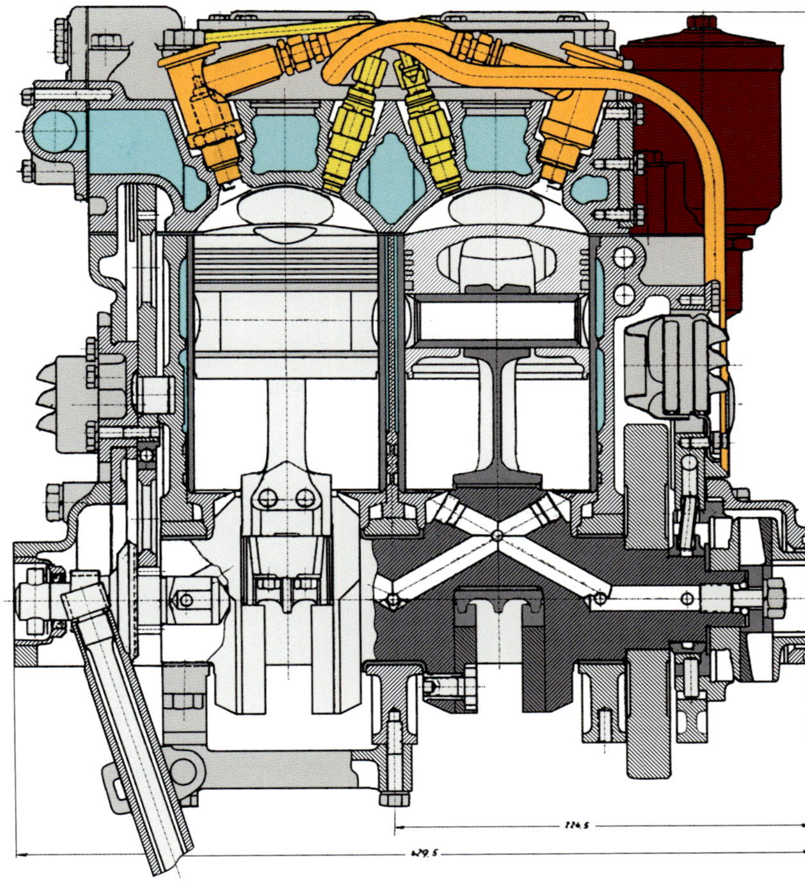

*MTU. Der Hilfsmotor-Maybach HL 10 leistete 70 PS bei 5000 U/min. Bei den seitlich angebrachten Aggregaten handelte es sich vermutlich um eine Anlass-Lichtmaschine (links) und um eine Wasserpumpe.*

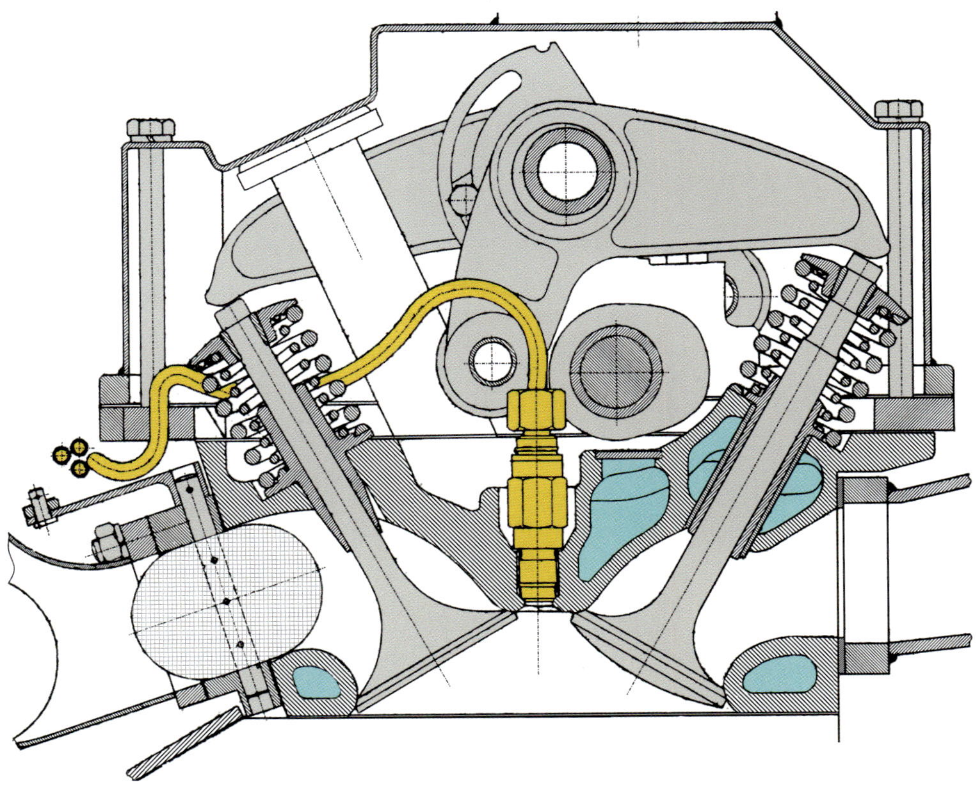

*MTU. Der Zylinderkopf des Maybach HL 232 mit Einbaulage von Drosselklappe und Einspritzdüse.*

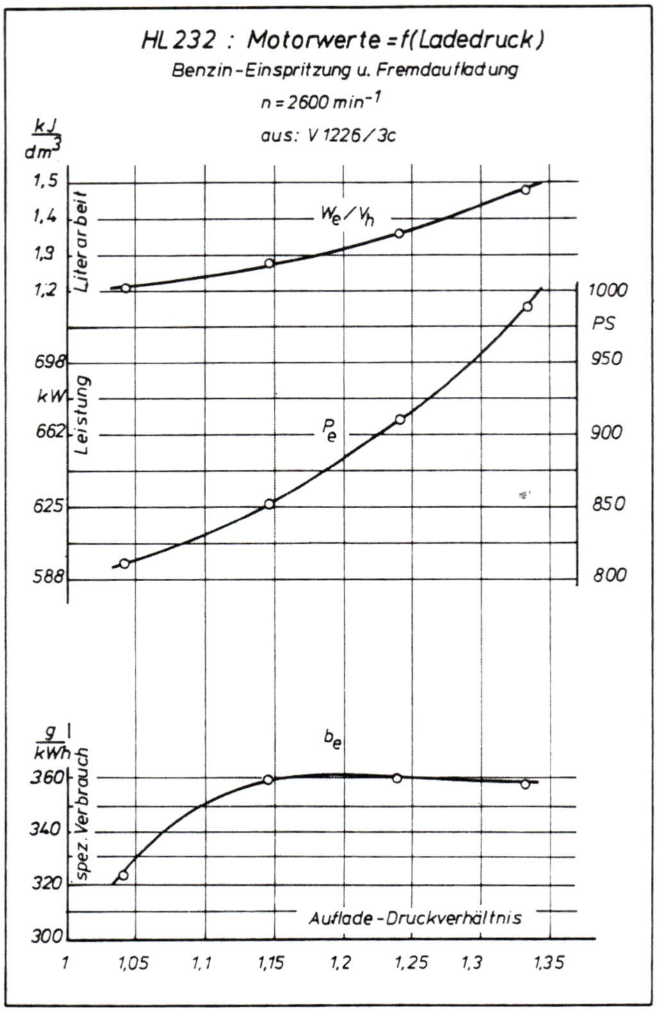


„Mekydro" setzt sich aus den Begriffen mechanisch und hydraulisch zusammen. Als vorteilhaft sah man, dass höhere Leistungen als mit rein mechanischen Getrieben übertragen werden konnten, die Verkürzung der Schaltzeiten sowie den großen Wandelbereich zwischen hoher Zugkraft und niedriger Geschwindigkeit und umgekehrt. Dies alles gewährleistete einen stetigen Betrieb im Bereich des optimalen Wirkungsgrades.

Nach Kriegsbeginn 1939 kamen die Arbeiten zum Erliegen. Da es sich auch gut für die Verwendung in Kettenfahrzeuge eignete, legte Maybach dem HWA einen Entwurf dieses Getriebes vor, welches daraufhin Maybach mit der Entwicklung beauftragte. Zudem entstand ein weiteres Projekt unter dem Namen MO 120, das zusammen mit einem hydrostatischen Lenkgetriebe für einen Panzerkampfwagen Tiger III mit vorn liegendem Motor gedacht war.[213] Da die Wärmeentwicklung aus dem hydraulischen Drehmomentwandler ein Problem darstellte, erfolgte der Einbau einer Wasserkühlung. Fünf Getriebe wurden von Maybach noch gefertigt, aber nicht mehr verbaut.[214]

MTU. ***Die Leistungswerte des HL 232 aus den Jahren 1943/44 mit Benzineinspritzung und Fremdaufladung durch den Hilfsmotor HL 10 ergaben nahezu 1000 PS bei einer Drehzahl von zunächst 2600 U/min.***

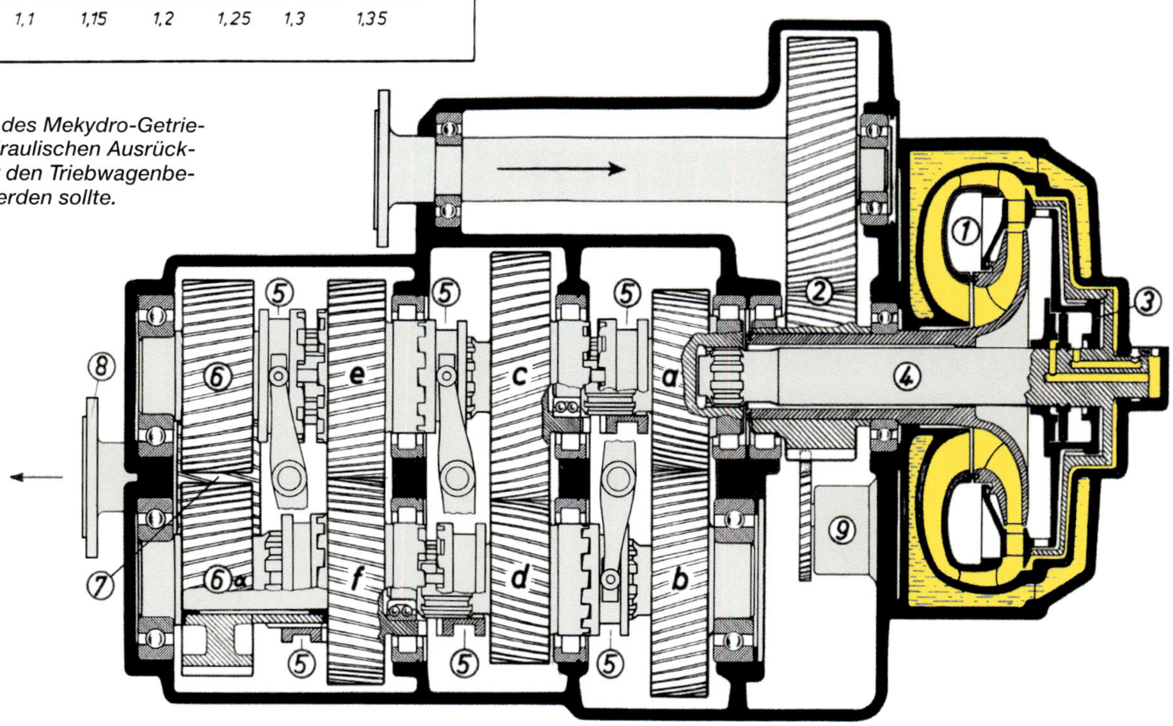

MTU. ***Das Schema des Mekydro-Getriebes mit einem hydraulischen Ausrückwandler, wie er für den Triebwagenbetrieb verwendet werden sollte.***

NARA. *Die Wanne des E-100 zogen die Amerikaner nach Kriegsende ins Freie.*

BAMA. *Der Motorraum mit dem Maybach HL 230 P30. Aufteilung und Ausrüstung entspricht dem Panther und dem Tiger B.*

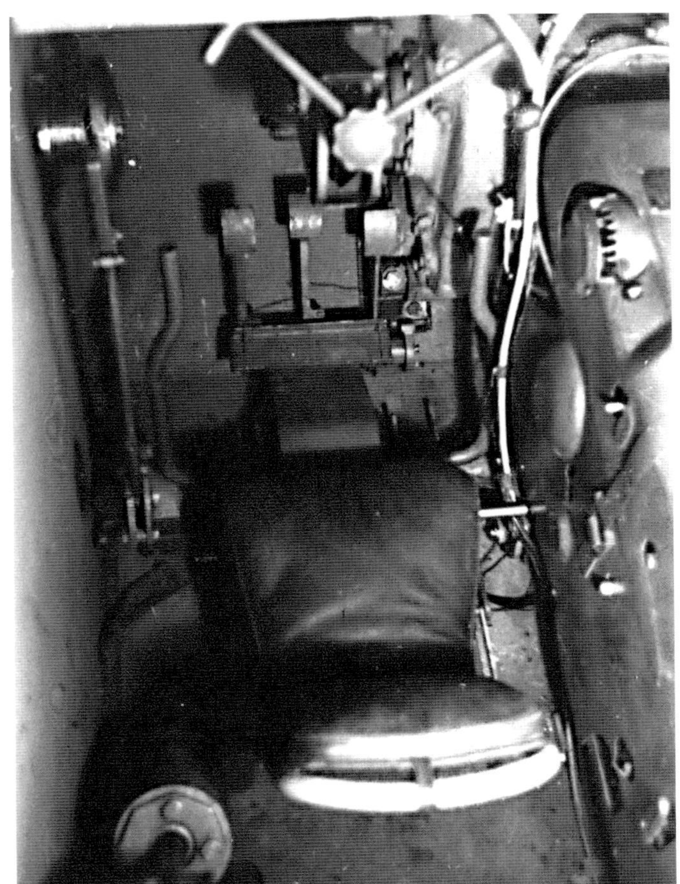

NARA. *Der Fahrerraum mit dem OLVAR-Getriebe des Tiger B.*

## Geschützwagen Tiger für 17-cm-Kanone 72 (Sf.) „Grille 17" und Geschützwagen Tiger für 21-cm-Mörser 18/1 „Grille 21"

Unter den in Haustenbeck erbeuteten Fahrzeugen befanden sich auch das teilweise montierte Fahrgestell der Selbstfahrlafette „Grille 17/21" und die zugehörige 17-cm-Kanone 72.

Bereits im Mai 1942 hatte Krupp die ersten Entwürfe für eine gepanzerte Selbstfahrlafette für die 17-cm-Kanone oder den 21-cm-Mörser vorgestellt. Krupp bekam von WaPrüf 6 einen Auftrag zur Fertigung eines Versuchsfahrzeuges für eine „Grille 17/21" mit Tiger-Komponenten, zu liefern bis zum 1. November 1942. WaPrüf 4 erteilte am 10. August 1942 separate Aufträge zur Herstellung einer 17-cm-Kanone und eines 21-cm-Mörsers zum Einbau in das Versuchsfahrzeug. Verzögerungen ergaben sich, als entschieden wurde, die Tiger-II-Triebwerk-Baugruppen und den Maybach-Motor HL 230 einzubauen, dazu die Federung und das Laufwerk mit den gummigefederten Stahllaufrollen. Die Panther-II-Ketten waren als Transportketten und die Tiger-II-Ketten als Gefechtsketten vorgesehen. Die Lieferung der Tiger-II-Komponenten war für Januar 1944 vorgesehen, was die Fertigstellung des Fahrzeuges auf das 2. Quartal 1944 verschob. Trotz des von Hitler entschiedenen Entwicklungsverbotes gepanzerter Fahrzeuge „schwerer und schwerster Geschüze" wegen der „derzeitigen Lage" vom Juli 1944[215] wurde „die beschleunigte Vorlage eines Entwurfs einer [*für diese*] Selbstfahrlafette für die 17-cm-Kanone unter ausschließlicher Verwendung von Tiger-Elementen" gefordert.

Trotz höchster Dringlichkeit konnte diese nicht, wie am 25. September von Speer gefordert, zum geplanten Termin am 15. Januar 1945 fertig gestellt und Hitler vorgeführt werden. Zwei Fahrzeuge pro Monat sollten hergestellt werden. Wegen der fortgesetzten Bombenangriffe auf Krupp in Essen musste die Grille 17/21 zur weiteren Montage im Dezember 1944 nach Haustenbeck überführt werden. Am 22. Dezember 1944 wurde berichtet, dass noch immer notwendige Komponenten fehlen würden. Am

NARA. ***Das von den Amerikanern im Freien abgestellte Fahrgestell der Grille 17/21. Die hier fehlende geplante 17-cm-Kanone 18 war absetzbar hinter dem Fahrzeug geplant.***

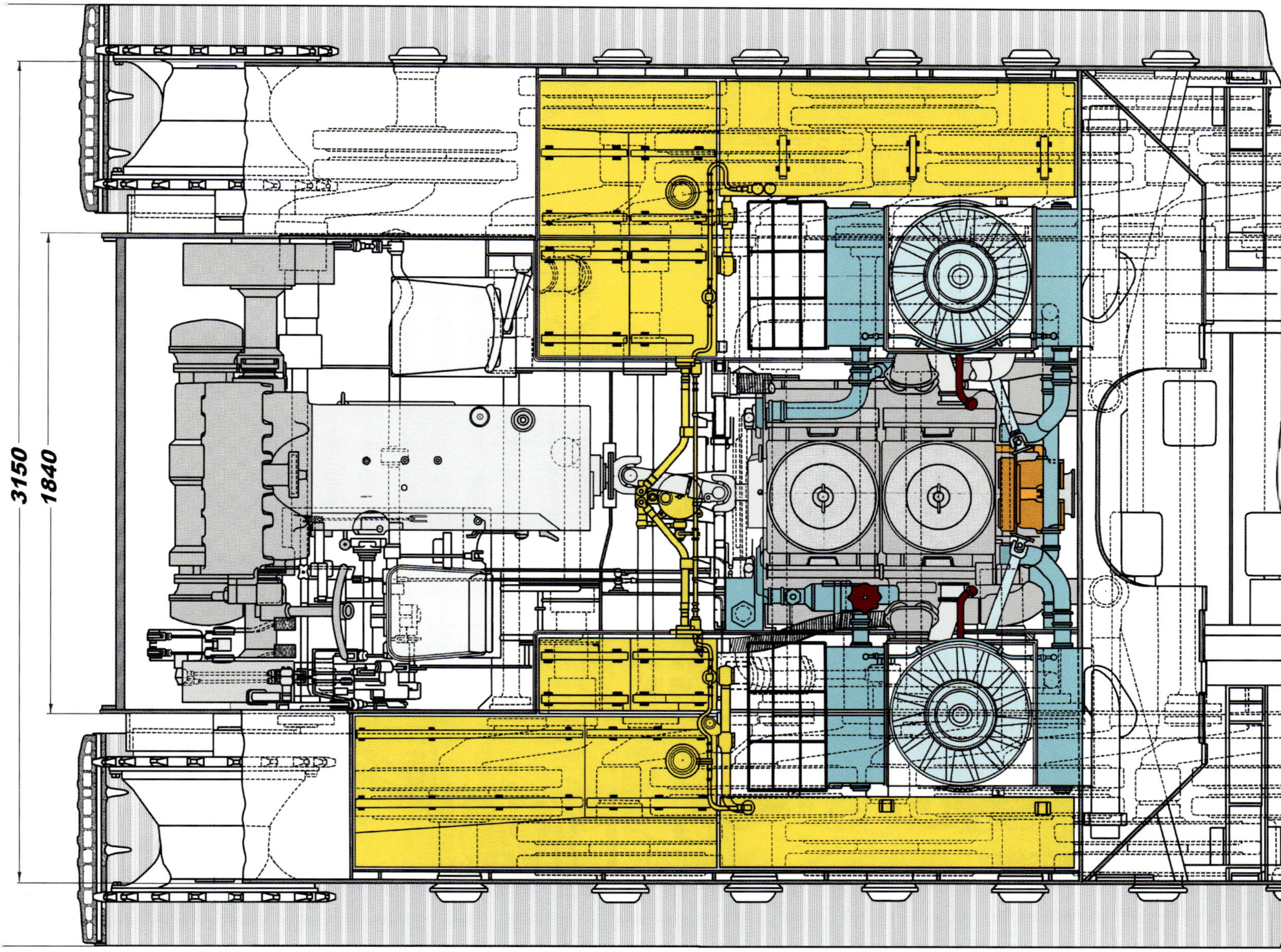


BAMA/MF. *Der Motor saß bei diesem Fahrzeug nicht, wie sonst üblich, im Heck, da das Geschütz nach hinten abgesetzt werden sollte. Der nach vorn versetzte Antrieb setzte sich, genau wie der E-100 aus den Tiger B-Komponenten mit dem Maybach-Motor Hl 230 P30, dem Olvar-Getriebe OG 401 216 B sowie dem Henschel-Lenkgetriebe L 801 und der Argus-Lenkbremse LB 900-4 zusammen. Auf das zunächst vorgesehene ZF-Getriebe AK 7-200 wurde verzichtet.*

20. Februar 1945 entschied das OKH, die Arbeiten sofort einzustellen, da das Waffensysten keinen erkennbaren Vorteil in der voraussehbaren Zukunft bringen würde.

Das Fahrzeug sollte mit seinem 60-t-Gefechtsgewicht eine Höchstgeschwindigkeit von 45 km/h erreichen können. Die Leistung des Maybach HL 230 wird hier mit 650 PS bei 2500 U/min angegeben.[216]

# Der Panzerkampfwagen Tiger (P)

## Der Porsche Typ 100 – VK 3001 (P)

Nachdem die Firma Henschel schon seit 1937 den Auftrag vom HWA für die Entwicklung eines Panzerkampfwagens als VK 3001 erhalten hatte, erteilte das Amt am 6. Dezember 1939 dem Konstruktionsbüro von Professor Porsche ebenfalls den Auftrag, einen 35 bis 40 t schweren Panzerkampfwagen unter der Bezeichnung VK 3001 (P) zu konstruieren. Im Unterschied zum Henschel-Auftrag sollte das Fahrzeug möglichst einen luftgekühlten Motor besitzen.

Ein Hintergrund für die Entwicklung dieser schweren Fahrzeugklasse war die Bestrebung des Heeres, gegen die schweren französischen Panzerkampfwagen in Panzerung und Bewaffnung ebenbürtige Fahrzeuge zu besitzen.

Während Henschel eine konventionelle Panzerkonstruktion vorsah, entschied sich Porsche für luftgekühlte Motoren mit elektrischem Antrieb. Der Grund für diese Überlegung lag in Porsches Erfahrungen aus dem 1. Weltkrieg, wo er

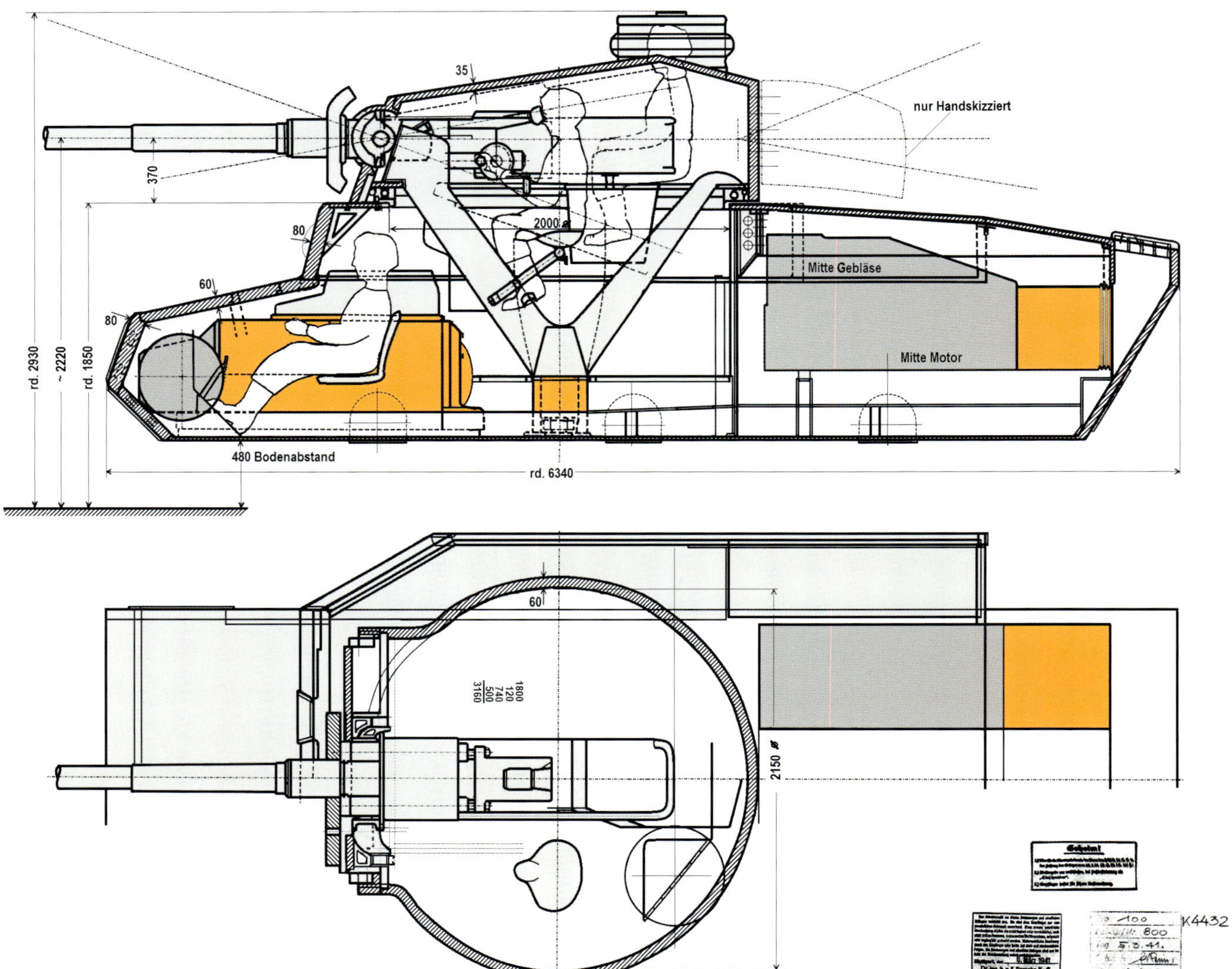


*PA/MF. Ein früher Entwurf vom 5. März 1941 zur Wanne und zum Turm des VK 3001 (P). In der Zeichnung besitzt der Turm die 7,5-cm-Kwk L/48. Auf Grund des großen Turmdrehkranz-Durchmessers von 2000 mm war auch der Einbau einer 8,8-cm- oder 10,5-cm-Kwk möglich.*

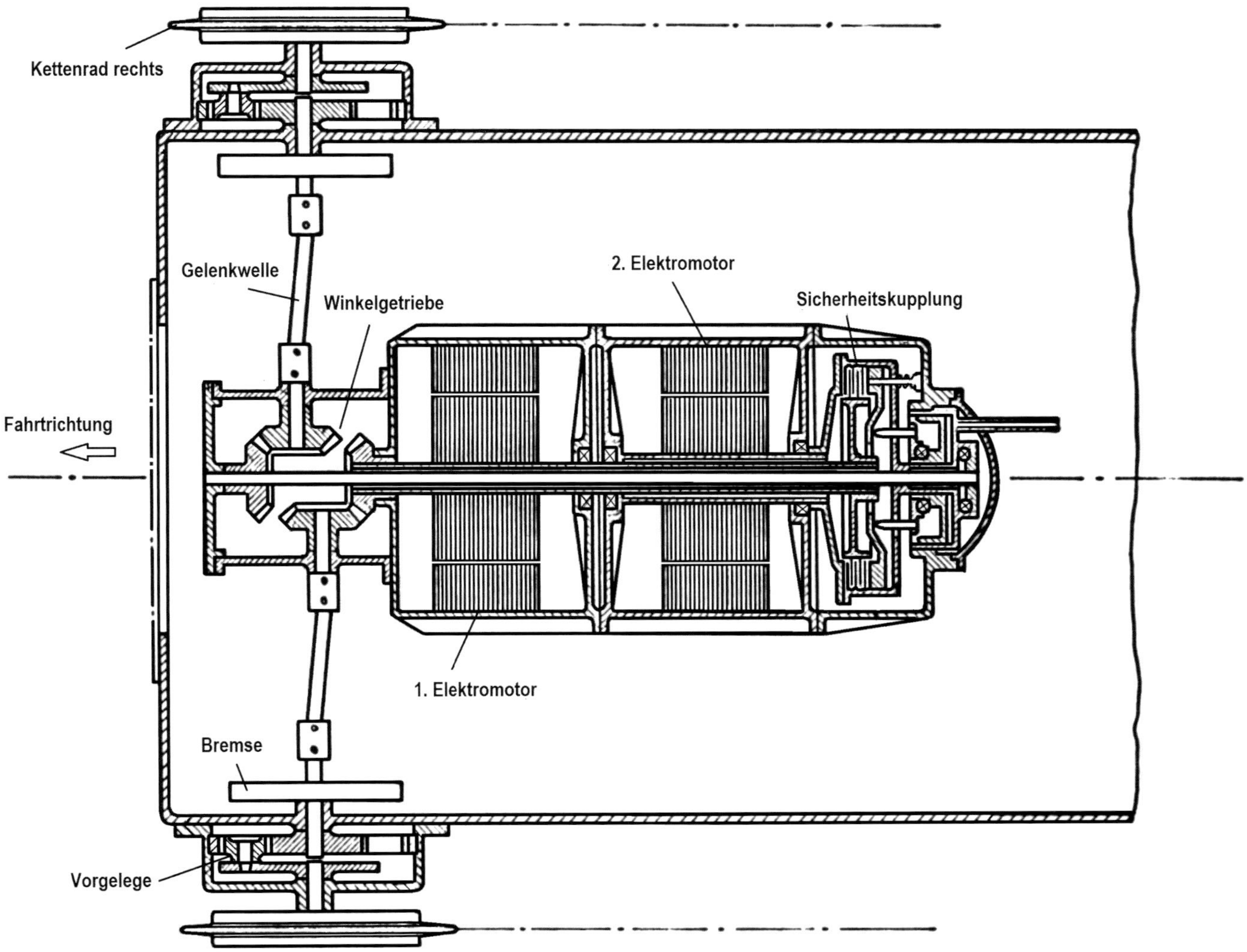


*PA/MF. Schematische Darstellung der beiden Doppelelektromotoren, die über Hohlwellen die Kegelräder der jeweiligen Vorgelege-Seite antrieben.*

für das österreichisch-ungarische Heer eine schwere Zugmaschine auf dieser Basis schuf, den so genannten C-Zug. Mit diesem Benzin-elektrischen Antrieb ermöglichte er den Transport des 81,3-t-schweren Mörsers der Firma Skoda. Auf dieser Grundlage aufbauend, entstanden schon am 9. Dezember 1939 die ersten Gedanken in Skizzenform. Allerdings waren Porsche und seine Ingenieure noch unerfahren in den Besonderheiten des Panzerbaus, so dass sich die Entwicklung verzögerte und so das Projekt unter der internen Firmen-Bezeichnung Typ 100 erst Anfang 1941 konkretere Formen annahm.

Um den Platz im Motorraum optimal nutzen zu können, sah Porsche zwei luftgekühlte 10-Zylinder-Benzinmotoren in Verbindung mit zwei einzelnen Generatoren als Antrieb vor. Die Motoren entstanden bei Steyr-Daimler-Puch und besaßen eine Leistung von je 210 PS bei 2500 U/min. Jeweils fünf Zylinder standen sich im Winkel von 72° gegenüber und besaßen einen Kolbendurchmesser von 105 mm und einen Hub von 115 mm, was einen Gesamthubraum von 10 Litern ergab. Das maximale Drehmoment von 67 mkg wurde bei 2000 U/min erreicht. Bei der maximalen Leistung wurde ein Kraftstoffverbrauch von 270 g/PS/l ermittelt. Dieser, ebenfalls als Typ 100 bezeichnete Motor wog ohne Kühlgebläse 420 kg, mit diesem 550 kg. Statt eines Wechselgetriebes befanden sich zwischen Fahrer und Funker zwei gekoppelte Elektromotoren. Eine Rutschkupplung schützte die Aggregate vor Stößen und Überlastung. Eine Kombination aus Hohl- und Vollwelle übertrug die Kraft über Winkelgetriebe und Gelenkwellen auf die Planetenvorgelege mit den Kettenrädern. Vor dem Vorgelege befanden sich links und rechts die Lenkbremsen.

Im allgemeinen Fahrbetrieb wurde jedoch mittels der Drehzahlregulierung der Elektromotoren gelenkt und gebremst, so dass die mechanische Bremse nur eine Rückfallebene bzw. Feststellbremse darstellte. Der Vorteil des Antriebes durch Elektromotoren lag im hohen Drehmoment beim Anfahren vor allem im Gelände. Auch entfielen die Schaltpausen der herkömmlichen Schaltgetriebe, die bei Kettenfahrzeugen auf Grund des hohen Reibungswiderstandes des Fahrwerkes schnell zu einem Geschwindigkeitsverlust während des Hochschaltens führten.

Ein Einsatz von zwei aufgeladenen Dieselmotoren unter der Bezeichnung Porsche Typ 200 wurde zwar von der Firma Porsche erwogen, allerdings nicht weiterverfolgt.

Am 26. Mai 1941 änderten sich die Bedingungen, da Hitler anlässlich der zweiten großen Panzerbesprechung auf dem Berghof ein 50 bis 60 t schweres Panzerfahrzeug mit stärkerer Bewaffnung und Panzerung forderte. Hintergrund waren Informationen, dass die Engländer schwere Panzerkampfwagen einsetzen wollten.

Dies bedeutete für Henschel, aus dem VK 3001 (H) einen VK 3601 (H) und für Porsche aus dem VK 3001 (P) einen VK 4501 (P) zu entwickeln. Dennoch entschloss man sich, vom leichteren VK 3001 (P) sechs Prototypen ohne Turm zu bauen, um vorab erste Erfahrungen mit diesem neuen Antrieb zu sammeln. Nachdem im Juli 1941 die ersten zwei Motoren vom Typ 100 auf dem Prüfstand gelaufen waren, dauerte es noch bis zum 24. Februar 1942, bis der erste VK 3001 (P) im Nibelungenwerk in St. Valentin seine ersten Runden im Versuchsgelände drehen konnte. Da es sich gezeigt hatte, dass die Herstellung auf Grund des neuen Antriebes erheblich aufwändiger war als die Produktion der ebenfalls im Werk hergestellten Panzerkampfwagen IV, wurden nur zwei Versuchsfahrzeuge unter den werkseigenen Tarnnamen „Leopard" gefertigt. Die Bezeichnung wurde notwendig, da indessen im Werk die Produktion des VK 4501 (P) unter dem Namen „Tiger" vorbereitet wurde.

PA. *Die erste Fahrt des VK 3001 (P) „Leopard" am 24. Februar 1942 mit Professor Porsche, Otto Zadnik und weiteren Porsche-Ingenieuren.*

*PA. Der zweite Prototyp Typ 100 auf dem Erprobungsgelände des Nibelungenwerkes im März 1942. Wieder mit im Turmersatzgewicht Professor Porsche.*

## Der Porsche Typ 101 – VK 4501 (P)

Die neuen Forderungen hatten Auswirkungen auf das neue Projekt. Die verstärkte Panzerung von Wanne und Turm frontal von 80 mm auf 100 mm und seitlich von 60 mm auf 80 mm erhöhte mit dem Gesamtgewicht auch die Belastung für das Fahrwerk. Hinzu kam, dass durch das höhere Gewicht die Motorleistung gesteigert werden musste, wollte man die Fahrleistungen annähernd beibehalten. Die notwendige höhere Motorleistung war jedoch zum damaligen Zeitpunkt nur durch großvolumigere Motoren zu erreichen. Dazu musste der Motorraum vergrößert werden, was wiederum zu einem längeren Fahrgestell führte. Da der 10-t-schwere Turm mit der 8,8-cm-Kwk 36 L/56 dadurch weiter nach vorn gerückt werden musste, verschob sich auch der Schwerpunkt nach vorn. Um dies auszugleichen, verlagerte Porsche die Elektromotoren mit in den Antriebsraum. Das Fahrwerk mit den drehstabgefederten Rollenwagen wurde verstärkt und, um einen akzeptablen Bodendruck zu erreichen, die Ketten von 500 mm auf zunächst 600, später auf 640 mm verbreitert. Die vergrößerten Laufrollen wurden auf Grund der Belastung aber auch wegen Kautschuk-Mangels als gummisparende Rollen, ähnlich denen der sowjetischen KW-Panzerkampfwagen, ausgeführt, wobei die Gummibelastung nicht auf Druck, sondern auf Schub erfolgte.

Antriebsseitig hatte das HWA zunächst geplant, je 50 komplette Fahrzeuge mit elektrischen und 50 Fahrzeuge mit hydraulischen Aggregaten bauen zu lassen. Die Wannen und Türme sollte Krupp fertigen. Fahrwerk und Vorgelege kamen

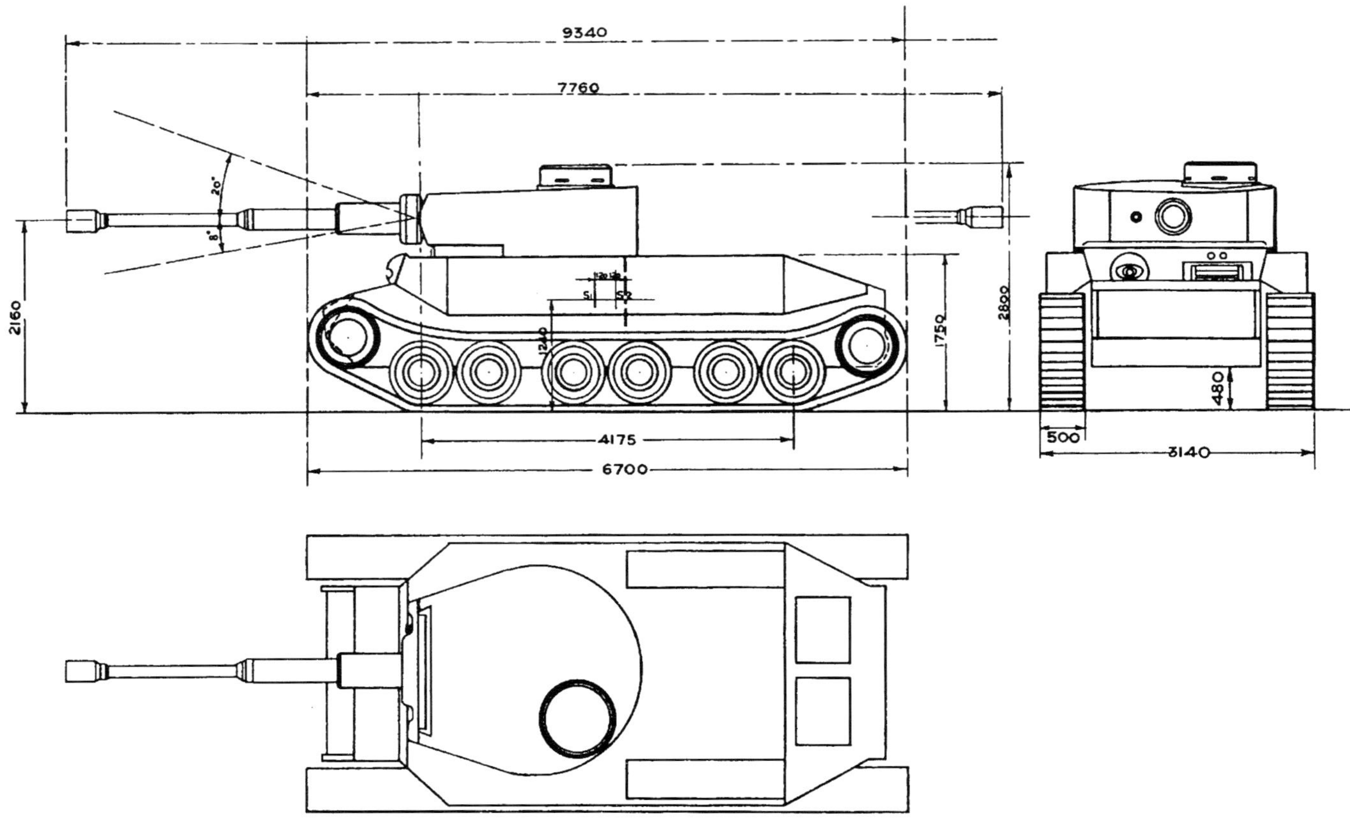


PA/MF. *Ein früher Entwurf des VK 4501 (P) mit schmalen Ketten und niedrigem Turm.*

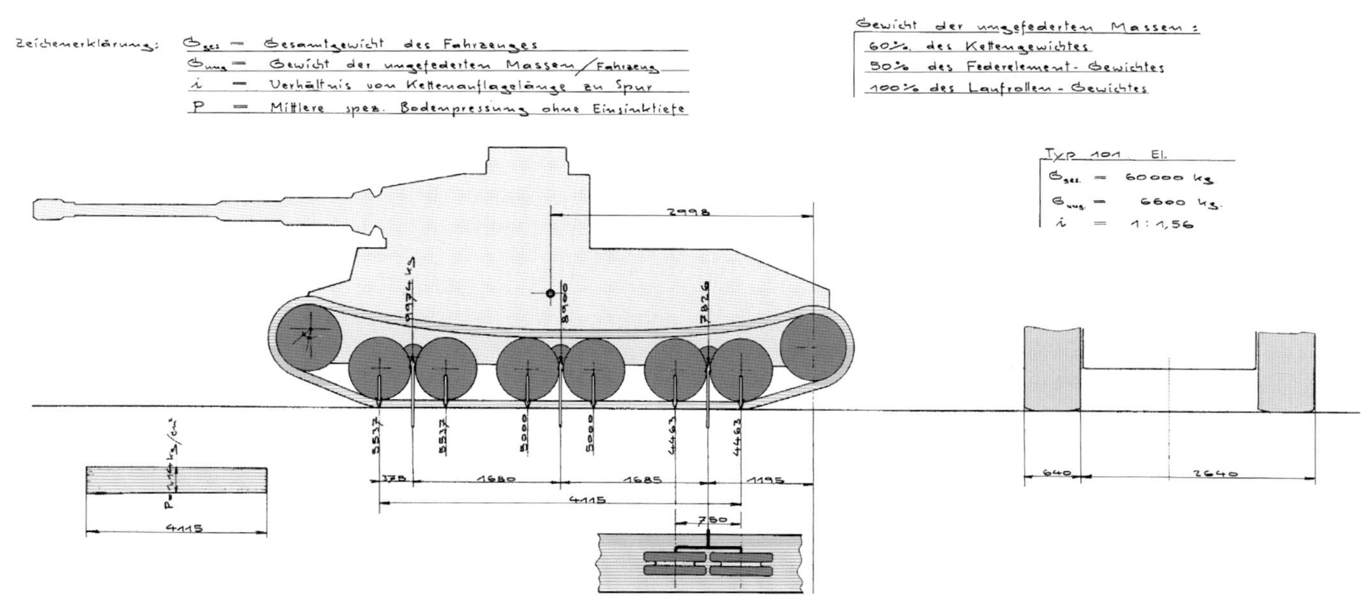


PA/MF. *Die Gewichtsverteilung des finalen Fahrzeugs auf das Fahrwerk.*

von der Firma Skoda, die Drehstäbe von der Firma Hoesch, die elektrische Anlage hatte die Firma Siemens-Schuckert zu liefern und die hydraulische Anlage die Firma Voith.

Am 5. September 1941 übergab Porsche die Zeichnungen des neuen 10-Zylinder-V-Benzinmotors an die Firma Simmering-Graz-Pauker. Dieser luftgekühlte Motor Typ

101 besaß einen Hubraum von 15 Litern, der sich aus einer Bohrung von 115 mm und einem Hub von 145 mm zusammensetzte. Die Dauer-Leistung lag bei 320 PS bei 2500 U/min und einem maximalen Drehmoment von 105 mkg bei 1900 U/min. Ein Motor wog 450 kg und besaß ein Verdichtungsverhältnis von 1: 5,8.
Neben der Variante mit Benzinantrieb beschäftigten sich Porsches Ingenieure ab dem 9. Oktober auch mit einer Dieselvariante des luftgekühlten Motors. Die Versuche erfolgten mit Hilfe von 1-Zylinder-Prüfmotoren. Der Typ 158 besaß 1,5 Liter Hubraum und arbeitete als Direkteinspritzer, die zweite Variante war der Typ 159 als Vorkammermotor nach dem System der Firma Simmering. Anlässlich einer am 2. November 1941 stattfindenden Besprechung Porsches mit Vertretern der Firmen Simmering-Pauker-Graz AG und Steyr wurde der Beschluss gefasst, auch einen Motor mit Wasserkühlung unter der Bezeichnung Typ 130 zu entwickeln.

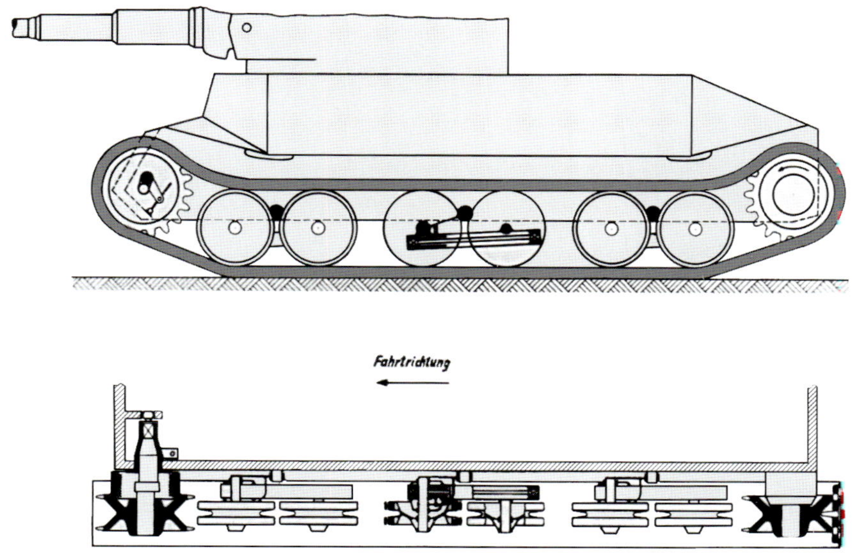


ATUD/MF. *Das Laufwerksschema des Porsche-Tigers mit den Drehstab-Kniehebel-Rollenwagen.*

PA/MF. **Der Motor Typ 101 im Längsschnitt zeigt einen Kurbeltrieb mit Gabelpleuel und unten liegender Nockenwelle. An deren Stirnseite war der Bosch-Magnetzünder Typ Jo 10 befestigt.**

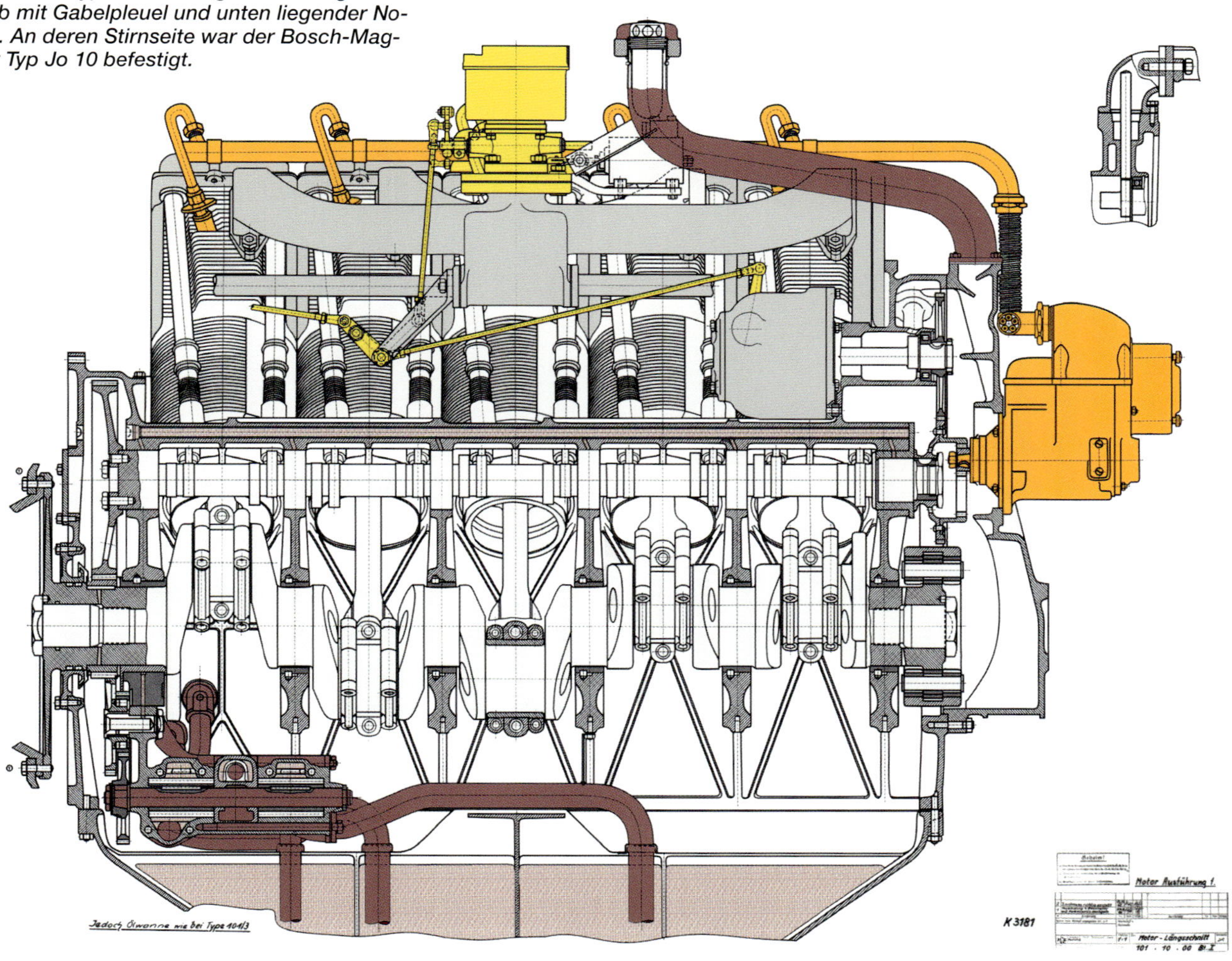

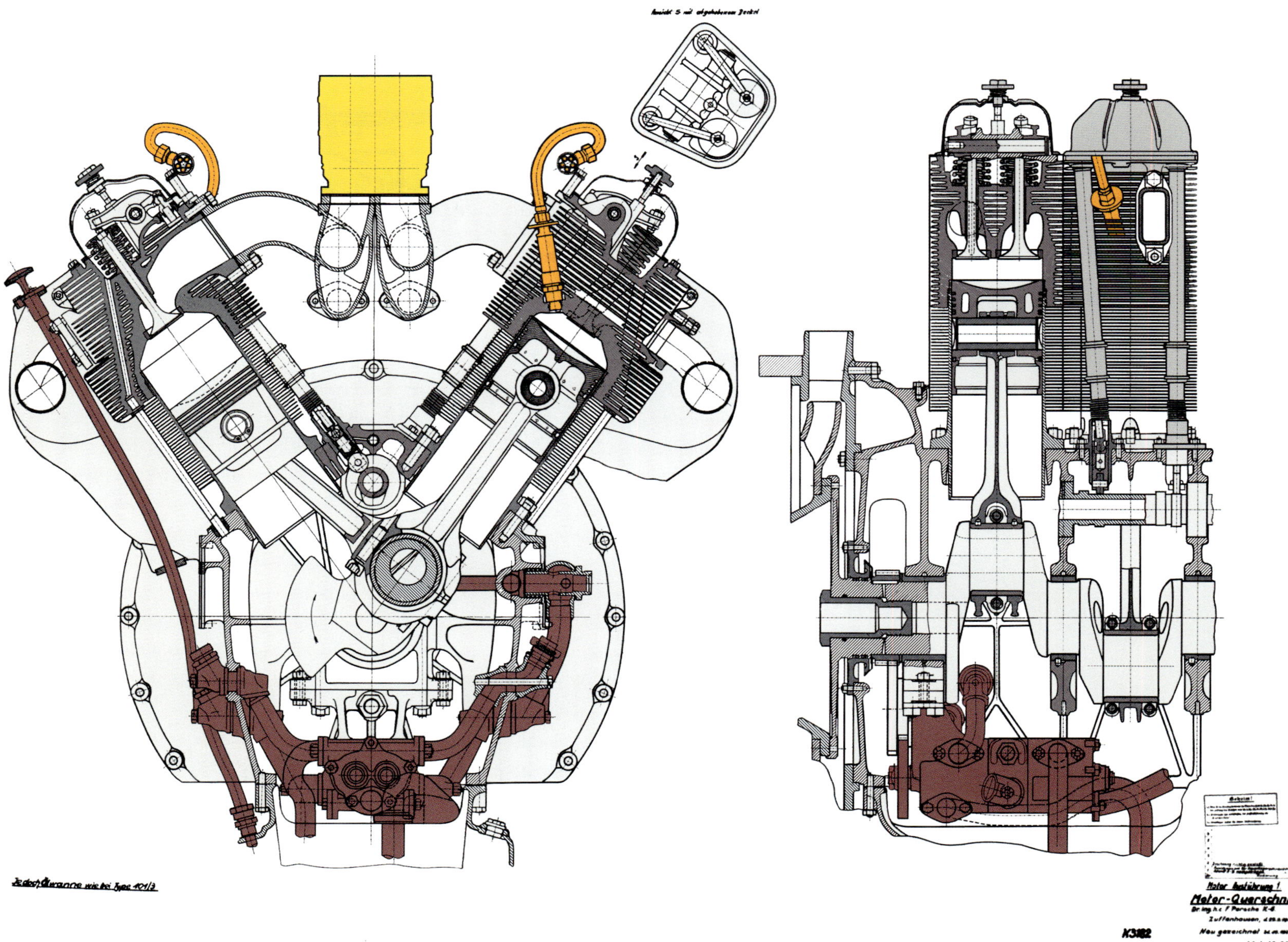

*PA/MF.* ***Der 10-Zylinder V-72°-Motor vom Typ 101/1 besaß nur einen Doppelfallstrom-Vergaser. Gut erkennbar die Kurbeltrieb-Ausführung als Gabelpleuel, welche die Baulänge kompakt hielt.***

Am 21. Dezember 1941 lief der erste Motor Typ 101 auf dem Prüfstand in Stuttgart. Dabei zwang eine starke Ölschaumbildung zu Änderungen im Schmiersystem. Der zweite Motor bekam auf dem Prüfstand am 18. Januar 1942 einen Kolbenfresser und musste zerlegt werden.

Am 2. Februar 1942 schlug Professor Thoma aus München Porsche ein hydrostatisches Getriebe für den Panzerkampfwagen vor. Allerdings bevorzugte Porsche den hydrodynamischen Antrieb der Firma Voith. Da es mit der als Typ 102 bezeichneten hydraulischen Ausführung erhebliche Probleme bei der Umsetzung des Antriebes gab, stockte die Montage dieser Ausführung im Nibelungenwerk. Die von Krupp gelieferten Wannen konnten kaum noch in St. Valentin gelagert und die Montage der elektrischen Wannen musste vorgezogen werden.

Der erste verbesserte Motor lief am 9. März erfolgreich, am 15. und 21. März konnten 320 PS bei 2400 U/min auf dem Stuttgarter Prüfstand gebremst werden. Einen Tag später jedoch war bei dem Motor ein Kolben durchgebrannt, am 28. März 1942 trat erneut ein Kolbenfresser auf. Der Motor wurde zu heiß.

Unterdessen wurde zum gleichen Zeitpunkt beschlossen,

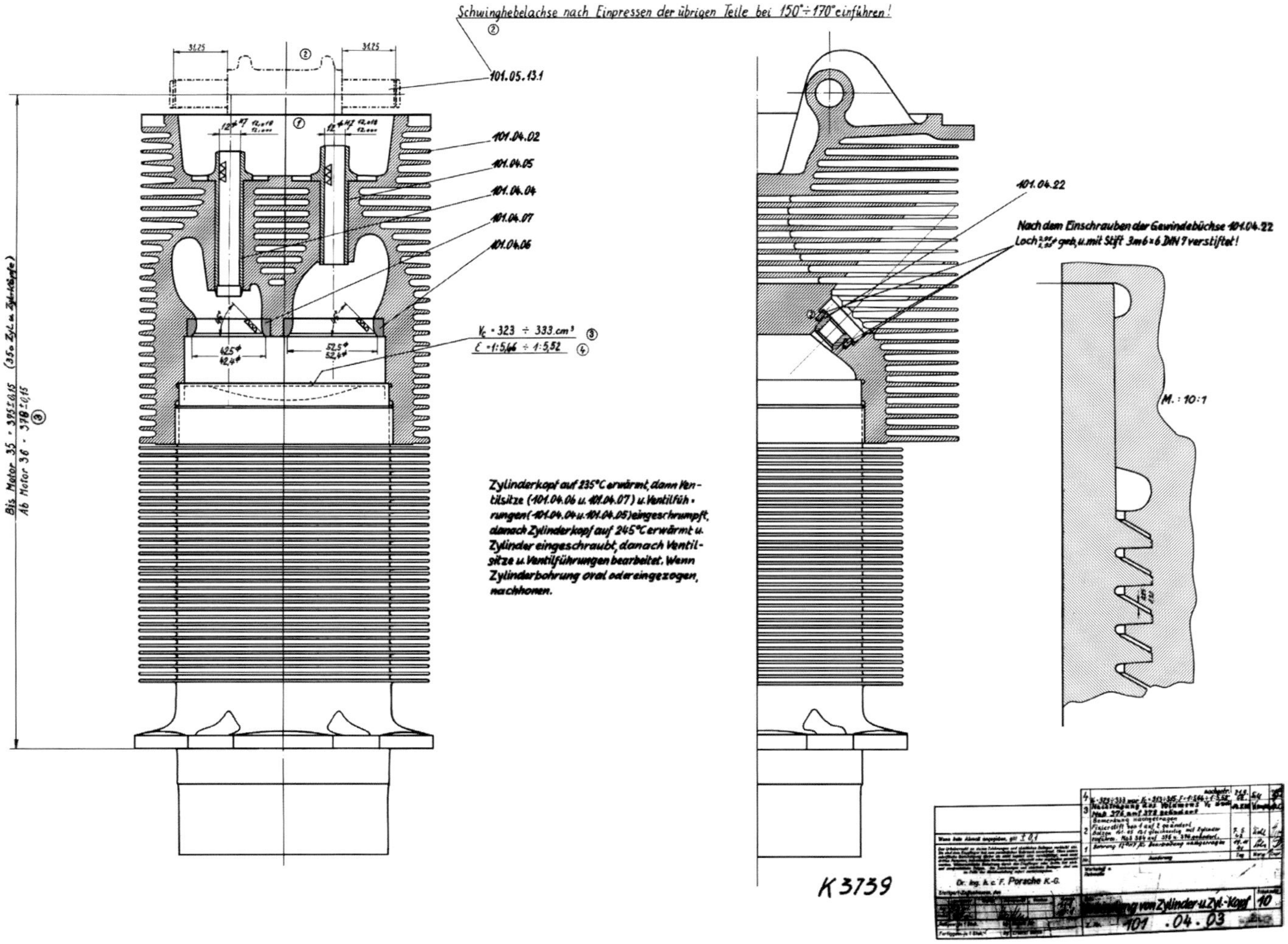


PA/MF. ***Die Zylinder-/Zylinderkopfeinheiten waren aufgeschrumpft und verschraubt, so dass Zylinderkopf-Dichtungsschäden unwahrscheinlich wurden.***

unter der Bezeichnung Typ 130 25 Wannen für die elektrische, wassergekühlte Ausführung herzustellen sowie weitere 25 Wannen unter der Bezeichnung Typ 131 als hydraulische, wassergekühlte Ausführung vorzubereiten. Für weitere 50 Wannen sahen die Verantwortlichen eine Ausführung mit geneigten Frontplatten unter der späteren Bezeichnung VK 4502 (P) bzw. Typ 180 vor.

Da am 2. April auf dem Motorprüfstand erneut Kolbenfresser auftraten, wurde der Motor in Anwesenheit von Vertretern der Firmen Mahle, Voith und Hitth zerlegt. Um die Luftzufuhr zu verbessern, kam ein zweistufiges Gebläse von Voith zum Einsatz, das am 13. und 14. April den

PA. ***Blick auf beide 101/1-Motoren bei geöffneter Motorklappe mit den Luftfiltern. Der Motorraum wurde maximal ausgenutzt. Die Lüfter befanden sich links und rechts neben den Motoren in den Ausbuchtungen über den Ketten.***

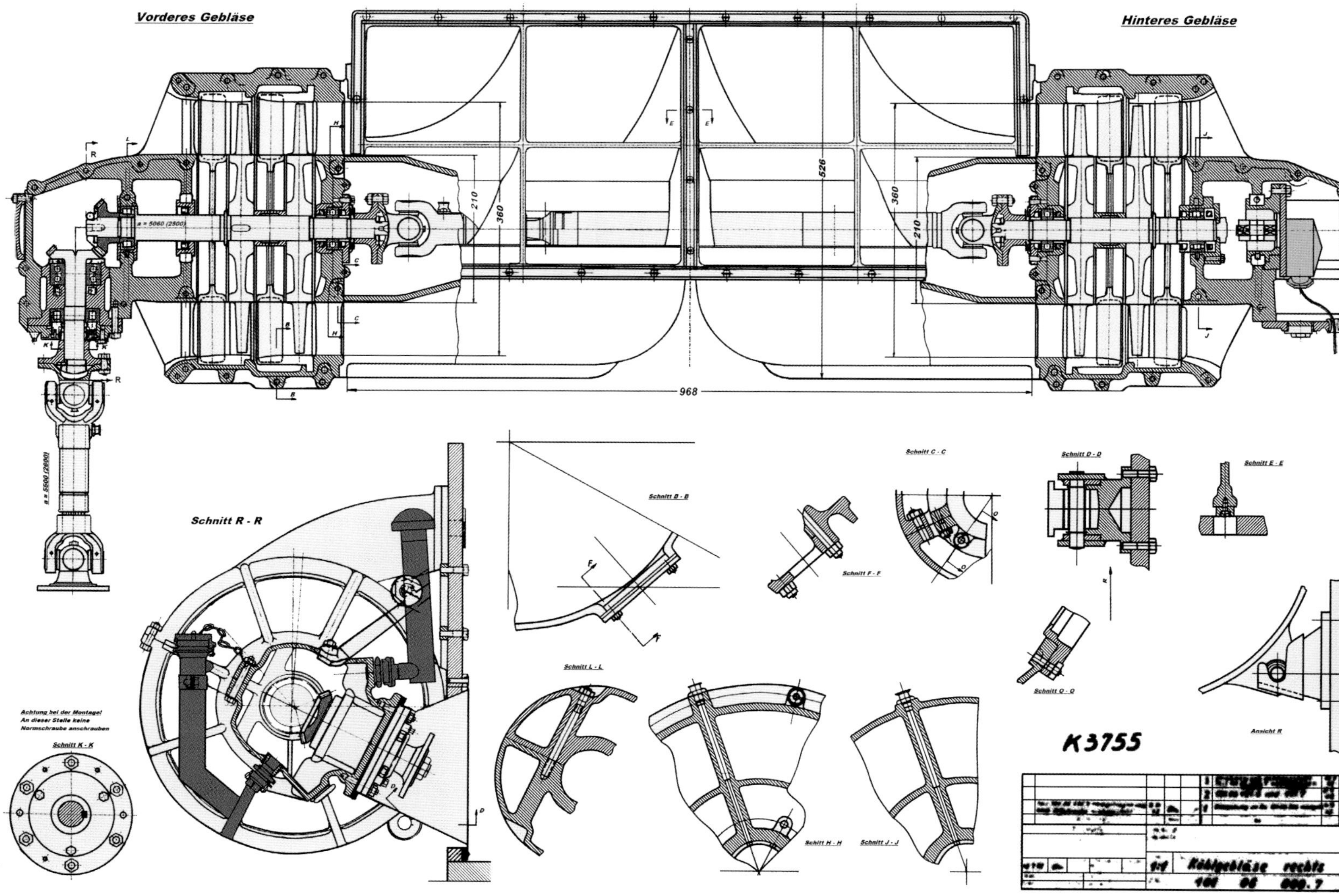


PA/MF. *Das doppelte Kühlgebläse der rechten Seite im Schnitt.*

gewünschten Luftdurchsatz erbrachte. Noch am gleichen Tag wurde der erste Motor zum Nibelungenwerk zum Einbau versendet, so dass am 17. April 1942 der erste Porsche-Tiger aus eigener Kraft aus der Werkhalle rollen konnte. Er wurde sofort verladen, da er am 20. April zu Hitlers Geburtstag vorgeführt werden sollte.

Für die weitere Wannenfertigung ergab sich, dass 90 Wannen mit elektrischem Antrieb und 10 Wannen mit hydraulischem Antrieb gefertigt werden sollten. Weitere 30 Wannen vom VK 4502 (P) sollten im neuen Brennschneideverfahren gefertigt werden.

Die Probleme mit der Luftzufuhr machten eine Neukonstruktion der Gebläse notwendig. Da durch die veränderte Luftführung der Kühlung die Luftein- und Auslassgitter geändert werden mussten, gab es ab dem 23. Juli 1942 eine neue Typeneinteilung. So hießen die ersten 30 Fahrzeuge mit elektrischem Antrieb Typ 101, die 10 Fahrzeuge mit hydraulischem Antrieb Typ 102 sowie die restlichen 60 elektrischen Fahrzeuge Typ 103. Die wassergekühlte Ausführung vom Typ 130 wurde storniert. Jedoch verschob sich die Montage der kompletten Fahrzeuge auf Grund der Motorprobleme weiter. Neben Motorbränden bereitete vor allem die Motorabdichtung speziell am Kurbelwellenende der Schwungscheibe große Probleme. Durch den im Motorraum auftretenden Ölnebel verschmutzten die Kühlrippen der Zylinder und Zylinderköpfe. Der auftretende Staub blieb daran haften und beeinträchtigte die Kühlung stark. Die Folge waren überhitzte Motoren. Aufgrund der anhaltenden Probleme stoppte man zunächst die Produktion nach 10 Fahrgestellen. Damit sollte Porsche Zeit erhalten, das Motorproblem in den Griff zu bekommen.

PA. *Da die Benzinmotoren erst verspätet zur Verfügung standen, behalf man sich im Nibelungenwerk damit, dass der für die Erprobung des Tiger-Fahrgestells benötigte Strom für die Elektromotoren von einem VK 3001 (P)-Fahrgestell „überspielt“ wurde.*

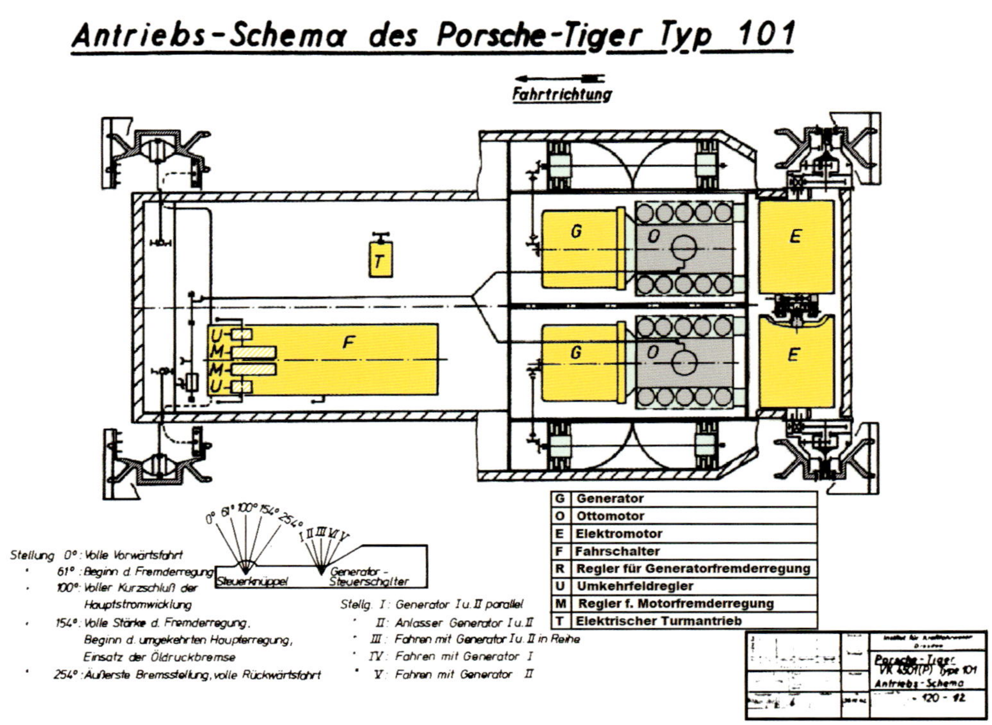


ATUD/MF. *Das Antriebsschema des VK 4501(P) Porsche-Tigers mit Elektroantrieb stellt gut den Aufbau sowie die Fahr- und Bremsfunktion dar.*

Hoff. Der Porsche-Tiger mit der Fahrgestell- und Turmnummer 150 014 während der Erprobung im November 1942 in Berka v.d.H.

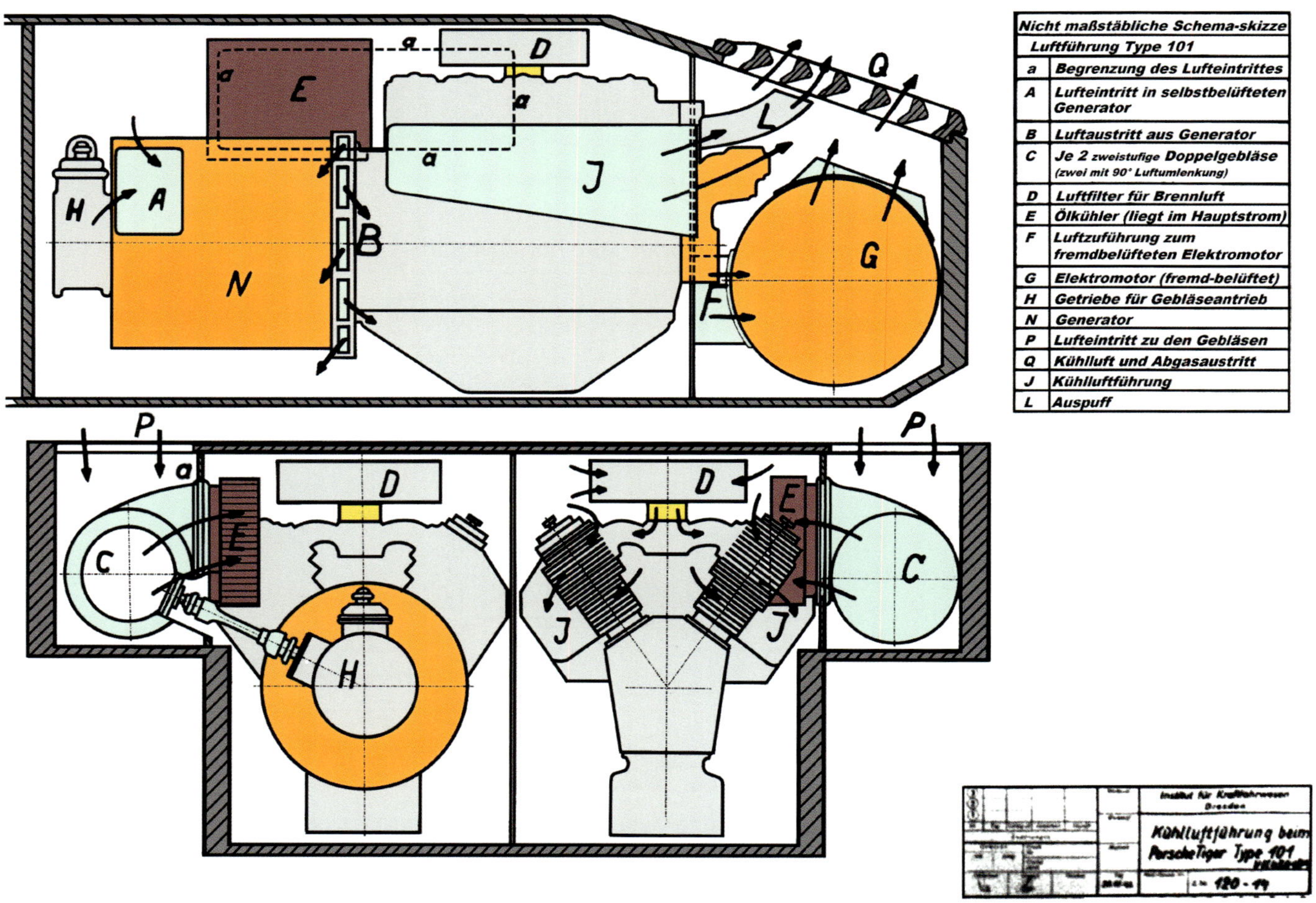


ATUD/MF. Der schematische Motorraum zeigt gut die Aufteilung und den Luftstrom.

Vom 2. bis 14. November 1942 fand letztendlich ein praktischer und theoretischer Vergleich zwischen Henschel- und Porsche-Tigern statt, der die Entscheidung bringen sollte. Die eingesetzte Kommission entschied sich schließlich für das Henschel-Muster, da es schneller und mit weniger Aufwand zu produzieren war. Jedoch bekam Porsche die Möglichkeit, ein verbessertes Fahrzeug unter der Bezeichnung VK 4502 (P) zu bauen. Der Auftrag beinhaltete allerdings zunächst nur drei Versuchsfahrzeuge. Die Änderungen beliefen sich hauptsächlich auf eine Schrägstellung der Bug-Panzerplatten, den umkonstruierten Motor sowie einen neuen Turm, der die schon lange von Hitler geforderte, aus der 8,8-cm-Flak 41 entstandenen, 8,8-cm-Kwk L/71 aufnehmen konnte.

## Der Porsche Typ 131

Da von den vom HWA georderten 100 Fahrzeugen des VK 4501 (P) nahezu alle Panzerwannen von Krupp hergestellt wurden, entschied man sich, daraus 90 Sturmgeschütze mit der 8,8-cm-Kwk L/71 zu fertigen. Alkett war verantwortlich für die Konstruktion. Um genügend Platz für das Geschütz zu schaffen, verlegte man den Antrieb vor den Kampfraum. Da die Porsche-Motoren in absehbarer Zeit nicht serienreif wurden, verwendete Alkett die bewährten wassergekühlten 12-Zylinder-Maybach-Motoren Typ HL 120 TRM. Dabei wurde die geringere Motorleistung von 2 x 300 PS bei 3000 U/min für die 70 t schweren Fahrzeuge in Kauf genommen. Auf Grund des hohen Motorverschleißes wurde die Leistung dieser Motoren auf 265 PS bei 2600 U/min gedrosselt. Dieser ansonsten erfolgreiche Motor wurde im Teil 1 ausführlich beschrieben. Im Mai 1944 erfolgte eine Umbenennung des schweren Panzerjägers Tiger (P) sowie des Bergepanzers Tiger (P) von „Ferdinand" in „Elefant".

Die letztlich insgesamt 91 gefertigten Panzerjäger sowie die drei Bergepanzer VI auf Fahrgestell PzKpfw. Tiger (P)[217] bewährten sich im Großen und Ganzen recht gut und waren bis Kriegsende im Einsatz.

Unterdessen lief der verbesserte Benzinmotor mit Haubenkühlung vom Typ 101/3 am 18. Dezember 1942 erstmalig auf dem Prüfstand. Auffälligstes Merkmal waren die ge-

*PA. Am 9. Juni 1943 wurde die erste mit dem 8,8-cm-Panzerjäger ausgerüstete Einheit für den Einsatz an der Ostfront verladen. Letztlich wurden 91 Panzerjäger „Ferdinand" als Typ 131 vom Nibelungenwerk montiert.*

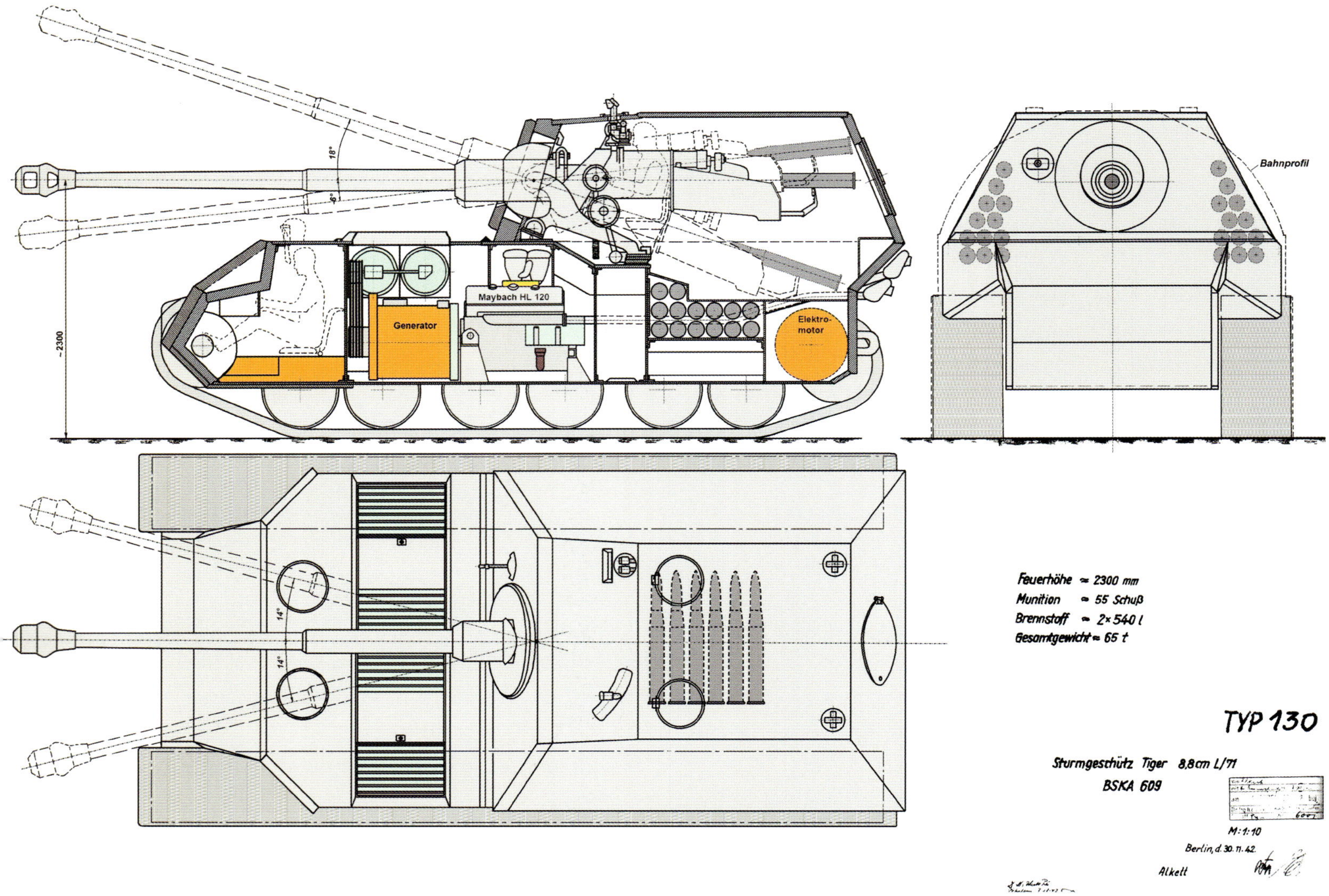


*PA/MF.* ***Der erste Alkett-Entwurf vom 30. November 1942 lief noch unter der Typenbezeichnung 130.***

änderten Zylinderköpfe mit den schräg sitzenden Ventilen, die Doppelvergaser-Anlage sowie der zentrale Ölkühler. Der Magnetzünder Typ Bosch Jo 10 wurde unterhalb der beiden Solex-Geländevergaser 40 JFF2 zwischen beide Zylinderreihen verlegt. Für eine bessere Motorölreinigung ersetzte Porsche den Ölfiltermagnet durch eine Ölzentrifuge. Er leistete jetzt auf dem Prüfstand 366 PS und wog komplett 605 kg. Das maximale Drehmoment war auf 115 mkg bei 1900 U/min gestiegen. Die beiden Axialgebläse befanden sich mittig über dem angeflanschten Generator und benötigten statt 45 PS nur noch 40 PS der Motorleistung. Durch die Verlagerung der Lüfter aus den Seitenräumen über die Generatoren wurde Platz frei für zusätzliche Kraftstoff-Behälter.

Dass dieser Motor noch Reserven hatte, belegt die spätere Mitteilung vom 15. Oktober 1943, in der Porsche dem Leiter der Arbeitsgemeinschaft für luftgekühlte Motoren Oberbaurat Augustin mitteilte, der Motor Typ 101/3 A könne mittels Aufladung problemlos auf 500 PS-Dauerleistung gebracht werden.

Um ein unbeabsichtigtes Überdrehen des Motors zu verhindern, baute Porsche vor den Magnetzünder einen Fliehkraftregler in das „V" des Motors, der mit dem Vergasergestänge verbunden war.

Es erfolgte Ende 1943 eine nochmalige Überarbeitung speziell der Luftleitbleche der Gebläse-Kühlung, was zum Motor Typ 101/4 führte. Zwei Gebläse befanden sich direkt vor den beiden Zylinderbänken und wurden über den Generatorabtrieb von einer Gruppe Keilriemen angetrieben. Der Leistungsverbrauch der beiden Lüfter konnte von den

KHM. *Der Maybach-Motor HL 120 TRM musste auf Grund des auftretenden hohen Verschleißes oft erneuert bzw. instandgesetzt werden. Gut zu erkennen der angeflanschte Siemens-Generator.*

Magna. *Ein Maybach HL 120 TRM mit abgenommenem Zylinderkopf in Reparatur.*

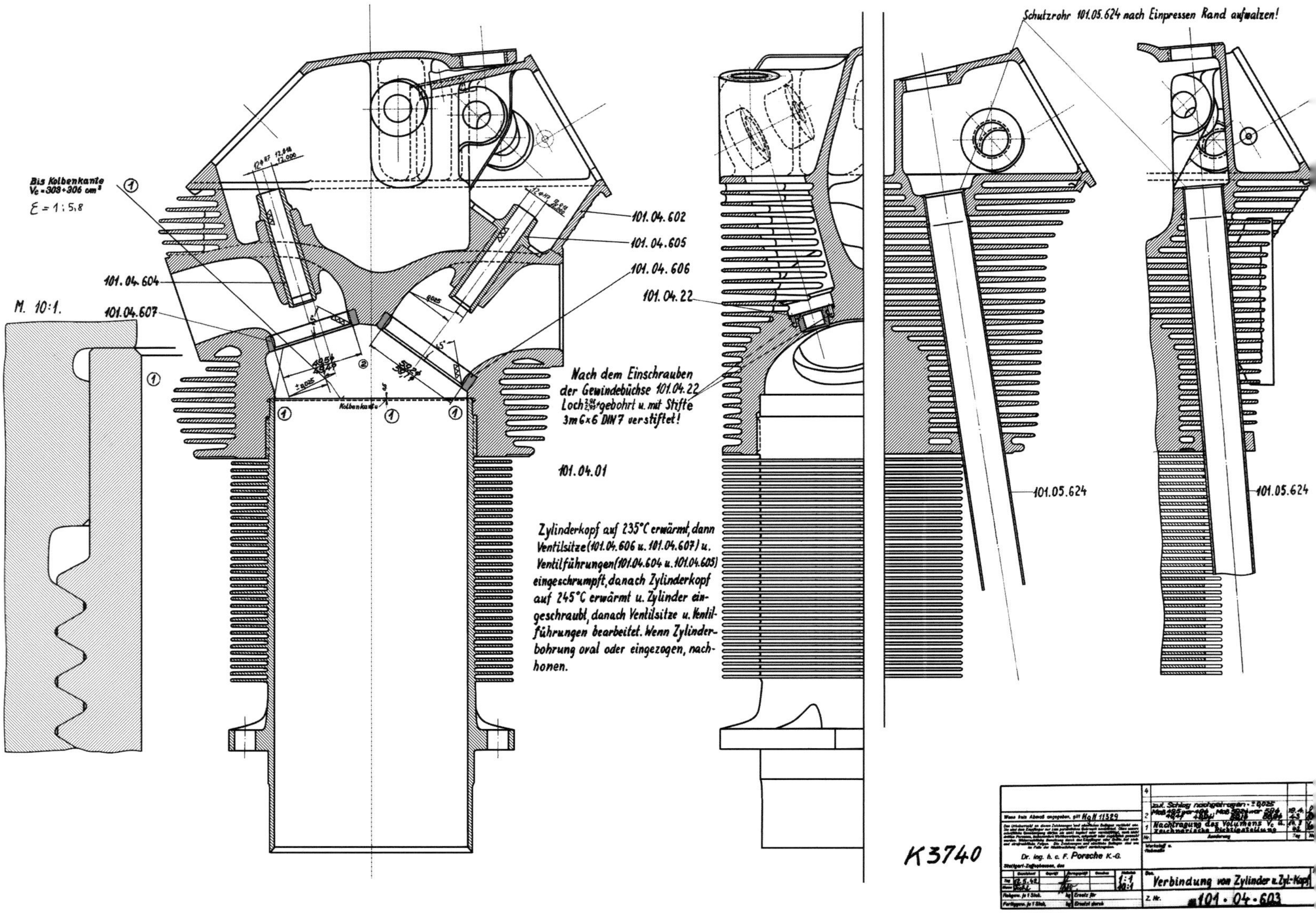


*PA/MF.* ***Die Zylinder/Zylinderkopfeinheit der Ausführung B besaß durch die Schrägstellung und Vergrößerung der Ventile eine bessere Füllungs-Charakteristik und eine optimierte Kühlrippen-Bauform. Auch der Zugang zu den Ventilen zur Ventileinstellung konnte schraubenlos erfolgen.***

bisherigen 40 PS auf 35 bzw. 32 PS pro Lüfter gesenkt werden. Die Förderleistung betrug 2 x 5,0 m³/s bzw. 43.200 kg/h an Kühlluft. Auch der während der Besprechung in Berka kritisierte Geräuschpegel der Gebläse konnte so gesenkt werden.

Zum Motorsystem gehörte der 2-Zylinder-Hilfsmotor Typ 141. Dieser luftgekühlte 4-Takt-Motor hatte die Aufgabe, die Batterien bei abgeschaltetem Hauptmotor mit seinen 24 Volt und 3000 W zu laden. Die Bleibatterien waren zum Anlassen der Hauptmotoren, zum Betrieb des elektrischen Turmschwenkwerkes sowie für die Erregerspannung der Generatoren und Elektromotoren verantwortlich. Zum Anlassen reichte es, wenn nur ein Hauptmotor lief. Dieser konnte dann den zweiten Motor starten. Als Rückfallebene war noch ein Schwungkraftanlasser Bosch AL/SED vorgesehen.

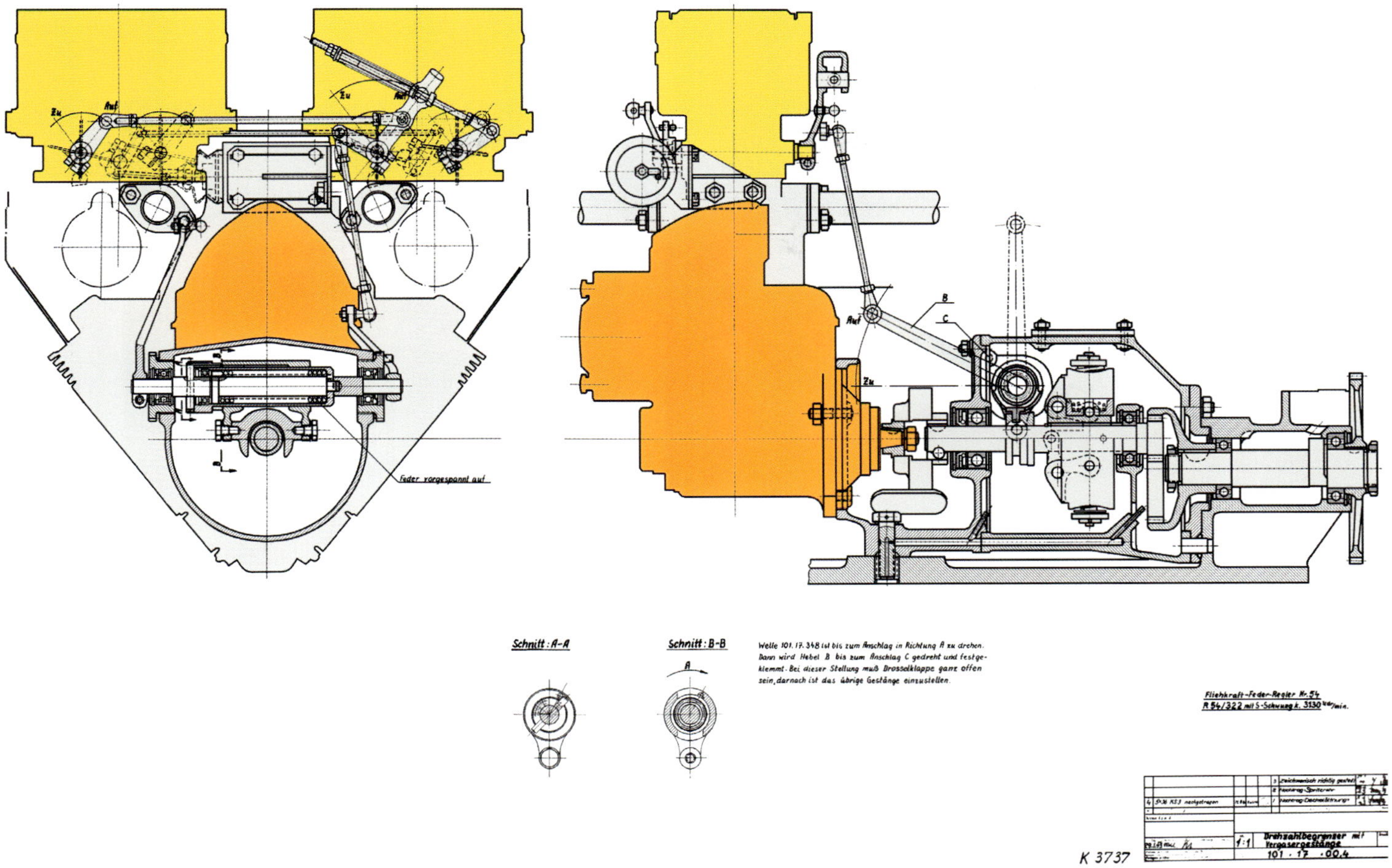


PA/MF. **Der neue Fliehkraftregler hatte die Aufgabe, ein Überdrehen des Motors zu verhindern. Dies trat unter bestimmten Voraussetzungen bei Bergabfahrten auf.**

PA. **Der Motor Typ 101/3 mit Doppelvergaser-Anlage und einer Art Luftfilterbatterie.**

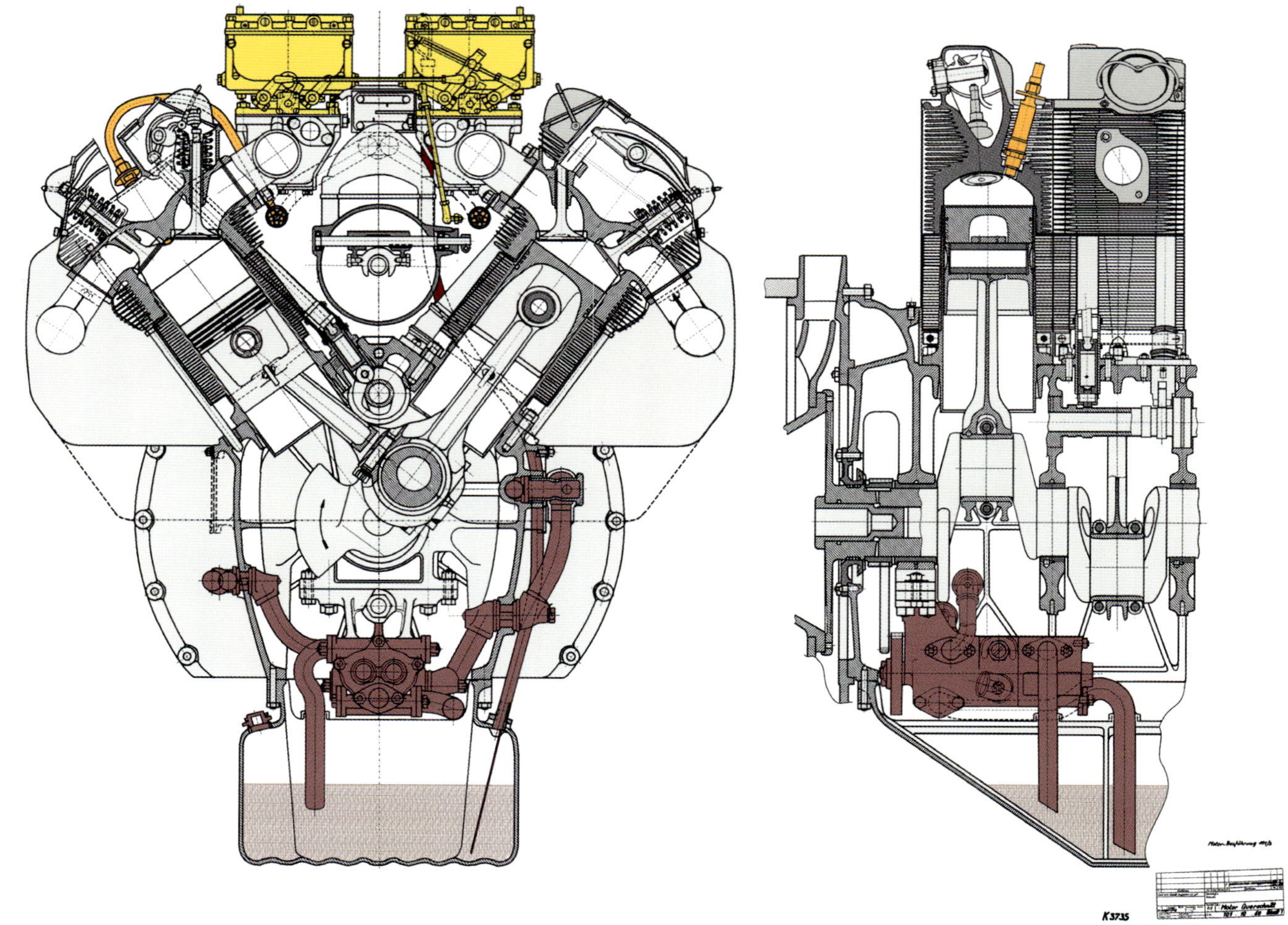


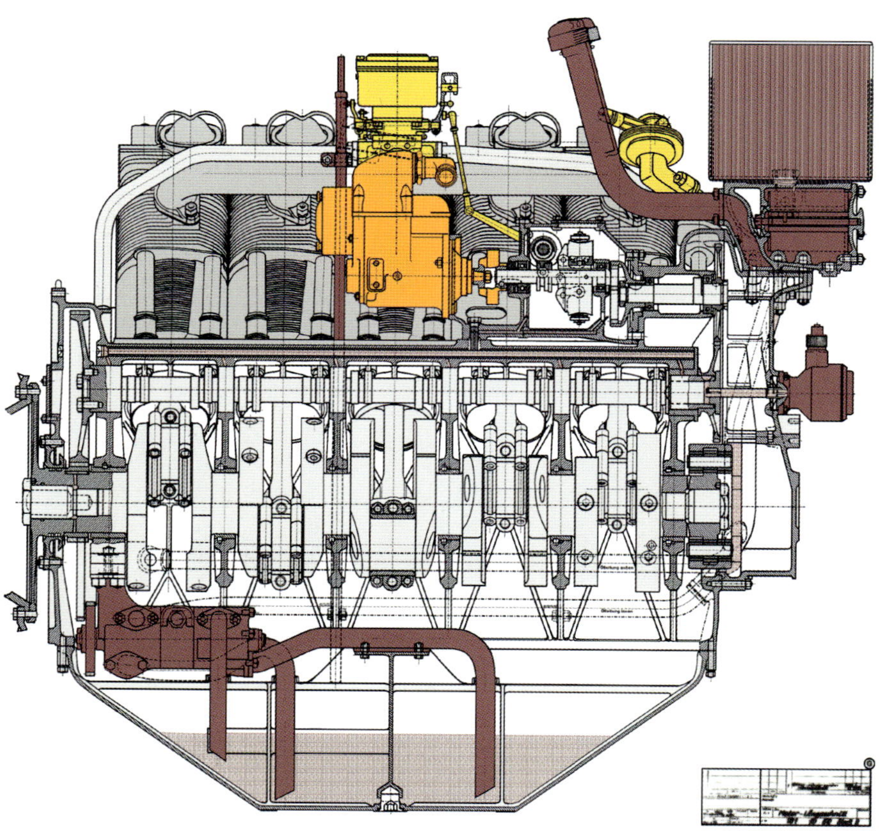

*PA/MF.* *Der Motor Typ 101/3 mit den neuen Zylinderköpfen und den veränderten Anbauaggregaten. Der Kurbeltrieb blieb unverändert.*

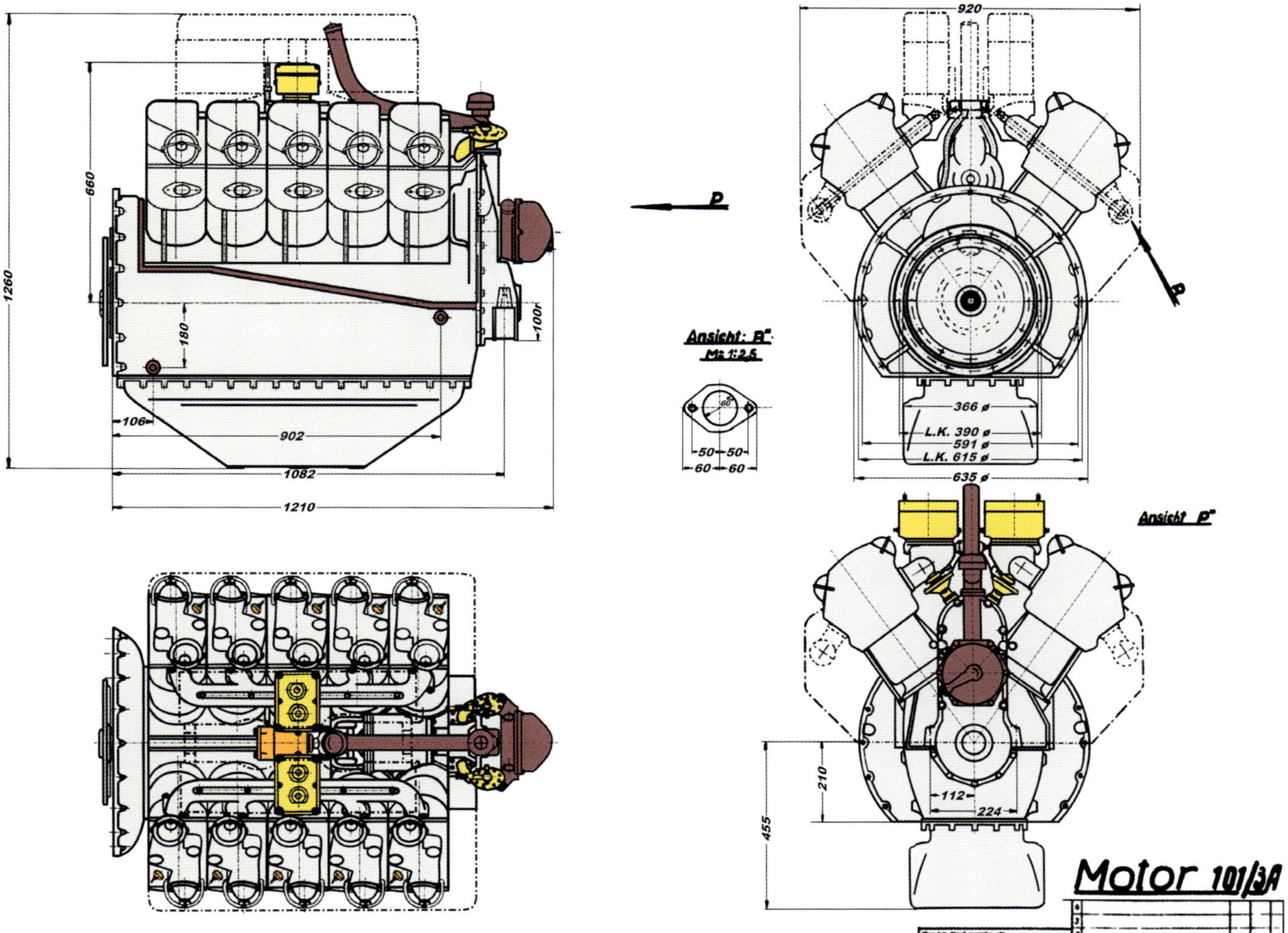


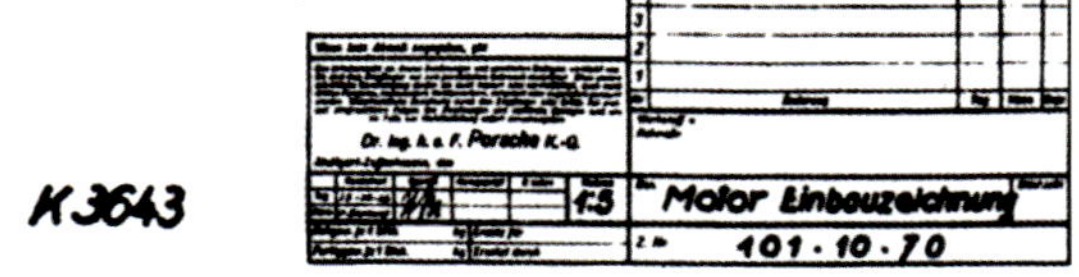


PA/MF. *Die Einbauzeichnung des verbesserten Motors 101/3. Der Unterschied zwischen linkem und rechtem Motor bestand nur in den außenliegenden Ölschlauch-Anschlüssen von Vor- und Rücklauf.*

PA. *Der Motor Typ 101/4 von der Ölkühler-Seite.*

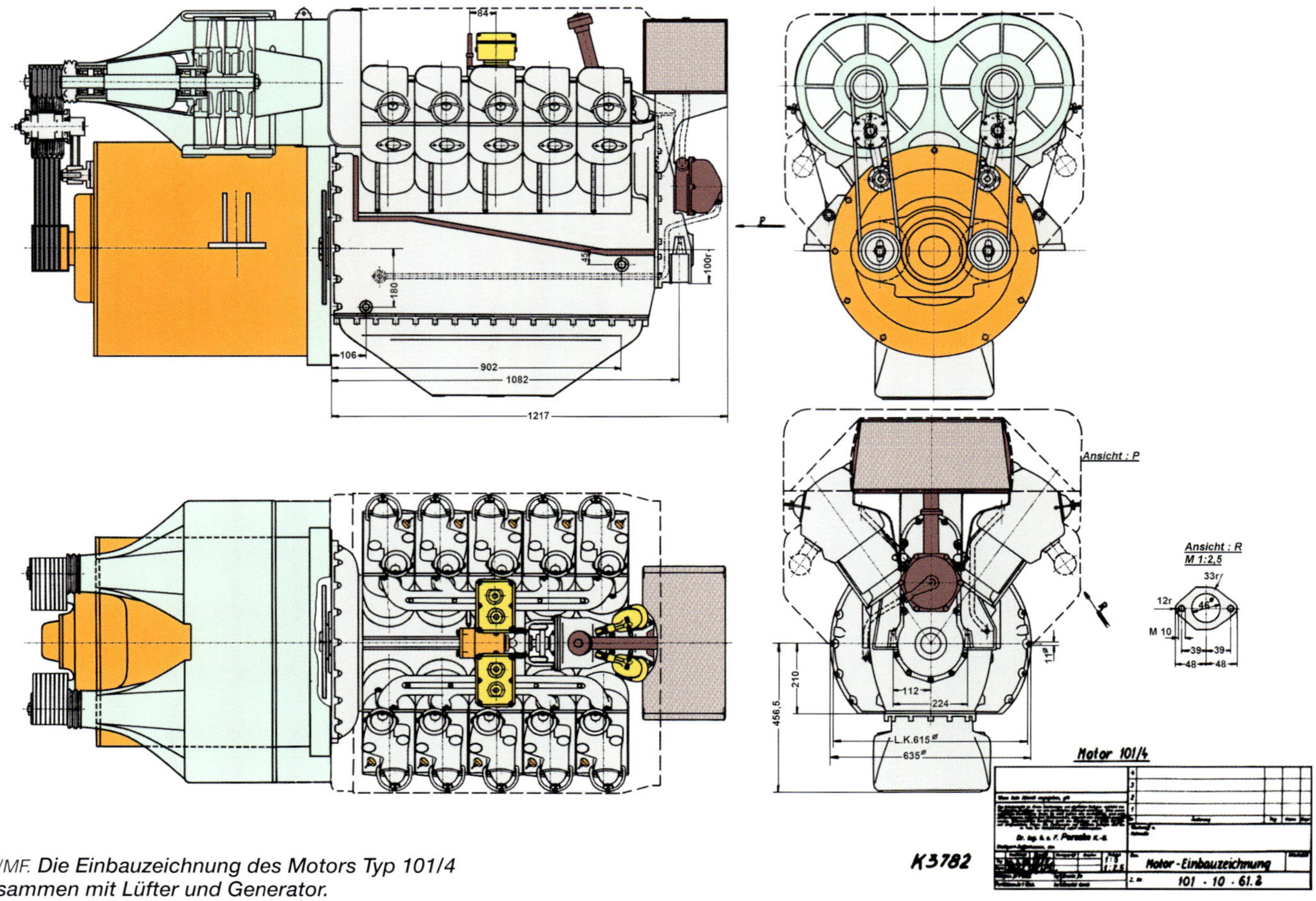


*PA/MF. Die Einbauzeichnung des Motors Typ 101/4 zusammen mit Lüfter und Generator.*

*PA. Der Typ 101/4 auf dem Prüfstand in Stuttgart. Im Bild unten links befindet sich der Kompressor-Antrieb.*

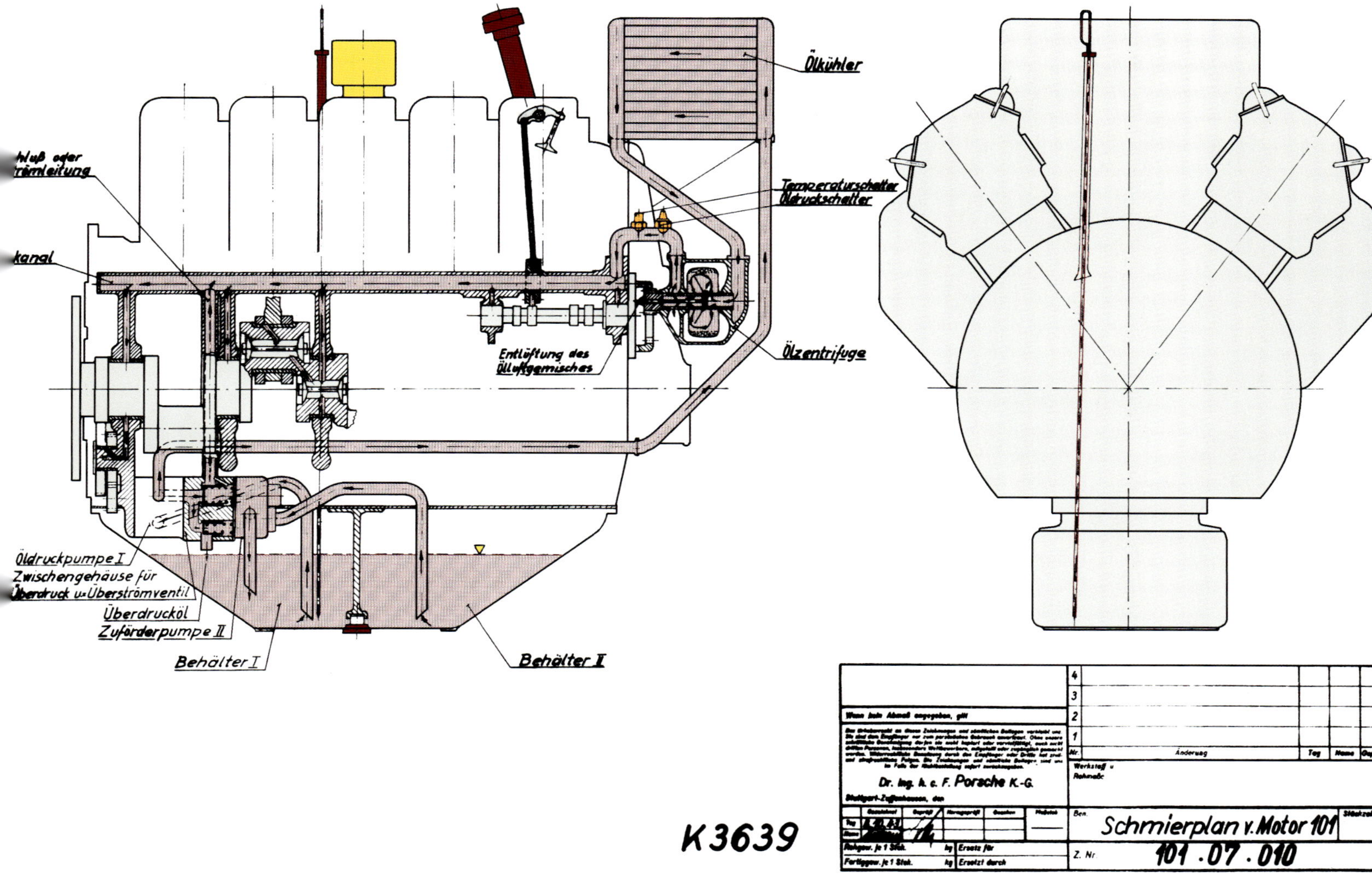


PA/MF. Der Ölkreislauf im überarbeiteten Motor Typ 101/4.

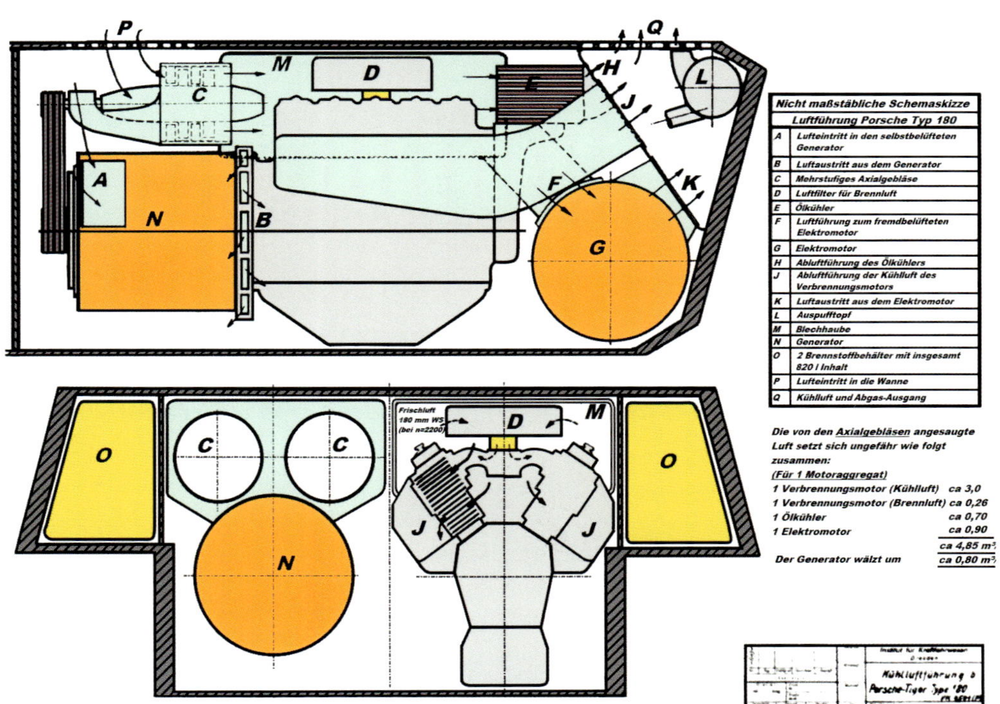


ATUD/MF. Das Schema des Neuentwurfes mit dem verbesserten Motor Typ 101, wie er auch für den weiter unten beschriebenen VK 4502 (P) geplant war.

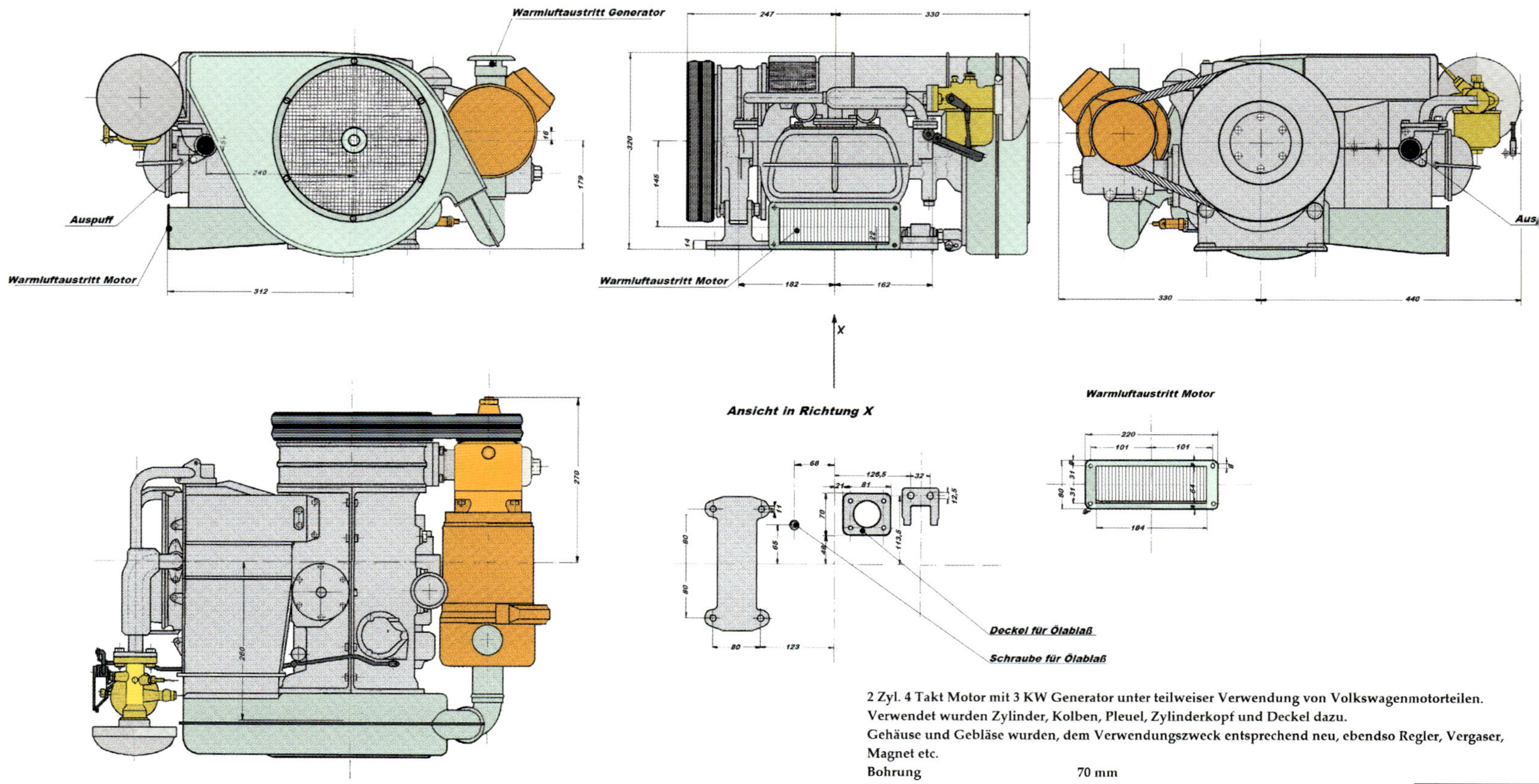


2 Zyl. 4 Takt Motor mit 3 KW Generator unter teilweiser Verwendung von Volkswagenmotorteilen.
Verwendet wurden Zylinder, Kolben, Pleuel, Zylinderkopf und Deckel dazu.
Gehäuse und Gebläse wurden, dem Verwendungszweck entsprechend neu, ebendso Regler, Vergaser, Magnet etc.

| | |
|---|---|
| Bohrung | 70 mm |
| Hub | 64 mm |
| Hubraum | 492, 6 ccm |
| Verdichtung | 1 : 5,7 |
| Leistung | 9,8 PS |
| Drehzahl | 2200 n/min |
| Magnetzündung | 26° v.O.T. |
| Schnappfunkeneinstellung | 5° v.O.T. |
| Auslösedrehzahl | 300 U/min |
| Lichtmaschine | Bosch LQ 3000 |
| Dauerleistung | 8,5 PS/2200 |
| Benzinverbrauch | 260 g/PS/h |

Belüftung der Lichtmaschine war vom Motorgebläse abgezweigt

K3781

Dr. Ing. h.c. F. PORSCHE

Zweizyl. Hilfsmot

141 . 10 .

PA/MF. *Der luftgekühlte 2-Zylinder-Hilfsmotor vom Typ 141 leistete 9,8 PS, die einen 3-kW-Generator Typ Bosch LQ 3000 antrieben.*

## Der Porsche Typ 101 – elektrischer Antrieb

Der elektrische Antrieb besaß einen entscheidenden Nachteil, da er pro Fahrzeug etwa 940 kg des streng kontingentierten Kupfers benötigte. Die an den 10-Zylinder-Motoren angeflanschten Gleichstromgeneratoren der Firma Siemens-Schuckertwerke AG vom Typ aGV 275/24 waren eigenbelüftet und besaßen dazu ein Lüfterrad auf der Rotorwelle. Die mögliche Dauerleistung eines Generators betrug 250 kW bei einer Drehzahl von 2500 bis 3000 U/min. Bei einer erzeugten Spannung von 385 Volt waren Stromstärken bis zu 650 A möglich. Das Gewicht eines Generators betrug 914 kg bei einer Länge von 825 mm und 650 mm Durchmesser. Im Falle des Defektes eines Hauptmotors oder des Generators konnte mit nur einem Generator und verringerter Geschwindigkeit gefahren werden.

Die Gleichstrom-Elektromotoren vom Typ D 1495a im Heck wogen je 1130 kg, waren 850 mm lang und besaßen einen Durchmesser von ebenfalls 650 mm. Die maximale Leistung der ebenfalls von Siemens-Schuckert hergestellten Motoren betrug 230 kW bei einer Drehzahl von 1300 U/min. Gekühlt wurden diese Motoren vom Luftstrom der Gebläse der Verbrennungsmotoren. Zwischen den beiden Motoren befand sich die Feststellbremse, die als Außenbackenbremse arbeitete. Der rechte und der linke Motor unterschieden sich nur in der Lage des Luftleitbleches und des Ritzels der Bürstenverstellung.

Rechts: PA/MF. *Der Aufbau und die Einbauzeichnung des Gleichstrom-Generators.*

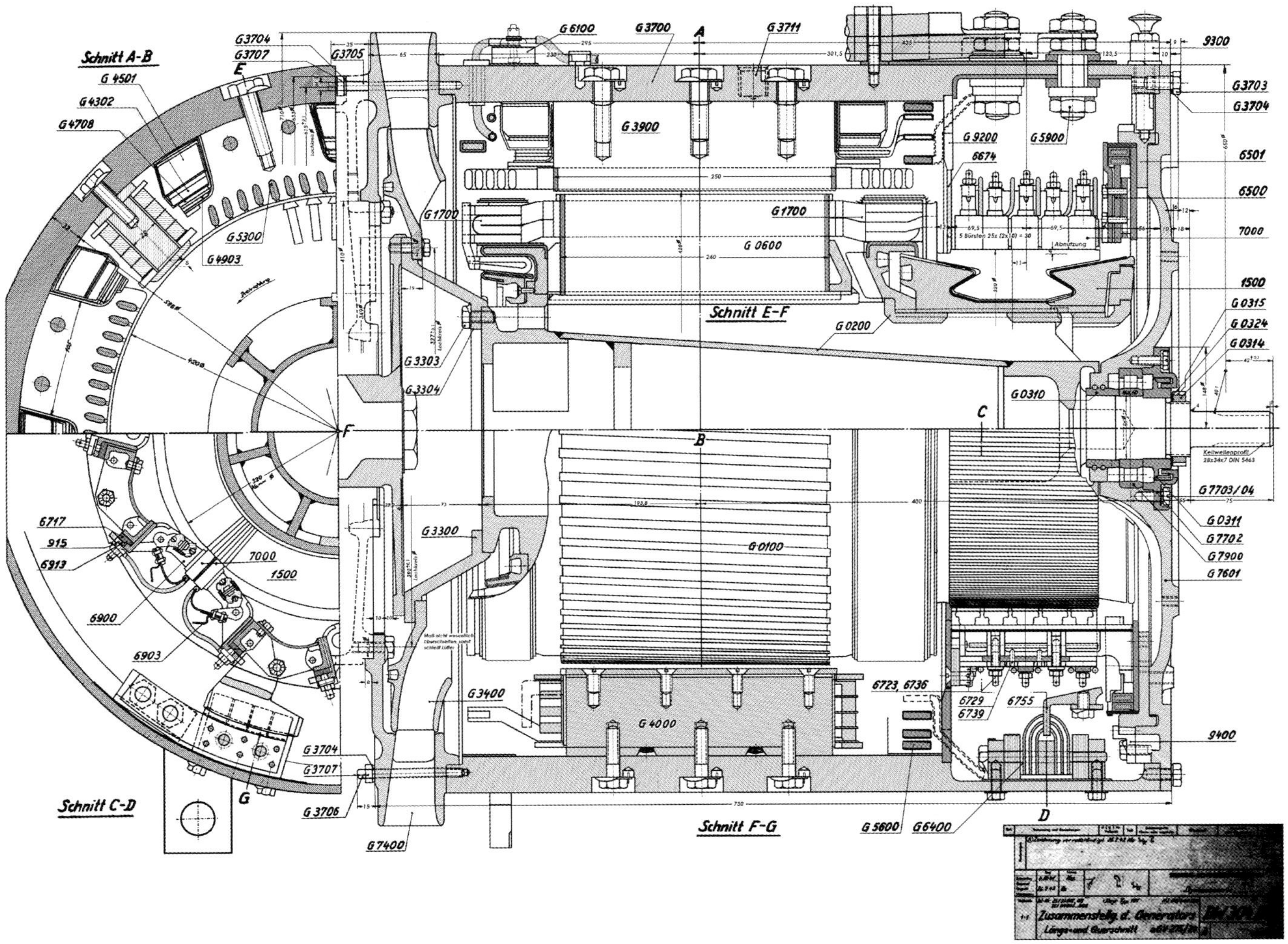

Schnitt A-B
Schnitt C-D
Schnitt E-F
Schnitt F-G
Zusammenstellg. d. Generators


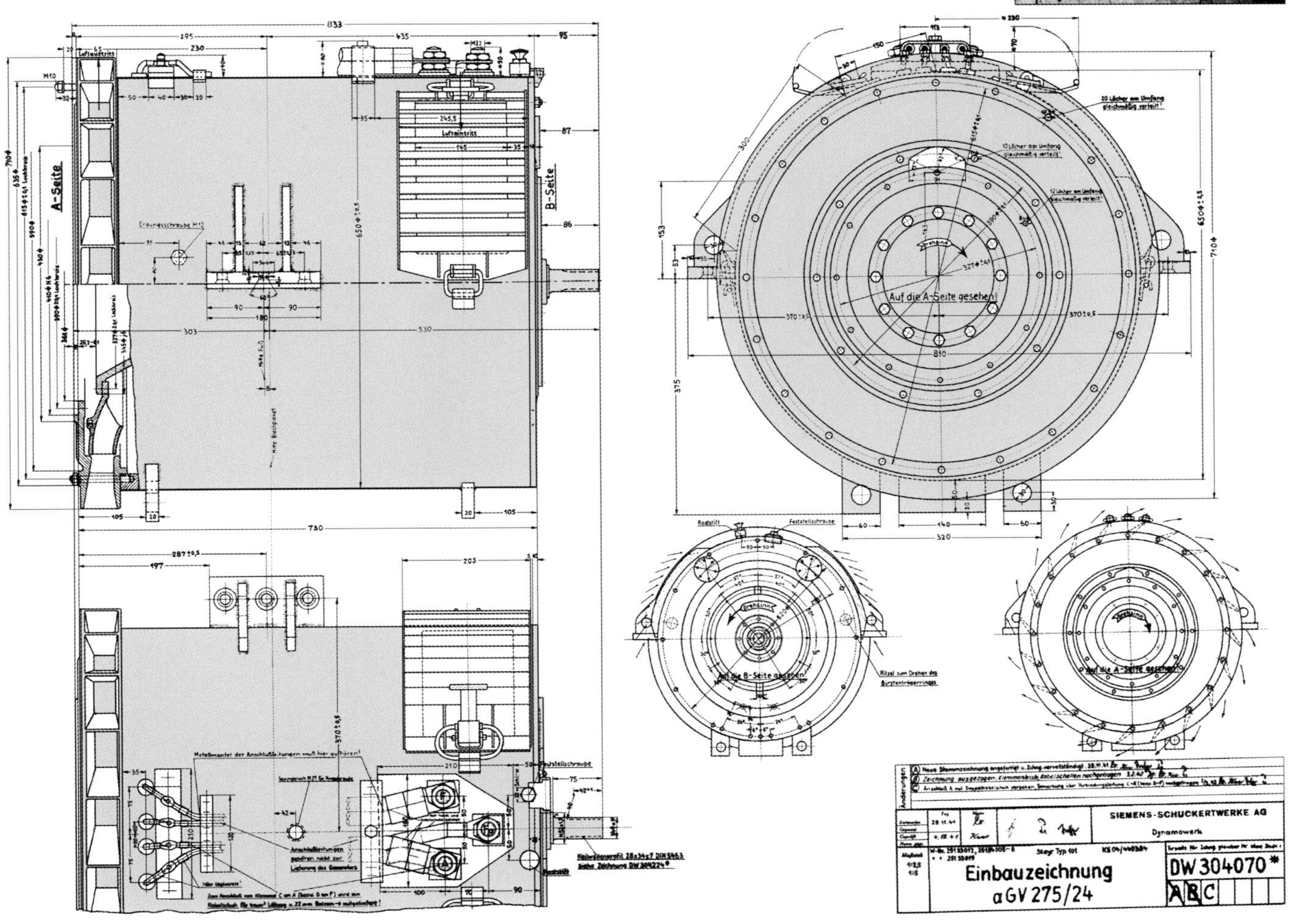

A-Seite
B-Seite
Lufteintritt
Auf die A-Seite gesehen
SIEMENS-SCHUCKERTWERKE AG
Dynamowerk
Einbauzeichnung
aGV 275/24
DW 304070 *

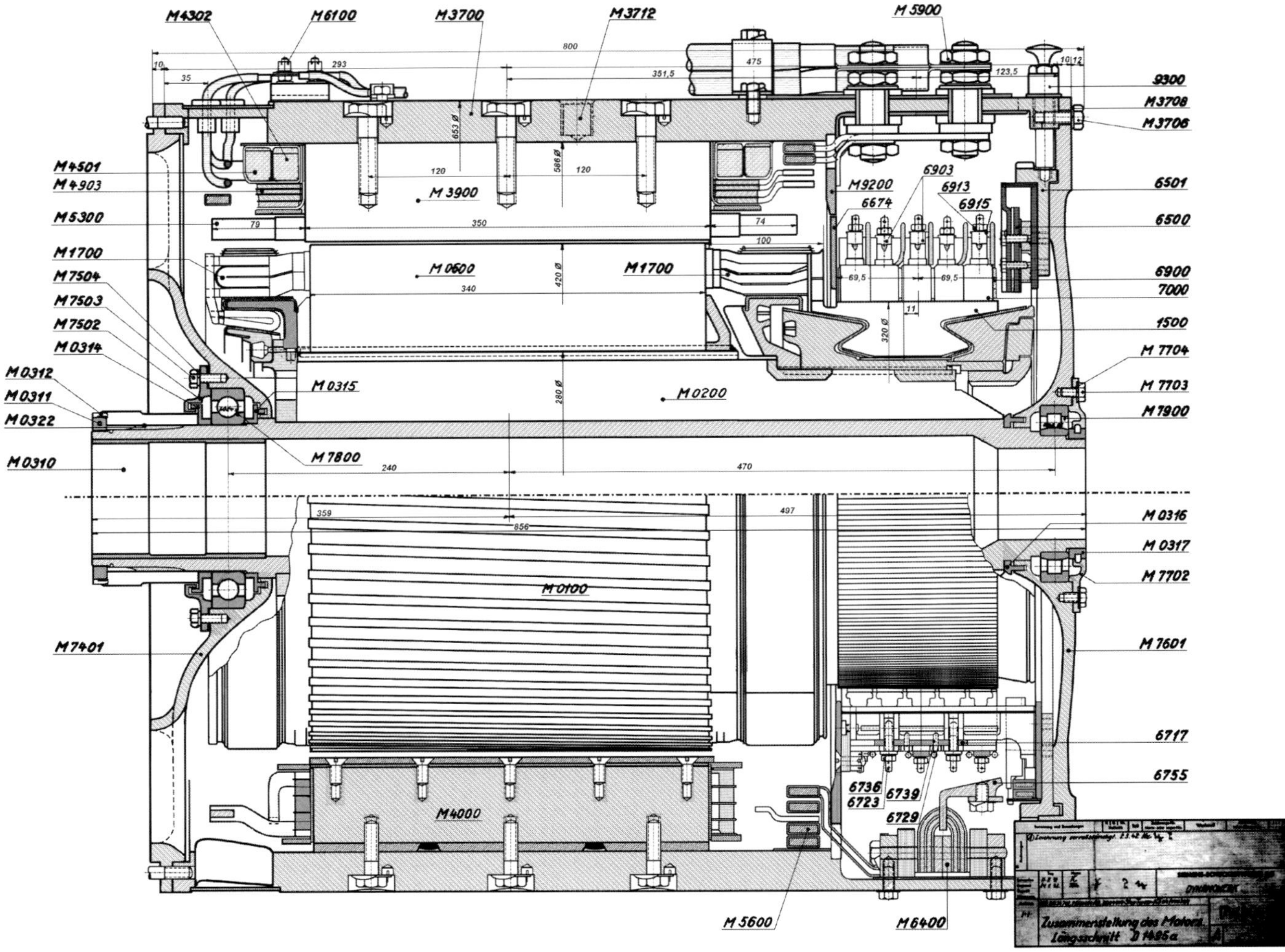


PA/MF. *Der Motoraufbau im Schnitt.*

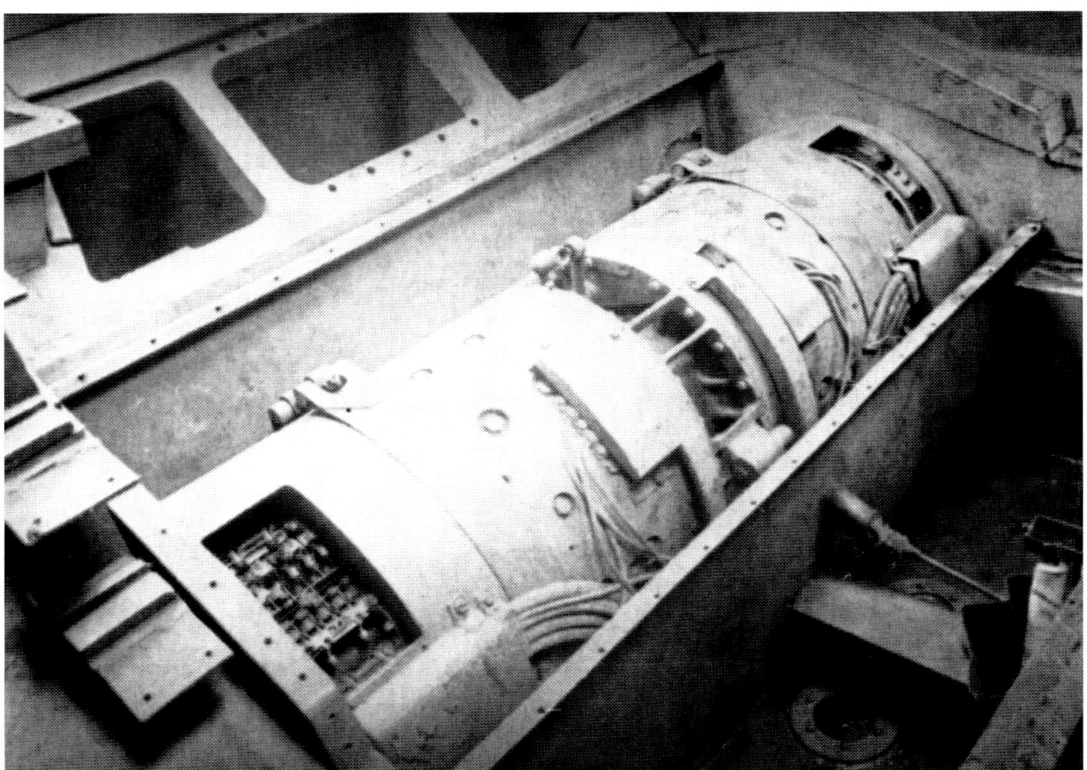

PA. *Die beiden gekoppelten Gleichstrom-Elektromotoren nach dem Einbau.*

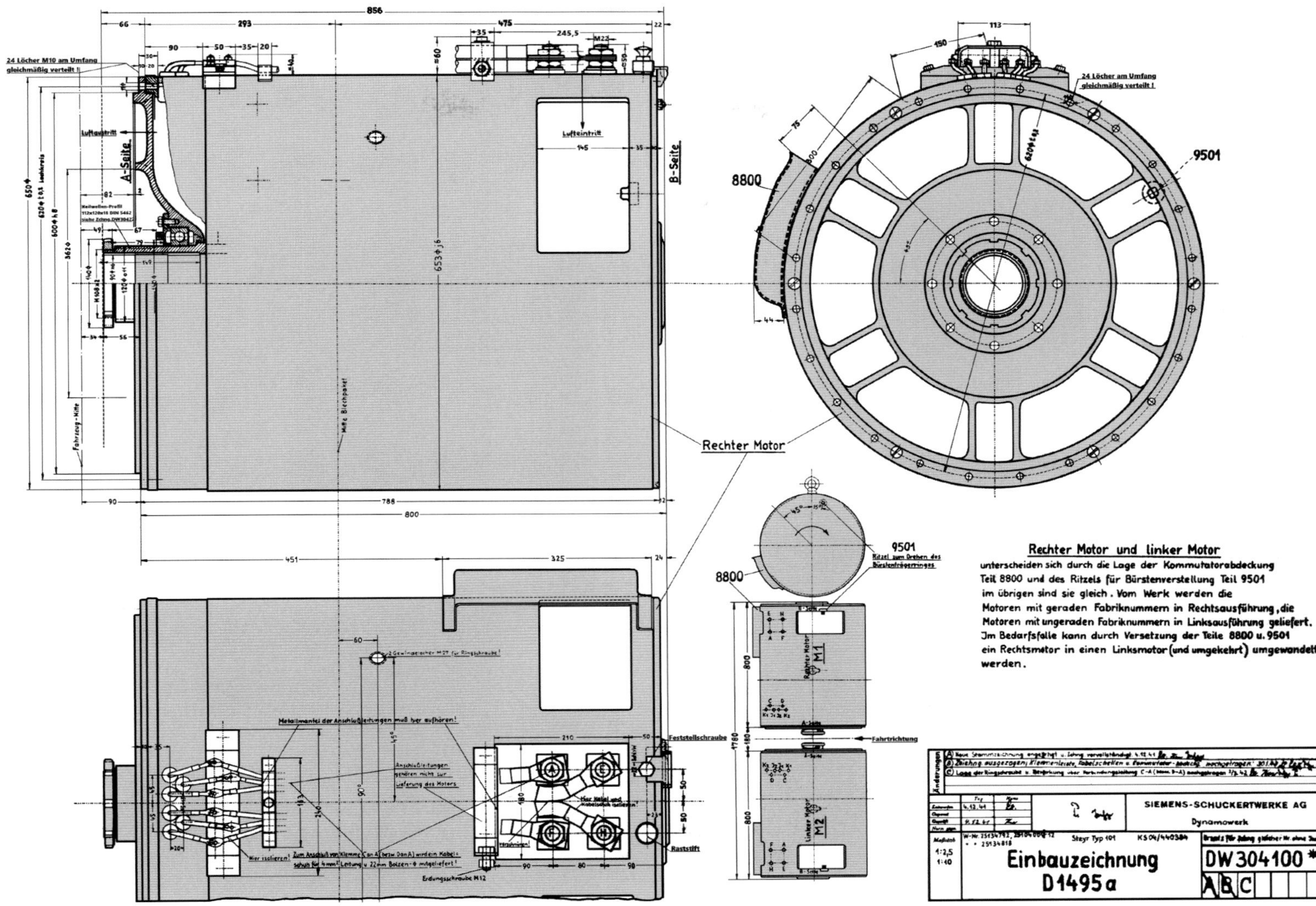


*PA/MF.* ***Die Einbauzeichnung des Gleichstrom-Motors D 1495a.***

Die Antriebssteuerung war im Fahrschalter integriert. Der Fahrschalter mit den beiden Umkehr-Feldreglern und den von zwei Lenkhebeln gesteuerten Schaltwalzen befand sich unter dem Fahrersitz. Er wog etwa 228 kg. Zudem gab es noch einen Schaltkasten rechts neben dem Fahrerplatz. In diesem befanden sich der Drehzahlschalter, mit dem die Fahrbelastung eingestellt wurde, der Vorwählschalter für den Generator-Steuerschalter und der Regler für die Fremderregung der Generatoren. Letzterer war mit dem Fahrpedal verbunden.

Die elektrische Ausrüstung musste noch durch das elektrische Turmschwenkwerk ergänzt werden. Dieses ebenfalls von Siemens hergestellte Schwenkwerk Typ aG 56n arbeitete auf dem Prinzip der zur damaligen Zeit üblichen Leonard-Umformer. Das Problem war, dass zum Schwenken des 10 t schweren Turmes die Bordspannung von 12 bzw. 24 Volt nicht ausreichte. Die nötige Stromaufnahme hätte allein die nötigen Kabelquerschnitte in die Höhe getrieben. Zur Senkung der Stromaufnahme benötigte man eine höhere Spannung. Dafür wurde ein Drei-Maschinensatz eines Leonard-Umformers benötigt. Dieser bestand in diesem Fall aus einem 24-Volt-Gleichstrommotor, der auf einer gemeinsamen Welle mit einem Gleichstromgenerator und einem Gleichstromnebenschluss-Generator saß. Letzterer lieferte die erforderliche Fremderregung. Mit der regulierbaren Ankerspannung des Motors änderte sich die Drehzahl des Generators bei gleich bleibendem Drehmoment und damit die Spannung für den Schwenkmotor.

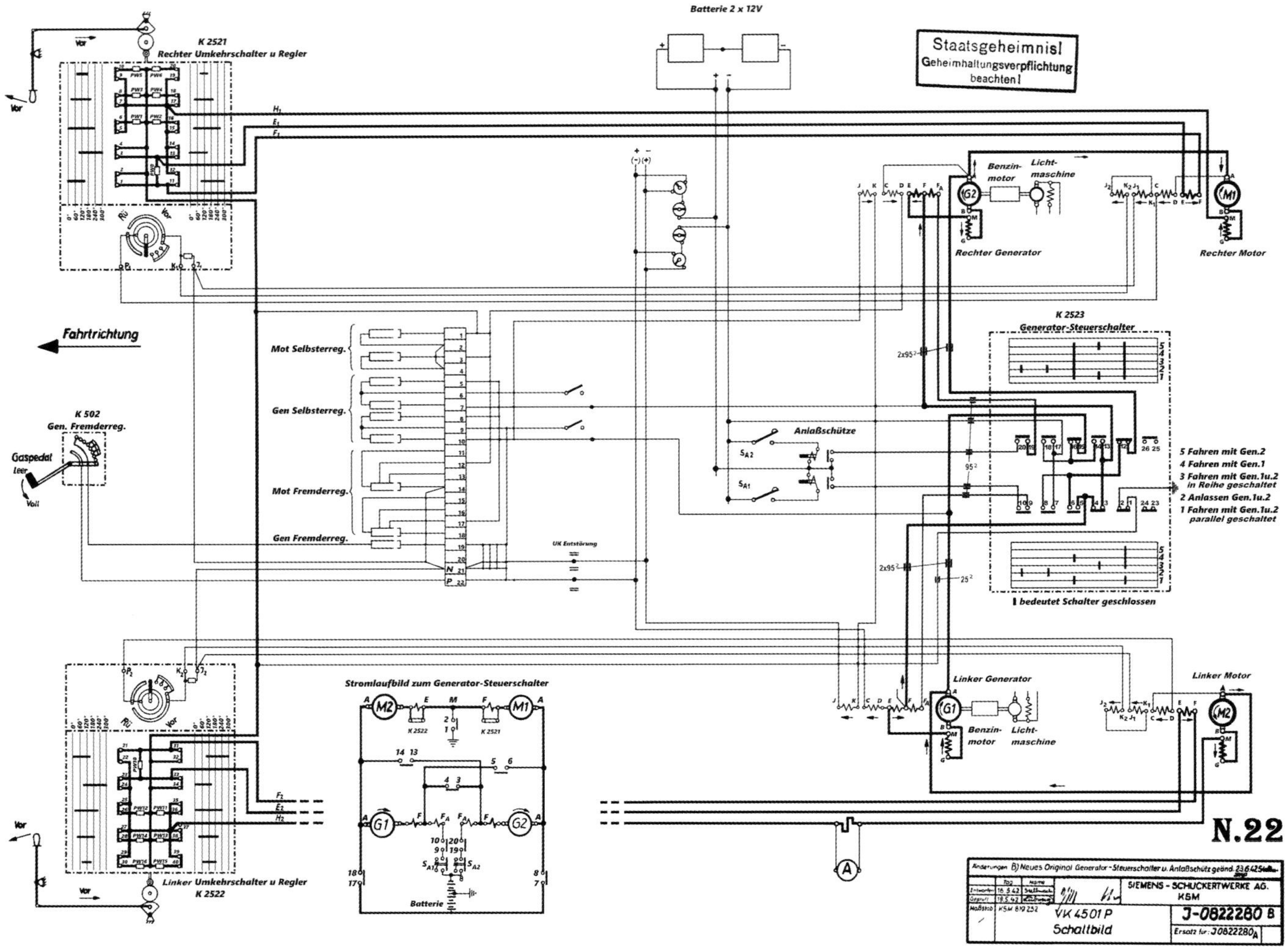


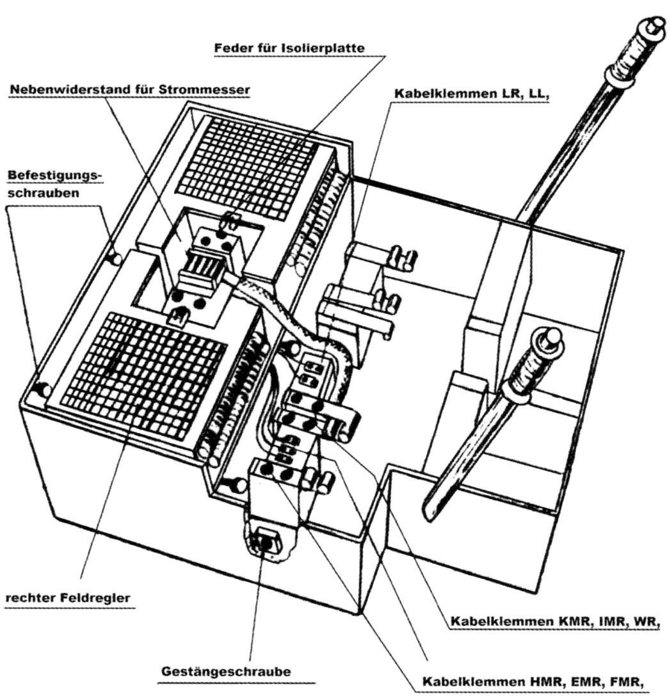


**Fahrschalter, geöffnet**

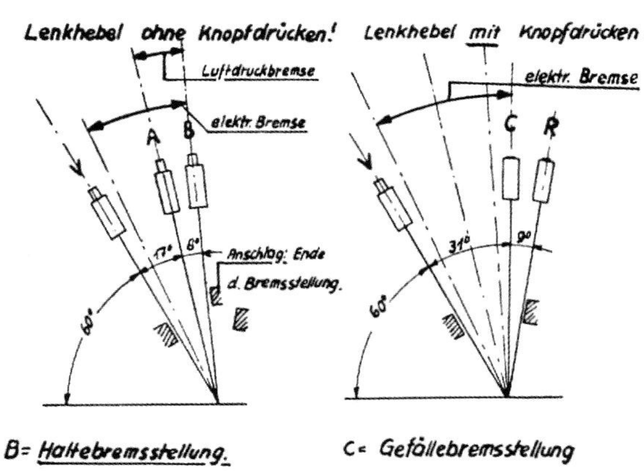


D 656/1. *Die Bedienung des Fahrschalters beim Lenken und Bremsen.*

D 656/3. *Der Fahrschalter des Panzerjäger Tiger (P).*

## Der Porsche Typ 102 – hydraulischer Antrieb

Von den zuletzt geplanten 10 Fahrgestellen mit hydraulischem Antrieb unter der Bezeichnung Typ 102 entstand letztendlich nur ein Fahrzeug zur Erprobung.

Dieser hydrodynamische Antrieb wurde von der Firma Voith unter der Bezeichnung Doppelturbogetriebe G24 unter dem Kennwort NITA (*Nibelungenwerke, Tank*) entworfen. Voith hatte einen Auftrag über 25 Stück im November 1941 erhalten, der von September bis Dezember 1942 abgewickelt wurde.[218]

Waren zunächst statt der beiden Generatoren zwei einzelne Wandler vorgesehen, änderte Porsche den Entwurf auf Anregung von Voith dahin, dass ein Doppelturbogetriebe mit einem separaten Lenkgetriebe zur Anwendung kommen sollte. Da jedoch die Wannenproduktion der hydraulischen Fahrgestelle bei Krupp schon begonnen hatte, kam es durch die notwendigen konstruktiven Änderungen der zunächst geplanten 50 Wannen zu erheblichen Terminverzögerungen. Deshalb wurde die Montage der elektrischen Fahrgestelle vorgezogen, bis man schließlich entschied, nur 10 Wannen in hydraulischer Ausführung unter der Bezeichnung Typ 102 zu fertigen. Auf Grund weiterer Lieferschwierigkeiten und dem Abbruch des Projektes VK 4501 (P) entstand nur ein erprobungsfähiges Fahrgestell mit der Nummer 150 013.

Der technische Aufbau bestand zum einen aus dem 800-kg-schweren Hydraulikgetriebe mit zwei angeflanschten Motoren vom Typ 101/1. Am Getriebe befanden sich zwei Nebenantriebe für die Lichtmaschine, den Kompres-

PA. *Die hydraulische Ausführung Typ 102 besaß während seiner Erprobungszeit nur ein Turmersatzgewicht. Dieses Belastungsgewicht ist, neben dem Schnittmodell des Turbo-Getriebes, das einzige Teil vom Porsche-Tiger, das heute noch existiert.*

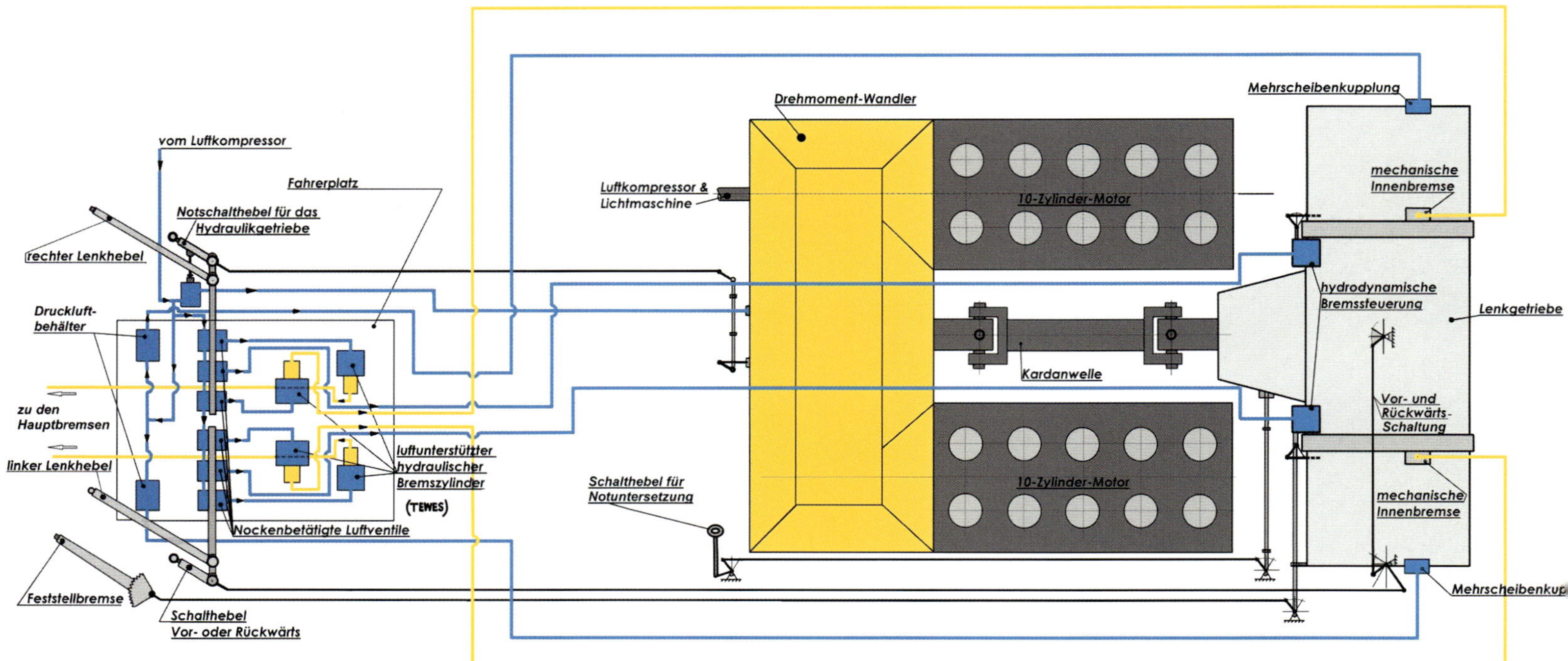


***Voith-Zeichnung G01-0001***
***schematischer Kontrollplan***

*PA/MF. Das Funktionsschema der Druckluftsteuerung des im Typ 102 verwendeten hydraulischen Antriebes.*

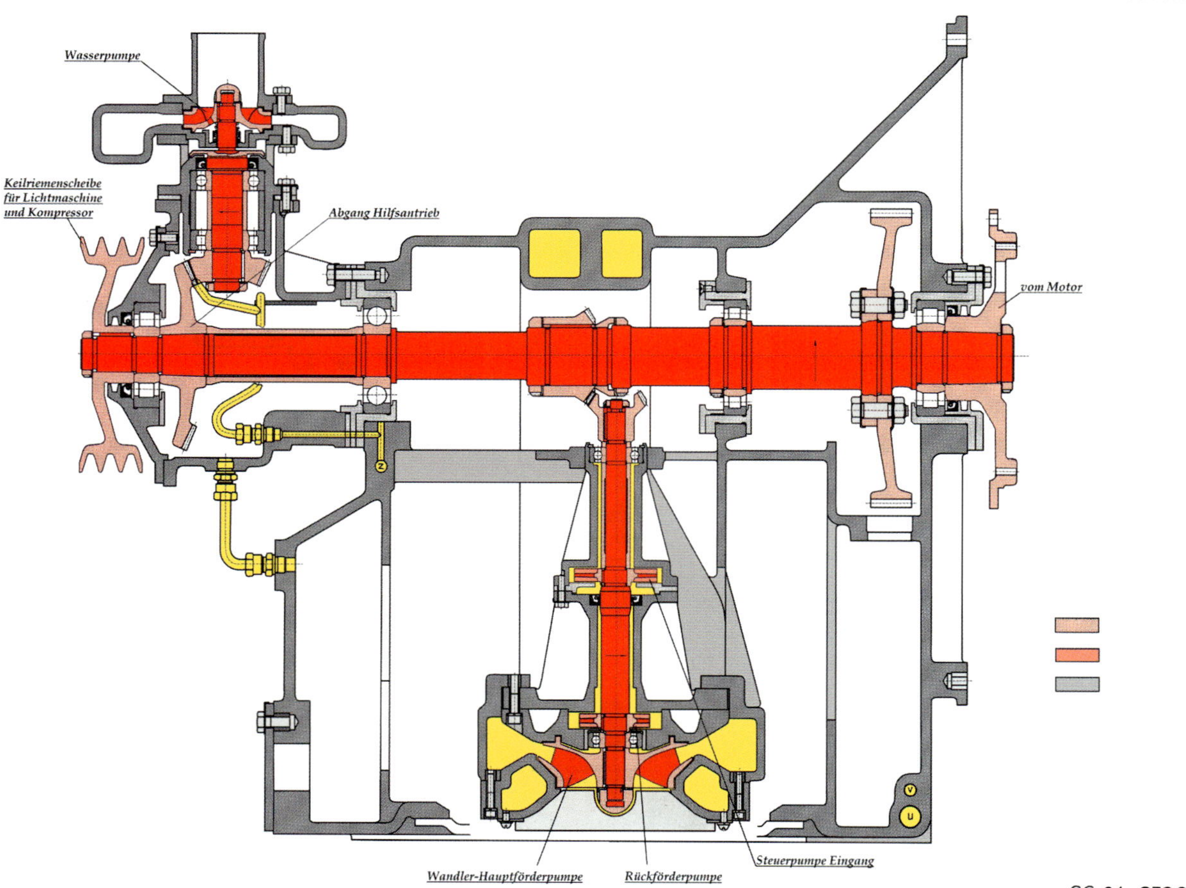


*PA/MF. Längsschnitt eines Turbo-Getriebes mit der Eingangs- und Pumpenwelle.*

Voith. *Reihenfertigung bei Voith in Heidenheim im September 1942.*

sor sowie die beiden seitlichen Gebläse. Ein weiterer Nebenantrieb war als Option für den Anschluss einer Wasserpumpe für den eventuellen Einsatz wassergekühlter Motoren vorgesehen.

Das Hydraulikgetriebe hatte zwei Läufer mit je zwei Marschwandlern Typ 17, die im Triebwagengetriebe T24 von 1942 verwendet wurden.[219] Es besaß zwei Wandlerstufen mit der Übersetzung von 1: 1,875 im niedrigen und 1: 0,674 im hohen Gang. Der jeweilige Motor Typ 101/1 gab seine Kraft über ein Zahnradpaar an eine Eingangswelle weiter. Über die Eingangswelle wurden auch das Kühlgebläse sowie die Keilriemen, die Lichtmaschine und der Kompressor angetrieben. Optional war die schon genannte Wasserpumpe. Intern trieb diese Eingangswelle noch eine Hydraulikpumpen-Einheit an. Diese bestand neben der Hauptförderpumpe aus der Steuer- und der Rückförderpumpe.

Die über Zahnräder mit der Eingangswelle verbundene Zwischenwelle besaß zwei gleichgroße hydraulische Wandler-Einheiten. Jeder Wandler war mit einem Zahnradpaar gekoppelt, das sich in der Übersetzung unterschied. Auf der Zwischenwelle befand sich noch die ausgangsseitige Steuerpumpe. Mittels dieser Pumpe und der auf der Eingangswelle sitzenden, eingangsseitigen Steuerpumpe wurden beide Wellendrehzahlen miteinander verglichen. Sank die Ausgangsdrehzahl trotz hoher Motordrehzahl, sorgten diese Steuerpumpen dafür, dass der niedrig übersetzte Wandler gefüllt sowie der höher übersetzte Wandler geleert wurde. Umgekehrt wurde bei steigender Ausgangsdrehzahl und hoher Motordrehzahl der niedrig übersetzte Wandler geleert und der höher übersetzte Wandler gefüllt.

Das Getriebe verfügte über eine Notschaltung, bei der die Reglerstange von Hand zur Füllung eines Wandler-Paares bei Ausfall der drehzahl- und lastabhängigen Schiebersteuerung, eines Motors oder eines Wandlers betätigt werden konnte. Ein Vortrieb ohne mindestens eine Wandlerfüllung dürfte nicht möglich gewesen sein.

Leider fehlen Aufzeichnungen über das Ansprechverhal-

*Voith.* **Das G24 von der Riemenscheibenseite aus gesehen. Die Lüfter für die beiden 320-PS-Motoren wurden über Gelenkwellen angetrieben. Die Keilriemenscheiben dienten dem Antrieb für Lichtmaschine und Kompressor.**

ten des Doppelturbogetriebes und dessen Wärmeentwicklung und damit des Wirkungsgrades und des Kraftstoffverbrauchs. Die Wandler in der hier vorliegenden Quelle verfügen nicht über ein Leitrad, was sich auskuppelt, wenn Pumpe und Turbine sich in der Drehzahl annähern und damit der Wirkungsgrad verbessert wird. Interessanterweise zeigt das Schnittmodell des G24-Getriebes bei der Wehrtechnischen Studiensammlung eine andere Wandler-Bauart, die auf der Pumpenseite eher der Bauweise einer Kreiselpumpe ähnelt. Welche Wandler-Bauweise tatsächlich bei den bis Dezember 1942 25 Stück produzierten NITA-Getrieben zur Produktion gekommen ist, ist nicht bekannt.

Beide Wandler-Zahnräder der Turbo-Getriebe standen im ständigen Eingriff mit der gemeinsamen Ausgangswelle. Über eine Gelenkwelle waren diese Getriebe mit der querliegenden Lenkeinheit verbunden. Die ebenfalls von der Firma Voith entworfene Konstruktion wurde von der Böhmisch-Mährischen Maschinenfabrik AG hergestellt. Es handelt sich bei der als Nachschaltgetriebe GG01 bezeichneten Baugruppe um ein Kupplungs-Brems-Lenkgetriebe mit festem Lenkradius. Es verfügte im Bereich des Getriebeeinganges zunächst über ein Vorgelege, welches das mechanische Schalten eines Not- oder Bergganges über ein Planetengetriebe ermöglichte. Auf der quer liegenden Hauptwelle befand sich ein Schieberad, mit dem die Dreh- und damit die Fahrtrichtung mechanisch im Stillstand geändert werden konnte. Es gab noch eine mittlere Stellung des Schieberades für den Leerlauf. Die Hauptwelle trieb zudem die Hydraulikpumpe für die hydrodynamischen Wirbelstrombremsen an.

Von der Hauptwelle ging der Kraftfluss weiter über je ein Planetengetriebe auf die Seitenwellen. Auf jeder dieser

Voith. Oben rechts die Motorseite mit den Anflansch-Glocken mit Zahnkupplungen für die beiden Motoren. In der Mitte der Abtrieb zum Lenkgetriebe.

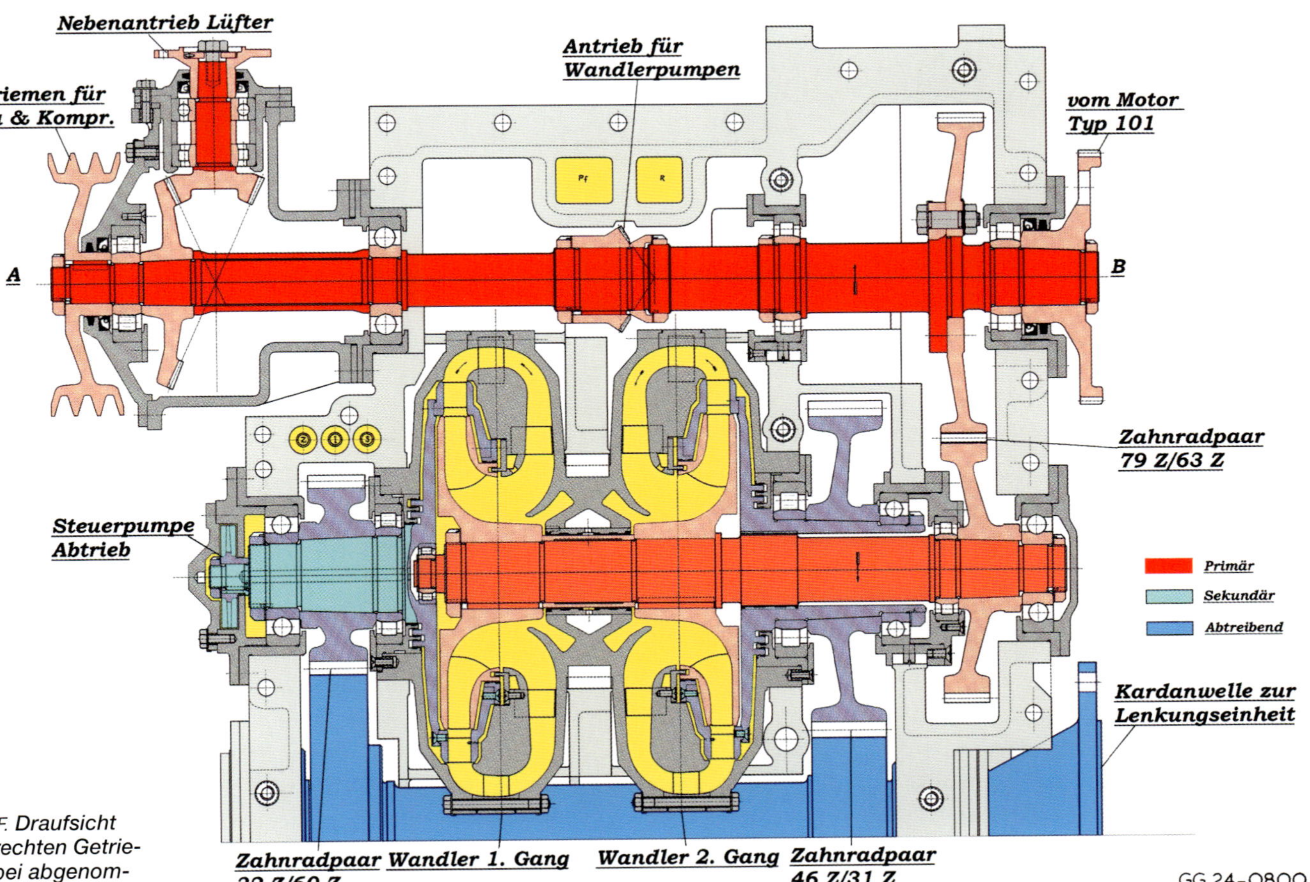


PA/MF. Draufsicht des rechten Getriebes bei abgenommenem Oberteil.

*FK. Ein Schnittmodell mit der in Fahrtrichtung linken Hälfte des Voith-Turbogetriebes G 24 in der WTS Koblenz.*

Wellen saßen eine Wirbelstrombremse, eine hydraulische Betriebsbremse sowie eine Mehrscheibenkupplung für die Lenkung. Je nach Größe des benötigten Lenkradius erfolgte mittels nockenbetätigter Druckluftventile der Einsatz oben genannter Baugruppen. Die in der Lenkeinheit mitverbaute Feststellbremse wurde mechanisch betätigt.

### Beschreibung der Vorgänge beim Lenken mit dem Voith-Lenkgetriebe des Porsche Typ 102[220,221]

Bei der ersten Stufe des Lenkens wird die Lamellenkupplung durch Druckluftbetätigung auf einer Seite gelöst, so dass durch Leerlauf der Sonnenradwelle kein Kraftfluss über die Planetenradwelle zum Seitenvorgelege der Lenkseite erfolgt. Je nach aktuellem Fahrwiderstand wird das Fahrzeug zu dieser Seite zu ziehen beginnen.

In der zweiten Stufe des Lenkens wird die hydrodynamische Bremse auf der Lenkseite aktiviert, die von der im Getriebe eingebauten Ölpumpe gespeist wird, betätigt durch Luftdruck. Diese hydrodynamische Bremse bremst die Sonnenradwelle sanft ab, so dass sich die Lenkbewegung in Richtung des durch die Planetengetriebe-Übersetzung festgelegten Radius verstetigt. Inwieweit in diesem Bereich eine stufenlose Regelung erfolgen kann, ist aus den vorliegenden Unterlagen nicht ersichtlich.

In der dritten Stufe des Lenkens wird die mechanische Trommelbremse hydraulisch aktiviert, so dass die Sonnenradwelle festgebremst wird und der durch die Planetengetriebeübersetzung vorgegebene feste Lenkradius gefahren wird. Es erscheint als wahrscheinlich, dass die hydrodynamische Bremse ebenfalls aktiviert bleibt, um einen ruckfrei-

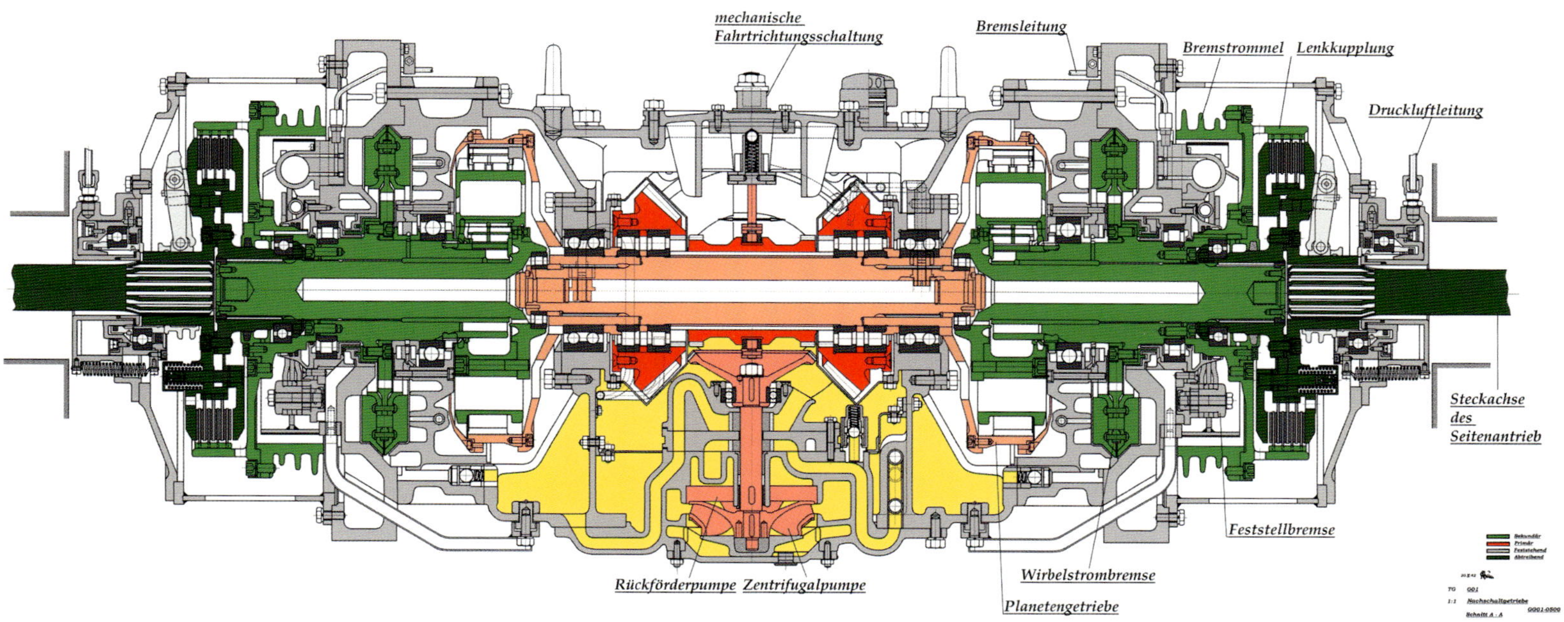


Schematische Darstellung der Vorgänge beim Lenken mit dem Voith-Lenkgetriebe des Porsche Typ 102

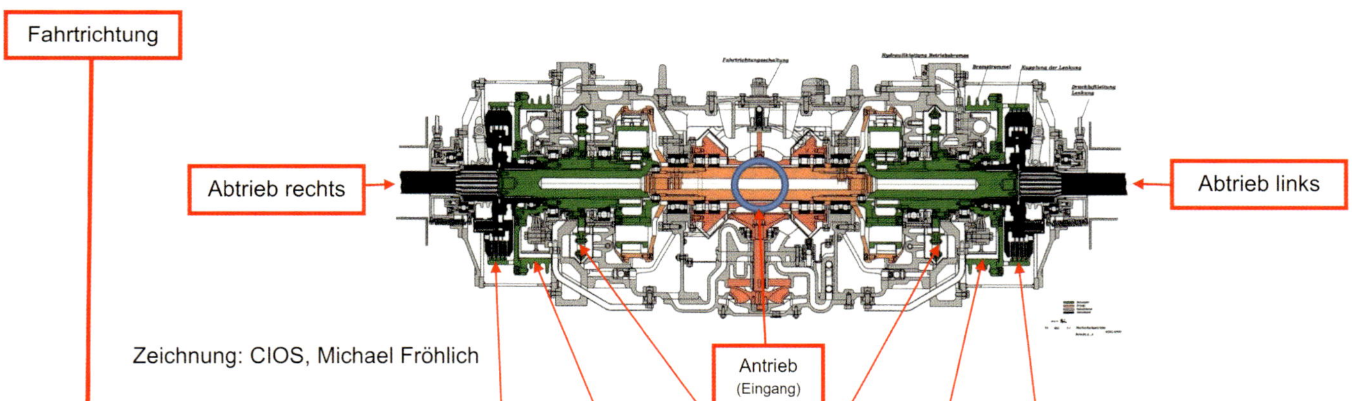


Zeichnung: CIOS, Michael Fröhlich

| Geradeausfahrt | Bremse vorn rechts | Kupplung rechts | Trommel-bremse rechts | Hydrodyn Bremse rechts | Hydrodyn Bremse links | Trommel-bremse links | Kupplung links | Bremse vorn links |
|---|---|---|---|---|---|---|---|---|
| Geradeausfahrt | | X | | | | | X | |
| Rechts anlenken | | | | | | | X | |
| Rechts anlenken bis Radius | | | | X | | | X | |
| Rechts Radiuslenken | | | X | (X) | | | X | |
| Rechts Bremse Kette | X | | | | | | X | |
| Links anlenken | | X | | | | | | |
| Links anlenken bis Radius | | X | | | X | | | |
| Links Radiuslenken | | X | | | (X) | X | | |
| Links Bremse Kette | | X | | | | | | X |

en Wechsel zwischen der zweiten und dritten Lenkstufe zu gewährleisten.

In der vierten Stufe, für noch engere Lenkradien und das Lenken um eine feststehende Kette, werden alle Bremsen und Kupplungen der Lenkseite gelöst und die an dem jeweiligen vorderen Kettenrad befindliche Trommelbremse hydraulisch betätigt. Die Trommelbremsen in den vorderen Kettenrädern sind gleichzeitig die Betriebsbremse des Fahrzeuges.

Ein Bremsen des Fahrzeuges könnte auch getriebeseitig erfolgen, wenn bei geschlossenen Lamellenkupplungen zu-

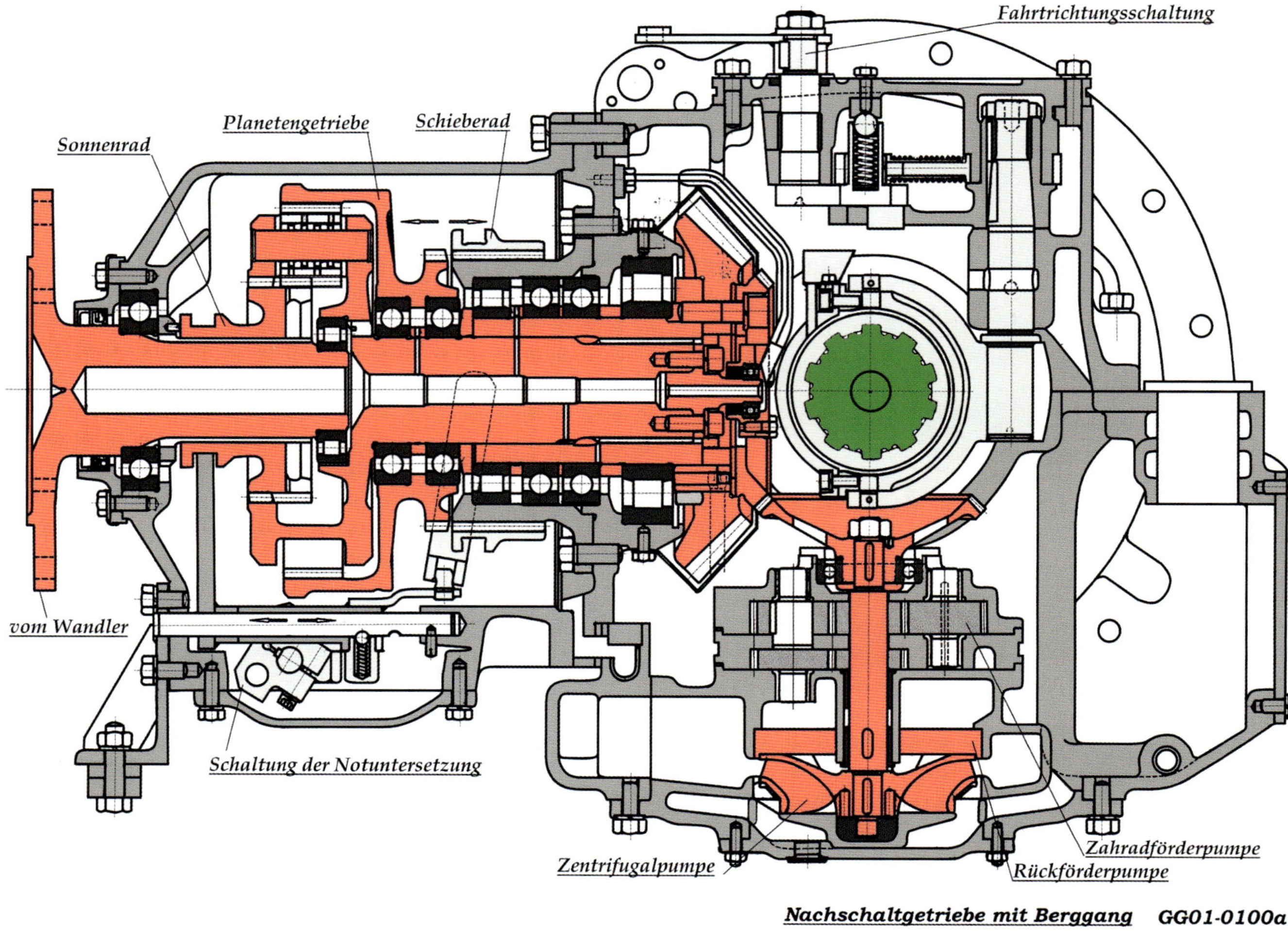


*PA/MF. Längsschnitt durch die Lenkeinheit.*

sätzlich die mechanischen Trommelbremsen betätigt würden. Bei entsprechendem Luftdruckvorrat eignet sich dieser Zustand auch als Feststellbremse, ggf. auch in Verbindung mit den Trommelbremsen an den vorderen Kettenrädern.

**Technische Daten des Lenkgetriebes:**
Lenkradius im festen Radius: 15.54 m,
Lenkradius beim Wenden um die stehende Kette: 2,12 m.

Das einzige Fahrgestell wurde im März 1942 im Nibelungenwerk montiert, wobei die fehlenden Motoren die Arbeiten zum Erliegen brachten. Erst mit Einstellung des Projekts Typ 101 wurden die Motoren frei für das Hydraulik-Fahrgestell. Die über 2000 km erfolgte Erprobung im Nibelungenwerk ergab neben beträchtlichen Ölverlusten am Getriebe Schwierigkeiten mit der druckluftgesteuerten Kupplungslenkung. Das System reagierte zu träge auf die Lenkbefehle, das Fahrzeug brach oft bei hohen Geschwindigkeiten aus der Spur. Das schlechte Ansprechen der trockenen Lamellenkupplung soll zu zwei oder drei Unfällen durch Abkommen von der Straße bei Geschwindigkeiten über 25 km/h geführt haben.[222]

Ein evtl. verzögertes Ansprechen des Vortriebes in Verbindung mit den nicht dosierbaren evtl. klebenden/rutschenden Lamellenkupplungen im Lenkgetriebe dürfte das o. g. schlecht berechenbare Fahrverhalten auf der Straße noch begünstigt haben.

Erst im März 1944 kam das Fahrzeug zur Verskraft nach Kummersdorf-Schießplatz. Jedoch hielt sich das Interesse an diesem Antriebssystem zu diesem Zeitpunkt zur großen Enttäuschung der Firma Voith in Grenzen, die Testfahrten erstreckten sich nur über 200 bis 500 km. Ein weiterer Grund dafür konnte auch sein, dass schon am 1. März 1944 vom schweren Panzerjäger-Regiment 656 die Bitte kam, neben den zwei zur Erprobung in Kummersdorf-Schießplatz befindlichen Panzerjägern „Ferdinand"

*PA. Während einer Tankpause auf der Erprobungsstrecke im Nibelungenwerk. Auf dem Turmersatzgewicht des Typ 102 (Fgst. Nr. 150 013) stehen Professor Porsche, Direktor Hacker und Ing. Kugel von Voith.*

auch das hydraulische Fahrgestell als Bergefahrzeug der Einheit zur Verfügung zu stellen. Allerdings entschloss sich das HWA, das Fahrgestell mit dem ebenfalls bei der Verskraft lagerndem Befehlsturm (Nr. 150 014) mit der 8,8-cm-Kwk L/56 des ehemaligen Berka-Tigers auszurüsten. Ende Mai 1944 konnte der schweren Panzerjäger-Abteilung 653 dieser VK 4501 (P) mit hydraulischer Kraftübertragung und Motoren vom Typ 101/1 als Befehlsfahrzeug zugeführt werden. Neben dem speziellen Turm besaß das Fahrzeug die zusätzlichen Bugpanzerplatten und die Winkelspiegel der, wie schon beschrieben, seit dem 1. Mai 1944 als Panzerjäger „Elefant“ bezeichneten Fahrzeuge.

In Folge der Großoffensive der Roten Armee ging, neben 19 Panzerjägern „Elefant“ und zweier Bergepanzer „Ele-

KHM. *Der einzige hydraulische Porsche-Tiger als Befehlspanzer im Mai 1944.*

fant", dieses spezielle Einzelfahrzeug Ende Juli 1944 verloren.

Bezüglich der Antriebstechnik zeigte sich auch hier, dass die Übernahme von Flüssigkeits- und Schaltgetrieben aus dem Schienenfahrzeug-Bereich mit einfacheren Betriebsbedingungen, gerade mit einem nachgeschalteten Lenkgetriebe für schwere, schnell fahrende, taktische Kettenfahrzeuge, nicht ohne einen erheblichen zusätzlichen Entwicklungs- und Zeitaufwand zu realisieren war.

# Der Porsche Typ 180 – VK 4502 (P)

Das Projekt ging auf die Erkenntnisse von 1941 mit dem sowjetischen Panzerkampfwagen T-34 zurück. Der technische Aufbau entsprach im Wesentlichen dem VK 4501 (P). Als Motortyp waren die schon beschriebenen weiterentwickelten Motoren Typ 101/3 bzw. 101/4 mit ihren 2 x 370 PS vorgesehen. Die entscheidenden Änderungen betrafen das Design, das sich durch schräg gestellte Panzerplatten und eine Turmdrehkranz-Aussparung von 2400 mm für den Turm mit der 8,8-cm-Kwk L/71 auszeichnete.

Zudem entstanden zwei Entwürfe von dem nun als VK 4502 (P) bezeichneten Projekt. Der Typ 180 A mit vorn liegendem Turm und Motor Typ 101/3, und der Typ 180 B mit hinten liegendem Turm und Motor Typ 101/4. Des Weiteren hatte Porsche wieder eine elektrische und eine hydraulische Ausführung geplant.

Wie zuvor schon kurz erwähnt, hatte am 11. November 1942 die Panzerkommission in Berka beschlossen, dass nach der Einstellung des Projektes VK 4501 (P) von den

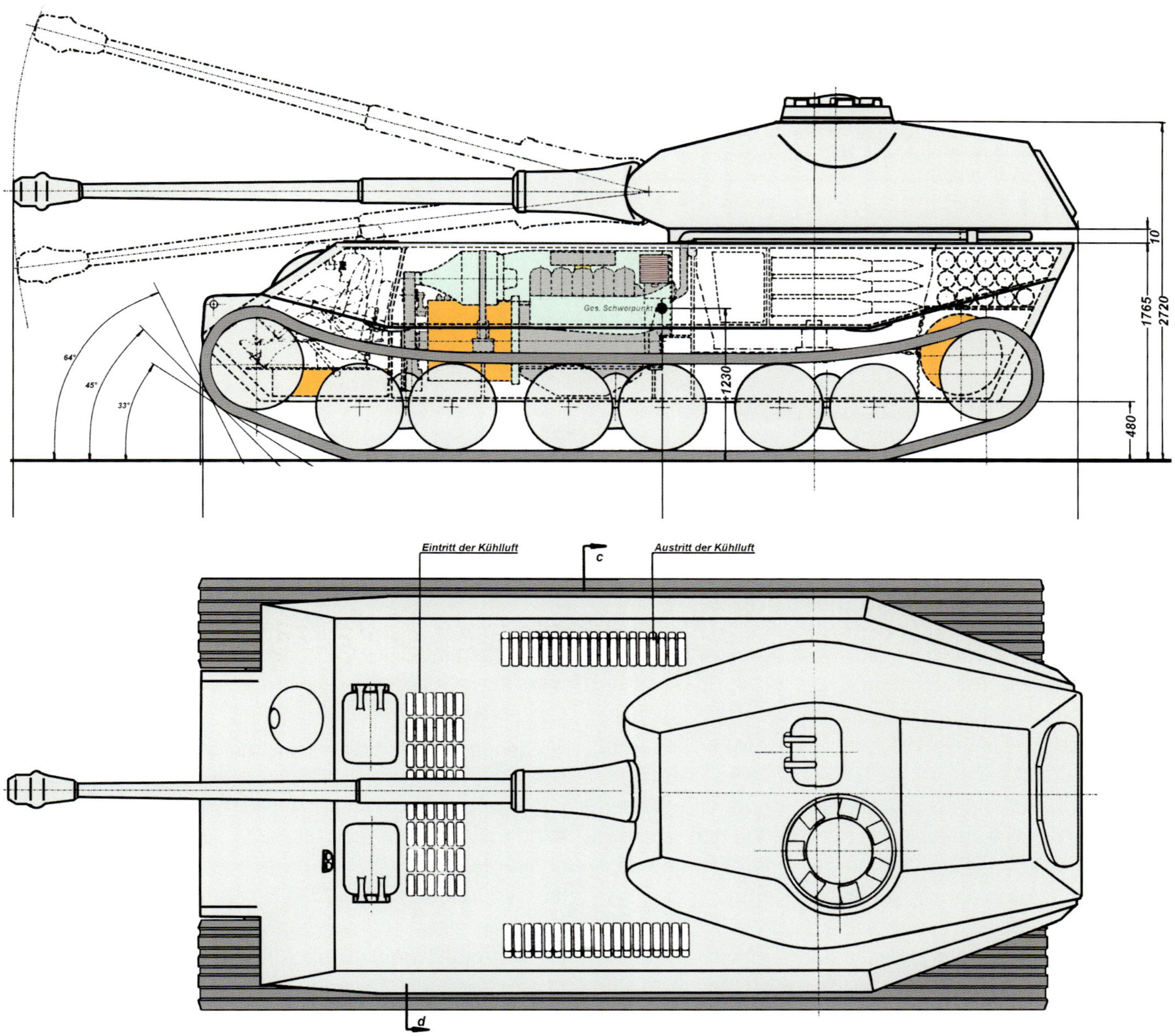


*PA/MF. Die zunächst 1942 von der Panzerkommission favorisierte Ausführung B. Die Abluftverhältnisse müssen besonders für die Elektromotoren problematisch gewesen sein.*

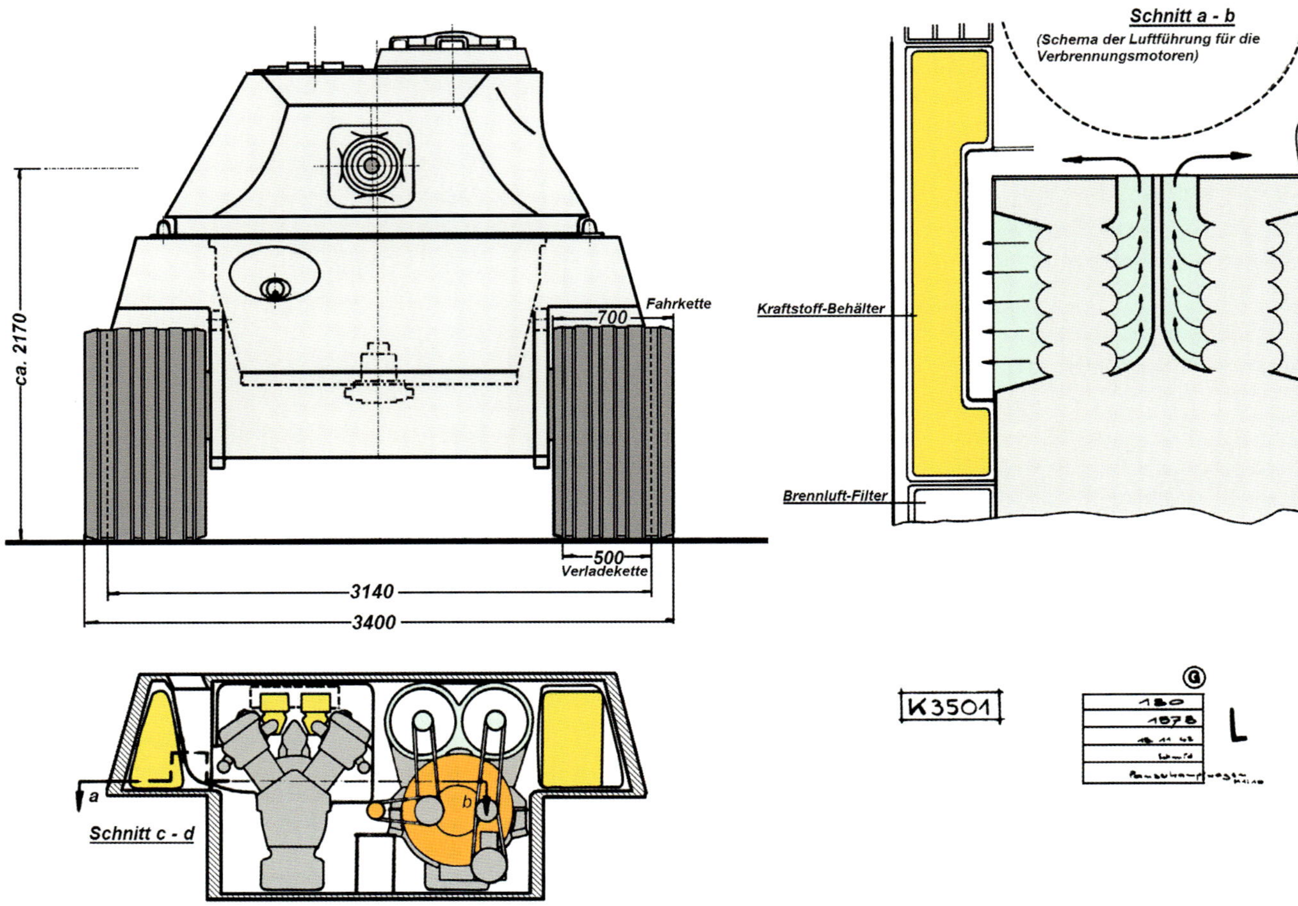


PA/MF. *Die Ausführung Typ 180 B mit der geänderten Zu- und Abluft-Führung.*

weiter geplanten 200 Fahrzeugen vom Tiger (P 2) mindestens drei Erprobungsfahrzeuge vom Typ VK 4501 (P 2) von Krupp gebaut werden sollten. Die Montage sollte zunächst bei Alkett beginnen. Jedoch hatte die Firma schon den dringenden Auftrag der Entwicklung eines Sturmgeschützes aus dem Panzerkampfwagen VK 4501 (P) erhalten, so dass das Nibelungenwerk die Montage übernehmen musste. Im Januar 1943 versandte Krupp die fertig gestellten drei Wannen an das Nibelungenwerk, das Material für die Türme mit der 8,8-cm-Kwk 43 war unterdessen für die Henschel-Ausführung verwendet worden. Im Februar 1943 wurde die Herstellung der drei Fahrzeuge vom Typ 180 auf Grund der beschleunigten Fertigung des Panzerjägers „Ferdinand" zurückgestellt.

Auf Porsches Reißbrettern entstand unterdessen eine weitere Konstruktion, der Tiger (P 3). Dieser Typ 181 sollte einen hydraulischen Antrieb besitzen, der von einem neuen, luftgekühlten, etwa 900-PS-starken Dieselmotor angetrieben werden sollte. Damit war der seit 1942 in der Entwicklung befindliche 16-Zylinder-X-Dieselmotor vom Typ Sla 16 gemeint, der in den Akten auch als Porsche Typ 101/5 bezeichnet wurde. Dieses Projekt bei der Simmering-Graz-Pauker AG ging auf den Auftrag der „AG für luftgekühlte Dieselmotoren" zurück und sollte den zur damaligen Zeit anfälligen Maybach-Motor Typ HL 230 der Panzerkampfwagen Panther und Tiger ersetzen. Dieser Motor wird weiter unten detailliert beschrieben.

Mit dem Abschluss des Umbaus der VK 4501 (P) in die 91 nun als Panzerjäger bezeichneten Sturmgeschütze „Ferdinand" wandte sich Porsche wieder dem Typ 180 zu. Da die gefertigten Türme für die Tiger II von Henschel gebraucht wurden, wurde vorgeschlagen, zwei der Versuchsfahrgestelle mit einen Turmersatzgewicht auszustatten und nur ein Fahrzeug komplett mit Turm und Ausrüstung zu fertigen. Schon am 23. April 1943 besprachen Porsche und Reimspieß, ein leitender Ingenieur Porsches, die weitere Ausführung der drei 180er-Probefahrzeuge im Nibelungenwerk. Die neuesten Entwürfe Reimspieß zeigten eine

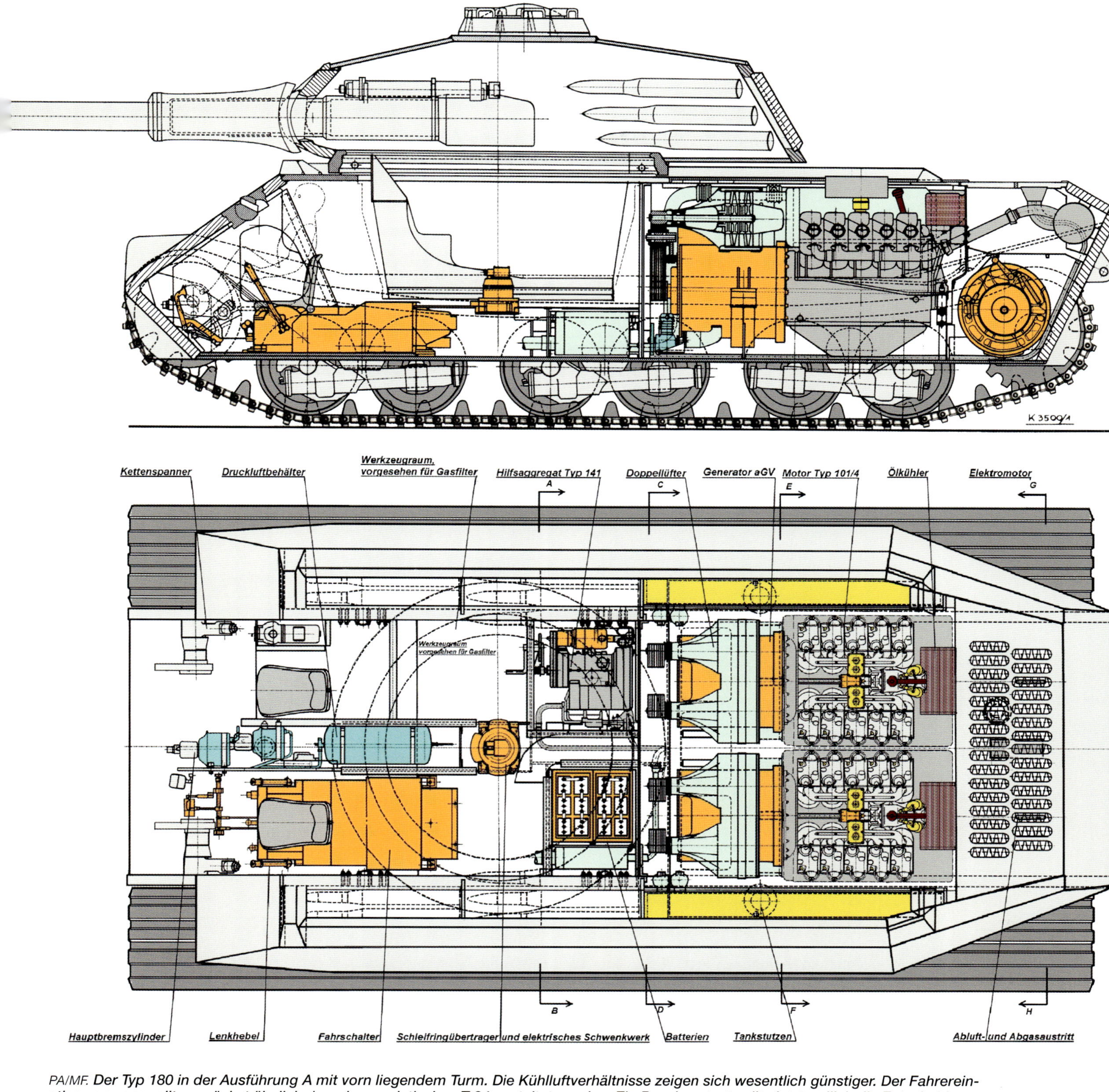


*PA/MF.* *Der Typ 180 in der Ausführung A mit vorn liegendem Turm. Die Kühlluftverhältnisse zeigen sich wesentlich günstiger. Der Fahrereinstieg von vorn sollte zunächst ähnlich dem des sowjetischen T-34 gestaltet werden. Ein Beschusstest sollte letztendlich die Entscheidung über die Anwendung bringen.*

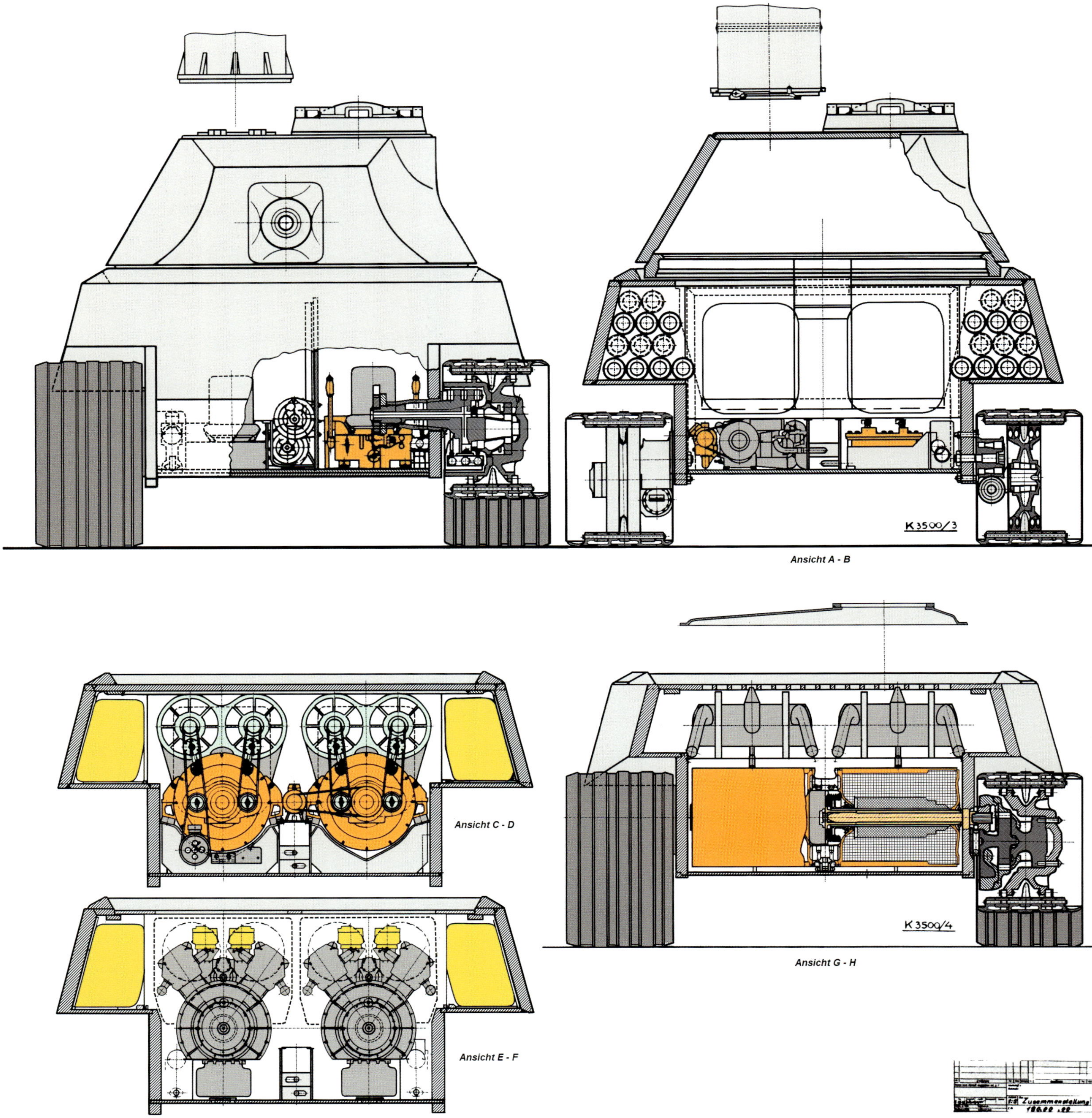


PA/MF. *Die Schnitte zeigen die veränderte Aufteilung der Aggregate im Typ 180 A.*

*YP.* ***Der nach dem Krieg von der Roten Armee fotografierte, an der Straße nach Horstwalde eingegrabene Porsche-Tiger mit der markanten einteiligen 8,8-cm-Kwk 43 L/71 und kleiner Mündungsbremse. Er schoss in den letzten Kriegstagen noch mehrere sowjetische Panzer ab.***

mittige Turmlage, bei der sich der kurzbauende Sla 16 im Heck und der Generator vor dem Turm zwischen Fahrer und Funker befanden. Bei der sich ebenfalls im Gespräch befindlichen Hydraulik-Version sollte das Voith-Turbogetriebe NITA direkt über eine dämpfende Bibby-Kupplung mit dem Dieselmotor verbunden sein. Neben der Dämpfung von Stößen und Erschütterungen musste die Kupplung auch allseitig beweglich sein und ein schnelles Trennen der verbundenen Maschinen ermöglichen.[223]

Damit waren die zehn bestellten Motoren vom Typ 101/3 bzw. 101/4 Geschichte, der Simmering-Motor Sla 16 war der zukünftige Motor der Wahl. Allerdings verzögerte sich die Realisierung, da die Firma Simmering-Graz-Pauker im August 1943 nur den Auftrag vom HWA über die Herstellung von drei Motoren erhalten hatte. Die von Porsche gewünschten fünf Motoren mussten erst samt der benötigten Materialkontingente neu beantragt werden. Hinzu kam, dass die Motorgehäuse auf Grund des nicht mehr benötigten Zwischengetriebes geändert werden mussten. Dieses Zwischengetriebe war für die Panther- und Tigerausführung auf Grund der maximalen Motordrehzahl des Sla 16 von 2000 U/min notwendig, da die weiter zu verwendenden ZF- bzw. Maybach-Getriebe auf eine maximale Eingangsdrehzahl von 3000 U/min des zu ersetzenden Maybach-Motors vom Typ HL 230 abgestimmt waren.

Aus wirtschaftlichen Gründen bestand die Firma zudem auf einer Bestellung über 10 Motoren, wobei für WaPrüf 6 vier bzw. fünf Motoren und für Porsche sechs Motoren abzunehmen seien. Professor Porsche wollte allerdings nicht mehr als fünf Motoren erwerben.

Da die Entwicklung des Sla 16 Porsche zu lange dauerte, schlug er am 22. August 1943 vor, wieder auf die alten luftgekühlten 15-Liter-Motoren Typ 101/3 zurückzugreifen. Jedoch hatte Simmering-Graz-Pauker diese Motoren nach langen Verhandlungen bereits verschrottet. Eine Wiederaufnahme der Produktion lehnte die Firma kategorisch ab. Damit kam das Projekt endgültig zur Ruhe. Die Arbeiten am Panzerkampfwagen „Maus" und am neuen Einheitsfahrwerk für den Jagdtiger, die ebenfalls unter der internen Bezeichnung Typ 180 liefen, ließen keine Zeit für die drei Fahrgestelle des Porsche Typ 180.

Allerdings hatte im August 1943 Hauptdienstleiter Saur den Turmhersteller Wegmann beauftragt, einen Tigerturm Typ H1 mit einer 8,8-cm-Kwk L/71 auszurüsten. Ende September 1943 lieferte Krupp den Turmpanzer an die Firma Wegmann, die im Oktober ein Versuchsgeschütz aus Kummersdorf-Schießplatz in diesen Turm einbaute. Inzwischen musste eine Wanne vom Typ 180 vom Nibelungenwerk nach Kummersdorf-Schießplatz gelangt sein, da WaPrüf 1 schrieb, dass am 6. März 1944 auf dem Schießplatz Meppen ein Lebensdauer-Beschuss einer 8,8-cm-Kwk 43 mit konischen Zügen durchgeführt werden sollte. Dafür hatte WaPrüf 1 das 8,8-cm-Versuchsrohr RV1 L/71 vorgesehen, das sich in einem fahrwerkslosen Tiger I (VK 4502) in Kummersdorf-Schießplatz befand. Eine Bestätigung, dass es sich um eine der Wannen vom Typ 180 handeln musste, zeigte sich in der Aufstellung des Generalinspektors der Panzertruppen vom 31. März 1945, wo der Panzerzug (*unbeweglich*) der Panzerkompanie „Kummersdorf" einen Porsche-Tiger mit einer 8,8-cm-Kanone L/70 besaß. Dieser, angeblich wegen Fahrwerksschäden unbewegliche Tiger wurde zum Kriegsende an der Straße nach Horstwalde eingegraben und schoss nachweislich noch mehrere T-34 ab.

# Die geplanten Motoren- und Getriebeentwürfe für Panther und Tiger B

Schon 1942 zeichnete sich ab, dass die Motorleistung des HL 230 mit seinen 600 PS bei 2500 U/min[224] bzw. 700 PS bei 3000 U/min für die schwerer gewordenen Projekte Panther und Tiger nicht ausreichte. Ein stärkerer Motor mit möglichst gleichen Abmessungen musste geschaffen werden, der ohne größeren Aufwand den verwendeten Maybach-Motor HL 230 ersetzen konnte.
Allein für den Panzerkampfwagen Panther plante WaPrüf 6 folgende Entwürfe:

- Panther mit Deutz-Dieselmotor und AK 5-200-Getriebe (Typ T8M 118 mit 700 PS),
- Panther mit Maybach-Motor HL 234 (HL 230 mit Benzineinspritzung und 850 PS),
- Panther mit luftgekühltem Simmering-Dieselmotor (Sla 16 mit 720 PS)
- Panther mit Argus-Dieselmotor und verlängerter Wanne (Typ LD 220 mit 700 PS)[225]

Da der Motorraum des Panzerkampfwagens Tiger B/Jagdtiger im Wesentlichen dem des Panther entsprach, konnte von einer Übernahme der Entwicklung ausgegangen werden.

## Der Maybach-Motor HL 234

Hatte die Firma Maybach die Leistung im Zeitraum von 1935 bis zum damaligen Zeitpunkt hauptsächlich durch Hubraum-Vergrößerungen erreicht, blieb auf Grund der beengten Einbauverhältnisse in den vorhandenen Panzerkampfwagen und der schon erreichten grenzwertigen mittleren Kolbengeschwindigkeit von bis zu 14,5 m/s nur die Erhöhung der Literleistung des Motors.
Dazu sah die Firma zwei Möglichkeiten:

- Umstellung von Vergaserbetrieb auf Benzineinspritzung,
- Aufladung der Ansaugluft.

Der erste Punkt wurde schon seit Jahren im deutschen Flugmotorenbau erfolgreich angewandt. Daher entstand der Plan, den verwendeten 12-Zylinder-Maybach-Vergasermotor HL 230 auf eine Hochdruck-Benzineinspritzung umzustellen. Diese Umstellung versprach nicht nur eine höhere Leistung, sondern auch einen niedrigen spezifischen Kraftstoffverbrauch. Durch das direkte Einspritzen des Kraftstoffes erhielten alle Zylinder eine gleiche Zusammensetzung des Luft-Kraftstoffgemisches. Ein weiterer Vorteil war das Verhindern eines Flammenrückschlages in den Vergaser sowie der Vergaservereisung.
Die Entwicklung des als HL 234 bezeichneten Motors begann im Jahr 1942 und lief parallel zum oben schon beschriebenen aufgeladenen HL 232. Jedoch genügte eine alleinige Umstellung auf ein Bosch-Einspritzsystem nicht den Anforderungen an einen Motor mit erheblich höherer Motorleistung. Diese hohe Leistungsausbeute ließ sich durch eine sorgfältige Abstimmung von Frischgas- und Ab-

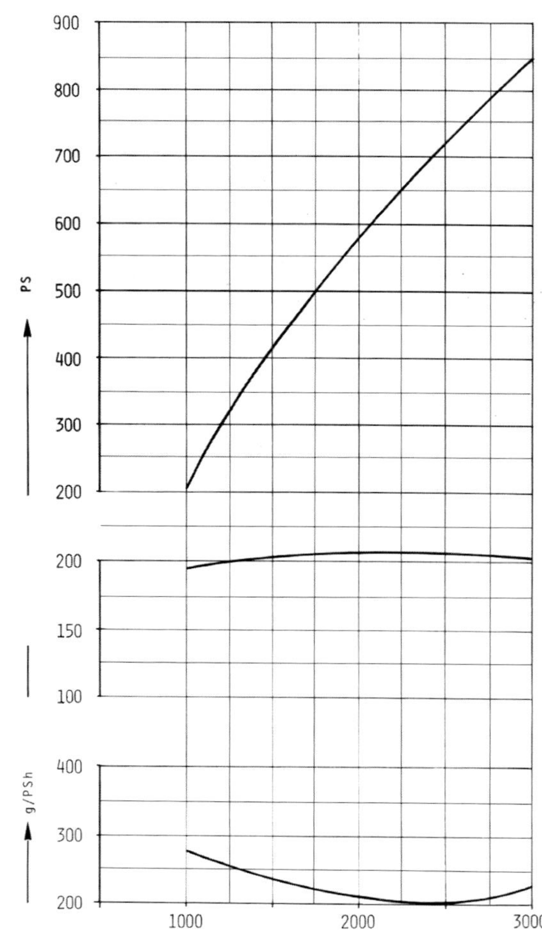


WS. *Leistungs-, Drehmoment- und Kraftstoffverbrauchskurve des Maybach-Motor HL 234.*

gasführung, wie zum Beispiel der Verwendung eines Abgasejektors, eine größere Ventilüberschneidung und eine höhere Verdichtung verwirklichen. Damit verbesserte sich das Leistungsverhalten über einen größeren Drehzahlbereich.

Um der erhöhten thermischen Belastung entgegenzutreten, ergriff Maybach folgende Maßnahmen:

- zwangsweise eine Parallelführung des Kühlwassers zwischen den einzelnen Zylindern,
- Verbesserung der Kühlung von Zündkerzen und Auslassventilen durch dünnwandige, vom Wasser umspülte Einsätze,
- Vergrößerung der Wasservolumenströme,
- Verstärkung der Ölkühlung.

Die Steuerung der Benzineinspritzung erfolgte durch einen exzentrisch gelagerten und axial verschiebbaren konischen Nocken, der Drehzahl und Drosselklappenstellung entsprechend berücksichtigte.[226] Der Aufbau des Zylinderkopfes entsprach dem schon beschriebenen aufgeladenen HL 232.

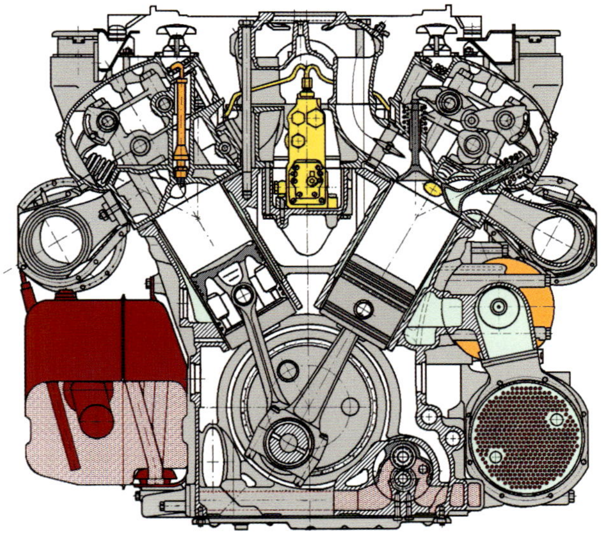

MTU. *Der Querschnitt des Benzineinspritzers vom Typ Maybach HL 234 entsprach in etwa dem aufgeladenem HL 232.*

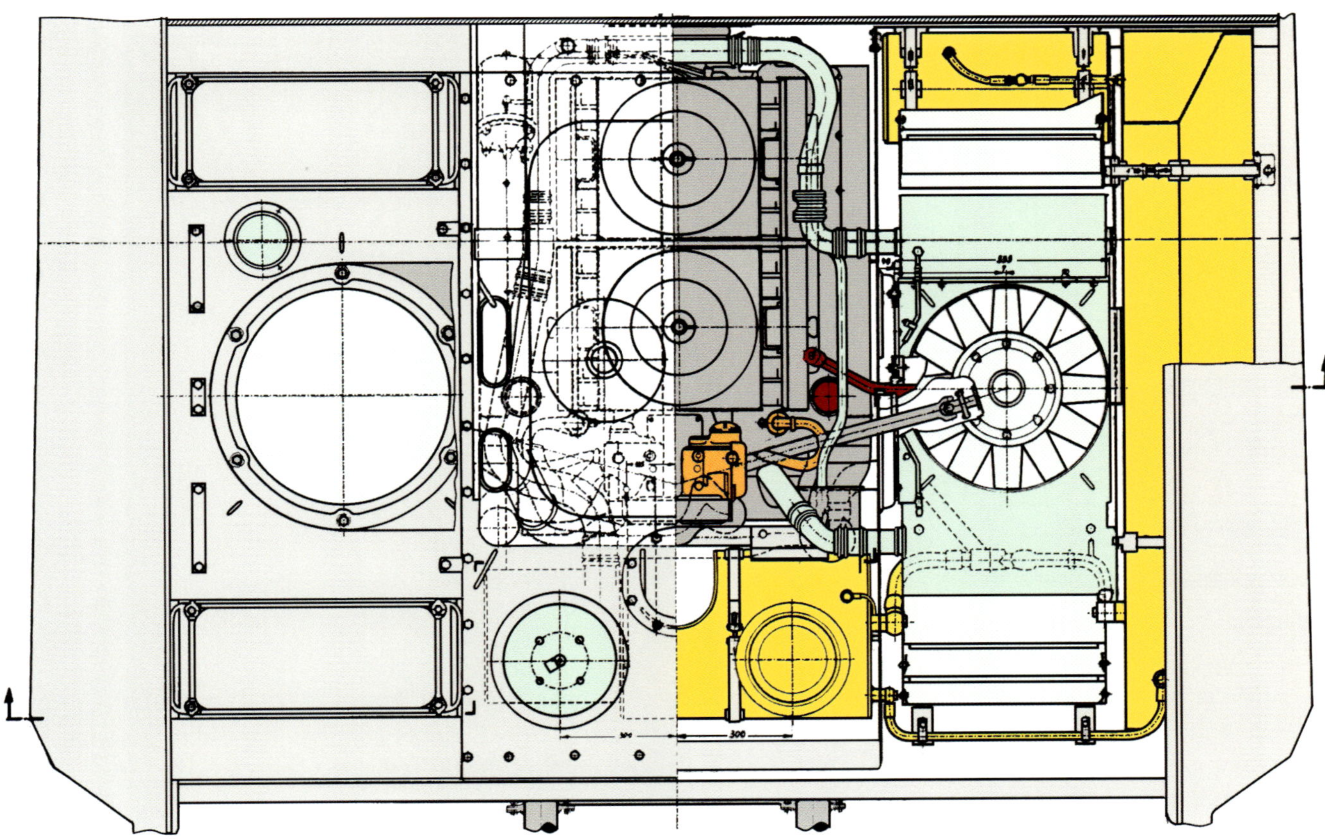

WS. *Der HL 234 passte auf Grund der Basis des HL 230-Motors problemlos in den Motorraum des Panther. Ins Auge fällt, dass die beiden Magnetzünder nun in Richtung des Luftfilters platziert sind. Die Zeichnungen mit den vielen Kühlwasser- und Luftschläuchen zeigen deutlich den benötigten erhöhten Kühlaufwand für diesen neuen Motor.*

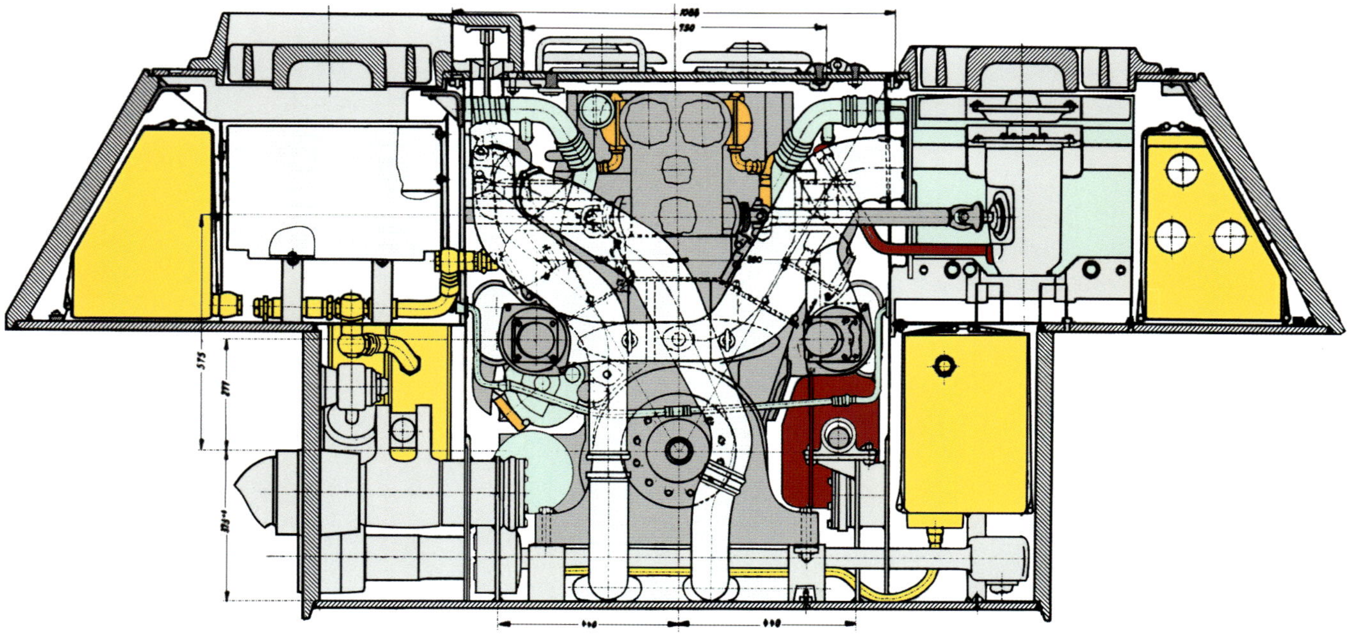

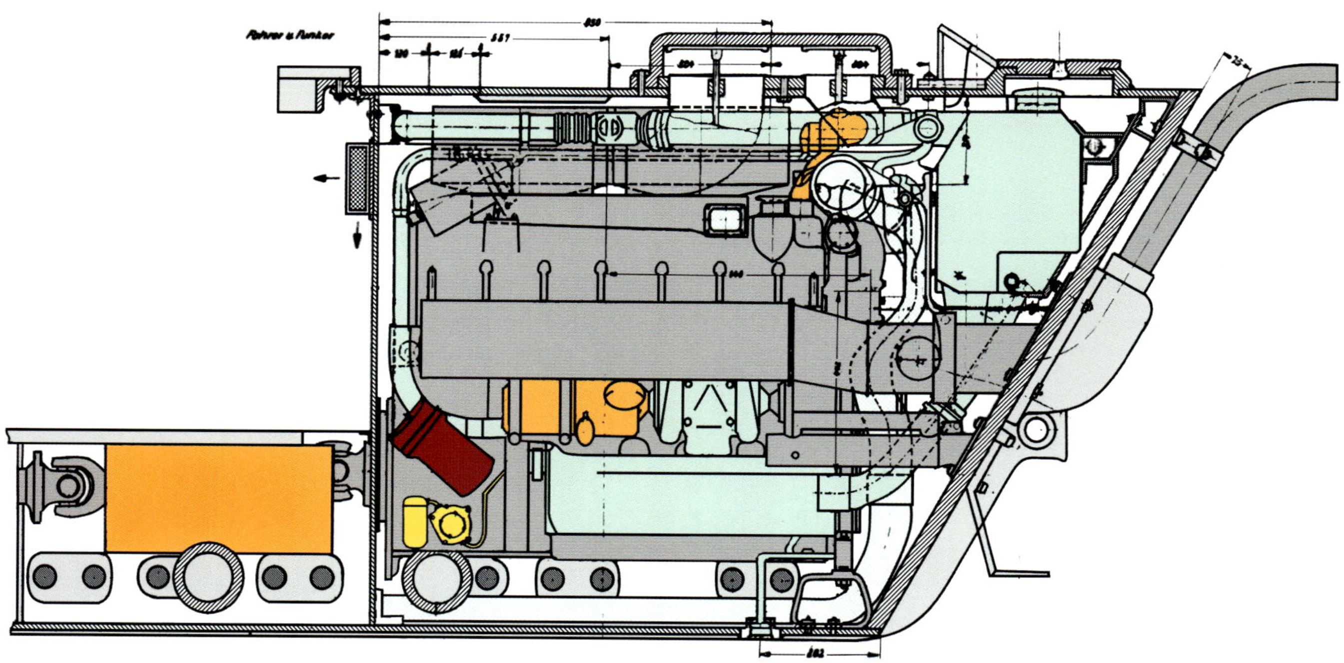

Die geplante Leistung von 800 PS wurde bei den Versuchen auf Anhieb erreicht, nach einigen Veränderungen in der Abstimmung schaffte der Motor Ende 1944 auf dem Prüfstand 940 PS bei 3000 U/min. Laut Firmenunterlagen wurde eine Leistung von 900 PS bei 3000 U/min angegeben, die vermutlich für eine bessere Standfestigkeit auf 850 PS gedrosselt werden sollte.[227]

Im Januar 1945 wurden ein HL 234 für die Fahrerprobung in einen Tiger B eingebaut und erste Fahrerprobungen unternommen. Beide Varianten, HL 232 und HL 234, waren allerdings erst etwa 100 Motorstunden, davon 10 h im Dauerlauf, auf dem Prüfstand gelaufen und damit bis Kriegsende noch nicht serienreif.

Kniepkamp bezeichnete die Entwicklung des HL 234 als

„großartige Leistung".[228] Er hätte sich im Gegensatz zum Simmering Sla 16 ohne große Fahrzeug-Anpassungen in die Typen Tiger und Panther einbauen lassen können und galt daher gegen Kriegsende als Favorit für den Ersatz des HL 230 im Laufe des Jahres 1945.[229] Der ab 1946 für den geplanten französischen Kampfpanzer AMX 50 von Maybach in Frankreich entwickelte HL 295 mit 1060 PS (780 kW) bei 2800 U/min baute technologisch auf dem HL 234 auf.[230]

## Der Maybach-Motor HL 232 R/RT und HL 234 R

Parallel zum Ottomotor HL 210 (siehe Teil 1) entwickelte Maybach 1942 einen 12-Zylinder-Dieselmotor unter der Bezeichnung HL 211, mit einer Bohrung von 125 mm und einem Hub von 145 mm, die genau den Abmessungen des HL 210 entsprachen. Es war vorgesehen, diesen Motor zusammen mit dem schon weiter oben beschriebenen mechanisch-hydraulischen Maybach-Getriebe Typ Mekydro Mo 120 in einen geplanten VK 4504, den späteren Tiger B, einzubauen. Um nur annähernd das Leistungsvolumen des HL 210 mit seinen 600 bzw. 650 PS bei 3000 U/min zu erreichen, hatte Maybach eine Aufladung mittels eines Abgasturboladers der Firma Brown-Boveri Co-Mannheim vom Typ Vta 250 vorgesehen. Dieser Lader wies auf einer horizontalen Welle einen zweiflutigen Radialverdichter sowie drei einzelne Axialturbinen mit separatem Gasein- und Austritt für je vier Zylinder auf.[231] Die Verwendung eines Abgasturboladers war möglich, da die Abgastemperaturen von Dieselmotoren wegen des Luftüberschusses niedriger lagen als die der Ottomotoren und somit die Lager sowie die Turbinenschaufeln der Lader weniger belasteten.

Zunächst wurde vom HL 211 ein 1-Zylinder-Versuchsmotor VZ 211 mit Schwingschieber-Steuerung gebaut. Diese Steuerung war schon als 1-Zylinder-Versuchsmotor unter der Bezeichnung G 8 für den Triebwagen-Dieselmotor vom Typ G 6/G 7 untersucht worden. Beim VZ 211 ergaben sich jedoch große Schwierigkeiten mit der Abdichtung und Schmierung der Schieber, so dass sich Maybach gezwungen sah, beim VZ 212 auf eine Ventilsteuerung umzusteigen.

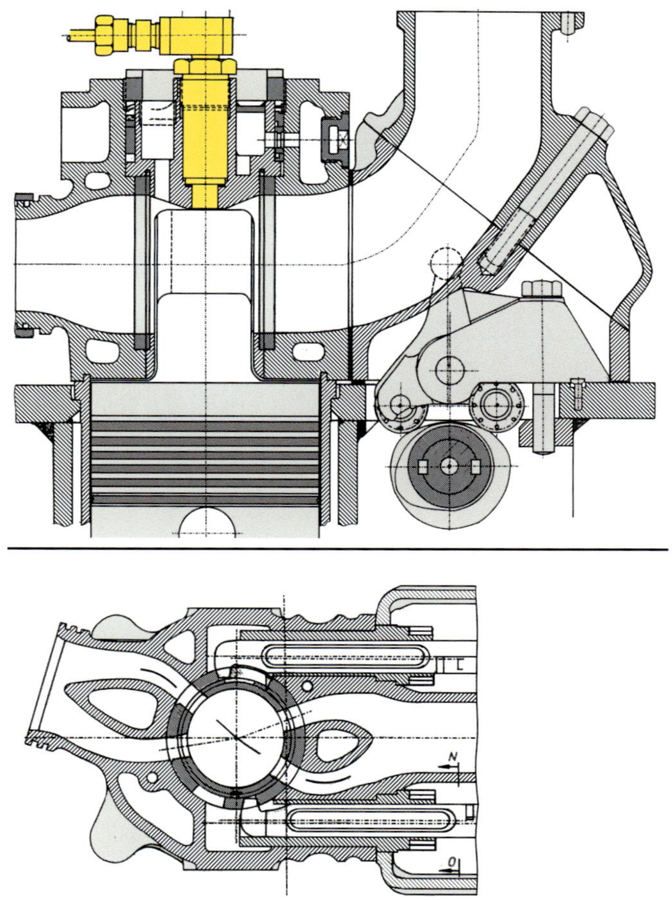

MTU via S. Zima/MF. **Mit der Schiebersteuerung des VZ 211 sollten Liefergrad und Literarbeit optimiert werden. Über die Nockenwelle und Rollenhebel wurden die koaxial zum Zylinder angeordneten Ein- und Auslassschieber angesteuert.**

Das Projekt des Maybach HL 211 wurde zugunsten eines HL 232 R aufgegeben. Das „R" stand für Rohöl. Dieser Motor war die Diesel-Variante des inzwischen serienmäßig gefertigten 12-Zylinder-Maybach-Motors Typ HL 230. Die Aufladung sollte nicht mehr mit einem BBC-Abgasturbolader erfolgen, sondern mittels eines Hilfs-Dieselmotors Typ HL 25 R, ähnlich dem oben beschriebenen Benzinmotor Typ HL 232. Der gebaute 1-Zylinder-Versuchsmotor VZ 232 R besaß genau wie der HL 230 eine rollengelagerte Kurbelwelle und Gabelpleuel. Auch die Ventilsteuerung mit oben gelagerter Nockenwelle entsprach dem Benzinmotor. Zur Kraftstoffeinspritzung verwendete Maybach eine Boschpumpe mit Spritzversteller.

Die Entwicklung des HL 232 R fußte auf den Erfahrungen mit dem HL 232 RT, der einen dreiflutigen Abgasturbolader verwendete. Die Montage eines Vollmotors war bis Mitte 1945, die Testläufe ab Oktober 1945 geplant. Leistungsziel waren 1000 PS bei 3000 U/min.

Die am weitesten fortgeschrittene Dieselmotorversion bei Maybach stellte der HL 234 R dar. Zunächst wurde erneut

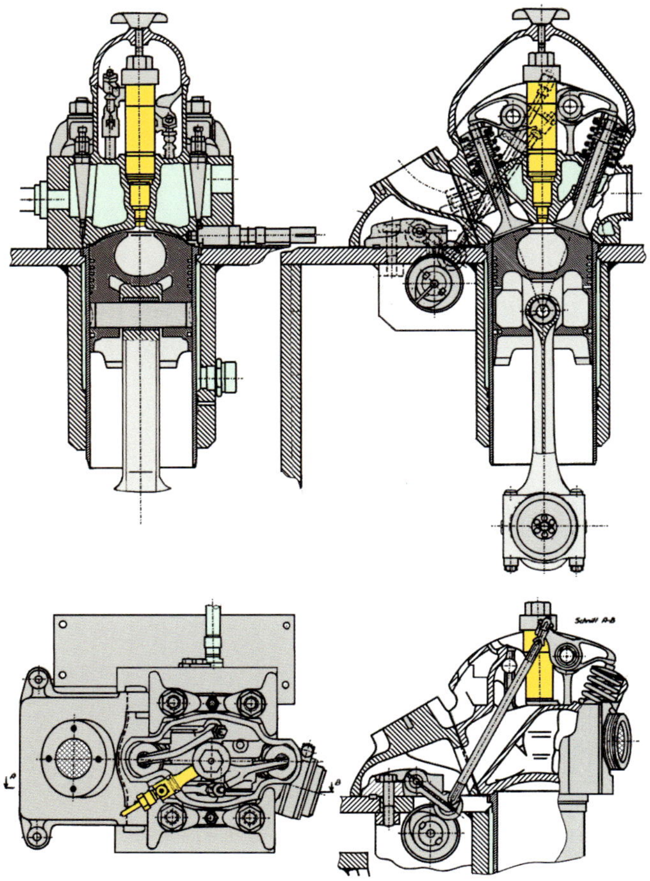

MTU via S. Zima/MF. **Der 1-Zylinder-Versuchsmotor VZ 212 diente zu Vorversuchen zum geplanten 12-Zylinder-Dieselmotor HL 212. Er besaß einen in den gewölbten Kolbenboden eingearbeiteten, kugelförmigen Kompressionsraum. Der Dieselkraftstoff wurde direkt in diesen Brennraum eingespritzt. Diese Variante führte allerdings nicht zu befriedigenden Ergebnissen. Die Ventilsteuerung mit Schwinghebel und Stößelstangen war beim VZ 212 nur provisorisch für die Versuchsausführung gebaut worden.**

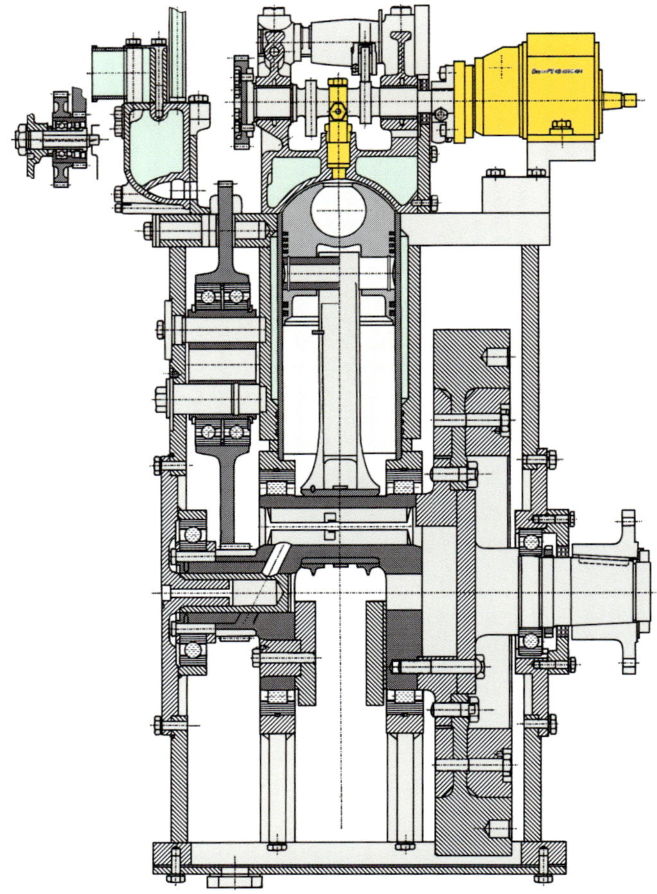

MTU via S. Zima/MF. **Bei diesem VZ 232 R bzw. HLD 232 R handelt es sich um den 1-Zylinder-Versuchsmotor für die Voruntersuchungen für den 12-Zylinder-Diesel vom Typ HL 232 R mit oben gelagerter Nockenwelle. Mit dem hier verwendeten runden Kolbenboden wurden während der Versuche keine guten Erfahrungen gesammelt.**

ein 1-Zylinder-Versuchsmotor (VZ 234 R) gefertigt. Auf Grund der unbefriedigenden Ergebnisse mit dem VZ 232 R erhielt dieser Motor statt dem stark gewölbten Kolbenboden flache Kolben und geänderte Zylinderköpfe. Die neuen Zylinderköpfe erhielten statt der V-förmig hängenden zwei Ventile des HL 230 vier Ventile mit mittig sitzender Einspritzdüse. Im Frühjahr 1945 absolvierte der VZ 234 R sehr erfolgreich einen 50-Stunden-Dauerlauf. Weder Pleuellager noch Kolben zeigten wesentliche Verschleißspuren. Der daraus entstandene 12-Zylinder-Vollmotor erreichte auf dem Prüfstand 550 PS bei 3000 U/min. Sein Einbau und die erste Erprobung in einem Panzerkampfwagen Tiger B waren für März 1945 vorgesehen.[232]

Im Forschungsinstitut für Kraftfahrwesen und Fahrzeugmotoren Stuttgart Institut (*FKFS*) von Professor Kamm befand sich eine Kompressor-Ausführung des HL 234-Ottomotors als HL 234K in Arbeit, die etwa 1088 PS bei 3000 U/min leisten sollte. Anfang 1945 stand die Entwicklung vor dem Abschluss.[233]

## Die geplanten luftgekühlten Panzer-Dieselmotoren

Ein bemerkenswerter Abschnitt in der Entwicklung deutscher Panzermotoren war der Schritt zu luftgekühlten Dieselmotoren. Dies geschah vor allem auf Grund der wiederholten Forderungen Hitlers nach luftgekühlten Dieselmotoren für das deutsche Heer. So hielt Hitler es anlässlich einer Rüstungsbesprechung am 5. März 1942 für unmöglich, dass die verschiedensten Dieselmotoren nebeneinander mit kurzen Leistungsabständen konstruiert werden sollten.[234] Er forderte dafür eine Koordination aus einer Hand, für die er in Professor Porsche den richtigen Fachmann sah.

Aus Anlass der am 23. Juni 1942 in einer weiteren Rüstungsbesprechung von Hitler geforderten beschleunigten Weiterentwicklung der luftgekühlten Dieselmotoren wurde auf Betreiben Speers am 2. Juli 1942 anlässlich einer Sitzung der Panzerkommission die Arbeitsgemeinschaft „Luftgekühlte Motoren" unter Leitung Professor Porsches gegründet. Als dessen Stellvertreter wurde Oberstleutnant Holzhäuer (*Chef von WaPrüf 6*) ernannt und Oberbaurat Augustin als der zuständige Sachbearbeiter. Augustin war bei WaPrüf 6 Motorspezialist und entschiedener Verfechter der Dieselmotoren.

Alle Firmen, die an der Entwicklung luftgekühlter Motoren interessiert waren oder Erfahrungen auf diesem Gebiet besaßen, hatten sich daran zu beteiligen. Die entstandenen Entwicklungen sollten den Fahrzeug-bauenden Firmen rückhaltlos zur Verfügung gestellt werden.

Dazu wurden die Firmen Daimler-Benz, Klöckner-Humboldt-Deutz, Krupp, Maybach, ÖAF (*Austro-MAN*), Opel, Phänomen, Tatra, Simmering, Steyr sowie die Wigru-Fahrzeug-Industrie (*z. B. Auto Union*) aufgefordert, dem Ausschuss beizutreten und Entwicklungsvorschläge vorzulegen.

Als Bedarf meldete das Heer acht verschieden Größen an luftgekühlten Motoren an:

- 30 PS (*KdF-Wagen*),
- 70 bis 80 PS (*1,5-t- und 3-t-Lkw, Radschlepper und Raupenschlepper Ost, kleines Kettenkrad*),
- 110 bis 120 PS (*4,5-t-Lkw, 1-t- und 3-t-Zugkraftwagen, leichter Panzerspähwagen*),
- 220 bis 240 PS (*6,5-t-Lkw, 8-t-Zugkraftwagen, schwerer Panzerspähwagen*),
- 280 bis 320 PS (*12-t- bis 18-t-Zugkraftwagen*),
- 530 bis 570 PS (*mittlere Panzerkampfwagen*),
- 700 bis 750 PS (*schwere Panzerkampfwagen*),
- 1000 bis 1200 PS (*überschwere Panzerkampfwagen*).[235]

Bei Porsche lief diese Entwicklung der luftgekühlten Motoren unter der Bezeichnung Porsche Typ 220. Um dieses Projekt übersichtlicher zu gestalten, schlug Professor Porsche am 6. Juli 1942 vor, die Aufstellung in drei Gruppen zusammenzufassen:

- kleine Gruppe (*Zylindergröße 0,8 Liter, Drehzahl kleiner 2800 U/min, Zylinderleistung etwa 13 PS*) mit den Firmen Daimler-Benz, Deutz, Krupp, Opel, Phänomen, Steyr und Tatra. Dies betraf die 4-Zylinder-Motoren mit etwa 52 PS für die 1,5-t-Lkw und die 6-Zylinder-Motoren mit 75 PS für die 3-t-Lkw;
- mittlere Gruppe (*Zylindergröße 1,25 Liter, Drehzahl kleiner 2400 U/min, Zylinderleistung etwa 20 PS*) mit den Firmen Daimler-Benz, Deutz, MAN, ÖAF, Simmering und Tatra;
- große Gruppe (*Zylindergröße 2,3 Liter, Drehzahl kleiner 2200 U/min, Zylinderleistung etwa 34 PS*) mit den Firmen Daimler-Benz, Deutz, MAN, ÖAF und Simmering.[236]

Einige große Motorenfirmen beteiligten sich nicht an der Arbeitsgemeinschaft. Beispielsweise hielt die Firma Maybach Motorenbau weiterhin an wassergekühlten Motoren als die für sie optimale Konstruktion für Panzerkampfwagen fest. Daimler-Benz beharrte auf seinen wassergekühlten Dieselmotoren, luftgekühlte Motoren für Lkw blieben dabei die Ausnahme.

Am 22. September 1942 entfiel mit Einverständnis Hitlers die kleine 0,8-Liter-Baugruppe. Die ehemalige mittlere Gruppe wurde zur kleinen Gruppe mit 1,25 Litern Hubraum. Die Konstruktionsvorschläge dafür kamen von Tatra (Typ 103), Saurer (Z 2-T), MAN (1038 GL) und der Dr. Porsche KG (Typ 101). Ein Teil der genannten Projekte dieser Hersteller wurde in den vorangegangenen Kapiteln schon behandelt.

Die große 2,3-Liter-Gruppe lag hauptsächlich in der Hand der Konstruktionsgemeinschaften Porsche-Saurer, Porsche-Simmering und Argus-MAN. Im Rahmen dieser Arbeit sind letztendlich die luftgekühlten Dieselmotoren der großen Gruppe von den Firmen Porsche/Simmering-Graz-Pauker (Sla.16), Argus/MAN (LD 220) und Deutz (T8M 118) von Bedeutung. Zusätzlich soll noch auf das Projekt F.K.F.S. von Professor Kamm eingegangen werden.

## Der X-Motor Sla 16 der Porsche/Simmering-Graz-Pauker AG (SGP)

Dieser luftgekühlte Dieselmotor mit Turboaufladung entstand mit dem Ziel, einen äquivalenten luftgekühlten Dieselmotor als Ersatz für den Standardmotor der Panzerkampfwagen V (*Panther*) und VI-B (*Tiger B*), den Maybach-Motor HL 230, zu erschaffen. Die Dr. Porsche-KG hatte schon für den oben beschriebenen Typ 101 Versuche unternommen, einen luftgekühlten Dieselmotor für den Tiger P zu entwickeln. Dazu schufen die Porsche-Ingenieure 1-Zylinder-Versuchsmotoren mit 1,5 Liter Hubraum (115-mm-Bohrung/145-mm-Hub). Der Typ 158 lief als Dieselmotor mit Direkteinspritzung, der Typ 159 als Dieselmotor mit Vorkammer. Dieses letztgenannte Verbrennungssystem beruhte auf dem Vorkammerverfahren der Firma Simmering Graz-Pauker AG. Um eine höhere Leistungsausbeutung zu erzielen, entstand noch ein 1-Zylinder-Versuchsmotor Typ 191 mit 1,64 Liter Hubraum für einen geplanten 10-Zylindermotor vom Typ 190. Das Projekt wurde jedoch nicht weiter verfolgt, da die zu erreichende Motorleistung zu gering ausfiel.

Um im engen Motorraum von Panther und Tiger einen mindestens gleich starken Dieselmotor unterbringen zu können, mussten neue Wege gefunden werden. Das Problem verschärfte sich noch durch Hitlers Forderung nach einem luftgekühlten Motor. Bei einem luftgekühlten Motor konnten, bedingt durch die für die Motorkühlung notwendigen Kühlrippen, die Zylinderabstände nicht so eng gestaltet werden wie beim wassergekühlten 12-Zylindermotor HL 230. Ein luftgekühlter 12-Zylindermotor war also Bauart-bedingt länger. Dazu kam, dass ein Dieselmotor für eine ähnliche Motorleistung wie der Maybach-Motor einen größeren Hubraum benötigte und aufgeladen sein musste. Im Gegensatz zum Ottomotor konnten zur damaligen Zeit beim Dieselmotor Abgasturbolader auf Grund der niedrigeren Abgastemperaturen zur Leistungssteigerung verwendet werden. Um die notwendigen 16 Zylinder in der begrenzten Raumlänge unterbringen zu können, entschied sich Porsche für eine X-Bauform des Motors.

Die X-Form entstand in der Luftfahrttechnik und besaß gegenüber der ebenfalls möglichen H-Form den Vorteil, dass sie gegenüber dem H-Motor 10 % Gewicht sparte, hatte aber als X-Motor den Nachteil einer 20 % größeren Stirnfläche. Der X-Motor kam im Unterschied zum H-Motor dagegen mit einer einzelnen, wenn auch stark belasteten Kurbelwelle aus. Am problematischsten zeigte sich beim X-Motor die Pleuelgestaltung. Am Hauptpleuel befanden sich noch drei angelenkte Nebenpleuel. Diese Bauart führte, wie schon beim MB 809, zu unterschiedlichen Kolben-Hüben samt den damit verbundenen Abstimmungsproblemen.

Um diese Motorkonstruktion zu verwirklichen, holte Professor Porsche am 4. Juni 1942 den österreichischen Ingenieur Paul Netzker in seine Entwicklungsfirma. Da die Dr. Porsche KG ein reines Konstruktionsbüro darstellte, benötigte der Professor eine Motorbau-Firma, die Entwicklung und Erprobung des neuen Motors übernehmen konnte. Die Simmering-Graz-Pauker AG (SGP) in Wien war dafür der richtige Ansprechpartner, da diese Firma schon die Motoren vom Typ 101 für den Porsche-Tiger gefertigt hatte. Auch besaß die SGP Motorprüfstände mit einer Bremsleistung von bis zu 1500 PS. Nach Auftragserteilung am 15. November 1942 durch WaPrüf 6 für zunächst drei 16-Zylinder-Dieselmotoren erfolgten Anfang 1943 die ersten Prüfstandsversuche, beginnend mit dem 1-Zylinder-Versuchsmotor Typ 192. Aufbauend auf den Erfahrungen mit den 1-Zylinder-Vorkammer-Versuchsmotoren Typ 159 (*kleine Gruppe mit 1,25 Liter*) und 191 entstand ein 2,3-Liter-Motor mit 135-mm-Bohrung und 160-mm-Hub, der 47 PS bei 2100 U/min und einer Verdichtung von 1: 14,5 leistete.

Die weiteren Arbeiten führten zum 16-Zylinder-Vollmotor. Dieser bestand aus vier Bänken von je vier Zylindern, wobei die seitlichen Bänke zueinander im Winkel von 45°, die oberen und unteren Bänke im Winkel von 135° standen. Die Abmessungen des kompletten Motors mit Kühlgebläse betrugen 1680 mm Länge, 2525 mm Breite und 1135 mm Höhe.

Eine Bohrung von 135 mm und ein Hub von 160 mm ergaben einen Gesamthubraum von 36,8 Litern. Der Zylinderabstand betrug 215 mm. Um die geplante Leistung von 800 PS bei 2000 U/min zu erreichen, wurden zwei Abgasturbolader vom Typ VTa des Systems „Buechi" der Firma Brown-Boveri-Co-Mannheim verwendet. Gekühlt wurden die Zylinder und die vier Ölkühler durch zwei 520-mm-Kühlgebläse mit einer Leistungsaufnahme von 80 PS. Bei einer maximalen Lüfterdrehzahl von 4100 U/min belief sich die Luft-Fördermenge je Lüfter auf 6000 Liter/Sekunde. Dabei erfolgte eine Wärmeabfuhr von 80 000 kcal/h. Diese Gebläse wurden von Professor Kamm im FKFS entwickelt. Damit blieb für den Antrieb eine Leistung von 720 PS. Das Motorgehäuse war zweiteilig und aus Stahl ge-

*Kappus: Ringbuch der Luftfahrttechnik.* **Vergleich von Flugmotoren in H- und X-Bauform.**

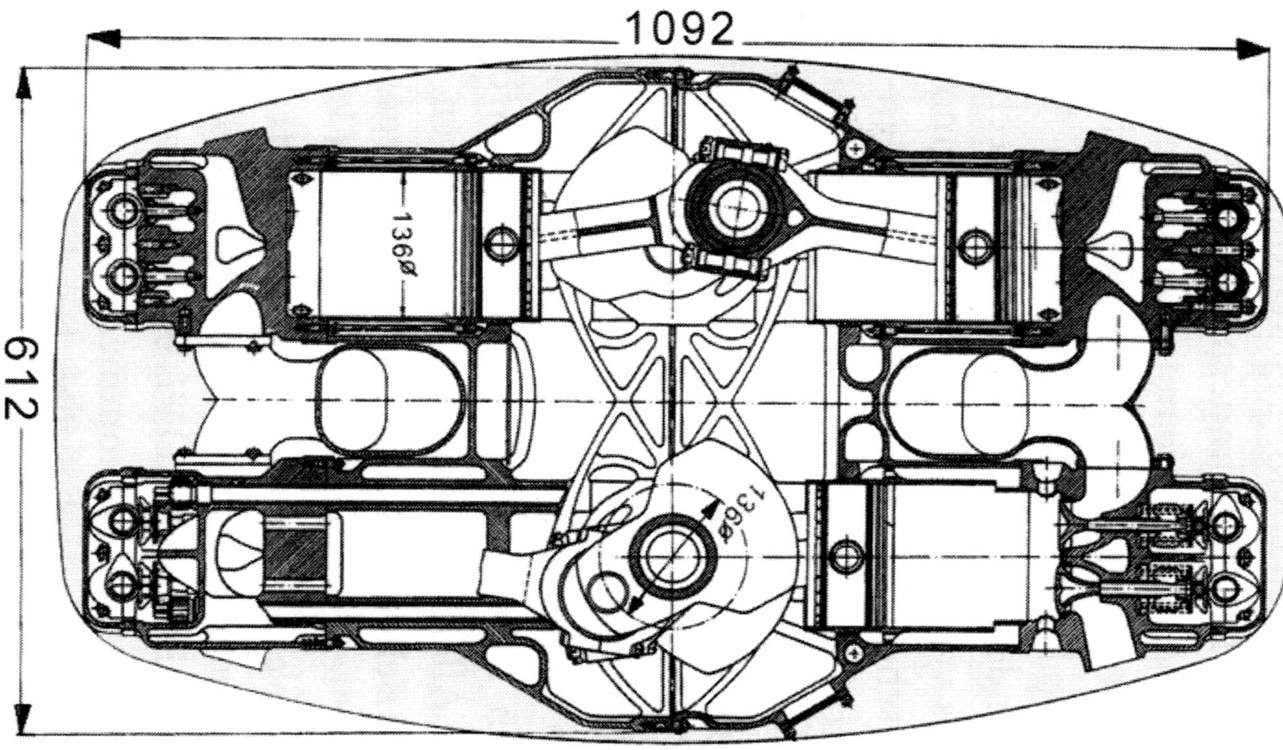
1092
612
136ø
136ø

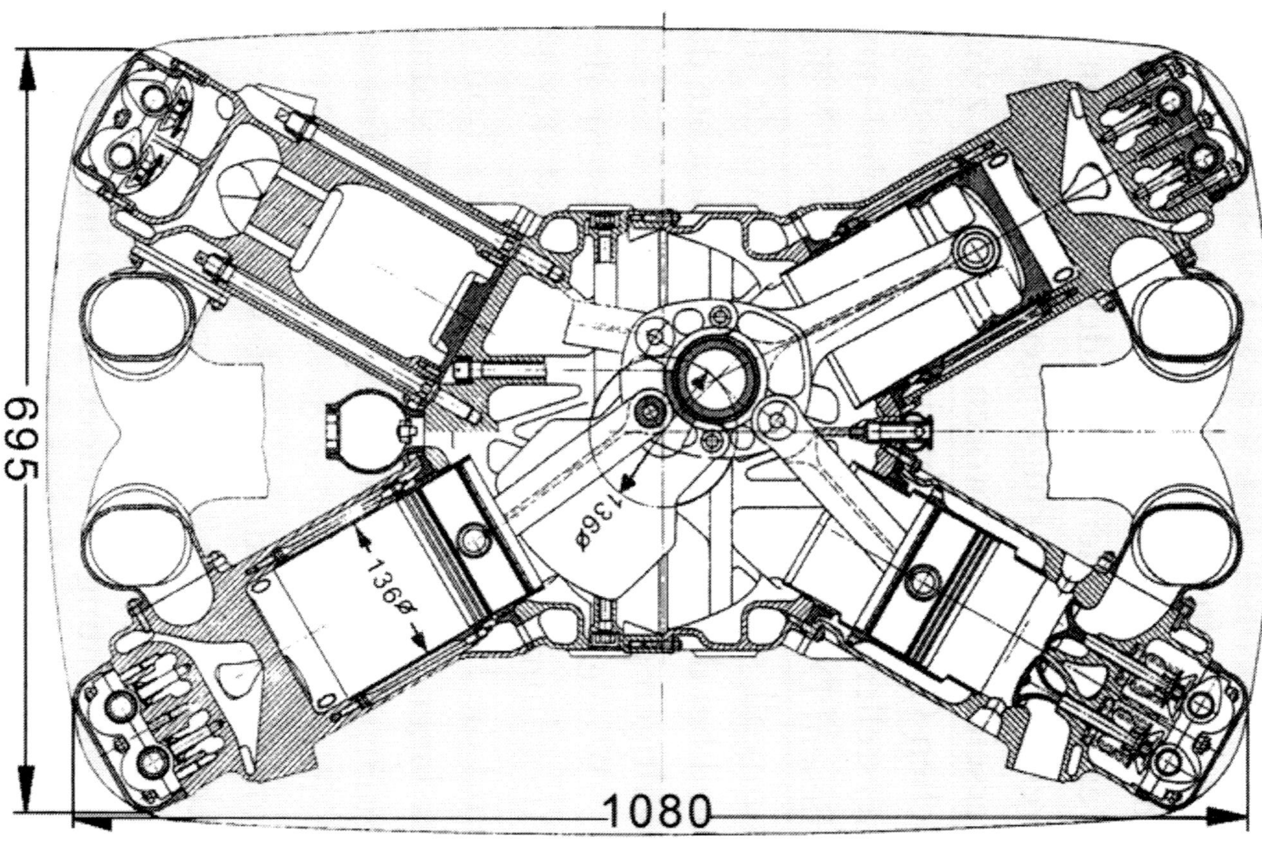
695
1080
136ø
136ø

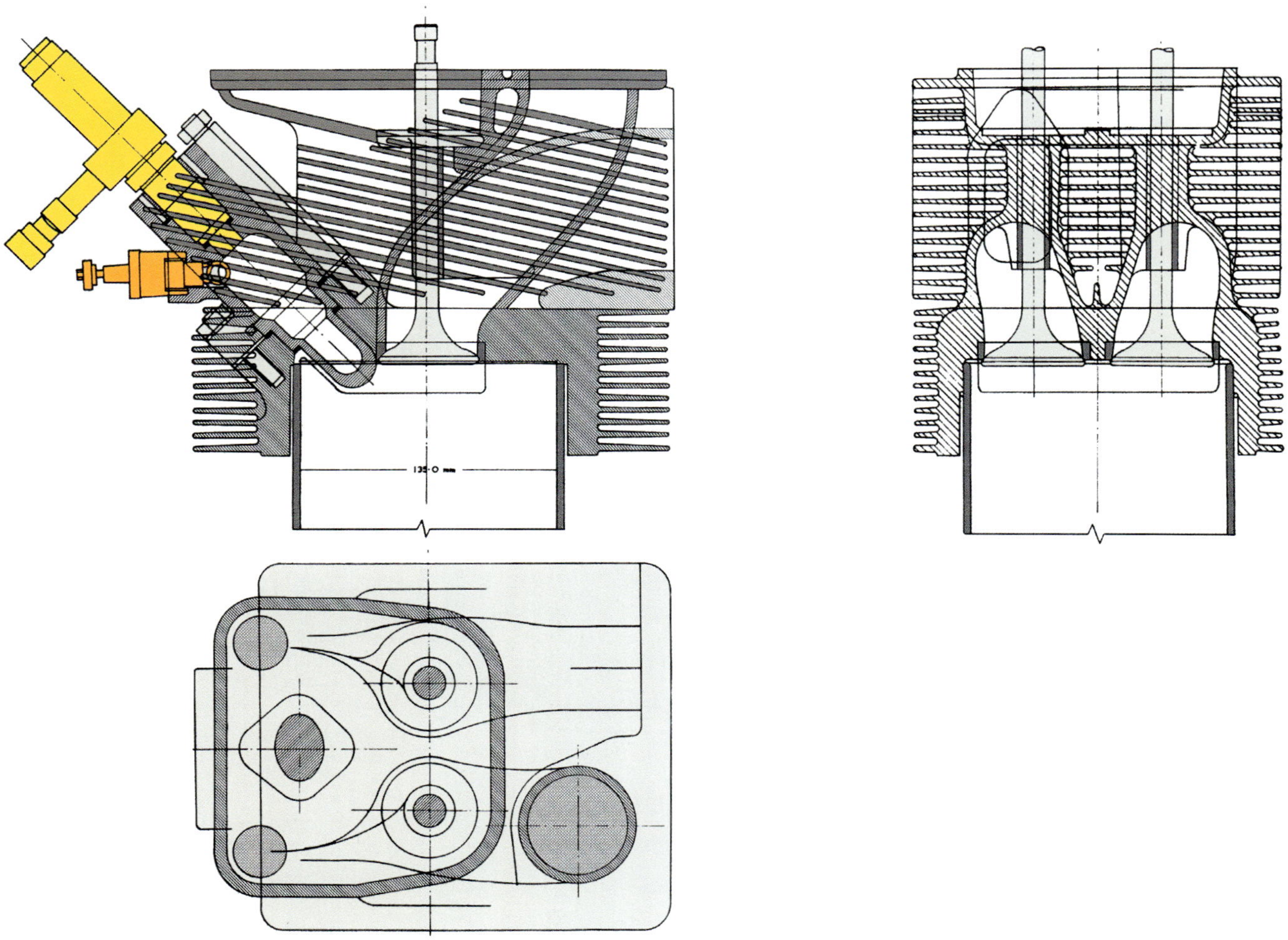

PA/MF. ***Der Zylinderkopf des 1-Zylinder-Versuchsmotors vom Typ 192 zeigt deutliche Ähnlichkeit mit dem Zylinderkopf des Typ 101/1 des Porsche-Tiger mit den senkrecht hängenden Ventilen. Die Vorkammer ist hier entsprechend der Simmering-Konstruktion herausnehmbar.***

schweißt. Der Grund für die Material- und Technologiewahl war die um vier Monate verkürzte Herstellungszeit gegenüber dem Gussverfahren. Der vollständige Motor wog einschließlich Luftleitblechen und Ölfüllung 2400 kg.[237] Diese Masse klang hoch, wog doch ein Maybach HL 230 nur 1300 kg bzw. komplett 1475 kg. Allerdings mussten bei diesen Angaben noch die Wasserkühler samt Inhalt sowie die wegfallenden Kühlgebläse und die Trennwände zwischen Motor und Kühler berücksichtigt werden. Allein die Kühlergruppe wog z.B. 200 kg plus 170 Liter Kühlwasser.[238]

Die fünffach gelagerte, geschmiedete Kurbelwelle bestand aus Chrom-Manganstahl. Auf der Kurbelwelle waren vier in Lagerschalen gelagerte Hauptpleuel befestigt, die ihrer-

PA. ***Der geschweißte zweiteilige Motorblock und dem markanten Zwischengetriebe.***

PA. ***Die Länge der Kurbelwelle entsprach etwa der eines 4-Zylinder-Motors.***

seits drei Nebenpleuel anlenkten. Am Kurbelwellenende befand sich ein Drehschwingungsdämpfer zum Ausgleichen von Unwuchten.

Die Zylinder waren aus Chromstahl geschmiedet, die Kühlrippen gedreht. Die Zylinderköpfe bestand aus so genanntem „Nüral". Die aus dem Zylinderkopf herausnehmbare, mit drei Schrauben befestigte Vorkammer nahm die Bosch-S4L-Einspritzdüse und Glühkerze auf. Zylinder und Zylinderkopf waren mittels Schrumpfverschraubung fest miteinander verbunden. 12 Schrauben sorgten für die Abdichtung zwischen dem Zylinder und dem Motorblock. Dazwischen liegende Distanzscheiben ermöglichten Korrekturen an der Verdichtung. Die Kolben bestanden aus Silumin und besaßen je fünf Verdichtungsringe aus Bimetall sowie einen Ölabstreifring.

Die geringfügig kleineren Auslassventile waren innen mit Natrium gekühlt, die Ventilsteuerung erfolgte durch vier Nockenwellen über Rollenstößel, Stoßstangen und Kipphebel. Die Aufladung erfolgte, wie schon genannt, mittels zweier Abgasturbolader der Firma Brown-Boveri Co. Die maximal 650° C heißen Abgase der Zylinder trieben mit einen Abgasdruck von 1,43 ata einen Rotor an, der auf einer Welle fest mit einem zweiten Rotor verbunden war. Dieser zweite Rotor verdichtete die angesaugte Frischluft auf maximal 1,33 ata Ladedruck. Die maximale Fördermenge betrug bei einer maximalen Drehzahl von 28 000 U/min dabei 510 Liter/Sekunde. Als Luftfilter war ein Wirbelfilter mit 144 Zellen vorgesehen.

Die Kraftstoffversorgung erfolgte über zwei Bosch-Kraftstoffpumpen und vier Bosch-Einspritzpumpen. Anhand der Bilder ist erkennbar, dass nur die oberen zwei Einspritzpumpen einen Regler besaßen. Die Bosch-Einspritzdüsen Typ S4L spritzten den Kraftstoff bei einem Druck von 180 ata in einem Winkel von 20° in die Vorkammern ein.

*PA.* ***Die Zylinder/Zylinderkopfeinheit ohne eingebaute Vorkammer.***

Für die Schmierung waren im Motor zwei Öldruckpumpen vorgesehen, die das Motoröl aus der großen Ölwanne über vier Ölfilter zu – im Luftstrom der Gebläse liegenden – vier Ölkühlern förderten. Der Ölkreislauf hatte nicht nur die Aufgabe der stetigen Schmierung, sondern musste gerade beim luftgekühlten Motor für die ausreichende Zylinderkühlung sorgen.

Um die für den vorhandenen Antrieb (*Getriebe und Vorgelege*) im Panther bzw. Tiger B benötigte Motor-Drehzahl von 3000 U/min zu erreichen, war ein Zwischengetriebe integriert, das auch eine große Lichtmaschine vom Typ Bosch GULN 1400 Watt antrieb. Zum Vergleich: der Maybach-Motor HL 210 des frühen Panther und Tiger H besaß „nur" eine Bosch GULN 1000/12. Gestartet wurde der Motor im kalten Zustand laut unbestätigten Angaben mittels zwei elektrischer Anlasser.

Während der Entwicklung des 16-Zylindermotors kam es zu Verzögerungen. So konnte im April 1943 die von Porsche geplante Lichtmaschine Typ Bosch LK 2000 nicht mehr geliefert werden. Als Ersatz sah SGP die doppelt so große Lichtmaschine Typ Bosch GULN 1400 vor. Da sich dieser Typ schwer beschaffen ließ, verschob sich der Zeitplan weiter.[239] Mitte 1943 konnte Oberbaurat Augustin anlässlich einer Besprechung der AG berichten, dass in der 2,3-Liter-Baugruppe die Entwicklung von Porsche und SGP abgeschlossen war und die Versuche mit einem 1-Tylinder-Versuchsmotor unmittelbar vor dem Abschluss standen. Die Teile für einen 16-Zylindermotor waren fertig bzw. in Bearbeitung, so dass der erste Vollmotor im November des Jahres auf den Prüfstand kommen konnte. Voraussichtlich Anfang 1944 sollte der Einbau des Motors ins Versuchsfahrzeug möglich sein.[240]

*SGP.* ***Das komplette Holzmodell des Sla 16 von der Kraftabgabeseite.***

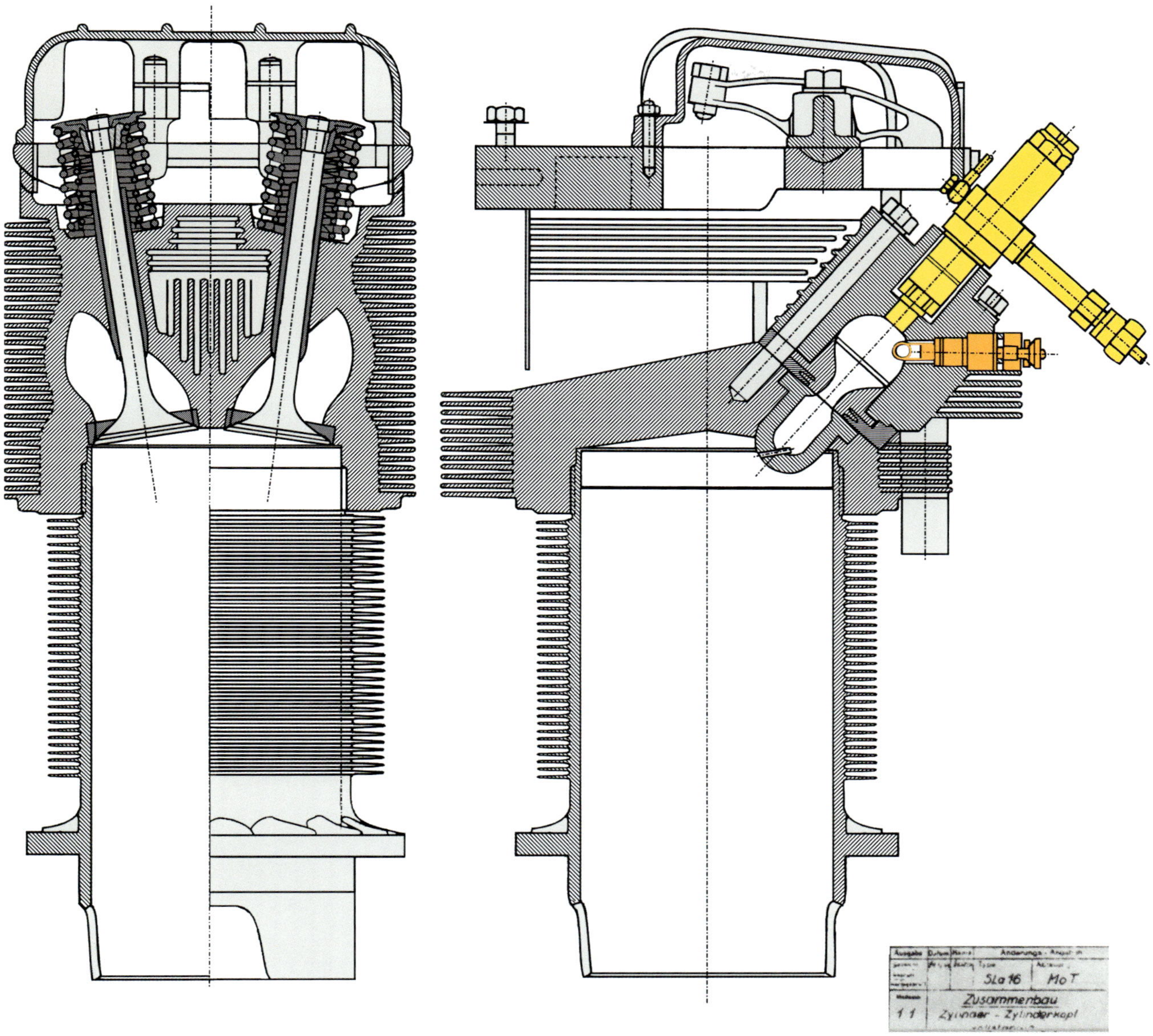


*PA/MF.* ***Die Zylinder-/Zylinderkopfeinheit des Sla 16 erhielt auf Grund der gesammelten Erfahrungen mit dem Motor Typ 101/3 V-förmig hängende Ventile.***

Am 30. Juli 1943 hatte Professor Porsche bei SGP einen zusätzlichen Bedarf an fünf Sla 16 für seinen Tiger III-Entwurf mit dem hydraulischen Voith-Turbogetriebe angemeldet. Am 17. August brachte SGP ihre Bedenken dagegen vor. Zum einen erfolgte der ursprüngliche Auftrag der AG über drei Versuchsmotoren über WaPrüf 6, zum anderen verlangte die geplante Getriebeanordnung im Heck und das überflüssig gewordene Zwischengetriebe eine Änderung des Motorblocks. Aus wirtschaftlichen Gründen bestand SGP auf einen Porsche-Auftrag von mindestens sechs Motoren, da die ersten vier Motoren für den Einbau in den Panzerkampfwagen Panther vorgesehen waren.[241]

Am 13. Oktober 1943 erfolgte bei Professor Kamm in Stuttgart im Beisein von Oberbaurat Augustin eine abschließende Gräting-Besprechung, der am 2. November bei MAN-Nürnberg eine Besprechung am Holzmodell des SGP-Motors folgte. Des Weiteren wurde neben dem Beschluss einer Zusammenarbeit von Argus/MAN und SGP ein neuer Luftfilter von Mann und Hummel mit automatischer Abschaltung von Zellen vorgestellt, der den bisher vorgese-

SGP. *Das Holzmodell des Sla 16 unten ohne das Kamm-Kühlgebläse von der Auspuffseite aus gesehen.*

PA. Der in der Montagevorrichtung befestigte Motor gibt interessante Einblicke in das Innenleben des Motors wieder. Im Bild ist der Räderkasten mit den Steuerrädern der vier Nockenwellen sichtbar.

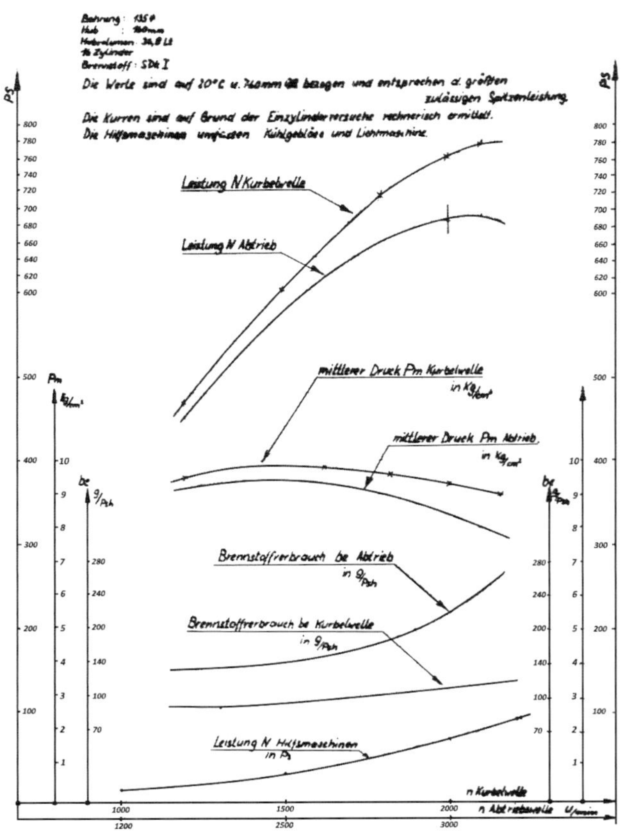


F. FIAT FR 593 vom 17. Dezember 1945 zeigt die errechneten Leistungskurven.

*PA. Der Motor während der Prüfstands-Versuche im Wiener Werk. Die Lüfterbleche und Lüfter wurden abgenommen, da der Prüfstand über ein eigenes Kühlgebläse verfügte. Da auch die Turbolader fehlen, müsste eine externe Aufladung erfolgt sein.*

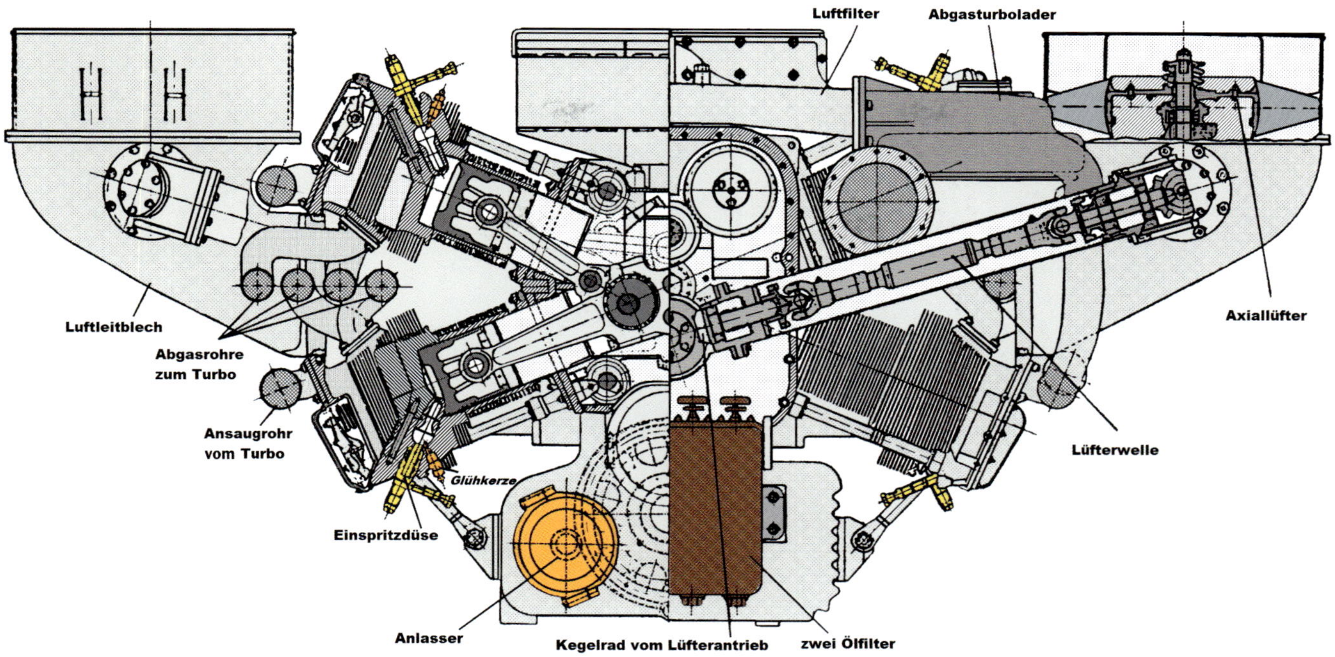


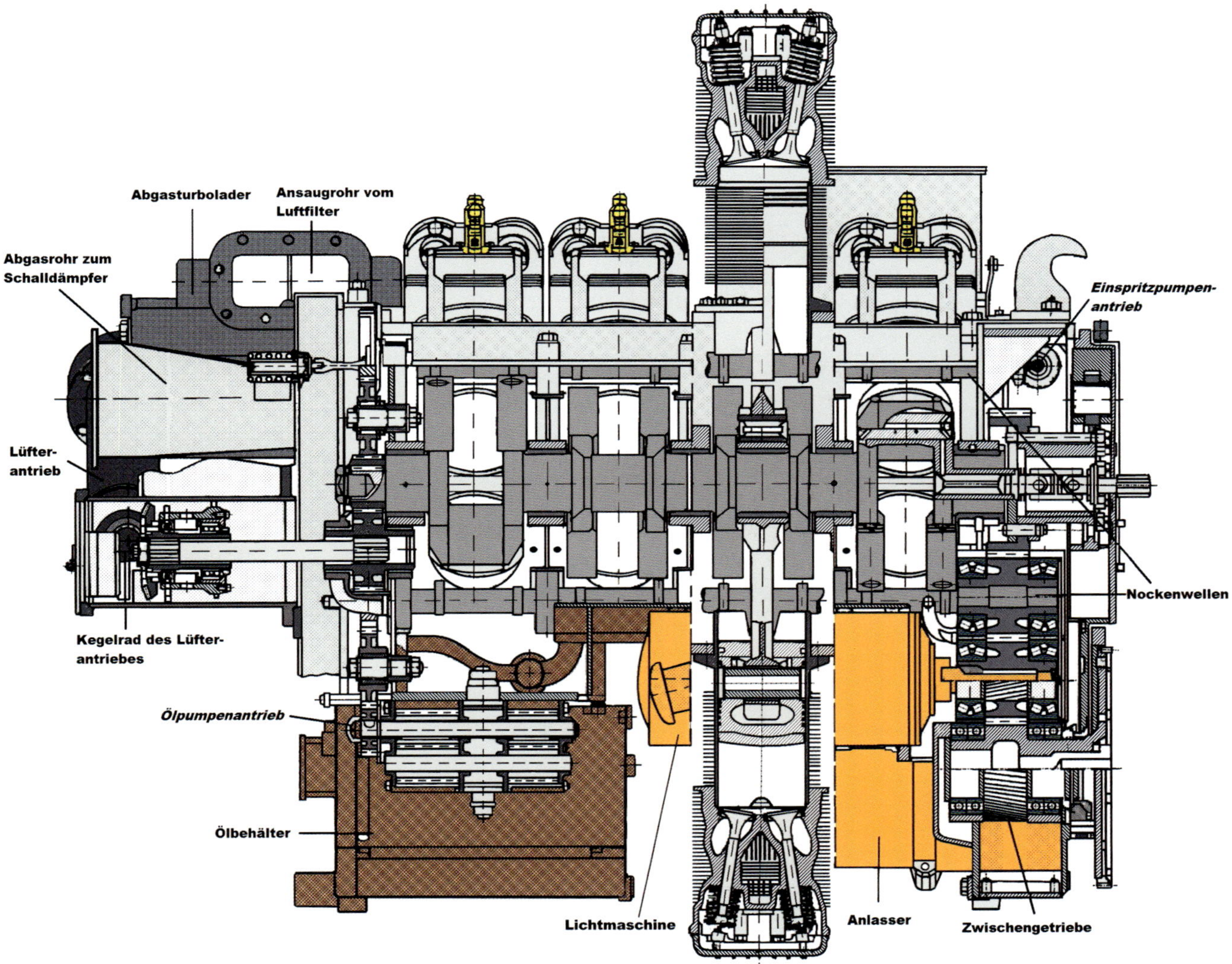


*PA/MF. Der vollständige 16-Zylinder-SGP-Motor im Längs- und Querschnitt.*

*PA.* ***Der Motor ohne Turbolader, Lüfter und Luftleitbleche.***

PA. Der einbaufertige Motor von der Schwungscheiben- und von der Auspuffseite.

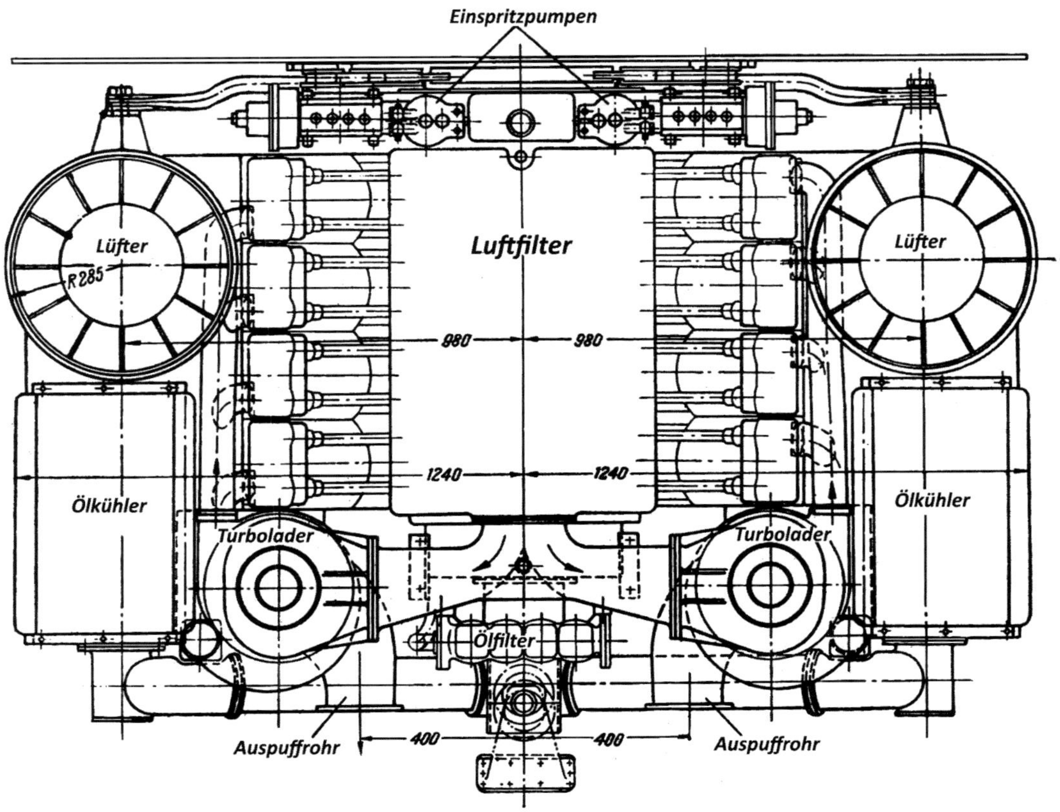


*MF. Die Einbauzeichnung eines russischen Artikels zeigt wahrscheinlich eine frühe Version der Motorkühlung, bei der die hintere Zylinderkühlung (Auspuff-Seite) unterversorgt gewesen wäre. Die angegebene Gebläse-Abmessung nennt vermutlich den Gehäuseradius mit 285 mm.*

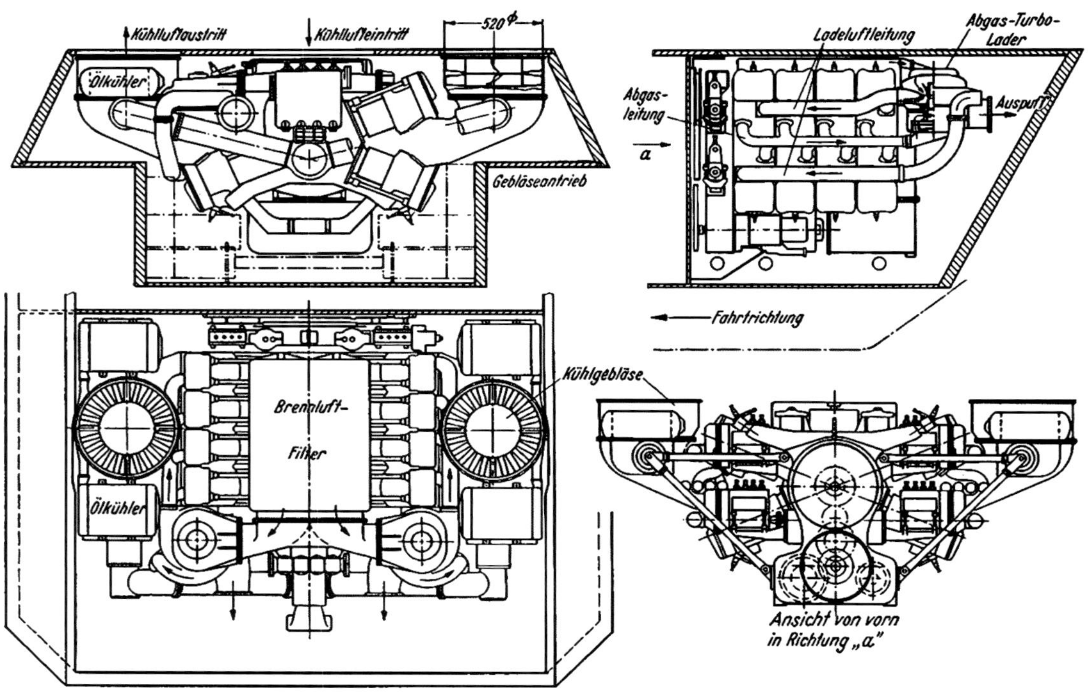


*PA/MF. Die Dreiseiten- und die Frontansicht für den letztendlich verbauten SGP-Dieselmotor.*

*PA. **Das Jagdtiger-Versuchsfahrzeug im Nibelungenwerk bestand aus Weichstahl und diente vor der Dieselmotorerprobung zum Testen des so genannten Porsche-Fahrwerks Typ 180. Die Jagdtiger-Serienfahrzeuge wurden von der Truppe so dringend benötigt (die Besatzungen warteten im Werk auf neue Fahrzeuge!), dass sich eine Verwendung eines dieser Fahrzeuge als Versuchsträger von vornherein verbot.***

henen Zyklon-Filter bzw. Nassfilter ersetzen könnte.[242] Der erste, intern als Porsche Typ 203 bezeichnete Sla 16 lief letztlich erst Ende 1943 auf dem Prüfstand in Wien und brachte es ohne Lüfterantrieb auf 770 PS bei 2200 U/min. Am 10. Januar 1944 liefen die zwei Testmotoren erfolgreich 300 Stunden im gemischten Dauerbetrieb. Einzig die Kühlung der Zylinder in den unteren Zylinderreihen sorgte noch für Probleme. Nach einer Überarbeitung der beiden Kühlgebläse und der Luftleitbleche durch das FKFS unter Professor Kamm konnten die Tests nach etwa vier Wochen erfolgreich fortgesetzt werden.

In einem Schreiben vom 10. August 1944 über den Dieselmotor im Heer berichtete der Leiter der WaPrüf, General Schneider, dass die ersten luftgekühlten Dieselmotoren der Firmen SGP und Argus auf den Prüfständen laufen. „Mit einem Einbau eines ersten Versuchsmotors der Firma Simmering im Fahrgestell Jagd-Tiger ist im Laufe des Monats August zu rechnen."[243]

*Bulletin of the Tank Industry, 07.08.1945.* *Der in das Jagdtiger-Versuchsfahrzeug eingebaute Sla 16 nach der amerikanischen Besetzung des Nibelungenwerkes 1945. Gut erkennbar die Aussparungen in der seitlichen Motorwand für die Unterbringung der beiden FKFS-Kühlgebläse. Der hintere Triebwerkraum des Jagdtigers musste zur Aufnahme des Sla 16 umgestaltet werden.*

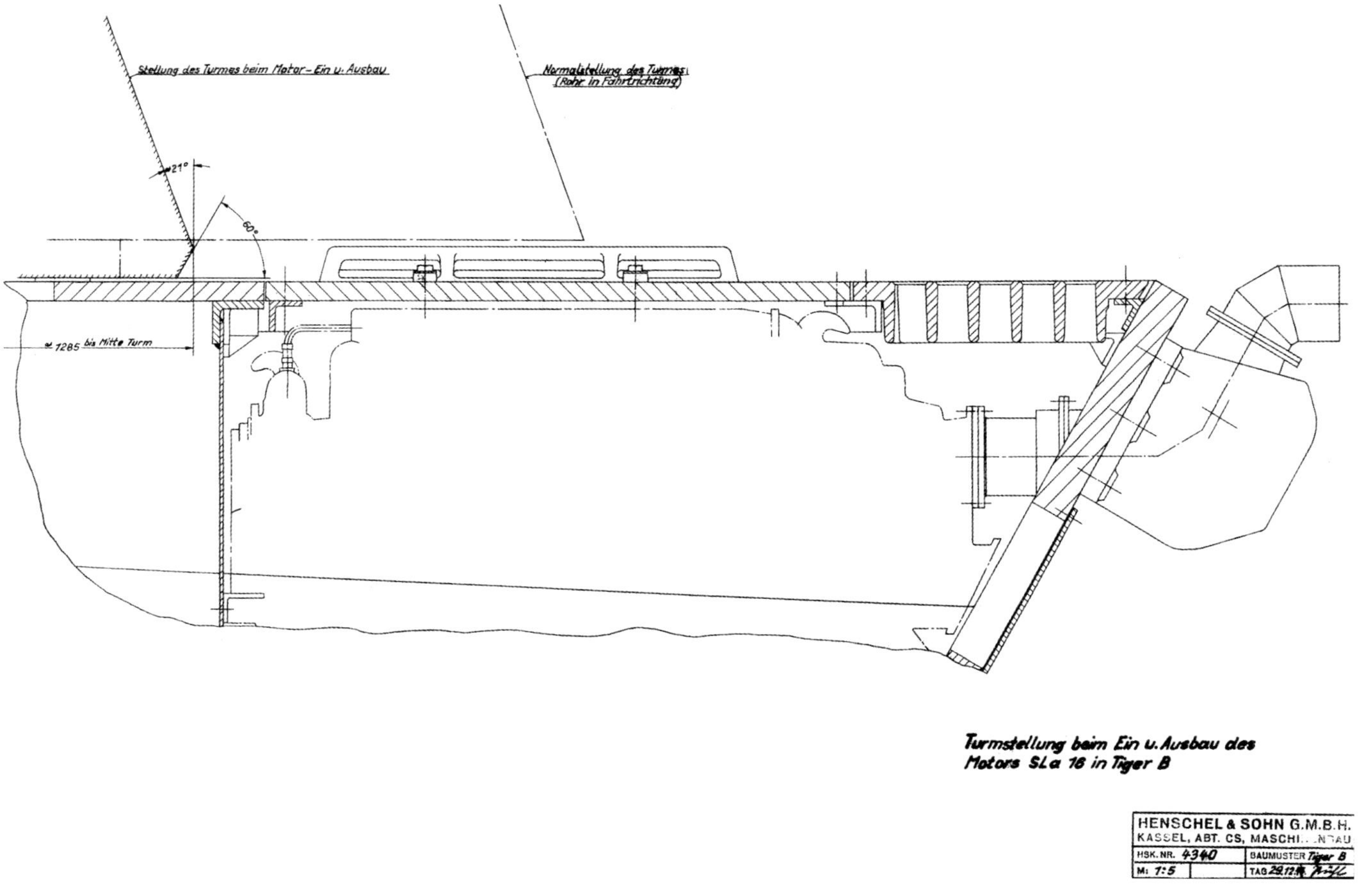


*BAMA/RH8-3914K5/MF.* *Die Einbauzeichnung des Sla 16 mit der neuen Gräting in einem Tiger B, die vermutlich aus zwei runden Abluftöffnungen über den Gebläsen und einer rechteckigen mittigen Ansaugöffnung bestand.*

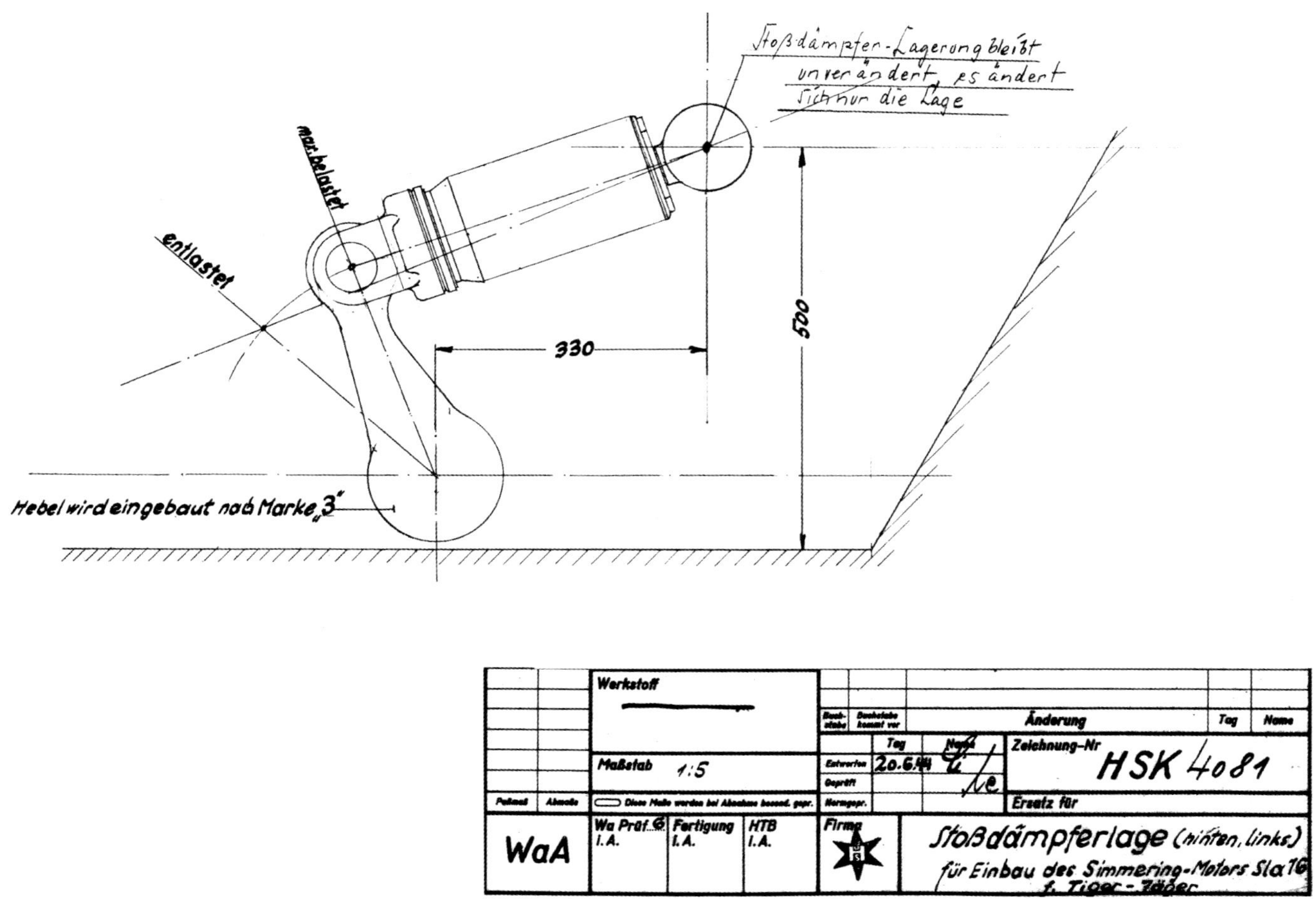


BAMA/RH8-3916K6/MF. **Die notwendige veränderte Stoßdämpfer-Lage im Tiger B.**

Die Erprobung verlief hoffnungsvoll. Die Firma SGP sah sich jedoch für eine Motoren-Großserie des 16-Zylinder-Motors nicht in der Lage. So war vom Rüstungsministerium geplant, die 0-Serienproduktion von 100 Motoren im Juni 1945 im Steyr-Daimler-Puch-Werk in Österreich aufzunehmen. Schon am 8. Dezember 1944 hatte der Rüstungsstab den Weiterbau des dort gefertigten Daimler-Benz-Flugmotors Typ DB 605 gestoppt. Die dadurch entstandene Fertigungskapazität sollte gemeinsam mit der Firma Manfred Weiß (*Unternehmen Donauflug-Budapest*) zur Produktion des neuen Panzermotors genutzt werden.[244]

In der letzten, schon erwähnten Sitzung der Panzerkommission am 23. Januar 1945 ging es beim Thema Panzermotoren vor allem um die Motorisierung des 70 t schweren Panzerkampfwagens Tiger B. Als schneller Ersatz für den untermotorisierten Maybach-Motor HL 230 wurde der in der Entwicklung befindliche Maybach HL 234 als schnellste Lösung favorisiert. Der SGP-Motor war zwar erfolgreich auf dem Prüfstand gelaufen und lief seit einiger Zeit im Nibelungenwerk, jedoch war der Arbeitsaufwand für die Herstellung dieses Motors etwa doppelt so hoch wie beim Maybach HL 230. Vermutlich wären die Produktionskosten mit steigender Stückzahl günstiger geworden. Weitere Gegenargumente von Oberst Holzhäuer waren die Kühlungsprobleme, die, wie zuvor beschrieben, sich allerdings kurz darauf erledigt hatten. Auch sollte der 16-Zylinder-Motor angeblich nicht gegen den Maybach-Motor austauschbar sein, so dass ganz neue Wannen hergestellt werden müssten. Da sich jedoch bereits die Betriebsmittel zur Serienproduktion des Dieselmotors in Produktion befanden und die Anlaufserie mit 2000 Stück bereits begonnen hatte, sollte die beginnende Fertigung laut Direktor von Heydekampf (*Henschel*) möglichst gestoppt werden, was jedoch nicht mehr umgesetzt werden konnte.

In die geplanten Serienmotoren sollten einige Änderungen einfließen. Statt der vier einzelnen 4-Zylinder-Bosch-Einspritzpumpen sollten nur zwei 8-Zylinder-Einspritzpumpen verwendet werden, was vermutlich die Abstimmarbeiten der vier Zylinderbänke erleichtern sollte.

Auch ein vergrößerter Motor Typ Sla 16 befand sich unter der Porsche-internen Bezeichnung Typ 212 in der Konst-

*Aus einer russischen Zeitung stammt dieses Bild, was einen Sla 16-Rohmotor darstellen sollte. In Wirklichkeit sieht man nur einen 8-Zylinder-X-Motor, also theoretisch einen Motor unter der Bezeichnung Sla 8 (Simmering-luftgekühlt-aufgeladen-Zylinderzahl). Es war vor Kriegsende geplant, verschieden große Motoren im Baukasten-Prinzip zu entwickeln. So ein 4-Zylinder-X-Dieselmotor mit 150 PS für Lkws sowie einen 8-Zylinder-X-Dieselmotor mit 320 PS für Schützenpanzer- und Panzerspähwagen.*

ruktion. Der Motor war laut Porsche für den überschweren Panzerkampfwagen „Maus" geplant und sollte die leistungsschwächeren Daimler-Benz-Motoren ersetzen. Dieser 48-Liter-Motor hatte eine Bohrung von 150 mm und einen Hub von 170 mm. Die geplante Leistung betrug 1500 PS bei 2500 U/min. Allerdings wurde nur ein 1-Zylinder-Versuchsmotor als 3-Liter-Einheit unter der Bezeichnung Typ 213 erprobt, ein 48-Liter-Vollmotor vom Typ 212 wurde von Speer abgelehnt und daher nicht mehr verwirklicht.

Das Nibelungenwerk in St. Valentin, wo die Einbauversuche und die Erprobung im Jagdtiger-Versuchsfahrzeug erfolgten, wurde am 6. Mai 1945 von amerikanischen Truppen besetzt. Diese interessierten sich jedoch nicht sonderlich für das Werk. Die am 9. Mai einrückende Rote Armee hingegen begann sofort nach der Übernahme mit der Demontage der Maschinen und Einrichtungen und deren Abtransport in die Sowjetunion. Gleichzeitig ließ die sowjetische Führung noch 45 Panzerkampfwagen IV und einen Jagdtiger fertig bauen.[245] So gelangten mindestens zwei fertige Motoren sowie die schon begonnenen Aggregate samt Unterlagen in die Sowjetunion, wo sie Fachleute ausgiebig studieren. Die russischen Spezialisten schätzten den Motor in allen Punkten als überlegen gegenüber dem Maybach-Motor HL 230 ein.

*Im neuen russischen Kampfpanzer T-14 „Armata" erfolgte die Rückkehr des X-Panzermotors in Form eines wassergekühlten 12-Zylinder-X-Dieselmotors mit 1500 PS.*

## Der Argus-MAN-Motor in H-Bauweise

Der zweite Motor der großen Baureihe war der 16-Zylinder-H-Dieselmotor vom Typ LD 220, der in Kooperation der Firmen ARGUS-Berlin und MAN-Nürnberg entwickelt wurde. Diese Zusammenarbeit ergab sich, da ARGUS Spezialist für luftgekühlte Otto-Flugmotoren war, MAN dagegen viel Erfahrung mit direkt einspritzenden Dieselmotoren besaß. Er basierte vermutlich auf dem ARGUS-24-Zylinder-Motor As 403 in stehender H-Bauform, von dem noch ein Versuchsmotor fertig gestellt wurde. Der MAN/Argus LD 220 besaß dagegen 16-Zylinder, die in liegender H-Form angeordnet waren. Der Dieselmotor besaß einen Hubraum von 37,8 Litern aus 135-mm-Bohrung und 165-mm-Hub.

*MF. Der Argus As 403 war ein 24-Zylinder-Ottomotor in stehender H-Form mit 60 Litern Hubraum und leistete kurzzeitig 2500 PS (Startleistung) mit Hilfe eines zweistufigen Laders.*

*Archiv TU-DD. Der MAN/Argus im Profil zeigt die liegende H-Bauweise.*

Wie schon beschrieben, setzte diese Bauform zwei Kurbelwellen voraus, so dass der Motor im Prinzip aus zwei übereinander liegenden, baugleichen 8-Zylinder-V-180°-Triebwerken bestand, die über ein Vorgelege auf der Abtriebswelle arbeiteten. Die Motorleistung des 1570 kg schweren luftgekühlten Motors sollte 700 PS bei 2200 U/min betragen. Der Ladedruck betrug 1,4 ata, wobei die Art der Aufladung leider nicht überliefert ist. Auch sonst existieren nur wenig Informationen über diesen Motor, dessen Unterlagen vermutlich der Roten Armee in Berlin in die Hände fielen.

Es gab jedoch im April 1943 Probleme mit der Motorentwicklung, da sich Argus und MAN nicht über das zu verwendende Verbrennungssystem einigen konnten. Die MAN-Direkteinspritzung bereitete Probleme. Damit fielen die Entwicklungspläne um vier bis sechs Wochen zurück. Das Vorkammerverfahren der Firma Simmering zeigte Vorteile vor allem bei einer Aufladung gegenüber der Verwendung des Kugelbrennraumes im Kolben der Firma MAN. Daher schien es sinnvoll, die Zylindereinheit der SGP auf das Motorgehäuse von Argus zu übertragen, wobei die Wiener Firma dem Vorschlag aus wirtschaftlichen Gründen zunächst ablehnend gegenüberstand.

Am 13. Oktober 1943 informierte Oberbaurat Augustin als Verantwortlicher der Arbeitsgemeinschaft „Luftgekühlter Motoren" die beteiligten Firmen, dass für den Argus-Motor die Simmeringer Zylinder-Einheit mit der 135-mm-Bohrung übernommen werden soll. Dies war leicht zu verwirklichen, da die Zylinderabstände bei beiden Motoren identisch waren. Der größere Hub des Argus-Motors von 165 mm musste dabei in Kauf genommen werden. Dafür erhielt Simmering die Zeichnungen des Argus-Motors, damit SGP den Brennraum samt Ventilanordnung einzeichnen konnte. Von diesem Argus-Motor mit den SGP-Zylinderköpfen sollten zwei Motoren gefertigt werden.[246] Je ein Motor lief noch auf dem Prüfstand in Berlin und Nürnberg.

## Der FKFS-Gruppenmotor

Professor Wunibald Kamm war seit seiner Tätigkeit bei der Deutschen Versuchsanstalt für Luftfahrt (DVL) von 1926 bis 1930 ein entschiedener Verfechter der Luftkühlung von Flugmotoren geworden. So beschäftigte er sich seit 1933 beim Forschungsinstitut für Kraftfahrwesen und Fahrzeugmotoren (FKFS) in Stuttgart[247] mit luftgekühlten Großflugmotoren. Dabei kam er zum Ergebnis, dass durch Parallelschaltung mehrerer Motoren zum so genannten „Gruppenflugmotor" mit kleinen Zylindergrößen und der damit verbundenen Vielzylindrigkeit die effizienteste Lösung erzielt werden konnte.

So kam es 1938 auf Grund einer Ausschreibung eines Langstreckenbombers B durch das Reichsluftfahrtministerium (RLM) zur Entwicklung der FKFS-48-Zylinder-Gruppen-Flugmotoren A, B, C und D. Grundlage bildete der 12-Zylinder-V-Hirth-Heinkel-Flugmotor Typ HM-512 C, von dem vier Motoren ohne Änderung der Kurbeltriebe ringförmig angeordnet wurden. Die vier Kurbelwellen waren über Stirnräder miteinander verbunden. Dieser Saugrohr-, später Benzin-Direkteinspritzer wurde durch zwei 4-stufige Axiallader auf 2000 bzw. 2200 PS bei 3200 U/min gebracht. Durch Vergrößerung des 1-Zylinder-Hubraumes von 1,0 Liter auf 1,1 Liter entstand die Version B, mit 1,5 Liter die Ausführung C, die eine geplante Startleistung (*Kurzleistung*) von 3550 PS besaß.

Nach dem Umstieg auf 2,0-Liter-Zylinder-Einheiten entstand der Flugmotor Typ D. 96 Liter-Hubraum ergaben sich aus je 135-mm-Bohrung und 140-mm-Hub. Mit einer Benzin-Direkteinspritzung und vier 5-stufigen Axialladern ergaben sich 5982 PS Startleistung bei 4000 U/min. Diese vier 12-Zylinder-V-Motoren waren diesmal eine Eigenentwicklung des FKFS. Ein besonders Merkmal war die Zusammenfassung von Leichtmetall-Zylinder und Leichtmetall-Zylinderkopf zu einem Monoblock sowie die hartverchromten Zylinderlaufflächen. Dieser Vollmotor wurde 1944 fertig montiert. Durch die zwischenzeitlichen erreichten Erfolge der Luftstrahltriebwerke stellte das RLM das Projekt letztendlich ein.

Ab 1943 bekam das FKFS die Rüstungsaufträge vom Rüstungsministerium. Neben Verbesserungen an DB-Schnellboot- und U-Bootmotoren rückten auch Panzermotoren in den Fokus von Professor Kamm. Neben den schon erwähnten Verbesserungen an den Maybach- und Daimler-Benz-Panzermotoren sollte auch eine Alternative zum wassergekühlten Maybach-Ottomotor vom Typ HL 230 geschaffen werden. So schlugen Professor Kamm und sein Assistent Schmid den Einbau eines luftgekühlten Gruppenmotors vor. Dieser bestand aus zwei V-12-Teilmotoren des FKFS-Otto-Flugmotors Typ D, der ohne Aufladung bei einem Hubraum von 48 Litern eine Leistung von 1100 PS bei 2050 U/min erbrachte. Der Motor wog komplett 2500 kg. Die erforderliche Kühlung erfolgte über vier Gebläse.

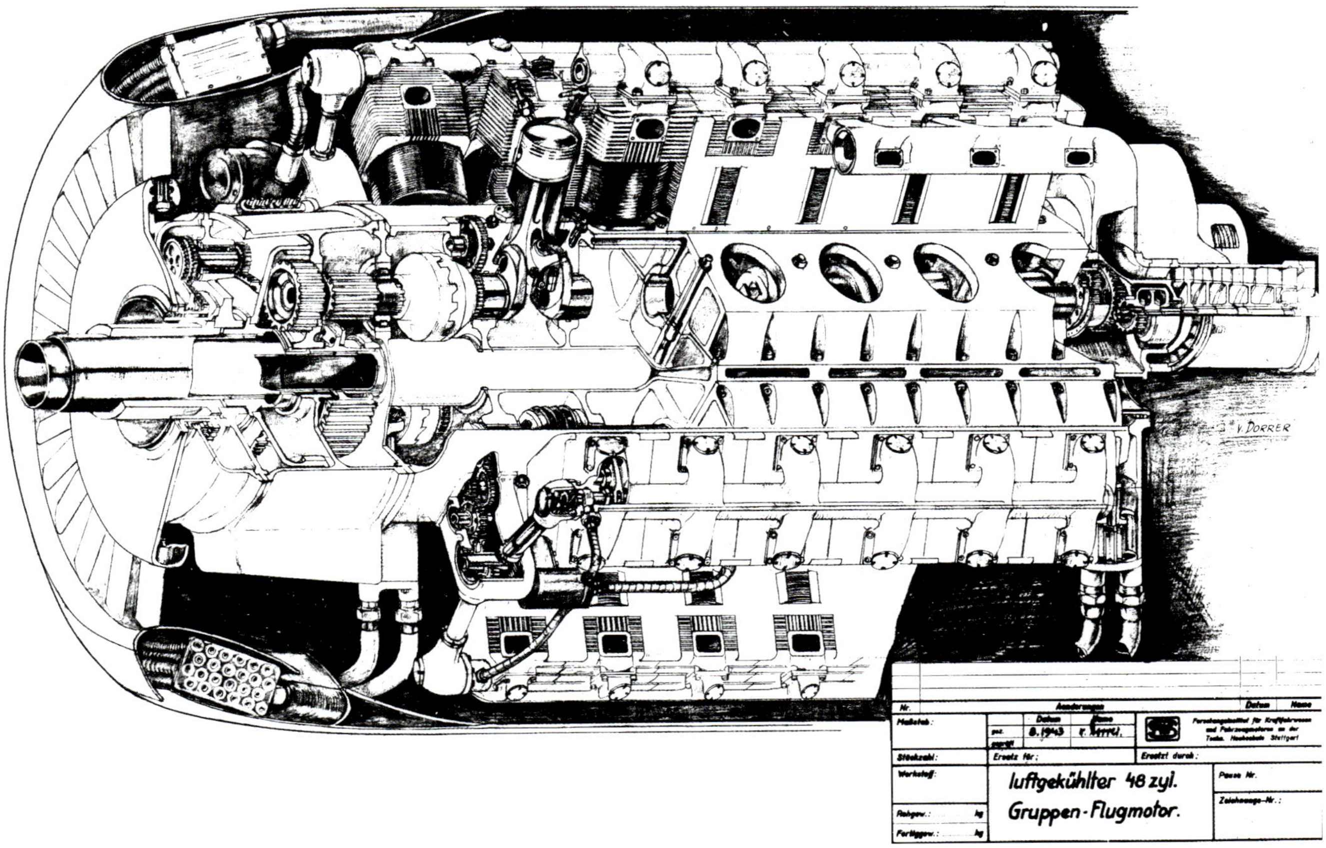


FKFS-Archiv/MF. *Der 48-Zylinder-Gruppen-Flugmotor Typ D.*

FKFS-Archiv. *Der FKFS-48-Zylinder-Gruppen-Flugmotor Typ A, der aus vier im Winkel von 60° gekoppelten V-Motoren 12-HM 512 C bestand.*

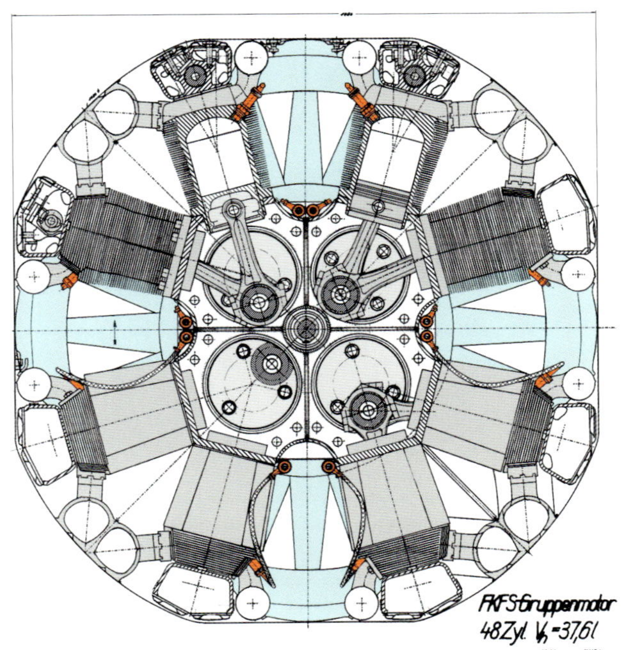


FKFS-Archiv/MF. *Entwurf eines FKFS-48-Zylinder-Gruppenmotors vom Oktober 1943.*

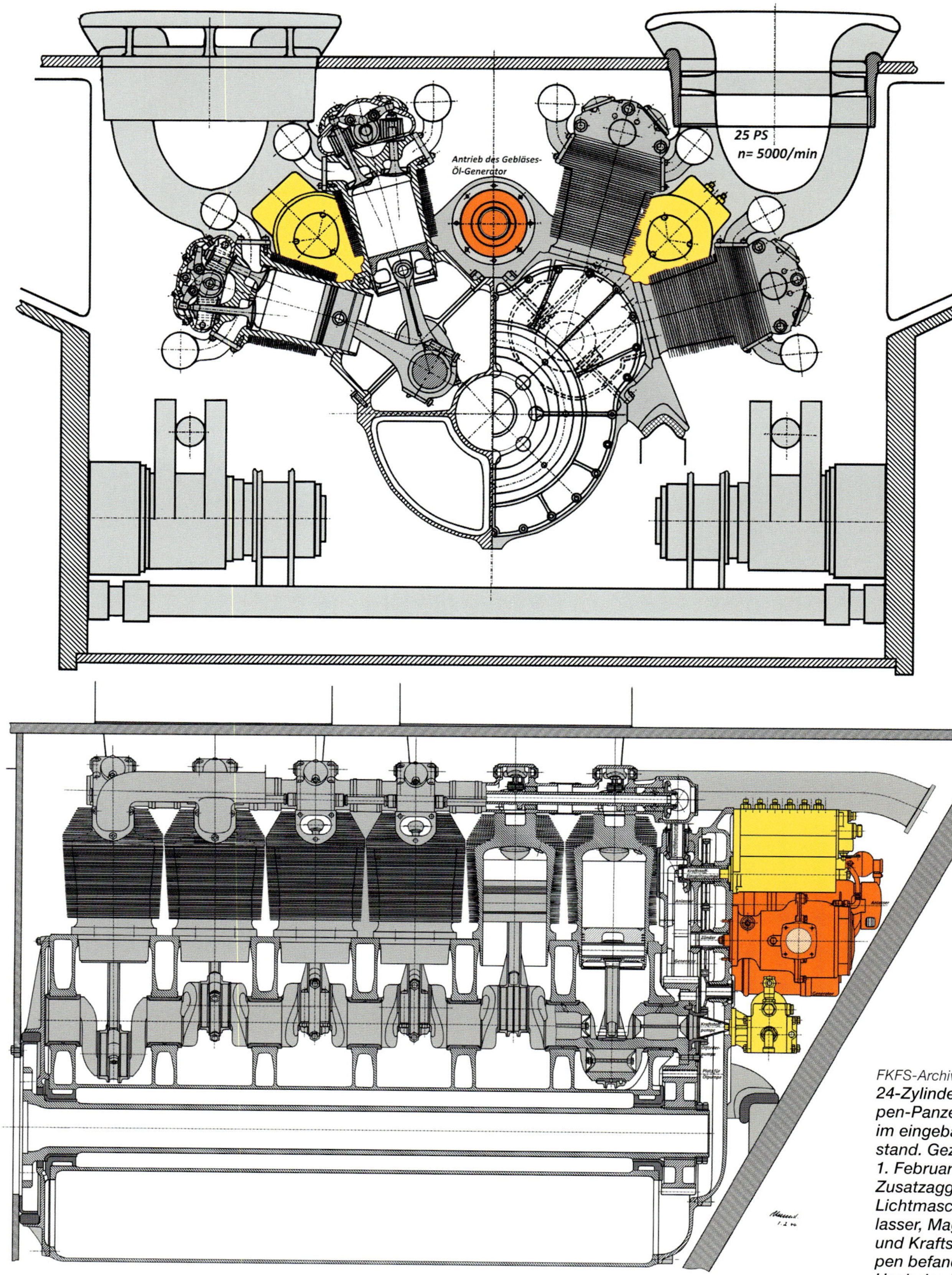


*FKFS-Archiv/MF.* ***Der 24-Zylinder-Gruppen-Panzermotor E1 im eingebauten Zustand. Gezeichnet am 1. Februar 1944. Alle Zusatzaggregate, wie Lichtmaschine, Anlasser, Magnetzünder und Kraftstoffpumpen befanden sich im Heck des Fahrzeugs.***

FKFS-Archiv. *Die 2,0-Liter-Leichtmetalleinheit rechts wurde auch als Topfzylinder bezeichnet. Eine Bauform, die der Zylindereinheit des Sla 16-Motors links ähnelte. Allerdings besaß die Kamm-Zylindereinheit eine oben liegende, durch Königswelle angetriebene Nockenwelle, die über Rollenkipphebel die beiden Ventile betätigte, so dass die Ventilsteuerung des SPG-Zylinderkopfes dem angepasst werden musste.*

Archiv TU-DD/MF. *Der 24-Zylinder-FKFS-Gruppen-Panzermotor im Profil.*

Von diesem 24-Zylinder-Gruppen-Panzermotor vom Typ E1 befand sich ein Vollmotor-Prototyp als Ottomotor in Fertigung.
Um die Forderung des HWA nach einem Dieselmotor zu erfüllen, übernahm Kamm die fertig entwickelte 2,3-Liter-Vorkammer-Zylindereinheit des SGP-Motors Typ Sla 16. Bei der Bohrung von 135 mm und einem vergrößerten Hub von 160 mm ergab sich ein Hubraum von 55,2 Litern. Die errechnete Leistung des unaufgeladenen Dieselmotors lag bei 1000 PS bei 2000 U/min. Die Kühlung erfolgte ebenfalls durch vier Gebläse.
Dieser 24-Zylinder-Dieselmotor hätte sich selbst unter Vorbehaltung von einem zukünftigen Leistungszuwachs von 50 % und einem Kraftstoffvorrat für 200 km Reichweite bei sehr guter Zugänglichkeit für Wartungsarbeiten nach Umgestaltung des hinteren Triebwerkraumes z. B. im Panzerkampfwagen Tiger B, unterbringen lassen. Von diesem 24-Zylinder-Gruppen-Panzermotor als Dieselmotor Typ E2 befand sich ebenfalls ein Prototyp-Vollmotor in der Fertigung.[248]

## Saurer-Werke

Die österreichische Firma Saurer entwickelte einen 2-Takt-Dieselmotor vom Typ Z 2-T, der infolge seines Arbeitsverfahrens und der hohen Drehzahl von knapp 3000 U/min gegenüber den zuvor genannten Viertakt-Motoren eine sehr günstige, gedrungene Bauweise aufwies. Dieser luftgekühlte 8-Zylinder-V-Motor besaß einen Hubraum von 9,35 Litern bei einer Bohrung von 105 mm und einem Hub von 135 mm und gehörte damit zur kleinen Gruppe. Die geplante Motorleistung betrug 274 PS bei 2800 U/min. Allerdings bestanden noch erhebliche technische Probleme sowie ein ungenügendes Durchdrehvermögen, so dass eine vollständige Betriebssicherheit noch in weiter Ferne lag.

## Klöckner-Humboldt-Deutz AG

Schon während der Entwicklungsarbeiten der Flugzeug-Sternmotoren wurde bei KHD überlegt, wie die gewonnenen Erkenntnisse auch anderweitig, zum Beispiel für den Panzerbau, genutzt werden konnten. Deshalb wurde 1938 dem HWA vorgeschlagen, für den Panzerkampfwagen IV einen passenden Dieselmotor zu bauen. Ein Vorschlag betraf einen 8-Zylinder-Sternmotor (*abgeleitet vom Dz 700*) Typ T8 X 113 mit 13,8-Liter-Hubraum aus 130-mm-Bohrung und 130-mm-Hub mit einer Leistung von 400 PS bei 2500 U/min. Das Gewicht betrug nur 500 kg. Die zweite Lösung sollte ein 8-Zylinder-Boxermotor mit 400-PS-Dauerleistung sein, vermutlich ähnlich dem schon beschriebenen 16-Zylindermotor Dz 710.
Neben dem schon im Kapitel „Maus" genannten Dz 710 war bei der Firma Klöckner-Humboldt-Deutz seit 1943 ein wassergekühlter 8-Zylinder-V-Dieselmotor zur Verwen-

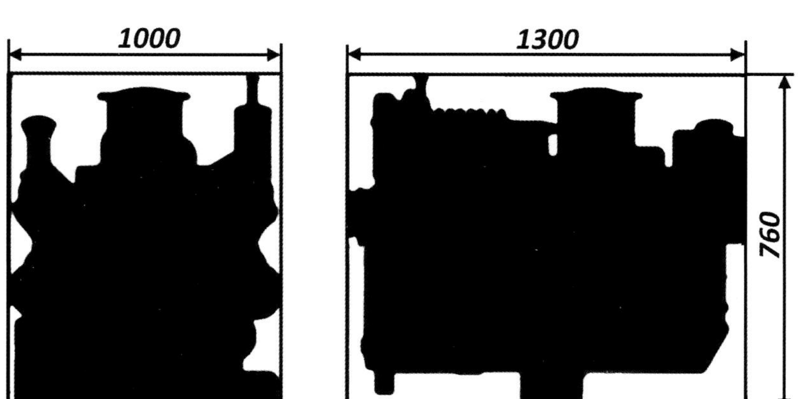


*Archiv TU-DD.* ***Der Klöckner-Humboldt-Deutz-Motor vom Typ T8 M118 im Profil.***

FIAT. *Der unvollständige 2-Zylinder-Versuchsmotor des Deutz T8 M118.*

FIAT. *Der Versuchsmotor ohne aufgebaute Zylinderköpfe.*

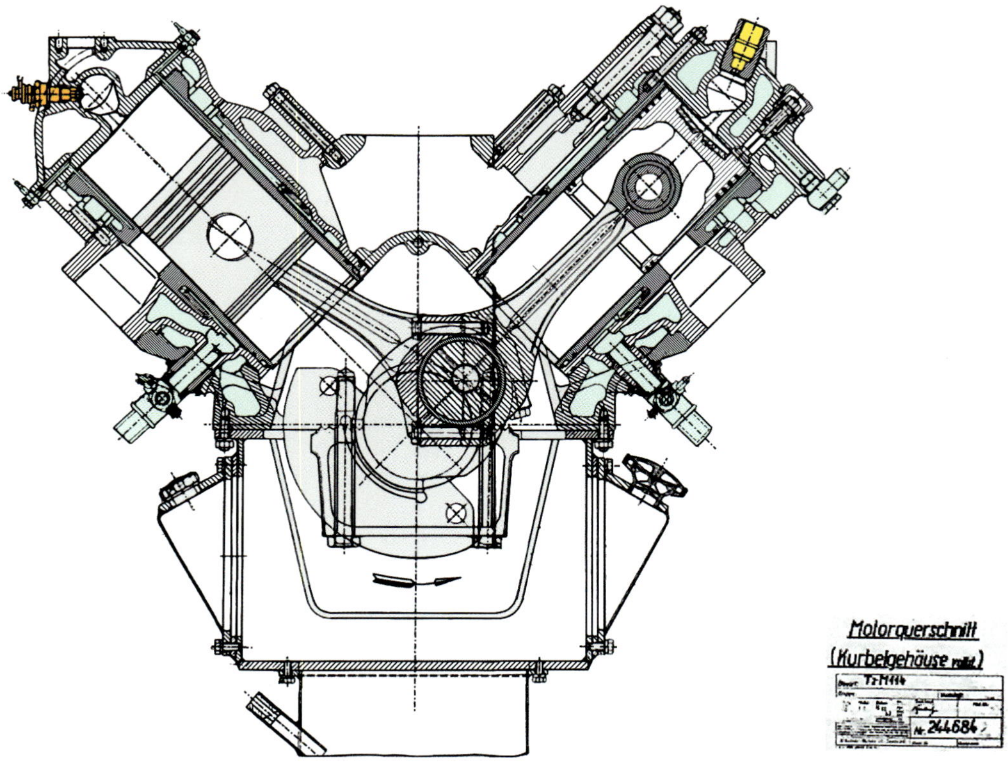


*FIAT/MF.* ***Der 2-Zylinder-Versuchsmotor T2 M114 mit Schnürle-Umkehrspülung.***

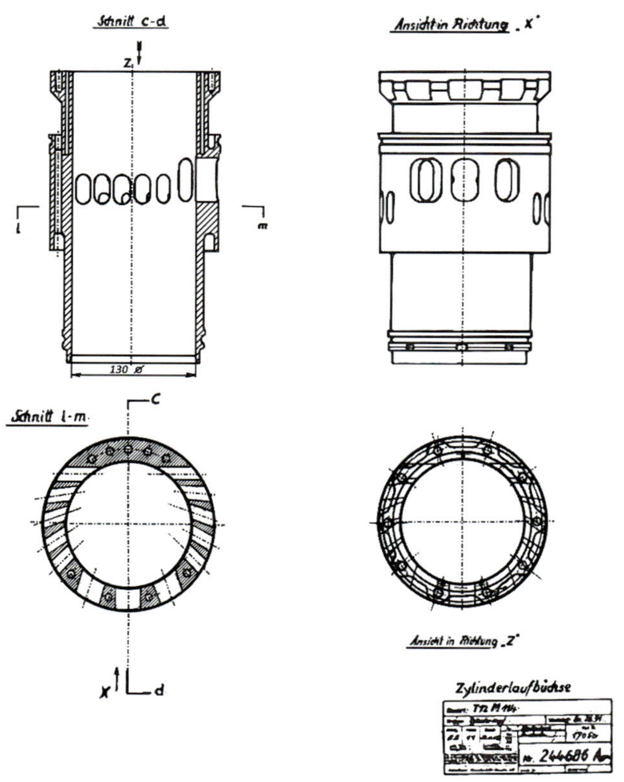


*WS.* ***Der geschlitzte Zylinder des T2 M114.***

*WS.* ***Das Leistungsdiagramm des T8 M118***

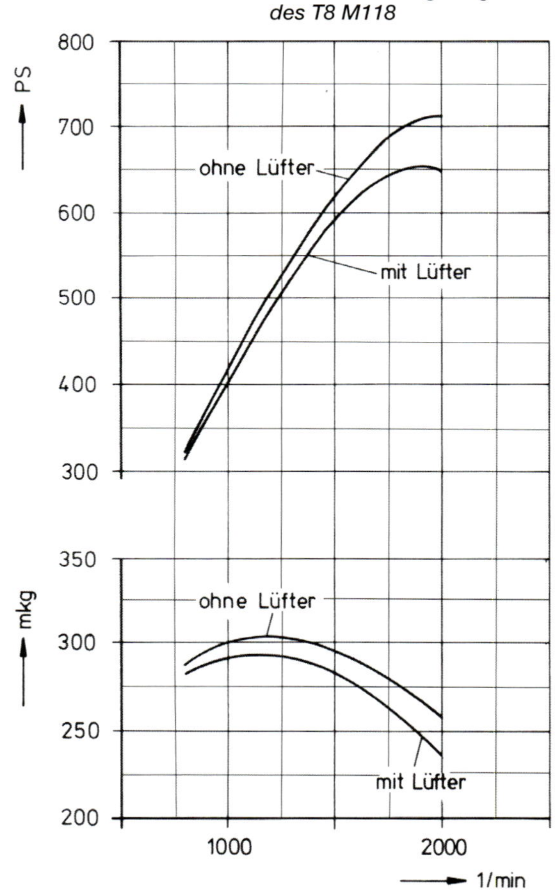

dung als Panzermotor unter der Bezeichnung T8 M118 in Arbeit. Dieser Zweitaktmotor mit Schnürle-Umkehrspülung besaß einen Hubraum von 32,3 Litern mit einer Bohrung von 170 mm und einem Hub von 180 mm. Dieser Motor war mit 2600 kg ziemlich schwer. Die Motorleistung lag bei 700 PS bei 2000 U/min, die mit Hilfe eines Spülluftgebläses erreicht wurde.[249] Leider sind vom Motor keinerlei weitere Angaben vorhanden. Im amerikanischen „FIAT"-Bericht sind nur Bilder vom 2-Zylinder-Versuchsmotor des T8M118 überliefert. Dessen Aufbau könnte dem des kleineren Deutz T2 M114 (Bohrung 130 mm, Hub 140 mm) entsprochen haben. Die verwendete Umkehrspülung für 2-Takt-Dieselmotoren war ein Patent von Adolf Schnürle von 1924 und lag bei Klöckner-Humboldt-Deutz.

## Die Elektro-Schalt- und Lenkgetriebe der Firma ZF

Die konventionellen mechanischen Wechselgetriebe bedingten beim Schalten die Unterbrechung des Kraftflusses durch die Hauptkupplung mit den bekannten negativen Auswirkungen, wie z. B. das „Abwürgen" des Fahrzeuges bei Schaltfehlern. So machte man sich frühzeitig Gedanken über lastschaltbare Getriebe.[250] Ein Lösungsansatz war, die kraftschlüssige Verbindung zwischen dem jeweiligen Gangrad und der Welle durch eine im Getriebeöl laufende, elektromagnetische Lamellenkupplung herzustellen.

Der erste Einsatz einer elektrischen Kupplung in einem Kraftfahrzeug soll bereits 1899 durch den Rennfahrer Jenatzy[251] erfolgt sein. Eines der ersten Patente wurde 1901 Prof. Otto Kammerer[252] für einen Kranantrieb mit elektrischen Kupplungen erteilt. Weiterentwickelt für den Einsatz in Fahrzeugen wurde dies von Jean Cotal,[253] der ab etwa 1920 verschiedene Planetengetriebe entwickelte, die durch elektrische Kupplungen geschaltet wurden.

1937 bei ZF begutachtet, kam es dort jedoch nicht zum Lizenzbau. Es wurden im Verhältnis kleinere Kupplungen benötigt, die sich in die eigenen konventionellen Mehrwellen-Schaltgetriebe integrieren ließen.[254]

Im gleichen Jahr legte Anton Ryba seine Erfindung einer Elektromagnet-Lastschaltkupplung vor,[255] die zum Ausgangspunkt der weiteren Entwicklungen wurde.

Neben den sich ergebenden, grundlegenden Fragen beim direkten Zusammenwirken von magnetischem Kraftfluss und der Reibung musste geklärt werden, ob sich Ein- oder Mehrscheibenkupplungen besser eignen und ob diese mit oder ohne Belägen verwendet werden sollen. Die Fragen des Materials, der Lamellenform, der Wärmebeständigkeit, der Kühlung, der sicheren Befestigung der Ringmagnetspule sowie der sicheren Stromzuführung mussten zufriedenstellend gelöst werden.

Die elektrische Kupplung der Firma ZF beinhaltete schließlich gelochte und geschlitzte Stahllamellen, die sowohl den Erfordernissen des optimalen magnetischen Kraftflusses entgegenkamen als auch der mechanischen und thermischen Belastung standhielten.

Die Stromversorgung der Kupplungen war eines der Kernprobleme seit Beginn der Entwicklungen. Die Umfangsgeschwindigkeiten am Außendurchmesser der Kupplungen waren mit bis zu 70 m/s sehr hoch; trocken laufende Kohlebürsten konnten nicht verwendet werden. Über in Öl laufende Schleifringe lagen keine Erfahrungen vor. Nach einer langen Reihe von Versuchen stellte sich eine auf einem gehärteten Stahlring laufende, mit Grafit imprägnierte Gewebe-Bürste als brauchbar heraus. Der Spannungsabfall zur Kupplung konnte auf maximal 0,3 Volt begrenzt werden. Die Abmaße der Stromzuführungsbürste ähnelten der einer normalen Zündkerze, was ein rasches Auswechseln bei Verschleiß begünstigte.[256]

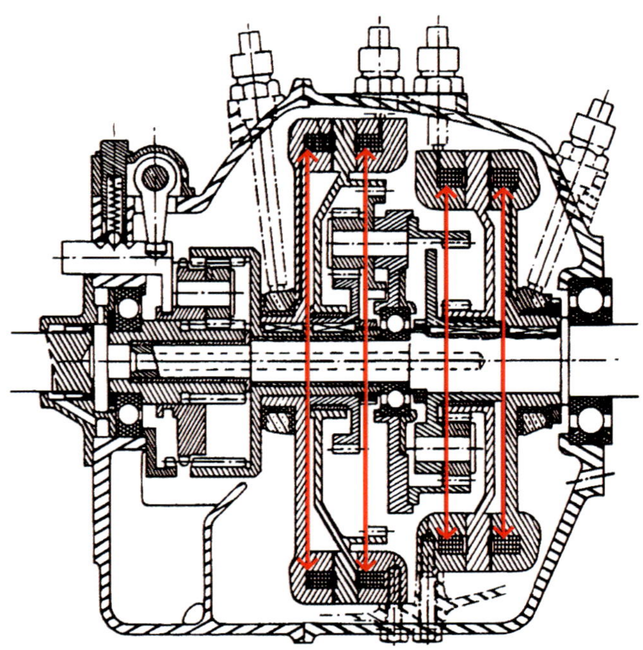

*ZF/FK/MF.* ***Querschnitt durch das Cotal-Planetengetriebe mit elektromagnetischen Kupplungen großer Durchmesser (rot).***

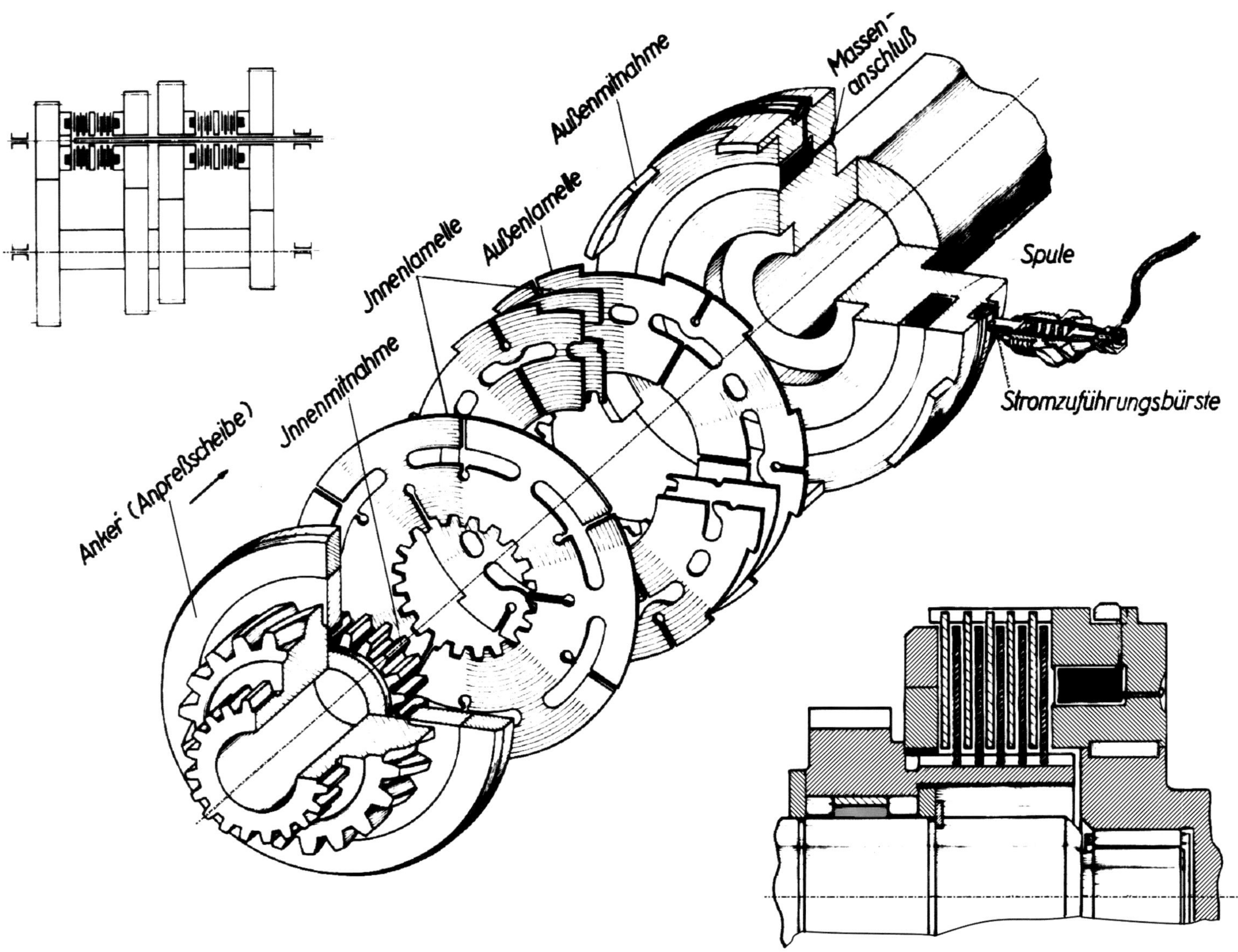


*ZF/MF. **Der Aufbau einer elektrischen Lamellenkupplung, seinerzeit „magnetische Reibkupplung" genannt. Zu sehen sind der elektrische Anschluss, die Ringmagnetspule und die Lamellenpakete mit den geschlitzten Lamellen.***

Die Lamellenkupplungen ließen sich aufgrund der platzsparenden Bauweise sehr gut in die Mehrwellen-Schaltgetriebekonstruktionen der Firma ZF integrieren.
Damit war beim Schalten eine Überschneidung der Gänge ohne Zugkraft-Unterbrechnung möglich. Als größter Fortschritt wurde jedoch die einfache Bedienbarkeit mit elektrischen Schaltern angesehen.
Ein Original-Cotal-Achtganggetriebe MK 60 8 V wurde bereits 1936 in einem MAN-Z.W. (*hier frühes Pz.Kpfw. III Versuchsfahrzeug*) erprobt.[257]
Die Firma ZF stellte auf der Automobilausstellung 1937 das erste Viergang-Elektrogetriebe in einem Versuchsfahrzeug vor und brachte 1938 ein lastschaltbares Sechsgang-LKW-Getriebe heraus, das mit diesen Kupplungen arbeitete. ZF berichtete 1944, bei den Firmen Faun, MAN und ZF liefen verschiedene Sechsgang-Seriengetriebe in schweren Zugmaschinen und Anhängerlastkraftwagen. Bei Faun seien mit einem Getriebe bereits 100.000 km erreicht worden.[258] Weiterhin ist ein elektrisches Achtgang-Panzergetriebe 8 EV 82 dokumentiert. Es soll in einem ZW [Z.W. 38, Pz.Kpfw. III] eingebaut worden sein und sich bewährt haben. Es habe in Berka[259] zur Zeit der ungünstigsten Bodenbeschaffenheit allen Anforderungen genügt, gut durchgehalten und 2600 km zurückgelegt. Mit einem zweiten Getriebe seien in Kummersdorf und auf der Reichsautobahn 9062 km ohne bedenkliche und grund-

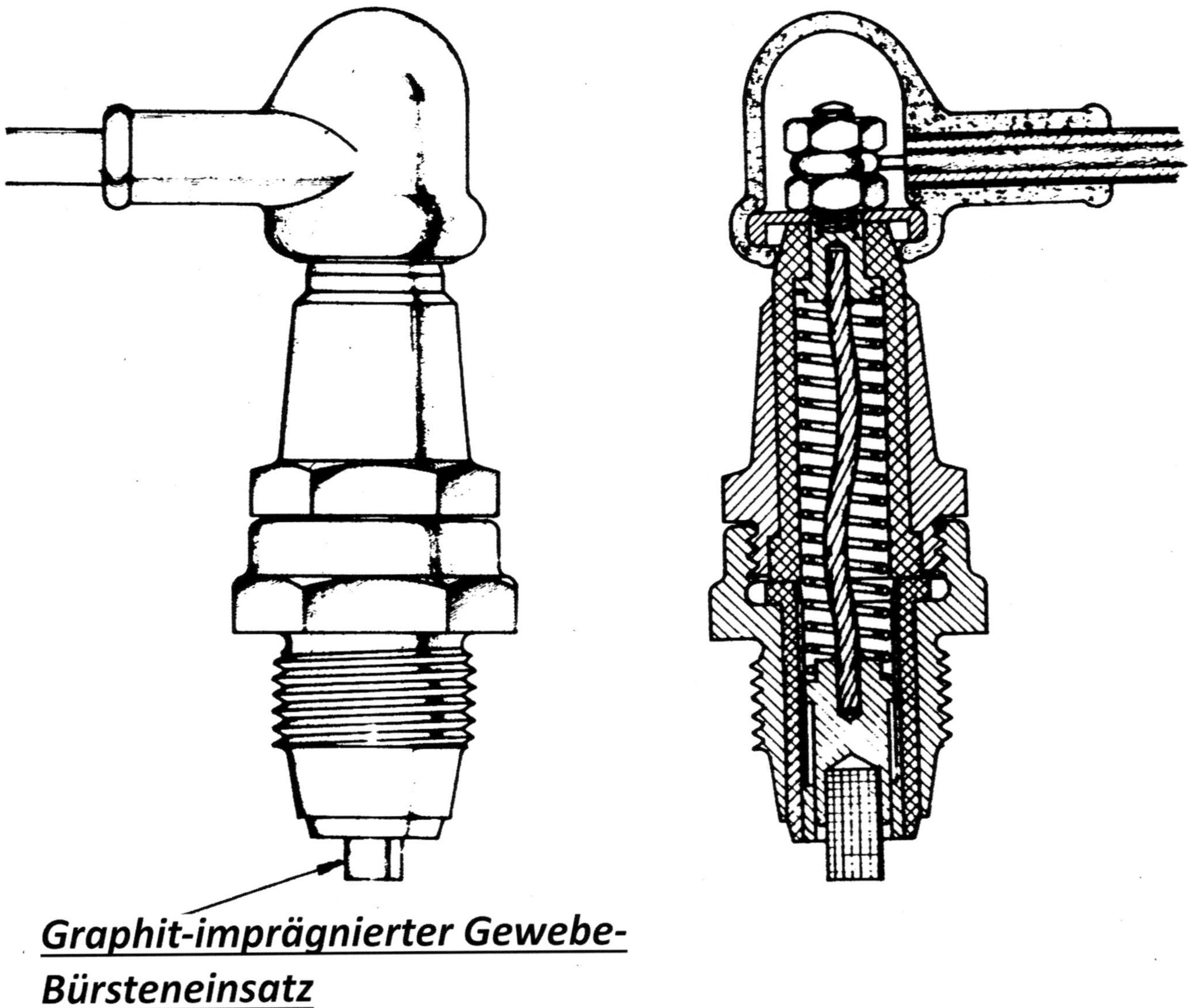


*BIOS/FK/MF.* ***Die leicht auswechselbare Stromzuführungsbürste mit der federbelasteten Kontaktbürste aus einem mit Grafit imprägniertem Gewebe, rechts im Schnitt. Der Bürsteneinsatz wurde mit einer Feder auf den gehärteten Stahllaufring gedrückt und sorgte für einen sicheren Kontakt und Verschleißausgleich.***

legende Schäden gefahren worden.[260] Im Februar 1940 wurden unter der Leitung von Kniepkamp (*WaPrüf 6/IIIa*) Vergleichsversuche im Startverhalten zwischen dem Variorex-Getriebe und einem elektro-magnetischen Getriebe von ZF in Kummersdorf mit Hilfe von zwei Z.W. 38 gefahren.[261]

Weitere bekanntgewordenen Typen werden im Folgenden vorgestellt.

Die Firma ZF glaubte besonders 1941 und noch Ende 1944 an eine Zukunft des Elektro-Schaltgetriebes im Panzerkampfwagen.[262] Jedoch sei die Weiterentwicklung durch die 1944 schwierig gewordene Materiallage und die zeitweise „nicht nennenswerte Unterstützung durch das OKH" behindert worden.[263]

Dir. Maier von ZF bemerkte 1964, man sei der Meinung gewesen, „mit der Ryba-Elektrokupplung die Lastschaltgetriebe besser als Cotal und das Getriebe billiger" bauen zu können. Die Entwicklung hätte ihnen „auf dem Werkzeugmaschinengebiet recht gegeben."[264]

Von Getrieben für LKW und Schwerfahrzeuge war nicht mehr die Rede. Auch ZF widmete sich in der Nachkriegszeit sehr schnell den hydrodynamischen „Hydromedia"-Getrieben mit Drehmomentwandler und hydraulisch betätigten Lamellenkupplungen.[265]

## Das Getriebe 6 EV 75 von 1938

Das handelsübliche Sechsganggetriebe 6 EV 75 für 6,5-t-Lastwagen war auf eine Antriebsleistung von 205 PS und ein maximales Eingangsdrehmoment von 100 mkg bei einer Drehzahl von 1500 U/min ausgelegt. Die Standardausführung wog etwa 370 kg.[266]

Eine separate Haupt- bzw. Anfahrkupplung war nicht vorgesehen, die Drehzahlangleichung beim Anfahren übernahm eine der elektromagnetischen Lamellenkupplungen im Getriebe.

Bei allen Getrieben dieser Art musste das „Rutschen" der Kupplungen bei der Überschneidung der Gänge beim Schalten als auch beim Anfahren so kurz wie möglich gehalten werden, um eine Überhitzung des Getriebes und ein Verbrennen der Lamellen zu vermeiden. Auf die Schaltgeschwindigkeit hatte der Fahrer keinen Einfluss. Daher griffen die Kupplungen „hart", was aber in Kauf genommen werden musste. Die Gefahr der Überhitzung bei der Verwendung in Straßenfahrzeugen scheint jedoch ein Problem geblieben zu sein.

Das Schaltbedienteil konnte an beliebiger Stelle angebracht werden. Die Leerlaufstellung lag bei diesem Getriebe zwischen dem zweiten und dritten Gang. Der Fahrer musste einen erhöhten Druck auf den Schalthebel ausüben, um die Leerlaufstellung zu passieren. Angefahren wurde daher offensichtlich im zweiten oder dritten Gang. Möglich ist ebenfalls eine fühlbare „Schaltpause", um den Fahrer bei zu hoher Fahrgeschwindigkeit vom Herunterschalten in die beiden untersten Gänge abzuhalten und damit eine Überlastung der betroffenen Kupplungen zu vermeiden.[267]

Der elektrische Leistungsbedarf betrug je nach eingelegtem Gang 44 Watt oder 61 Watt, der von der elektrischen Anlage des Fahrzeuges zusätzlich aufgebracht werden musste. Ohne elektrische Spannungsversorgung des Getriebes waren alle Schaltkupplungen offen. Um das Fahrzeug durch einen eingelegten Gang gegen Wegrollen zu sichern, musste manuell der Rückwärtsgang eingelegt werden.

Der britische Offizier, der die Untersuchungen bei ZF durchführte, formulierte eine kritische Auffassung bezüglich der Platzierung der zusammen ca. 75 kg schweren elektromagnetischen Kupplungen auf der Vorgelegewelle zwischen den beiden im Eingriff befindlichen Zahnradpaaren. Dieses sei seiner Meinung nach der Lebensdauer der Zahnräder durch die wirkenden Beschleunigungs- und Verzögerungs-

ZF. *Das geöffnete elektromagnetische Sechsgang-Panzergetriebe 6 EV 75.*

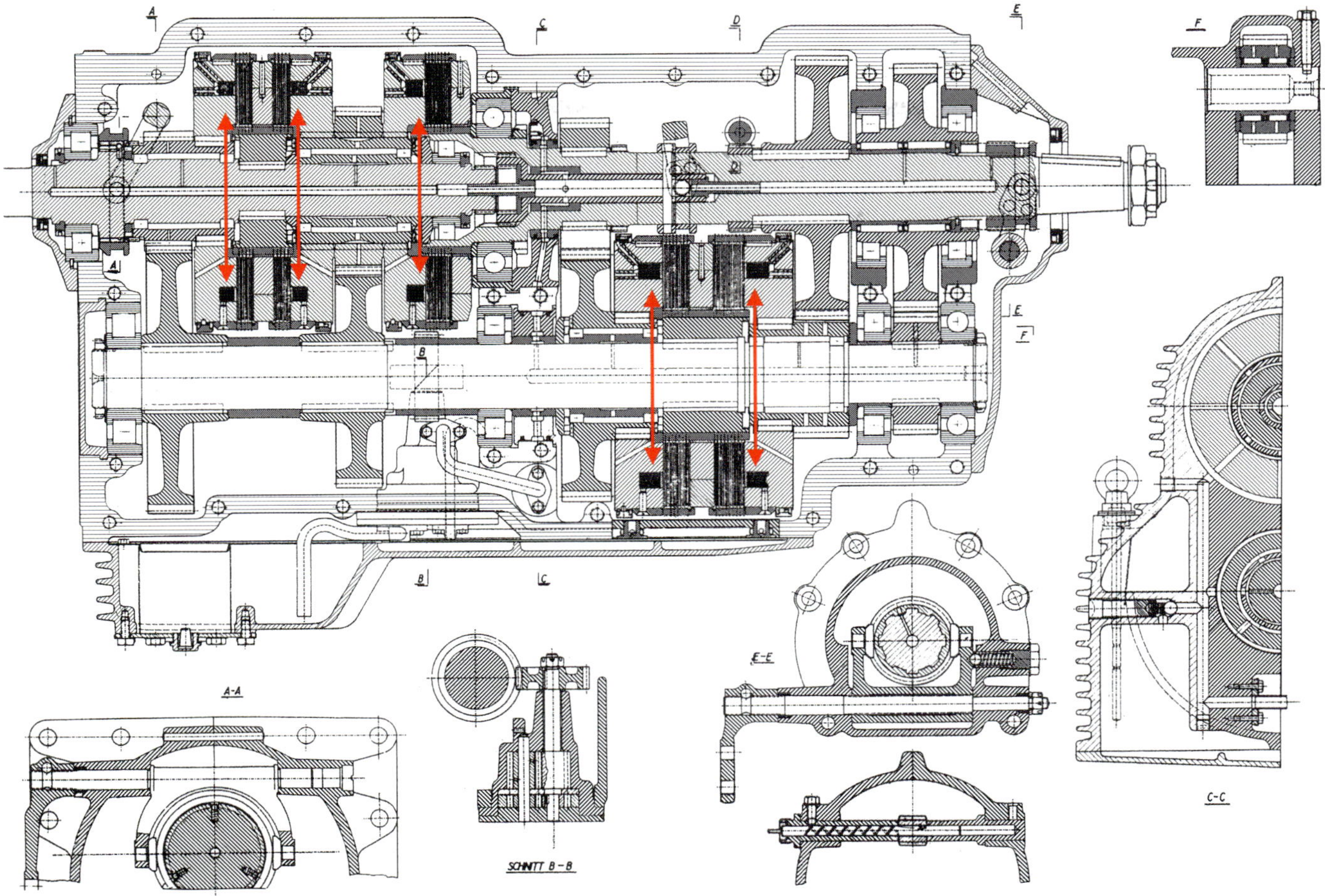


*ZF via BIOS/FK/MF.* ***Das Getriebe 6 EV 75 im Schnitt mit platzsparenden elektromagnetischen Kupplungen (rot). Die Belastung der angrenzenden Zahnräder auf der Vorgelegewelle wurde vom britischen Untersuchungsoffizier kritisch gesehen.***

kräfte nicht zuträglich. Der dazu befragte Konstrukteur habe das jedoch „mit Gelassenheit" gesehen.

Die Verwendung des 6 EV 75 in einem Panzerfahrzeug fand nur in Schweden statt. 1941/42 berichtete ZF, dass ohne ihr Wissen ein nicht weiter spezifizierter Kunde dieses Getriebe einen 18-24-t-Panzerwagen eingebaut habe. Es seien in teilweise schwierigstem Gelände, auch mit ungeübten Fahrern, 3000 km zu vollster Zufriedenheit zurückgelegt worden.[268]

Schließlich sollen 160 Kampfwagengetriebe für den „22-t-Schweden-Kampfwagen" exportiert worden sein. Bei der Entwicklung habe man viel Erfahrung gesammelt und die Entwicklungskosten in „guten Schwedenkronen" erhalten. Man sah dies als eine Förderung der Entwicklung der Elektrogetriebe an.[269]

Es kann sich bei dem Fahrzeug nur um den 22,5 t schweren schwedischen Stridsvagn (Strv) m/42 TM handeln, von dem im November 1941 100 Stück in Auftrag gegeben wurden. Er hatte zwei Motoren Scania-Vabis L 603/1 mit je 160 PS bei 2300 U/min. Das maximale Drehmoment betrug 58 mkg pro Motor. Die restlichen 182 Stück Strv m/42 wurden mit anderen Getriebe- und Motorenkombinationen bestellt und ausgerüstet. Die Auslieferungen begannen im April 1943 und endeten im Januar 1945. Das angeblich ursprünglich für Triebwagen konzipierte und für den Einsatz in diesem Fahrzeug unterdimensionierte Getriebe soll laufend Schwierigkeiten bereitet haben, die durch fehlende Ersatzteile und Austauschgetriebe verstärkt worden sein sollen. Ein Zeichen für den bevorstehenden Ausfall des Getriebes sei der Geruch von verbrannter Isolierung gewesen.[270] Dies könnte auf eine Überhitzung der Kupplungen hinweisen, deren Ringspulenwicklungen mit Bakelitlack isoliert und verklebt waren.

Die mangelnde Zuverlässigkeit führte dazu, dass die Fahrzeuge mit diesen Getrieben nach und nach auf andere Triebwerke umgebaut wurden.

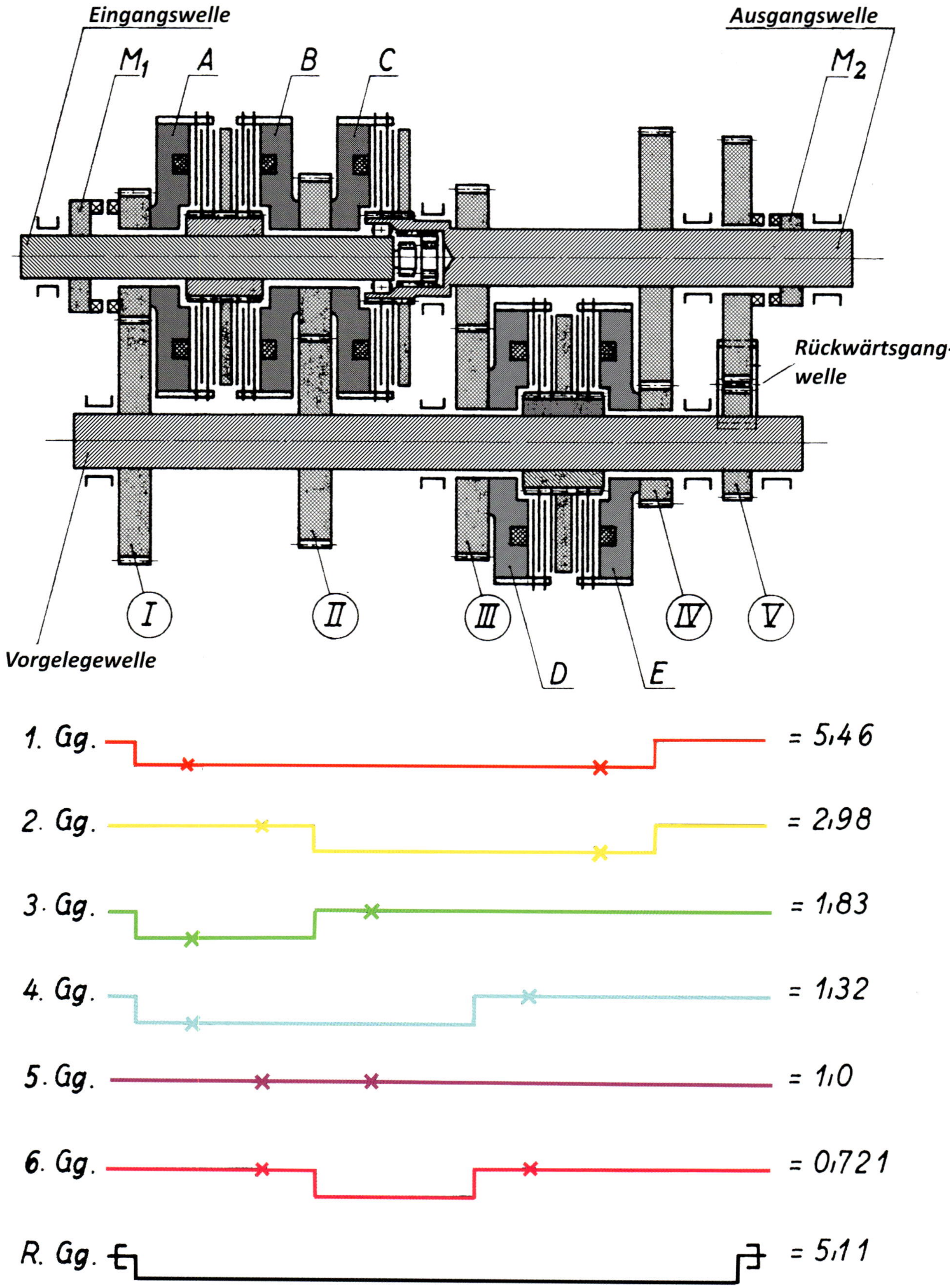


BIOS/MF. Der Antriebsverlauf des 6 EV 75 in den einzelnen Gängen. Die Kreuze kennzeichnen die jeweils geschlossenen Kupplungen. Der Rückwärtsgang wird manuell durch zwei Klauenkupplungen eingeschaltet. Die Eingangswelle kann ebenfalls manuell mit der Ausgangswelle gekuppelt werden, um ein Anschleppen bei Stromausfall zu ermöglichen.

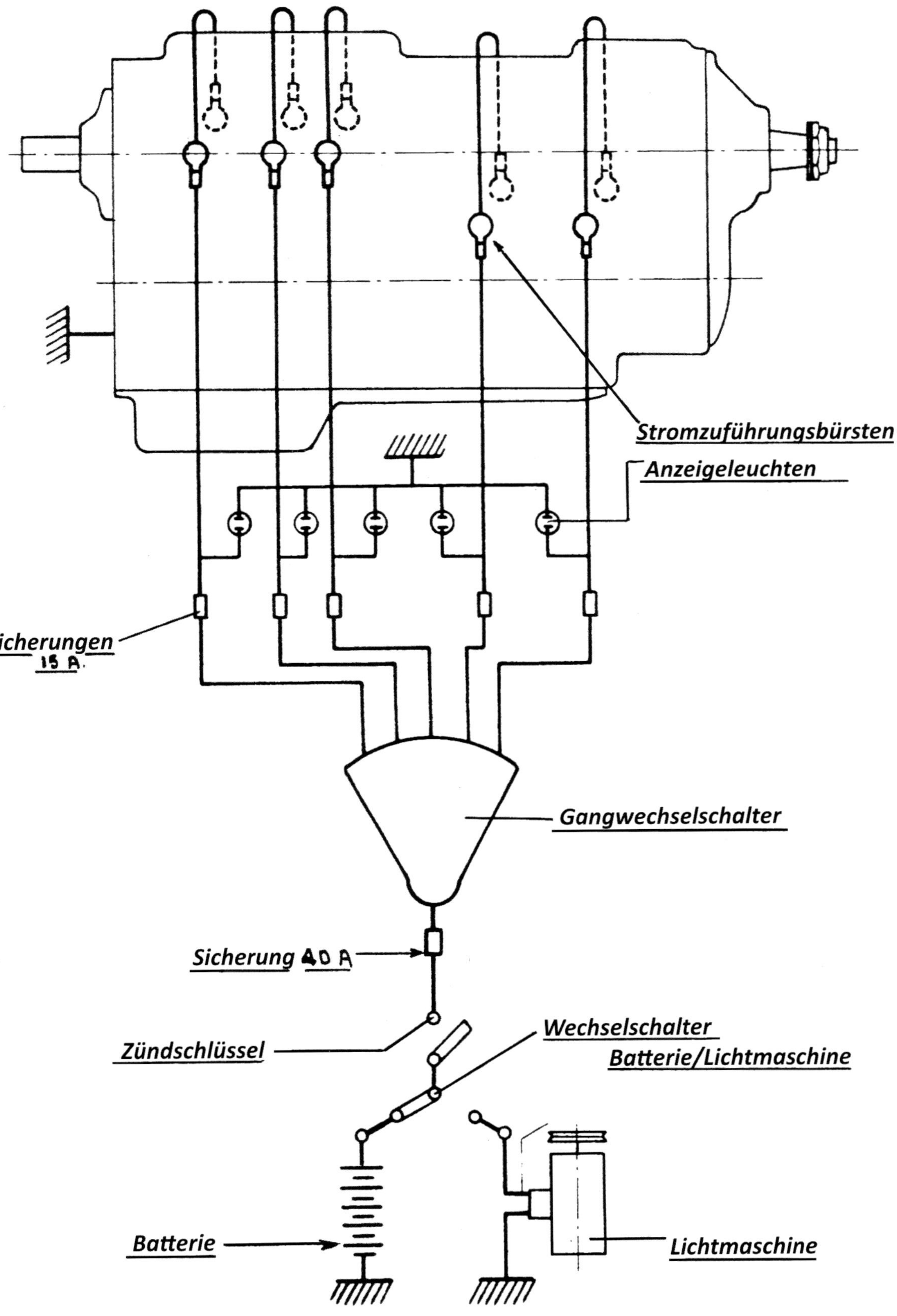


BIOS/FK/MF. *Übersicht der elektrischen Steuerung des Getriebes. Die aktuell geschalteten Kupplungen wurden über Anzeigeleuchten angezeigt. Die einzelnen Stromkreise und das Gesamtsystem waren bei Kurzschlüssen mit Schmelzsicherungen abgesichert.*

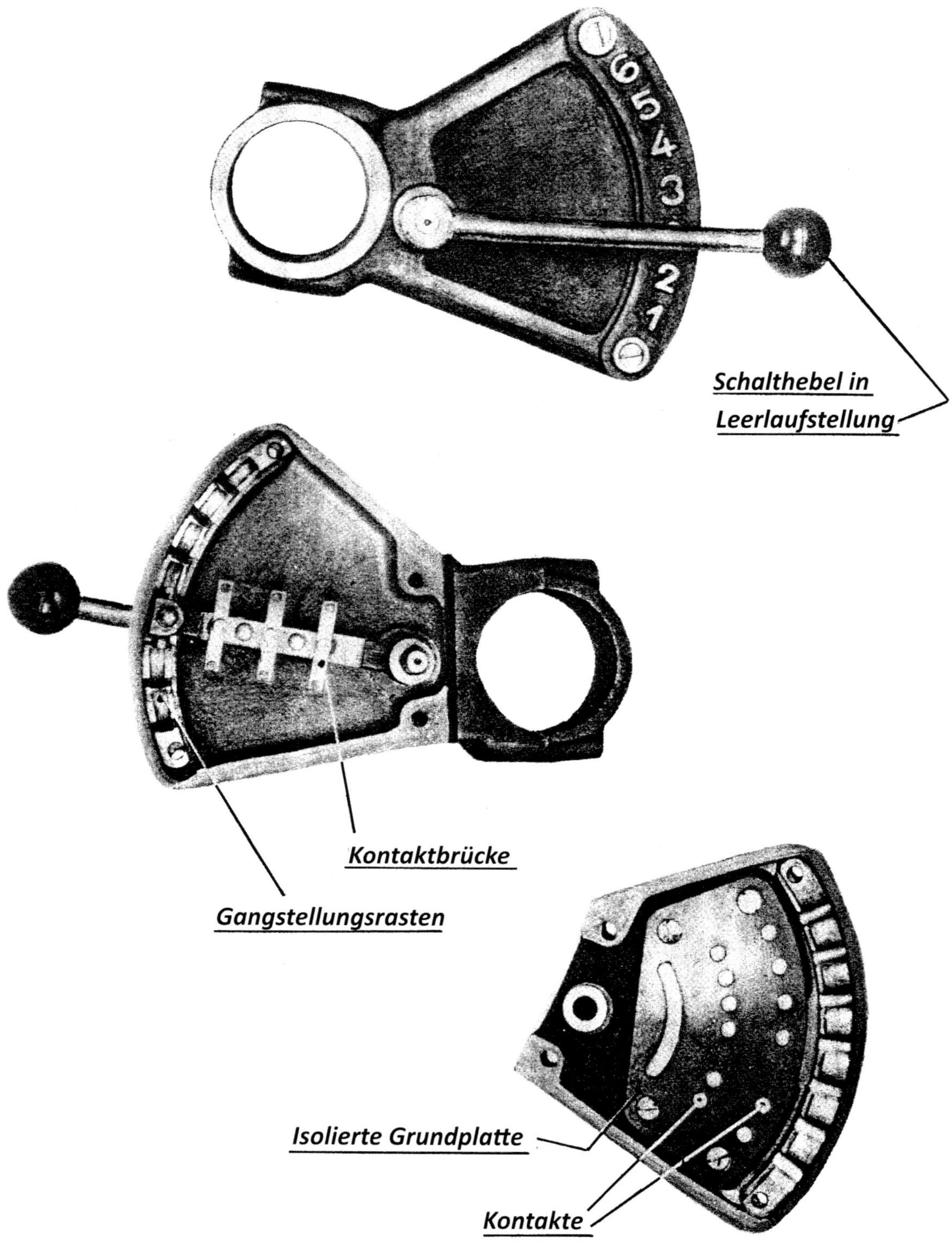


BIOS/MF. *Das Schaltbedienteil konnte an beliebiger Stelle angebracht werden. Die beim Schalten fühlbare Leerlaufstellung liegt zwischen dem zweiten und dritten Gang.*

Wikipedia.[271] ***Der Stridsvagn m/42 am P7-Regimentstag 2012.***

## Das Getriebe 12 EV 170 für Tiger u. a.

In einer Denkschrift aus dem Jahr 1941/42 empfahl die Firma ZF, neben den von ihr bevorzugten Allklauengetrieben die Einführung ihrer Elektrogetriebe zu beschleunigen, wenn bei Neukonstruktionen auf Leichtschaltung Wert gelegt würde.

Das Zwölfganggetriebe 12 EV 170 (2 x 6 Gänge) wird in diesem Zusammenhang genannt. Probegetriebe und eine 0-Serie seien im Bau und die ersten Getriebe im April-Mai [1942][272] fertig. Bei den Versuchen wäre zu untersuchen, ob auch die Zahl der Gänge verringert werden und dadurch das Getriebe kleiner und leichter gebaut werden könne.[273] Es soll für eine Antriebsleistung von 770 PS ausgelegt gewesen sein.

Im Laufe des Jahres 1942 wurde das Getriebe für die geplanten Projekte VK 7001, Löwe und Tiger-Maus in Erwägung gezogen.[274] Wie bereits im Teil 1 erwähnt, waren bis

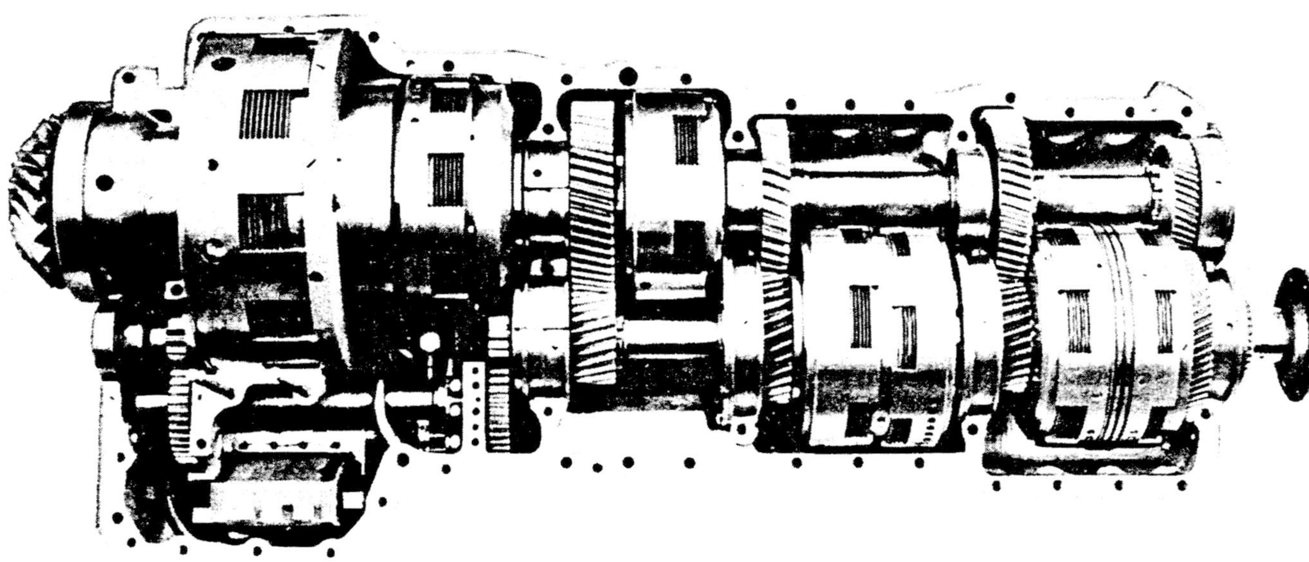

2 x Sechsgang-Elektrogetriebe für Tiger

*ZF. Innenansicht des 12 EV 170.*

zum 23. September 1942 zwei Getriebe fertig gestellt, wovon eines ins Henschel-Tiger-Fahrgestell 250 018 mit Turmersatzgewicht eingebaut wurde, das an der Tiger-Auswahlentscheidung in Berka im November 1942 teilnahm.

Die offizielle Erprobung bei der Kraftfahrversuchsstelle des Heereswaffenamtes Prüfwesen (Verskraft) bei Horstwalde aufgrund eines Versuchs-Auftrages begann Anfang Februar 1943. Der Erprobungsablauf litt unter diversen Getriebe- und Motorschäden.[275]

Die Truppenbrauchbarkeit sollte durch Fahren von 1000 km Schlageberge (leicht welliges, sandiges Erprobungsgelände der Verskraft), 500 km Waldrundstrecke und 500 km Autobahn nachgewiesen werden.

Dabei waren zu untersuchen:

- Öltemperaturen im Getriebe,
- Schaltzeitmessung gegenüber dem Olvar-Getriebe,
- Kraftstoff- und Ölverbrauch auf dem Schlageberge,
- Kälte- bzw. Wärmeeinflüsse auf Betriebsbereitschaft,
- Beurteilung der Bedienung,
- Erschwernisse bei Störungen (Maßnahmen beim Abschleppen),
- Einbau- und Ausbauverhältnisse,

*MF. Die Tiger-Wanne mit Turmersatzgewicht, Fahrgestell- Nr. 250 018, bei der Erprobung des Elektrogetriebes ZF 12 EV 170, aufgenommen vor dem Umbau auf Stahllaufräder im Mai 1943.*

– Verschleißmessungen der Kupplungsbeläge bei Instandsetzungen und beim Abschluss der Versuche.

Bis zum 3. August 1943 wurden nacheinander gefahren:

1. **Getriebe Nr. 3:** Temperaturmessungen: Die Temperaturen im Schaltgetriebe stiegen bei 4°C Lufttemperatur nach 43 Fahrkilometern von 30°C bis auf 126°C und verharrten über 11 km auf diesem Wert. Weitere Fahrversuche zur Ermittlung der tatsächlichen Endtemperatur sollten folgen, konnten aber durch Ausfall des Getriebes nicht mehr durchgeführt werden.

Am 19. Februar 1943 kam es nach insgesamt 975 km zur Zerstörung des Getriebes Nr. 3 bei der Firma ZF und der Verskraft beim Bergabfahren eines 26-prozentigen Gefälles im 4. Gang. Der Bruch einer Kupplung mit kompletter Zerstörung des Gehäuses durch weg geschleuderte Bruchstücke erfolgte ohne jegliche Vorwarnung bei einer Motordrehzahl von 2500–2700 U/min. Gleichzeitig erfolgte eine Explosion der Öldämpfe. Der Fahrer wurde bei dem Unfall verletzt.

Als wahrscheinliche Ursache nannten Verskraft und ZF in einem gemeinsamen Protokoll die Zerstörung einer Magnetkupplung durch die Überdrehzahl. Die Öldämpfe seien vermutlich wegen des Eintretens von Frischluft bei starker Funkenbildung explodiert. Das Getriebe wurde ohne weitere Demontage, zusammen mit dem Getriebe Nr. 1, nach Friedrichshafen überführt. Beide Getriebe sollten nach Änderung der Kupplungen wiederholt mit einer hohen Antriebsdrehzahl von 4500 U/min im 4. und 5. Gang gefahren werden. Der Einfluss der Lagerung sollte ebenfalls untersucht werden.

Es erscheint jedoch fraglich, ob das Getriebe Nr. 3 wieder aufgebaut und danach zum Einsatz gekommen ist. Es wird in den vorliegenden Aufzeichnungen bis Sommer 1943 nicht mehr erwähnt.

BA-MA. *Das zerstörte Getriebe Nr. 3 von der Fahrerseite. Der Fahrer, ein Feldwebel, wurde bei dem Unfall verletzt.*

BA-MA. *Der Getriebeblock mit dem zerstörten Getriebe Nr. 3 von der Funkerseite. Rechts ist das serienmäßige Zweiradien-Lenkgetriebe des Tiger I angebaut.*

2. **Getriebe Nr. 1:** Die Befestigungsschrauben des Fliehkraftreglers brachen nach 38 km, was durch Verstärkung der Schrauben von drei auf vier mm Durchmesser behoben wurde. 33 km später wird Ölverlust an der Trennfuge zwischen Regler- und Getriebegehäuse festgestellt. Nach 624 km gemischtem Betrieb vom 29. April bis 24. Mai 1943 wird der Ausbau des Getriebes wegen eines Geräusches notwendig. Befund: Lamellenbruch in einer Kupplung, Beschädigung des Getriebegehäuses, der Antriebswelle und der Ölleitung. Das Getriebe wurde zur Instandsetzung zur Firma ZF-Friedrichshafen gebracht.

*BA-MA/FK/MF.* ***Die gebrochene Innen- und Außenlamelle am Getriebe Nr. 1.***

BA-MA/FK/MF. *Die Beschädigung der Antriebswelle und des Getriebegehäuses.*

BA-MA/FK/MF. *Die beschädigte Ölleitung.*

3. **Getriebe Nr. 5:** Bei der Firma ZF wurde im März 1943, vor der Lieferung an die Verskraft, die Funktion des Drehzahlwächters erprobt und dafür das Getriebe mit verschiedenen Drehzahlen angetrieben. Bei einer der Versuche im 5. Gang brach ein Kupplungskorb, durchschlug das Gehäuse und richtete einen Schaden in der Werkstatteinrichtung an. Während der Prüfung hatte diese Kupplung eine Drehzahl von 8780 U/min, was als „niedrig" angesehen wurde.
Nach dem 24. Mai 1943 wurde das Getriebe bei der Verskraft eingebaut und lief bis 17. Juni 1943 ca. 900 km ohne Störung. Nach 1473 km musste das Getriebe wegen Rutschens der oberen Gänge 4. bis 8. ausgebaut und überprüft werden. Zwei Gewindestifte einer Kupplung, die Abdrückfedern an einer anderen, sowie die Ritzel zum Antrieb des Drehzahlreglers wurden erneuert und deren Lagerung verbessert.

Die Schaltbarkeit des Getriebes wurde als sehr gut bezeichnet.
Nach der letzten Meldung über das Getriebe Nr. 5 vom 3. August 1943 ist ein weiterer Verlauf der Erprobung oder eine anderweitige Verwendung des Getriebes in den bekannten Quellen nicht überliefert.

## Das elektromagnetische Schaltgetriebe ZF 12 EV 185 und das elektromagnetische Lenkgetriebe EL 185 für den Panzerkampfwagen Panther

Nach der Besetzung der Firma ZF in Friedrichshafen durch die Franzosen begutachteten und dokumentierten britische Fachleute ausführliche den Prototyp einer Schalt- und Lenkgetriebekombination 12 EV 185 / LE 185 für den Panzerkampfwagen Panther mit elektromagnetischen Kupplungen.
Zusammenfassend berichteten sie, es sei zu früh, sich eine Meinung über die Brauchbarkeit oder Zuverlässigkeit zu bilden. Die Konstruktionsprinzipien von Dir. Maier seien immer als gut angesehen worden und das elektromagnetische Getriebe sei als eine Alternativlösung für die Entwicklungsfahrzeuge E 10 und E 25 gewählt worden. Dabei sei zu berücksichtigen, dass die Deutschen eine einfache Bedienung der konstruktiven Einfachheit, häufig der Wirtschaftlichkeit und sehr oft auf Kosten der Zuverlässigkeit vorziehen würden.[276]
Der „einzig bekannte Prototyp" solle nach England überführt und „hoffentlich" eine Fahrerprobung in einem Panther-Fahrgestell erfolgen, um allen Beteiligten schlüssige Ergebnisse übermitteln zu können.[277]
Leider ist der Zeitpunkt der Untersuchung durch die Briten nicht dokumentiert. Über eventuelle Versuche in England liegen keine Informationen vor, ob eine Verbindung mit der 1946 erfolgten Lieferung eines Panther-Fahrgestelles mit diesem Getriebetyp an Frankreich (s. u.) vorliegt, ist nicht bekannt.
Bezüglich der erwähnten Getriebe-Planungen für die Entwicklungsfahrzeuge E 10 und E 25 ist anzumerken, dass die bisher bekannten, überlieferten technischen Daten und Informationen keine Hinweise auf den Einbau von Elektrogetrieben dokumentieren. Möglicherweise waren solche Planungen von Mitte 1943 bis Kriegsende zugunsten von in einer Baugruppe zusammengefassten hydraulischen Schalt- und Lenkgetrieben überholt.
Der Entwicklungsauftrag für das ZF 12 EV 185 / LE 185 im Wert von RM 15700,- soll vom HWA, WaPrüf 6, am 31. August 1942 erteilt worden sein,[278] ein halbes Jahr bevor die Erprobung des ZF 12 EV 175 in Kummersdorf in einem Tiger-Fahrgestell begann.
Der Grundriss der Schalt- und Lenkgetriebekombination war, mit Ausnahme der elektromagnetischen Kupplungen und des zweiten Lenkradius, vergleichbar mit dem des Panzerkampfwagen Panther. Sie soll für eine Antriebsleistung von 690 PS bei 3000 U/min ausgelegt gewesen sein, das maximale zulässige Eingangsdrehmoment wird mit ca. 185 mkg bei 1750 U/min angegeben. Als Antriebsmotor war der planmäßig auf 2500 U/min abgeregelte Maybach HL 230 P vorgesehen, der ein maximales Drehmoment von etwa 177 mkg bei 1850 U/min lieferte.
Über den genauen Ablauf der Entwicklung bis Kriegsende 1945 ist bisher nichts bekannt. Viele Unterlagen zur Panzergetriebe-Entwicklung wurden bei der Firma ZF von den Alliierten direkt nach Kriegsende beschlagnahmt.[279]
Wie viele elektromagnetisch geschaltete ZF-Zwölfgang-Getriebe aller Typen hergestellt worden sind, ist nicht bekannt. In einer Skizze der Firma Porsche vom 10. Januar 1945 über die Anordnung diverser Gasturbinen im Tiger H und bevorzugt im „Panter"[280] sind 10 in Arbeit befindliche ZF-Zwölfgangetriebe (6 Gelände- und 6 Straßengänge) mit elektromagnetischer Schaltung vermerkt, wovon zwei Stück „abgezweigt" werden könnten.[281]
Die Arbeiten an den ZF-Getrieben mit elektromagnetischen

Kupplungen als Alternative zum Maybach-Olvar-Getriebe sollen bei Henschel laut einem alliierten Bericht bereits vor Kriegsende wegen zu großer Hitzeentwicklung des Getriebes eingestellt worden sein.[282] Allerdings sollen noch am 3. März 1945 von WaPrüf 6 mit der Firma MAN Weiterentwicklungen und Erprobungen am Panther im Rahmen des Notprogramms besprochen worden sein, die auch elektrisch betätigte Schalt- und Lenkgetriebe betrafen.[283] Gut möglich, dass zu jenem Zeitpunkt der Prototyp des elektrischen ZF-Schalt- und Lenkgetriebes für den Panther fertig gestellt und Versuche vorgesehen waren.

Ein Panther-Fahrgestell mit diesem Getriebe wurde 1946 an das Ateliér de Construction de Moulinex (AMX) in Frankreich abgeliefert.[284] Über den Verbleib ist bisher ebenfalls nichts Näheres bekannt. Möglicherweise wurde es um 1950 herum verschrottet.[285]

## Das Schaltgetriebe ZF 12 EV 185

Das Getriebe verfügte über 2 x 6 Vorwärts- und 6 Rückwärtsgänge. Die Vorwärtsgänge teilten sich in 6 Straßen- und 6 Geländegänge auf, wobei eine Überschneidung festzustellen ist. Die Straßenganggruppe deckte etwa die Gänge 2–7 des serienmäßigen 7-Gang-Panther-Getriebes ab, die Geländeganggruppe etwa die Gänge 1–5. Das Umschalten von der Straßen- auf die Geländeganggruppe und umgekehrt erfolgte manuell und dürfte nur im Stand möglich gewesen sein. Mit dem gleichen Hebel konnten zur Geländeganggruppe die Rückwärtsgänge eingelegt werden. Im Falle, dass einige oder alle der sechs theoretisch möglichen Rückwärtsgänge „freigeschaltet" worden wären, hätte dieses dem Panther die wünschenswerte Erhöhung der Rückwärtsgeschwindigkeit ermöglicht, die mit Anziehen beider Radiuskupplungen höchsten bei ca. 5–6 km/h gelegen hat.[286] Jede elektromagnetische Kupplung war so berechnet, dass sie das volle Motordrehmoment, multipliziert mit der aktuellen Übersetzung und einem Sicherheitszuschlag, übertragen konnte. Die stärkeren Kupplungen waren auf 462 mkg ausgelegt und hatten dabei eine Leistungsaufnahme von 60 Watt.

Der höchste gesamte Leistungsbedarf betrug 120 Watt im 3. Gang und der niedrigste 66 Watt im 6. Gang.

Auch bei diesem Getriebe war keine Haupt- oder Anfahrkupplung vorgesehen und die jeweilige Gangkupplung übernahm die Drehzahlangleichung beim Anfahren.

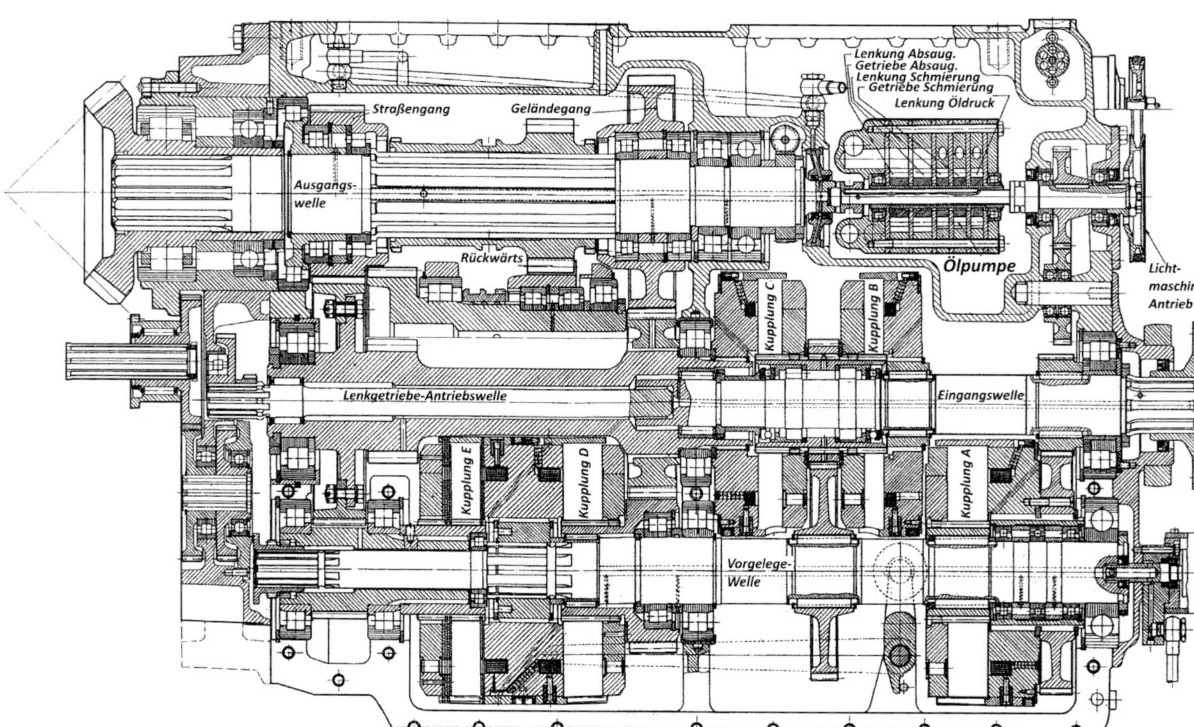


BIOS/MF. **Das Schaltgetriebe 12 EV 185 im Längsschnitt. Alle Magnetkupplungen hatten identische Durchmesser. Die Rückwärtsgang- und die Straßen- Geländeganggruppe wurden mechanisch geschaltet.**

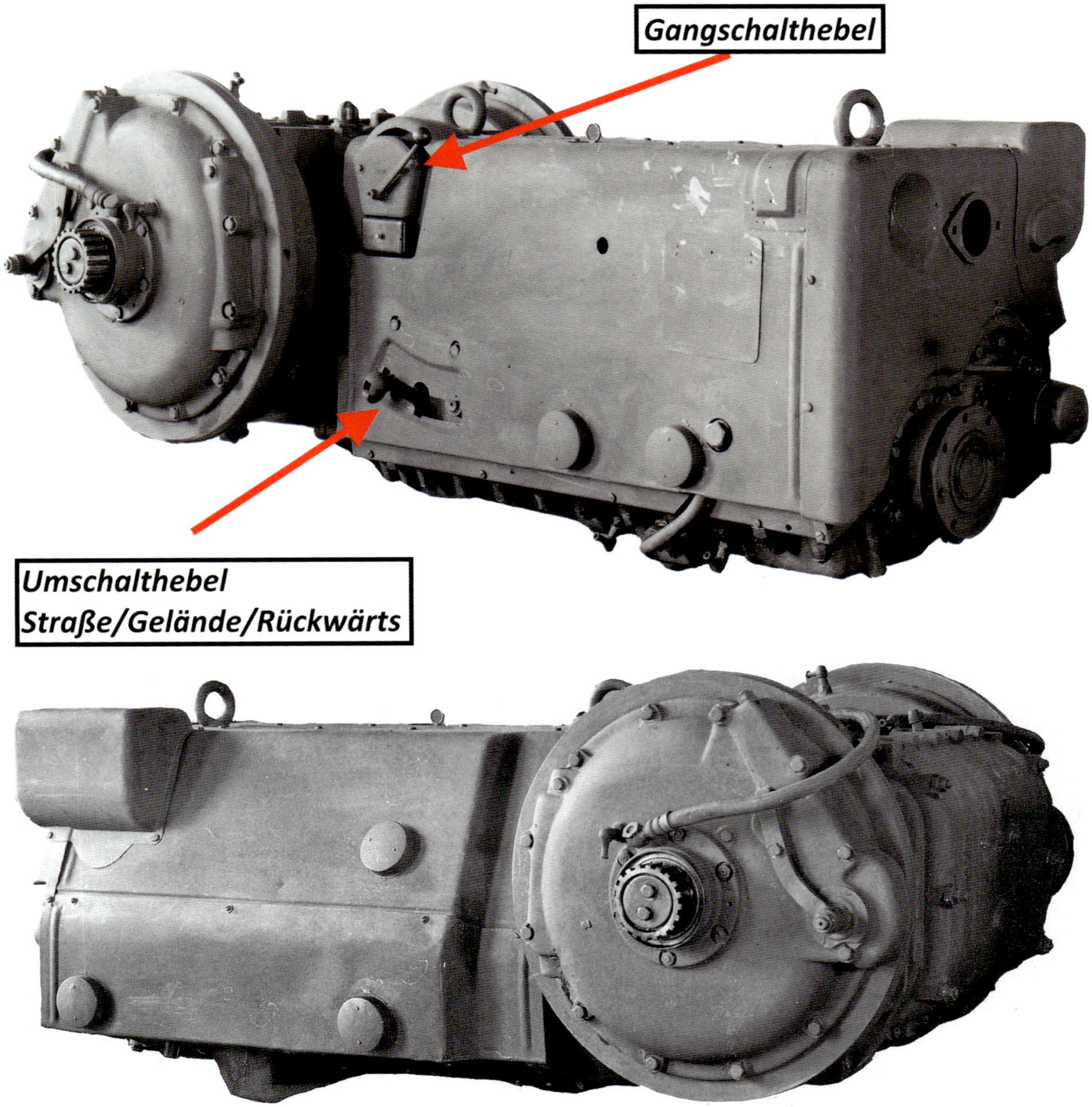


*ZF/FK/MF.* ***Der Prototyp des elektromagnetisch geschalteten Schalt- (Wechsel-) und Lenkgetriebes ZF 12 EV 185 / LE 185 für Panzerkampfwagen Panther und Abarten, Fotografie von 1946.***

Die Schmierung erfolgte nach dem Trockensumpf-System, d. h. Ölpumpen förderten das sich am Boden der Getriebe sammelnde Öl nach oben in einen Sammelbehälter. Von dort versorgten die Druckpumpen die Schmierstellen in Schalt- und Lenkgetriebe. Dadurch waren die ununterbrochene Schmierung und Kühlung unabhängig von einer eventuellen Schräglage des Fahrzeuges sichergestellt.
Der Untersuchungsoffizier Major Alfred Harvey vom Ministry of Supply, dem britischen Rüstungsministerium, bescheinigte dem Getriebe eine sehr gute Raumausnutzung im Vergleich zum normalen Panther-Getriebe, besonders bei Berücksichtigung der Erweiterung auf zwölf Gänge und der Unterbringung der fünf Magnetkupplungen. Er wiederholte seine beim Typ 6 EV 75 geäußerte kritische Auffassung bezüglich der Platzierung der schweren Kupplungen auf der Vorgelegewelle zwischen den beiden im Eingriff befindlichen Zahnradpaaren, was der Lebensdauer der Zahnräder aufgrund der auftretenden Beschleunigungs- und Verzögerungskräfte seiner Meinung nach nicht zuträglich sei.

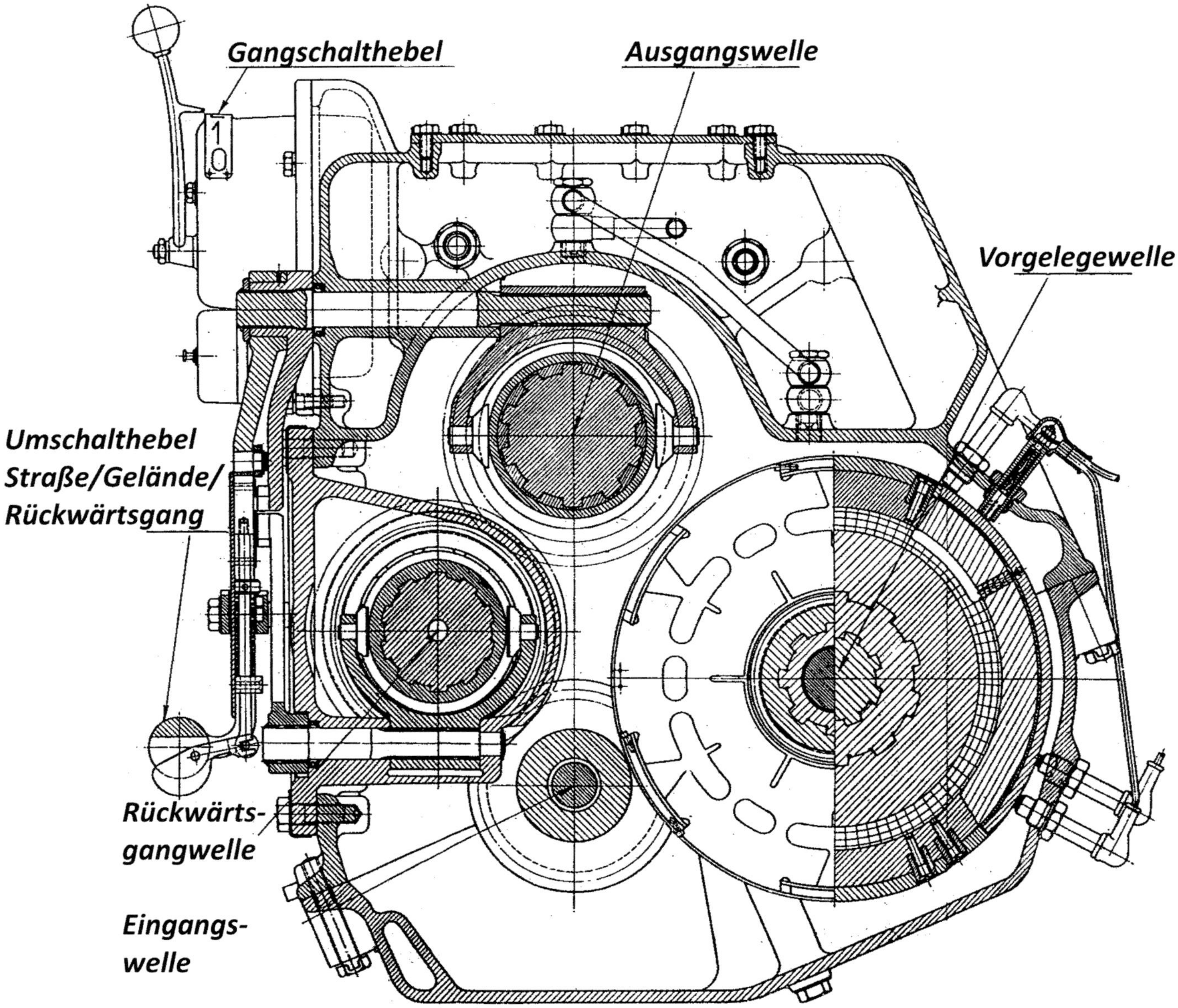


BIOS/FK/MF. *Das Schaltgetriebe ZF 12 EV 185 im Querschnitt. Oben links der Schalthebel zum sequenziellen Schalten der Gänge. Die Leerlaufstellung scheint hier im Gegensatz zum 6 EV 75 vor dem 1. Gang angeordnet worden zu sein. Unten links der kombinierte Schaltknauf für die beiden Vorwärts-Ganggruppen und die Rückwärtsganggruppe.*

BIOS/FK/MF. Rechts: *Leistungslauf im Getriebe ZF 12 EV 185. Die jeweils geschlossenen Kupplungen sind durch Punkte gekennzeichnet. Die Kupplungen A und B (rechts) werden am stärksten belastet, weil sie an jeder zweiten Schaltung beteiligt sind.*

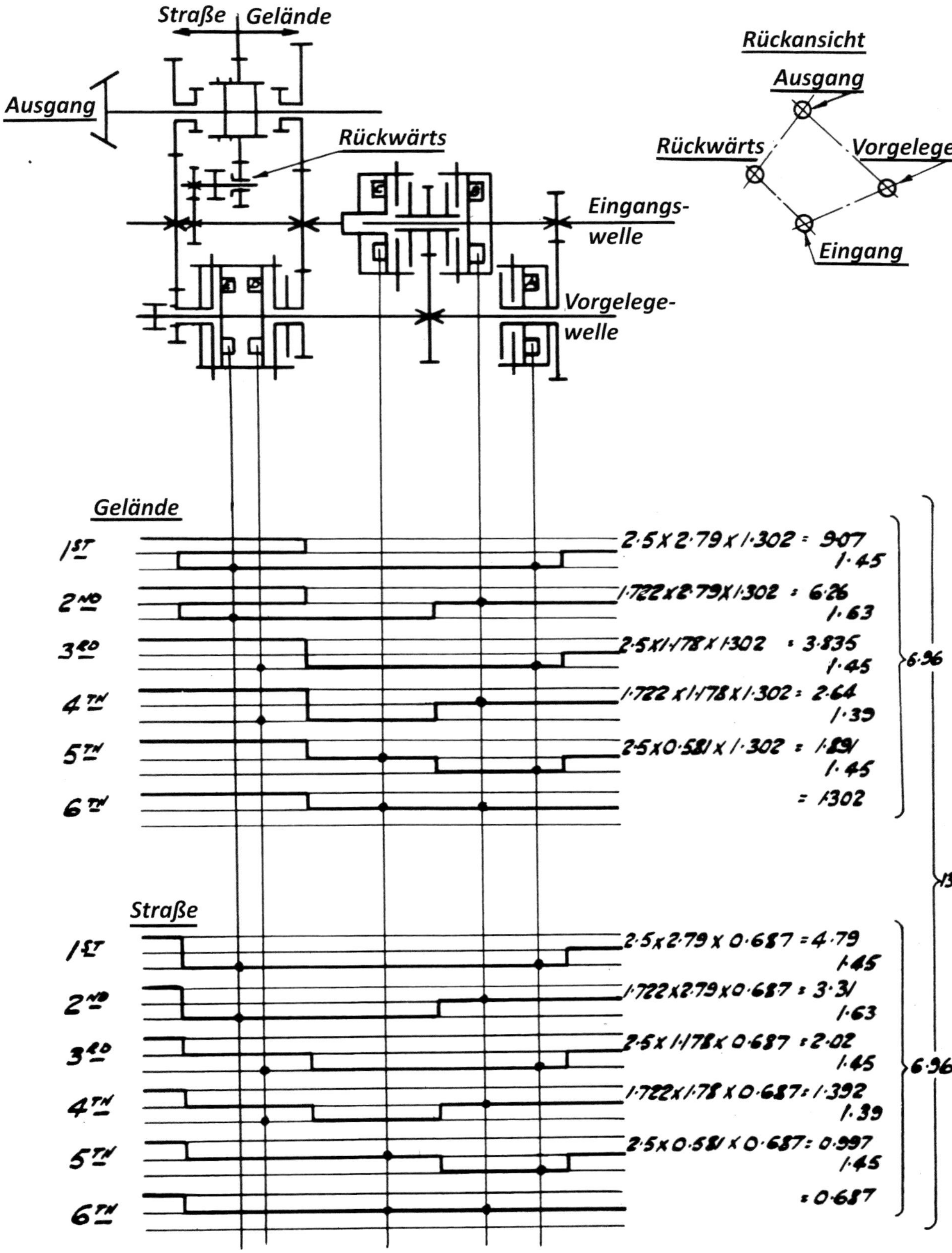
Straße
Gelände
Ausgang
Rückwärts
Eingangs-
welle
Vorgelege-
welle
Rückansicht
Ausgang
Rückwärts
Vorgelege
Eingang
Gelände
1ST
2ND
3RD
4TH
5TH
6TH
2·5X2·79X1·302 = 9·07
1·45
1·722X2·79X1·302 = 6·26
1·63
2·5X1·178X1·302 = 3·835
1·45
1·722X1·178X1·302 = 2·64
1·39
2·5X0·581X1·302 = 1·891
1·45
= 1·302
6·96
13·2
Straße
1ST
2ND
3RD
4TH
5TH
6TH
2·5x2·79x0·687 = 4·79
1·45
1·722x2·79x0·687 = 3·31
1·63
2·5x1·178x0·687 = 2·02
1·45
1·722x1·78x0·687 = 1·392
1·39
2·5x0·581x0·687 = 0·997
1·45
= 0·687
6·96

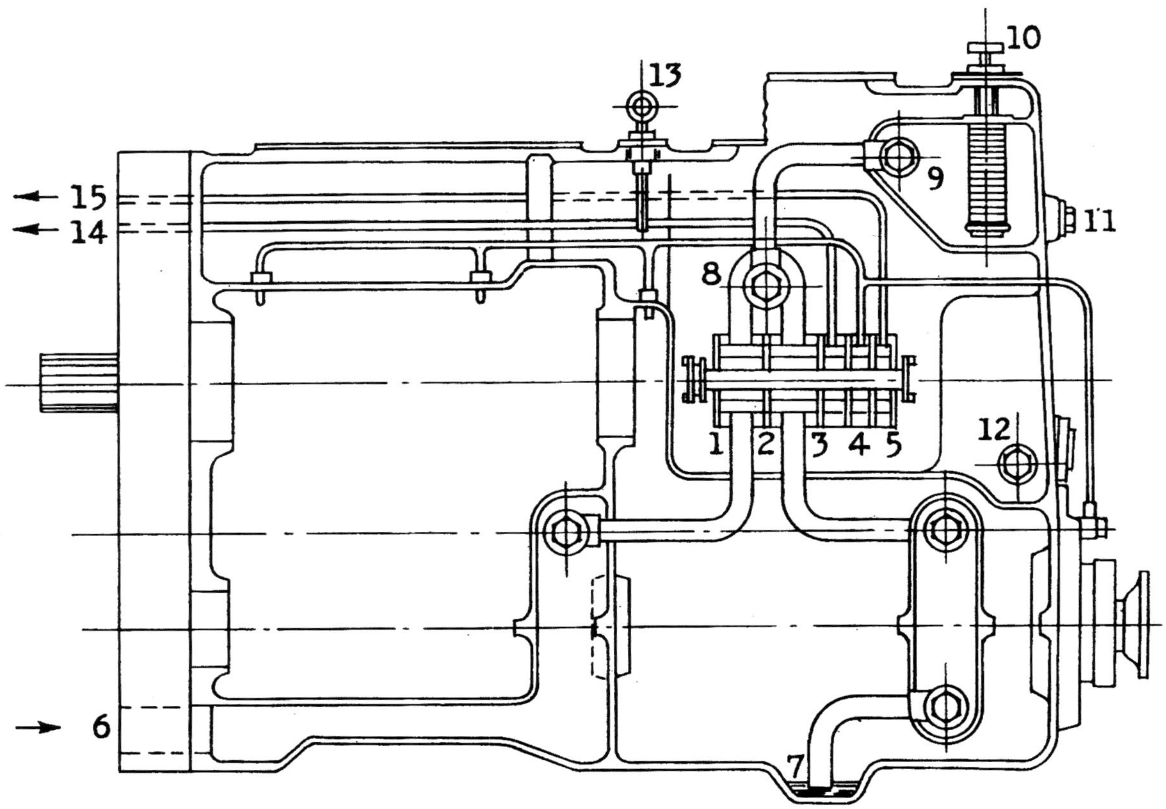


1. Absaugpumpe für Lenkgetriebe
2. Absaugpumpe für Schaltgetriebe
3. Schmierölpumpe für Lenkgetriebe
4. Schmierölpumpe für Schaltgetriebe
5. Druckölpumpe für Lenkgetriebe
6. Saugleitungsanschluss für Lenkgetriebe
7. Saugrüssel der Absaugleitung in den Ölsumpf des Schaltgetriebes
8. Sammelleitung Sumpföl zum Ölfilter
9. Anschluss Ölfilter
10. Scheibenölfilter
11. Ölfilterablassschraube
12. Ölvorratsbehälter-Ablassschraube
13. Öl-Peilstab
14. Schmierölanschluss zum Lenkgetriebe
15. Druckölanschluss zum Lenkgetriebe

*Der Ölkühler ist im Fahrzeug eingebaut und an 8. und 9. angeschlossen.*

*BIOS/FK/MF.* ***Der Ölkreislauf im Schalt- und Lenkgetriebe des ZF 12 EV 185 / LE 185.***

## Das Lenkgetriebe EL 185

Das am Ausgang des Schaltgetriebes angeflanschte elektromagnetische Lenkgetriebe ZF EL 185 entsprach in seinem Aufbau und der Funktion grundsätzlich dem serienmäßigen Kupplungsbrems-Einradien-Überlagerungslenkgetriebe des Panther, das mit langen, hängenden Lenkhebeln gesteuert wurde. Dieses bestand aus einem System aus hydraulisch unterstützten Stütz- und Lenkkupplungen und wirkte auch auf die ebenfalls hydraulisch unterstützten Lenkbremsen für das Fahren sehr enger Kurven. Das EL 185 unterschied sich jedoch davon durch einen zweiten Lenkradius und die Betätigung durch elektromagnetische Kupplungen. Dadurch war eine Lenkrad-Fernsteuerung möglich. Die Lenkbremsen waren nur im Notfall in Verbindung mit den Stützbremsen manuell durch die Lenkhebel mit ausgeschalteten elektrischen Kupplungen zu betätigen.

Ein Fortschritt neben der komfortablen Steuerung war die Integration des zweiten Lenkradius in den Lenkantrieb, der nur durch die Verwendung von Lamellenkupplungen in dem gegebenen Raum möglich war. Während beim Serienlenkgetriebe durch Lösen der Stützbremse und Einschalten der Lenkkupplung ein bestimmter fester Lenkradius, abhängig vom eingelegten Gang, gefahren werden konnte, war hier zusätzlich die Betätigung einer Radiuskupplung für einen großen oder kleinen Lenkradius – wie bei Tiger I und II – erforderlich.

Der Lenkausschlag des Lenkrades betrug nach links und rechts je 40°. Bis zum Ausschlag von 20° sollte zunächst die Stützbremse gelöst, dann der große Radius aktiviert und im Bereich über 20° der kleine, engere Radius geschaltet werden. Durch die Panther-spezifische Lenkgetriebe-Auslegung hätte sich auch hier folgende bekannte Verhaltensweise ergeben: Beim Anlenken kann bis zum Greifen des großen Radius, z. B. beim Gaswegnehmen oder Bergabwärtsfahren, eine Lenkbewegung („Lenkwechsel") zur Gegenseite eintreten, die durch Gasgeben oder stärkeren Lenkeinschlag auszugleichen ist.

Die richtige Abstimmung der Kupplungen des großen und kleinen Lenkradius wäre ebenfalls von Bedeutung gewesen: Eine zu lange und „harte" Überschneidung beim

Übergang zwischen den Radien ist für die Kupplungen verschleißträchtig, heizt das Getriebeöl auf und ist zu vermeiden. Wiederum ist eine Überschneidung erforderlich, um ein „Aussetzen" der Lenkung beim Übergang zwischen den Radien, in Verbindung mit einer stoßweisen Belastung der Mechanik des Fahrzeuges beim Greifen des benachbarten Radius, gering zu halten. Dieses Problem wurde beim ZF-Getriebe für den Kampfpanzer Leopard 1 einfach durch einen zwischen den Radiuskupplungen geschalteten Freilauf gelöst, der das Zu- und Abschalten des kleinen Radius übergangslos zuließ.

Der serienmäßige Panther hatte bei einer Motordrehzahl von 3000 U/min
im 7. Gang einen Lenkradius von 80 m mit (anfänglich) 54 km/h und
im 1. Gang einen Lenkradius von 5 m mit (anfänglich) 4 km/h.[287]

Beim Panther mit Lenkgetriebe EL 185 errechneten sich die Lenkradien
(großer und kleiner Radius) wie folgt:
In den Straßengängen:
6. Gang: 174 m – 72,5 m mit (anfänglich) 54 km/h
bis
1. Gang: 23 m – 8,8 m mit (anfänglich) 7,8 km/h.
In den Geländegängen:
6. Gang: 92,4 m – 37,5 m mit (anfänglich) 28,8 km/h
bis
1. Gang: 11,6 m – 3,7 m mit (anfänglich) 4,1 km/h.

Die Lenkradien verändern sich hier beim Radiuslenken nicht über die Motordrehzahl, sondern nur im Fall des Auskuppelns während des Lenkens. Da die Betätigung der Lenkbremse im elektrischen Betrieb nicht möglich ist, wäre generell für den Fahrer noch genauer zu beachten, vor einer Kurve den passenden Getriebegang einzulegen.

Ob die Geschwindigkeitsbereiche und die Lenkradien in den 2 x 6 Gelände- und Straßengängen, die nicht aufeinander folgend gefahren werden konnten und sich überschnitten, praxisgerecht ausgelegt waren, hätte die Truppe im Versuch entscheiden müssen.

Bezüglich des elektrischen Leistungsbedarfes des Lenkgetriebes machte der BIOS-Report keine Angaben. Es ist jedoch von einem ähnlichen Leistungsbedarf wie beim Schaltgetriebe auszugehen, so dass die gesamte, von der elektrischen Anlage des Fahrzeuges zusätzlich dauernd aufzubringende elektrische Leistung, je nach Belastung, schätzungsweise zwischen 130 Watt und 250 W betragen hätte.

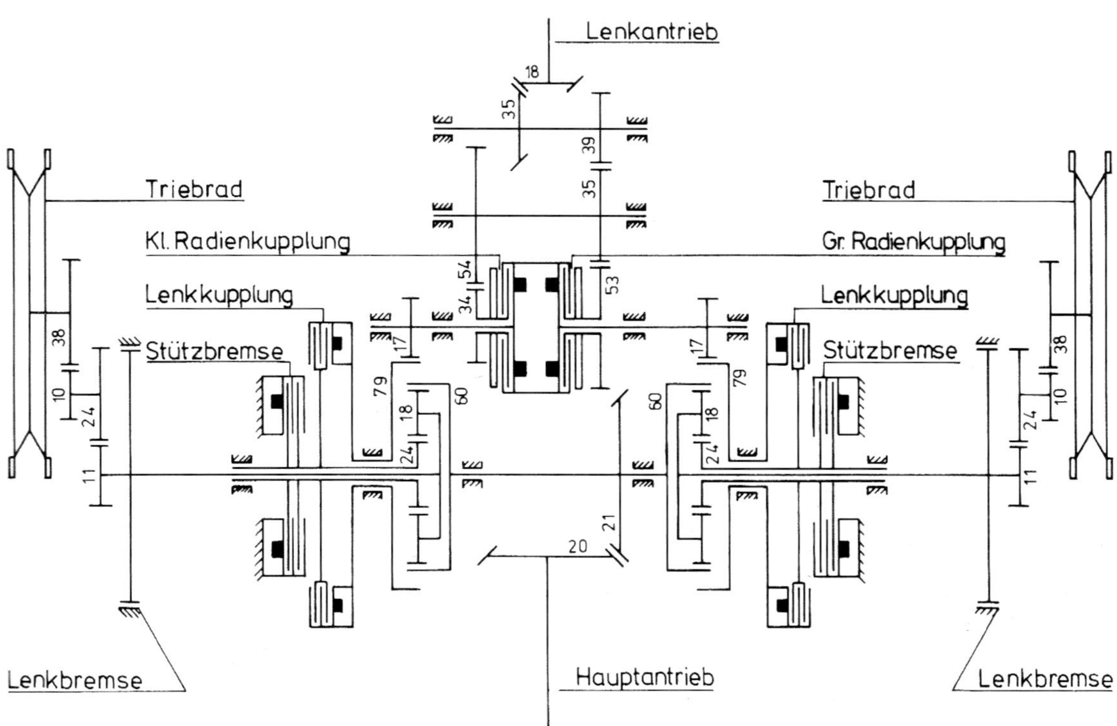


*BIOS, Spielberger.* ***Das Antriebsschema des elektromagnetischen Zweiradien-Überlagerungslenkgetriebes ZF EL 185.***

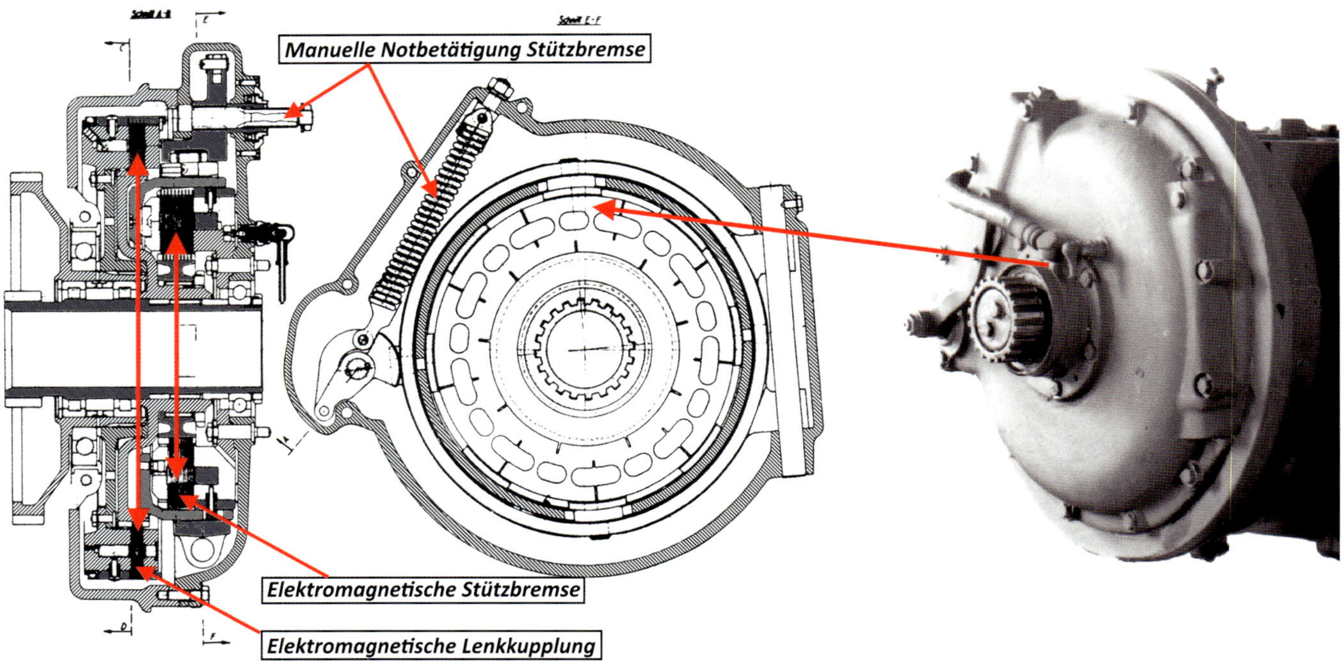


*BIOS/ZF/FK/MF. Der linke Seitendeckel des Lenkgetriebes mit der darin eingebauten Stützbremse und der Lenkkupplung. Der rechte Seitendeckel ist spiegelbildlich aufgebaut.*

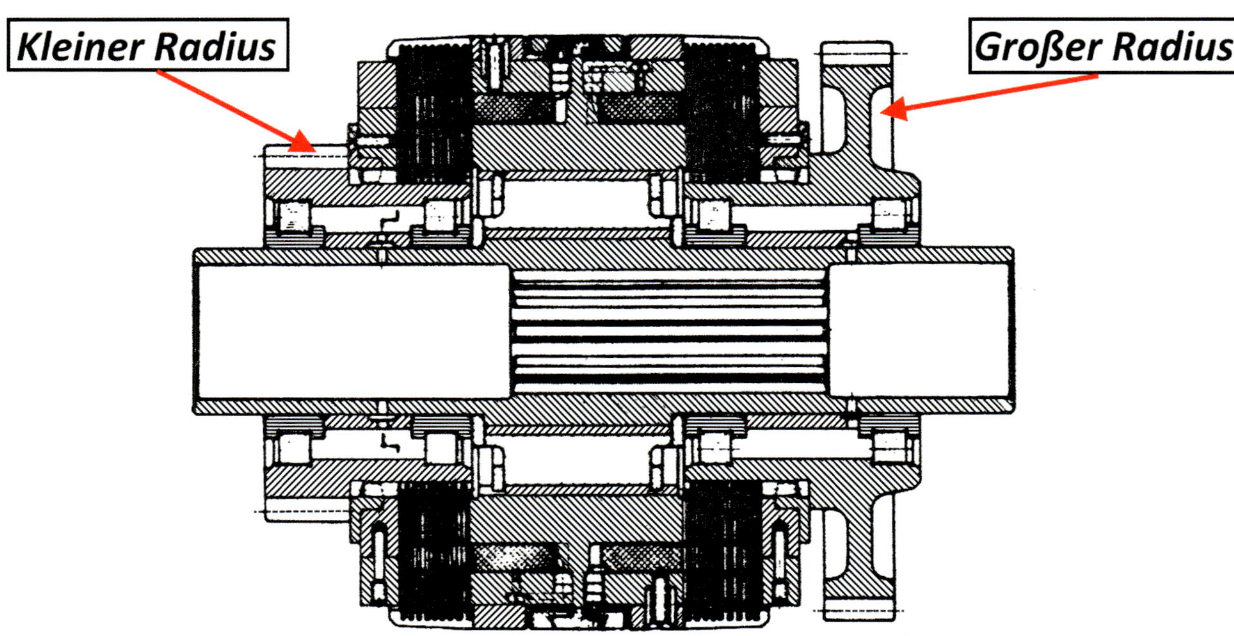


*BIOS/FK/MF. Die kompakten auf der Lenkwelle platzierten Elektromagnetkupplungen zur Schaltung des großen und kleinen Radius.*

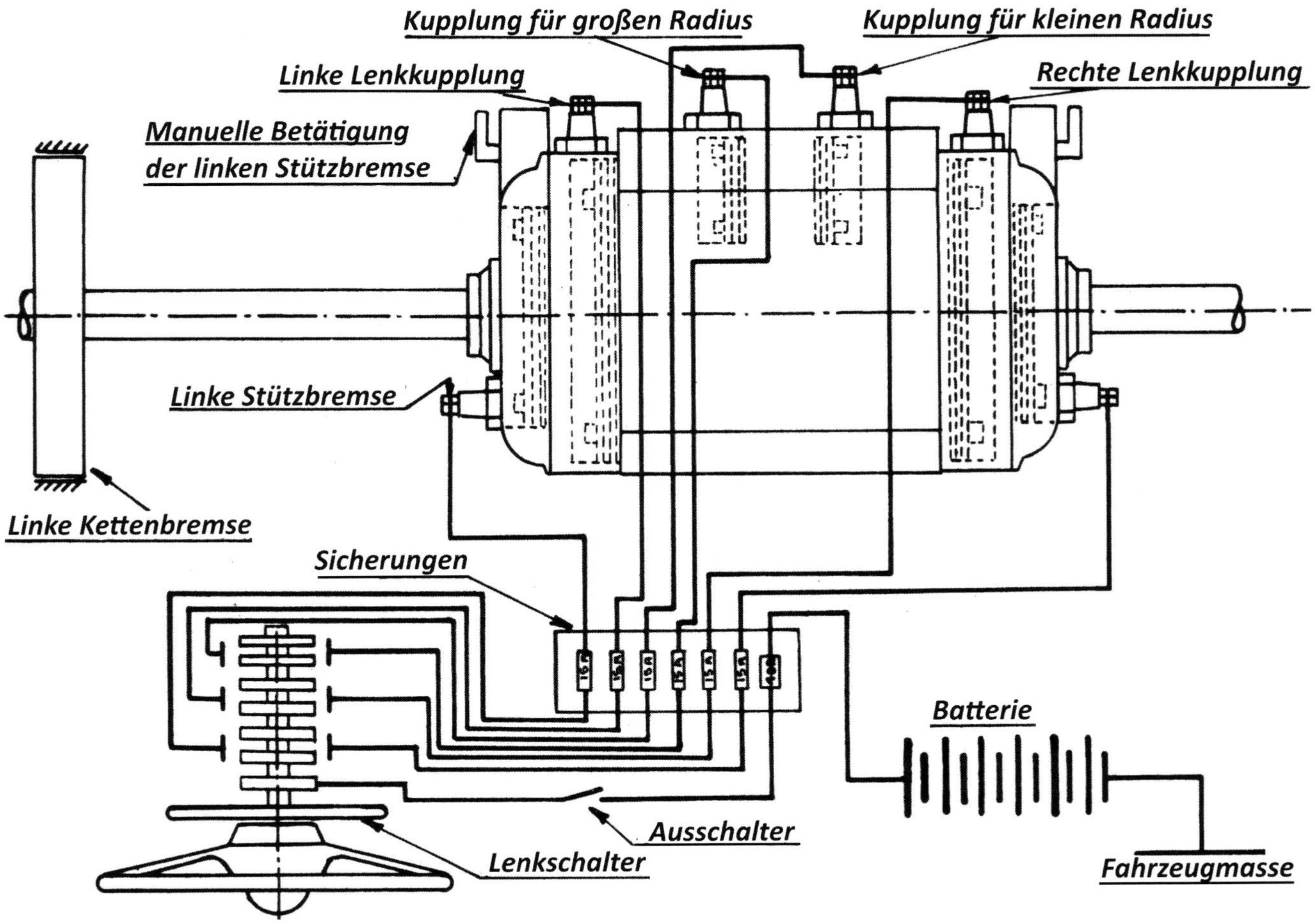


*BIOS/FK/MF.* Die elektrische Steuerung des Lenkgetriebes.

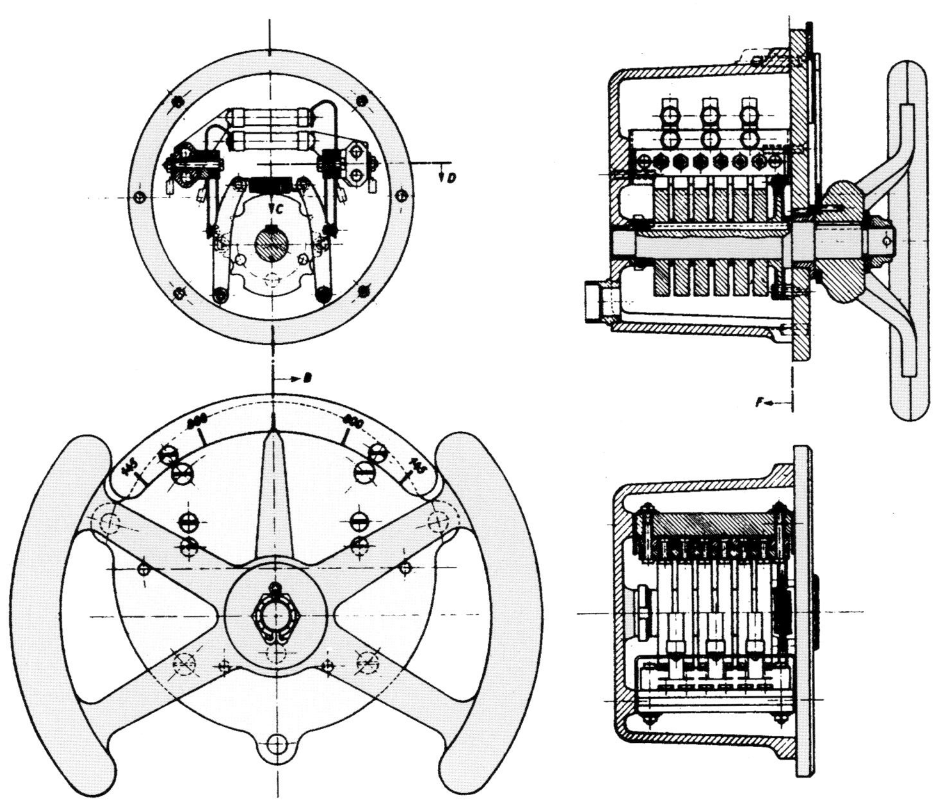

*BIOS/MF.* Das im Fahrzeug frei positionierbare Lenkrad mit dem dahinter liegenden Schaltkontakt-Gehäuse.

## Das hydrostatische Überlagerungs-Lenkgetriebe der Firma Renk für den Panzerkampfwagen Panther

Im Oktober 1945 wurde ein alliierter Untersuchungsbericht über das hydrostatische Lenkgetriebe für den Panzerkampfwagen Panther der Firma Zahnräderfabrik Augsburg vorm. Joh. Renk AG (Renk) herausgegeben.[288] Er basierte auf Unterlagen und Aussagen von Mitarbeitern der Firma Renk. Untersuchungsoffizier war Major Harvey vom britischen Rüstungsministerium, dem Ministry of Supply, der auch den Bericht über das an anderer Stelle beschriebene elektromagnetische ZF-Schalt- und Lenkgetriebe für den Panzerkampfwagen Panther verfasste. Wie dort wies er auch beim Renk-Getriebe darauf hin, dass ohne weitere praktische Erprobungen keine Aussagen über die vorgelegten oder angegebenen Leistungsdaten gemacht werden könnten. Ein einziges Getriebe sei hergestellt, in einen Panther 1 eingebaut und über MAN zu Truppenerprobungen abgegeben worden. Es werde angenommen, dass dieses Fahrzeug aufgefunden wurde und zusammen mit dem originalen Prüfstand nebst aufgebauten Lenkgetriebe-Demonstrator auf dem Weg nach Großbritannien sei. Weiter würde gehofft, dass Untersuchungen zeitig aufgenommen und die Ergebnisse als Anlage zum Bericht allen Beteiligten zugestellt würden.

Die grundsätzliche Einschätzung war, dass das begutachtete hydrostatische Thoma-System mit dem von Williams-Janney vergleichbar[289] und daher, bis auf die Verbindung mit dem Lenkgetriebe, weder neu noch unbekannt sei.

Ein nicht näher vorgestellter Herr Schwendler, der in diesem Bericht mit der Entwicklung des schon beschriebenen Prototyps eines Panzer IV mit hydrostatischem Antrieb in Verbindung gebracht wird, kam ebenfalls indirekt zu Wort. Er hatte Kontakt mit dem bekannten Dr. H. E. Merrit, dem Schöpfer diverser britischer Panzergetriebe. Er berichtete diesem, dass er das Fahrzeug mit dem Renk-Getriebe gefahren sei. Er habe eine Kurve nicht rechtzeitig zu Ende fahren können und wäre daher vom Weg abgekommen. Renk hätte ihm gesagt, dass in der Kurve Gas zu geben sei. Die Thoma-Pumpen und -Motoren hätten hohe Schlupf-Verluste von 30–40% bei Höchstgeschwindigkeit und maximalem Druck.[290]

Der Antrieb der großen Thoma-Lenkpumpe sollte direkt mit einer Motordrehzahl [*des Maybach HL 230*] zwischen 750 und 2500 U/min erfolgen. Die Lenkleistung der beiden Thoma-Lenkmotoren wurde mit „dürftigen" 88 PS bei Höchstdrehzahl der Lenkpumpe geschätzt.[291]

Die Renk-Entwicklungsingenieure hätten keine Erfahrung mit speziellen Ölen und in dem Prototyp ein Öl verwendet, das die achtfache Viskosität von Wasser besitze. Die Öltemperatur habe niemals 90° C überstiegen.

Die zusammenfassende Wertung des britischen Untersuchungsoffiziers lautete, es sei zwar besser, wegen der bekannten Leistungsverluste nur die Lenkung hydrostatisch und nicht das ganze Fahrzeug hydraulisch anzutreiben, diese Verfeinerung eines „kontrollierten Ausgleichs-Lenkgetriebesystems" wahrscheinlich jedoch keinen Vorteil gegenüber dem britischen Merrit-System verspräche.

Über die Entwicklungsgeschichte des Lenkgetriebes[292] sind nur wenige Details bekannt.

Die Firma Renk hatte sich in der Vorkriegszeit mit dem hydraulischen Antrieb von Kraftfahrzeugen durch hydrost-

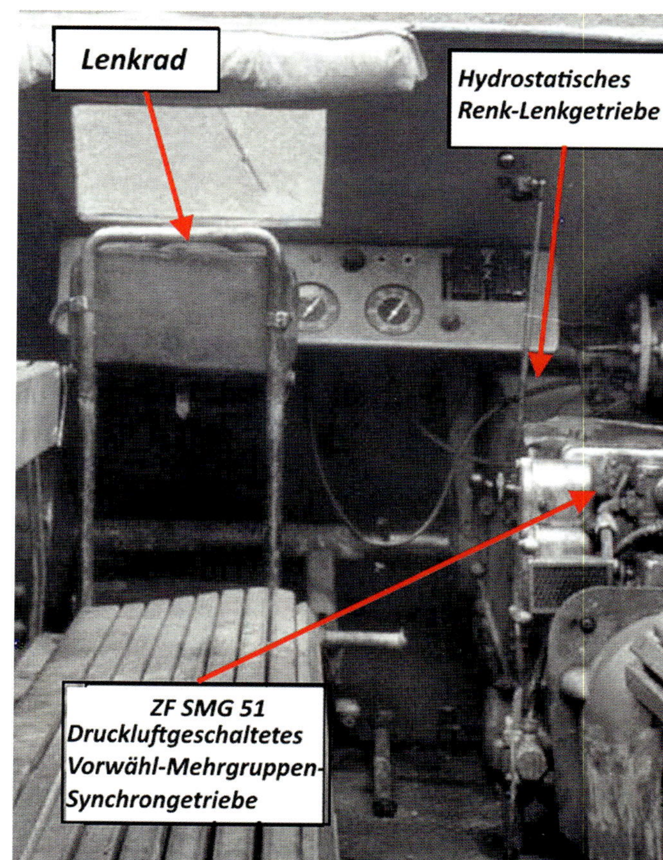


*SSAC[296]/FK/MF.* ***Auch in die Prototypen des „Kätzchen" der Auto Union wurde 1944 teilweise ein lenkradbetätigtes Renk-Überlagerungslenkgetriebe eingebaut. Das Lenkrad ist durch die hohe Sitzlehne fast ganz verdeckt und nur schwach erkennbar. Die nicht ausgereifte Konstruktion der Getriebe-Prototypen machte bei der Erprobung Schwierigkeiten.***

atische Thoma-Pumpen und -Motoren beschäftigt. Sie schätzte jedoch den Wirkungsgrad der z. B. in Walzwerken eingesetzten Technik als nicht hoch genug ein, so dass keine weiteren Entwicklungsarbeiten während der Kriegszeit daran stattfanden.[293]

Stattdessen verlegte man sich auf die Integration des Thoma-Systems in Panzer-Lenkgetriebe mit Überlagerungslenksystem als fortschrittliche Lösung für eine stufenlose Lenkung von Kettenfahrzeugen.

Folgende komfortabel über ein Lenkrad zu steuernde Fahrmöglichkeiten bestanden:

- stabile Geradeausfahrt,
- stufenloses Kurvenfahren, Radien abhängig vom jeweils gefahrenen Gang des Schaltgetriebes,
- Wenden „auf der Stelle" um die Fahrzeughochachse.

Die Erfindung reklamierte Renk für sich.[294] Dabei scheint es Mitte 1943 zu Patentstreitigkeiten mit der Firma MAN wegen der Entwicklung eines hydrostatischen Überlagerungslenkgetriebes für den Panther gegeben zu haben. Dennoch bildeten beide Firmen im gleichen Jahr eine Arbeitsgemeinschaft zur Entwicklung derartiger Lenkgetriebe für Vollkettenfahrzeuge über 9 t-Gesamtgewicht.[295]

Wie bereits beschrieben, entstanden auch Prototyp-Getriebe, die in leichteren Vollkettenfahrzeugen, wie dem „Kätzchen" und dem VK 903, erprobt wurden.

Ein Prototyp-Lenkgetriebe für den Panther wurde bei Renk hergestellt und mit einem Panther-Serienwechselgetriebe ZF AK 7-200 zusammengebaut. Dieses Projekt durfte wegen seiner Bedeutung auch nach dem Entwicklungsverbot vom 31. August 1944 fortgesetzt werden. Im August

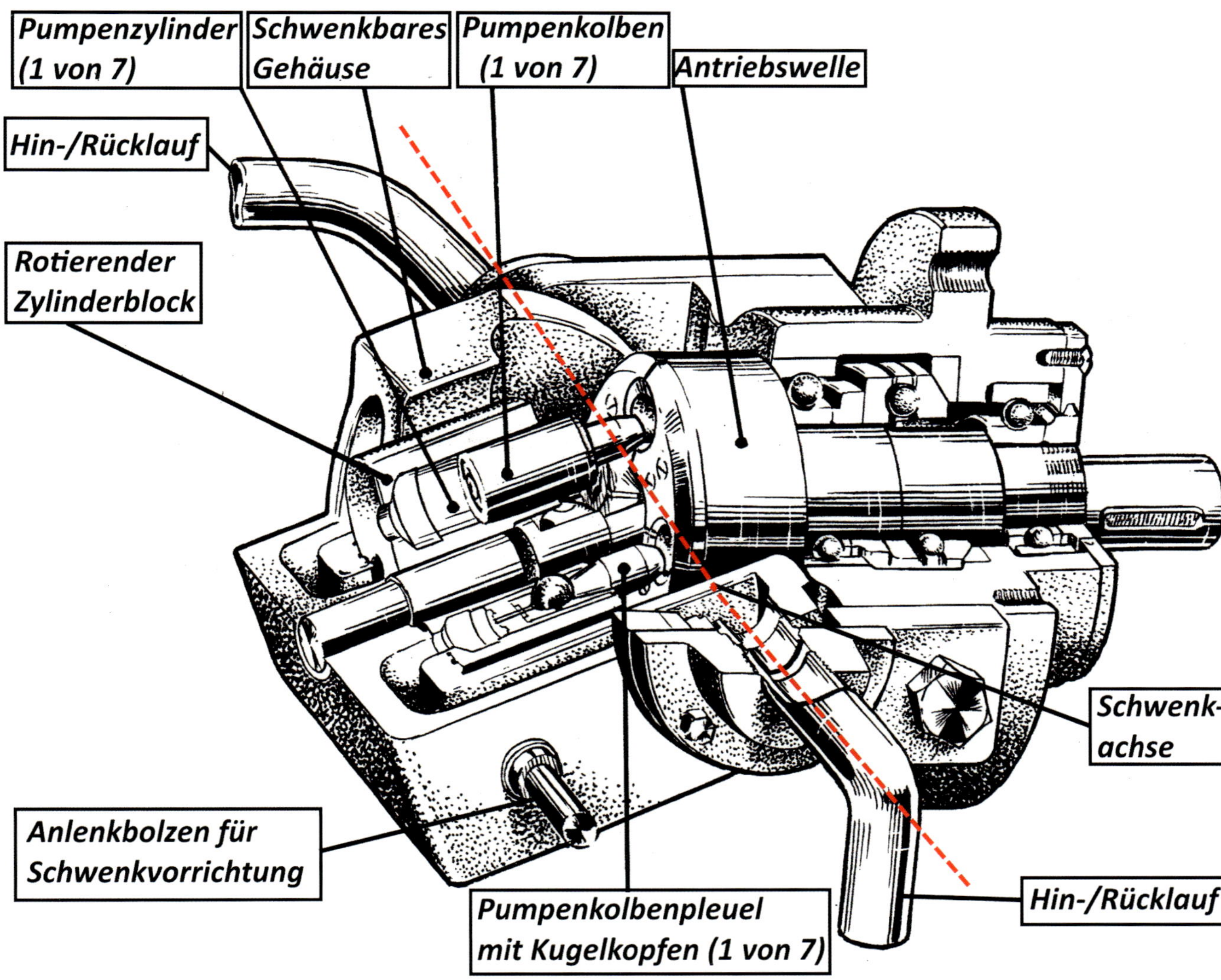


CIOS/FK/MF. *Verstellbare Thoma-Axialkolben-Hochdruckpumpe für Industriezwecke von Renk.*

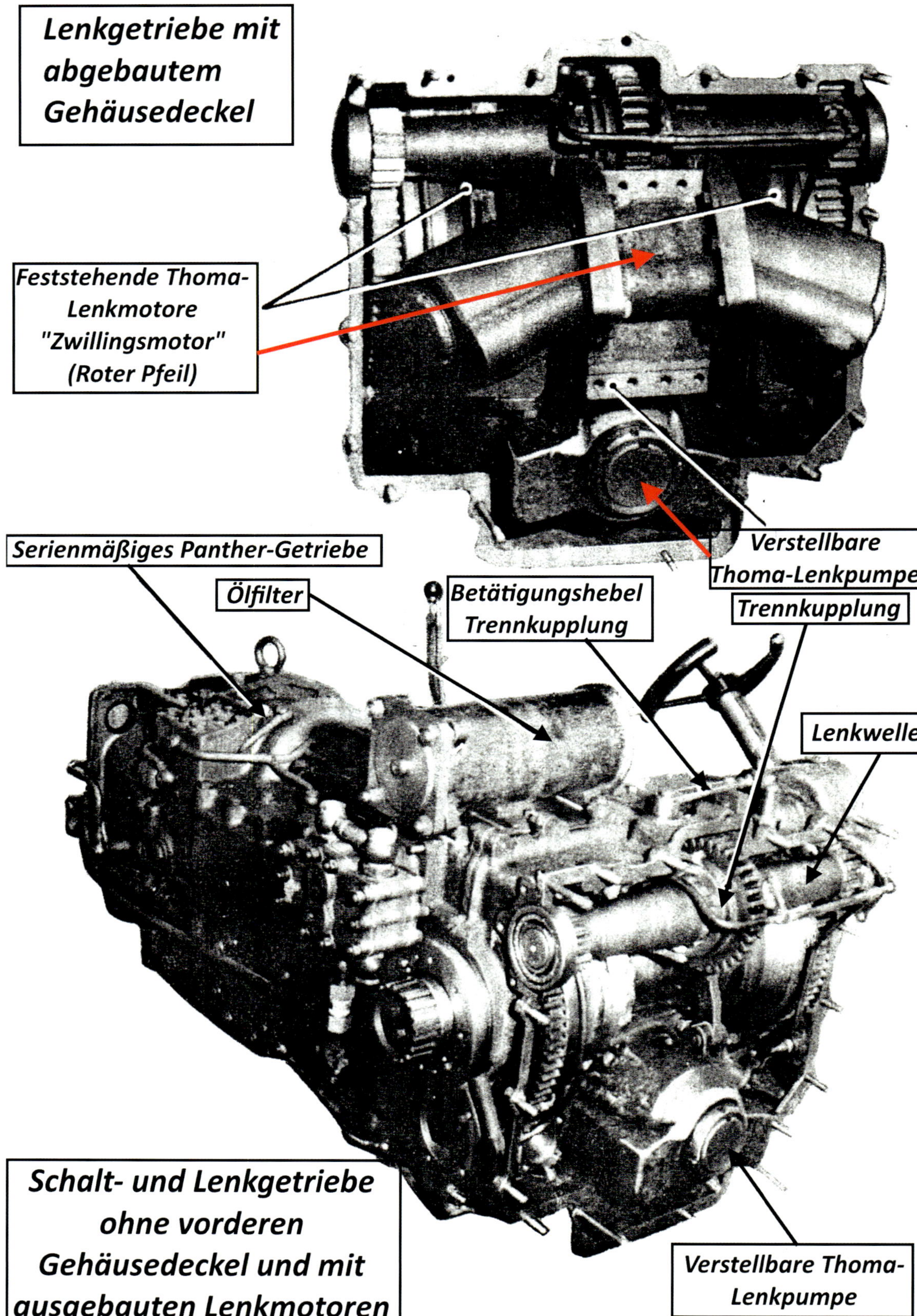


CIOS/FK/MF. *Das stufenlose hydrostatische Überlagerungs-Lenkgetriebe von Renk für den Panther mit dem serienmäßigen Wechselgetriebe ZF AK 7-200 als Prototyp. Auf dem oberen Bild ist der vordere Gehäusedeckel abgenommen, im unteren sind auch die beiden Axialkolben-Hydraulikmotoren ausgebaut. Interessant der voluminöse Ölfilter, der auf die Notwendigkeit sauberer Ölversorgung für die Hydrostaten hinweist. Man ging beim Lenken von einem mäßigen hydraulischen Wirkungsgrad mit 30–40 % Schlupf aus.*

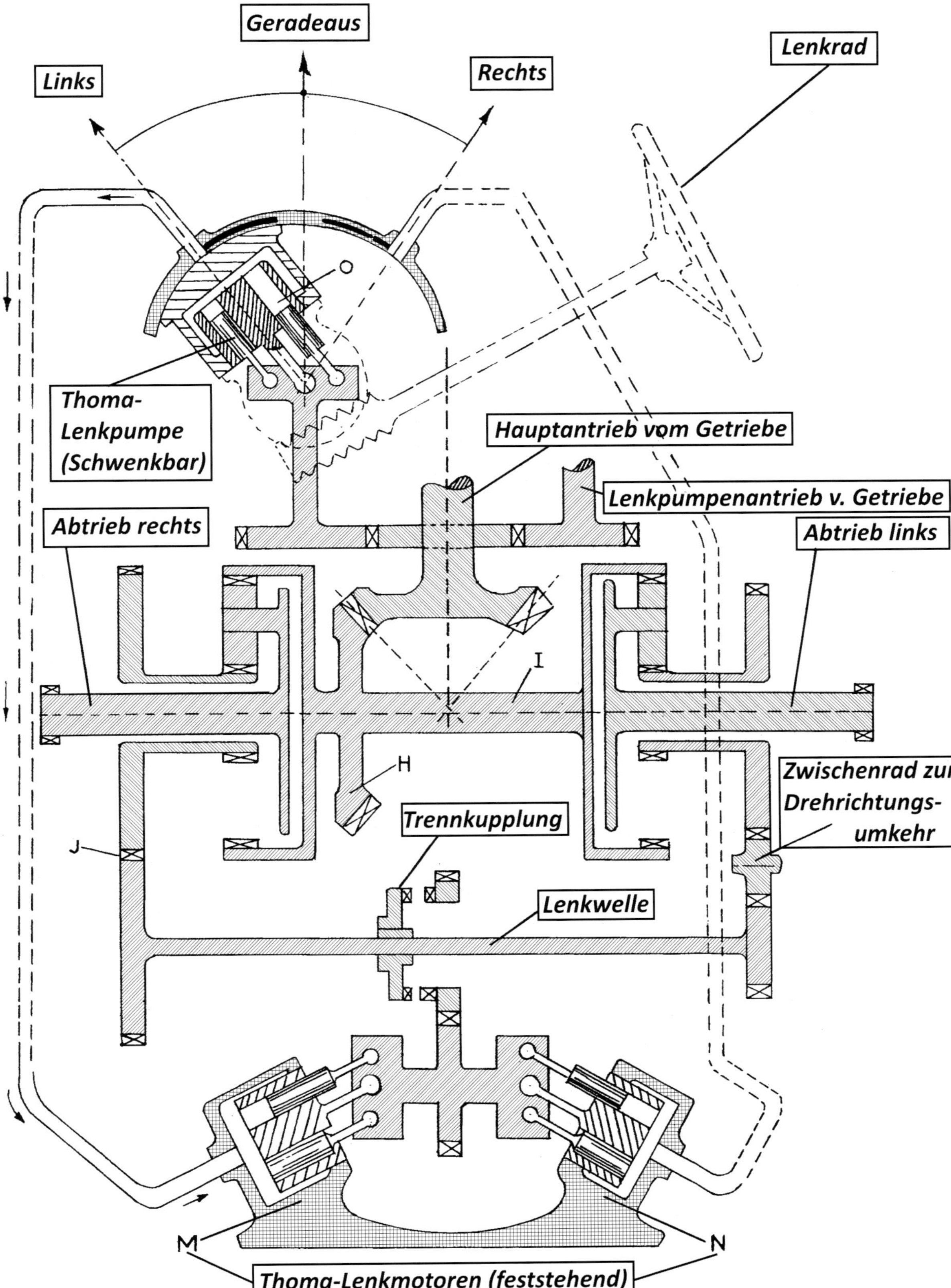


*CIOS/FK/MF. Grobes Prinzipschaubild der Thoma-Hydraulik im Renk-Lenkgetriebe für den Panther aus dem CIOS-Report. Das Schaubild ist seitens des Ölflusses nicht korrekt. Beide Lenkmotoren werden beim Lenken parallel mit Drucköl beaufschlagt und das geschlossene Ölumlaufsystem mit Hin- und Rücklaufleitungen ist nicht dargestellt.[300]*

1944 wurde eines dieser Getriebe in einen Panther eingebaut und bei der Verskraft in Kummersdorf eingehend erprobt.[297]

Bei der hydrostatischen Kraftübertragung wird in einem geschlossenen System aus Pumpe und Motor die eingeschlossene Flüssigkeitssäule starr weitergeleitet und als Übertragungsmedium genutzt. Es zeigten sich jedoch Probleme durch die Leckölverluste im Ölkreislauf, die durch eine zusätzliche Füllpumpe ständig ausgeglichen werden mussten, um die Bildung von Luftblasen und einen nachfolgenden Ausfall der Lenkung zu verhindern.

Der Füllpumpe nachgeordnet war ein großer Ölfilter, der verhinderte, dass eventuell aus dem Getriebe ausgewaschener Abrieb in die Thoma-Pumpe und -Motoren eindringen konnte. Die Lenkmotoren mussten über eine Trennkupplung bei einem Abschleppen des Fahrzeuges abgekuppelt werden, da ansonsten das Lenkgetriebe beschädigt worden wäre.

Die Lenkbetätigung erfolgte über das Lenkrad durch Schwenken der Thoma-Lenkpumpe im Getriebe, was die Fließrichtung des Drucköls und damit die Lenkrichtung sowie den Lenkradius bestimmte. Die ausführenden Bauteile waren die beiden feststehenden Thoma-Taumelscheiben-Lenkmotoren, die den Druckölfluss in die entsprechende Links- oder Rechtsdrehung der Lenkwelle umsetzten.

Die Erprobungsergebnisse sollen so vielversprechend gewesen sein, dass diese Getriebeart den Alternativlösungen für die Ausrüstung der Entwicklungsfahrzeuge hinzugefügt worden sein soll. 50 Stück seien für diesen Zweck in Auftrag gegeben, aber keins mehr fertig gestellt worden.[298] Auch bei der Firma MAN äußerte man sich 1945 gegenüber den Alliierten sehr positiv über die einfache Bedienung des Getriebes und das präzise Lenkverhalten des Fahrzeuges.[299]

Der Aussage von Major Harvey, dass bei hohem Leistungsbedarf der Raum- und Gewichtsbedarf für die hydrostati-

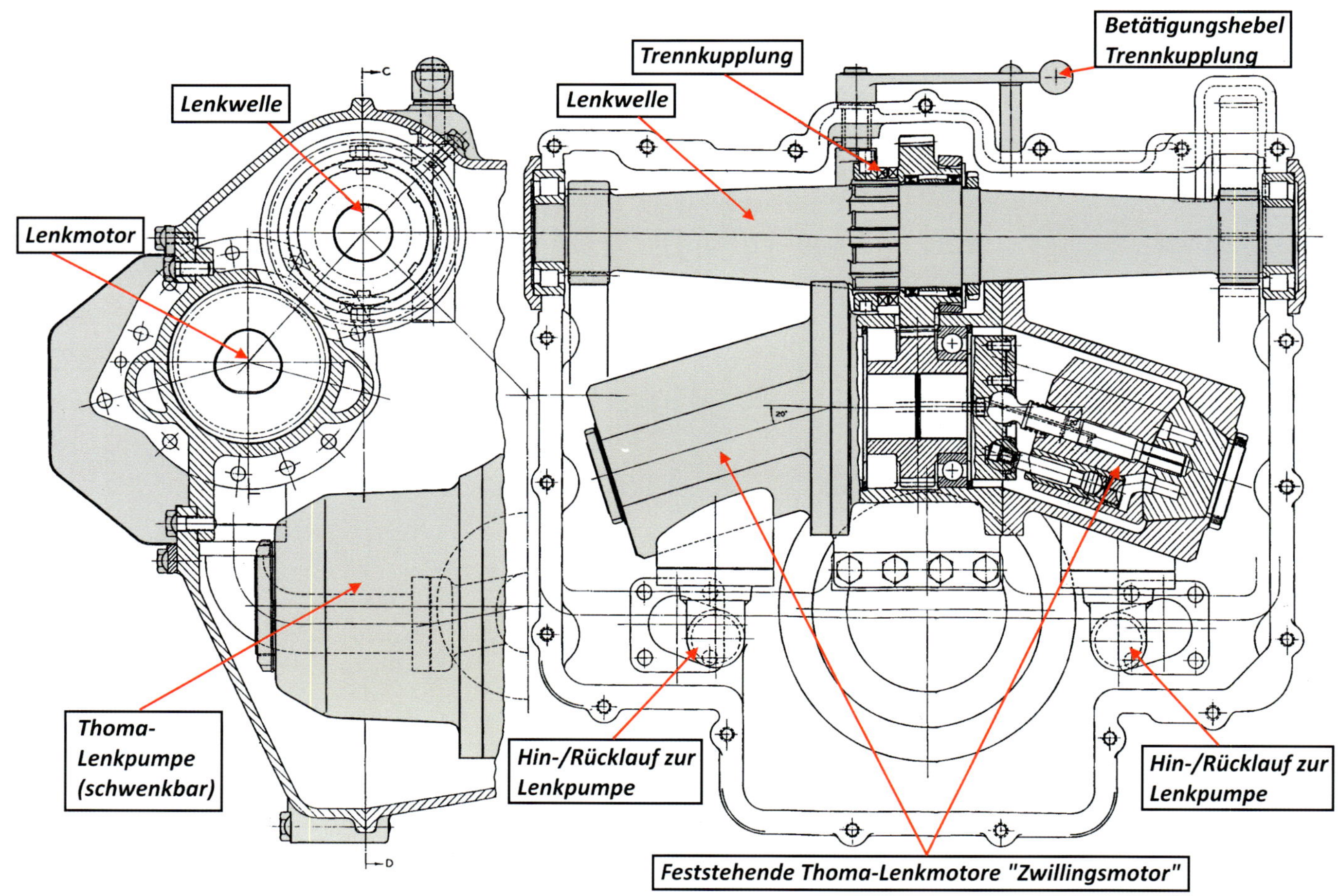


CIOS/FK/MF. *Längs- und Querschnitt durch das Lenkgetriebe. Überblick mit Einzelheiten der Lenkmotoren.*

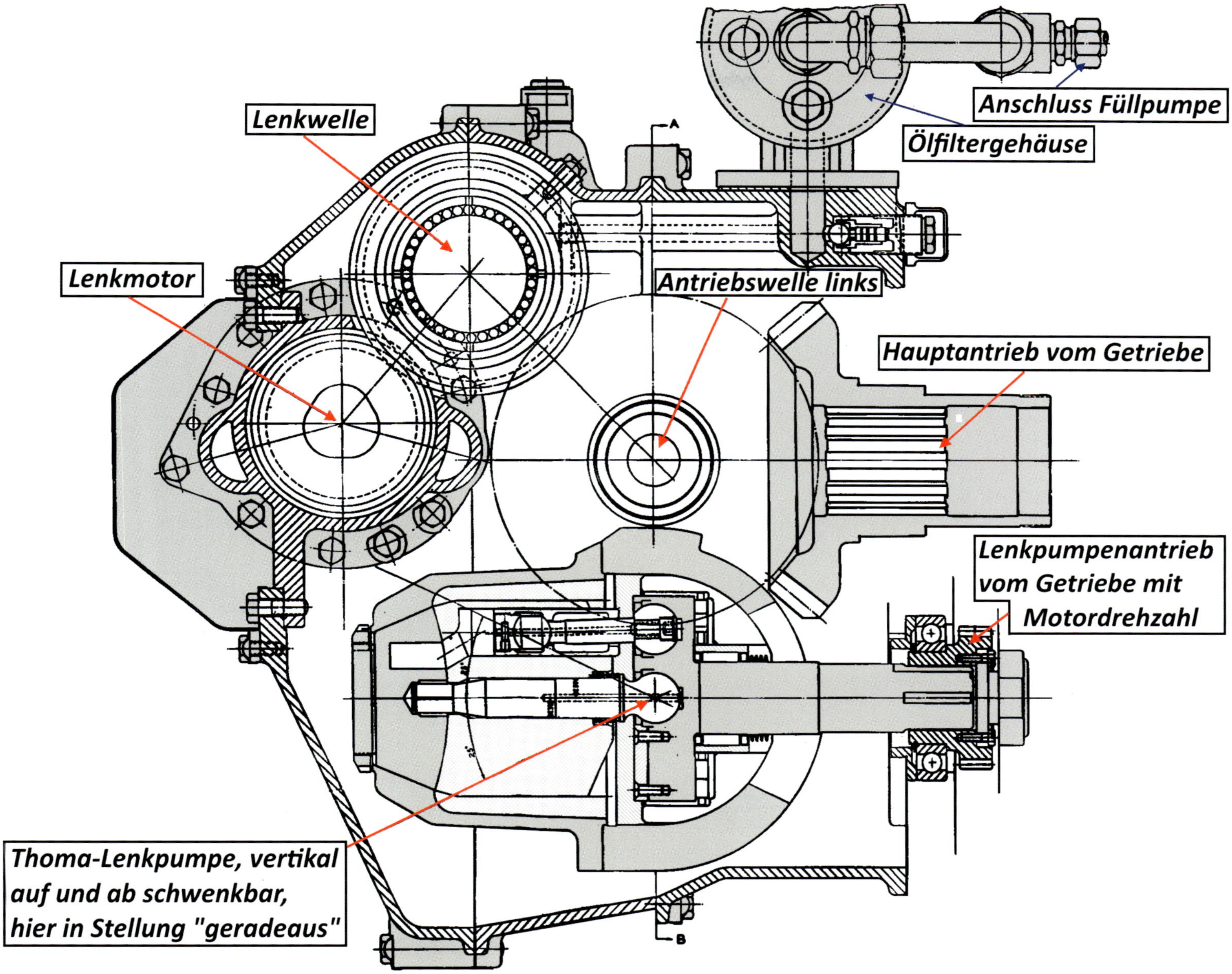


CIOS/FK/MF. ***Längsschnitt durch das Lenkgetriebe mit Einzelheiten des Antriebes und der Lenkpumpe.***

schen Baugruppen stark ansteigt, um hohe Öldrucke und Luftblasenbildung zu verhindern, ist zuzustimmen. Bezüglich der Prognose über die zukünftige Entwicklung des hydrodynamisch/hydrostatischen Antriebes in Kettenfahrzeugen lag der Verfasser des Reports allerdings nicht richtig. Renk entwickelte aus diesem Ansatz heraus 1960 das erfolgreiche hydraulische Schalt-, Wende- und Lenkgetriebe HSWL 123 mit hydrostatischer Überlagerungslenkung für die Jagdpanzer Rakete und Kanone der Bundeswehr.[301]

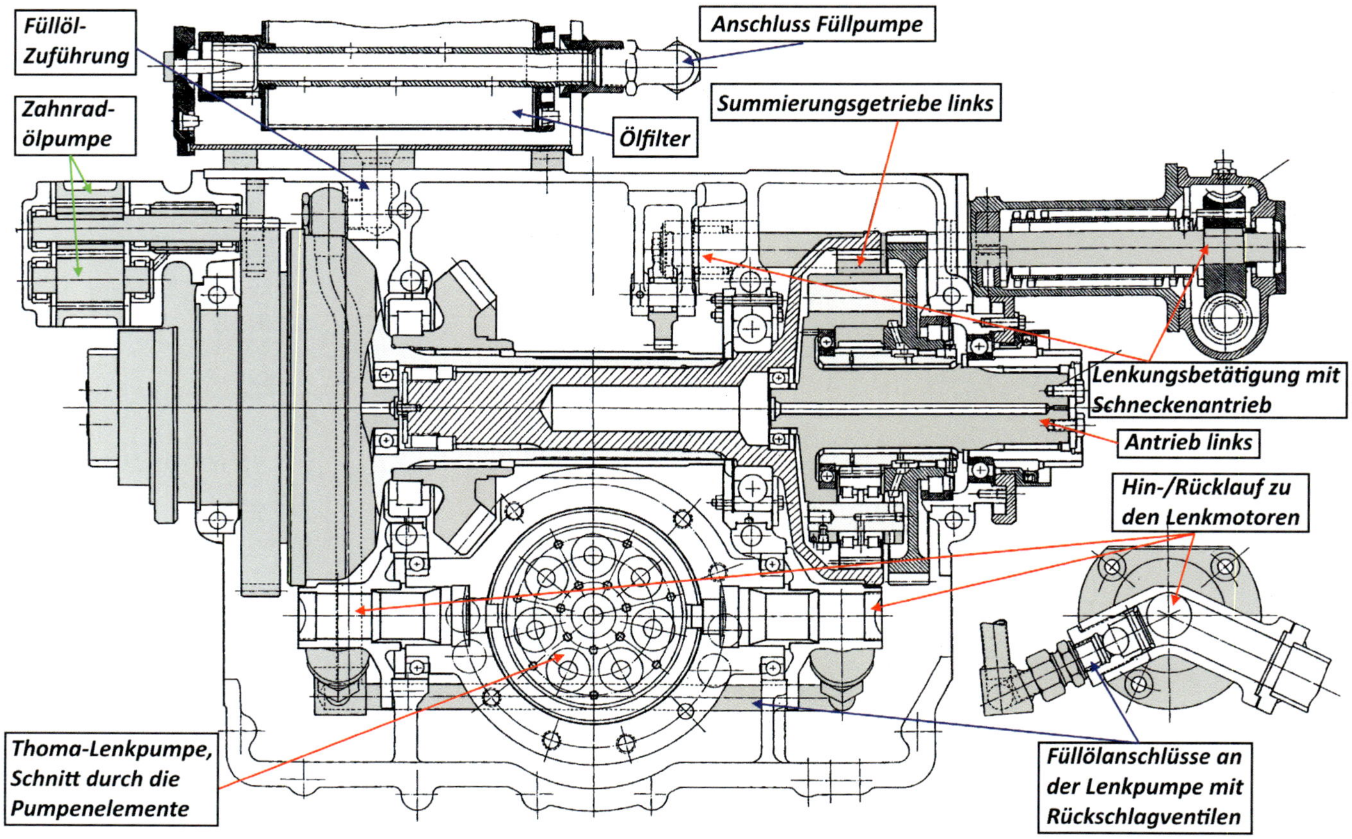


CIOS/FK/MF. **Querschnitt durch das Lenkgetriebe mit Einzelheiten des Antriebes, der Lenkbetätigung und Füllölversorgung.**

## Die Gasturbinen-Entwicklungen Porsche Typ 305 und Gasturbinen GT 101/102/103 der KTL Wien als Panzerantrieb

Die Frage der Leistungssteigerung für die immer schwerer werdenden deutschen Panzerfahrzeuge führte zu der Überlegung, die leichte und leistungsstarke Gasturbine für den Fahrzeugantrieb nutzbar zu machen. Besonders interessant war für das an Erdöl arme Deutschland die Tatsache, dass die Gasturbine jede Art von flüssigen Kraftstoffen, auch minderwertige, verarbeiten konnte. Dazu erhoffte man sich durch den einfacheren Aufbau Einsparungen bei der Produktion und im Betrieb.

Eine erste turbinen-elektrische Lokomotive war 1938 von der Firma Brown Boveri (BBC) in der Schweiz zu Versuchszwecken hergestellt worden. Die Entwicklung von Gasturbinen-Strahltriebwerken für Flugzeuge hatte in Deutschland große Fortschritte gemacht und die Großserienfertigung war angelaufen. Daher schienen die Voraussetzungen für eine erfolgreiche Entwicklung als Panzerantrieb gegeben zu sein.[302]

Bei der KTL Wien[303] soll 1943 Dr. Alfred Müller[304] unter anderem in der Entwicklung von Radialverdichtern für Luftfahrzeuge tätig gewesen sein. Von dort aus soll er die ersten Vorschläge für eine Verwendung von Gasturbinen als Panzerantrieb gemacht haben, die jedoch höheren Ortes kein Gehör gefunden hätten.

Mitte 1944 bekam Porsche den Auftrag zu untersuchen, ob sich die vorhandenen BMW- und Junkers-Strahltriebwerke zum Panzerantrieb umbauen lassen. Das Ziel war eine Wellenleistung von etwa 1000 PS. Das Vorhaben wurde wegen einer schlechten Drehmomentcharakteristik und zu hohem Kraftstoffverbrauch[305] als nicht durchführbar beurteilt, die prinzipiellen Vorteile eines Gasturbinen-Antriebes waren jedoch nicht von der Hand zu weisen. Porsche erklärte nach dem Krieg, dass bei gleicher Größe und gleichem Gewicht mit der Gasturbine eine 20 % höhere Leistung als mit einem konventionellen Motor zu erreichen sei.

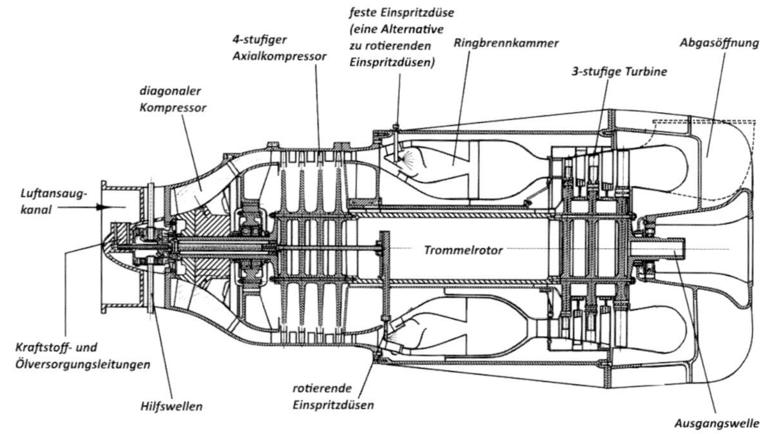


*MF via Internet*[309]. ***Ein früher, bereits verbesserter Entwurf für eine Einwellen-Axialturbine mit Abtrieb noch an der Abgasseite, von Mitte September 1944. Zur Vereinfachung der Konstruktion sollen Teile des in der Prototypenphase befindlichen Heinkel-Hirt 109-011 Strahltriebwerkes verwendet worden sein. Rotierende Einspritzdüsen zu besserer Kraftstoffausnutzung und Wärmeverteilung waren vorgesehen. Die konstruktiv bedingte Anfahrdrehmomentschwäche des Systems führten zu Überlegungen für einen turbinen-elektrischen Antrieb, die jedoch aus Kupfermangel verworfen wurden. Daraufhin wurden die weniger effizienten aber billigeren Lösungen, wie die hydrostatische oder hydrodynamische Kraftübertragung, untersucht.***

Porsche soll mit der eigenen Entwicklung eines Turbinenantriebes mit getrennter Arbeitsturbine unter der Bezeichnung Porsche Typ 305 begonnen haben. Bei diesem System werden aus dem Druckraum des Verdichters ca. 30 % Luft abgezweigt und in eine eigene Brennkammer geleitet. Die heißen Verbrennungsgase treiben die Arbeitsturbine an, die mit dem Fahrzeugantrieb verbunden ist. Diese Bauweise sollte das Anfahrdrehmoment verfünffachen und damit eine grundsätzliche Schwäche der Einwellen-Axialgasturbine beheben. Porsches Gasturbine soll nicht zur Ausführung gekommen sein, weil am 30. Juni 1944 Dr. Alfred Müllers Vorschlag akzeptiert worden sein soll. Die Rollen hätten sich geändert: Die „Entwicklungsstelle Alfred" der KTL Wien konstruiert die Gasturbinen und Porsche untersucht den Fahrzeugeinbau und führt ihn in den Nibelungenwerken durch.[306]

Unterstützt wurde die KTL Wien durch Fachleute von BMW aus München mit Dr. Alfred Müller, einer Firma von „beratenden Ingenieuren"[307] und von Porsches Entwicklungsteam.

Ab Ende 1944 sollen zusätzlich Fachleute von BBC Mannheim die grundlegenden Konstruktionsarbeiten für einen brauchbaren Axialkompressor durchgeführt haben, wobei BBC bereits im Luftwaffenbereich erfolgreich beteiligt war. Zusätzlich sollen weitere Anteile von dieser Gruppe bearbeitet worden sein:[308]

- Berechnung der Thermodynamik und Untersuchung der Leistung des gesamten Triebwerkes,
- Axialkompressor,
- Gasturbine mit Schaufelgestaltung und -anordnung,
- Wärmetauscher.

Bereits bei einer grundlegenden Besprechung bei der Versuchsstelle der Waffen-SS in St. Aegyd vom 25. Bis 26. September 1944 wurde aufgrund der für den Fahrbetrieb ungünstigen Drehmomentcharakteristik der Einwellen-Axialturbine die beschriebene Teilung des Turbinensatzes in Erwägung gezogen. Zur Verbesserung des Wirkungsgrades hatte Otto Zadnik, Porsches vielseitiger Spezialist nicht nur für elektrische Getriebe, einen Wärmetauscher vorgesehen. Eine Kühlung der Außenhaut der Turbine sei nicht erforderlich, lediglich das Getriebe müsse gekühlt werden.[310]

Die Einbauuntersuchungen sollen von Porsche ab 25. September 1944 unter der gleich bleibenden Typenbezeichnung 305, mit Konzentration auf die Anpassung des mechanischen Antriebsstranges des Panzerkampfwagen Panther für die Gasturbine, weitergeführt worden sein. Eine Antriebsleistung von mindestens 900 PS seien zur Erzielung guter Fahrleistungen für das Fahrzeug erforderlich. Die Leistung aller von Dr. Alfred Müller geplanten Gasturbinen wäre dafür ausreichend.[311]

Zwei Tage später sei im Nibelungenwerk zwischen Zadnik und Chefkonstrukteur Reimspieß „in Aussicht genommen worden", für den Einbau der [*Einwellen-Axial-*] Turbine einen Jagdtiger-Henschel[312] vorzusehen, in den auch der [*schon weiter oben beschriebene*] Motor Sla 16 eingebaut werden solle. Zadnik habe eine „flüchtige Einbauskizze" aufgrund der rohen Außenabmessungen der Turbinen anstelle des Maybach-Motors „vorgesehen",

In den Tagen danach besprach Zadnik bei Voith Heidenheim und bei der Zahnradfabrik-Friedrichshafen Fragen des hydraulischen und mechanischen Antriebs für möglichst hohe Drehzahlen. Bezüglich eines hydraulischen Getriebes sah Voith einen vorhandenen Getriebetyp GK 24[313] mit zwei Wandlern vor, der für das Entwicklungsserien-Fahrzeug E25 p1 und p2 entwickelt worden war. Es handelte sich um den Entwurf eines kombinierten Fahr- und Lenkgetriebes mit drei Gängen, von denen der erste Wandler

zwei Gänge besitzt, die über eine automatische Kupplung geschaltet werden.
Für den ebenfalls zu untersuchenden mechanischen Antrieb solle zunächst ein Versuch mit dem Olvar-Getriebe durchgeführt werden. Als weitere Möglichkeit nannte Zadnik ein hydraulisch oder nach ZF-System elektrisch zu schaltendes, kraftschlüssiges Sechsganggetriebe, ähnlich dem Wilson-Getriebe. Das Erreichen einer hohen Getriebedrehzahl sei laut ZF ohne weiteres möglich. Zadnik stellte sich die Regelung der Turbine derart vor, dass der Gasfußhebel eine „Reglerfeder" beeinflusst. Eine weitere Beeinflussung der Brennstoffzufuhr könne automatisch in Abhängigkeit von der Schaufeltemperatur Thermostat-gesteuert erfolgen.[314]
Keines dieser Getriebe wurde später ausgewählt.
Als beste Übertragung wurde zwei Monate später die vollhydraulische Ausführung des Getriebes wegen der Unabhängigkeit vom Momentenverlauf der Gasturbine angesehen. Allerdings kam man zu der Überzeugung, die Verwendung der in den Panzern vorhandenen Getriebe wäre ohne Entwicklung eines neuen Getriebes ein großer Vorteil. Die Schwierigkeiten könnten „bei einiger Geschicklichkeit des Fahrers und geeigneter Anpassung der Regelapparate und Leistungseinstellung des Turbo-Triebwerkes ziemlich überwunden" werden.[315]
Die unter Dr. Alfred Müller entworfenen Turbinentypen[316] wurden am 19. Dezember 1944[317] besprochen:

1. GT 101, Einwellen-Axialturbinensystem aus Verdichter, Brennkammer und Turbine, direkter Leistungsabgriff an der Welle.
   Kalkulierte Leistungsdaten:

   Nutzleistung: 1100–1150 PS
   Drehzahl: 14.000–14.500 U/min
   Abgastemperatur: 800° C
   Luftmassen-Durchsatz: 10 kg/s
   Spezifischer Kraftstoffverbrauch: ca. 430–500 g/PSh
   Masse: ca. 450 kg (*zum Vergleich Maybach HL 230: 1300 kg*)

   Die erste GT 101 in langer Bauart sollte einen BBC-Verdichter und eine BMW-Brennkammer enthalten und nur für die ersten Prüfstandversuche bestimmt sein. Die verkürzte Version für den Einbau in Kampfwagen sollte möglichst gleichzeitig fertig gestellt werden.[318]
   Weitere technische Daten sind nicht ausreichend dokumentiert, die GT-101 soll wie die Verdichter-Turbine der GT-102 aufgebaut gewesen sein.[319]

2. GT 102, Gasturbine ähnlich GT 101 als Verdichter-Turbine, Leistungsabgriff an getrennter Arbeitsturbine mit eigener Brennkammer.
   Kalkulierte Leistungsdaten:

   a) Verdichter-Turbine:
   Drehzahl: 14.000 U/min
   Verdichter: 8- oder 9-stufigerAxialverdichter aus Leichtmetall von BBC, Mannheim
   Luftmassen-Durchsatz (*Verdichter*): 10 kg/s
   Brennkammer: identisch mit denen der BMW-Strahltriebwerke, ringförmig,
   14 Einzelbrennkammern
   Turbine: 3-stufig, luftgekühlte Hohlschaufeln aus geschweißtem Blech, daher
   Schaufeltemperatur von 550–600° C bei Gaseingangstemperatur von 800° C
   Luftmassen-Durchsatz (*Turbine*): 7 kg/s
   b) Arbeitsturbine:
   Drehzahl: 20.000 U/min
   vorgeschaltete Brennkammer
   Turbine: 2-stufig, luftgekühlte Hohlschaufeln, Gaseingangstemperatur von 800° C
   Luftmassen-Durchsatz (*Arbeitsturbine*): 3 kg/s

   Abmaße GT 102 (L x H x B) ohne Wärmetauscher: 2,55 m x 1,25 m x 1,60 m,
   erwartete Lebensdauer: 3000 h.

3. GT 103 (*GT 102 mit Wärmetauscher, nicht gebaut*)
   Ein neu entwickelter, rotierender keramischer Wärmetauscher wurde von BBC entwickelt und zwischen die Abgasleitung und die Zuleitung zur Brennkammer der Arbeitsturbine geschaltet, um die Brennluft-Eingangstemperatur zu erhöhen. Dadurch sollte sich eine erhebliche Kraftstoffersparnis von 25–30 % ergeben. Es war geplant, einen zweiten Wärmetauscher zu integrieren, der auch die Ansaugluft für die Verdichter-Turbine auf 500° C vorwärmen sollte.
   Eine endgültige Aussage über die Wirksamkeit eines Wärmetauschers könne erst nach Bau eines Gerätes gemacht werden.
   Kalkulierte Leistungsdaten:

   a) Verdichter-Turbine:
   Drehzahl: 19.000 U/min

Luftmassen-Durchsatz (*in Brennkammer*): 6 kg/s
b) Arbeitsturbine:
Drehzahl: 25.000 U/min
Luftmassen-Durchsatz (*Arbeitsturbine*): 2 kg/s
Wellenleistung: 800 PS

spezifischer Kraftstoffverbrauch: ohne Wärmetauscher: ca. 400 g/PSh
spezifischer Kraftstoffverbrauch: mit Wärmetauscher: ca. 200 g/PSh.

Es sollten pro Turbinentyp drei Stück hergestellt werden, für die folgende, noch unverbindliche Liefertermine vorgesehen waren:[320]
- GT 101 lange Ausführung mit einfachen Regelapparaten: Mai 1945,
- drei Geräte GT 101 für den Einbau im Kampfwagen: ab Juni 1945,
- je drei Geräte GT 102 und 103: möglichst ab Juli 1945.

Drei Tage später, am 22. Dezember 1944 legte Professor Porsche in einer Besprechung mit Zadnik, Obering. Rabe[321] und Porsche jun. fest, dass das „Triebwerk I" [*GT 101*] „erst zur Ausführung gelangen" sollte. Wegen der zu langen Turbine sei der Einbau als Provisorium zu betrachten. Für den Antrieb wurden die folgenden Aggregate vorgesehen:[322]
- ein Zahnradzwischengetriebe für die Drehzahlherabsetzung der Turbine von 14.000 U/min auf 3500 U/min;
- das ZF 2 x 6-Gang elektro-mechanische Schaltgetriebe. Von zehn vom HWA bestellten Getrieben seien zwei fertig und ein bis zwei dieser Getriebe könnten dafür „abgezweigt" werden. Dieses Getriebe könne gegen das Olvar-Getriebe wegen der gleichen Anschlussmaße problemlos ausgewechselt werden;
- für dieses Getriebe sei eine von ZF zu liefernde, elektromagnetische Kupplung vorgesehen, da die im Getriebe eingebauten elektromagnetischen Kupplungen dieser Schaltbeanspruchung nicht genügen würden:
- als Lenkgetriebe werde die normale „Olvar-Ausführung" unverändert beibehalten;
- die Einbauuntersuchung solle für den Jagdtiger wie auch den Panther erfolgen, wobei der Panther bevorzugt zu behandeln sei.

Für das „Gerät II" [*GT 102 und GT 103*] wurden zwei Varianten betrachtet:
a) ohne Wärmetauscher,
b) mit Wärmetauscher.

Folgende Aggregate wurden für dessen Einbau vorgesehen:
- ein Zwischengetriebe wie bei „Triebwerk I", hier von 20.000 U/min auf ca. 3500 U/min;
- drei Untersetzungsstufen wurden für das nachgeschaltete Getriebe grundsätzlich festgelegt;
- ein elektromagnetisches ZF-Getriebe mit drei Gängen als Neuentwicklung;
- ein elektrischer Antrieb mit Polschaltung und Kurzschlussanker, ebenfalls als Neuentwicklung;
- die Verwendung eines bereits vorhandenen Lenkgetriebes oder einer Neuentwicklung sei noch zu untersuchen.

Die Neuentwicklung eines hydraulischen Getriebes für die „Variante I" [GT 101] solle nicht betrieben werden, da wegen des günstigen Drehmomentenverlaufs der „Variante II" [*GT 102 mit getrennter Arbeitsturbine*] das vorgesehene Dreiganggetriebe eine bedeutend bessere Leistung erbringen würde.

Dazu ist zu bemerken, dass das von Prof. Porsche am 22. Dezember 1944 bestimmte Programm von Zadnik sofort in Arbeit genommen wurde, obwohl erst am 8. Januar 1945 bei einer Besprechung mit der KTL das endgültige Einverständnis aller Beteiligten eingeholt werden sollte. Ein gewisser Einfluss von Prof. Porsche auf die Gesamtentwicklung – und nicht nur auf den Antrieb – scheint vorhanden gewesen zu sein.

Die Hervorhebung des Lenkgetriebes in „Olvar-Ausführung" und der Austauschbarkeit des elektromechanischen ZF-Getriebes gegen das Olvar-Getriebe für den ersten Einbauversuch könnte so gedeutet werden, dass dieser trotz der Priorität des Panthers, wie bereits im September 1944 im Nibelungenwerk besprochen, in einem Jagdtiger stattfinden sollte.

Zadnik konzentrierte sich auf die Anpassung des mechanischen Antriebsstranges der Panzerkampfwagen Panther und Henschel-Tiger B/Jagdtiger für die Gasturbine. Bei beiden Fahrzeugen hätte für die Versuche mit der längs eingebauten Gasturbine GT 101 provisorisch ein Loch für den Abgasaustritt in die Heckwand geschnitten werden müssen.

Für den rund 46 t schweren Panther wurde eine Leistung von ca. 25–7 PS/t [*bei max. 1150–1250 PS am Abtrieb*] erwartet, das seine Fahrleistungen stark verbessert hätte. Eine Steigerung der Höchstgeschwindigkeit über die bisherigen 54–55 km/h ist auf den vorliegenden Diagrammen bei Porsche nicht dokumentiert und war aus Gründen der

Nr.1

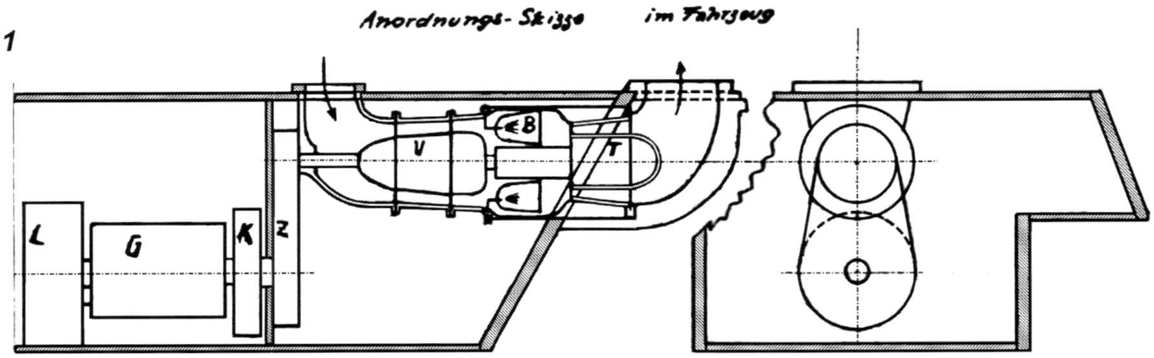


**Verdichter (V) und Turbine (T) direkt gekoppelt, 1 Brennkammer (B) und ohne Wärmetauscher. Zwischengetriebe als mechanisches Getriebe (14.000/3500 U/min)entweder Porsche+ZF, ZF fertig oder Neukonstruktion.**
**Kupplung ZF elektromechanisch.**
**Hauptgetriebe ZF mit elektromagnetischer Schaltung, 12 Gänge (6 Gelände und 6 Straße) 10 Getriebe in Arbeit. 2 davon können abgezweigt werden.**
**Lenkung normal (H-Tiger und Panther).**

Nr.2

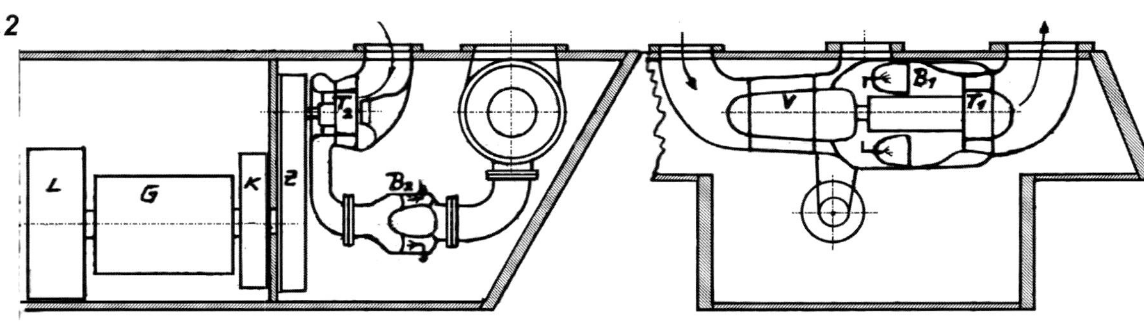


**Arbeitsturbine (T2) getrennt, 2 Brennkammern (B1+B2), ohne Wärmetauscher.**
**Zwischengetriebe mechanisch (20.000/3500 U/min).**
**Kupplung ZF elektromechanisch.**
**Hauptgetriebe entweder wie 1 oder Elektrogenerator, elektrischer Antrieb mit 3 Gänge, Polschaltung und Kurzschlußanker.**
**Lenkung wie 1 oder durch die Elektromotoren.**

Nr.3

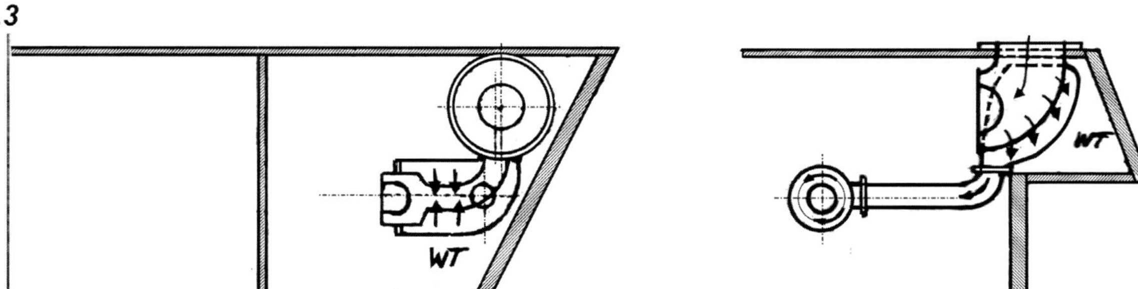


**Arbeitsturbine (T2) getrennt, 2 Brennkammern (B1+B2), mit Wärmetauscher.**
**Getriebe wie 2a oder 2b.**

*WS/ PA.M. R1.4.9/531/MF. Vom Verfasser erstellte Zeichnung nach Obering. Rabes Anordnungsskizze vom 10. Januar 1945 für die Turbinentypen GT 101, GT 102 und GT 103. Nach der Besprechung am 22.12.1944 sollte das Triebwerk Nr. 1 „erst zur Ausführung gelangen“. Wegen der zu langen Turbine wurde der Einbau als Provisorium betrachtet.*

Schonung des Fahrzeugs auch nicht beabsichtigt.[323]
Dr. Alfred Müller und sein Nachfolger M.A. Müller[324] favorisierten die axiale Gasturbine GT 101 und sollen auf deren Entwicklung zur Serienreife gedrängt haben.
Zadnik arbeitete noch Ende März 1945 daran, die Gasturbine im Triebwerkraum des Panthers unterzubringen. Es war vorgesehen, die Turbine für einen günstigeren Einbau durch Verkürzung der Brennkammer um etwa 300 mm zu kürzen. Die Fertigungszeichnungen für das Getriebe befanden sich gemeinsam mit ZF in der Fertigstellung.[325] Es erscheint unwahrscheinlich, dass noch ein Getriebe bis Kriegsende produziert worden ist.
Der Gasturbinenantrieb GT 102 wurde, wie beschrieben, parallel entwickelt, um den zu hohen Kraftstoffverbrauch der GT-101 zu senken und deren Schwachpunkte zu beheben. Die lange Verdichter-Turbine der GT 102 bzw. GT 103, sollte quer im Heck des Fahrzeugs Panther untergebracht werden, darunter im 90° Winkel dazu die Arbeitsturbine und der Antrieb. Ein Problem der Bauweise war die Gefahr des „Durchgehens" und Zerstörung der Arbeitsturbine bei plötzlichem Leerlauf, z. B. beim Schalten der serienmäßigen Schaltgetriebe mit Zugkraftunterbrechung, was durch zusätzliche konstruktive Maßnahmen verhindert werden musste.
Prof. Porsche und Porsche jun. zeigten sich noch im März 1945 mit der errechneten Leistung und besonders mit der nach ihrer Auffassung komplizierten Umleitung zwischen Verdichter-Turbine und Arbeitsturbine noch nicht zufrieden.
Zadnik legte hier noch zwei Getriebe-Varianten für die GT 102 vor:

Version 1: Ein direkt angeflanschtes, hydraulisch geschaltetes, zweistufiges Planetengetriebe mit nachgeschaltetem, klauengeschaltetem Übersetzungsgetriebe für zwei Vorwärtsgänge und einen Rückwärtsgang. Der Entwurf lag vor.

Version 2: Ein Zwischengetriebe ähnlich wie bei GT 101, Drehzahlreduzierung von 20.000 U/min auf 3500 U/min und nachgeschaltetes kraftschlüssiges 3-Stufen-Getriebe mit Schaltkupplungen. Ein Entwurf lag noch nicht vor.

Es wurde festgelegt, wegen der Vordringlichkeit der Einbaufragen der GT 101, die Getriebeanlage GT 102 nur „gedanklich weiter zu bearbeiten".[326]
Eine separate Anfahrkupplung war bei der GT 102 nicht erforderlich. Das Anfahren sollte über die stufenlose Regelung der Arbeitsturbine erfolgen, was als ein entscheidender Vorteil dieser Bauweise angesehen wurde.[327]
Zadnik sollte sich nach der Besprechung am 25. März 1945 zu einer neuen Verlagerungsstelle „Alfred" begeben, um „alles Notwendige" zu veranlassen. Er sollte sich Ende der zweiten Aprilwoche mit allen notwendigen Unterlagen zur Besprechung mit Professor Porsche und Porsche jun. wieder in Gmünd einfinden.[328]
Weitere Aufzeichnungen aus den Wochen bis Kriegsende sind in den vorliegenden Dokumenten der Firma Porsche nicht überliefert.

## Abschließende Anmerkungen

Die Berechnungsergebnisse seien durch Versuche erhärtet worden, das Projekt sei jedoch nicht aus dem Versuchsstadium herausgekommen.[329]
Trotz der Kraftstoffunempfindlichkeit der Gasturbine soll noch nicht festgestanden haben, welcher Kraftstoff im Betrieb verwendet werden sollte. Die Entscheidung darüber hinge von den Versuchen mit den Prototypen ab.[330]
Einem Augenzeugenbericht zufolge soll ein betriebsfähiges Prototyp-Turbinentriebwerk fertig gestellt und noch vor Kriegsende in einen Jagdtiger eingebaut worden sein. Ernst Piëch, der Enkel von Ferdinand Porsche, damals 16 Jahre alt, wird mit den Worten zitiert, dass die 650° C heißen Abgase die Bäume um den Panzer herum verbrannt hätten.[331] Es gibt jedoch bisher keinerlei weiteren Belege zu diesem Bericht.
Die Unterlagen, soweit nicht vorher vernichtet, sind bei Kriegsende in die Hände der Alliierten gefallen und wurden für Ihre Zwecke mit großem Interesse ausgewertet. Zadnik und Müller sollen 1947 bei einer britischen Firma an der Weiterentwicklung dieser Technik mitgearbeitet haben.[332]
Ab Mitte der 1950er-Jahre begannen schließlich die Erprobungen für eine Verwendung der Gasturbine im internationalen Panzerbau. Als eine erste „vorsichtige" Anwendung erschien ab 1966 nach zehnjähriger Entwicklung der schwedische Kasematt-Panzer Strv-103 mit Hybrid-Antrieb. Ein Dieselmotor wurde durch eine zuschaltbare Gasturbine unterstützt, was die Nachteile und Risiken des reinen Gasturbinenantriebes mindern sollte.

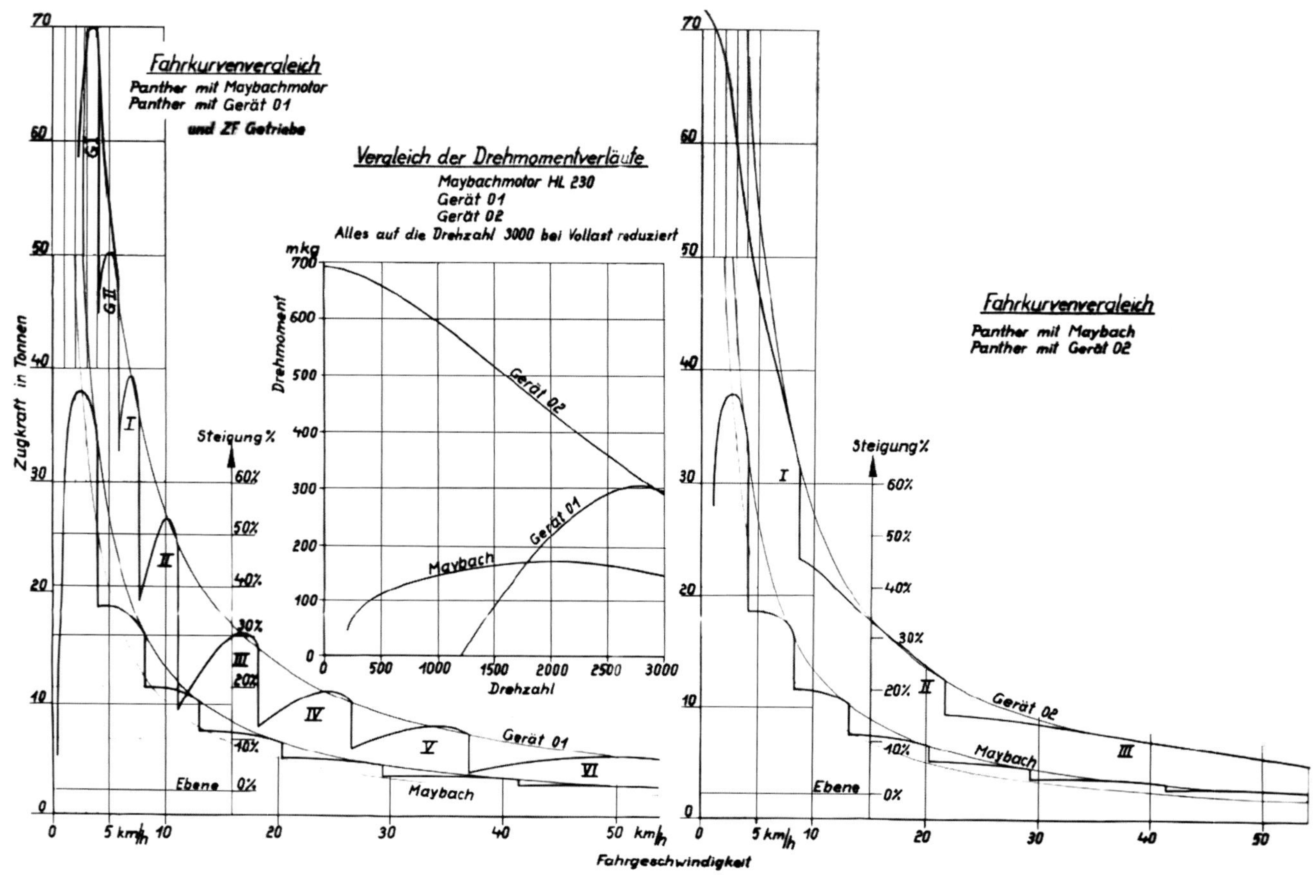


*Porsche-Archiv PA.M.R1.4.9/531. Vergleich der Drehmomentverläufe und Fahrkurvenvergleiche im Panther mit Maybach HL 230, Gerät 01 (GT 101) und Gerät 02 (GT 102). Das Erstellungsdatum ist unbekannt, einige Details sprechen jedoch für den letzten bekannten Stand der Entwicklung. Im Vergleich der Drehmomentverläufe ist die Anfahrdrehmomentschwäche der Einwellen-Axialturbine GT 101 offensichtlich. Im Fahrkurvenvergleich sind die Einbrüche der Zugkraft beim Gangwechsel hoch. Im Gegensatz dazu zeigt der Drehmomentverlauf bei der GT 102 mit getrennter Arbeitsturbine ein sehr hohes Anfahrdrehmoment. Im Fahrkurvenvergleich sind nur kleine Einbrüche der Zugkraft beim Gangwechsel zu erwarten. Als Referenz diente der Maybach-Motor HL 230 mit dem serienmäßigen Siebengang ZF AK 7-200 Handschaltgetriebe.*

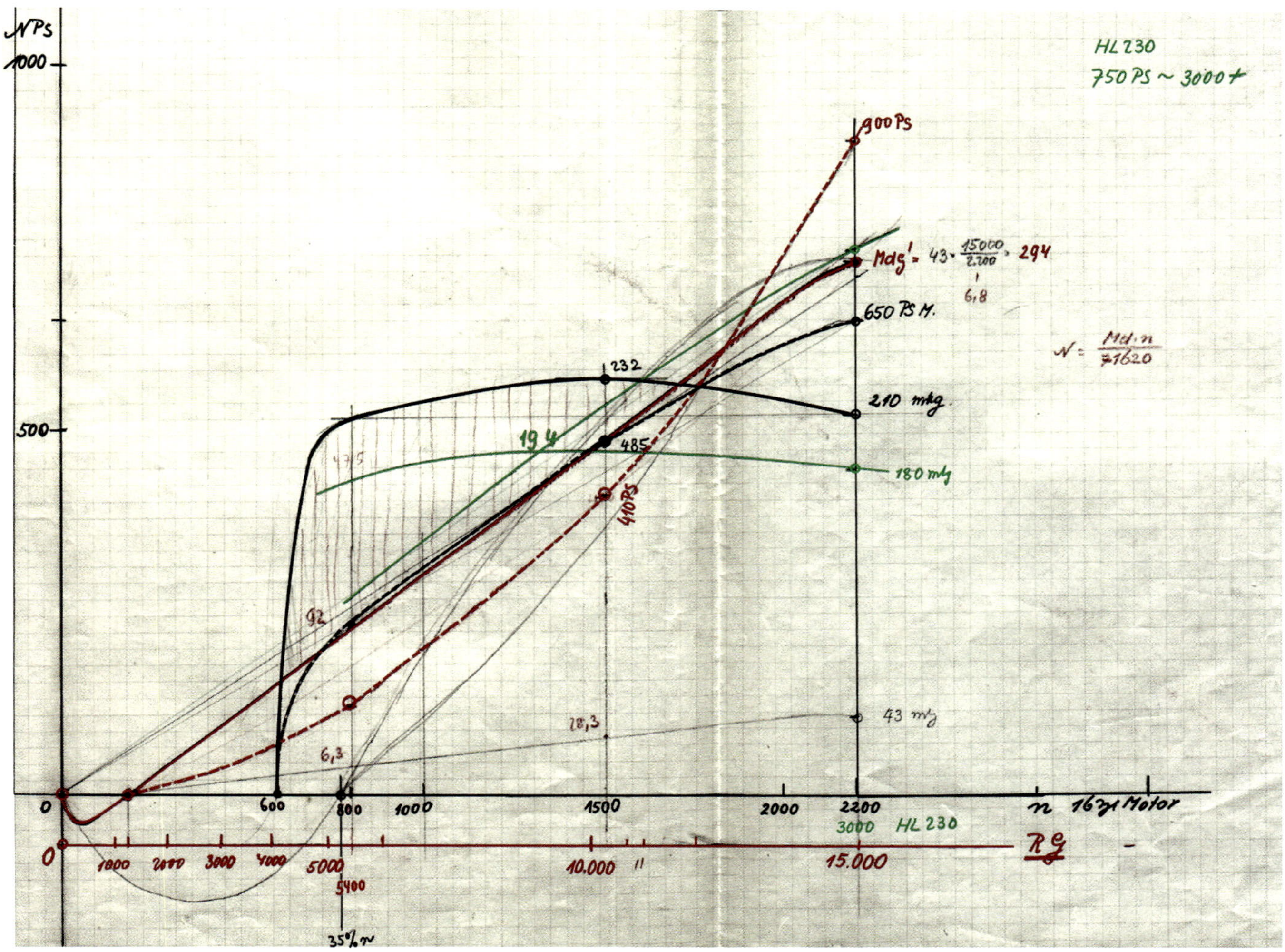


*Porsche-Archiv PA.M.R1.4.9/531.* ***Leistungsvergleich der Gasturbine GT 101 mit den Motoren Maybach HL 230 und Sla 16. Das undatierte Diagramm verdeutlicht den linearen, für den Fahrbetrieb ungünstigen Drehmomentenverlauf der Einwellen-Axial-Gasturbine gegenüber dem Otto- und Dieselmotor, welcher nur durch spezielle Getriebe und Kraftstoffregelung ausgeglichen werden konnte. Erst über 5000 U/min brachte die Turbine eine verwertbare Leistung.***

Seit Oktober 1944 wird in Dokumenten der Firma Porsche mehrfach die Leistung des „gegenwärtig vorgesehenen" Maybach HL 230 aus unbekannten Gründen statt mit 700 PS mit 750 PS bei 3000 U/min angegeben. Ob dieses und die Eintragung einer höheren Leistung von 720 PS bei 2800 U/min in dem Begleitheft eines Jagdtiger[334] eventuell in einem Zusammenhang stehen, konnte bisher nicht eindeutig geklärt werden.

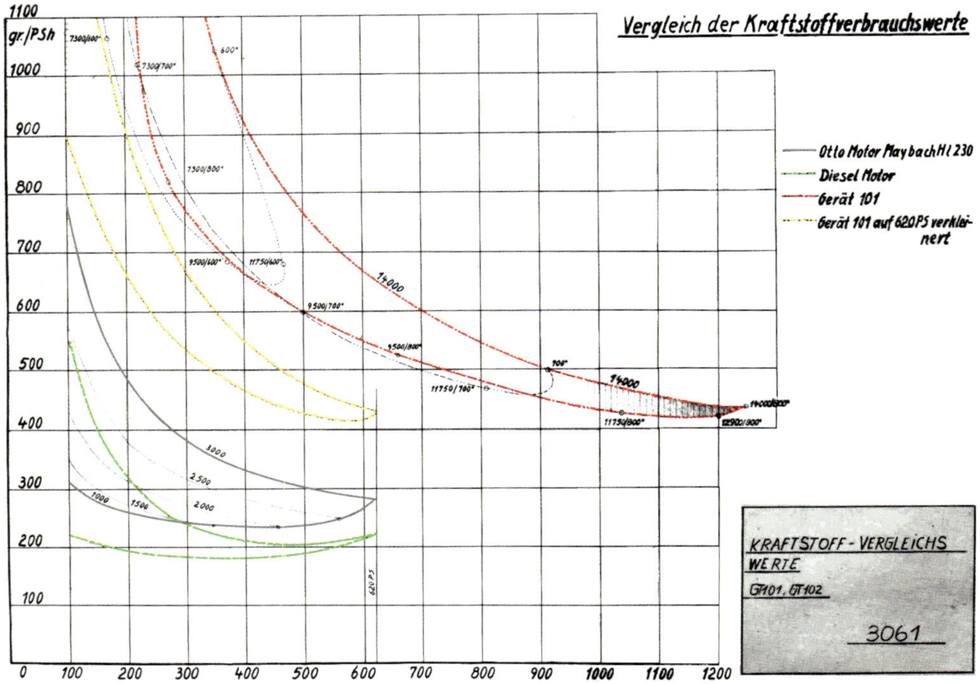


Porsche-Archiv PA.M.R1.4.9/531. *Auch beim Vergleich der Kraftstoffverbrauchswerte ist zu vermuten, dass ein GT 101 Prototyp existiert hat und auf dem Prüfstand gelaufen ist. Der spezifische Kraftstoffverbrauch bei 900 PS lag bei 430-500 g/PSh. Selbst eine leistungsreduzierte Version hätte mit 430 g/PSh bei 620 PS einen mehr als doppelt so hohen Kraftstoffverbrauch als ein Dieselmotor und 35 % Mehrverbrauch als der Maybach HL 230 bei 620-PS-Netto-Leistung am Abtrieb. (700 PS abzüglich 80 PS Lüfterleistung).*

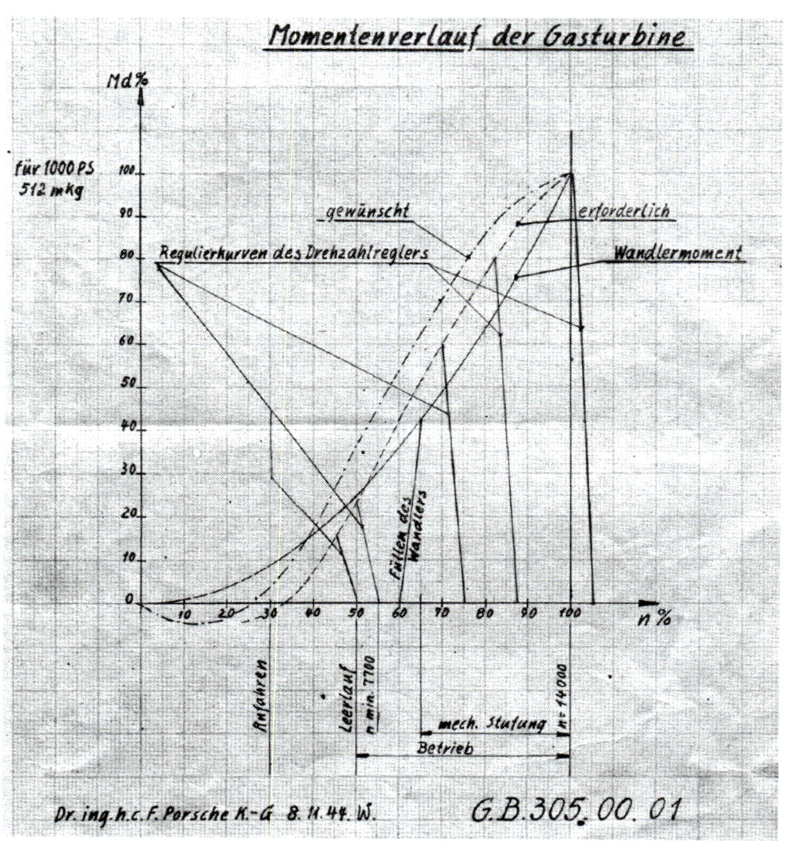


Porsche-Archiv PA.M.R1.4.9/531. *Das undatierte Diagramm betrifft den Regelbedarf für die Gasturbine GT 101 in Verbindung mit einem bis Ende Dezember 1944 vorgesehenen Drehmomentwandler.*

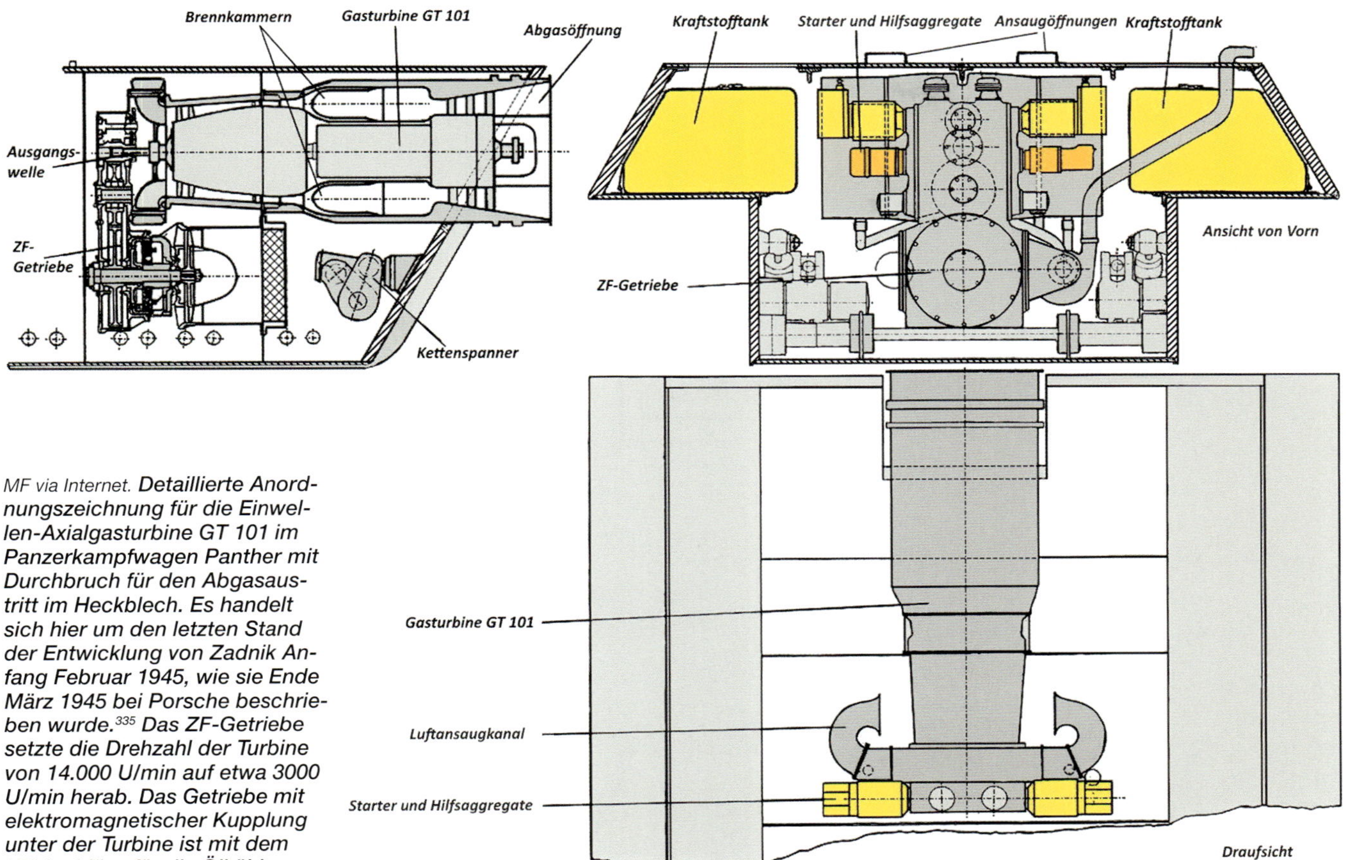


*MF via Internet.* ***Detaillierte Anordnungszeichnung für die Einwellen-Axialgasturbine GT 101 im Panzerkampfwagen Panther mit Durchbruch für den Abgasaustritt im Heckblech. Es handelt sich hier um den letzten Stand der Entwicklung von Zadnik Anfang Februar 1945, wie sie Ende März 1945 bei Porsche beschrieben wurde.[335] Das ZF-Getriebe setzte die Drehzahl der Turbine von 14.000 U/min auf etwa 3000 U/min herab. Das Getriebe mit elektromagnetischer Kupplung unter der Turbine ist mit dem Kühlgebläse für die Ölkühlung der Getriebeanlage gekuppelt.***

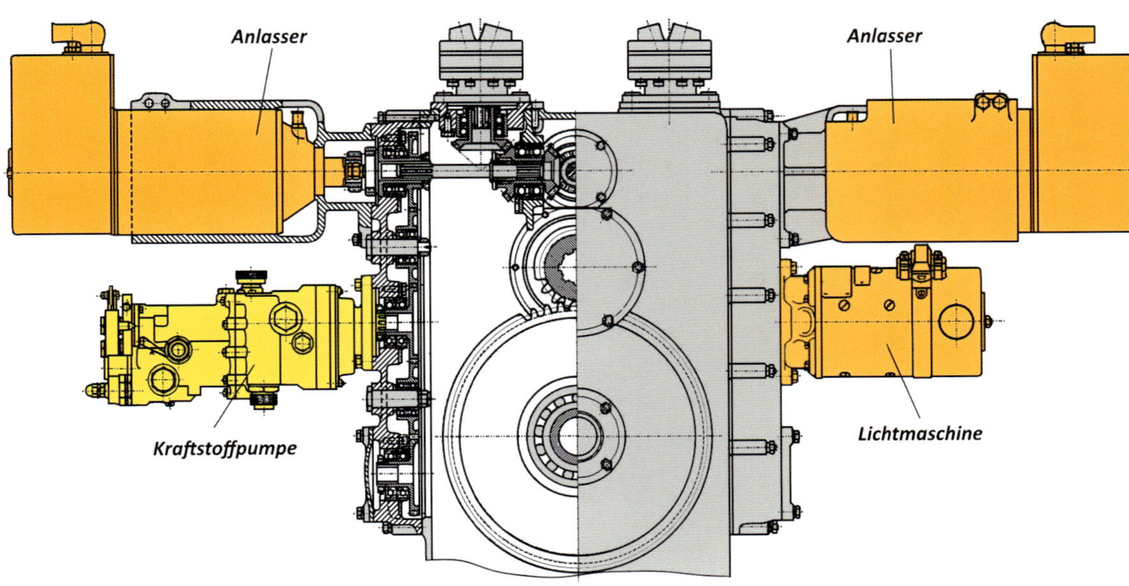


*BIOS Final Report No. 98, Fig. 14.* ***Das ZF-Getriebe für die GT 101 Turbine mit den daran angebrachten Hilfsaggregaten vom Innenraum in Richtung Fahrzeugheck gesehen."***

Porsche-Archiv PA.M.R1.4.9/531. Schema der Schmierung und Kühlung des Getriebes an der GT 101 mit einem Öldurchsatz von 12l /min vom 29. Januar 1945. Der letzte Vermerk auf der Zeichnung stammt vom 28. März 1945. Die Konstruktionsarbeiten an der Gasturbine wurden hauptsächlich bei der KTL Wien durchgeführt.

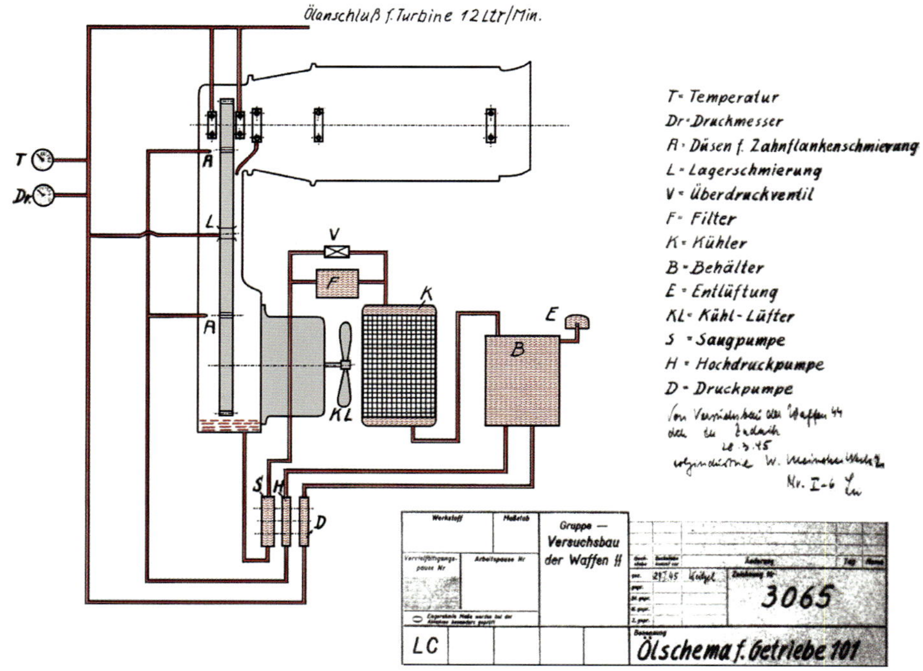


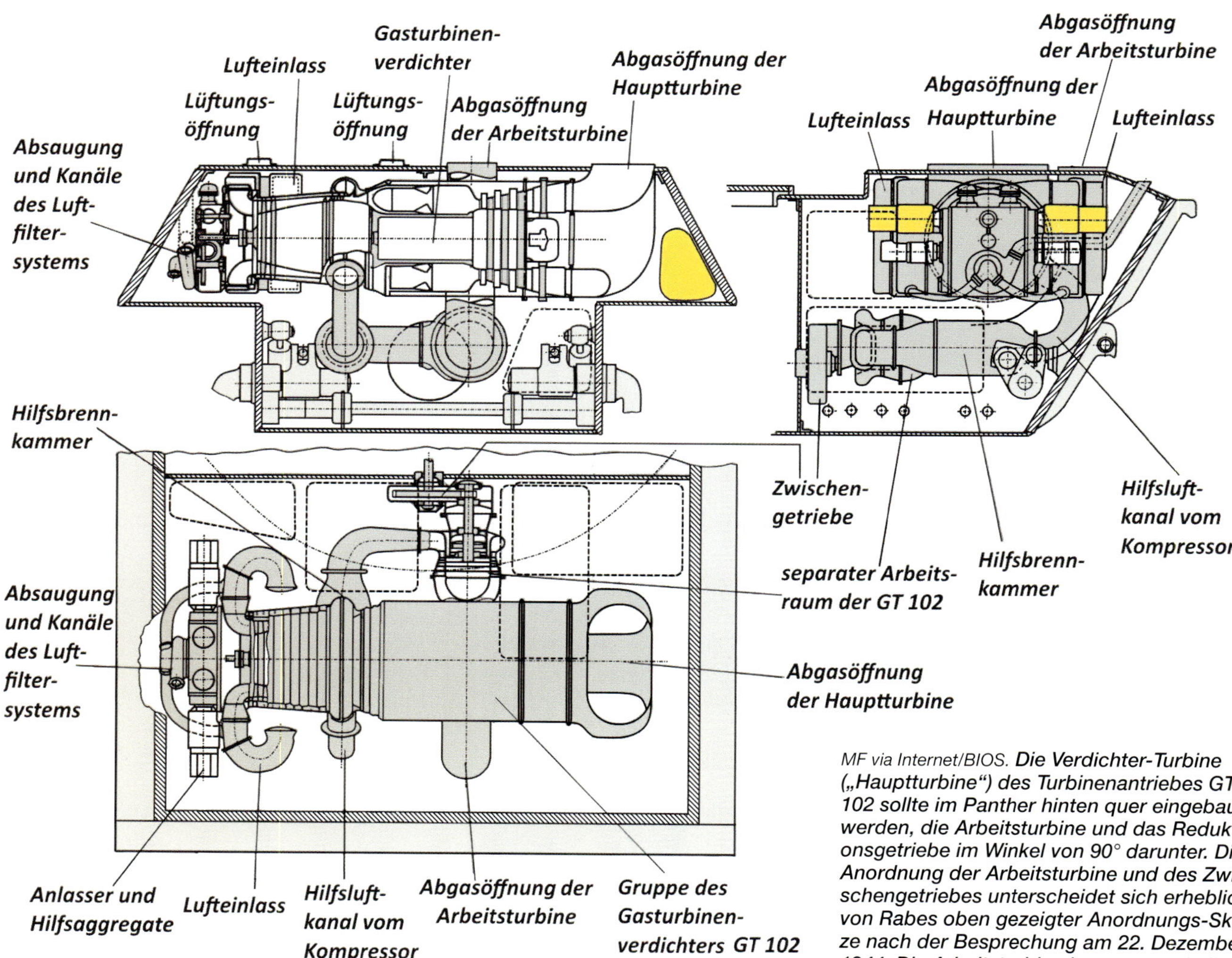


MF via Internet/BIOS. Die Verdichter-Turbine („Hauptturbine") des Turbinenantriebes GT 102 sollte im Panther hinten quer eingebaut werden, die Arbeitsturbine und das Reduktionsgetriebe im Winkel von 90° darunter. Die Anordnung der Arbeitsturbine und des Zwischengetriebes unterscheidet sich erheblich von Rabes oben gezeigter Anordnungs-Skizze nach der Besprechung am 22. Dezember 1944. Die Arbeitsturbine ist nun unterhalb der Verdichter-Turbine platziert. Auch hier handelt es sich um den letzten dokumentierten Stand der Entwicklung von Anfang Februar 1945.[336]

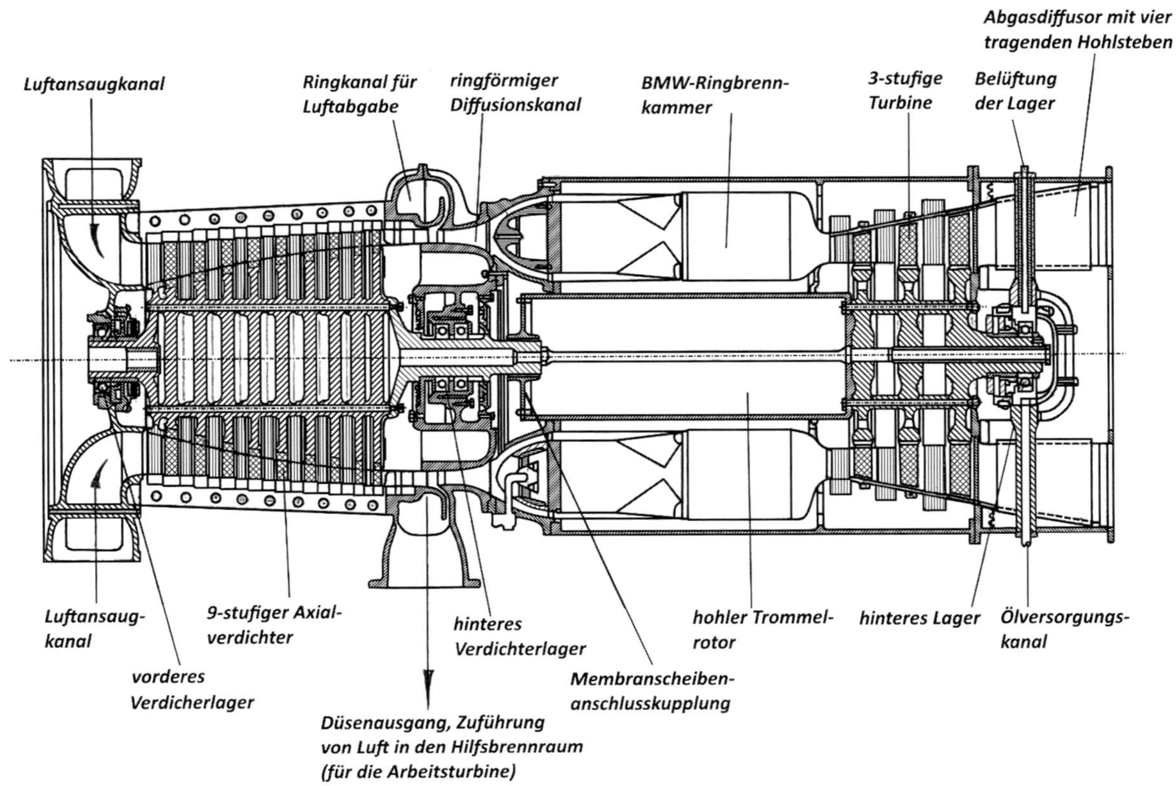


MF via Internet/BIOS. *Die Verdichter-Turbine des Turbinenantriebes GT 102 / GT 103 mit 9-stufigem Kompressor und 3-stufiger Turbine, die auf Basis der Einwellen-Axialturbine GT 101 entstand.*

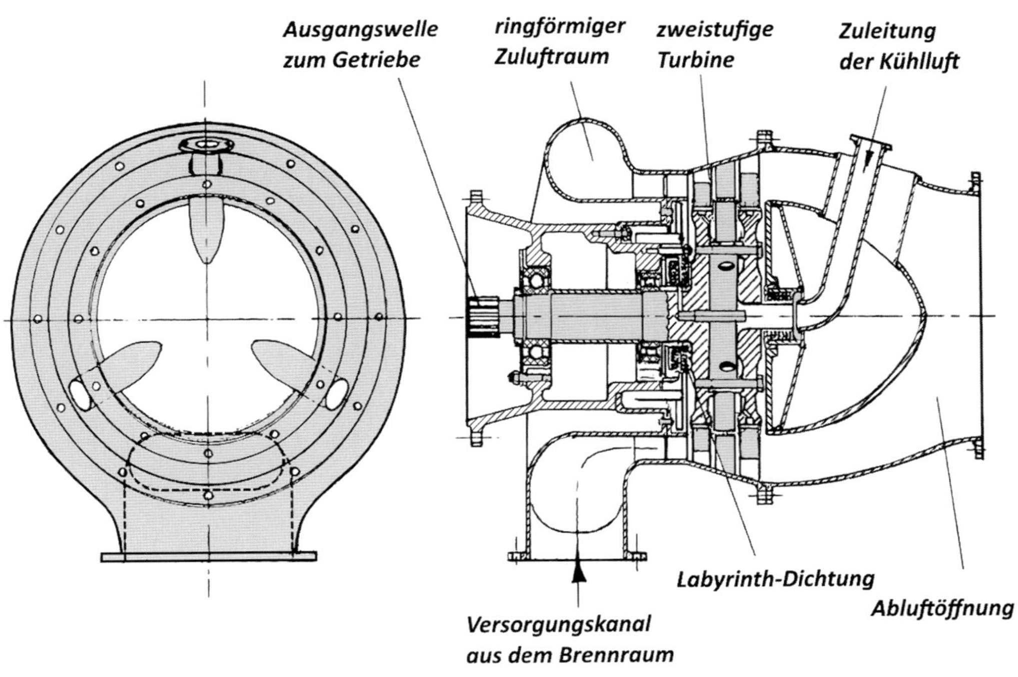


Internet/BIOS. *Querschnitt durch die Arbeitsturbine, an die das Untersetzungsgetriebe angeschlossen wurde. Die Hohlschaufeln wurden durch von außen zugeführte Luft gekühlt.*

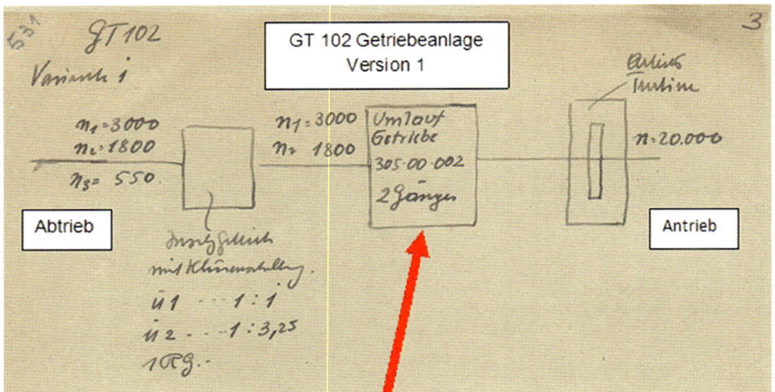


*Porsche-Archiv PA.M.R1.4.9/531/FK/MF mit Erläuterungen des Verfassers.* ***Skizze der Getriebeanlage von Obering. Rabe für GT 102 Version 1 mit Drehzahlen und Übersetzungen von Ende März 1945.***

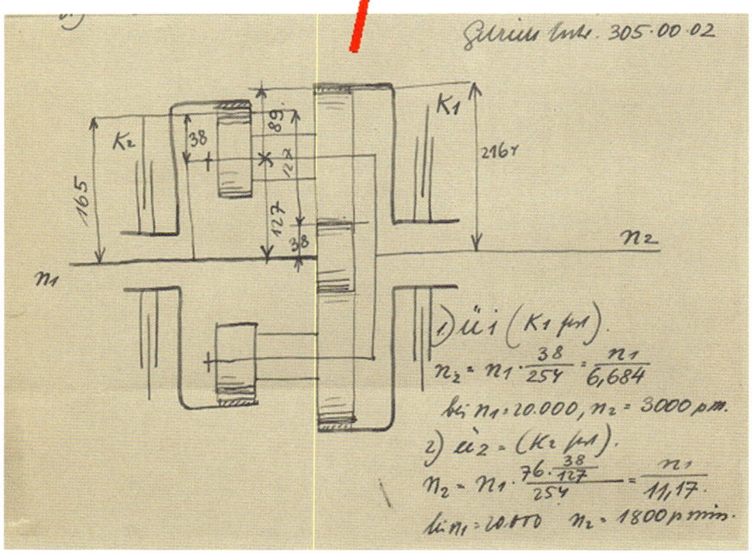

*BIOS Final Report No. 98, Fig. 38.* ***Das 2-Gang-Umlaufgetriebe 305.00.002 mit hydraulisch betätigten Scheibenkupplungen der oben skizzierten Getriebeanlage GT 102 (Version 1) im Schnitt.***

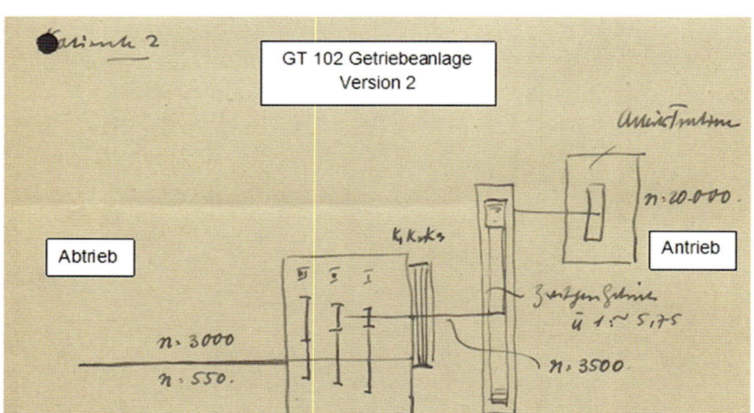


*Porsche-Archiv PA.M.R1.4.9/531/FK/MF mit Erläuterungen des Verfassers.* ***Skizze der Getriebeanlage, ebenfalls von Obering. Rabe, für GT 102 Version 2, von Ende März 1945. Die Anlage besteht aus einem Zwischengetriebe und einem dreistufigen Getriebe mit Schaltkupplungen. Groß dimensionierte Anfahrkupplungen wie beim Einwellen-Axialgetriebe GT 101 waren beim GT 102 systembedingt nicht erforderlich.***

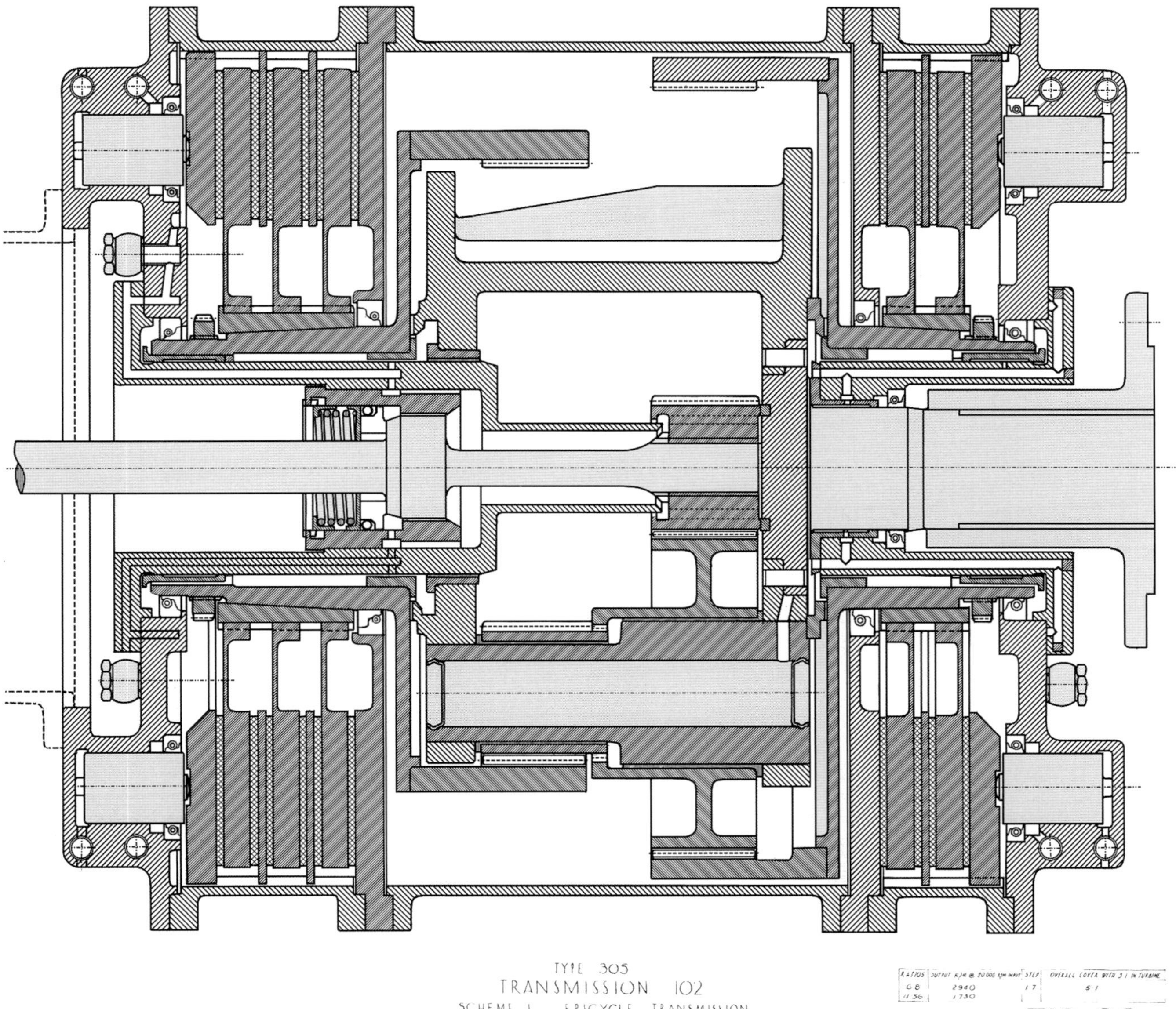


FIG. 38.

DWG No 305.00.002

*BIOS Final Report No. 98, Fig. 38.* ***Das 2-Gang-Umlaufgetriebe 305.00.002 mit hydraulisch betätigten Scheibenkupplungen der oben skizzierten GT 102 Getriebeanlage, Version 1, im Schnitt.***

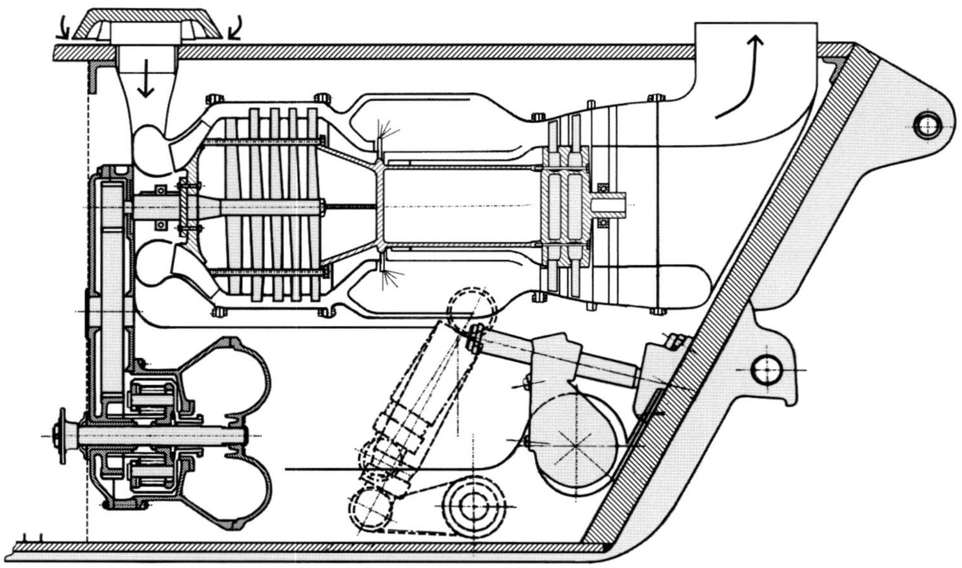

WS/ PA.M.R1.4.9/531/MF. *Porsche-Zeichnung Typ 305 von Obering. Rabe betreffend den Einbau einer Einwellen-Axialgasturbine in einen Jagdtiger, dessen Motorraumlänge sich aufgrund der einheitlichen Verwendung des Maybach-Motors HL 230 nicht wesentlich von der des Panthers unterscheidet. Die Zeichnung ist nicht datiert. Es ist jedoch anzunehmen, dass es sich um einen frühen Entwurf handelt. Die abgebildete Turbine ist durch eine geringere Anzahl von Verdichter- und Turbinenstufen gekürzt dargestellt, da hier der Abgasaustritt unter Panzerschutz nach oben erfolgen kann. Die darunter angedeutete, nicht fertig gezeichnete Kupplung zum Fahrzeugantrieb weist auf den Einbau einer hydraulischen Kupplung hin. Bereits Ende Dezember 1944 wurde von Porsche bestimmt, eine elektromagnetische Kupplung zu verwenden.*

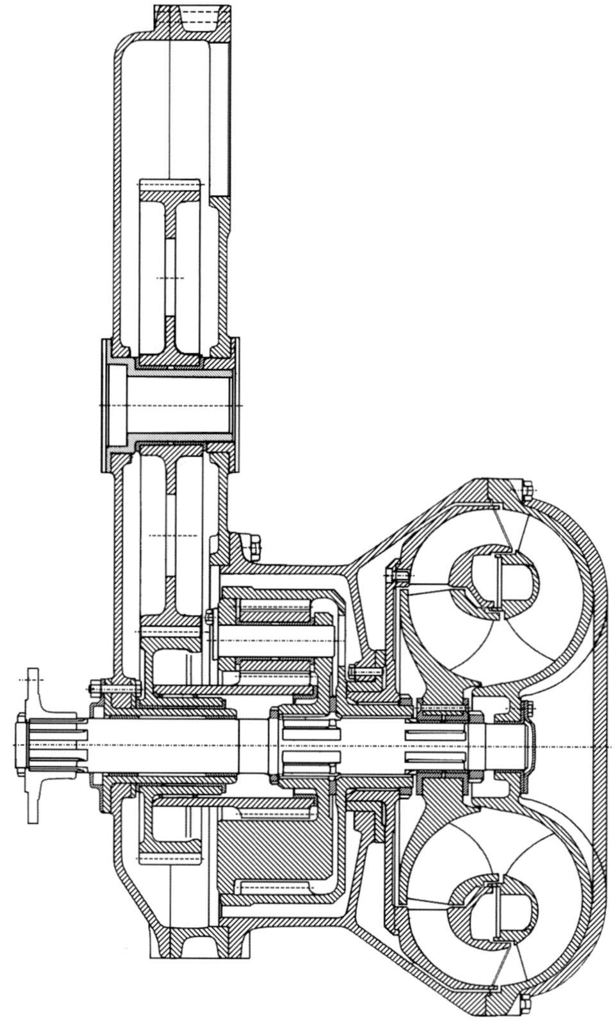

PA.M.R1.4.9/531/MF. *Schnittzeichnung des Getriebes zur Jagdtiger-Einbau-Zeichnung. Das an der Turbine angeschlossene Stirnrad-Untersetzungsgetriebe treibt eine hydraulische Kupplung an, die dem Schaltgetriebe vorgeschaltet werden sollte, um eine zufrieden stellende Fahrbarkeit des Fahrzeuges wegen des ungünstigen Drehmomentverhaltens der Einwellen-Axialturbine zu ermöglichen. Die Verwendung einer hydraulischen Kupplung mit der GT 101 war seit Ende Dezember 1944 nicht mehr vorgesehen.*[333]

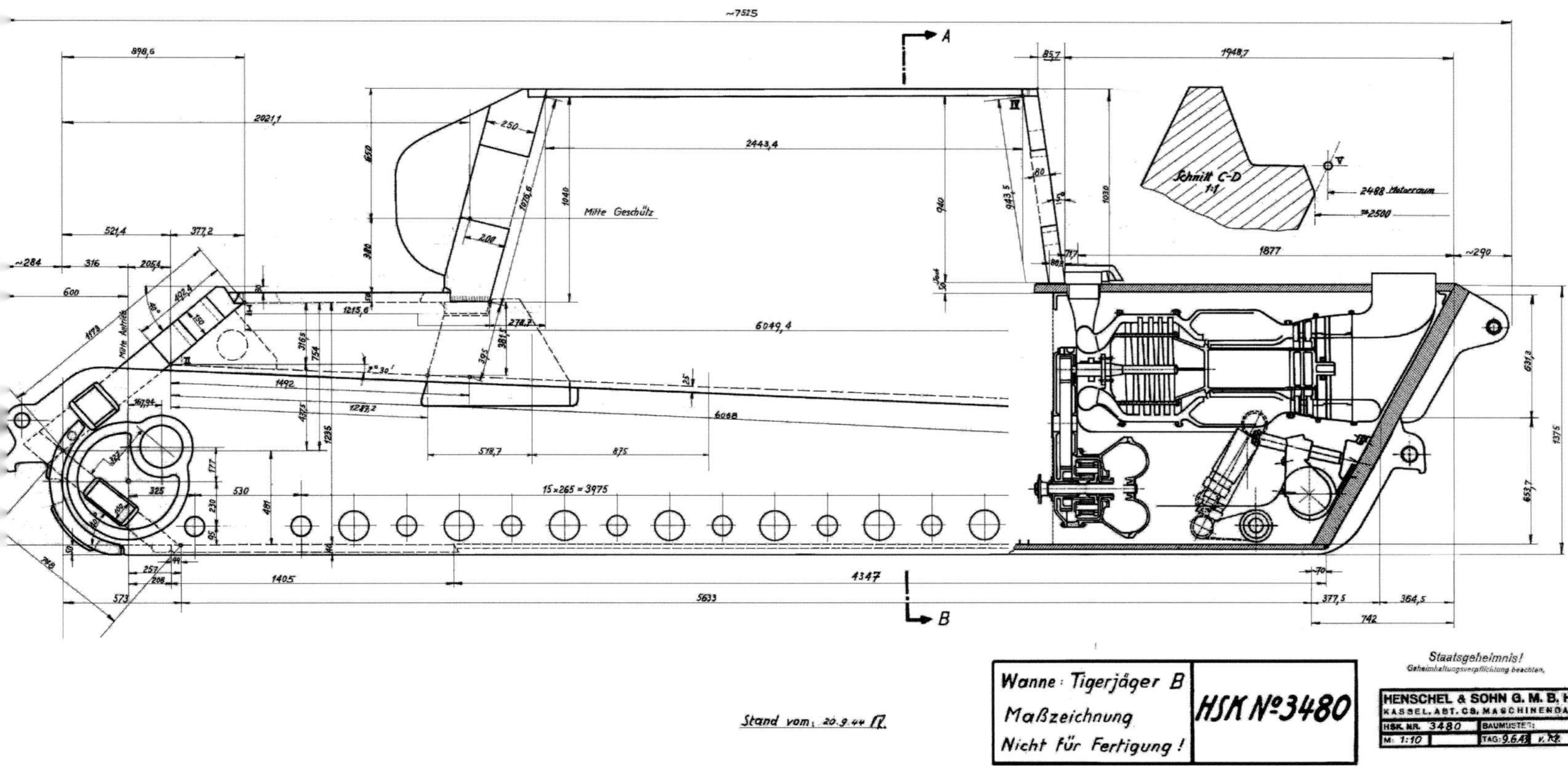


Henschel/MF. ***Seitenriss des Jagdtiger-Panzergehäuses mit integrierter Gasturbine nach Porsche-Zeichnung Typ 305 zur Verdeutlichung der Größenverhältnisse.***

# Bildnachweis

Archive of Modern Conflict (AMC)
Archiv TU Dresden (A TU DD)
Bundesarchiv Militärarchiv und Bildarchiv (BAMA und BABA)
Dr. Ing. h.c. F. Porsche AG, Heritage und Museum, Unternehmensarchiv und History Services, Medienarchiv und Dokumentation (PA).
Genannte Ersatzteillisten (ETL)
Genannte Beschreibungen und Bedienungsanleitungen (BBA)
Historisches Archiv MAN Truck & Bus SE (MAN)
MAGNA-St. Valentin (ex. Steyr)
Mercedes-Benz Classic Archiv (MB Classic-Archiv)
MTU
National Archives and Records Administration, Washingtonvia MacDougall/Neely, Nürnberg´s Panzer Factory (NA via MacDougall/Neely)
Sächsisches Staatsarchiv, Staatsarchiv Chemnitz
Sammlung W.J. Spielberger (WS)
Sammlung Jentz (SJ)
Sammlung Frank Köhler (FK)
Sammlung Rolf Hilmes (RH)
Sammlung Michael Fröhlich (MF)
Sammlung Helmut Hujer (HH)
Sammlung Yuri Pasholok (YP)
Sammlung Markus Jaugitz (MJ)
Simmering-Graz-Pauker AG (SGP)
Taube, G.: Die schwersten Steilfeuer-Geschütze 1914-1945, Motorbuch-Verlag, Stuttgart 1981.
The Tank Museum Bovington (TTM)
UB Universitätsarchiv Stuttgart, FKFS-Archiv
Wehrtechnische Studiensammlung des Bundesamtes für Informationstechnik und Nutzung der Bundeswehr, Koblenz (WTS)
ZF-Friedrichshafen
Zemsky Archiv V Opave

# Quellennachweis


**1. Schrifttum**

BIOS Final Report No. 34, Item No. 18, Interrogation of Dipl. Ing. Ernest Kniepkamp (AFVs), datiert 18. Sep 1947 (IWM London)

BIOS Evaluation Report No,47, Gas Turbines for Tanks, 4 Oct. 45. (IWM London)

BIOS Interrogation Report No. 62, Interrogation of Dipl. Ing. Paul Kolb of B.M.W, 30 Nov 46. (IWM London)

BIOS Final Report No. 98, Report on German Development of Gas Turbines for Armored Fighting Vehicles, ohne Abschlussdatum, Verhöre ab 26. Mai 1945.

BIOS 579, Target NOS: 18/58(a) 18/58(c), The ZF Electro-Magnetic Transmission, with a special application for the Panther Tank, ohne Datum. (IWM London)

Baschin, Joachim: Nuts&Bolts-24, Pz.Kpfw. II Ausf. D/E and Variants, 2009.

Dr.-Ing. Beisel, Werner: Das Soden-Getriebe in Fahrzeugen der Zwanziger Jahre, i.S., Kressbronn 2018.

Boelcke, Willi A.: Deutschlands Rüstung im Zweiten Weltkrieg, Akademische Verlagsgesellschaft Athenaion, 1969.

CIOS Target No. 18/64, Z.A. Hydraulic Steering System for Panther Tank, October 1945 (IWM London)

CIOS XXXII-2, CIOS Target No. 18/63b, Investigation of Tank Development (Panther) at Maschinenfabrik Augsburg & Nurnberg (M.A.N), 29 August 1945 (IWM London)

Dach, Hansjörg: Panzergetriebe aus Friedrichshafen, Zur Geschichte der ZF Friedrichshafen AG Band 9, ZF Friedrichshafen AG für Hansjörg Dach, November 2011.

Eckermann, Erik, Treue, Wilhelm und Zima, Stefan: Technikpionier Karl Maybach: Antriebssysteme, Autos, Unternehmen, Springer-Verlag, Wiesbaden 2021.

Erdmann, Holger und Block, Martin: Nuts&Bolts-40, Büssings schwere Pz. Spähwagen Part 3: schw. Pz. Spähwagen (Sd. Kfz. 234-8-Rad Tp) and Variants, 2018.

Feyer, Sven: Die MAN im Dritten Reich: Ein Maschinenbauunternehmen zwischen Weltwirtschaftskrise und Währungsreform, Nomos Verlagsgesellschaft, Baden-Baden 2018.

Fröhlich, Michael: Der Panzerjäger Ferdinand, Panzerjäger Tiger (P), Porsche Typ 131, Motorbuch-Verlag, Stuttgart 2020.

Fröhlich, Michael: Der andere Tiger, Der Panzerkampfwagen Porsche Typ 101, Motorbuch-Verlag, Stuttgart 2019.

Fröhlich, Michael: Panzerkampfwagen Maus, der überschwere Panzer Porsche Typ 205, Motorbuch-Verlag, Stuttgart 2013.

Fröhlich, Michael: Schwere Panzer der Wehrmacht, von der 2,8 cm Flak bis zum Jagdtiger, Motorbuch-Verlag, Stuttgart 2015.

Fröhlich, Michael: Überschwere Panzerprojekte, Konzepte und Entwürfe der Wehrmacht, Motorbuch-Verlag, Stuttgart 2016.

von Gersdorff, Kyrill, Schubert, Helmut und Ebert, Stefan: Die deutsche Luftfahrt-Flugmotoren und Strahltriebwerke, Bernard Graefe Verlag, Bonn 2007.

Giger, Hans: Kolben-Flugmotoren, Motorbuch-Verlag, Stuttgart 1986.

Hujer, Helmut: Die Entwicklung von Großflugmotoren in Oberursel 1941 bis 1945, Sonderdruck aus dem Heft 53-2014 der Mitteilungen des Vereins für Geschichte und Heimatkunde Oberursel e.V. und 125 Jahre MO-Stand 25.11.2018.

Internet: https://en.topwar.ru/30671-nemeckie-proekty-tankovyh-gazoturbinnyh-dvigateley.html, u.a. mit Verweis auf: Kay, E.L., History development and creation of jet engines and gas turbines in Germany. - Rybinsk: NPO Saturn, 2006, zuletzt abgerufen am 9.9.22, 11:10 Uhr,

Jenny, Ernst: Der BBC-Turbolader-Geschichte eines Schweizer Erfolges, Birkhäuser Verlag, Baden 1993.

Jentz, Thomas L. und Doyle, Hilary Louis: Panzer Tracts No.18, „Panzerkampfwagen 38(t), Ausf. A to G und S“, 2007.

Jentz, Thomas L. und Doyle, Hilary Louis: Panzer Tracts No.20-2, Paper Panzers, 2002.

Jentz, Thomas L. und Doyle, Hilary Louis: Panzer Tracts No.20-1, Paper Panzers, 2001.

Jentz, Thomas L. und Doyle, Hilary Louis: Panzer Tracts No.1-1, Panzerkampfwagen I, Boyds, MD 20941, 2002.

Jentz, Thomas L. und Doyle, Hilary Louis: Panzer Tracts No.1-2, Panzerkampfwagen I, Kl.Pz.Bef.Wg. to VK 18.02., 2002.

Jentz, Thomas L. und Doyle, Hilary Louis: Panzer Tracts No. 2-2, Panzerkampfwagen II, Ausf. G, H, J, L and M, Boyds, MD 20841, 2007.
Jentz, Thomas L. und Doyle, Hilary Louis: Panzer Tracts No.3-1, Panzerkampfwagen III, Ausf. A, B, C, und D, 2006.
Jentz, Thomas L. und Doyle, Hilary Louis: Panzer Tracts No.3-2, Panzerkampfwagen III, Ausf. E, F, G, und H, 2007.
Jentz, Thomas L. und Doyle, Hilary Louis: Panzer Tracts No.3-5, Panzerkampfwagen III Umbau, Boyds, MD 20841, 2011.
Jentz, Thomas L. und Doyle, Hilary Louis: Panzer Tracts No. 6, Schwere Panzerkampfwagen, D.W. to E-100 including the Tigers, Boys, MD 20841, 2002.
Jentz, Thomas L. und Doyle, Hilary Louis: Panzer Tracts No. 6-3, Schwere Panzerkampfwagen Maus and E 100, Boyds, MD 20841, 2008.
Jentz, Thomas L. und Doyle, Hilary Louis: Panzer Tracts No. 10-1, Artillerie-Selbstfahrlafetten from Pz.Sfl.IVb to Hummel-Wespe, Boyds, M.D. 20841, 2012.
Jentz, Thomas L. und Doyle, Hilary Louis: Panzer Tracts No. 12-1, Flakpanzerkampfwagen IV and other Flakpanzer projects …, Boyds, M.D. 20841. 2010.
Jentz, Thomas L. und Doyle, Hilary Louis: Panzer Tracts No. 6, Schwere Panzerkampfwagen D.W. to E-100 including the Tigers, Boyds, M.D. 20841, 2001.
Jentz, Doyle, Panzer Tracts No. 6-3, Schwere Panzerkampfwagen Maus und E 100, Boyds, M.D. 20841, 2008.
Jentz, Thomas L. und Doyle, Hilary Louis: Panzer Tracts No.23, Panzer Production from 1933 to 1945, 2011.
Jentz, Thomas L. und Doyle, Hilary Louis: Germany's Tiger Tanks, D.W. to Tiger I, Atglen, PA 19310, 2000.
Jentz, Thomas L. und Doyle, Hilary Louis: VK 45.02 to Tiger II, Atglen, PA 19310, 1997.
Jentz, Thomas L.: Germany's Panther Tank, The Quest for Combat Supremacy, Atglen PA 19310, 1995.
Jentz, Thomas L.: Der Panther, Wölfersheim 1997. (Deutsche Übersetzung von Jentz, Germany's Panther Tank …, s. o.).
Jentz, Thomas L.: Berta's Big Brother Karl-Gerät (69 cm) & (54 cm), 2001.
Köhler, Frank: Panther- Meilenstein der Panzertechnik, Schneider Armour Research, Uelzen 2014.
Köhler, Frank: Schützenpanzer – Entwicklung in Deutschland seit 1942 bis 1955, Schneider Armour Research, Uelzen 2018.
Ludvigsen, Professor Porsche's Wars: The Secret Life of Ferdinand Porsche, the Legendary Engineer Who Armed Two Belligerents Through Four Decades, 2018
Mac Dougall/Neely: Nürnbergs Panzer Factory, 2013.
MAN, Leistung und Weg – Zur Geschichte des MAN Nutzfahrzeugbaus, Springer-Verlag, Berlin 1991.
Margolius, Ivan und Henry, John G.: Tatra, the Legacy of Hans Ledwinka, Verlag Veloce, 2019.
Merkle, F.: Handbuch für Flugmotorenkunde, Verlag C.J.E. Volckmann, 1939.
Michaels, Conrad: Rüstungsmanagement der Ministerien Todt und Speer, Verlag Aschendorff, Münster, 2020.
Möller, Eberhard und Brack, Werner: Einhundert Jahre Dieselmotoren für fünf deutsche Marinen, Verlag E.S. Mittler & Sohn, Hamburg, Berlin, Bonn 1998.
Münch, Karlheinz: Einsatzgeschichte der schweren Panzerjäger-Abteilung 653 1943–1945, Mannheim 1996.
Niemann, Harry: Karl Maybach seine Motoren und Automobile, Motorbuch-Verlag, Stuttgart 2004.
Pawlas, Karl R.: Waffen Revue, Nr. 3, 21, 22, 23, 32.
Potthof, J. und Schmid, I.C.: Wunibald I. E. Kamm, Wegbereiter der modernen Kraftfahrtechnik, Springer-Verlag, Heidelberg 2012.
Rauscher, Karl-Heinz: Steyr im Nationalsozialismus-Industrielle Strukturen, Weishaupt Verlag, Gnas 2004.
Spielberger, Walter J. und Doyle, Hilary L.: Fahrzeuge der Reichswehr-Panzerkampfwagen 1920-1935, Motorbuch-Verlag, Stuttgart 2016.
Spielberger, Walter J. und Doyle, Hilary L.: Panzer I und II und ihre Abarten, Motorbuch-Verlag, Stuttgart 2014.
Spielberger, Walter J. und Doyle, Hilary L.: Panzer III und seine Abarten, Motorbuch-Verlag, Stuttgart 2013.
Spielberger, Walter J. und Doyle, Hilary L.: Panzer IV und seine Abarten, Motorbuch-Verlag, Stuttgart 2010.
Spielberger, Walter J. und Doyle, Hilary L.: Die Panzer-Kampfwagen 35(t) und 38(t) und ihre Abarten, Motorbuch-Verlag, Stuttgart 2013.
Spielberger, Walter J. und Doyle, Hilary L.: Der Panzer-Kampfwagen Panther und seine Abarten, Motorbuch-Verlag, Stuttgart 1999.

Spielberger, Walter J. und Doyle, Hilary L.: Der Panzer-Kampfwagen Tiger und seine Abarten, Motorbuch-Verlag, Stuttgart 2003.
Spielberger, Walter J. und Doyle, Hilary L.: Spezial-Panzerfahrzeuge des deutschen Heeres, Motorbuch-Verlag, Stuttgart 1977.
Spielberger, Walter J.: Von der Zugmaschine zum Leopard 2, Bernard & Graefe Verlag, München 1979.
Spielberger, Walter J.: Deutsche Flak-Panzer bis 1945, Bernard & Graefe Verlag, München 1982.
Spielberger, Walter J.: Motorisierung der Deutschen Reichswehr 1920-1935, Motorbuch-Verlag, Stuttgart 1979.
Schubert, Helmut: Deutsche Triebwerke, AVIATIC-Verlag GmbH, Oberhaching, 1999, MTU München 1984.
Taube, G.: Deutsche Steilfeuergeschütze 1914-1945, Motorbuch-Verlag, Stuttgart 2018.
Treue, Wilhelm und Zima, Stefan: Hochleistungsmotoren - Karl Maybach und sein Werk, VDI Verlag, Düsseldorf 1992.
Winninger, Michael: Das Nibelungenwerk, OKH Spielwaren: Die Panzerfabrik in St. Valentin, Müller History Facts, Andelfingen 2011.
Zima, Stefan: Entwicklung schnellaufender Hochleistungsmotoren in Friedrichshafen, VDI Verlag, Düsseldorf 1987.
Zima, Stefan: Ungewöhnliche Motoren, Vogel Buchverlag, Würzburg 2005.

**2. Archivalien und Vorschriften**

Historisches Archiv MAN Truck & Bus SE (MAN) 1.6.4 3.2. Sonderfahrzeuge I und II.
Beschreibung „Bayern-Flugmotor BMW Va",1928.
Beschreibung „6 Zylinder-Vergasermotor Bauart HL 42 TUKRM", 1943.
Beschreibung „6 Zylinder-Vergasermotor Bauart HL 57/62 TR", 1936.
Beschreibung „6 Zylinder-Vergasermotor Bauart HL 66 P, Plan und Z", 1942.
Beschreibung „12 Zylinder-Vergasermotor Bauart HL 108/120 TR", 1936.
Beschreibung „12 Zylinder-Vergasermotor Bauart HL 108 TUKRM", 1940.
Beschreibung „12 Zylinder-Vergasermotor Bauart HL 120 TRM", 1944.
Beschreibung „12 Zylinder-Vergasermotor Bauart HL 210 P 45 und P 30".
Beschreibung „12 Zylinder-Vergasermotor Bauart HL 230 P 30".
Beschreibung und Anleitung „SOLEX-Fallstrom-Gelände-Vergaser", 1938.
Beschreibung und Betriebsvorschrift für den „Dieselmotor Baumuster MB 809 B" 1942/43.
Beschreibung und Betriebsvorschrift für den „Dieselmotor Baumuster MB 819".
Beschreibung und Betriebsvorschrift für den „Dieselmotor Baumuster MB 507".
Betriebsanleitung für Mercedes-Benz-Nutzkraftwagen Typ N 2 mit 6-Zylinder-Motor M 36
Blätter für Technikgeschichte, Heft 32/33 1970/71
Bosch-Licht und Anlasser für Kraftfahrzeuge, 1941.
Bosch-Elektrische Kraftfahrzeug-Anlagen, 1949.
Das Daimler-Benz-Buch, Ein Rüstungskonzern im „Tausendjährigen Reich", Delphi Politik, Franz GRENO Nördlingen, 1987.
Die Bibby-Kupplung, Malmedie & Co. Maschinenfabrik AG, Düsseldorf 1936.
D 650/2, „Panzerkampfwagen I (MG) (Sd.Kfz. 101), Ausf. A", 1936.
D 650/5, „Panzerkampfwagen I (MG) (Sd.Kfz. 101), Ausf. B", 1937.
D 651/1, „Panzerkampfwagen II (2cm) (Sd.Kfz.121) A bis C", 1938.
D 651/12, „Panzerkampfwagen II (2cm) (Sd.Kfz.121) D und E", 1939.
D 652/26, „Panzerkampfwagen III Ausführung H bis L", 1942.
D 652/17, „Panzerkampfwagen III (Sd. Kfz. 141) Ausführung E, F, G", 1940.
D 652/32, „Panzerkampfwagen 38(t), Gerätebeschreibung und Bedienungsanweisung zum Fahrgestell", 1942.
D 652/50c, „Panzerkampfwagen III Ausführung E bis L, Panzerbefehlswagen Ausführung E bis L, Gepanzerte Selbstfahrlafette Ausführung A bis G für Sturmgeschütz 7,5 cm Kanone, Vorl. Instandsetzungsanleitung für den Motor", 1943.
D 655/1a, „Pz.Kpf.Wg. Panther Ausführung A, D und Abarten".
D 655/1b, „Pz.Kpf.Wg. Panther Ausführung A, D und Abarten", 1944.

D 655/2, „Pz.Kpf.Wg. Panther Ausführung A, D und Abarten".
D 655/31c, „Panzerkampfwagen Panther, Werkstatthandbuch zum Maybach-Motor HL 230 P 30 – HL 210 P 30", 1944.
D 656/1, „Panzerjäger Tiger (P), Gerätebeschreibung und Bedienungsanweisung zum Fahrgestell", 1943.
D656/3, „Panzerjäger Tiger (P), Instandsetzungsanweisung zum elektrischen Teil des Fahrgestelles", 1943.
D 656/21, „Panzerkampfwagen Tiger, Ausführung E, Firmen-Gerätebeschreibung und Bedienungsanweisung zum Fahrgestell", 1943.
D 656/22, „Pz.Kpf.Wg. Tiger Ausführung E und Turmbeschreibung", 1944.
D 656/24, „Fristen am Tiger Ausführung E".
D 656/27, „Tiger-Fibel", 1943. Nachdruck Melchior Verlag.
D 656/30 b und c, „Pz.Kpfw. Tiger, Ausführung E, Instandsetzungsanleitung für Panzerwarte, Motor und Triebwerk", 1944.
D 656/43, „Tiger Ausführung B, Handbuch für Panzerfahrer", 1944.
D 674/190, „Sonderwerkzeug für Fahrgestell und Motor des Pz.Kpfw. 38 (t)", 1943.
Ersatzteilliste für die „Motoren NL 38 und HL 42", 1943.
Ersatzteilliste für die „Motoren HL 57 TR und HL 62 TR", 1936.
Ersatzteilliste für die „Motoren HL 108 TR und HL 120 TR",1939.
Ersatzteilliste für den „6 Zylinder-Vergasermotor Bauart S HL 66/530", 1941.
Ersatzteilliste und vorläufiges „K Geräteverzeichnis Maybach-Motor HL 230 P 30/HL 230 P 45, 12 Zylinder, 23 Liter Hubraum, 700 PS", Heft 90 h, 1944.
Ersatzteilliste und Bedienungsanweisung für „Variorex-Steuerung 102 128H".
Ersatzteilliste und Bedienungsanweisung für „Variorex-Steuerung 328 145", 1942.
„Motorenhandbuch zum Mercedes-Benz-Flugmotor DB 603 A", Stuttgart, 1942.
Section D of C.I.O.S. Group V (British)-16-Cyl. X AIR Cooled C.I. Tank Energie.
Field Information Agency-Technical (F.I.A.T.) US-Army
Office of Military Government for Germany (US)-FIAT Final Report No. 593, -The 16 Cylinder Air-Cooled Diesel Energie oft the Simmering Graz Pauker AG.
VDI Bd. 87, Oktober 1943.
Vorläufiges „K Geräteverzeichnis Kraftfahrgerät Teil 3 Maybach-Motor: HL 230 P 30 und HL 230 P 45", 1944.

# Fußnoten

1 Spielberger, Die Motorisierung der Deutschen Reichswehr 1920-1935, Stuttgart 1979, Seite 350.

2 Es sind auch andere Schreibweisen für die diversen Vollketten- (VK-)Entwicklungen überliefert, hier z.B. VK 30.01, VK 30 01 oder VK. 3001.

3 Spielberger, Die Motorisierung …, Stuttgart 1979, Seite 409 ff.

4 BIOS Final Report No. 34, Item No. 18, Interrogation of Dipl. Ing. Ernest Kniepkamp (AFVs), datiert 18. Sep 1947, Seite 1ff (sinngemäße Übersetzung).

5 Jentz, Doyle, Panzer Tracts No.1-1, Panzerkampfwagen I, Boyds, MD 20941 2002, Seite 1–17.

6 BAB, R3/1593, Oberkommando des Heeres (Chef H Rüst u. BdE), Bb.Nr. 3727/44g Wa Prüf Chef vom 10.8.1944, Der Dieselmotor im Heer, Anlage Niederschrift „Der Dieselmotor im Heer", Heereswaffenamt Wa Prüf, Nr. 3727/44g vom 10.8.44.

7 In 6 (6. Inspektion) im Allgemeinen Heeresamt: Die Waffenabteilung der Panzertruppe, Kavallerie und Heeresmotorisierung.

8 BAB, R3/1593, Oberkommando des Heeres (Chef H Rüst u. BdE), Bb.Nr. 3727/44g, Seite 2, Punkt c).

9 BAB, R3/1593, Oberkommando des Heeres (Chef H Rüst u. BdE), Bb.Nr. 3727/44g, Seite 3f.

10 Michaels, Rüstungsmanagement der Ministerien Todt und Speer, Münster 2020, Seite 802 Lebenslauf.

11 Zu dieser Zeit Generalmajor und im Wirtschaftsministerium als Leiter der Hauptabteilung II (Bergbau, Eisen- und Stahlerzeugung, Energiewirtschaft) und zusätzlich Leiter der Abteilung I (Mineralölwirtschaft, Chemie, sonstige Industrie, Textilien, Zellstoffe, Papier) tätig. Quelle: https://de.wikipedia.org/wiki/Hermann_von_Hanneken_(General_der_Infanterie)#Reichswirtschaftsministerium, abgerufen am 5.7.20, 16:00 Uhr.

12 BAB, R3/1593, Oberkommando des Heeres (Chef H Rüst u. BdE), Bb.Nr. 3727/44g, Seite 6f.

13 BAB, R3/1593, Oberkommando des Heeres (Chef H Rüst u. BdE), Bb.Nr. 3727/44g, Seite 7.

14 Siehe auch Aussage Kniepkamp, BIOS Final Report No. 34, Item No. 18, Interrogation of Dipl. Ing. Ernest Kniepkamp (AFVs), datiert 18. Sep 1947, Seite 3 unten.

15 a) Heerestechnisches Verordnungsblatt 1943, Seite 20, Beitrag 41 vom 21.4.43, „Umstellung der Kfz.-Motoren zum Betrieb mit Sonderdieselkraftstoff I (SDK.I)."
b) Heerestechnisches Verordnungsblatt 1943, Seite 194, Beitrag 321 vom 9.9.43 „Umstellungsanweisung des Dieselmotors Junkers, Typ M422. eingebaut im Lkw. 6,5 t Krupp, Typ LD 6,5 N 242, zum Betrieb mit Sonderdieselkraftstoff I."

16 http://www.schlepperfreunde-nordbaden.de/sfnb/images/artikel/brandverhuetungs-merkblatt.pdf, zuletzt aufgerufen am 25.2.22, 16.40 Uhr.

17 Kniepkamp, BIOS Final Report No. 34, Item No. 18, Interrogation of Dipl. Ing. Ernest Kniepkamp (AFVs), datiert 18. Sep 1947, Seite 3 unten.

18 Die nicht aufgeladene Grundversion wurde als MB 507 bezeichnet.

19 BAB, R3/1593, Oberkommando des Heeres (Chef H Rüst u. BdE), Bb.Nr. 3727/44g, Seite 4.

20 Panzer Tracts No. 6-3, Boyds MD 20841, 2008, Seite 6-3-47 oben.

21 a) BAAINBw-WTS G2350/3/V/18 Panther-Ausschuss Bericht, Seite 10.
b) Pöhlmann, Der Panzer und die Motorisierung des Krieges, Paderborn 2016, Seite 423. Seiner Bemerkung, „dass mit dem Panther von Daimler-Benz erstmals ein Dieselmotor in einem deutschen Serien-Modell Einzug gehalten" hätte, vermag ich daher hier nicht beizupflichten.

22 BAAINBw-WTS G2350/3/V/18 Panther-Ausschuss Bericht, Seite 10.

23 BAAINBw-WTS G2350/3/V/18 Panther-Ausschuss Bericht, Seite 7.

24 BAAINBw-WTS G2350/3/V/18 Panther-Ausschuss Bericht, Seite 11, letzter Satz.

25 Jentz, Der Panther, Wölfersheim 1997, Seite 17, linke Spalte unten, mit Verweis auf die Sitzung des Aufsichtsrates der Daimler-Benz am 3.6.42.

26 Siehe ergänzend: Konstruktionsrichtlinien für die Entwicklung von Dieselmotoren für Kampfwagen, Oberkom-

mando des Heeres, Bb.Nr.12390/38 geh. WaPrüf 6 (Ic) vom 23. Dez. 1938, zitiert in Spielberger, Der Panzerkampfwagen IV und seine Abarten, Stuttgart 1988, Anlage 4, Seite 151f.

27 BAB, R3/1593, Oberkommando des Heeres (Chef H Rüst u. BdE), Bb.Nr. 3727/44g, Seite 4.

28 Jentz, Der Panther, Wölfersheim 1997, Seite 8.

29 Jentz, Der Panther, Wölfersheim 1997, Seite 13.

30 Jentz, Doyle, Panzer Tracts No.3-5, Panzerkampfwagen III Umbau, Boyds, MD 20941 2011, Seite 3-5-2.

31 Köhler, Schützenpanzer – Entwicklung in Deutschland seit 1942 bis 1955, Uelzen 2018, Seiten 76–77, 90.

32 Jentz, Doyle, Panzer Tracts No. 2-2, Boyds, MD 20841 2007, Seite 2-2-15.

33 BIOS Final Report No. 34, Item No. 18, Interrogation of Dipl. Ing. Ernest Kniepkamp (AFVs), datiert 18. Sep 1947, Seite 5.

34 a) Jentz, VK 45.02 to Tiger II, Atglen, PA 19310, 1997, Seite 145f, Verweis auf Sitzung der Entwicklungskommission Panzer am 23.01.45.
b) Spielberger, Der Panzerkampfwagen Panther und seine Abarten, Stuttgart 1978, Seite 258f, Aktenvermerk Maier/ZF vom 31.1.45 über die Sitzung der Entwicklungskommission Panzer am 23.01.45.
c) Michaels, Rüstungsmanagement der Ministerien Todt und Speer, Münster 2020, Seite 594f mit Verweis auf Protokoll der Vollsitzung der Panzerentwicklungskommission am 23.01.45, BAB, R 3/3293, S. 9f.

35 F.I.A.T. Final Report No. 593, The 16 Cylinder Air-Cooled Diesel Engine..., vom 17.12.1945.

36 Zima, Die Entwicklung schnellaufender Hochleistungsmotoren in Friedrichshafen, i. S., 1984, Seite 149.

37 a) Jentz, VK 45.02 to Tiger II, Atglen, PA 19310, 1997, Seite 145f, Verweis auf Sitzung der Entwicklungskommission Panzer am 23.01.45.
b) Spielberger, Der Panzerkampfwagen Panther und seine Abarten, Stuttgart 1978, Seite 258f, Aktenvermerk Maier/ZF vom 31.1.45 über die Sitzung der Entwicklungskommission Panzer am 23.01.45.
c) Michaels, Rüstungsmanagement, Seite 594f mit Verweis auf Protokoll der Vollsitzung der Panzerentwicklungskommission am 23.01.45, BAB, R 3/3293, S.9f.
d) Jentz, VK 45.02 to Tiger II, Atglen, PA 19310, 1997, Seite 145, Verweis auf eine Prioritätenliste im Entwicklungs-Notprogramm, gesendet an Wa Chef Prüf am 20. Febr. 45.

38 Zima, Die Entwicklung schnellaufender Hochleistungsmotoren in Friedrichshafen, i. S., 1984, Seiten 148, 150.

39 BIOS Evaluation Report No. 47, 4 Oct 45, Gas Turbines for Tanks,

40 Siehe BAAINBw-WTS 2350-1111-0001628, Gerätbeschreibung und Bedienungsanweisung für Olvar-Getriebe OG401216B, Olvar-Getriebe Einführung Seite 1, Vorschrift ohne Erscheinungsdatum, Schaubild Seite 9 ist datiert mit 23. Aug. 1944.

41 Zima, Die Entwicklung schnellaufender Hochleistungsmotoren in Friedrichshafen, i. S., 1984, Seite 150f.

42 Begriff aus Denkschrift der Zahnradfabrik Friedrichshafen Aktiengesellschaft über Panzerwagen-Getriebe, ohne Datum, vermutlich Stand Ende 1941, BAMA RH8/2661.

43 Dir. Dr.-Ing. E.h. A. Maier, 22 Jahre Getriebekonstruktion 1922 bis 1944, Fa. ZF, Okt. 1944, Seite 44.

44 a) Spielberger, Die Motorisierung der Deutschen Reichswehr 1920–1935, Stuttgart 1979, Seite 308 und 312. b) Hansjörg Dach, Panzergetriebe aus Friedrichshafen…, Seite 33. Hansjörg Dach spricht vom erstmaligen Baujahr 1933 dieses Getriebes und bezieht sich auf ein Datenblatt der Firma ZF von 1941. Es kann sich m. E. um eine bewusste Unschärfe zum Zwecke der fortgesetzten Verschleierung der geheimen Aufrüstung bis 1933 handeln.

45 Beisel, Das Soden-Getriebe in Fahrzeugen der Zwanziger Jahre, Kressbronn 2018, Seite 384f.

46 Siehe Treue/Zima, Hochleistungsmotoren, Karl Maybach und sein Werk, Düsseldorf 1992.

47 Die Bezeichnung „Olvar" ergibt sich aus der Verbindung der Worte „Öl" und „Variorex", siehe: Treue/Zima, Hochleistungsmotoren, Karl Maybach und sein Werk, Düsseldorf 1992, Seite 389, Fußnote 54.

48 Als zeitgenössische Bezeichnung ist ebenfalls die Zahlenkombination „32 8 145" zu finden, die hier ebenfalls verwendet wird.

49 Hansjörg Dach, Panzergetriebe aus Friedrichshafen, Zur Geschichte der ZF Friedrichshafen AG, Band 9, ZF Friedrichshafen AG für Hansjörg Dach, November 2011. Zur Bezeichnung „Sondergetriebe" auf Seite 33 und 39 in Verbindung mit der Abkürzung SFG und SSG: Es ist anzunehmen, dass die Bezeichnung als Sondergetriebe mit

der Verschleierung der Aufrüstung in den 1920er-Jahren zusammenhängt. Die nahe liegende spätere Deutung der Bezeichnung SFG oder SSG als „Synchronisiertes" Fünf- oder Sechsganggetriebe scheint damit korrigiert werden zu müssen.

50 Jentz / Doyle Panzertracts 3-2, Seite 44.

51 Siehe Jentz / Doyle Panzertracts 3-2, Seiten 3-2-15, 3-2-68, 3-2-3, 3-2-8, 3-2-11 bis 3-2-15, 3-2-36 bis 3-2-38.

52 SMG = Sondergetriebe, Mehrgruppengetriebe.

53 Hansjörg Dach, Panzergetriebe aus Friedrichshafen…, Seite 80ff.

54 Dir. Dr.-Ing. E.h. A. Maier, 22 Jahre Getriebekonstruktion 1922 bis 1944, Fa. ZF, Okt. 1944, Seite 37ff.

55 Dir. Dr.-Ing. E.h. A. Maier, 22 Jahre Getriebekonstruktion 1922 bis 1944, Fa. ZF, Okt. 1944, Seite 45.

56 Versuchsauftrag Nr. 2/43 vom 18. Febr. 1943, BAMA RH 8/1/1643.

57 George Forty, Die deutsche Panzerwaffe im Zweiten Weltkrieg, Anhang über die alliierten Ermittlungen bei der Fa. Henschel Ende April 1945.

58 Frank Köhler, Herausgeber Rolf Wirtgen, Mörserträger HS 30, Bundesamt für Wehrtechnik und Beschaffung, Koblenz 2008-2011, Korrigierte und ergänzte Neuauflage 2012, Seite 8ff: Der Weg zum brauchbaren Getriebe im SPz lang HS 30.

59 Siehe Treue/Zima, Hochleistungsmotoren ..., Seite 392–394.

60 Diverse technische Details aus: a) Section G of C.I.O.S. Group V. Report on Investigation into the war time of Dr. Ing. h. c. F. Porsche KG., Voith hydraulic transmission for Porsche Model 102 (Tiger P) via Michael Fröhlich. b) WTS-Dokumentation des Voith Nita G24 in der Ausstellung der WTS, Koblenz.

61 a) Spielberger, Der Panzerkampfwagen Panther..., Stuttgart 1977, Seite 87.
b) George Forty, Die deutsche Panzerwaffe im Zweiten Weltkrieg, Anhang über die alliierten Ermittlungen und Befragungen bei der Fa. Henschel Ende April 1945.

62 Dir. Dr.-Ing. E.h. A. Maier, ZF-Getriebe in fünf Jahrzehnten, ZF-Information 1/64, Friedrichshafen, Seite 19f.

63 a) Spielberger, Der Panzerkampfwagen Panther …, Stuttgart 1978, Seiten 93–96, 147.
b) CIOS Target No.18/64 Z.A. Hydraulic Steering System for Panther Tank, October 1945.

64 Spielberger, Begleitwagen Panzerkampfwagen IV..., Stuttgart 1998, Seite 22ff.

65 Spielberger, Der Panzerkampfwagen Panther..., Stuttgart 1977, Seite 87.

66 Spielberger, Spezialpanzerfahrzeuge des Deutschen Heeres, Stuttgart 1998, 4. Auflage, Seite 65f.

67 KTL Wien: Kraftfahrtechnischen Lehranstalt der Waffen-SS in Wien, hier Gruppe Versuchsbau der Waffen-SS, (Deckname Alfred), In St. Aegyd, westlich Wiener Neustadt mit KZ Außenlager St. Aegyd, siehe https://de.wikipedia.org/wiki/KZ-Nebenlager_St._Aegyd am Neuwalde, zuletzt abgerufen am 29.9.22, 19:00 Uhr, Funktion des Lagers.

68 a) Spielberger, Der Panzerkampfwagen Panther..., Stuttgart 1977, Seite 230.
b) https://de.wikipedia.org/wiki/Ernst_Kniepkamp

69 Michaels, Rüstungsmanagement, Seite 656f, 773.

70 Ludvigsen, Professor Porsche's Wars: The Secret Life of Ferdinand Porsche, the Legendary Engineer Who Armed Two Belligerents Through Four Decades, Yorkshire-Philadelphia, 2014, 2018, Seite 206, Randbemerkung.

71 Spielberger, Der Panzerkampfwagen Panther..., Stuttgart 1977, Seite 162. Das Fahrgestell soll auch mit einem elektrischen Lenkgetriebe ausgerüstet gewesen sein. Abkürzung AMX -> Ateliér de Construction de Moulinex.

72 Brief Fr. Mattes, Unternehmensarchives der ZF Friedrichshafen AG vom 20. April 2000 an den Verf. mit Bezug auf ein unveröffentlichtes Berichtsmanuskript von Dr. Ing. E.h. Maier.

73 Hansjörg Dach, Panzergetriebe aus Friedrichshafen…, Seite 112.

74 Bildquelle WS bedeutet in diesem Abschnitt: Spielberger, Die Motorisierung der Deutschen Reichswehr 1920–1935, Stuttgart 1979, Seite 281–331.

75 Spielberger, Die Motorisierung der Deutschen Reichswehr 1920-1935, Stuttgart 1979, Seite 285.

76 Spielberger, Die Motorisierung der Deutschen Reichswehr 1920-1935, Stuttgart 1979, Seite 350.

77 Zahnrad-Fabrik Friedrichshafen, Das Soden-Getriebe, in: Beisel, Das Soden-Getriebe in Fahrzeugen der Zwanziger Jahre, Kressbronn 2018, Seite 90 (https://files.vogel.de/vogelonline/vogelonline/files/8077.pdf).

78 a) Spielberger, Motorisierung der Deutschen Reichswehr 1920-1935, Stuttgart 1979, Seite 281ff, b) Beisel, Das Soden-Getriebe in Fahrzeugen der Zwanziger Jahre, Kressbronn 2018, Seite 360ff.

79 Wikipedia.

80 Beschreibung Maybach Bauart HL 108/120 TR.

81 SmK= Spitzgeschoss mit (Stahl-)kern für Gewehre und MG, gegen schwach gepanzerte Ziele.

82 a) Jentz, Doyle, Panzer Tracts No. 3-1 Panzerkampfwagen III..., Boyds, M.D. 20841, 2006, Seiten 3-2ff.
b) Beisel, Das Soden-Getriebe in Fahrzeugen der Zwanziger Jahre, Kressbronn 2018, Seite 362ff.

83 Betriebsanleitung für Mercedes-Benz-Nutzkraftwagen Typ N 2 mit Sechszylinder-Motor M 35.

84 Jentz, Doyle, Panzer Tracts No. 3-1, Boyds, M.D. 20841, 2006, Seiten 3-6 und 3-10f.

85 Jentz, Doyle, Panzer Tracts No. 3-1, Boyds, M.D. 20841, 2006, Seite 3-17f.

86 Schwedisches Nationalarchiv via Swedish Tank Archives Blog. (SNA).
https://tanks.mod16.org/2015/04/
https://tanks.mod16.org/pdf/leichttraktor.pdf, zuletzt abgerufen am 27.04.15, 18:40 Uhr.

87 VK 6.01: Erster Entwurf (01) eines Vollkettenfahrzeuges (VK) in der 6-t-Klasse (6).

88 Jentz, Doyle, Panzer Tracts No. 1-2, Panzerkampfwagen I, kl.Pz.Bef.Wg. to VK 18.01., Boyds, M.D. 20841, 2002, Seite1-153–1-155.

89 Jentz, Doyle, Panzer Tracts No. 23, Boyds, M.D. 20841, 2011, Seite 23-9 und 23-13.

90 D 650/22.

91 Spielberger, Von der Zugmaschine zum Leopard 2, München 1979, Seite 72ff.

92 Frühere Bezeichnung Januar bis Juni 1939: SRG (Schaltreglergetriebe) 15319, siehe Jentz/Doyle PT No. 1-2, Seite 1–148.

93 Jentz, Doyle, Panzer Tracts No. 1-2, Boyds, M.D. 20841, 2002, Seite 1–153.

94 Spielberger, Von der Zugmaschine zum Leopard 2, München 1979, Seite 73.

95 Jentz, Doyle, Panzer Tracts No. 1-2, Boyds, M.D. 20841, 2002, Seite 1–160ff.

96 Jentz, Doyle, Panzer Tracts No. 1-2, Boyds, M.D. 20841, 2002, Seite 1–160.

97 D 650/33.

98 Jentz, Doyle, Panzer Tracts No. 2-2, Panzerkampfwagen II, Ausf.G, H, J, L, and M, Boyds, M.D. 20841, 2007.

99 Jentz, Doyle, Panzer Tracts No. 2-2, Boyds, M.D. 20841, 2007, Seite 2-2-10.

100 Anmerkung des Autors: Vermutlich nur eine Höhenstabilisierung der Waffen.

101 Jentz, Doyle, Panzer Tracts No. 2-2, Boyds, M.D. 20841, 2007, Seite 2-2-2.

102 VK 901: Erster Entwurf (01) eines Vollkettenfahrzeuges (VK) in der 9-t-Klasse (9).

103 Jentz, Doyle, Panzer Tracts No. 2-2, Boyds, M.D. 20841, 2007, Seite 2-2-11.

104 Köhler, Schützenpanzer – Entwicklung in Deutschland seit 1942 bis 1955, Uelzen 2018, Seiten 45f.

105 Freundliche Mitteilung vom Archiv ZF Friedrichshafen AG, Frau Gisela Mattes, per E-Mail vom 13.12.2010 an H. Köhler.

106 Das handgeschaltete, synchronisierte Siebenganggetriebe des Panzerkampfwagen Panther.

107 Spielberger, Von der Zugmaschine zum Leopard 2, München 1979, Seite 78f.

108 Siehe Jentz, Doyle, Panzer Tracts No. 2-2, Boyds, M.D. 20841, 2007, Seite 2-2-12 ff.

109 Jentz, Doyle, Panzer Tracts No. 20-2, Paper Panzers, Boyds, M.D. 20841, 2001, Seite 20–62.

110 Jentz, Doyle, Panzer Tracts No. 2-2, Boyds, M.D. 20841, 2007, Seite 2-2-15.

111 Jentz, Doyle, Panzer Tracts No. 2-2, Boyds, M.D. 20841, 2007, Seite 2-2-12. Der Autor hält es für möglich, dass es sich dabei um einen bisher nicht dokumentierten, pneumatisch geschalteten Variorex-Getriebeprototyp handelt. Interessant ist hier die Übereinstimmung mit der Bezeichnung des schon erwähnten hydraulisch geschalteten Olvar-Vorwählgetriebes der Firma Maybach OG 20417.

112 Major Crohn, HWA WaPrüf 6, später Oberst, Sitzungsteilnehmer Panzerkommission, siehe Michaels, Rüstungsmanagement der Ministerien Todt und Speer, Münster 2020, Seite 777.

113 Historisches Archiv MAN Truck & Bus SE, Reisebericht O. Meyer, Wiebicke vom 23.1.42 über eine Besprechung in Berlin mit HWA am 22.1.42.

114 Generalleutnant Ludwig Ritter von Radlmeier war Mitglied der Panzerkommission.
115 Boelcke, Deutschlands Rüstung im Zweiten Weltkrieg, Frankfurt a.M., 1969, Seite 85, Punkt 19. Der Punkt bezieht sich auf die Konstruktion eines schwer gepanzerten Schnellläufers nach besonderen Angaben durch Porsche, zusammen mit Skoda. Dieser Firmen-Zusammenhang erklärt sich mir hier nicht.
116 Jentz, Doyle, Panzer Tracts No. 2-2, Boyds, M.D. 20841, 2007, Seite 2-2-18 und 2-2-14.
117 Jentz, Doyle, Panzer Tracts No. 2-2, Boyds, M.D. 20841, 2007, Seite 2-2-15.
118 Jentz, Doyle, Panzer Tracts No. 2-2, Boyds, M.D. 20841, 2007, Seite 2-2-16ff.
119 Jentz, Doyle, Panzer Tracts No. 2-2, Boyds, M.D. 20841, 2007, Seite 2-2-44f.
120 Jentz, Doyle, Panzer Tracts No. 2-2, Boyds, M.D. 20841, 2007, Seite 2-2-50.
121 Jentz, Doyle, Panzer Tracts No. 2-2, Boyds, M.D. 20841, 2007, Seite 2-2-22.
122 Das Daimler-Benz Buch.
123 Ceskomoravska-Kolben Denek, Prag, während der deutschen Besetzung in BMM (Böhmisch-Mährische Maschinenfabrik AG) umbenannt.
124 Hansjörg Dach, Panzergetriebe aus Friedrichshafen, Zur Geschichte der ZF Friedrichshafen AG, Band 9, ZF Friedrichshafen AG für Hansjörg Dach, November 2011, Seite 28.
125 a) Jentz, Der Panther, Wölfersheim 1997, Seite 8, b) Jentz, Doyle, Panzer Tracts No. 3-5, Panzerkampfwagen III Umbau, Boyds, M.D. 20841 2011, Seite 3-5-2ff, c) Jentz, Doyle, Panzer Tracts No. 20-1, Paper Panzers, Boyds, M.D. 2001, Seite 20-2, d) Spielberger, Der Panzerkampfwagen III und seine Abarten, 2.Auflage 1984,
Seite 74 und 78. Die älteren Quellen beinhalten teilweise widersprüchliche Angaben zu ZW 40 und VK 2001. Jentz/Doyle hatten sich in ihren späteren Publikationen zur Aufgabe gemacht, die Publikationen ihres Mentors Spielberger zu aktualisieren und zu ergänzen.
126 Dach, Panzergetriebe aus Friedrichshafen…, Seite 28.
127 Dach, Panzergetriebe aus Friedrichshafen…, Seite 27.
128 Jentz, Doyle, Panzer Tracts No. 3-5, Boyds, M.D. 20841 2011, Seite 3-5-2ff.
129 In einer Aufstellung von Herrn Burr, MTU, via Hilary Doyle, E-Mail an Herrn Köhler vom 11. Januar 2008: HL 90 in ZW40, Schnitt E, Jahr 1942, Zeichnung 156618/0.
130 Spielberger u.a., Begleitwagen Panzerkampfwagen IV, Stuttgart 1998, Seite 254f.
131 Dach, Panzergetriebe aus Friedrichshafen…, Seite 27+28.
132 Jentz, Doyle, Panzer Tracts No. 12-1, Flakpanzerkampfwagen IV and other Flakpanzer Projects …, Boyds, M.D. 20841 2010, Seite 12-1-62ff.
133 Bezeichnung GW [Geschützwagen] IV laut D653/42 vom 15.10.43, im Handbuch Heereswaffenamt, Blatt G 367 als Fgst. [Fahrgestell] Pz.Kpfw. III/IV (SF) [Selbstfahrlafette] bezeichnet.
134 Spielberger, Panzer I und II und ihre Abarten, S. 113.
135 Vergl. a) Doyle, Friedli, Jentz, Panzer Tracts No. 15-4, Vollketten M.S.P. Kätzchen., Boyds 2016 und
b) Köhler, Schützenpanzer - Entwicklung in Deutschland seit 1942 bis 1955, Uelzen 2018, Seite 11ff.
136 D 687/3 via BAMA RH8-6032.
137 Spielberger, Panzer 35(t)/38 (t).
138 W. A. Boelcke, Deutschlands Rüstung im Zweiten Weltkrieg, S. 397.
139 WS, Panzerkampfwagen 35(t)/38 (t), S. 190.
140 W. A. Boelcke, Deutschlands Rüstung im Zweiten Weltkrieg.
141 WS. Panzer 35(t)/38(t), S. 190/191.
142 WS. Leichte Jagdpanzer, S. 72.
143 Ebenda.
144 „Überblick über den Stand der Entwicklungen beim Heer" Nr. 661/42 g.Kdos Wa Prüf Stab vom 1.7.1942.
145 Spielberger, Spezial-Panzerfahrzeuge des deutschen Heeres, 4. Auflage Stuttgart 1988, Seite 31f.
146 RH8-2983.
147 Spielberger, Spezial-Panzerfahrzeuge…, Seite 33f.
148 M. Fröhlich, Überschwere Panzerprojekte, S. 91-102./RH8-2983.

149 Spielberger, Spezial-Panzerfahrzeuge…, Technische Daten, Seite 149. Spielberger spricht von einem SSG 76 mit Verweis auf das Handbuch des Heereswaffenamtes. Aufgrund des kürzeren Fahrgestelles und dem großen Geschützturm erscheint der Einbau des kleineren Getriebes in Verbindung mit dem HL 66, wie in der neueren Quelle angegeben, wahrscheinlicher.

150 SSG 46 - Höchstes Eingangsdrehmoment: ca. 46 mkg. HL 66 – Höchstes Drehmoment ca. 40 mkg, HL 90 – Höchstes Drehmoment bei 360 PS und 3600 U/min: ca. 70 mkg!

151 Jentz, Doyle. Panzer Tracts No. 10-1, Artillerie-Selbstfahrlafetten from Pz.Sfl.IVb to Hummel-Wespe, Boyds, M.D. 20841 2012, Seite 10-1-2 bis 10-1-9.

152 Informationen aus E-Mail Hilary Doyle an Frank Köhler vom 31.12.2007. Der Abkürzungsteil P- „Lc" ist bisher nicht sicher zu deuten. Es könnte jedoch bedeuten: P – Panzer, L - Lafette, (klein-) c – Hinweis auf Bestimmung für Pz.Sfl. IV c. Belegen lässt sich dieses jedoch nicht.

153 Spielberger, Spezial-Panzerfahrzeuge…, Technische Daten, Seite 149. Spielberger spricht im Gegensatz zu Jentz, Doyle, Panzer Tracts No. 12-1, von einem SSG 77 des Panzers III ohne angebaute Kupplung und beruft sich dabei auf das Handbuch des Heereswaffenamtes. Der hier verwendete HL 90 hatte mit hoher Wahrscheinlichkeit keine angebaute Kupplungsglocke. In diesem Fall war der Einbau des SSG 76 des Panzer IV mit angebauter Kupplung erforderlich.

154 Jentz, Doyle, Panzer Tracts No. 12-1, Flakpanzerkampfwagen IV and other Flakpanzer projects …, Boyds, M.D. 20841 2010, bleibt bei der Auflistung der Technischen Daten auf Seite 12-1-68 im Gegensatz zum Text, bei den ursprünglichen Baugruppen und der ursprünglichen Bewaffnung mit der 8,8 cm Flak 41.

155 Jentz, Doyle, Panzer Tracts No. 12-1, Flakpanzerkampfwagen IV …, Boyds, M.D. 20841 2010, Seite 12-1-62ff.

156 Spielberger, Spezial-Panzerfahrzeuge…, Technische Daten, Seite 149. Spielberger spricht von einer Drehstabfederung, die allerdings wegen der ablehnenden Haltung von Krupp dazu, ungewöhnlich gewesen wäre.

157 a) Burr u.a., MTU Typenhandbuch 1909-1999, o.D., Seite 177ff. und S. Zima, Entwicklung schnelllaufender Hochleistungsmotoren in Friedrichshafen, Seite 162.

158 In einer Aufstellung von Herrn Burr, MTU, via Hilary Doyle, E-Mail an Frank Köhler vom 11. Januar 2008: HL 90 in ZW40, Schnitt E, Jahr 1942, Zeichnung 156618/0.

159 Burr u.a., MTU Typenhandbuch 1909–1999, o.D., Seite 177ff, 196ff.

160 S. Zima, Entwicklung schnellaufender Hochleistungsmotoren …, Seite 162 und 598. Die Leistungsangaben aus der Zeit bis 1945 sind teilweise abweichend dokumentiert.

161 S. Zima, Entwicklung schnellaufender Hochleistungsmotoren …, bezeichnet auf Seite 162 die Pleuel des HL 90 als nebeneinanderliegend, im Gegensatz zu Burr u.a. im MTU-Typenhandbuch 1909–1999, Seite 178. Das Foto des Schnittmodelles bei der WTS in Koblenz zeigt bei genauerer Betrachtung, dass die Pleuel ineinanderlaufen. Auch die unterschiedliche Form der Pleuelstangenprofile in der Zeichnung im Querschnitt bei Zima auf Seite 598 weist m.E. darauf hin.

162 Aufstellung von Herrn Burr, MTU, via Hilary Doyle, in E-Mail an Frank Köhler vom 11. Januar 2008: HL 90, Schnitt E (Graugussmotor), Jahr 1951, Zeichnung 95 156 B1.

163 E-Mail Hilary Doyle an Frank Köhler vom 31.12.2007.

164 Köhler, Schützenpanzer, Entwicklung in Deutschland seit 1942 und 1955, Uelzen 2018, Seite 51ff und 90ff.

165 Jentz, Doyle, Germany's Tiger Tanks, D.W. To Tiger I, Atglen PA 19310, 2000, Seite 15.

166 Laut Burr u. a., MTU Typenhandbuch 1909–1999, o. D., Seite 187f, waren die Motoren für die „MAN-Fahrzeuge VK 1301 und VK 2001" bestimmt.

167 Jentz, Doyle, Germany's Tiger Tanks, D.W. To Tiger I ..., Seite 15.

168 S. Zima, Entwicklung schnelllaufender Hochleistungsmotoren in Friedrichshafen, S. 139. Zima verweist auf eine überholte, inzwischen durch Jentz/Doyle aktualisierte Beschreibung in Spielbergers Panther-Buch.

169 T. L. Jentz & H. L. Doyle, Germanys Tiger Tanks.

170 Spielberger/H. Doyle, Der Panzerkampfwagen Tiger und seine Abarten, Stuttgart, Seite 38.

171 a) Siehe MAN-Archiv, Aufstellung der Daimler-Benz AG vom 25.4.1942: „Vergleich der hauptsächlichen Baumerkmale der „Panther"-Fahrgestelle… VK 3002 (MAN) [zu] VK 3001 (DB)",

b) Bezeichnung VK 30.01 (D) laut Jentz, Doyle, Der Panther… Seite 16,
c) andere Quellen bezeichnen das Fahrzeug als VK 3002 (D), jedoch mit abweichenden technischen Daten.

172 Jentz, Der Panther, Wölfersheim 1997, Seite 17.

173 In der Quelle als „Munitionsministerium" bezeichnet. Name des Ministeriums ab 17.3.1940 „Reichsminsterium für Bewaffnung und Munition", ab 1943 „Reichministerium für Rüstung und Kriegsproduktion".

174 Historisches Archiv MAN Truck & Bus SE, Reisebericht Wiebicke, Reif vom 05.02.42 über eine Besprechung in Berlin mit HWA am 03.02.42.

175 Jentz, Der Panther, Wölfersheim 1997, Seite 17.

176 WTS G2530, Dr. Ing. habil. Ernst Lehr, Augsburg, Federung und Dämpfung des Laufwerks der Panzer, Vortrag im Ministerium für Rüstung und Kriegsproduktion, Berlin, Pariserplatz 4, am 28. Januar 1944, Seite 11f.

177 1941–1945 ord. Professor am Lehrstuhl für Kraftfahrwesen und Leichtmotorenkunde der TH Dresden, zugleich Leiter des Institutes für Kraftfahrwesen (IfK), Technischer Leiter der Ausschüsse zur Begutachtung „Panther" und „Tiger". siehe Michaels, Rüstungsmanagement der Ministerien Todt und Speer, Münster 2020, Seite 778.

178 Gruppenleiter beim „General beim Chef der Heeresrüstung", Militärischer Leiter des Ausschusses zur Begutachtung „Panther", siehe Michaels, Rüstungsmanagement der Ministerien Todt und Speer, Münster 2020, Seite 807.

179 a) BAAINBw-WTS G2350/3/V/18 Panther-Ausschuss Bericht, Ausschuss zur Begutachtung der Pz.Kpfw. „Panther", Anschreiben an den Vorsitzenden der Panzerkommission vom 11. Mai 1942.
b) Zur Auswahl des Panthers durch die Panzerkommission, siehe Michaels, Rüstungsmanagement der Ministerien Todt und Speer, Münster 2020, Seite 232ff.

180 Boelcke, Deutschlands Rüstung im Zweiten Weltkrieg, Hitlers Konferenzen mit Albert Speer 1942–1945, Frankfurt 1969, Seite 116, Pkt. 12.

181 BAAINBw-WTS G2350/3/V/18 Panther-Ausschuss Bericht, Seite 10.

182 BAAINBw-WTS G2350/3/V/18 Panther-Ausschuss Bericht, Seite 16.

183 Mercedes-Benz AG Archiv, Schreiben Daimler-Benz Aktiengesellschaft, Direktion, Berlin-Marienfelde von Wu/Hu (Unterschriften nicht leserlich) an Direktor Nallinger, Vorstandsmitglied der Daimler-Benz A.G. vom 25. Januar 1944.

184 Jentz, Berta's Big Brother, Karl-Gerät.

185 BAMA, RH8/659-660.

186 PA/Rabe-Liste vom 5. Oktober 1942.

187 Porsche-Archiv.

188 Hujer, Helmut: 125 Jahre MO. 25.11.2018.

189 Hujer, Helmut: Die Entwicklung von Großflugmotoren in Oberursel 1941 bis 1945.

190 PA.M.K1.4.8.-186.

191 Jentz, Doyle, Panzer Tracts No. 6, Schwere Panzerkampfwagen D.W. to E-100 including the Tigers, Boyds, M.D. 20841 2001, Seite 6-58 b) Jentz, Doyle, Panzer Tracts No. 6-3, Schwere Panzerkampfwagen Maus und E 100, Boyds, M.D. 20841, 2008, Seite 6-3-51ff.

192 Jentz, Doyle, Panzer Tracts No. 20-1, Boyds MD 20841, 2001, Seite 20–23.

193 Jentz, Doyle, Panzer Tracts No. 20-1, Boyds MD 20841, 2001, Seite 20–23.

194 Siehe und vergleiche a) BA-MA RH8/2854, RH8/2837, b) Jentz, Doyle, Panzer Tracts No. 6-3, Schwere Panzerkampfwagen Maus und E 100, Boyds, M.D. 20841, 2008. Seite 6-3-51ff und c) Jentz, Doyle, Panzer Tracts No. 6, Schwere Panzerkampfwagen D.W. to E-100 including the Tigers, Boyds, M.D. 20841, 2001, Seite 6-58. Die in älteren Quellen wie bei Spielberger, Spezial-Panzerfahrzeuge des deutschen Heeres, Stuttgart 1998 und früher publizierten Einzelheiten werden erheblich vertieft und teilweise anders dargestellt.

195 Friedrich Holzhäuer, Leiter WaPrüf 6 und Mitglied der Panzerkommission, zuletzt Generalmajor, siehe Michaels, Rüstungsmanagement der Ministerien Todt und Speer, Münster 2020, Seite 785.

196 Jentz, Doyle, Panzer Tracts No. 6-3, Boyds, M.D. 20841, 2008, Seite 6-3-51. Hier ist in der Quelle zunächst von einem 150 t-Fahrgestell die Rede, kurz danach von einem 150 t -Fahrzeug. Es ist davon auszugehen, dass ein Fahrgestell für ein 150 t-Fahrzeug gemeint war.

197 Jentz, Doyle, Panzer Tracts No. 6-3, Boyds, M.D. 20841, 2008, Seite 6-3-4.

198 Prof. Dr.-Ing. Erich Müller, u.a. bei Krupp 1936 bis 1945 Leiter Artillerie-Konstruktion einschl. Panzerentwicklung, siehe Michaels, Rüstungsmanagement der Ministerien Todt und Speer, Münster 2020, Seite 795.

199 Gemeint sind die Erfahrungen bei der aufwändigen Entwicklung der Tigermodelle von Henschel und Porsche bis zur endgültigen Produktionsentscheidung.

200 Dipl. Ing. Karl-Otto Saur, Hauptdienstleiter, Leiter des Technischen Amtes im Rüstungsministerium, häufiger Teilnehmer der Panzerkommission, in Hitlers Testament als Nachfolger Speers benannt, siehe Michaels, Rüstungsmanagement der Ministerien Todt und Speer, Münster 2020, Seite 801.

201 Jentz, Doyle, Panzer Tracts No. 6-3, Boyds, M.D. 20841, 2008, Seite 6-3-52.

202 Siehe z.B. https://homepage.ruhr-uni-bochum.de/christian.brandau/wiederbewaffnung-bundesrepublik-deutschland.html, drittletzter und vorletzter Abschnitt, Einschätzung der Stellung der Firma Rheinmetall in der Nachkriegszeit, zuletzt abgerufen am 19.5.22, 14:30 Uhr.

203 George Forty, Die deutsche Panzerwaffe im Zweiten Weltkrieg, Augsburg 1998, Seite 145, Aussage Kniepkamp.

204 Jentz, Doyle, Panzer Tracts No. 6-3, Boyds, M.D. 20841, 2008, Seite 6-3-52, Entwurf vom 7. Dezember 1942 in Verbindung mit Spielberger, Spezial-Panzerfahrzeuge des deutschen Heeres, Stuttgart 1998, Seite 92/93, Zeichnung „Zusammenstellung E 100". Zeichnung laut Jentz nach dem Krieg für die Alliierten aus teilweise verbrannten Zeichnungen rekonstruiert.

205 Jentz, Doyle, Panzer Tracts No. 6-3, Boyds, M.D. 20841, 2008, Seite 6-3-26ff

206 Jentz, Doyle, Panzer Tracts No. 6-3, Boyds, M.D. 20841, 2008, Seite 6-3-53, Bericht von Oberingenieur Rabe, Porsche vom 17.5.1944.

207 Thomale, Wolfgang, späterer Generalleutnant, im fraglichen Zeitraum Chef des Stabes Inspekteur der Panzertruppen.

208 Jentz, Doyle, Panzer Tracts No. 6-3, Boyds, M.D. 20841, 2008, Seite 6-3-4 und 6-3-48.

209 Siehe a) Jentz, Doyle, Panzer Tracts No. 6, Schwere Panzerkampfwagen D.W. to E-100 including the Tigers, Boyds, M.D. 20841, 2001, Seite 6–58.

210 Jentz, Doyle, Panzer Tracts No. 6-3, Boyds, M.D. 20841, 2008, Seite 6-3-54 in Verbindung mit Spielberger, Spezial-Panzerfahrzeuge des deutschen Heeres, Stuttgart 1998, Seite 92/93, Zeichnung „Zusammenstellung E 100". Jentz spricht von einem Heckeinbau des neuen Triebwerkes.

211 Jentz, Doyle, Panzer Tracts No. 6-3, Boyds, M.D. 20841, 2008, Seite 6-3-72, Technische Daten Tiger-Maus E 100 in Verbindung mit Spielberger, Spezial-Panzerfahrzeuge des deutschen Heeres, Stuttgart 1998, Seite 92/93, Zeichnung und Daten „Zusammenstellung E 100".

212 Jentz, Doyle, Panzer Tracts No. 6-3, Boyds, M.D. 20841, 2008, Seite 6-3-54 und 6-3-49.

213 Als Tiger III wurde zeitweise, Ende 1942/Anfang 1943, der spätere Tiger II bzw. Tiger B bezeichnet, siehe Jentz, Doyle, Germany's Tiger Tanks, VK 45.02 to Tiger II…, Atglen, PA 19310, 1997, Seite 16ff.

214 Treue/Zima, Hochleistungsmotoren, Karl Maybach und sein Werk, S. 394.

215 Boelcke, Deutschlands Rüstung im Zweiten Weltkrieg, Hitlers Konferenzen mit Albert Speer1942-1945, Frankfurt 1969, Seite 396, Pkt. 20.

216 Siehe zur Geschichte der Grille 17/21: Jentz, Doyle, Panzer Tracts No. 10, Artillerie-Selbstfahrlafetten, Boyds, M.D. 20841 2002, Seiten 10–52ff, 10–54 Technische Daten.

217 Jentz, Doyle, Panzer Tracts No.23, Panzer Production from 1933 to 1945, Boyds MD 20841, 2011, Seite 23–79.

218 Mitteilung Fa. Voith betr. Doppelturbogetriebe G24.

219 Mitteilung Fa. Voith…

220 siehe dazu unten „Schematische Darstellung der Vorgänge beim Lenken mit dem Voith-Lenkgetriebe des Porsche Typ 102".

221 Details aus: Section G of C.I.O.S. Group V. Report on Investigation into the war time of Dr. Ing. h. c. F. Porsche KG., Voith hydraulic transmission for Porsche Model 102 (Tiger P).

222 Details aus: Section G of C.I.O.S. Group V. Report on Investigation into the war time of Dr. Ing. h. c. F. Porsche KG., Voith hydraulic transmission for Porsche Model 102 (Tiger P).

223 Die Bibby-Kupplung, Malme die Co.-Katalog von 1937.

224 Leistungsangabe 600 PS bei 2500 U/min aus D655/1a, PzKpfwg Panther Ausführung A und D und Abarten, Gerätbeschreibung und Bedienungsanweisung zum Fahrgestell vom 21.7.1944, Seite 8. Angegeben ist die Dauerleistung zur Schonung des Motors. Die Höchstleistung ist 700 PS bei 3000 U/min.

225 Spielberger, Der Panzer-Kampfwagen Panther und seine Abarten, Stuttgart, S. 174.

226 Stefan Zima, Entwicklung schnellaufender Hochleistungsmotoren in Friedrichshafen. S.161.

227 Frank. Köhler. Panther, Meilenstein der Panzertechnik, S. 32.

228 BIOS Final Report No. 34, Item No. 18, Interrogation of Dipl. Ing. Ernest Kniepkamp (AFVs), datiert 18. Sep 1947, Seite 5 oben (sinngemäße Übersetzung).

229 a) Jentz, VK 45.02 to Tiger II, Atglen, PA 19310, 1997, Seite 145f, Verweis auf Sitzung der Entwicklungskommission Panzer am 23.01.45.
b) Spielberger, Der Panzerkampfwagen Panther und seine Abarten, Stuttgart 1978, Seite 258f, Aktenvermerk Maier/ZF vom 31.1.45 über die Sitzung der Entwicklungskommission Panzer am 23.01.45.
c) Michaels, Rüstungsmanagement, Seite 594f mit Verweis auf Protokoll der Vollsitzung der Panzerentwicklungskommission am 23.01.45, BAB, R 3/3293, S. 9f.
d) Jentz, VK 45.02 to Tiger II, Atglen, PA 19310, 1997, Seite 145, Verweis auf eine Prioritätenliste im Entwicklungs-Notprogramm, gesendet an Wa Chef Prüf am 20. Febr. 45.

230 Burr u.a., MTU Typenhandbuch 1909-1999, o.D., Seite 210ff, ca. 15 Motoren wurden gebaut.

231 Ernst Jenny, Der BBC-Turbolader, Geschichte eines Schweizer Erfolges, S. 81.

232 Stefan Zima, Entwicklung schnellaufender Hochleistungsmotoren in Friedrichshafen, S. 154.

233 J. Potthoff/I.C. Schmid: Wunibald I.E. Kamm, Wegbereiter der modernen Kraftfahrtechnik. S. 245.

234 Deutsche Rüstung im Zweiten Weltkrieg, Willi. Boelke, S. 70.

235 Historisches Archiv MAN Truck & Bus SE 1.6.4.3.2. Sonderfahrzeuge, Reisebericht Wiebicke vom 2.07.1942.

236 Porsche-Archiv.

237 Blätter für Technikgeschichte Heft 32/33.

238 D 655/1a

239 PA.M.K.1.4.4-115.

240 PA. Der Typ 220.

241 PA.M.K.1.4.8-192.

242 PA. Der Typ 220.

243 BAMA, R 3/1936 Dieselmotoren Blatt 59–74.

244 K-H. Rauscher, Steyr im Nationalsozialismus, S. 97.

245 Michael Winninger, Das Nibelungenwerk, S 341.

246 PA. Hefter Typ 220.

247 Das heute noch bestehende FKFS wurde 1930 von Prof. Dr.-Ing. Wunibald Kamm gegründet und war bis 1945 mit über 600 Mitarbeitern eine der größten Forschungseinrichtungen auf dem Gebiet der Luftfahrt- und Kraftfahrtforschung, siehe Michaels, Rüstungsmanagement der Ministerien Todt und Speer, Münster 2020, Seite 787.

248 J. Potthoff/I.C. Schmid: Wunibald I.E. Kamm, Wegbereiter der modernen Kraftfahrtechnik.

249 Hujer, Helmut: Die Entwicklung von Großflugmotoren in Oberursel-1941 bis 1945.

250 Lastschaltbare Getriebe lassen sich schalten, ohne den Kraftfluss zu unterbrechen, d. h., ohne beim Schalten auszukuppeln.

251 Camille Jenatzy, 1878–1913, fuhr als erster Mensch am 29. April 1899 mit einem Landfahrzeug über 100 km/h. Das torpedoförmige Fahrzeug war mit einem Elektromotor ausgerüstet.

252 Otto Kammerer, 1865–1951, promovierter Maschinenbauer, Professor und Rektor an der Königlich Technischen Hochschule zu Berlin.

253 Jean Cotal, französischer Erfinder, gest. 21./22. Oktober 1941, siehe http://cnum.cnam.fr/CGI/fpage.cgi?P575.36/348/100/554/0/0, abgerufen am 04.06.22, 14:35 Uhr.

254 BIOS 579, Target NOS: 18/58(a) 18/58(c), The ZF Electro-Magnetic Transmission, with a special application for the Panther Tank, ohne Datum, Seite 5.
255 Dir. Dr.-Ing. Maier, ZF-Getriebe in fünf Jahrzehnten, ZF-Information 1/64, Seite 6f.
256 BIOS 579, Target NOS: 18/58(a) 18/58(c), The ZF Electro-Magnetic Transmission, with a special application for the Panther Tank, ohne Datum, Seite 9f.
257 Dach, Panzergetriebe aus Friedrichshafen…, Seite 28.
258 Dir. Dr.-Ing. E.h. A. Maier, 22 Jahre Getriebekonstruktion 1922 bis 1944, Fa. ZF, Okt. 1944, Seiten 26 und 44.
259 Versuchsgelände in Thüringen bei Eisenach/Großenlupnitzer Wald, näheres siehe Fröhlich, Der andere Tiger, Stuttgart 2019, Seite 141ff.
260 BA-MA RH 8/2661, Denkschrift der Zahnradfabrik Friedrichshafen Aktiengesellschaft über Panzerwagen – Getriebe, ohne Datum, jedoch aufgrund des Inhaltes und der Zeitangabe „in zwei Kriegsjahren" auf das Jahr 1941/42 einzugrenzen, Seite 9.
261 BA-MA RH 8/1631. Siehe auch Teil 1 - Die Serienfahrzeuge, Der Panzerkampfwagen III.
262 BA-MA RH 8/2661, Denkschrift der Zahnradfabrik Friedrichshafen Aktiengesellschaft…, Seite 9f.
263 Dir. Dr.-Ing. E.h. A. Maier, 22 Jahre Getriebekonstruktion 1922 bis 1944, Fa. ZF, Okt. 1944, Seite 45.
264 Dir. Dr.-Ing. Maier, ZF-Getriebe in fünf Jahrzehnten, ZF-Information 1/64, Seite 7.
265 Albert Maier, 50 Jahre Getriebeentwicklung der ZF, Sonderdruck aus der Zeitschrift Automobil-Industrie Nr. 4/65, Abschnitt 1945–1965.
266 Klassifizierung laut BA-MA RH 8/2661, Denkschrift der Zahnradfabrik Friedrichshafen Aktiengesellschaft…, Leistungsangabe laut BIOS 579, Target NOS: 18/58(a) 18/58(c), The ZF Electro-Magnetic Transmission, with a special application for the Panther Tank, ohne Datum.
267 BIOS 579, Target NOS: 18/58(a) 18/58(c), The ZF Electro-Magnetic Transmission, with a special application for the Panther Tank, ohne Datum, Seite 13.
268 BA-MA RH 8/2661, Denkschrift der Zahnradfabrik Friedrichshafen Aktiengesellschaft…, Seite 9.
269 Dir. Dr.-Ing. E.h. A. Maier, 22 Jahre Getriebekonstruktion 1922 bis 1944, Fa. ZF, Okt. 1944, Seite 44.
270 https://www.ointres.se/strv_m_42.htm, zuletzt abgerufen am 7.6.22, 17:25 Uhr.
271 Jorchr (https://commons.wikimedia.org/wiki/File:Stridsvagn_m42_Revinge_2012-2.jpg), „Stridsvagn m42 Revinge 2012-2", https://creativecommons.org/licenses/by-sa/3.0/legalcode.
Von Jorchr – Eigenes Werk, CC BY-SA 3.0, https://commons.wikimedia.org/w/index.php?curid=20899128
272 Das Jahr 1942 steht nicht in der Quelle, ist aber aufgrund der Tatsache, dass die ersten Getriebe im Herbst 1942 geliefert worden sein sollen, anzunehmen.
273 BA-MA RH 8/2661, Denkschrift der Zahnradfabrik Friedrichshafen Aktiengesellschaft…, Seiten 9 und 10
274 Jentz, Doyle, Panzer Tracts No. 20-1, Boyds MD 20841, 2001, Tabelle Seite 20-26.
275 BA-MA RH 8 I/1643.
276 BIOS 579, Target NOS: 18/58(a) 18/58(c), The ZF Electro-Magnetic Transmission, with a special application for the Panther Tank, ohne Datum, Seite 4.
277 BIOS 579, Target NOS: 18/58(a) 18/58(c), ohne Datum, Seite 3, 30.
278 Spielberger, Der Panzerkampfwagen Panther..., Stuttgart 1977, Seite 162.
279 Dach, Panzergetriebe aus Friedrichshafen…, Seite 97.
280 Gemeint sind sicherlich die Panzerkampfwagen Henschel-Tiger und Panther, wobei beim Tiger unklar ist, ob der Tiger Ausf. B oder der Jagdtiger mit Henschel-Fahrwerk gemeint ist.
281 Spielberger, Der Panzerkampfwagen Tiger und seine Abarten, Stuttgart 1977, Seite 184f, Anordnungs-Skizze im Fahrzeug, vom 10.1.1945.
282 George Forty, Die deutsche Panzerwaffe im Zweiten Weltkrieg, Anhang über die alliierten Ermittlungen bei der Fa. Henschel Ende April 1945. Es geht daraus nicht hervor, welches Modell gemeint war. Es kann sich hier um das im Text behandelte, im Tiger I erprobte Modell ZF 12 EV 170 handeln.
283 Spielberger, Der Panzerkampfwagen Panther..., Stuttgart 1977, Seite 156.

284 Spielberger, Der Panzerkampfwagen Panther..., Stuttgart 1977, Seite 162. Das Fahrgestell soll auch mit einem elektrischen Lenkgetriebe ausgerüstet gewesen sein.

285 Beim Ateliér de Construction de Moulinex (AMX) stand im März 1950 unter anderem ein Panther mit der Bemerkung „av/B.V. spéciale provenance ALLEMAGNE" zur Verschrottung an. Unter der spekulativen Annahme, dass die Abkürzungen av/B.V. als „autre version/ Boîte de Vitesses" bedeutet, könnte der Eintrag heißen: „andere Version/Getriebe Spezial Herkunft Deutschland". Quelle: Übersendung von teilweise nicht eindeutig referenzierten Dokumentkopien an den Autor von DGA Chatellerault am 4. September 1992, Nrn. 12.0.02.15.02.6.(115) und 12.0.01.10.09.5.(100)

286 D655/1a vom 21.7.44, Seite 47.

287 Wenderadien: D655/1a vom 21.7.44, Seite 45. Die im BIOS 579-Report genannten Werte weichen mit 121 m im 7. Gang und 7,6 m im 1. Gang davon ab, sodass den Briten die Radien des Elektro-Lenkgetriebes als besser gewählt erschienen.

288 CIOS Target No. 18/64, Z.A. Hydraulic Steering System for Panther Tank, October 1945.

289 Williams-Janney-System: Zeitweise Verwendung von hydrostatischen Antrieben mit Axialkolben-Verdrängungspumpen und hydraulischen Motoren in britischen Tanks von 1917–1922. Siehe Prof. Richard M. Ogorkiewicz, (Übersetzung aus dem Englischen von Dipl.-Ing. Dr. Franz Felbauer M. Sc.), Technologie der Panzer III, Wien 1999, Seite 176f.

290 CIOS Target No. 18/64, Z.A. Hydraulic Steering System for Panther Tank, October 1945, Seite 7, 9. Die Aussagen zum (selbstverständlichen) Gasgeben beim Kurvenfahren mit solchen Getrieben und zum Schlupfverhalten bei maximalen Druck und maximaler Drehzahl erscheinen dem Verf. hier im direkten Zusammenhang schwer verständlich. Auch das Radien-Kurvenfahren im zu hohen Gang kann zum Abkommen aus der Kurve führen.

291 CIOS Target No. 18/64, Z.A. Hydraulic Steering System for Panther Tank, October 1945, Seite 7.

292 Wird bei Ogorkiewicz als LG600 von Renk bezeichnet. Diese Bezeichnung ist dem Verf. nur aus dieser Quelle bekannt. Siehe Prof. Richard M. Ogorkiewicz, (Übersetzung aus dem Englischen von Dipl.-Ing. Dr. Franz Felbauer M. Sc.), Technologie der Panzer III, Wien 1999, Seite 155 unten.

293 CIOS Target No. 18/64, Z.A. Hydraulic Steering System for Panther Tank, October 1945, Seite 4.

294 https://www.renk-group.com/de/unternehmen/unternehmensprofil/historie/#year_1930, Für das Jahr 1943 wird angegeben: Neuerfindung. Mit dem Prinzip der hydrostatischen Überlagerungslenkung sorgt Renk für eine Kraft- und Energieübertragungs Paradigmentwechsel in der Panzerproduktion. Link zuletzt abgerufen am 23.6.22 um 09.40 Uhr

295 Spielberger, Der Panzerkampfwagen Panther..., Stuttgart 1977, Seite 92ff. Ob die Bildung der Arbeitsgemeinschaft eventuell auf Anordnung der Behörden geschah, ist möglich, bleibt aber hier offen.

296 Quelle: Sächsisches Staatsarchiv, Staatsarchiv Chemnitz, 31050 Auto-Union AG, Chemnitz, Nr. 7772, Bl. 162, 163, 164.

297 Spielberger, Der Panzerkampfwagen Panther..., Stuttgart 1977, Seite 96.

298 CIOS Target No. 18/64, Z.A. Hydraulic Steering System for Panther Tank, October 1945, Seite 4. Eine ausdrückliche Nennung dieses Getriebes für die Entwicklungsfahrzeuge in den bisher bekannten, überlieferten technischen Daten ist dem Verf. nicht bekannt.

299 CIOS XXXII-2, CIOS Target No. 18/63b, Investigation of Tank Development (Panther) at Maschinenfabrik Augsburg & Nurnberg (M.A.N), 29 August 1945, Aussage Herr Kriebel, Seite 6.

300 Neben der mangelhaften gibt es auch zwei korrekte Darstellungen bei Spielberger, Der Panzerkampfwagen Panther..., Stuttgart 1977, Seite 91.

301 Siehe auch Prof. Richard M. Ogorkiewicz, (Übersetzung aus dem Englischen von Dipl.-Ing. Dr. Franz Felbauer M. Sc.), Technologie der Panzer III, Wien 1999, Seite 166 oben.

302 a) BIOS Evaluation Report No 47, Gas Turbines for Tanks, Target No C18/136, 4 Oct 45.
b) Ludvigsen, Professor Porsche's Wars: The Secret Life of Ferdinand Porsche, the Legendary Engineer Who Armed Two Belligerents Through Four Decades, Yorkshire-Philadelphia, 2014, 2018, Seite 205-207.
c) Spielberger, Der Panzerkampfwagen Tiger…, Stuttgart 1977, Seite 184f.

303 KTL Wien: Kraftfahrtechnischen Lehranstalt der Waffen-SS in Wien, hier Gruppe Versuchsbau der Waffen-SS, (Deckname Alfred), in St. Aegyd, westlich Wiener Neustadt.

304 a) https://en.topwar.ru/30671-nemeckie-proekty-tankovyh-gazoturbinnyh-dvigateley.html, u.a. mit Verweis auf: Kay, E.L., History development and creation of jet engines and gas turbines in Germany. – Rybinsk: NPO Saturn, 2006, zuletzt abgerufen am 9.9.22, 11:10 Uhr.
b) BIOS Interrogation Report No. 62, Interrogation of Dipl. Ing. Paul Kolb of B.M.W., 30 Nov 46: Dr. Ing. Alfred Müller war demnach Mitarbeiter von BMW München und augenscheinlich zur KTL Wien abgeordnet. Auch Dipl. Ing. Kolb wird in einem Bericht über eine Besprechung bei der KTL Wien am 19.12.44 als Teilnehmer genannt.

305 Bei Volllast zwischen 600 und 700 g/PSh, bei Teillasten noch wesentlich mehr. Porsche-Archiv PA.M.R1.4.9/531.

306 Professor Porsche's Wars: The Secret Life of Ferdinand Porsche, the Legendary Engineer Who Armed Two Belligerents Through Four Decades, Yorkshire-Philadelphia, 2014, 2018, Seite 205–207.

307 Als Kopf der Gruppe wird „ Messrs. M.A. Muller" genannt. Ob es sich um Max Adolf Müller handelt, der im Februar 1945 Dr. Ing. Alfred Müller als Leiter des Projektes abgelöst haben soll, bleibt offen. Siehe BIOS Evaluation Report No 47, Gas Turbines for Tanks …

308 BIOS Evaluation Report No 47, Gas Turbines for Tanks …

309 https://en.topwar.ru/30671-nemeckie-proekty-tankovyh-gazoturbinnyh-dvigateley.html …

310 Porsche-Archiv PA.M.R1.4.9/531, Akten- Notiz vom 24.10.1944, Betrifft: Typ 305, Besuch von Herrn Dipl.-Ing. Zadnik in Gmünd von Freitag, den 20.10. mittags bis Montag den 20.10.1944 mittags.

311 Ludvigsen, Professor Porsche's Wars …, Seite 206.

312 Dazu ist zu bemerken, dass sich die Motorraumlänge- und -gestaltung des Jagdtigers nicht wesentlich von der des Panthers unterscheidet.

313 Eine konstruktive Verwandtschaft des Wandleranteiles mit dem im weiter oben beschriebenen Voith- „Nita"-Doppelturbogetriebe G24, erscheint nicht wahrscheinlich.

314 Porsche-Archiv PA.M.R1.4.9/531, Akten- Notiz vom 24.10.1944…

315 Porsche-Archiv PA.M.R1.4.9/531, Bericht vom 22.12.1944 über die Besprechung am 19.12.1944 bei der Außenstelle „Alfred" der KTL der SS, betr. Typ 305.

316 Technische Daten der Turbinentypen zusammengestellt aus:
a) BIOS Interrogation Report No. 62, Interrogation of Dipl. Ing. Paul Kolb of B.M.W, 30 Nov 46,
b) https://en.topwar.ru/30671-nemeckie-proekty-tankovyh-gazoturbinnyh-dvigateley.html …,
c) Porsche-Archiv PA.M.R1.4.9/531, Bericht vom 22.12.1944 …
d) BIOS Evaluation Report No 47, Gas Turbines for Tanks …

317 Porsche-Archiv PA.M.R1.4.9/531, Bericht vom 22.12.1944 …

318 Porsche-Archiv PA.M.R1.4.9/531, Bericht vom 22.12.1944…

319 BIOS Evaluation Report No 47, Gas Turbines For Tanks …

320 Porsche-Archiv PA.M.R1.4.9/531, Bericht vom 22.12.1944…

321 Karl Rabe, Chefkonstrukteur der Dr.-Ing. h.c. F. Porsche GmbH, siehe https://de.wikipedia.org/wiki/Karl_Rabe_(Ingenieur), zuletzt abgerufen am 5.10.22 um 09:30 Uhr.

322 Porsche-Archiv PA.M.R1.4.9/531, Aktennotiz vom 23.12.1944 über die Besprechung in Dellach am 22.12.1944, Betrifft: Typ 305, Anwesende: Prof. Dr. Porsche, Porsche jun., Obering. Rabe und Dipl. Ing. Zadnik.

323 BIOS Final Report No. 98, Report on …, Seite 54.

324 Der Turbinenspezialist Max Adolf Müller soll im Februar 1945 der Nachfolger von Dr. Ing. Alfred Müller geworden sein. Siehe https://en.topwar.ru/30671-nemeckie-proekty-tankovyh-gazoturbinnyh-dvigateley.html ..., zu M. A. Müller: https://de.wikipedia.org/wiki/Junkers_RTO, zuletzt abgerufen am 5.10.22, 08:50 Uhr.

325 Porsche-Archiv PA.M.R1.4.9/531, Aktennotiz vom 30.3.1945 über den Besuch des Herrn Ing. Zadnik in Gmünd am 21. bis 25.3.45, und Besprechungen mit Herrn Professor Porsche und Herrn Porsche jun. am 24. und 25.3.1945, Betrifft: Typ 305.

326 Porsche-Archiv PA.M.R1.4.9/531, Aktennotiz vom 30.3.1945…

327 BIOS Final Report No. 98, Report on …, Seite 61.

328 Porsche-Archiv PA.M.R1.4.9/531, Aktennotiz vom 30.3.1945…
329 Porsche-Archiv PA.M.R1.4.9/531, Einführende Zusammenfassung aus USA-Bericht Porsche vom 25.6.45.
330 BIOS Interrogation Report No. 62, Interrogation of Dipl. Ing. Paul Kolb of B.M.W, 30 Nov 46
331 Ludvigsen, Professor Porsche's Wars …, Seite 207.
332 Ludvigsen, Professor Porsche's Wars …, Seite 206, Randbemerkung. Genannt wird die Firma C.A. Parsons & Company Ltd. Es war bisher nicht zu klären, ob Dr. Alfred Müller oder Max Adolf Müller gemeint ist.
333 BIOS Final Report No. 98, Report on …, Seite 59.
334 Siehe Teil 1 des Buches über die Serienfahrzeuge, Seite 203.
335 Porsche-Archiv PA.M.R1.4.9/531, Aktennotiz vom 30.3.1945 …,siehe dazu BIOS Final Report No.98, Report on …, Fig. 26, Porsche-Zeichnung 3060.
336 Porsche-Archiv PA.M.R1.4.9/531, Aktennotiz vom 30.3.1945…,siehe dazu BIOS Final ReportNo. 98, Report on …, Fig. 15, Porsche-Zeichnung 3075.

# WEITERE INTERESSANTE BÜCHER ZUM THEMA

Diese umfassende Enzyklopädie deutscher Panzerkampfwagen widmet sich allen gepanzerten Gefechtsfeldfahrzeugen mit Rad und Kette, von den Kampfpanzern über Selbstfahrlafetten bis hin zu Aufklärungs-, Führungs- und Funkpanzern. Der Leser erfährt auch den Wehrmachtsbestand und wo die Einheiten zum Einsatz kamen.

384 Seiten, 904 Abb., Format 230 x 265 mm

ISBN 978-3-613-04275-9

**€ 44,00 / € (A) 45,30**

Michael Fröhlich zeichnet in diesem Nachschlagewerk die komplexe Entwicklungsgeschichte deutscher Panzermotoren nach, von den Anfängen mit angepassten Maybach-Motoren und Fragen der Lenkbarkeit bis hin zur Konzeption von Schalt- und Lenkgetrieben.

288 Seiten, 563 Abb., Format 230 x 265 mm

ISBN 978-3-613-04511-8

**€ 39,90 / € (A) 41,10**

Aufgeschreckt von den schweren Panzern der Sowjets im 2. Weltkrieg, begann in der Folge bei den Deutschen ein Wettlauf um die Entwicklung schwerer Kampfpanzer. Dazu gehörten die Panzerjäger »Sturer Emil« und »Jagdtiger«, die der Autor in diesem Band beschreibt.

192 Seiten, 311 Abb., Format 230 x 265 mm

ISBN 978-3-613-03806-6

**€ 34,90 / € (A) 35,90**

Michael Fröhlich kümmert sich in diesem Band um Schwergewichte, mit denen die Wehrmacht das Kriegsglück zu wenden trachtete. Dabei werden u.a. Technik und Entwicklungsgeschichte von der »Grille«, dem Mausnachfolger E-100, dem Panzermörser »Urling« oder dem gigantischen »P 1000« vorgestellt.

176 Seiten, 206 Abb., 230 x 265 mm

ISBN 978-3-613-03925-4

**€ 34,90 / € (A) 35,90**

Leseproben zu allen Titeln auf unserer Internetseite

Stand Mai 2023
Änderungen in Preis und Lieferfähigkeit vorbehalten.

Überall, wo es Bücher gibt, oder unter
WWW.MOTORBUCH-VERSAND.DE
Service-Hotline: 0711 / 78 99 21 51

Motor buch Verlag